深入理解 Spring MVC 源代码

从原理分析到实战应用

王耀◎编著

中国水利水电出版社
www.waterpub.com.cn
· 北京 ·

内容提要

Spring MVC 是目前深受广大开发者欢迎的基于 Java 语言的 Web 开发框架。《深入理解 Spring MVC 源代码：从原理分析到实战应用》一书分别从 Spring MVC 的概念、使用、原理和扩展开发等几个方面系统地介绍了 Spring MVC 框架的相关知识与开发应用，是一本有关 Spring MVC 实战的教程。全书共 12 章，分为三大部分。第一部分介绍了 Spring MVC 框架的功能使用及配置；第二部分以研究分析源码为开端，详细解析了 Spring MVC 框架功能在源码层的实现；第三部分结合对源码的理解及扩展开发中的一些核心知识实现微信公众号框架的快速开发，以实际案例的开发来加深对源码的理解。本书在对框架源码的研究探索中详细分析了框架开发中独特的编程思想和优秀的设计模式，令读者不仅仅可以收获到框架的运行原理，还知道了为什么框架内部的源码要这样设计，并把这些思想应用到实际开发中，带领读者突破当前的开发瓶颈，进入开发生涯的新阶段。

《深入理解 Spring MVC 源代码：从原理分析到实战应用》内容全面，讲解通俗易懂，案例典型，实用性强，既是初学者学习 Spring MVC 功能的使用手册，又是开发者入门源码研究的宝典；既适用于想对 Spring MVC 框架功能使用有更多了解的读者，又适用于想要突破框架使用的瓶颈达到深入理解框架源码从而进入更高层次的开发者，更适用于对源码已有一定的了解，并想基于源码做一些扩展开发的框架开发者。如果本书可以使各位开发人员化茧成蝶，突破自身瓶颈，那么就实现了它的最大价值。

图书在版编目（CIP）数据

深入理解 Spring MVC 源代码 : 从原理分析到实战应用 / 王耀编著. -- 北京 : 中国水利水电出版社, 2019.11

ISBN 978-7-5170-7720-6

Ⅰ. ①深… Ⅱ. ①王… Ⅲ. ①JAVA 语言—程序设计Ⅳ. ①TP312.8

中国版本图书馆 CIP 数据核字（2019）第 103582 号

书　名	深入理解 Spring MVC 源代码：从原理分析到实战应用 SHENRU LIJIE Spring MVC YUANDAIMA: CONG YUANLI FENXI DAO SHIZHAN YINGYONG
作　者	王　耀　编著
出版发行	中国水利水电出版社 （北京市海淀区玉渊潭南路 1 号 D 座　100038） 网址：www.waterpub.com.cn E-mail：zhiboshangshu@163.com 电话：（010）62572966-2205/2266/2201（营销中心）
经　售	北京科水图书销售中心（零售） 电话：（010）88383994、63202643、68545874 全国各地新华书店和相关出版物销售网点
排　版	北京智博尚书文化传媒有限公司
印　刷	三河市龙大印装有限公司
规　格	185mm×240mm　16 开本　31.5 印张　722 千字　1 插页
版　次	2019 年 11 月第 1 版　2019 年 11 月第 1 次印刷
印　数	0001—5000 册
定　价	108.00 元

前　言

在 Web 应用开发领域，各种编程语言百花齐放、百家争鸣，这其中使用最为广泛的是Java 语言。Java 之所以能有这种成就，一个重要的原因是因为 Java 中有很多成熟的框架可以用来开发 Web 应用，尤其是由 Spring 框架体系提供的 Spring MVC 框架，更是令 Web 应用开发门槛降低了很多，成为当前最受欢迎的 Web 开发框架。

随着 Spring MVC 框架的不断迭代，其功能变得越来越强大，但同时也使搭建基于Spring MVC 的 Web 项目需要配置的内容过于繁复，这就导致了虽然使用 Spring MVC 进行应用开发非常简单，但是对于入门者来说使用 Spring MVC 框架却变得复杂起来了。与此同时，其他各种脚本语言不仅在快速发展，而且对于 Web 开发的支持也变得更加简单。尤其是在 Web 项目的搭建上，这些语言都表现出了它们的优势，大多仅使用一段代码即可完成 Web项目的搭建和启动。当然，Spring 也不甘落后，紧随其上推出了 Spring Boot 框架，大大简化了基于 Spring MVC 的 Web 项目的搭建，使得开发人员几乎无须关注任何框架层次的配置和功能，仅须关注自己需要实现的业务逻辑，直接开箱即用。

这种发展方向对于整个社会来说是进步的，但对于开发人员的个人成长却有一定的阻碍。由于 Spring 框架在不断迭代的过程中，功能也变得越来越丰富，而 Web 开发人员往往只了解其中的一小部分经常使用的功能，当有新的场景需要使用到新的框架功能时，对于没有使用过此功能的开发人员很可能会无从下手。同时由于框架的高度封装性，开发人员往往只能接触到框架的表层使用，而对于框架的底层实现原理几乎无任何了解，在开发过程中遇到框架相关的异常时，都会变得手足无措。大多数开发人员都会有好奇心，经常会有弄清楚框架原理的想法，却因为 Spring 框架抽象与封装的复杂性，无法很好地去研究整个框架的原理，不知从何入手去学习研究，这也是当前开发人员最常遇到的瓶颈。

对框架的使用和对原理的理解这两者是密不可分的。在有了对框架的使用经验后，才能更好地理解框架的设计和工作原理；而对框架原理的探索，最好的方式是通过阅读其源码，在分析理解了源码的设计原理后，又可以反推出更多的使用细节和注意事项，甚至能根据源码推断 Spring MVC 支持的全部功能，从而在 Web 开发中更高效地发挥 Spring MVC 的作用。这种学习方式对所有开源框架都是适用的，首先通过阅读框架的官方文档了解其相关的功能使用，再结合源码理解所有功能的实现方式及源码中的所有细节，反推更多关于功能的使用细节。

本书就以这种学习方式为基本架构来安排文章结构。在本书的第一部分详细介绍了

Spring MVC 中提供的所有功能及这些功能的使用场景和使用方式；本书的第二部分首先提出了对框架的源码进行研究分析的方法和在 IDE 中如何方便地对源码进行研究，随后用这种方法详细分析了从 Spring Boot 的启动到 Spring MVC 框架的初始化完成，从一个请求发起到对该请求响应完成这整个流程中的相关源码及执行过程，详细分析了第一部分中全部功能在源码层的实现原理；本书的第三部分则在对源码研究的基础上，对 Spring MVC 框架进行了简单的扩展，以加深对源码的理解和了解对框架进行扩展开发的方式。通过这三部分内容来解决开发人员所遇到的对框架功能了解不全的问题，同时通过完全掌握框架的工作源码，以及源码相关的设计方式和编程思想，来突破当前的工作瓶颈，最终从框架使用者成长为理解框架原理的高级开发者，甚至进入更高级的框架开发领域成为架构师。

如无特殊说明，本书的示例代码和源码分析均以 Spring Boot 2.0.2 RELEASE 及配套的 Spring MVC 5.0.6.RELEASE 为准。因受作者水平和成书时间所限，本书难免存有疏漏和不当之处，敬请指正。

本书特色

1. 内容详实，简单易懂，知识点全面，循序渐进，符合逻辑顺序

本书内容涵盖了 Spring MVC 的使用、原理及扩展三大部分知识。首先学习了 Spring MVC 的使用；在学会其使用后，再去探索其原理；在探索其原理后，再基于对原理的理解进行扩展。这种学习方式正是对一种新事物的学习探索过程。同时也按照这种方式对每一部分内容进行编排，章节内容安排合理，结构清晰，各小节之间均有逻辑递进，由浅入深，最后再深入浅出，读者按照正常思维顺序去阅读本书，即可轻松收获本书的知识。

2. 代码示例典型，源码讲解细致，书中代码均有详细中文注释，更易读懂

本书的 Spring MVC 功能使用部分，对每个功能点均配有典型示例，结合代码更加容易理解功能，有事半功倍的效果。在功能实现原理部分，对源码讲解细致入微；源码分步详解，逻辑清晰，跟随书中步骤阅读本书，即可以简单的方式理解复杂功能的实现原理。本书对关键代码均配有详细的中文注释，尤其是源码分析部分，结合每一行代码的中文注释，可达到高效理解原理的目的。

3. 以研究源码的方法、Spring 中优秀的设计与思想为核心内容，以授人以渔为目的

本书中包含了一套研究源码的方法论，通过这套方法论可以轻松进行任何源码研究；使用这种方法论对 Spring MVC 的源码进行了全面的分析研究，并从源码中提取出 Spring MVC 的代码设计模式以及所运用的编程思想。虽然各种框架的实现方式不同，但它们总体的设计与思想是相通的。读者应用这套研究源码的方法论可以学习研究更多的源码，从中得到更多优良的设计与思想，再把这种设计与思想运用到自己的代码中，转变为自己的设计与思想，最终在编程之道上走得更远。

本书内容及体系结构

第一部分　Spring MVC 的使用与配置

第 1 章　Spring MVC 的概念与入门

本章从 Spring 框架的发展历史讲起，介绍了 Spring 框架的基本功能与 MVC 模式的相关概念。展示了基于 Spring 与 Spring MVC 搭建 Web 项目的方式，并通过对比，分析了基于 XML 配置的 Web 项目与基于 Spring Boot 的 Web 项目之间的区别，引出了 Spring Boot 强大的自动配置功能。基于 Spring Boot 的功能，可做到无配置搭建基于 Spring MVC 的 Web 项目，为后续章节做准备。

第 2 章　Spring MVC 的基本组件与使用

本章以 MVC 的核心概念为切入点，介绍了 Spring MVC 的总体设计以及其 Model、View 与 Controller 组件构成，并对每种组件的相关实现进行了详细的说明，每种组件的实现都通过实例来展示它们的使用方式，让读者对这些组件的概念与使用有一个直观的认识，并从整体上讲解了 Spring MVC 的三大组件及其功能与作用。了解这些基础知识后，为第 3 章的学习做了铺垫。

第 3 章　控制器的详细使用

本章以 Spring MVC 的核心——控制器为关注对象，详细讲解了 Spring MVC 对 Web 开发提供的全部功能及其使用方式。包括@RequestMapping 的使用、方法参数解析的支持、返回值处理的支持及如何增强控制器功能，每个功能的使用都提供典型的实例，简单易懂，理论与实践结合，使读者轻松掌握。

第 4 章　Spring 对 Web 开发的扩展支持

本章以 Spring 在 MVC 核心功能之外提供的对 Web 开发的支持进行扩展介绍。一个复杂的 Web 项目仅靠 MVC 模式往往并不能很好地完整实现，且 MVC 仅仅是 Spring MVC 框架的核心，之外还有很多附属功能。本章介绍的跨域请求、WebScoket 与异步请求这三大功能，Spring MVC 框架中均提供了完整的支持，且使用方便，通过本章的实例读者可完整地掌握这三个功能的基本使用。除此之外，本章还介绍了当前流行的响应式 Web 开发框架——Spring WebFlux，将其作为 Spring MVC 之外的一个选择供读者开阔视野，紧跟技术发展。

第 5 章　配置 Spring MVC 的功能

本章以 Spring MVC 框架的功能配置为主题，完善并提高对 Spring MVC 框架的使用技能。首先介绍了在 Spring Boot 下添加配置的几种方式，之后又详细展示了对 Spring MVC 功能进行定制的多种途径。最后列出了 Spring MVC 的全部配置属性，对 Spring MVC 的可配置功能进行全面的了解，补全 Spring MVC 框架使用的相关知识。为后续源码分析的组件配置打下基础。

第二部分 Spring MVC 的源码研究与原理探索

第 6 章 框架源码探索指南

本章为源码研究做准备，详细地说明源码研究中的方法论，通过程序入口单步执行法与目标代码针对性探索两种方法，结合 IDE 的调试功能与源码相关搜索功能，对复杂的框架源码进行分解研究。本章图文并茂，详细讲解研究源码时常用的功能及快捷键。学到这些方法和功能，可令对源码的研究达到事半功倍的效果，任何源码都可以快速地理解。本章以方法论为开端，后续章节对源码进行详细研究。

第 7 章 Spring Boot 下 Spring MVC 框架的启动原理

本章以 Spring Boot 启动方法为研究入口，详细地研究了整个基于 Spring Boot 的 Web 项目的启动，及其中内嵌 Web 容器 Tomcat 的注册与启动和 Spring MVC 相关组件的注册。通过研究启动过程，可以了解到 Spring Boot 启动的基本原理，并学习到应用中组件的注册方式，令读者更深入地认识 Spring Boot。

第 8 章 请求分发中心：DispatcherServlet

本章以请求处理方法的执行为针对性探索点，通过查看@RequestMapping 标记的请求处理方法在对请求进行处理时调用栈，来探索请求的整个处理过程。本章主要以请求的分发过程为研究目标，详细分析了从请求处理入口到请求分发再到处理器执行的具体逻辑，还研究了分发过程中出现的九大组件及这些组件的初始化过程。通过本章内容的学习可对请求的分发处理逻辑有个完善的认识，从此进入 Spring MVC 的内部实现的研究。

第 9 章 Spring MVC 组件拆解

本章对第 8 章中出现的组件进行详细的分析，每种组件都可能存在多个实现，本章对每种组件的默认实现进行全面研究，读者可从中了解到全部组件的内部执行细节，完善补充第 8 章执行过程的组件内的执行细节。通过本章的学习可了解全部组件的实现，并可通过组件的实现逻辑反推组件支持的功能与使用方式，甚至根据组件的实现逻辑去实现自己的组件，扩展当前 Spring MVC 功能。

第 10 章 @RequestMapping 的查找原理

本章以@RequestMapping 注解标记的处理器方法的查找过程为主题，对第 9 章中未详解的组件进行完善。其中包括注解中属性与注解标记方法之间映射信息的注册过程，根据请求属性与映射信息中的条件属性查找对应的处理器方法的具体逻辑。通过本章内容，读者可以完全知晓@RequestMapping 注解的生效原理，结合实例的功能使用，更好地理解该功能的实现原理。

第 11 章 请求处理方法的执行过程

本章以查找到处理器方法的后续操作为主要研究对象，详细地分析了处理器方法执行过程中的参数解析、返回值处理及异常处理的实现逻辑，并对这个过程中用到的组件实现与初始化逻辑也进行了详细的说明。结合本章与第 10 章的内容，可完全理解 Spring MVC 中整个基于注解的功能实现原理，这也是 Spring MVC 中最为核心的功能。

第三部分　Spring MVC 框架的扩展

第 12 章　基于 Spring MVC 实现微信公众号快速开发框架

本章对源码研究成果进行实践，基于对源码的理解来扩展当前 Spring MVC 框架的功能，实现一个基于 Spring MVC 的微信公众号快速开发框架，同时学习基本的基于框架进行扩展开发的方式，以此来应用在源码探索中获得的知识和从源码中学到的思想，带领读者进入框架开发的新世界。

本书读者对象

- 希望入门 Spring MVC 框架的初学者
- 已了解部分 Spring MVC 功能但希望学习到更多功能的开发者
- 不满足于仅仅会用 Spring MVC 框架，想要了解框架执行原理的工程师
- 想要基于当前 Spring MVC 框架进行扩展开发的架构师
- 有意愿学习优秀框架编程思想的研究者
- 对源码研究感兴趣的爱好者

本书资源下载及交流方式

（1）本书提供代码源文件，有需要的读者可以关注下面的微信公众号（人人都是程序猿），然后输入“SMVC77206”，并发送到公众号后台，即可获取本书资源的下载链接，然后将此链接复制到计算机浏览器的地址栏中，根据提示下载即可。

（2）如对本书有任何疑问与要求，请发邮箱 zhiboshangshu@163.com，我们将第一时间内回复。

致谢

本书能够顺利出版，是作者、编辑和所有审校人员共同努力的结果，在此表示深深地感谢。同时，祝福所有读者在职场一帆风顺。

编　者

目 录

第一部分 Spring MVC的使用与配置

第二部分 Spring MVC 的源码研究与原理探索

第三部分　Spring MVC 框架的扩展

第一部分

Spring MVC 的使用与配置

Spring 与其提供的 Spring MVC 相结合为 Java Web 的开发带来了新的方式，Spring Boot 框架的出现又为 Spring MVC 注入了新的力量，在 Spring 框架体系的支持下，为企业进行 Web 开发带来了极大的便利。

第 1 章主要介绍了 Spring 与 Spring MVC 框架的理论概念，随后演示了基于外部 Servlet 容器与基于 Spring Boot 两种 Spring MVC 项目的搭建方式，直观地对比两者的区别，引出本书广泛使用的 Spring Boot 项目。

第 2 章主要引出 MVC 模式中三大基本组件在 Spring MVC 中的设计，详细介绍了这些组件在 Spring MVC 中的使用方式，从上层对 Spring MVC 框架进行初步的了解。

第 3 章介绍了 Spring MVC 中控制器组件的详细功能及其使用方式。该组件是 Spring MVC 框架的核心，同时也是开发过程中接触最多的组件，全面了解 Spring MVC 的核心功能，即可从 Spring MVC 尚未入门的水平达到 Spring MVC 基本掌握的水平。

第 4 章扩展介绍了 Web 开发中用到的一些额外功能如 CORS、WebSocket、异步请求等在 Spring 框架体系中的支持。同时为拓展视野，额外介绍了当前 Spring 5 版本中新增的另外一种 Web 开发框架，即 WebFlux，为 Web 开发提供了一种新的选择。

第 5 章以对 Spring MVC 的功能进行定制为主题，详细介绍了 Spring MVC 中的可配置项，以及通过 Spring Boot 创建的 Spring MVC 项目中，对 Spring MVC 进行定制的多种方式及相关的配置属性。

通过这部分的学习，可令初学者对 Spring MVC 框架的使用从入门到精通，任何 Spring MVC 的功能都可以得心应手。

第1章　Spring MVC的概念与入门

在程序语言王国中，有一座传奇的 Java 城市，这座城市所带来的传奇在计算机界广为人知。在这座城市内，有位大名鼎鼎的框架师，它的名字叫做 Spring。

在 Java 城市的建造和发展过程中，Java 语言从最初只编写动态网页 Applet 发展到现在在企业级开发中独占鳌头。随着应用场景的变化和对企业级开发的支持，Java 城市中诞生了一代又一代的框架，这些框架体系为使用 Java 开发大型企业应用带来了可靠的保障。

在所有的框架体系中，Spring 框架是其中最明亮的一颗星星。Spring 框架在 Java 的发展过程中是不可或缺的，其为 Java 语言在企业级应用开发的推广中立下了汗马功劳。本章主要介绍 Spring 框架体系的生态系统与发展历史。

1.1　Spring 框架概述

Spring 框架经久不衰，必定有一定的原因。其中很重要的一个原因便是保持活力。Spring 框架根据当前时代的发展与理念的变更持续更新，使自己保持新鲜的活力。

在各种新框架如雨后春笋般不断涌现时，Spring 依旧能保持强有力的竞争力，且能使自己成为各种编程思想的布道者，为我们带来各种创新体验。下面就简单介绍一下 Spring 框架的发展过程。

1.1.1　Spring 的进化

Spring 的进化大致经历了 4 个阶段，如图 1.1 所示。

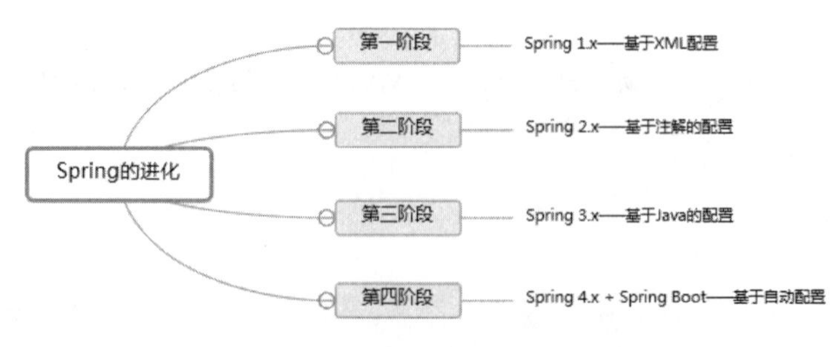

图 1.1　Spring 的进化过程

第一阶段：Spring 1.x——基于 XML 的配置

Spring 框架产生于一个特殊的时期，在那个时期，企业开发似乎走向了一个解耦的极端。在这个极端中，倡导所有的配置与业务解耦，与逻辑无关的代码都抽象出来，作为配置项去配置。在这个基础上，Spring 在第一阶段是完全使用 XML 进行配置的。

所有的 Java Bean 都需要在 XML 配置文件中声明，随着项目的扩大，开发人员需要频繁地在配置文件和 Java 文件中穿梭，且配置文件自身也会变得非常笨重。

此阶段，Web 项目与 Spring 整合的方式也是通过 XML 配置，以 Tomcat 这个 Servlet 容器为例，使用 web.xml 配置与 Spring 容器整合用的 Listener 与 Servlet，Spring 配置文件使用单独的 XML 配置。

第二阶段：Spring 2.x——基于注解的配置

随着 Java 版本的升级，在 JDK 1.5 中加入了对注解的支持，Spring 同时也为注解提供了支持，使用@Component 标记 Java Bean，启动时可以自动扫描所有标记了@Component 注解的类，生成 Java Bean。同时可以使用@Autowired 为 Java Bean 注入其他 Bean。这大大简化了 XML 的配置。

但是在这一阶段同时出现了注解配置和 XML 配置，由此产生了哪种配置更好的持续长久的争论。最终达成了一致，一些基本的 Java Bean 使用注解配置，另外一些特殊的需要属性的 Bean 使用 XML 配置，如数据源和数据库连接池等。

在此阶段，Web 项目与 Spring 的整合方式与第一阶段没有区别。

第三阶段：Spring 3.x——基于 Java 的配置

在从解耦的极端慢慢恢复正常之时，Spring 也开始为此做准备。在 Spring 3.x 中，提供了自由度更高的基于 Java 的配置，包括@Configuration 声明配置类与@Bean 声明 Java Bean 等。使用基于 Java 的配置，除了可以享受到 Java 动态化带来的动态生成 Bean 的特性，也使得代码有更好的可读性，更易理解各个 Bean 之间的关系。时代在慢慢倾向于无 XML 化。

此阶段，Web 项目与 Spring 的整合方式有了新的变化——基于 Servlet 3.0 注解的配置，可以替代 web.xml。但由于普及度不高，多数使用 Tomcat 容器的项目，仍然采用 web.xml 去配置 Tomcat 容器；使用基于 web.xml 的配置去整合 Spring，同时使用 XML 配置 Spring 容器仍然是常见的方式。

第四阶段：Spring 4.x + Spring Boot——基于自动配置

面对普及度不太高的基于 Java 的配置，突破的难点在于使用 Tomcat 和 Servlet 容器的应用，仍然会存在 web.xml 配置。在这种情况下，Spring 开创性地推出了 Spring Boot 启动框架，使用内嵌 Servlet 容器代替了原有基于容器的启动方式，顺其自然地去除了 web.xml 配置，完全打破了原有的启动方式，完成了“只用启动”即可的应用开发创举。同时提供@ConfigurationProperties 与配置文件自动解析，使其直接通过配置文件与 Bean 属性绑定，进一步简化了应用的开发。

在此阶段，Web 项目与 Spring 整合的方式与第三阶段相反，变成了 Spring 与 Web 容器整合，框架内部直接提供Web环境。因为使用了内嵌的Servlet容器，启动入口变为一个普通的 main 方法，完全取代了 XML 配置。

第四阶段是本书的重点，以后的章节均以此为基础进行讲解。

1.1.2　Spring 的功能

Spring 框架提供了 IOC 与 AOP 两大核心功能，即控制反转（Inversion of Control，IOC）和面向切面编程（Aspect Oriented Programming，AOP）。

1．控制反转

控制反转有时也被叫做依赖注入（Dependency Injection，DI）。其实依赖注入只是实现控制反转的一种方式，Spring 框架实现控制反转使用的就是依赖注入，通过依赖注入使得 Java Bean 的创建、引用、销毁的控制反转交给框架处理，使用方只需要声明需要依赖某个 Java Bean，这个 Bean 就会被自动注入，这也是控制反转的核心概念。

那么控制反转有什么优点呢？

首先，在没有控制反转之前，当我们需要使用A类的功能时，需要创建A类的实例，如果A类功能又依赖B类，则还需要把B类实例传递给A类或者在A类中直接创建B类实例。当系统越来越复杂时，各个类之间的依赖关系可能并不是简单的线性关系，复杂度会倍增，此时如果没有清晰的依赖关系图，整个系统的启动将会非常复杂，也很容易出现问题。

控制反转就是把各个类的管理控制权交给容器。当需要使用某个类时，容器会自动管理该类实例并交给使用方使用，管理策略为：如果容器中无此类实例，则自动创建实例并保存在容器中；如果已存在实例，则直接获取该实例。对于使用方而言，只需声明需要依赖的类即可被自动注入。例如，当 A 类需要使用 B 类实例时，只需要在 A 类中声明需要 B 类，框架就会自动将 B 类实例注入到 A 类中，以此实现各个类之间的解耦，降低系统的复杂度。

举一个简单的例子：在Java市内原本没有餐厅，要想吃饭只能自己准备材料自己做，每做一顿饭都需要耗费大量的时间。后来开了家餐厅，想要吃什么直接通过餐厅点餐即可，从而节省了从食材准备、烹饪及餐后打扫的时间，这样就有更多的时间来做更多的事。

控制反转的主要目的是为了**实现各个模块之间的解耦，降低各模块的耦合度。**

2．面向切面编程

常见的编程方法有面向过程编程、面向对象编程等，那么面向切面编程又是什么呢？在大型企业应用中，一般会把逻辑单元按照功能分为多个层，如控制器层、服务层、数据操作层等，每个逻辑单元自身是按照面向过程和面向对象模式编写的，但是在各层逻辑单元相互调用时，会出现一些公用的逻辑，需要在某一层的所有逻辑单元执行。

例如，需要在服务层的调用之前记录日志监控调用的情况。面向切面编程就是指对某一层进行纵切，在这一层的切面上添加各种公用逻辑，最终的目标是去除冗余的代码，达到逻辑复用的目的。

再举一个简单的例子：在 Java 城市中，有一家 S 餐厅。在 S 餐厅创立初期，餐厅的门是手动门，每一位进入餐厅的客人都需要手动推开门，而在离开餐厅时还需要手动拉开门。后来餐厅进行了一次升级，手动门改成了自动门，门自动感应客人的进出并自动开关，客人感觉不到门的存在，带来了极大的便利。这就类似于面向切面的结构，客人和餐厅是两层逻辑单元，原本上层的客人要调用下层的餐厅都需要先执行开门动作，而在两层的切面门上加上自动机制，可以自动在两层调用之间加入统一的逻辑，大大简化了开发。

面向切面的主要目的是**为某一层添加统一功能，减少代码的冗余**。

这就是 Spring 的两大核心功能，其他所有的功能都是围绕这两个功能构建的。同时 Spring 使用了非常简单的方式实现这两大核心功能，大大降低了 Java 开发的复杂性。Spring 中的 Bean 都基于普通的 Java 对象（Plain Ordinary Java Object，POJO）构建，为普通对象赋予了强大的功能，实现了轻量级和最小侵入性编程。

1.1.3　Spring 的模块

Spring 框架是基于模块化的设计，除了核心模块外，其他模块都是可插拔的，需要使用时引入模块即可。

每个模块的最小单元，Spring 都以单独的 Jar 包提供，基本模块如图 1.2 所示。

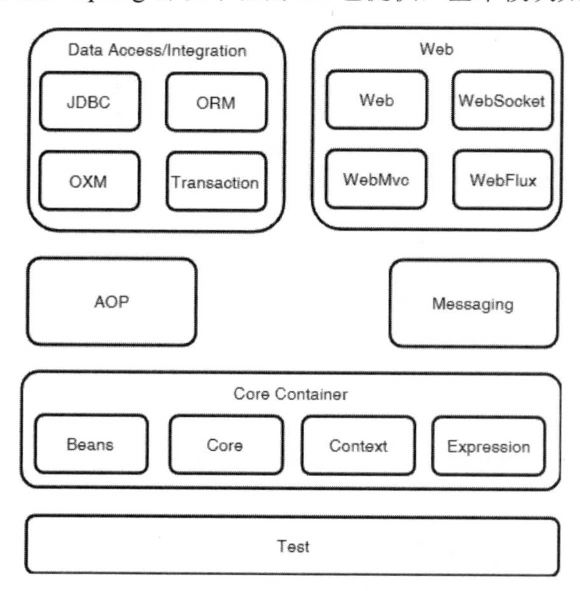

图 1.2　Spring 的基本模块图

下面以 Jar 包为单位介绍各个模块的基本功能。

1. 核心容器（Core Container）

- spring-core：提供 Spring 框架的核心支持，包括各种工具包与基本注解，大多数其他模块都需要引入核心模块。

- spring-beans：提供 Spring 框架对 Bean 生命周期相关的支持，包括 BeanFactory 等组件。
- spring-context：提供 Spring 上下文支持，包括 ApplicationContext 等组件。
- spring-expression：提供 SpEL 表达式支持。

2．AOP

为 Spring 提供面向切面编程的支持，包括 ProxyFactory 代理工厂等组件。

3．Web 应用模块

- spring-web：提供对 Web 应用的支持，用于 Web 容器整合 Spring 框架，如 Tomcat 等。
- spring-websocket：提供对 WebSocket 协议的相关支持。
- spring-webmvc：提供 MVC 框架，与 Spring 框架无缝整合，并结合 spring-web 为基于 Servlet 容器的 Web 应用提供 MVC 支持。
- spring-webflux：为 Spring 提供基于 Reactive 响应式编程的 Web 框架。不同于 spring-webmvc 基于 Servlet 容器，spring-webflux 一般基于 Netty 等异步网络框架，打破了原有 Servlet 的统治地位。

4．数据访问集成（Data Access/Integration）

- spring-jdbc：提供对 JDBC 相关数据库操作的支持。
- spring-tx：提供对事务相关的支持。
- spring-orm：提供对对象关系映射的支持。
- spring-oxm：提供对对象 XML 实体映射的支持。

5．Messaging

为 Spring 提供各种消息队列支持，包括 ActiveMQ、Kafka 等消息组件支持的核心。

6．Test

提供 Spring 框架测试组件相关支持。

除了以上这些核心模块之外，Spring 生态还有很多其他组件，如用于简化各种数据库操作的 Spring Data，本书的主角之一、用于支持快速开发的 Spring Boot，还有最近比较流行的分布式微服务开发框架 Spring Cloud 等，这些都是基于 Spring 框架体系构建的简化开发的扩展框架。

1.2 Spring MVC 框架

在各种开发框架出现之前，是 Web 开发的洪荒时期，在 Servlet 标准与 Servlet 容器出现后，开拓了 Java Web 开发的领域，但是原始的 Servlet 容器还是比较低级的，要开发大型应用，会导致 Servlet 组件的逻辑异常复杂，甚至充斥着各种判断与硬编码，而 Spring MVC 框架则完美地解决了此问题，通过注解标记机制，形成了应用层无须判断，只需关注处理逻辑即可的开发方式。

Spring 框架在企业开发中被广泛使用，而在企业应用开发中，多数都是 Web 项目，那么 Spring 对 Web 项目的开发支持度也是很高的。

上面的介绍中已经提到了，Spring Web 相关的模块都是支持 Web 项目开发的模块，其中最有名的就是 Spring MVC 框架，基于 Spring MVC 框架开发 Web 应用将会非常方便，下面就简单介绍一下 Spring MVC 框架。

1.2.1　MVC 介绍

随着 Web 应用开发的发展，项目也会越来越臃肿，用原来随心所欲的方式编写 Web 应用已经力不从心了，项目越大，维护成本也会越高。此时就出现了 MVC 设计模式，MVC 全名是 Model-View-Controller，即模型-视图-控制器。其基本核心思想是分离视图页面、模型数据和业务逻辑，通过分层结构达到各层之间解耦的目的。通过各层的解耦，可以实现每一层单独替换的目的，同一套数据可以通过不同的视图层展示，达到逻辑复用的目的。

在 Web 开发趋近于 MVC 模式之时，Spring 也随之推出了 Spring MVC 框架，并与 Spring 框架无缝整合，为 Java Web 开发提供了强有力的框架，这也是我们本书的主角之一——Spring MVC。

1.2.2　Spring MVC 框架介绍

Spring MVC 的核心处理器是标记为 Controller 的 Java Bean，在 Spring MVC 中，为 Web 开发提供了众多方便的功能，下面简单举例。

1. 注解方式声明控制器与控制器方法

Spring MVC 提供@Controller 声明 Java Bean，并标记为 MVC 中的 Controller。通过@RequestMapping 注解标记控制器的方法为处理器方法，为 Web 请求自动查找相应的@RequestMapping 标记的方法并调用。

2. 参数自动绑定

自动把 Web 请求中的参数解析并绑定到注解标记的处理器方法参数上，在控制器方法中可以直接获取到 Web 请求中提交的参数。支持多种参数绑定，如请求参数、请求体 JSON 等。

3. 返回值自动处理

支持多种返回值，支持返回 String 类型的 View 视图名、View 视图、ModelAndView 模型视图、Java 实体返回为 JSON 等多种返回类型。

4．支持 Model 自动处理

Model 可以作为参数自动绑定到控制器方法中，在控制器逻辑中可以对 Model 进行操作，例如添加一些数据以供 View 使用。当然也可以用返回 ModelAndView 的形式支持 Model 模型。

5．支持多种 View 类型

包括 JSP、FreeMarker、Thymeleaf 等多种模板引擎。

6．异常统一处理

支持对控制器层发生的错误进行统一的处理，包括根据不同的异常返回不同的视图等功能。

7．其他有用的功能

包括拦截器、国际化等常见功能。

1.2.3 Spring MVC 项目搭建

使用以前常用的 XML 配置方式搭建基于 Spring MVC 的项目。项目的目标是搭建可以实现页面访问，并实现访问数据库的功能，并在页面显示 Hello ${name}，name 通过数据库获取。

为方便项目依赖管理，直接使用 Maven 搭建项目，关于使用 Maven 的相关内容就不在此复述了。项目源码参见网址：https://github.com/FastBootWeixin/MVC-Example。首先看项目结构。

```
MVC : 项目根目录
├── pom.xml : Maven 项目描述文件，用于依赖管理等
├── sql : 数据库相关脚本
│     └── init.sql : 初始化脚本
└── src : 源码文件夹
        └── main : Maven 项目的 main 目录
              ├── java : Maven 项目的 Java 目录
              │     └── com/mxixm/spring/mvc: Java 源码的 package
              │           ├── controller : MVC 控制器包
              │           │     └── DemoController.java : 示例控制器
              │           └── service : Spring 的服务包
              │                 └── DemoService.java : 示例服务，包含数据库访问
              ├── resources : 资源相关文件夹
              │     └── spring-servlet.xml : Spring 的 ApplicationContext 配置
              └── webapp : Web 相关文件夹
                    └── WEB-INF : web.xml 所在文件夹
                          ├── view : 视图文件夹
                          │     └── index.jsp : 首页视图
                          └── web.xml : Tomcat 实例配置
```

本地使用 MySQL 数据库，首先执行数据库脚本，接着我们看一下各个文件。

pom.xml 引入依赖。

```
<?xml version="1.0" encoding="UTF-8"?>
<projectxmlns="http://maven.apache.org/POM/4.0.0"
xmlns:xsi= "http://www.w3.org/2001/XMLSchema-instance"
      xsi:schemaLocation="http://maven.apache.org/POM/4.0.0
http://maven.apache.org/xsd/maven-4.0.0.xsd">
   <modelVersion>4.0.0</modelVersion>
   <groupId>com.mxixm.spring</groupId>
   <artifactId>mvc</artifactId>
   <version>1.0-SNAPSHOT</version>
   <packaging>war</packaging>
   <name>mvc Maven Webapp</name>
   <url>http://www.mxixm.com</url>
   <properties>
      <project.build.sourceEncoding>UTF-8</project.build. sourceEncoding>
      <maven.compiler.source>1.8</maven.compiler.source>
      <maven.compiler.target>1.8</maven.compiler.target>
   </properties>
   <dependencies>
      <!--Spring MVC 核心依赖-->
      <dependency>
         <groupId>org.springframework</groupId>
         <artifactId>spring-webmvc</artifactId>
         <version>5.0.6.RELEASE</version>
      </dependency>
      <!--Spring 数据访问核心依赖-->
      <dependency>
         <groupId>org.springframework</groupId>
         <artifactId>spring-jdbc</artifactId>
         <version>5.0.6.RELEASE</version>
      </dependency>
      <!--Servlet 相关 API，因为 Servlet 容器中有此包，故这里 scope 采用 provided，打
包时不再打入此包-->
      <dependency>
         <groupId>javax.servlet</groupId>
         <artifactId>javax.servlet-api</artifactId>
         <version>3.1.0</version>
         <scope>provided</scope>
      </dependency>
      <!--Tomcat JDBC 数据库连接池依赖-->
      <dependency>
         <groupId>org.apache.tomcat</groupId>
         <artifactId>tomcat-jdbc</artifactId>
         <version>8.5.20</version>
      </dependency>
      <!--MySQL 数据库连接器-->
```

```
        <dependency>
            <groupId>mysql</groupId>
            <artifactId>mysql-connector-java</artifactId>
            <version>5.1.44</version>
        </dependency>
    </dependencies>
</project>
```

引入核心依赖后，按照顺序修改 web.xml 配置，内容如下：

```
<web-app xmlns="http://xmlns.jcp.org/xml/ns/javaee"
        xmlns:xsi="http://www.w3.org/2001/XMLSchema-instance"
        xsi:schemaLocation="http://xmlns.jcp.org/xml/ns/ javaee
http://xmlns.jcp.org/xml/ns/javaee/web-app_3_1.xsd"
        version="3.1">
    <display-name>Demo MVC Application</display-name>
    <!--Spring 与 Servlet 容器整合的桥梁，DispatcherServlet，ApplicationContext 在此 Servlet 中创建-->
    <servlet>
        <servlet-name>spring</servlet-name>
        <servlet-class>org.springframework.web.servlet.DispatcherServlet
</servlet-class>
        <!--配置 DispatcherServlet 中 ApplicationContext 使用的配置文件-->
        <init-param>
            <param-name>contextConfigLocation</param-name>
            <param-value>classpath:spring-servlet.xml</param- value>
        </init-param>
        <load-on-startup>1</load-on-startup>
    </servlet>
    <!--所有的请求都交给上面那个 Servlet 处理-->
    <servlet-mapping>
        <servlet-name>spring</servlet-name>
        <url-pattern>/</url-pattern>
    </servlet-mapping>
</web-app>
```

接着需要配置 spring-servlet.xml 文件，主要配置 Spring 容器中相关的 Bean。配置文件 spring-servlet.xml。

```
<?xml version="1.0" encoding="UTF-8"?>
<beans xmlns="http://www.springframework.org/schema/beans"
      xmlns:xsi="http://www.w3.org/2001/XMLSchema-instance"
      xmlns:context="http://www.springframework.org/schema/context"
      xmlns:tx="http://www.springframework.org/schema/tx"
      xmlns:mvc="http://www.springframework.org/schema/mvc"
      xsi:schemaLocation="http://www.springframework.org/schema/beans
      http://www.springframework.org/schema/beans/spring-beans.xsd
      http://www.springframework.org/schema/context
      http://www.springframework.org/schema/context/spring-context.xsd
```

```
        http://www.springframework.org/schema/tx
        http://www.springframework.org/schema/tx/spring-tx.xsd
        http://www.springframework.org/schema/mvc
        http://www.springframework.org/schema/mvc/spring-mvc.xsd">
    <!-- 配置扫描的包，该包下标记为组件的 Class 会被自动扫描为 Spring 的 Bean，被容器管理
-->
    <context:component-scan base-package="com.mxixm.spring.mvc.*"/>
    <!-- 注册 MVC 的注解驱动，使得@RequestMapping 相关注解生效 -->
    <mvc:annotation-driven/>
    <!--注册事务的注解驱动，使得@Transactional 注解生效 -->
    <tx:annotation-driven/>
    <!-- 访问静态资源 -->
    <mvc:default-servlet-handler/>
    <!-- 视图解析器，支持 JSP -->
    <bean class="org.springframework.web.servlet.view.InternalResourceView-
Resolver">
        <!-- 视图默认从/WEB-INF/view/路径查找模板 -->
        <property name="prefix" value="/WEB-INF/view/"> </property>
        <!-- 视图名后缀为.jsp -->
        <property name="suffix" value=".jsp"></property>
    </bean>
    <!-- 数据源，使用 Tomcat JDBC 数据库连接池 -->
    <bean id="dataSource" class="org.apache.tomcat.jdbc.pool.DataSource">
        <!-- 数据源连接属性 -->
        <property name="url" value="jdbc:mysql://localhost:
3306/test"></property>
        <property name="driverClassName" value="com.mysql.jdbc.Driver">
</property>
        <property name="username" value="root"></property>
        <property name="password" value="123456"></property>
    </bean>
    <!-- 数据库操作模板 Bean -->
    <bean id="jdbcTemplate" class="org.springframework.jdbc.core
.JdbcTemplate">
        <property name="dataSource" ref="dataSource"></property>
    </bean>
    <!-- 配置事务管理器 -->
    <bean id="transactionManager" class="org.springframework.jdbc.datasource
.DataSourceTransactionManager">
        <property name="dataSource" ref="dataSource"></property>
    </bean>
</beans>
```

下一步实现从数据库获取数据的逻辑 DemoService.java 如下：

```
package com.mxixm.spring.mvc.service;
import org.springframework.beans.factory.annotation.Autowired;
import org.springframework.jdbc.core.JdbcTemplate;
```

```
import org.springframework.stereotype.Service;
import org.springframework.transaction.annotation.Transactional;
// 声明为 Spring 的 Service 组件，可以被 Spring 框架自动扫描到并作为 Bean 注册到 Spring
容器中
@Service
public class DemoService {
    // 引入数据库操作模板，该 Bean 在 spring-servlet.xml 中声明
    @Autowired
    private JdbcTemplate jdbcTemplate;
    // 注解声明开启事务管理
    @Transactional
    public String getName(int id) {
        // 查询数据库中以 id 值为参数的记录，并返回 name 字段
        return jdbcTemplate.queryForObject("select name from user where id = ?",
String.class, id);
    }
}
```

数据访问层完成之后，就需要完成控制器层了，控制器层的逻辑 DemoController.java 如下：

```
package com.mxixm.spring.mvc.controller;
import com.mxixm.spring.mvc.service.DemoService;
import org.springframework.beans.factory.annotation.Autowired;
import org.springframework.stereotype.Controller;
import org.springframework.ui.Model;
import org.springframework.web.bind.annotation.RequestMapping;

// 声明为 Spring MVC 的控制器，并作为 Bean 注册到 Spring 容器中
@Controller
public class DemoController {

    // 声明式依赖 DemoService
    @Autowired
    private DemoService demoService;

    // 声明根路径请求使用该方法处理逻辑
    @RequestMapping("/")
    // 方法引入 Model 属性，以便供视图使用，MVC 中的模型
    public String index(Model model) {
        String name = demoService.getName(1);
        // 为数据模型添加属性 name，供视图使用
        model.addAttribute("name", name);
        // 返回 index 视图
        return "index";
    }
}
```

视图文件在/WEB-INF/view/目录下，查找文件为 index.jsp，该文件内容为：

```
<%@ page contentType="text/html; charset=UTF-8" pageEncoding= "UTF-8"%>
<html>
    <body>
        <!-- 使用${}形式的 EL 表达式引用 Model 中的 name 属性-->
        <h2>Hello ${name}!</h2>
    </body>
</html>
```

最后执行测试 SQL 脚本添加测试数据如下：

```
CREATE DATABASE test;
CREATE TABLE test.user (
id int NOT NULL AUTO_INCREMENT ,
name varchar(255) NULL ,
PRIMARY KEY ('id')
);
INSERT INTO test.user (name) VALUES ('world');
```

此时项目需要的文件已经全部完成了，但是并不能直接启动。该项目需要依赖 Tomcat 容器才能完成启动，通过 Maven 把该项目打包为 War 包，并放到 Tomcat 目录的 webapps 下，命名为 ROOT.war，启动 Tomcat 后，会自动启动此 War 包。启动完成后，打开浏览器，输入 localhost:8080，即可看到 Hello world！

至此这个简单的 Web 项目已完成，包含简单的页面功能和数据库访问功能，同时还为数据库启用了事务管理功能，但该项目还不能发布为生产项目，因为缺少几个重要功能：如日志管理、从配置文件获取属性等。但用原始 Spring MVC 方式搭建的项目，要为其添加这些功能又会使项目开发变得更加复杂，这里不再提供添加方法，有兴趣的读者可以自己尝试。

1.3　Spring Boot

在讲 Spring 框架的进化时，提到了 Spring 的第四阶段是 Spring Boot 的出现，Spring Boot 的出现可以说是为 Spring 框架体系带来了新生。随着 Spring 框架的发展，组件越来越多，而企业级应用也会引入越来越多的组件，基于原始的 Spring 框架，必然会导致配置越来越复杂，代码的可读性也越来越低。

此时，Spring Boot 开创性地使用了自动配置的黑科技，令 Spring 框架使用的复杂度大大降低，完成了组件即插即用的壮举，使得在日新月异的技术发展中保持了 Spring 框架在 Java 开发中的地位，以及 Java 在企业级应用开发中的地位。

下面就简单描述 Spring Boot 的功能和它带来的开创性改变。

1.3.1　Spring Boot 简介

Spring Boot 令基于 Spring 的独立的、生产级别的应用的创建更加简单，简单到“只需要运行”即可。

在对 Spring 框架和各种第三方库进行简单评估后，Spring Boot 可以简单地搭建起项目，大多数 Spring Boot 应用只需要很少的配置。

Spring Boot 是为了简化开发，基本无须配置就可以创建并启动一个项目。正如框架名字一样，Spring Boot 是个引导启动的框架，Spring Boot 整合了大部分常用的 Spring 平台框架和其他第三方框架，开发者只需要根据自己的需要引入 Spring Boot 组件即可创建好自己需要的项目，这一点在 Web 项目上体现得尤为明显。为了实现简化开发的目的，Spring Boot 提供以下特性，结合这些特性，最终实现了极其简单的项目创建功能。

（1）提供自动配置机制，使得在 Spring Boot 中使用大部分 Spring 体系和第三方框架都非常方便。通过自动配置体系，为 Spring 体系和第三方框架提供即插即用的自动化配置，采用约定（习惯）大于配置的方式，为各种框架使用最常用的默认配置，以达到最小化配置的目的。

（2）提供各种可选的 Starter 系列 Maven 依赖，以解决传统项目中遇到的依赖地狱和版本冲突问题。通过使用 Starter 系列依赖，自动引入实现特定功能的一系列依赖，以达到依赖版本统一控制的目的。同时也简化了项目的依赖管理。

（3）内嵌各种可选的 Web 容器，如 Tomcat、Jetty、Undertow 等，无须部署为 War 包通过容器启动，开创性地部署为 Jar 包，通过 Jar 包直接启动。Spring Boot 提供了 Maven 插件，可以令项目部署为 Jar 包，通过黑科技加载 Jar 包中的 Jar 包，使得直接启动 Jar 包便启动了项目。无须依赖外部容器，实现了完全自治。

（4）无须代码生成，也无须 XML 配置。通过 Spring Boot 的条件化配置功能，可以根据某些 Class 是否存在来判断是否创建一些 Bean，并通过默认加载配置文件的机制，通过配置文件获取常用 Bean 的一些配置，达到了无 XML 也可配置 Bean 的目的。

（5）提供一些生产特征，如指标、健康检查和外部化配置等。这是一项新特性，基于 Spring Boot 独立创建的应用具有更加独立的特性，使得 Spring Boot 可以为其嵌入众多的监控功能，如此令以往通过第三方插件才可实现的系统监控功能在框架层级就可以实现，为部署生产应用提供了更多的便利。

在时代不停发展的过程中，各种变化周而复始。正如 Spring 框架统一 Java Bean 的依赖与使用，Spring Boot 框架相当于统一 Spring 体系与各种第三方框架的依赖与使用，目的都是为了简化开发、优化项目，使项目更加易于维护。

通过上面基于 Spring MVC 的 Web 项目搭建过程，可以看到在项目中配置文件内容比较复杂，且配置文件的过程比较烦琐。要搭建一个 Web 项目，上面的创建步骤就缺一不可，这并不符合编程美学，Spring Boot 正是为了解决这个问题而出现的。下面使用 Spring Boot 搭建 Web 项目，体验一下 Spring Boot 的编程美学和各种黑科技。

1.3.2 Spring Boot 项目搭建

在 Spring MVC 项目搭建时，大致有以下几个固定步骤。

（1）创建 Maven 项目，加入 Web 项目依赖，依赖的版本号每次需要自己添加选择。

（2）配置 web.xml。

（3）配置 Spring 容器相关的 XML 文件，在 XML 中配置 MVC、数据库、事务等功能相关的 Bean。

（4）开发业务逻辑。

（5）项目打包为 War。

（6）使用 Tomcat 容器启动 War 包。

在上面的步骤中，Web 应用开发者只需关心步骤（4）中的内容，因为 Spring MVC 与其各种相关组件使用与配置都比较复杂，导致基于 Spring 的 Web 项目开发越来越烦琐。

观察发现，上面的一些步骤其实类似于模板方法，而 Spring 体系中各种 Template 相关类都是为了解决各种重复代码的模板逻辑而出现的，那么是否可以出现开发模板使我们只用关心开发业务逻辑即可。

Spring Boot 就是这样的框架，通过各种模板化配置，把开发过程中重复性的工作作为模板配置化，使用者基本上只关心业务逻辑的开发即可，下面通过 Spring Boot 实现与上面项目相同的功能，来感受一下 Spring Boot 的魔力。

项目源码访问网址：https://github.com/FastBootWeixin/BOOT-Example，依然是先查看其项目结构。

```
BOOT : 项目根目录
├── pom.xml : Maven 项目描述文件，用于依赖管理等
├── sql : 数据库相关脚本
│   └── init.sql : 初始化脚本
└── src : 源码文件夹
    └── main : Maven 项目的 main 目录
        ├── java : Maven 项目的 Java 目录
        │   └── com/mxixm/spring/boot : Java 源码的 package
        │       ├── Starter.java : Spring Boot 项目的启动文件
        │       ├── controller : MVC 控制器包
        │       │   └── DemoController.java : 示例控制器
        │       └── service : Spring 的服务包
        │           └── DemoService.java : 示例服务，包含数据库访问
        └── resources : 资源相关文件夹
            ├── application.properties : Spring Boot 的配置文件
            └── templates : 模板默认文件夹
                └── index.html : 首页视图
```

可以看到 Java 相关的代码结构和之前的项目相同，这就是我们关心的业务逻辑代码。最大的改变是添加 Starter.java 的启动入口类，各种 XML 和 webapps 目录都不再存在，增加了配置文件，模板放入 resources/templates/目录中。

先查看 pom.xml 文件。

```
<?xml version="1.0" encoding="UTF-8"?>
<project xmlns="http://maven.apache.org/POM/4.0.0"
       xmlns:xsi="http://www.w3.org/2001/XMLSchema-instance"
       xsi:schemaLocation="http://maven.apache.org/POM/4.0.0
http://maven.apache.org/xsd/maven-4.0.0.xsd">
   <modelVersion>4.0.0</modelVersion>
   <groupId>com.mxixm.spring</groupId>
   <artifactId>boot</artifactId>
   <version>1.0-SNAPSHOT</version>
   <packaging>jar</packaging>
   <name>boot Maven Webapp</name>
   <url>http://www.mxixm.com</url>
   <!--Spring Boot 项目需要指定的父项目-->
   <parent>
      <groupId>org.springframework.boot</groupId>
      <artifactId>spring-boot-starter-parent</artifactId>
      <version>2.0.2.RELEASE</version>
   </parent>
   <properties>
      <project.build.sourceEncoding>UTF-8</project.build.sourceEncoding>
      <maven.compiler.source>1.8</maven.compiler.source>
      <maven.compiler.target>1.8</maven.compiler.target>
   </properties>
   <dependencies>
      <!--Spring Boot Web 项目的 Starter 包，Web 项目引入此包-->
      <dependency>
         <groupId>org.springframework.boot</groupId>
         <artifactId>spring-boot-starter-web</artifactId>
      </dependency>
      <!--Spring Boot 项目数据库读写的 Starter 包，需要数据库读写时引入此包即可-->
      <dependency>
         <groupId>org.springframework.boot</groupId>
         <artifactId>spring-boot-starter-jdbc</artifactId>
      </dependency>
      <!--Spring Boot 默认情况下不支持 JSP 模板，推荐使用 Thymeleaf 模板引擎，引入此
Starter 即可-->
      <dependency>
         <groupId>org.springframework.boot</groupId>
         <artifactId>spring-boot-starter-thymeleaf </artifactId>
      </dependency>
      <!--mysql 连接器-->
      <dependency>
         <groupId>mysql</groupId>
         <artifactId>mysql-connector-java</artifactId>
      </dependency>
   </dependencies>
   <build>
      <plugins>
```

```
            <!--Spring Boot 提供的项目打为 Jar 包的 Maven 插件，执行 mvn package 即可打
为可启动 Jar 包-->
            <plugin>
                <groupId>org.springframework.boot</groupId>
                <artifactId>spring-boot-maven-plugin</artifactId>
            </plugin>
        </plugins>
    </build>
</project>
```

该项目与 Spring MVC 项目最大的区别是添加了 Spring Boot 的 parent，同时改变 MVC 与 JDBC 相关的依赖为 starter，打包方式改为 Jar，添加 Spring Boot 的 Maven 插件用于打 Jar 包。

在 Spring MVC 项目中，启动入口在 Tomcat 容器中，容器读取 web.xml 文件最终完成项目的启动与加载。而在 Spring Boot 项目中，启动入口改为类的 main 方法，例如 Starter.java 这个启动类。

```
package com.mxixm.spring.boot;
 import org.springframework.boot.SpringApplication;
import org.springframework.boot.autoconfigure.SpringBootApplication;

// 声明为 Spring Boot 应用，项目以此类为基础进行配置
@SpringBootApplication
public class Starter {
    // Java main 方法，启动入口，启动此 main 方法即可启动 Web 项目
    public static void main(String[] args) {
        // 传入本类，作为配置类
        SpringApplication.run(Starter.class);
    }
}
```

启动类非常简洁，注解加上 main 方法与一句话即可启动项目。

在 Spring MVC 项目中，数据库连接的相关配置是在 spring-servlet.xml 文件中，而在 Spring Boot 项目中，该文件不存在，那么在哪儿进行数据库配置呢？

Spring Boot 添加了一个很重要的机制，启动时自动读取配置文件，并可以根据配置文件自动初始化各种项目中可能需要的 Bean，包括数据库 DataSource，也就是本项目的 application.properties。

```
spring.datasource.url=jdbc:mysql://localhost:3306/test
spring.datasource.username=root
spring.datasource.password=123456
```

同时，Spring Boot 推荐使用 Thymeleaf 作为默认的模板引擎，resources/ templates 目录是默认的模板文件目录，在该目录中放入 index.html，即可在 Spring Boot 的 Web 项目中使用该模板，该文件的内容如下：

```
<!DOCTYPE html>
<html xmlns:th="http://www.thymeleaf.org">
    <body>
        <h2 th:text="'Hello' + ${name} + '!'"></h2>
    </body>
</html>
```

而逻辑方面，DemoController 和 DemoService 没有任何改变，按照上面目录结构放入对应包之后，Spring Boot 项目就可以直接通过 Starter.java 中的 main 方法启动。

项目完成后，还需要打包这一步，因为需要把所有的依赖都打入 Jar 包，做成可启动的 Jar 包供部署使用，直接使用 mvn package 命令即可完成 Jar 打包的操作。此 Jar 包便是可启动的 Jar 包，只要有 Java 环境，在任何地方都可以运行，使用命令 java -jar jar 包名即可完成启动。

启动完成后访问 localhost:8080，即可看到：Hello world!。

上面搭建的项目此时已具备日志记录的功能，日志框架已经配置完善，可以直接开箱使用了，同时还支持多环境配置文件切换。如果在项目做大之后，还需要使用到各种消息系统或者 NoSQL 相关的中间件，依然是直接引入相应的 Starter 包，在配置文件中进行一些简单配置即可直接在应用中使用相应的中间件。更进一步，引入 spring-boot-starter-actuator 依赖后，该项目就具备了各种状态监控功能。

Spring Boot 与 Spring MVC 项目最大的不同就是不再需要各种配置文件，无论是数据源、连接池、事务或是 MVC 的视图等，都不再需要显式配置，这得益于 Spring Boot 提供的新功能和各种黑科技。

- 通过指定 pom.xml 的 parent 为 Spring Boot Parent，自动管理依赖版本，使用其他依赖时无需指定依赖版本，有效地避免了依赖地狱和版本冲突。
- 基于内嵌 Tomcat 容器，实现 main 方法启动 Web 项目的黑科技。
- 通过 Maven 插件，可启动打 Jar 包的黑科技。
- 通过自动配置，实现了无需显式声明 JdbcTemplate 和 TransactionManager，即可直接拆箱注入使用的黑科技。
- 通过条件配置，实现各种组件即插即用，达到按需初始化的目的。引入 Thymeleaf 之后，就自动启用了 Thymeleaf 模板引擎。引入 MySQL 连接器之后，数据源就自动使用 MySQL 连接器。引入 Tomcat JDBC 后，连接池就自动使用 Tomcat JDBC 等。

另外，如果觉得自己创建 Spring Boot 项目还是有些复杂，还是有重复地添加依赖的步骤，那么可以使用 Spring Boot 提供的工具（网址：https://start.spring.io）来直接创建你想要的 Spring Boot 项目。当然各大 IDE 也都有提供相关工具，使得创建 Spring Boot 项目更加方便，使开发人员更加专心于业务逻辑，而不是各种配置，大大简化了开发过程，提高了开发效率。

使用 start.spring.io 快速创建 Spring Boot 项目如图 1.3 所示，只需要输入必要的信息，选择需要的依赖，即可生成 Spring Boot 项目。

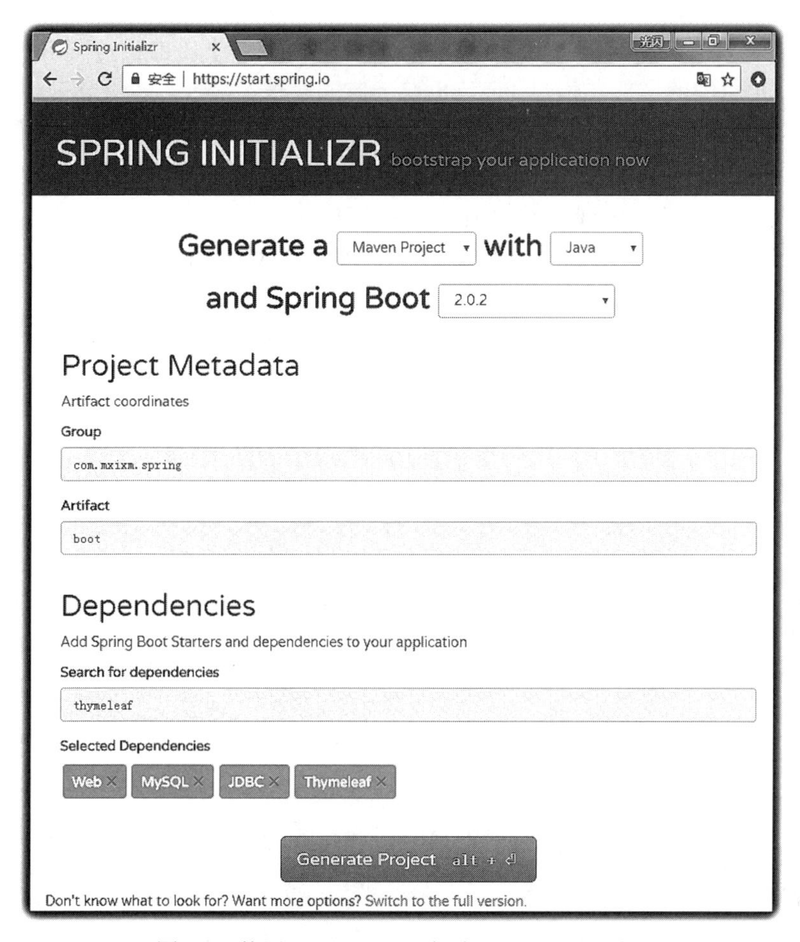

图 1.3 使用 start.spring.io 创建 Spring Boot 项目

1.4 扩展知识

作为主菜的 Spring、Spring Boot 与 Spring MVC 在上面都已经品尝过，而一些比较有意思的小知识点作为饭后甜点请大家品尝。

1.4.1 关于可启动 Jar 包

一般来说，Java 默认的类加载器只能直接加载 Jar 包内的类，而不能加载 Jar 包内嵌入 Jar 包的类，而 Spring Boot 打的 Jar 包就是包含内嵌 Jar 包的情况，那么 Spring Boot 是如何做到加载内嵌 Jar 包的？

Spring Boot 通过创建 LaunchedURLClassLoader 自定义的类加载器，把传入类加载器的 URL 定制化，为 URL 传入自定义的 URLStreamHandler，达到加载 Jar 包内 Jar 包的目的。传入的 URL 一般为 jar:file:/Starter.jar!/BOOT-INF/lib/spring-boot-starter-web-1.5.6.RELEASE.jar!/形

式，当自定义的 URLStreamHandler 遇到 URL 中存在两个“!/”，也就是有 Jar 包嵌套时，会尝试获取内嵌 Jar 包中的文件，但对 Jar 包也有一定的要求。

Spring Boot 提供了 Spring Boot 项目打包插件，用于把 Spring Boot 项目打包为可启动 Jar 包，把项目依赖的 Jar 包全部打入最后生成的可启动 Jar 包。在使用到依赖 Jar 包中的类时，使用上面提到的逻辑，获取内嵌 Jar 包中的类并加载。

通过这种黑科技，最终实现可启动 Jar 包的目的，彻底抛弃原始的 War 包和 Servlet 容器的方式。

1.4.2 关于 MVC 项目中的双配置

在某些旧的 Spring MVC 项目中，可能会看到在 web.xml 中有两个 Spring 的 Context 的配置文件，具体程序如下：

```
<web-app xmlns="http://xmlns.jcp.org/xml/ns/javaee"
         xmlns:xsi="http://www.w3.org/2001/XMLSchema-instance"
         xsi:schemaLocation="http://xmlns.jcp.org/xml/ns/javaee http://xmlns.
jcp.org/xml/ns/javaee/web-app_3_1.xsd"
         version="3.1">
    <display-name>Demo MVC Application</display-name>
    <!--供 ContextLoaderListener 使用的 ApplicationContext 的配置文件位置-->
    <context-param>
        <param-name>contextConfigLocation</param-name>
        <param-value>classpath:application-context.xml</param-value>
    </context-param>
    <!--使用 Listener 配置 Spring 的 ApplicationContext，时机比 Servlet 早-->
    <listener>
        <listener-class>org.springframework.web.context.ContextLoaderListener
</listener-class>
    </listener>
    <!--Spring 与 Servlet 容器整合的桥梁，DispatcherServlet，ApplicationContext 在
此 Servlet 中创建-->
    <servlet>
        <servlet-name>spring</servlet-name>
        <servlet-class>org.springframework.web.servlet.DispatcherServlet
</servlet-class>
        <!--配置 DispatcherServlet 中 ApplicationContext 使用的配置文件-->
        <init-param>
            <param-name>contextConfigLocation</param-name>
            <param-value>classpath:spring-servlet.xml</param-value>
        </init-param>
        <load-on-startup>1</load-on-startup>
    </servlet>
    <!--所有的请求都交给上面那个 Servlet 处理-->
    <servlet-mapping>
        <servlet-name>spring</servlet-name>
```

```
        <url-pattern>/</url-pattern>
    </servlet-mapping>
</web-app>
```

一般在 application-context.xml 配置与 Web 无关的 Bean，如 Service 和 Dao 等。在 spring-servlet.xml 配置与 Web 相关的 Bean，如 Controller 和拦截器等。

这样配置是什么意思？ContextLoaderListener 是 Servlet 标准的 Listener 组件，加载时间比 DispatcherServlet 早，在 ContextLoaderListener 会先创建 Spring 的 ApplicationContext，该 Context 有其独立的周期，使用 application-context.xml 作为配置文件。

在 DispatcherServlet 中也会创建 ApplicationContext，此时会先从 ServletContext 中获取在 Listener 中创建的 ApplicationContext，并作为 Servlet 中创建的 ApplicationContext 的 parent，使用 spring-servlet.xml 作为配置文件。

也就是说，ContextLoaderListener 中对应的是 Parent Context，在 ServletContext 中对应的是 Son Context。有两个 ApplicationContext 的原因是为了职责分开，Parent Context 作为 Spring 应用的 Context，而 Son Context 的作用则是 Spring MVC 的 Context，第一个的职责是负责 Spring 应用相关的 Bean，而第二个只负责 Web 应用相关的 Bean，同时因为 ApplicationContext 的父子特性，Son Context 可以获得 Parent Context 中的 Bean，所以才出现了这种设计。

但是，这种机制在不注意的情况下会踩到一些坑。

- Parent Context 与 Son Context 中的 Bean 互相依赖。使用者在并不了解两者的情况下，在 Son Context 里配置了某个 Bean A，但是在 Parent Context 中的某个 Bean B 使用自动注入依赖了 Bean A，此时因为 Parent Context 无法查找 Son Context 的 Bean，会直接抛出无法找到 Bean 的异常。
- Parent Context 与 Son Context 配置环境混用。在默认情况下，Parent Context 与 Son Context 的环境值 Environment 是不相通的，Environment 是用于提供 Spring 容器环境变量值的属性源，一般使用${propertyName}应用，而在 Parent Context 与 Son Context 情况下，两个 Context 中的 Bean 都不能使用另外一方 Context 的变量值，这也会导致使用者产生迷惑。

于是，在 Spring Boot 中直接摒弃了这种设计，按照默认配置执行，Spring Boot 中就只存在单一的 ApplicationContext，使用起来更加简单明了。

本章小结：

本章从 Web 开发的发展过程讲起，讲述了随着时代发展所带来的 Web 开发的改变。又以 Spring MVC 为核心，讲解了传统方式和基于 Spring Boot 方式两种 Web 项目搭建过程，为后续章节学习 Spring Boot 与 Spring MVC 相结合开发 Web 项目创造了基础。有了这些基础，在后续的学习过程中，将会更加得心应手。

第2章　Spring MVC 的基本组件与使用

在第 1 章中简单地介绍了 Spring 框架，对 Spring 框架提供的核心功能有了初步的认识，同时我们也了解了最常用于 Web 应用开发的 MVC 模式的相关知识。而以 Spring 框架为基础，用于实现 MVC 模式的 Web 开发框架就是我们本书的主角——Spring MVC 框架。

对 Spring MVC 的功能有了基本的了解，也尝试搭建了基于 Spring MVC 的 Web 项目，但是要想熟练掌握使用 Spring MVC 框架，这些是远远不够的。通过了解并学习框架的基本组件与设计，可以为使用与研究该框架打下坚实的基础。本章先了解一下在 Spring MVC 中有哪些基本的组件，这些组件又是如何结合起来的。通过这些知识，可以令我们对整个 Spring MVC 框架有整体的认识。

2.1　MVC 三大组件

随着时代的进步，计算机操作从最开始的命令行慢慢地发展成了 UI 操作界面，而在包含 UI 的程序设计中逐渐产生了 MVC 模式。在一个复杂的系统中，分出不同的层次和模块并解耦，总归是能把复杂变简单的一种方式，而 MVC 就是这样一种模式。

MVC 全称为 Model-View-Controller，即把一个包含 UI 的应用分成了 3 层，每层负责各自的逻辑功能，分别如下。

- Model（模型层）：用于提供数据读写操作的业务模型，同时还包含数据的逻辑操作。
- View（视图层）：面向用户的 View 视图层，用于根据数目为用户渲染可视化页面，渲染时数据一般来自 Model 层，用户操作后可以把数据提交给 Controller 层。
- Controller（控制层）：用于接收用户的操作与数据，根据用户的操作调用不同的 Model 处理数据，同时控制展示给用户的 View 层。Controller 层是 View 层和 Model 层的纽带。

以 Web 项目为例，我们来看一下整个 MVC 模型操作的执行周期。

（1）用户使用浏览器通过 URL 访问页面。

（2）Controller 层获取 URL 上的相关信息，决定使用哪个 Model 层组件处理数据及逻辑，并把 URL 中相关参数提交给 Model 层。

（3）Model 层组件的处理逻辑处理用户相关的参数，可能还会从其他数据源获取相关数据，把处理之后的数据添加到自己的属性中。

（4）处理完成返回 Controller 层，Controller 层根据相关参数选择返回的 View 层。

（5）View 层根据 Model 层中属性渲染页面，返回 HTML 给浏览器，浏览器渲染 HTML 后展示给用户。

一个页面的完整访问过程就结束了，可以看到整个操作的过程中流向是固定的环状，这也是 MVC 的一大优点，简化流程。整个流程如图 2.1 所示。

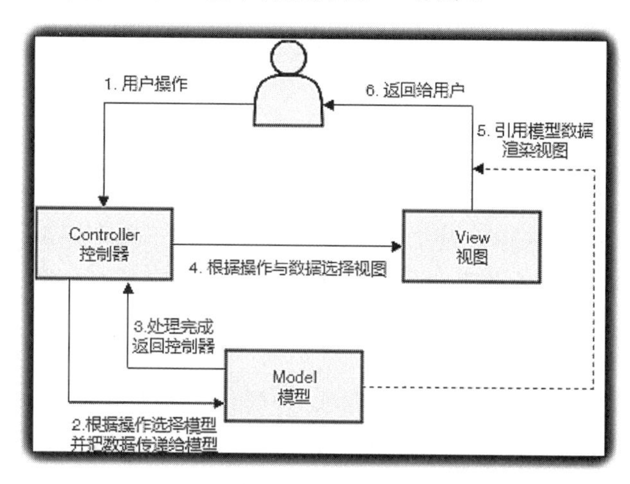

图 2.1　MVC 流程

MVC 模式设计的应用有以下几大优点。

- 低耦合：通过 Controller 层解耦 Model 层与 View 层，可令 Model 层和 View 层两部分单独做修改而不会影响另一部分。例如可以任意改动 View 以展示不同的页面，同时 Model 和 Controller 层无须做任何改动，反之亦然。
- 高复用：基于 View 层的改动不影响 Model 层，可以为 Web 应用添加不同的 View，如移动端页面和桌面端页面不同，可以复用统一到 Model 层。
- 高维护：拆分 View 层和 Model 层，使得每层之间数据流向单一，没有图状数据流向，更易于开发与维护。不同层可以交由不同的开发人员负责，功能越单一，实现的效率就越高。

当然 MVC 也有一些缺点，例如会导致调试困难，但是瑕不掩瑜，相对于其带来的优点来说，缺点是微不足道的，且调试问题也有一些特定的解决方案。同时 MVC 不止局限于这些优点，其他优点大家可以在开发中慢慢体会。

在理解 MVC 模式后，会发现这种分层解耦的方式随处可见，随着事物的发展，有些设计就会使用这种方式，特别在计算机世界中屡屡皆是。例如计算机硬件体系拆分为CPU、显卡和内存，CPU 是处理逻辑，使用内存存取数据，显卡负责控制显示，显示数据来源也是通过内存获取的，MVC 与此有异曲同工之妙。

下面就来看一下 Spring MVC 中对这三层都提供有哪些支持？

2.2 Spring MVC 对控制器的支持

控制器（Controller）作为视图（View）和模型（Model）的纽带，起着至关重要的协调作用。一个系统中往往存在多个 Model 和 View，Controller 负责协调多个 Model 和 View。Controller 根据用户输入的指令和数据，查找 Model 并执行，最终再查找要返回的 View 并通过 Model 数据进行渲染后返回给用户。控制器把系统中各个零件组合起来，负责整个系统核心的控制。

2.2.1 控制器核心

在 Web 应用中，用户发起的指令和数据是通过 HTTP 协议传输的，指令一般使用请求 URL 表示，数据则是 HTTP 请求信息中的数据。Spring MVC 中 Model 的查找基本上都是以 URL 为基础进行的，而 Model 的执行需要的数据则是从 HTTP 请求信息中的数据进行一些转换后获取的。

控制器的核心逻辑是在 DispatcherServlet 这个 Servlet 组件中，此组件是 Spring MVC 的核心入口。在 DispatcherServlet 中，有 Model 处理逻辑的查找、Model 处理逻辑的执行、View 的查找及 View 的渲染等控制器核心逻辑。Model 的查找和 Model 的执行在 DispatcherServlet 中是解耦的，两者相互独立。Model 的查找通过 Mapping 映射查找完成，查找返回的结果是 Model 的执行逻辑的封装——Handler（处理器）。

Handler 组件的作用是解耦 Model 处理逻辑的查找和 Model 处理逻辑的执行，和 MVC 解耦的概念是类似的。把 Model 及其相关的执行逻辑封装在 Handler 中，控制器负责通过 HandlerMapping 查找 Handler，查找到 Handler 之后再交由 HandlerAdapter 处理。

另外，在处理器执行的前后，还可以插入拦截器组件，通过拦截器实现类似于面向切面 AOP 的功能，拦截器可以在处理器的执行前、执行后、完成时分别执行一段逻辑，用来为所有处理器添加相同的逻辑。关于这些执行细节在后续章节的源码分析中会有涉及，下面只列举出这些组件相关的使用。

Spring MVC 提供了多种 Handler 的查找策略和执行支持。这里先了解一下 Spring MVC 控制器支持的 Mapping 映射策略，也就是处理器查找有哪些类型。

2.2.2 处理器查找

一个 Web 请求必然包含一个 URL，代表一个动作。映射的查找一般也会以 URL 为基础进行，Spring MVC 中常见的映射策略有 3 种。

1. 直接 URL 映射

该映射方式通过向 Spring 注册 SimpleUrlHandlerMapping 类型的 Bean 实现，可以为

SimpleUrlHandlerMapping 传入 Map 类型的映射关系。Map 的 Key 是 URL，支持通配符；Value 是任意一种支持的 Handler，2.2.3 小节会详细描述所有支持的 Handler。示例代码如下：

```
// 声明为 Spring 的配置类
@Configuration
public class HandlerMappingConfig {
  // 声明为 Spring 的 Bean
  @Bean
  public SimpleUrlHandlerMapping simpleUrlHandlerMapping() {
    // 创建实例
    SimpleUrlHandlerMapping mapping = new SimpleUrlHandlerMapping();
    // 设置 URL 与 Handler 的映射关系，通过 SimpleUrlRequestHandler 处理请求
    mapping.setUrlMap(Collections.singletonMap("/simpleUrl", Handler));
    return mapping;
  }
}
```

2．BeanName 与 URL 映射

该映射方式通过 BeanName 自动进行 URL 映射。如果 Bean 的 Name 声明以“/”开头，或者这个 Bean 的别名以“/”开头，则该 Bean 会自动作为 Handler 进行映射，URL 为 Bean 的 Name，Handler 为该 Bean 自身。这个自动注册的逻辑发生在 BeanNameUrlHandlerMapping 中。示例代码如下：

```
@Configuration
public class HandlerMappingTest {
  // 为这个 Bean 注册两个名字：/beanNameUrl 和/aliasNameUrl，访问这两个 URL 时，会通过
下面声明的 Handler 处理该请求
  @Bean(name = {"/beanNameUrl", "/aliasNameUrl"})
  public HttpRequestHandler beanNameUrlHandler() {
    // 这是一个 HttpRequestHandler 类型的 Handler，后面讲解
    return new BeanNameUrlHttpRequestHandler();
  }
}
```

当然声明 BeanName 不止这一种方式，也可以按照下面这种方式声明。

```
@Component("/beanNameUrl")
public class BeanNameUrlHttpRequestHandler {
  // ... 省略代码
}
```

3．@RequestMapping 映射

Spring MVC 结合强大的注解机制添加的一个功能非常强大、使用极其简单的注解映射机制。通过简单的注解，即可达到 HTTP 请求与控制器处理方法映射的目的，其 Handler 查找策略是通过 RequestMappingHandlerMapping 实现的。示例代码如下：

```
@Controller
public class MyRequestMapping {
    @RequestMapping(path = "/myRequestMapping", method = RequestMethod.GET)
    public String requestMappingGet() {
        // ... 省略处理逻辑
    }

    @RequestMapping(path = "/myRequestMapping", method = RequestMethod.POST)
    public String requestMappingPost() {
        // ... 省略处理逻辑
    }

}
```

当请求路径 requestMappingUrl 时，RequestMappingHandlerMapping 会根据请求的 URL 查找到@RequestMapping 注解标记的方法，同时还会判断 HTTP 请求方法。如果是 GET 方法，则获取 requestMappingGet 并封装为 HandlerMethod，如果是 POST 方法，则获取 requestMappingPost 方法并封装为 HandlerMethod。下一步会交由 HandlerAdapter 去执行这个 HandlerMethod。

可以看到该映射机制更加灵活且可选择条件更多，如果要在 SimpleUrlHanderMapping 或者 BeanNameUrlHandlerMapping 中实现该功能，其实是做不到的，它们只支持简单的 URL 映射。

@ReuqestMapping 映射机制是 Web 开发者最常使用的映射机制，该组件的映射机制不仅仅是 URL 这么简单，它还支持其他如请求方法、请求头等各种不同的筛选条件来进行 Handler 映射，更详细的内容将在第 4 章详述。

2.2.3 处理器执行

控制器的查找和控制器的执行在 Spring MVC 中是分开的，这里也是把查找和执行进行了解耦，执行逻辑 HandlerAdapter 并不关心 Handler 是如何查找的，只关心对其所支持的 Handler 的执行，最常见的几种 Handler 支持如下。

1. HttpRequestHandler

这是一种比较简单的 Handler，HttpRequestHandler 接口只有一个 handleRequest 方法，传入 HttpServletRequest 和 HttpServletResponse 两个参数，没有返回值。这种 Handler 只为处理简单的 HTTP 请求，其中不涉及复杂的过程，执行完 handleRequest 方法执行就结束了。

注意：

该 Handler 并不算完整的 MVC 组件，因为其中并没有包含视图的查找解析等过程，但是这种 Handler 的简单特性也为其带来了好处，如一些不需要视图解析的静态资源，就可以使用这种 Handler 来实现。下面看一个简单的示例。

```
public class MyHttpRequestHandler implements HttpRequestHandler {
  @Override
  public void handleRequest(HttpServletRequest request, HttpServletResponse
response) throws ServletException, IOException {
    // 使用 response 的 writer 输出一段文字
    response.getWriter().println("Hello HttpRequestHandler");
    }
}
```

在仅配置了 Handler 时，该 Handler 并不能被使用，因为 Handler 的查找和执行是分离的。要想令此 Handler 生效，并在适当的时候使用此 Handler 处理请求，还需要把这个 Handler 注册到 Mapping 中。可以选用 2.2.2 小节中的任意方式注册该 Handler。因为 @RequestMapping 是注册方法的，上例中的 Handler 是以类的形式创建的，所以需要用另外两种方式。下面以 SimpleUrlHandlerMapping 为例演示。

```
@Bean
public SimpleUrlHandlerMapping MyHttpRequestHandler() {
  SimpleUrlHandlerMapping mapping = new SimpleUrlHandlerMapping();
  // 设置高优先
  mapping.setOrder(Ordered.HIGHEST_PRECEDENCE);
  mapping.setUrlMap(Collections.singletonMap("httpRequestHandler",
    new MyHttpRequestHandler()));
  return mapping;
}
```

启动项目，访问 localhost:8080/httpRequestHandler，可以看到页面中显示：Hello HttpRequestHandler。

2．Controller 接口 Handler

这里的 Controller 是指 org.springframework.web.servlet.mvc 包下的 Controller 接口，该类型的 Handler 更接近于 MVC 定义中的 Controller。同样只有 handleRequest 方法，传入 HttpServletRequest 和 HttpServletResponse 两个参数。与 HttpRequestHandler 不同的是，Controller 的返回值类型是 ModelAndView，其中封装了 Model 数据和 View 视图，后面会详细讲解。示例代码如下：

```
// 声明 BeanName 为/myController，使用 BeanNameUrlHandlerMapping 注册这个 Handler
@Component("/myController")
public class MyController implements Controller {
  @Override
  public ModelAndView handleRequest(HttpServletRequest request,
HttpServletResponse response) throws Exception {
    // Model 数据支持使用 Map 类型
    Map<String, Object> model = new HashMap<>(2);
    model.put("name", "Guangshan");
```

```
    // 返回视图 Mycontroller，视图绑定的数据为 Model
    return new ModelAndView("defaultView", model);
  }
}
```

defaultView 视图内容如下：

```
<!DOCTYPE html>
<html xmlns:th="http://www.thymeleaf.org">
  <body>
    <h2 th:text="'Hello Controller, visitor is' + ${name} + '!'"></h2>
  </body>
</html>
```

通过浏览器访问 localhost:8080/myController，渲染的结果是：Hello Controller, visitor is Guangshan!

Controller 类型的 Handler 与 HttpRequestHandler 的最大区别就是返回值，这里返回了 ModelAndView，提供了对视图和模型绑定的功能，这也是一个完整的控制器中应该有的功能，在 HttpRequestHandler 中，如果要实现 Controller 中返回视图并绑定 Model 渲染的功能，是非常复杂的。所以这里的 Controller 接口就是基本的控制器雏形。

3. @RequestMapping 定义的 HandlerMethod

HandlerMethod 类型的 Handler 是@RequestMapping 注解标记的方法的封装。请求处理时，先通过 RequestMappingHandlerMapping 查找满足筛选条件的@RequestMapping 注解，之后为该注解所标记的方法封装为 HandlerMethod，HandlerMethod 中包含该方法所在的 Bean 及该方法的引用。该类型比前面两种类型更为强大，功能更多。

HandlerMethod 类型虽然也可以自己通过 SimpleUrlHandlerMapping 或者 BeanNameUrl-HandlerMapping 绑定映射关系，但是一般是与 RequestMappingHandlerMapping 结合使用，只需要为处理方法所在的 Bean 声明为@Controller，处理方法上标记@RequestMapping 即可，参考示例如下：

```
// 声明为 Controller 控制器 Bean，该 Bean 中被注解@RequestMapping 标记的方法会被
RequestMappingHandlerMapping 扫描并包装为 HandlerMethod
@Controller
public class MyRequestMapping {
  // 映射 URL 为/MyRequestMapping，支持 GET 类型的请求
  @RequestMapping(path = "/myRequestMapping", method = RequestMethod.GET)
  public String requestMappingGet(String name, Map<String, Object> model) {
    // name 参数可以从请求参数中自动获取并绑定，model 参数也会自动作为 Model 模型绑定到参
数中
    model.put("name", name);
    // 返回视图名，同上面例子
    return "defaultView";
  }
}
```

该示例为请求添加了一个参数 name，尝试通过 URL 访问该请求：localhost:8080/myRequestMapping?name=Guangshan。可以看到页面输出与 Controller 例子相同，也是 Hello Controller, visitor is Guangshan!。

虽然结果相同，但是它们的实现方式有以下几种不同。

- 请求参数的自动绑定。在@RequestMapping 中，请求参数可以自动绑定到处理方法的参数中。而如果要使用 Controller 类型的 Handler 实现获取请求参数 name 的值的功能，还需要添加从 request 获取参数的逻辑，即 request.getParameter("name")。
- Model 模型的自动绑定。参数中声明了 Map 类型的 model，此时 RequestMappingHandlerAdapter 会自动为其生成 Model 模型并绑定到方法参数中，供处理器逻辑对其数据进行存取。而在 Controller 类型的 Handler 中，则是自行创建出来的。
- 视图的自动查找。通过返回 String 类型的视图名，一般是视图文件名，RequestMappingHandlerAdapter 可以自动查找相应名称的视图，并与参数中的 Model 模型数据自动绑定。而在 Controller 类型的 Handler 中，ModelAndView 是我们自行创建的。

可以看到这 3 种 Handler 的功能是递进的关系，HttpRequestHandler 是对原始的 Request 和 Response 进行处理的处理器。Controller 则是 MVC 中定义的 Controller 功能，返回了模型与视图。

而 RequestMapping 则更进一步，在原始的 Request 和 Response 中抽象了一层处理层，可以使用普通的 Java 对象作为控制器，添加了参数绑定、返回值处理等功能，不需要再暴露原始的请求和响应，即可完成请求与响应的处理。使得开发者只需要关注自己需要的请求参数和要返回的结果，而无须对原始请求和响应做加工。这种进步与从汇编语言升级到高级程序语言是类似的。

2.2.4 拦截器

在查找处理器时，HandlerMapping 并不直接返回 Handler，而是返回 Handler 的执行链 HandlerExecutionChain。该执行链中封装的有需要应用到该 Handler 上的所有拦截器。拦截器的类型是 HandlerInterceptor 接口的实现。

在执行处理器前，会先执行 HandlerInterceptor 的 preHandle 前置处理方法，如果该方法返回 false，则中断处理流程；如果返回 true，则继续后续的拦截器处理，直到所有拦截器都返回 true，才会开始执行 Handler。

在执行处理器后，会有两种结果，一种正常执行完成，此时控制器会先执行拦截器里的 postHandle 方法，触发处理器执行后的操作，之后会执行拦截器里的 afterCompletion，代表整个处理动作完成；另一种是在执行时发生了错误，此时不执行 postHandle 方法，而是直接执行 afterCompletion，并把发生的错误作为参数传递给该方法。下面看一个拦截器的示例，代码如下：

```
// 实现 HandlerInterceptor 接口
public class MyHandlerInterceptor implements HandlerInterceptor {
  /**
   * Handler 执行前触发
   * @param request 原始的 HTTP 请求
   * @param response 原始的 HTTP 响应
   * @param handler 执行的目标处理器
   * @return 返回 true 则继续执行，否则中断执行
   * @throws Exception
   */
  @Override
  public boolean preHandle(HttpServletRequest request, HttpServletResponse
response, Object handler) throws Exception {
    System.out.println("Handler 执行前触发，执行的 Handler 是" + handler);
    return true;
  }
  /**
   * Handler 执行成功后触发
   * @param request 原始的 HTTP 请求
   * @param response 原始的 HTTP 响应
   * @param handler 执行的目标处理器
   * @param modelAndView 处理器的执行结果
   * @throws Exception
   */
  @Override
  public void postHandle(HttpServletRequest request, HttpServletResponse response,
Object handler, @Nullable ModelAndView modelAndView) throws Exception {
    System.out.println("Handler 执行成功后触发，执行的 Handler 是：" + handler + ",
处理结果 ModelAndView 是：" + modelAndView);
  }
  /**
   * @param request 原始的 HTTP 请求
   * @param response 原始的 HTTP 响应
   * @param handler 查找到的目标处理器
   * @param ex 执行过程中发生的异常，没有发生异常则为 null
   * @throws Exception
   */
  @Override
  public void afterCompletion(HttpServletRequest request, HttpServletResponse
response, Object handler, @Nullable Exception ex) throws Exception {
    System.out.println("Handler 执行完成后触发，执行的 Handler 是：" + handler + ",
是否发生了异常：" + (ex != null ? "是" : "否"));
  }
}
```

要想令该拦截器生效，需要为处理器配置此拦截器，可以创建 WebMvcConfigurer 类型的配置 Bean，该配置 Bean 会在 Spring MVC 的配置过程中执行，示例代码如下：

```
// 声明配置类
@Configuration
public class MyWebConfig implements WebMvcConfigurer {
  @Override
  public void addInterceptors(InterceptorRegistry registry) {
    // 注册拦截器，创建自己的拦截器实例，同时匹配/**所有路径，为所有路径的处理器添加此拦截器
    registry.addInterceptor(new MyHandlerInterceptor()).addPathPatterns("/**");
  }
}
```

拦截器最常见的使用场景是用户登录校验。一个网站添加用户登录相关功能后，通过登录请求校验用户提供的用户名与密码，作为用户的认证信息。当这个登录请求对应的处理器校验通过时，会把用户认证信息放入 Session 中，并把 SessionId 通过响应头 Set-Cookie 传递给请求方，请求方把此 SessionId 放入 Cookie。

在下次请求时，通过请求头中的 Cookie 传递此 SessionId，服务端再通过 SessionId 获取当前请求的 Session 数据。在拦截器中，先尝试通过 Session 获取用户的认证信息，如果获取失败，则拦截此请求，并响应重定向信息，把页面重定向到登录页面；如果成功获取用户的认证信息，则放行此请求，执行后续处理。

2.2.5　视图查找与模型绑定

在控制器的上面两个步骤即处理器查找和处理器执行调用完成时，控制器会拿到处理器执行的结果。处理器的执行是通过 HandlerAdapter 的 handle 方法执行的，而其返回结果就是 ModelAndView 类型。这个类型就是视图与模型的绑定关系。

在控制器最终对视图进行渲染时，会通过这个返回值获取到视图，同时还增加了根据视图名查找视图的逻辑，如 2.2.4 小节示例。渲染时，首先根据 ModelAndView 视图或者拿到视图名查找视图，之后再从 ModelAndView 中获取 Model 模型数据，通过调用视图的渲染方法传入模型数据执行视图的渲染操作，渲染后把渲染的结果通过 HTTP 的 Response 返回给用户。

2.2.6　控制器小结

在 Spring MVC 中，因为加入了处理器，所以 MVC 的定义略微与直觉有些出入，虽然直觉上觉得处理器也是 Controller 层的实现，但其实处理器的处理逻辑应该算是 Model 模型层。映射关系如下。

- Controller 控制器层：包含处理器的查找、执行、视图查找与模型绑定。
- Model 模型层：处理器的执行逻辑，包含 Model 对象及对 Model 对象的相关操作。
- View 层：包含视图及通过绑定的模型渲染的操作。

下面继续分析 Spring MVC 对 Model 模型对象的支持和 View 层的支持。

2.3 Spring MVC 对模型的支持

在 MVC 中，视图的渲染需要使用到模型中的数据，而模型中的数据则是在 Model 层处理时存入的。在一次用户请求的处理期间，Spring MVC 只会维持 Model 模型，在此期间对所有 Model 的操作都是同一个实例，Spring MVC 为模型数据的存取提供了哪些方式呢？下面就来看看吧。

2.3.1 模型的相关类型

由于视图的渲染时，需要对模型数据进行读取，而渲染方法传入的模型数据是 Map 类型，所以 Spring MVC 模型相关的类型就都是围绕着 Map 而产生的，列举如下。

1. Map 接口

Map 是模型数据存储的基本类型，模型数据按照 Key:Value 的形式保存，而视图渲染时也是使用的 Map 进行渲染的，故 Spring MVC 中对 Model 模型数据的存取底层都是使用 Map 进行的。

2. Model 接口

在 org.springframework.ui 包下的 Model 接口是 Spring MVC 对模型数据操作的一个抽象，该接口提供了添加属性、合并属性、判断属性是否存在等方法。虽然该接口并没有继承 Map 类型，但是该接口提供了 asMap 方法，用于把 Model 转换为 Map，以供视图使用。

3. ModelMap 类

ModelMap 类继承于 LinkedHashMap 类，也可以视为 Map 接口的实现。该类提供了 Model 接口中的方法，通过调用 Map 接口中的 put 操作来实现 Model 的添加属性操作，其他操作也都是通过父类中的方法实现的。注意该类并不实现 Model 接口，实现 Model 接口的是其子类 ExtendedModelMap，Spring MVC 框架内部一般使用 ExtendedModelMap 或其子类作为 ModelMap 的实例。

4. RedirectAttributes 接口

RedirectAttributes 接口比较特殊，继承了 Model 接口，该接口为重定向参数的传递提供了特殊方式，通过 addFlashAttribute 添加重定向可以使用的 Model 参数。其实现原理是通过 Session 存储重定向，是设置在 RedirectAttributes 中的属性。该接口的实现类是 RedirectAttributesModelMap，同时该实现类也继承自 ModelMap 类，它们的相关类如图 2.2 所示。

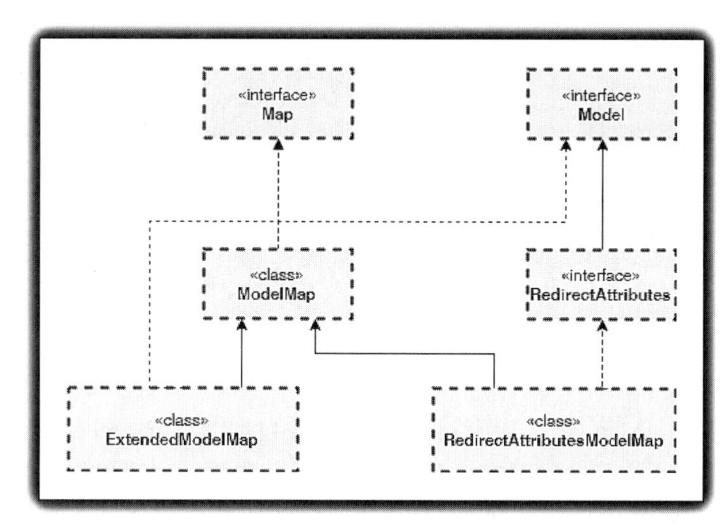

图 2.2　Model 相关类

Model 数据相关内容已经介绍。那么，在实际应用中如何使用这些 Model 呢？下面详细介绍。

2.3.2　模型的使用

Spring MVC 为模型的使用提供了非常便利的声明式使用方法，对于@RequestMapping 标记的处理方法，只需要在方法参数中声明 Model 即可直接使用，当然不仅限于此，在@RequestMapping 的处理周期中，Spring MVC 已经为其提前绑定了一个特殊的模型，这个模型是 Model 接口实现，同时也是 ModelMap 的子类，这个特殊的模型类型为 ExtendedModelMap（实际上是 BindingAwareModelMap 类，该类继承于 ExtendedModelMap 并为属性增加了一个小处理，这里暂不考虑，以下均使用 ExtendedModelMap 作为示例）。下面一一列举模型的使用方式。

1. 声明 Map 类型参数

Map 类型的参数会被自动绑定为处理周期中创建的 ExtendedModelMap 实例，可以直接把此实例作为 Map 使用，即可为 Model 添加参数，示例代码如下：

```
@RequestMapping(path = "/mapModel")
public String mapModelBinding(Map<String, Object> map) {
  // 声明 Map 类型，此时传入的参数是 ExtendedModelMap 的实例，操作时使用 Map 接口的方法
  map.put("name", "Map 类型的 Model");
  return "defaultView";
}
```

2. 声明 Model 类型参数

Model 类型是 Spring MVC 为模型操作封装的接口，也是 Spring 推荐使用的接口，同样

在参数中直接声明参数即可绑定，绑定的实例和 Map 是相同的，也是 ExtendedModelMap 实例。

```
@RequestMapping(path = "/modelModel")
public String modelModelBinding(Model model) {
  // 声明 Model 类型，使用 Model 的接口方法操作数据
  model.addAttribute("name", "Model 类型的 Model");
  return "defaultView";
}
```

3. 声明 ModelMap 类型参数

ModelMap 自身是 Map 类型，所以该类型也会被自动绑定 ExtendedModelMap 类型，但是此类型有一点特殊，它可以使用 Map 开放的接口操作数据，也可以使用 Model 开放的接口操作数据。虽然 ModelMap 没有实现 Model 接口，但是其中方法都是 Model 接口中的。

```
@RequestMapping(path = "/modelMapModel")
public String modelMapModelBinding(ModelMap modelMap) {
  // 绑定 ModelMap 类型，使用两种方式添加属性
  modelMap.addAttribute("name", "ModelMap 类型的 Model");
  modelMap.put("date", new Date());
  return "defaultView";
}
```

加入一个两个参数的视图 modelView.html。

```
<!DOCTYPE html>
<html xmlns:th="http://www.thymeleaf.org">
  <body>
    <h2 th:text="'Hello Model, visitor is' + ${name} + '! Now server time is'+
${date}"></h2>
  </body>
</html>
```

访问 localhost:8080/modelMapModel，可以看到两种方式添加的属性都可以被视图读取到。

4. 直接创建 Model 并作为返回值返回

Spring MVC 会对处理器方法中的返回值自动处理，如果返回值类型是 Model 接口类型或者 Map 接口类型，Spring MVC 会自动把返回值的所有属性添加到请求周期中产生的 Model 模型中。此时的 Model 模型是我们自己创建的，示例代码如下：

```
@RequestMapping(path = "/defaultView")
public Map createModel() {
  Map<String, Object> model = new HashMap<>(2);
  // 这里也可以创建 ModelMap 类型或者 ExtendModelMap 类型，都是可以的
  // ModelMap model = new ModelMap();
```

```
    model.put("name", "自行创建 Model");
    return model;
}
```

此时视图名并没有返回，视图名来源于请求路径，这里的请求路径是 defaultView，故视图名也是 defaultView。

5．处理方法标记@ModelAttribute 注解

该方式同样会取返回值放入 Model 中，属性名是@ModelAttribute 中声明的名称，值是方法的返回值，视图查找同第 4 种方式，但是返回值类型不能是一些基本类型。该方式后面章节详述。

6．直接返回 ModelAndView

这种方式更加直接，直接返回包括视图和模型的类型，模型是任意 Map 类型，视图支持 String 类型的视图名和 View 类型。这种类型和 Controller 接口中处理方法的返回值是相同的，也是 Spring MVC 的 HandlerAdapter 的处理结果，所以这种类型是比较底层的类型，示例代码如下：

```
@RequestMapping(path = "/modelAndViewModel")
public ModelAndView modelAndViewModelBinding() {
    Map<String, Object> model = new HashMap<>(2);
    model.put("name", "ModelAndView 类型");
    // 返回 ModelAndView，第一个参数是视图名，第二个参数是模型
    return new ModelAndView("defaultView", model);
}
```

该种方式相对来说不如直接参数绑定简单，但其自由度是最高的，上面可实现的功能通过 ModelAndView 均可实现。

7．声明 RedirectAttributes 类型参数

该类型最为特殊，RedirectAttributes 类型的 Model 是提供给重定向视图使用的，非重定向的视图对这种模型进行的操作是无效的。该模型的特点是重定向之后，新的请求周期中的视图仍然包含该模型的属性。该类型的使用参考 2.4.1 小节关于重定向视图的使用。

2.4　Spring MVC 对视图的支持

控制器和模型的相关使用都已经介绍了，但仅有这些是不完整的，还需要补充视图才能把数据展示给用户，完整的 MVC 才算构建完成。

Spring MVC 对视图的支持非常丰富，包括各种视图的模板引擎和内置的特殊视图。同时还提供了视图自动查找能力，根据视图名通过视图解析器解析出对应的视图，这和控制器中处理器的查找和执行分离是相同的，这里分离了视图的查找和渲染。这些步骤都是在控制

器的最后渲染步骤中执行的。先来了解一下常见的视图类型。

2.4.1 视图类型

Spring MVC 通过接口 org.springframework.web.servlet.View 封装了所有视图的实现，通过该接口的 render 方法，依据传入的 Map 类型的 model，对视图文件进行渲染并写入到 Response 来完成处理过程。控制器只负责调用视图的渲染方法，将视图与 Model 进行绑定，而视图的渲染则是由视图的实现来执行的，这种分离接口和实现的方式在面向对象中也是很好的解耦设计。我们来看看视图都有哪些常用实现。

1. 内部资源视图 InternalResourceView

该视图代表内部的资源。创建该视图时，需要传入 URL，代表内部资源的路径，而在该视图渲染时，会进行请求转发。通过调用请求的 getRequestDispatcher 方法，传入 URL 参数，拿到内部的 RequestDispatcher 后转发这个请求。

该类型的使用场景常见的有 3 种。

- 访问静态资源：这种场景一般针对一些静态资源，例如要通过控制器根据逻辑分发到不同的静态资源时，一般可以使用这种视图。这种视图一般结合 SimpleUrl-HandlerMapping 使用，视图名是静态资源路径，处理器一般是 HttpRequestHandler，直接把资源文件数据通过流写入 HTTP 响应中。
- 访问 JSP 视图：当使用外部 Tomcat 容器启动时，默认支持 JSP 视图，对于 JSP 视图的支持方式就是通过内部资源视图实现的。但是在 Spring Boot 中，因为使用了内嵌 Tomcat 容器，故对 JSP 的支持并不充分，这里不再详细阐述。
- 转发视图：Spring MVC 提供了转发视图，通过为视图名添加 forward:前缀，可以在服务器内部进行一次转发，转发路径是视图名去掉 forward:前缀。转发无需浏览器重新请求，中间请求的跳转是完全通过服务器内部进行的，所以浏览器上面的 URL 并不会改变。

因为这 3 种的实现原理都是通过获取对应路径的 RequestDispatcher 实现的，故使用内部资源可以实现这 3 个功能。下面提供一个转发视图的示例，有一点需要注意的是：在转发视图中，转发前模型中的属性通过 request.setAttribute 方法添加到 request 的属性中，若要在转发的目标中使用，则需要通过 request.getAttribute 获取。因为在转发过程中 request 是不会改变的，所以可以通过 request 进行属性共享。该示例同时演示了这种属性传递，示例代码如下：

```
// 访问的目标请求
@RequestMapping(path = "/forwardView", method = RequestMethod.GET)
public String forwardView(Model model) {
  // 设置转发前的模型属性
  model.addAttribute("info", "转发前属性");
  // 返回转发视图，转发目标是 forwardTargetView
  return "forward:forwardTargetView";
```

```
}
// 转发的目标请求
@RequestMapping(path = "/forwardTargetView", method = RequestMethod.GET)
public String forwardTargetView(HttpServletRequest request, Model model) {
  // 注入 HttpServletRequest 类型的参数，拿到原始的 request
  // 通过 request.getAttribute 获取请求属性，拿到转发前模型中的属性
  Object first = request.getAttribute("info");
  // 设置模型属性
  model.addAttribute("first", first);
  model.addAttribute("second", "转发后属性");
  return "viewView";
}
```

相应的 View 视图为：

```
<!DOCTYPE html>
<html xmlns:th="http://www.thymeleaf.org">
  <body>
    <h2 th:text="'参数 first 为：' + ${first} + '，参数 second 为：' + ${second}"></h2>
  </body>
</html>
```

访问 localhost:8080/forwardView，可以看到页面显示了两个参数，参数 first 为转发前属性，参数 second 为转发后属性，此时页面的 URL 仍然是 localhost:8080/forwardView，该请求被正常转发了，属性也被正常传递了。

2．重定向视图 RedirectView

上面内部视图为请求转发提供了支持，除了转发，视图还有重定向的概念。重定向是通过向浏览器返回状态码 302，并设置响应头中的 Location 为需要重定向的地址实现的。

类似于转发请求，重定向的视图只需要在视图名前添加 redirect:前缀即可，此时转发视图会自动处理视图名为 URL 视图，并对 HTTP 的响应设置状态码为 302，响应头 Location 是根据 redirect:后面的名称取到的地址。

同时重定向时的属性传递也比较特殊，在前面提到了 RedirectAttributes 类型的 Model，就是为了处理重定向时的属性的，下面的例子同时演示了重定向视图与其属性传递。

```
// 访问的目标请求
@RequestMapping(path = "/redirectView", method = RequestMethod.GET)
public String redirectView(RedirectAttributes model) {
  // 设置重定向前的模型属性
  model.addFlashAttribute("first", "重定向前属性");
  // 返回重定向视图，转发目标是 forwardTargetView
  return "redirect:redirectTargetView";
}

// 重定向的目标请求
@RequestMapping(path = "/redirectTargetView", method = RequestMethod.GET)
```

```
public String redirectTargetView(Model model) {
  // 此时的 Model 已经有了重定向前的属性了
  model.addAttribute("second", "重定向后属性");
  return "viewView";
}
```

访问 localhost:8080/redirectView，可以看到页面显示了两个参数，参数 first 为重定向前属性，参数 second 为重定向后属性，此时页面的 URL 变为了 localhost:8080/redirectTargetView，该请求被正常重定向，同时属性也被正常传递了。

3. 模板引擎视图

模板引擎视图是使用模板引擎实现的视图类型，模板引擎本身的设计目的就是为了使页面的静态内容与页面的数据动态内容分离，即为了实现视图的功能而设计的。Spring MVC 提供了强大的扩展功能，我们可以把任意模板引擎嵌入到 Spring MVC 的视图解析中，而不影响任何其他功能，这也体现了 MVC 分离的优势。

在 Spring Boot 中，官方推荐使用 Thymeleaf 作为默认的模板引擎，用于视图解析。在上面的各种例子中，使用的模板解析也都是 Thymeleaf，其返回的视图类型是 ThymeleafView。

Thymeleaf 语法的最大特点是使用自然的 HTML 标记语言，在无数据展示时，仍然可保持页面的完整性，其模板自身就是原始的页面。Model 数据绑定均使用 HTML 中的标签属性，同时使用独立的命名空间，使得未渲染的页面也可在浏览器中打开并保持设计时的样式。其模板在前面已经看到过了，下面简单地演示其基本语法，代码如下。

thymeleafView.html 内容如下：

```
<!DOCTYPE html>
<html xmlns:th="http://www.thymeleaf.org">
  <body>
    <h2 th:text="'姓名: ' + ${name}"></h2>
    <div>
      <span>性别: </span>
      <span th:if="${sex == 0}">女</span>
      <span th:if="${sex == 1}">男</span>
    </div>
    <div>
      <span>兴趣: </span>
      <ol>
        <li th:each="h:${hobbies}" th:text="${h}"></li>
      </ol>
    </div>
  </body>
</html>
```

其中包含了直接获取 Model 属性作为标签文本内容的 th:text="${key}"语法，使用 Model 属性进行逻辑判断的 th:if="${condition}"，以及遍历 Model 属性的 th:each="${key:iterator}"语法，相应的处理器为：

```
@RequestMapping("/thymeleafView")
public String thymeleafView(Model model) {
  // 为 Model 添加属性
  model.addAttribute("name", "光闪");
  model.addAttribute("sex", 1);
  List<String> hobbies = new ArrayList<>();
  hobbies.add("计算机");
  hobbies.add("数学");
  hobbies.add("游戏");
  // 添加 List 类型的属性
  model.addAttribute("hobbies", hobbies);
  return "thymeleafView";
}
```

访问 localhost:8080/thymeleafView，显示内容如图 2.3 所示。

图 2.3　thymeleafView 页面

除了 Thymeleaf 模板引擎外，视图层还支持其他很多类型的模板引擎，例如 FreeMarker，要在 Spring Boot 项目中使用 FreeMarker 模板引擎很简单，只需要在项目中加入依赖即可。示例代码如下：

```
<dependency>
  <groupId>org.springframework.boot</groupId>
  <artifactId>spring-boot-starter-freemarker</artifactId>
</dependency>
```

默认情况下，把 classpath:/templates 目录下的 ftl 文件作为 FreeMarker 模板解析。

2.4.2　视图查找解析

在 2.4.1 节分析了各种不同类型的视图支持，但是在使用视图时，大多数情况下，只用声明视图名即可查找到对应的视图，就如在@RequestMapping 方法中返回视图名一样。Spring MVC 对这种使用视图名查找视图又提供什么样的支持呢。下面就来看一下视图的查找解析策略。

Spring MVC 提供了 ViewResolver 接口用以通过视图名查找并解析视图。该接口有 resolveViewName 方法，返回 View 视图。接受 String 类型的视图名，以该视图名进行查找。

还有 Locale 类型的地区参数，用于进行国际化。Spring MVC 的控制器中支持多个 ViewResolver，查找视图时进行遍历查找，直到找到相应的视图，如果没有找到则报错提示没有查找到相应的视图。默认情况下 Spring MVC 支持以下几种查找与解析的策略。

1. BeanName 视图解析

该方式支持通过返回 BeanName 来查找 View，该 View 需要声明为 Spring 容器的 Bean，该解析方式是通过 BeanNameViewResolver 执行的，这种方式要求声明的 Bean 类型为 View 接口的实现，示例代码如下：

```
// CustomViewController.java 文件
@Controller
public class CustomViewController {
  @RequestMapping("/beanNameView")
  public String beanNameView(Model model) {
    // 添加一个 Model 属性
    model.addAttribute("name", "BeanNameView");
    // 返回 ViewName，用于查找
    return "beanNameViewBean";
  }
}
// CustomView.java 文件
// 声明为 Bean，BeanName 为 beanNameViewBean
@Component("beanNameViewBean")
public class CustomView implements View {
  // 返回该 View 支持 text/html 类型的 ContentType，用于查找到多个 View 时选择最优匹配结果
  @Override
  public String getContentType() {
    return MediaType.TEXT_HTML_VALUE;
  }
  // 执行视图的渲染操作，第一个参数是处理器逻辑中 Model 处理逻辑产生的 Model 模型数据
  @Override
  public void render(@Nullable Map<String, ?> model, HttpServletRequest request,
HttpServletResponse response)throws Exception {
    // 从 Model 中拿到模型参数
    Object name = model.get("name");
    // 返回页面内容
    response.getWriter().append("name is" + name);
  }
}
```

访问 localhost:8080/beanNameView，可以正常使用我们定义的 View 类型的 Bean 去渲染视图。

2. 模板引擎视图解析

各种模板引擎都会为自己配置视图解析器，用于实现自己的视图解析。这里以

Thymeleaf 为例，简单说明模板引擎视图解析的工作原理。

在项目中引入 spring-boot-starter-freemarker 依赖后，Spring Boot 的自动配置机制就会生效，自动生成 ThymeleafViewResolver 到 Spring MVC 中，控制器逻辑可以引用到此视图解析器。默认情况下 ThymeleafViewResolver 会以 classpath:/templates/为前缀，以.html 为后缀，把前缀和后缀拼接成视图名后进行资源查找。该属性可以通过 Spring Boot 的配置进行修改。

```
spring.thymeleaf.prefix=视图前缀
spring.thymeleaf.suffix=视图后缀
```

也可以通过引入其他模板引擎的 starter 依赖来自动产生其特定的视图解析器。关于这种视图解析的例子前面已经介绍很多了，这里就不再赘述了，而关于视图解析与自动配置相关的内容将在后面源码解析中详述。

3. 内部资源视图解析

该种解析用于处理各种内部特殊视图，如前面提到的转发视图和重定向视图，以及 Servlet 容器自带的 JSP 视图解析。

该视图解析器为 InternalResourceViewResolver，其中会判断视图名的前缀类型，以 forward:或者 redirect:为前缀，再返回其对应类型的视图。

4. 直接指定视图

除了通过视图名自动查找视图外，还可以通过直接指定视图的方式来跳过通过视图名解析视图的步骤。

在前面 Model 部分提到了 ModelAndView 类型，这种类型除了可以接受 String 类型的视图名外，还可以直接接受 View 类型的实例作为视图。

同时也可以在@RequestMapping 标记的方法中，直接返回 View 类型的返回值，此时该返回值也会被直接作为最终视图使用，示例代码如下：

```
@RequestMapping("/returnView")
public View returnView(Model model) {
  // 添加一个 Model 属性
  model.addAttribute("name", "returnView");
  // 直接返回 View 类型
  return new CustomView();
}
```

2.5 扩展知识

在本章前面部分的讲解中出现过很多细节，每个细节都涉及一个知识点，但是这些知识点又和正文关系不大，故在本节中予以补充。

2.5.1 URL 的匹配模式

Spring MVC 中所有通过 URL 查找映射的处理器都支持模式匹配，其使用 AntPathMatcher 进行匹配。

该匹配模式支持以下匹配规则。

- ?：匹配一个字符。
- *：匹配 0 个或多个字符。
- **：匹配 0 个或多个路径中的目录。
- {pathVariable:regex}：匹配冒号后面的正则表达式，并把匹配内容作为名为 pathVariable 的路径变量。如果路径变量后没有提供正则表达式，则视为匹配全部字符的正则表达式（.*）。

示例如下。

- /com/t?st.html：匹配/com/test.html，/com/tast.html，/com/txst.html。
- /com/*.html：匹配 com 路径下的所有以.html 结尾的请求。
- /com/**/test.html：匹配 com 路径及其任意子路径中以 test.html 结尾的请求。
- /com/mxixm/**/*.html：匹配/com/mxixm 路径及其任意子路径中的任意.html 结尾的请求。
- /com/**/servlet/test.html：匹配/com/servlet/index.html、/com/mxixm/ servlet/index.html 或/com/mxixm/testing/servlet/index.html。
- /com/{filename:\w+}.html：匹配 com/test.html 并把文件名 test 赋值给变量 filename。

这种匹配模式在后面详解@RequestMapping 时还会提到。

2.5.2 过滤器与拦截器的区别

在上面我们提到了可以使用拦截器拦截请求的执行，可以在请求处理之前与之后做一些通用的逻辑。而在 Servlet 标准中，有一个组件的功能与拦截器功能很相似，就是过滤器 Filter。

过滤器可以在请求被 Servlet 执行之前和被 Servlet 执行之后插入一些通用的功能，但过滤器与拦截器有以下几点不同。

1．执行时机不同

过滤器的执行时机在 Servlet 执行之前，先执行过滤器，后执行拦截器，多个过滤器链式执行。而拦截器的执行时机是在 Servlet 中，在 DispatcherServlet 中查找到处理器后才执行的。

2．针对目标不同

过滤器针对的目标是 URL，通过 URL 模式匹配判断是否执行此过滤器。而拦截器不仅仅需要根据请求的 URL 进行模式匹配，还要求存在对此请求进行处理的处理器。也就是说只有确定查找到了某个处理器方法可以处理当前请求，拦截器才能绑定在此处理器中，绑定前才进行模式匹配判断。过滤器针对的目标是 URL，而拦截器的针对目标是请求处理器 Handler，并辅以 URL 模式匹配。

3．功能不同

在拦截器中，可以拿到 Spring MVC 体系的 Handler 和 ModelAndView 等中间产物，更接近于 Spring MVC 框架，而过滤器则是原生的 Servlet 标准组件，它们的功能是不完全相同的。

本章小结：

本章从基本使用上讲解了 Spring MVC 为 MVC 模式提供的支持，我们对 MVC 三层中的基本组件都有了一些了解，从整体框架层级上俯瞰了整个 Spring MVC。而 Spring MVC 提供的强大功能在本章中并没有详细讲解，Spring MVC 提供的所有的强大功能都依赖于 @RequestMapping 的相关注解，关于@RequestMapping 的相关注解及其使用将在第 3 章详解；而关于@RequestMapping 的实现原理则会在本书的第二部分详细讲解。

第3章 控制器的详细使用

在第2章中总览了整个 Spring MVC 实现的 MVC 的三大模块的基本功能与使用，而其中最核心的部分就是控制器与处理器，而 MVC 对处理器支持度最高，日常开发中最常使用的功能就是@Controller 注解标记的控制器与@RequestMapping 注解标记的处理器方法。

在 Spring 体系中，大多数功能都只需要通过注解声明即可，这种通过注解声明式编程的方式为我们的开发带来了极大的便利。本章就以此为核心，详细地讲解@Controller 与@RequestMapping 相关的支持，了解这种通过注解声明式的编程所带来的黑科技。

3.1 基于请求信息的条件映射

Spring MVC 为请求的处理器提供的声明式注解的方式，用于根据请求信息把请求映射到处理器方法上。要想使类中标记了@RequestMapping 注解的方法可以被作为请求的处理器使用，还需要声明此类为被 Spring 管理的 Bean，则称这种 Bean 为控制器类。一般来说控制器类使用@Controller 注解来声明。当然具体的查找依据是 Bean 的类型上是否标记了注解@Controller 或者@RequestMapping。

本节就以@RequestMapping 注解及其中的所有属性条件的匹配策略为主要内容，来详细地讲解该注解的使用。

3.1.1 请求信息与条件概述

对于 HTTP 请求来说，请求中可以包含多种信息，包括请求路径、请求方法、请求参数、请求头等信息，而请求头中又包括几个通用的信息，例如请求体类型 Content-Type 和可接收的返回类型 Accept，可以通过 Chrome 的开发者工具查看 HTTP 请求的信息，如图 3.1 所示。

在@RequestMapping 注解中提供了多个属性。每个属性都作为一种判断条件，对应于 HTTP 请求中的一个信息。当请求通过 DispatcherServlet 进行分发时，与该注解相关的处理器查找类 RequestMappingHandlerMapping 负责遍历所有@RequestMapping 注解的信息，根据请求信息查找到与注解中配置的条件属性匹配度最高的注解，该注解所标记的方法就是最终被选择的处理器方法。

图 3.1 HTTP 请求信息

注解@RequestMapping 既可以标记在方法上，也可以标记在类上。当标记在类上时，在扫描到该类中的方法标记有@RequestMapping 注解时，会把方法上的@RequestMapping 注解信息与类上的@RequestMapping 信息进行合并，也即对两个注解中的条件进行合并，每种条件都有不同的合并规则。

@RequestMapping 中的每个属性都具有一些相同的行为，但是这些行为在不同的属性中表现不同，这就类似于抽象了接口与实现一样。每个条件都是 RequestCondition 接口的一种实现，每个属性均有以下特性类型。

- 匹配规则：与请求的匹配逻辑。
- 多值匹配规则：属性数组提供多个值时匹配逻辑，与和或的关系。
- 合并规则：方法与类型上的属性合并规则。
- 排序规则：当该请求有多个注解中的属性与之匹配时，对匹配结果的排序规则。

所有属性共有的特性为：当注解中属性未提供值时，表明不对此条件进行过滤，即任意请求均匹配此属性的条件。而多值匹配则按照与和或的关系执行逻辑，通过匹配规则获取匹配结果时，会包含满足请求条件的属性列表，属性数组中与请求不满足匹配关系的值不会放入此列表，该列表可以作为后续的排序依据。

排序规则总是按照条件的特殊性来进行的，即条件越特殊，排序越靠前，当然对于未提供属性值时导致的任意请求均视为匹配，这种全匹配肯定是排序最靠后的。

下面就一一介绍每个属性条件的不同特性。

3.1.2 请求路径

@RequestMapping 中的 path 属性代表匹配路径，支持路径的模式匹配。路径是 HTTP 请求的 Request URL 中的路径信息。path 属性允许为空，为空时表示匹配所有请求的路径。路径模式允许不以“/”为前缀，如果 path 属性值的第一个字符不是“/”，在处理属性时会在前面添加“/”之后作为最终的属性。path 属性是@RequestMapping 中的主属性，是一个数组类型，也就意味着可以提供多个路径匹配模式，它们之间是或的关系，请求路径满足任一路径模式即可，按照 AntPathMatcher 的规则进行匹配。

在注解属性为数组时，允许只提供值，此时编译器会把其自动处理为只有包含值的数组，这也是注解的语法糖，示例如下。

- @RequestMapping：匹配所有路径的请求。
- @RequestMapping(path = "/")：匹配根路径请求。
- @RequestMapping(path = "path1"：匹配/path1 的请求。
- @RequestMapping(path = {"/path1", "path2"})：匹配/path1 或者/path2 的请求。

此外，在 Java 注解规范中，允许在注解中定义 value 属性，作为该注解的默认属性。在使用该注解时，若仅需指定 value 属性的值，则可省略属性名，直接在注解标记中指定属性值，即被视为属性 value 的值。而 path 属性作为注解的主属性，自然享有了这种默认属性的权利。

Spring 在此基础上还额外添加了注解属性别名机制。在@RequestMapping 注解中，path 属性和 value 属性互为别名，通过@AliasFor 标记属性实现。@AliasFor 允许指定注解的属性为另一个属性的别名，在获取属性值时会先从原始属性获取，再从该属性的别名获取。需要注意的是，一旦指定了别名，Spring 就不允许两个属性同时设置，当一个属性的值与其别名属性的值同时存在时，Spring 在解析该注解时会抛出运行时异常，示例如下。

- @RequestMapping("/")：与@RequestMapping(path = "/")相同。
- @RequestMapping({"/path1", "path2"}) ： 与 @RequestMapping(path = {"/path1", "path2"})相同。
- @RequestMapping({"path1"}, path = "path2")：编译错误，当出现其他属性时 value 属性必须显式指定。
- @RequestMapping(value = "path1", path = "path2")：编译通过，但项目启动时报错，提示仅能使用一个属性，一定要注意这种情况。此时的报错信息如下：

```
In annotation [org.springframework.web.bind.annotation.RequestMapping] declared
on public java.lang.String com.mxixm.spring.boot.controller.DemoController
.index(org.springframework. ui.Model) and synthesized from [@org.springframework
.web.bind.annotation.RequestMapping(path=[path2], headers=[], method=[], name=,
produces=[], params=[], value=[path1], consumes=[])], attribute 'path' and its
```

```
alias 'value' are present with values of [{path2}] and [{path1}], but only one
is permitted.
```

路径模式支持方法级别和类级别的注解，当两者同时出现时，会对两者进行合并，合并有 4 种情况，规则如下。

第一种，类上注解存在该属性，方法上注解也存在该属性，则遍历类上该属性数组，再嵌套遍历方法上该注解属性数组，对其中的 path 属性进行拼接，举例如下：

```
@Controller
@RequestMapping({"type-1", "type-2"})
public class PathMappingController {
  @RequestMapping({"method-1", "method-2"})
  public String index() {
    return "index";
  }
}
```

此时最终可匹配的路径模式有 4 个，分别如下。

- /type-1/method-1
- /type-1/method-2
- /type-2/method-1
- /type-2/method-2

第二种，类上注解不存在该属性，方法上注解存在该属性，此时以方法上注解属性为准。

第三种，类上注解存在该属性，方法上注解不存在该属性，此时以类上注解属性为准。

第四种，类上注解和方法上注解都不存在该属性时，会被视为空字符串的路径进行匹配。因为匹配的非严格模式会在无匹配结果时把不以“/”结尾的路径模式添加“/”后缀后再次进行匹配，故此时只能匹配到根路径“/”。

而对于排序规则来说，只要针对匹配的模式字符串进行排序，按照提供的信息量进行排序，即直觉上是通配符越少，排序越靠前，详细规则顺序如下。

（1）首先/**为匹配所有模式，故其排序肯定是在最后。

（2）之后是与请求路径完全相同的模式字符串，不包含任何通配符，这种肯定是排在最前面。

（3）如果一个模式以/**结尾，而另外一个不包含**，则不包含**的排在前面。

（4）再判断通配符的总数量，即*和{}的总数量，数量越少排序越靠前。

（5）再判断模式串的长度，对于一对大括号，视为一个字符。长度越长排序越靠前。

（6）再判断*号数量，不包括**，数量越少排序越靠前。

（7）最后判断{}数量，越少排序越靠前。

除此之外，Spring MVC 还为请求路径增加了后缀匹配的功能，例如，请求路径为/path1.html 或者/path1.htm，如果没有@RequestMapping 直接指定了这两个路径模式，则会自动匹配到@RequestMapping 中的/path1 路径。Spring MVC 会自动为匹配模式添加“.*”后再继续匹配。在 Spring Boot2 中，此功能默认关闭，如需开启，需要设置 spring.mvc.pathmatch.useSuffixPattern 为 true。在后缀匹配开启的情况下，Spring MVC 对此功能进行了额外的增强，可以自动判断后缀的 Content-Type，并为处理器方法的返回值使用特定的格式转换，后文会提到这个功能增强。

path 属性还支持一个特殊功能，即 path 的属性值可以使用${}类型的属性占位符形式，该属性占位符在解析时会使用 Spring Context 中的环境变量进行解析，通过这种形式可以解析到 Spring Boot 配置文件中的变量作为 path 属性使用。

总结其特性如下。

- 匹配规则：按照模式串匹配规则，未提供该属性则视为全部匹配。
- 多值匹配规则："或"的关系，满足任意一个值的模式即视为匹配。
- 合并规则：都存在时嵌套遍历并拼接模式串；有一个不存在时以存在的为准，两个都不存在时只匹配根路径。
- 排序规则：按照模式串的特殊性排序，未提供属性导致的匹配结果被排在最后。
- 额外特性：支持使用属性占位符配置属性值。

3.1.3 请求方法

@RequestMapping 注解中的 method 属性用于指定匹配 HTTP 请求中的 Request Method。该属性是个枚举类型的数组，枚举类型为 RequestMethod。该枚举类型中有以下枚举值：GET、HEAD、POST、PUT、PATCH、DELETE、OPTIONS、TRACE 分别对应 HTTP 请求中的所有方法。当未显式指定该属性值时，表示忽略请求方法匹配，即匹配所有请求方法。可以指定多个方法，多个方法则按照"或"的关系进行匹配。

当类中注解和方法中注解都存在该属性时，按照"或"的关系进行合并，但是对于注解中属性不存在的情况，合并后会以存在的属性为条件，即显式声明的属性会覆盖未声明的属性。这种类型的排序规则较为简单，因为对于请求方法的匹配结果，要么是未显式指定请求方法而产生的所有请求都视为匹配的结果，要么是只匹配到固定请求方法的结果，故排序是显式指定请求方法的在前。

- @RequestMapping(path = "path1")：支持 path1 的所有请求方法。
- @RequestMapping(path = "path1", method = RequestMethod.GET)：只支持 path1 的 GET 请求。
- @RequestMapping(path="path1",method = {RequestMethod.GET, RequestMethod.POST})：支持 path1 的 GET 和 POST 两种请求。
- 类上@RequestMapping(method = RequestMethod.GET)，方法上@RequestMapping(path = "path1", method = {RequestMethod.POST})：支持 path1 的 GET 和 POST 两种请求。
- 类上@RequestMapping，方法上@RequestMapping(path = "path1", method = {RequestMethod.GET})：支持 path1 的 GET 请求。

- 类上@RequestMapping(method = RequestMethod.GET)，方法上@RequestMapping(path = "path1")：支持 path1 的 GET 和 POST 两种请求。
- 类上@RequestMapping，方法上@RequestMapping(path = "path1")：支持 path1 的所有请求方法。

通过浏览器的地址栏访问时，请求方法都是 GET，故如需测试其他类型的请求，则可以使用各种 HTTP 调试工具，如 POSTMAN 等，大家可以自行了解，总结其特性如下。

- 匹配规则：提供的属性数组是否包含该请求方法，未提供该属性均视为匹配。
- 多值匹配规则："或"的关系，满足任意一个值的即视为匹配。
- 合并规则：都存在时以"或"的关系对属性数组进行合并；有一个不存在时以存在的为准；两个都不存在时匹配全部。
- 排序规则：指定了具体属性的排序靠前，未指定属性导致的全匹配排序靠后。

3.1.4　请求参数

@RequestMapping 中的 params 参数可以指定匹配 HTTP 请求中的参数，HTTP 请求中的参数包括两种：第一种是 URL 上面的查询参数；第二种是请求体中的表单类型的参数。

例如，在 http://localhost:8080/myForm?name=Guangshan 这个 URL 中，name 为参数名，Guangshan 是参数值，这种是 URL 上面的查询参数。第二种表单参数比较常见于表单提交，通过构造一个表单，把表单的 method 设置为 post 即可使用表单构造参数，此时提交的请求方法为 POST，请求体为表单参数。示例代码如下：

```
<form method="post" action="/myFormSubmit">
   First name: <input type="text" name="firstName">
   Last name: <input type="text" name="lastName">
<input type="submit" value="提交">
```

该表单有两个参数，firstName 和 lastName。表单提交方法为 POST，表单提交请求路径为/myFormSubmit。

这两种请求参数在服务端有一个相同之处，就是可以通过 Request 的 getParameter(name) 方法获取，name 为参数名，通过参数名判断区分大小写。对于@RequestMapping 中的 params 属性，就是通过这种方式来获取请求中参数信息并进行匹配的。

该属性同样是数组类型，可以提供多个参数，与前面几种的不同之处在于，多个参数条件必须同时满足，此参数条件才视为匹配。未提供该参数时视为全部请求都匹配该条件。参数匹配支持如下 4 种。

- 参数名=参数值：表示请求参数中必须存在此参数，且参数值需要与条件中提供的参数值相同。
- 参数名!=参数值：表示请求中如果存在此参数，则参数值不能等于条件中提供的参数值，不存在此参数时视为匹配。
- 参数名：表示请求中必须存在此参数，不判断值。

- !参数名：表示请求中不能存在此参数。

对于类型上和方法上都存在此属性时，把两者的属性数组合并后按照“与”的关系匹配；有一个不存在时以存在的属性为准进行匹配，都不存在时视为全部请求满足匹配条件。而该属性的排序规则也比较简单，提供的匹配属性数组长度越大，排序越靠前。规则参考简单示例。

```
// ParamMappingController.java
@Controller
public class ParamMappingController {
  // 打开 myForm 表单
  @RequestMapping("myForm")
  public String myForm() {
    return "myFormView";
  }
  // 匹配参数 agreed，存在且为 true 时进入此处理器
  @RequestMapping(path = "myFormSubmit", params = {"agreed=true"})
  public String myFormAgreedSubmit(String firstName, String lastName, Model
model) {
    model.addAttribute("fullName", firstName  + "." + lastName);
    return "myFormAgreedView";
  }
  // 参数 agreed 不存在或者存在，但值不为 true 时进入此处理器
  @RequestMapping(path = "myFormSubmit", params = {"agreed!=true"})
  public String myFormNoAgreeSubmit() {
    return "myFormNotAgreeView";
  }
}
// myFormView.html
<!DOCTYPE html>
<html>
  <body>
    <form method="post" action="/myFormSubmit">
      First name: <input type="text" name="firstName"><br />
      Last name: <input type="text" name="lastName"><br />
      Agree? <input type="checkbox" name="agreed" value="true"> <br />
    <input type="submit" value="注册">
  </form>
  </body>
</html>
// myFormAgreedView.html
<!DOCTYPE html>
<html xmlns:th="http://www.thymeleaf.org">
  <body>
    <h2 th:text="'注册成功，名字为：' + ${fullName}"></h2>
  </body>
</html>
```

```
// myFormNotAgreeView.html
<!DOCTYPE html>
<html>
  <body>
    <h2>注册失败，未勾选同意</h2>
  </body>
</html>
```

访问 http://localhost:8080/myForm，勾选同意和不同意，可以得到不同的页面响应结果。对于表单的复选框按钮，当不勾选时，表单参数中不存在该参数；当勾选时，则存在此参数，值为 value 中定义的值。

关于其他参数条件和参数条件合并，读者可以以上述代码为模板，自行尝试。总结其特性如下。

- 匹配规则：按照上述 4 种方式进行匹配，未提供该属性则任何请求均视为匹配。
- 多值匹配规则："与"的关系，满足所有值才视为匹配。
- 合并规则：都存在时以"与"的关系对属性数组进行合并；有一个不存在时以存在的为准；两个都不存在时匹配全部。
- 排序规则：同样遵循特殊性规则，提供的属性数组长度越大，即匹配的条件数越多，排序越靠前。未提供该属性导致的全匹配，排序在最后。

3.1.5　请求头

@RequestMapping 中的 headers 参数可以指定匹配 HTTP 请求头中的参数。在使用浏览器访问的情况下，大部分请求头都是浏览器自动添加的，当然也可以通过页面使用 AJAX 请求来设置 HTTP 请求的请求头。请求头中包含了众多的关于此次请求的元信息，它们是 HTTP 标准中规定的需要提供的值，Content-Length 表示请求数据的字节长度，Accept 表示的可接受的内容类型，User-Agent 表示客户端类型（也就是常说的浏览器 UA）。服务端可以通过 Request.getHeader(name)获取请求头中 name 对应的属性值，name 不区分大小写。

@RequestMapping 中的 headers 参数的基本规则和 params 参数是相同的，也是数组类型，可以提供多个参数，多个参数条件必须同时满足，此参数条件才视为匹配。未提供此参数时，视为全部请求都匹配此条件。排序规则与 params 相同。headers 参数匹配同样支持如下 4 种类型。

- 参数名=参数值：表示请求参数中必须存在此参数，且参数值需要与条件中提供的参数值相同。
- 参数名!=参数值：表示请求中如果存在此参数，则参数值不能等于条件中提供的参数值，不存在此参数时视为匹配。
- 参数名：表示请求中必须存在此参数，不判断参数值。
- !参数名：表示请求中不能存在此参数。

虽然 headers 参数的基本规则和 params 相同，但是仍有两点不同：第一，headers 的参数名不区分大小写。通过 Request.getHeader(name)获取请求头属性值时，name 不需要区分大小写，获取的值都是相同的；第二，支持 Accept 和 Content-Type 这两种请求头条件的通配符类型。如 headers = "content-type=text/*"可以匹配到 text/html 和 text/plain。这两种请求头条件其实会被转为 consumes 和 produces 条件，这里是个语法糖，是 Spring MVC 内部为通过 headers 条件实现 consumes 和 produces 条件做的一层兼容。

关于请求头条件不再举例，其特性与请求参数条件完全相同。

3.1.6 内容类型

消息内容类型在一个 HTTP 请求中是以 Content-Type 的请求头来表示的，用以表示本地请求的内容的类型。但因其值具有一些特殊性，故 Spring 把该类型独立出来单独匹配。在@RequestMapping 中使用属性 consumes 来匹配 Content-Type 的值，因为是在请求端设置的类型，故在服务端用 consume 表示处理器是否消费这种类型。

可接收内容类型在 HTTP 请求中是以 Accept 的请求头来表示的，用以表示客户端这次请求可以接收响应的内容类型。其值同样也具有一些特殊性，故 Spring 把该类型独立出来用以单独匹配了。在@RequestMapping 中使用属性 produces 来匹配 Accept 的值，因为是客户端声明的可接收类型，故该条件在服务端的表现就是可以生产什么类型，故使用 produce 表示该条件。

Content-Type 头的值和 Accept 头的值有一定的规范。它们都是围绕 MimeType 的标准定义格式来处理的，MimeType 是一种在互联网中表示传输数据的内容格式的描述符，而在 HTTP 请求的数据传输中，使用的是 MimeType 的扩展集，也被称之为 MediaType。其定义规范可以参考网址 http://tools.ietf.org/html/rfc7231#section-3.1.1.1，这里简单介绍一下。

MediaType 分为 3 个部分：类型、子类型与参数。格式为：类型/子类型(;参数名=参数值)*n，类型和子类型是在 RFC 2046 标准中定义的类型值，子类型内可以出现加号（+），加号前表示类型家族，加号后表示格式类型，在参数的分号前和分号后都可以存在可选的空格。参数值可以放在单引号（'）或者双引号（"）中。参数可以没有也可以存在多个，参数部分用分号和类型部分分割，多个参数间也用分号分割。同时类型、子类型、参数名均不区分大小写，示例如下。

- text/html;name=value
- Text/HTML;Name="value"
- text/html; NAME='value'
- application/xhtml+xml

在 HTTP 协议中，有两个标准头 Content-Type 和 Accept 使用到了 MediaType 的定义，两者对 MediaType 的使用略有区别。

（1）对于 Content-Type 的值，因为是内容生产者设置的，此时已确定了内容类型，故其定义一般就是 MeidaType，但其为 MediaType 添加了标准的参数：charset，用以表示此内容的字符集和编码类型，charset 的值也不区分大小写。Content-Type 的示例如下。

- Content-Type: text/html;charset=utf-8
- Content-Type: application/x-www-form-urlencoded

（2）对于 Accept 的值，则比 Content-Type 复杂，其额外支持了通配符机制和多个类型支持机制及条件权重属性。这可以理解为可接收数据的类型往往并不是一个，多个可接收类型往往又都有权重，故通配符、多个类型支持、权重属性都是围绕着 Accept 的特性而产生的。

Content-Type 和 Accept 的通配符匹配规则是基于 MediaType 的，对 MediaType 的定义做了部分改造，同时包括自己的特性，这里叫做 MediaRange 媒体类型范围。一般情况下，MeidiaType 与 MediaRange 匹配是指 MediaRange 范围包含 MediaType。在对 MediaRange 进行匹配时，忽略属性判断，属性只用于排序，列举如下。

- 类型部分支持使用*代表所有类型。
- 子类型部分也支持使用*代表所有子类型，但当类型部分为*时，子类型必须为*。
- 对于有加号(+)的子类型，支持加号前为*，表示所有子类型中加号前的任意类型。
- 当类型/子类型为*时，代表*/*。
- 范围支持多个类型匹配，用逗号分隔。
- 添加标准的 q 属性，代表质量因子 quality，其值从 0 到 1，代表使用该类型接收数据的偏好度，1 为最好。q 属性不存在时，默认是 1，0 表示不接收该类型。

示例如下。

- Accept:text/html：只接收 text/html 类型的响应内容。
- Accept:audio/*：接收所有的 audio 类型。
- Accept:application/*+xml：接收 application/xhtml+xml 或者 application/rss+xml。
- Accept:*/*：可接收任意类型。
- Accept: */html：错误的格式。
- Accept:text/html,application/xhtml+xml,application/xml;q=0.9,image/webp,image/apng,*/*;q=0.8：Chrome 浏览器访问时的默认 Accept 头，表示优先 text/html、application/xhtml+xml、application/xml，其次为 image/webp、image/apng，最次为*/*，即接收所有类型。

对于两个 MediaType 范围之间是否存在交集，我们称之为是否相容。对其基本知识已经有所了解，接下来看一下如何在@RequestMapping 里使用 consumes 和 produces 这两个条件。

3.1.7　消息内容类型

首先来看@RequestMapping 的 consumes 条件，其代表此处理器可以消费的内容类型，其判断属性的来源是 HTTP 请求的 Content-Type，通过 Request.getContentType()即可获得此请求头的值。而对于 Content-Type 请求类型来说，与之相对的是处理器是否可接收这种类型的处理，这个定义是不是与请求头中的 Accept 相同？没错，consumes 条件本身是数组属性，数组中值的格式类型就是 Accept 头中的内容类型的范围值，也就是说 consumes 整个条件构成了 MediaRange。

而该类型的匹配其实就是判断条件中的MediaRange是否包含请求中的Content-Type，匹配规则同 Accept 规则，使用 MediaType 的 includes 方法。与此同时，该属性数组中的值可以通过添加!前缀来做到反向匹配，即 Content-Type 不满足此 MediaRange 时才视为匹配。

当此条件不存在时，视为全部请求均匹配。当存在多个值时，同Accept头一样，有一个匹配即可。方法上的属性和类型上的属性合并规则为当该属性同时存在时，方法上的该属性覆盖类型上的该属性，有一个不存在时，以存在的为准，两者都不存在则视为全部匹配。当有多个处理器方法的该属性与请求匹配时，先按照consumes中定义的值的q属性，即quality质量因子来排序，质量因子大的优先，小的置后，如果相同再按照属性值多少排序，属性值多的优先。

该属性数组的值是字符串，Spring MVC提供了MediaType类用于解析MediaType类型的字符串，如果包括!前缀则先去掉前缀再解析，同时该类中还包括了一些经常使用的MediaType的常量字符串，使用时可以直接引用这些常量字符串。

同时由于Content-Type是请求头中的属性，那么在headers条件中，也是可以配置此条件的，当在headers中配置Content-Type条件时，会被作为consumes条件解析。这其实是Spring MVC提供的语法糖。例如headers = "Content-Type=text/html,application/xml"，会把value部分解析为MediaType数组，添加到consumes条件中。简单示例代码如下：

```
// 接收 json 类型的请求
@RequestMapping(path = "myConsumes", consumes = MediaType.APPLICATION_JSON_
VALUE)
public String applicationJsonValue() {
    return "myFormAgreedView";
}
// 接收 xml 类型的请求
@RequestMapping(path = "myConsumes", consumes = MediaType.APPLICATION_XML_
VALUE)
public String applicationXmlValue() {
    return "myFormNotAgreeView";
}
```

这里直接使用了两个不同的 view 来观察条件效果，真实情况下可能会涉及不同格式请求数据的不同处理。

通过 PostMan 或其他 HTTP 调试工具，使用不同的 Content-Type 发送请求，可以得到不同的响应结果，总结其特性如下。

- 匹配规则：按照条件中的 MediaType 范围是否包含 Content-Type 的类型匹配，当未提供该属性值时任何请求均视为匹配。

- 多值匹配规则：“或”的关系，满足任意一个值即视为匹配。
- 合并规则：都存在时以方法上的属性覆盖类型上的属性，有一个不存在时以存在的为准，两个都不存在时匹配全部。
- 排序规则：按照条件的特殊度进行排序，即首先按照映射中匹配条件的 Quality 排序，大者优先；Quality 相同时按照匹配条件的参数数量排序，多者优先；如果都相同则视为条件相同。如果属性不存在的全部匹配则排在最后。
- 额外特性：支持从 headers 条件中提取 Content-Type 匹配条件作为 consumes 数组使用，和自身的 consumes 属性数组合并。

3.1.8　可接收内容类型

@RequestMapping 中的 produces 属性代表该处理器可以产生的内容类型，而 HTTP 请求中的 Accept 头，则代表本次请求可接收的返回内容类型。那么 produces 自然就是针对 Accept 头的过滤条件了。虽然从理论上讲，处理器产生的数据类型是固定的，所以这里的 produces 应该也是个固定类型的 Content-Type，其实并没有这个限制。这里的 produces 的值一样可以使用 Accept 策略中的 MediaRange，而该处理器产生的内容类型其实可以根据其产生的内容自身去判断，即根据处理器的返回值进行判断。

可接收内容类型的逻辑判断是通过 ContentNegotiationManager 内容协商器自动处理的，对应类型的响应体返回则是通过 HttpMessageConverter 消息转换器自动执行的，这个逻辑将在 11.3.3 节中详细讲解。虽然有自动根据返回值协商返回类型，但是其实是有多个返回类型可选的，而 produces 里的条件不仅可以用来作为 Accept 头对处理器进行筛选的过滤条件，还可以用来协助判断该处理器返回的内容类型。

produces 属性是字符串数组类型，当条件不存在时，视为全部请求均匹配；可以提供多个条件值，多个值时同样是或的关系进行匹配，有一个匹配即可。每个条件值都可以通过添加!前缀来进行反向匹配，在处理为 MediaType 时会先去掉前缀!。每个值都是一个 MediaRange 格式的值，MediaRange 中用逗号分隔的多个值在这里用数组表示。

produces 的每个条件值都会使用 MediaType 进行解析，解析为可用于匹配的 MediaRange。匹配规则按照两者是否相容来判断，假设两个 MediaType 为 A 和 B，A 条件范围包含了 B 条件范围或者 B 条件范围包含了 A 条件范围，则两者视为相容的。方法上的属性和类型上的属性合并规则与 consumes 属性的合并规则相同。当有多个@RequestMapping 中该属性匹配时，排序规则较为复杂，大致如下。

首先，当@RequestMapping 的 produces 条件生成时，对 produces 条件进行排序，排序规则按照 produces 中定义的值的 q 属性，即 Quality 质量因子来排序，质量因子大的优先，质量因子小的置后，如果相同再按照属性值多少排序，属性值多的优先。

其次，在进行请求匹配时，获取到与 Accept 解析后的 MediaType 数组匹配的 produce 条件列表，并作为 List 保存起来。

最后，再对 Accept 头中的所有 MediaType 进行排序，排序规则如下。

（1）按照 Quality 排序，大的在前，小的在后，相同时则继续进行判断。

（2）提取类型段，类型不是通配符的排在是通配符的前面。当都不是通配符时，判断类型是否相同，不相同则无法进行后续比较，视为两者相同。都为通配符时或者类型相同时继续进行判断。

（3）提取子类型，子类型不是通配符的排在通配符的前面。当都不是通配符时，判断子类型是否相同，不相同则无法进行后续比较，视为两者相同。都为通配符时或者子类型相同时继续进行判断。

（4）判断到这里时，类型和子类型段一定相同。此时判断参数多少，参数多的排前面，参数少的排后面，相同时则视为相等。

基本排序规则就是这样，虽然看起来比较复杂，但是总体仍然是按照特殊性原则进行排序，给出的限定信息越多排序越靠前。

遍历 Accept 头的 MediaType 列表，先查找当前遍历中元素分别在两个@RequestMapping 保存列表中的索引，即第 2 步，查找的依据是遍历中 MediaType 与列表中 MediaType 完全相同，即类型和子类型均相同。如果查找到了，则比较索引，索引小的排在前面，索引大的排在后面。如果索引相同，则尝试对两个匹配的 produce 条件作为 MediaType 进行比较，其比较规则同第 1 步中 produces 数组的排序规则。

如果进行到第 4 步仍未判断出顺序，则再查找当前遍历中元素分别在两个@RequestMapping 第 2 步保存列表中的索引，查找的依据是遍历中的 MediaType 范围包含了当前查找列表中 MediaType。如果查找到了，则比较索引，索引小的排在前面，索引大的排在后面。如果索引相同，则尝试对两个匹配的 produce 条件作为 MediaType 进行比较，其比较规则同第 1 步中 produces 数组的排序规则。

可以看到这里的排序规则十分复杂，大家了解即可，在使用中只需记得是按照条件的特殊性进行排序，基本遵循越特殊排序越靠前的规则。实际在该条件的使用中，一般很少出现需要比较的情况，而且在使用时一般都会避免这种情况的发生，因为在这种情况发生时，对于代码的可读性具有非常大的破坏性，因此在不了解规则的情况下，具体请求匹配哪个，可能只有执行后才知道。

与 consumes 条件相同，produces 条件对于 headers 条件中的 Accept 属性也有语法糖。当在 headers 中配置 Accept 条件时，会被作为 produces 条件解析。例如 headers = "Accept=text/html,application/xml"，会把 value 部分解析为 MediaType 数组，添加到 consumes 条件中。

该条件还有语法糖，条件匹配后，其效果会反映到对返回值数据的处理，如果匹配到的条件为 XML，则返回结果会被转换为 XML；如果匹配到 JSON，则会被转换为 JSON。

我们看一个简单的例子，示例代码如下：

```
// Accept 为 application/json 的处理器，用于产生 JSON 类型的返回值
@RequestMapping(path = "myProduces", produces = MediaType.APPLICATION_JSON_
VALUE)
// 使用@ResponseBody 标记方法，声明返回值使用 HttpMessageConverter 转换，而不使用视图
```

```
解析。在 11.3.3 节详解
@ResponseBody
public MyData returnJsonValue() {
  return getMyData();
}
// Accept 为 application/xml 的处理器，用于产生 XML 类型的返回值
@RequestMapping(path = "myProduces", produces = MediaType.APPLICATION_XML_
VALUE)
@ResponseBody
public MyData returnXmlValue() {
  return getMyData();
}
// 测试 Accept 为*/*，通过 produces 指定返回值类型为 JSON
@RequestMapping(path = "myAcceptAll", produces = MediaType.APPLICATION_JSON_
VALUE)
@ResponseBody
public MyData acceptAll() {
  return getMyData();
}
// 获取测试数据
private MyData getMyData() {
  MyData myData = new MyData();
  myData.setFirstName("Guang");
  myData.setLastName("shan");
  return myData;
}
// 测试的数据定义
@XmlRootElement // 标记该类型可被转换为 XML
private static class MyData {
  private String firstName;
  private String lastName;
  public String getFirstName() {
    return firstName;
  }
  public void setFirstName(String firstName) {
    this.firstName = firstName;
  }
  public String getLastName() {
    return lastName;
  }
  public void setLastName(String lastName) {
    this.lastName = lastName;
  }
}
```

通过 PostMan 访问 myProduces 请求，指定 Accept 为 application/json 时，返回值为 JSON 格式的数据；指定为 application/xml 时，返回为 XML 格式的数据。访问 myAcceptAll 请求，

Accept 指定为/，produces 会生效，返回 JSON 格式的数据，总结其特性如下。

- 匹配规则：按照条件中的 MediaType 范围数组与 Accept 的 MediaType 数组进行匹配，只要有 Accept 中的 MediaType 与条件中的 MediaType 之间相容就视为匹配。当未提供该属性值时任何请求均视为匹配。
- 多值匹配规则："或"的关系，满足任意一个值即视为匹配。
- 合并规则：都存在时以方法上的属性覆盖类型上的属性；有一个不存在时以存在的为准，两个都不存在时匹配全部。
- 排序规则：总体按照匹配条件的特殊度进行排序，详细规则前已有详述。如果属性不存在的全部匹配则排在最后。
- 额外特性：支持从 headers 条件中提取 Accept 匹配条件作为 produces 数组使用，和自身的 produces 属性数组合并。

3.1.9 自定义匹配条件

Spring 体系的框架都为扩展提供了强大的支持，而 Spring MVC 同样支持各种扩展。对于匹配条件，甚至可以自定义注解与其属性值。例如可以加入针对 User Agent 的过滤条件，可以根据不同的浏览器返回不同的结果。

而要想使用自定义匹配条件的功能，需要对 Spring MVC 的 RequestMappingHandlerMapping 进行扩展，该类的作用是用于根据请求信息查找匹配的@RequestMapping 标记的方法。此扩展我们将在第 12 章中详细讲解，此处只介绍一下扩展模式。

Spring MVC 也对自己的@RequestMapping 做了一些简单的扩展，其提供了不同类型的 Mapping 以供绑定不同的 HTTP 请求方法，而 Spring 也推荐直接使用以下注解，建议为@RequestMapping 显式指定请求方法类型的条件，列举如下。

- @GetMapping：已指定 method 为 RequestMethod.GET 的@RequestMapping 注解。
- @PostMapping：已指定 method 为 RequestMethod.POST 的@RequestMapping 注解。
- @PutMapping：已指定 method 为 RequestMethod.PUT 的@RequestMapping 注解。
- @DeleteMapping：已指定 method 为 RequestMethod.DELETE 的@RequestMapping 注解。
- @PatchMapping：已指定 method 为 RequestMethod.PATCH 的@RequestMapping 注解。

而这些注解因为已经提供了默认的 method 属性，故除了 method 属性外其他@RequestMapping 中的属性这些注解中都有，也是通过@AliasFor 实现的。

3.1.10 多条件整合

上述所有条件只是作为单独的条件属性存在的，而在进行处理器查找匹配的过程中，是需要结合全部属性进行条件判断的。与单条件类似，多个条件的整合匹配也具有和单条件共同的属性。

Spring MVC 使用 RequestMappingInfo 代表符合条件，其中包含了@RequestMapping 中的所有属性条件，分别列举如下。

- PatternsRequestCondition：表示@RequestMapping 中的 path 属性表示的条件。
- RequestMethodsRequestCondition：表示@RequestMapping 中的 method 属性表示的条件。
- ParamsRequestCondition：表示@RequestMapping 中的 params 属性表示的条件。
- HeadersRequestCondition：表示@RequestMapping 中的 headers 属性表示的条件。
- ConsumesRequestCondition：表示@RequestMapping 中的 consumes 属性表示的条件。
- ProducesRequestCondition：表示@RequestMapping 中的 produces 属性表示的条件。
- RequestConditionHolder：表示自定义条件，我们后续忽略这个条件。

而 RequestMappingInfo 在对请求做匹配时，会依次获取上述每个条件的匹配结果，只要有一个匹配结果为空，则视为该 RequestMappingInfo 所代表的@RequestMapping 注解与该请求不匹配，匹配结果返回为 null。这也就是为什么当未提供属性值时需要视为全部请求都匹配的原因。获取的匹配结果也是 RequestMappingInfo 类型的值，包含了所有条件的匹配结果，以用于后续的排序。

在对 RequestMappingInfo 执行合并操作时，则是对其中的所有条件中的同类条件执行其各自的合并操作。

在对请求查找后，可能查找到多个匹配结果，多个@RequestMapping 提供的条件均与此请求匹配，即在匹配后获取到多个与之匹配的 RequestMappingInfo，此时就需要对结果进行排序，即排序规则就要生效了。尽管 RequestMappingInfo 中的每个条件自身都有排序规则，但是应该先比较哪个条件呢？或者说各个条件之间比较是否有顺序？答案是肯定的，其顺序如下。

（1）path 条件。
（2）params 条件。
（3）headers 条件。
（4）consumes 条件。
（5）produces 条件。
（6）method 条件。
（7）自定义条件。

按照以上顺序对 RequestMappingInfo 进行比较，以最先比较出大小的条件为准，如果都相等，则返回 0，表示两个 RequestMappingInfo 相等。其中还需要考虑到条件的特殊情况，例如，如果请求方法是 HEAD，则会优先判断 method 条件以减少处理时间。

排序完成之后，如果获取排序完的列表的第一个元素和第二个元素相同，则视为有两个相同的匹配条件，即查找到两个 Handler 都可以处理此请求，此时会抛出异常：Ambiguous handler methods mapped for HTTP path。对于这种情况，Spring MVC 为其添加了启动时的动态检查，在注册@RequestMapping 的 RequestMappingInfo 信息时，会首先通过 equals 方法检查是否有相同的 RequestMappingInfo 信息已经注册。但是这种启动时检查限制很多，只是简单地对 RequestMappingInfo 中各个条件的数组进行静态 equals 检查，而不能识别各种动态情况。示例代码如下：

```
@RequestMapping(path = "path1", method = RequestMethod.GET)
public String path1() {
  return "index";
}
@RequestMapping(path = "path1", method = {RequestMethod.GET, RequestMethod
.POST})
public String path2() {
  return "index";
}
```

在对@RequestMapping 信息进行注册时，因为两者的 method 不相同，故注册时并不能检查出重复。但是在对 path1 执行 GET 请求时，因为对于任意条件的匹配，其返回的匹配结果都只是提供的条件数组中满足条件的元素，也即因为 path2 上的注解提供了 RequestMethod.GET 与 RequestMethod.POST，但是因为请求类型是 GET，故这里返回的匹配结果中只包含 GET，而导致两个注解返回的匹配结果完全相同，此时就会产生匹配时的重复异常。

至此关于@RequestMapping 中的所有相关条件都详细地讲解过，已经清楚了处理器的查找逻辑。下一步就开始执行处理器，执行时包括了很强大的功能，叫做参数的自动解析，在 3.2 节中我们就详述参数解析支持的范围。

3.2 处理器参数解析

Spring MVC 为@RequestMapping 标记的处理器方法增加了参数自动解析的功能。在 DispatcherServlet 获取到处理器方法后，先执行拦截器的 preHandler 逻辑，在 preHandler 均返回 true 后，会把当期的处理器 Handler 交给可以执行该 Handler 的适配器 HandlerAdapter 去执行。而对于@RequestMapping 标记的方法，返回的 Handler 类型为 HandlerMethod，对应可以执行的适配器为 RequestMappingHandlerAdapter。

在该适配器执行处理器方法前，会根据遍历当前处理器方法中所有的参数签名，根据每个参数签名自动从请求信息或者当前应用信息中获取最合适的值，作为执行处理器方法的参数列表，在执行时传递给该处理器方法，这个过程叫做参数解析。

3.2.1 参数解析概述

参数解析通过 HandlerMethodArgumentResolver 组件实现，该组件提供 supportsParameter 方法，接受 MethodParameter 类型的参数。MethodParameter 是 Spring MVC 对处理器方法中

的参数封装，包含了参数所在方法的参数列表中的索引、所在的方法、参数注解、所在方法的返回值信息等参数相关的元信息。

SupportsParameter 用于根据方法中参数的元信息判断是否可以直接解析该参数的参数值。在 RequestMappingHandlerAdapter 处理适配器中封装了 HandlerMethodArgumentResolver 参数解析器列表，当解析方法中的参数时，遍历该列表，调用遍历中元素的 supportsParameter 方法，当该方法返回 true 时，表示当前遍历中 HandlerMethodArgumentResolver 组件支持解析此参数。

随后调用该参数解析组件的 resolveArgument 方法，传入请求相关信息与参数信息，返回 Object 类型的值，该值即解析后当前处理中参数对应的参数值。遍历处理器方法中参数列表执行此逻辑，最终获取到参数值数组，调用处理器方法时，以此数组为处理器方法的参数值数组。

这就是 Spring MVC 的黑科技之一，@RequestMapping 可以让开发者只需要简单地注解声明即可自动映射一个请求到处理器方法。而处理器方法参数的自动绑定又提供了声明式的参数使用，只需要在方法中声明需要使用的参数，即可在处理器逻辑中直接使用。在这个黑科技支持下，完全不需要关注 Web 容器中的相关细节和 Request 的使用，只需要关注需要使用的参数即可，把与实际业务无关的 Web 实现全都封装在了框架之中。

在对参数解析时，依赖于参数的一些元信息，这些元信息包括参数类型、参数上的注解、参数所在方法及其元信息等。而参数解析则是利用这些信息对参数进行解析并获取参数值的，那么根据参数信息对参数解析分类，大致分为两种：一种是根据参数类型进行解析；另一种是根据参数的注解进行解析。

而参数类型和注解又有很多种支持，类型表示参数声明的类型，@开头的注解表示参数上标记的注解。下面就列出 Spring MVC 支持的参数解析策略。

- WebRequest, NativeWebRequest：Spring MVC 对 Servlet 原生 Request 的封装，可以使用这两种类型的相关 API 来获取原始请求的请求头和请求参数，读写请求属性（Request 的 attribute）和会话属性（Session 的 attribute）等而无须使用原始 Servlet 的 API。
- javax.servlet.ServletRequest, javax.servlet.ServletResponse：Servlet API 中 HTTP 请求和响应的原始封装，也可以是其任一特殊的子类型，如 HttpServletRequest、HttpServletResponse 或者 Spring MVC 中的 MultipartRequest、MultipartHttpServlet-Request。
- javax.servlet.http.HttpSession：HTTP 的会话，注意对 HttpSession 的读写是非线程安全的，如有多线程方式读写 HttpSession，考虑自行对 HttpSession 加锁或者设置 RequestMappingHandlerAdapter 类中的 synchronizeOnSession 为 true。
- javax.servlet.http.PushBuilder：Servlet 4.0 中的推送构造器，HTTP/2 标准中的推送 API，仅做了解。
- java.security.Principal：当前认证用户信息，对状态码 401 时浏览器中输入的认证信息的封装。

- HttpMethod：当前的请求方法。
- java.util.Locale：当前请求的地区信息，通过地区解析器 LocaleResolver 或 LocaleContextResolver 解析得到。一般从请求头的 Accept-Language 去解析。
- java.util.TimeZone, java.time.ZoneId：当前请求的时区信息，通过 LocaleContext-Resolver 解析，解析不到则使用当前应用默认时区。
- java.io.InputStream, java.io.Reader：同 Servlet API 获取的 InputStream 与 Reader。
- java.io.OutputStream, java.io.Writer：同 Servlet API 获取的 OutputStream 与 Writer。
- @PathVariable：用于获取@RequestMapping 的 path 中的模板变量，可以把值自动转换为参数声明的类型。详情参见 3.2.3 节。
- @MatrixVariable：用于后获取 URL 中路径段用分号隔开的键值对的值，可以把值自动转换为参数声明的类型。详情参见 3.2.4 节。
- @RequestParam：绑定请求参数。通过 Request.getParameter 获取值，同时可以把值自动转换为参数声明的类型。详情参见 3.2.5 节中@RequestParam 的使用，同时注意@RequestParam 在特定情况下是可选的，见最后的其他类型参数。
- @RequestHeader：绑定请求头参数。通过 Request.getHeader 获取值，并自动转换为参数声明类型。详请参见 3.2.6 节中@RequestHeader 的使用。
- @CookieValue：绑定 Cookie 值。通过 Request.getCookies 获取值，并自动转换为参数声明类型。详情参见 3.2.7 节中@CookieValue 的使用。
- @RequestBody：绑定请求的消息体数据。通过消息转换器 HttpMessageConverter 把请求的 InputStream 数据流转换为声明类型。详情参见 3.2.8 节中@RequestBody 的使用。
- HttpEntity<?>：Spring MVC 封装的 HTTP 请求实体，可以用于访问请求头和请求体，请求体使用 HttpMessageConverter 转换为声明的范型类型 B，可以通过 getBody 访问。详情参见 3.2.9 节中 HttpEntity 的使用。
- @RequestPart：用于获取 multipart/form-data 类型的请求中的请求块，常见的文件上传就是这种类型的请求。请求中的参数和请求中的文件都是请求块。详情参见 3.2.10 节中@RequestPart 的使用。
- java.util.Map, org.springframework.ui.Model, org.springframework.ui.ModelMap：用于绑定 Model 数据接口参数，为视图提供数据，详情参见 2.3.1 节。
- RedirectAttributes：绑定用于添加重定向模型属性的接口。详情参见 3.2.11 节中 RedirectAttributes 的使用。
- @ModelAttribute：用于绑定当前 Model 中的属性值，详情参见 3.2.12 节中@Model-Attribute 的使用，该注解同样也是可选的。
- Errors, BindingResult：结合 validation 功能使用，用于绑定参数校验结果。在该参数前面的一个标记了@ModelAttribute、@RequestBody、@RequestPart 参数值的校验结果。该类型必须紧跟在其要绑定的校验对象参数之后。参见@RequestBody 的使用。

- SessionStatus + 类型上的@SessionAttributes：SessionStatus 用于标记 session 处理状态，多用于表示表单处理状态，如果标记为完成则会清理掉@SessionAttributes 标记的 session 属性值。详情参见 3.2.13 节中@SessionAttributes 的使用。
- UriComponentsBuilder：包含当前请求 URL 相关的信息，比如主机名、端口号、资源类型（scheme）、上下文路径、servlet 映射中的相对部分，构造器对象，可以基于此对象构造 URL。
- @SessionAttribute：用于从 Session 中获取属性值。详情参见 3.2.14 节中@SessionAttribute 的使用。
- @RequestAttribute：从 Request 的属性中获取值。详情参见 3.2.15 节中@RequestAttribute 的使用。
- 其他参数：对于上面的策略均不匹配的参数，最终会使用两种策略进行解析：首先通过 BeanUtils.isSimpleProperty 判断参数是否是简单类型，包括 Java 内置的一些类型或者数组的元素类型。如果是，则使用@RequestParam 的解析方式解析；否则使用@ModelAttribute 的方式解析。

这是当前默认情况下 Spring MVC 支持的参数解析类型。在一些注解的参数解析时，可以配置注解的 required 属性为 true，表示该参数必须有值，例如@RequestParam 或者@RequestHeader 等，如果没有值则直接报错。在 JDK8 中加入了 Optional 类型用于表示可选的值，包含 required 属性的注解对应的参数类型也可以使用 Optional 类型，则其表示 required 为 false。

3.2.2 Servlet 相关类型

Servlet 相关类型是个大类，其中包括与请求的参数无关的一些类型，这些类型分别如下。

- org.springframework.web.context.request.WebRequest 接口及其子接口与实现类。
- javax.servlet.ServletRequest 接口及其子接口与实现类(包括 javax.servlet.http.HttpServletRequest 接口)。
- javax.servlet.ServletResponse 接口及其子接口与实现类(包括 javax.servlet.http.HttpServletResponse 接口)。
- org.springframework.web.multipart.MultipartRequest 接口及其子接口与实现类。
- javax.servlet.http.HttpSession 接口及其子接口与实现类。
- javax.servlet.http.PushBuilder 接口及其子接口与实现类。
- java.security.Principal 接口及其子接口与实现类。
- java.io.InputStream 类及其子类。
- java.io.OutputStream 类及其子类。
- java.io.Reader 类及其子类。

- java.io.Writer 类及其子类。
- org.springframework.http.HttpMethod 类。
- java.util.Locale 类。
- java.util.TimeZone 类。
- java.time.ZoneId 类。

以上这些类型都是通过 ServletRequestMethodArgumentResolver 与 ServletResponse-MethodArgumentResolver 两个参数解析器解析。

注意：

> 当在参数中声明类型时，建议都直接声明为以上类型，而不要直接声明实现类。因为参数解析时是按照参数类型是否是以上类型子接口、子类或实现类（通过 Class.isAssignableFrom）来进行判断的，而参数的值则是从当前请求的 Context 中获取的，如果声明为实现类型，有可能与当前请求中获取的实现类型并不一致，此时会提示参数解析异常。

这些类型都可以直接作为参数类型使用，Spring MVC 会为其绑定当前环境、上下文及请求中对应的实例。示例代码如下：

```
@RequestMapping("argument1")
public String argument(HttpServletRequest request) {
  System.out.println("访问者 IP 为" + request.getRemoteAddr());
  return "argumentView";
}
```

其余类型大家可以自行尝试，但在实际使用中，一般很少直接使用里面的请求和响应的原始类型，而且对于 Request 中的 InputStream 或者 Reader 及 Response 中的 OutputStream 或者 Writer 直接使用还可能导致不可预测的问题。在实际使用中，多直接使用其他注解方式的绑定，则直接可以从请求的信息中获取参数值，无需自己额外进行处理。

3.2.3 路径变量

前面已经了解了@RequestMapping 中的 path 属性，可以使用模式匹配字符串。而在模式匹配字符串中，可以使用{pathVariable:regex}这种形式的路径变量，我们称之为路径的模板变量。那么，为路径设置模板变量后该如何使用？这就是本节要讲的@PathVariable 注解的作用。

@PathVariable 具有以下属性。

- String value() default ""：默认属性，用以实现不指定属性名的方式使用注解，指定该参数解析的路径变量名，与 name 互为别名。
- String name() default ""：指定该参数解析的路径变量名，与 value 互为别名。
- boolean required() default true：决定找不到模板参数值时是否报错。为 true 则报错，为 false 即找不到时设置参数值为 null。参数类型可以使用 Optional，当为 Optional 时，required 视为 false。

假设一个请求的路径是/user/1/topic/3，表示id为1的用户查看topicId为3的主题，对应示例代码如下：

```
@RequestMapping("user/{userId}/topic/{topicId}")
public String topic(@PathVariable Integer userId, @PathVariable Integer
topicId) {
  System.out.println("userId is " + userId + ", topicId is " + topicId);
  return "argumentView";
}
```

同时，路径变量也支持类型上的@RequestMapping注解，基于合并规则，参数上的@PathVariable也是可以正常引用到类型上的路径模板变量的。

@PathVariable其他用法与细节如下。

- @PathVariable Integer usreId：以参数名为路径模板变量名，查找对应的模板变量值。
- @PathVariable("userId") Integer userId：设置value值为userId，优先从注解中取变量名，未设置时取参数名，此时参数名不需要与变量名一致，但一般还是用一致的，代码可读性更高。
- @PathVariable(name = "userId") Integer userId：同上面一条，显式指定name的值，name与value互为别名。
- @PathVariable(name = "userId", required = false) Integer usreId：当模板变量中没有userId时，或者为空时，userId为null。前面三种用法中默认required为true，若模板变量为空则会抛出异常，需要像本例一样显式指定required为false才可避免此异常。
- @PathVariable Optional userId：使用Optional，等于指定required为false。
- @PathVariable(required = false) int userId：此时虽然指定required为false，但是因为userId是原生类型，null值不能赋值给原生类型，故会报错，报错类型是IllegalStateException。

如果匹配到的路径中的路径变量不能被转换为参数声明类型，则会报TypeMismatch-Exception。如上面的路径中userId是一串非数字字符。

最后再补充一个比较特殊的路径模式，该例子来自Spring MVC的官方文档。即对于请求路径为/spring-web-3.0.5.jar，使用如下path。

```
@RequestMapping("user/{userId}/topic/{topicId}")
public String topic(@PathVariable Integer userId, @PathVariable Integer topicId)
{
  System.out.println("userId is " + userId + ", topicId is " + topicId);
  return "argumentView";
}
```

这个例子中name可以匹配到spring-web，version匹配到3.0.5，ext则匹配到jar。当然实际应用中这种形式还是比较少出现的，此处仅做了解。

3.2.4 矩阵变量

在 URL 的未确定标准中，提出了在 URL 的 path 段中添加 name=value 的键值对变量，多个键值对用分号隔开，一个名称对应的多个值用逗号隔开。例如：/users;hobbies=computer, math;year=1992。一个名称对应的多个值也可以重复使用 name 的形式表示，如：/users;hobbies=computer; hobbies=math;year=1992。除了可以在路径的最后使用这种格式，还可以在路径的中间使用，如：/users/42;q=11;r=12/things/21; q=22;s=23，此时包括两部分矩阵变量。

而@MatrixVariable 注解就是为了对此变量进行支持。示例代码如下：

```
// 访问/users/year/66;hobbies=computer,math;year=1992
@GetMapping("/users/year/{userId}")
public String findUserByIdWithYear(@PathVariable String userId,
@MatrixVariable int year) {
  // userId = 66, year=1992
  return "argumentView";
}
```

同@PathVariable，@MatrixVariable 支持以下属性。

- String value() default ""：注解的默认属性，用以实现不指定属性名的方式使用注解，指定该参数解析的矩阵变量名，与 name 互为别名。
- String name() default ""：指定该参数解析的矩阵变量名，与 value 互为别名。
- String pathVar() default ValueConstants.DEFAULT_NONE：用于在路径中存在多个这样的路径段时指定取哪个路径变量中的矩阵变量。默认值是个特殊的字符串，用于代表 null，注解中只能使用常量作为默认值，不允许使用 null，故这里只为表示 null，运行期会替换为 null。
- boolean required() default true：找不到矩阵变量值时是否报错。为 true 则报错，为 false 即找不到时设置参数值为 null。参数类型可以使用 Optional，当为 Optional 时，required 视为 false。
- String defaultValue() default ValueConstants.DEFAULT_NONE：为该参数绑定默认值，当找不到矩阵变量时，使用该默认值。如果提供了默认值，required 会被视为 false。默认值支持使用属性占位符。

该注解支持绑定的参数类型除了简单类型外，还包括复杂的 MultiValueMap 类型，MultiValueMap 的 key 对应 value 的 List，复合矩阵变量的定义。下面通过实例来理解矩阵变量。示例代码如下：

```
// pathVar 属性的使用，访问 /users/66;q=11/things/21;q=22
@GetMapping("/users/{userId}/things/{thingId}")
public String findThingWithMatrix(
    @MatrixVariable(name = "q", pathVar = "userId") int q1,
```

```
    @MatrixVariable(name = "q", pathVar = "thingId") int q2) {
  // q1 == 11
  // q2 == 22
  return "argumentView";
}
// 访问 /users/66，不提供 q 的值
@GetMapping("/users/{userId}")
public String findUserByIdWithDefault(@MatrixVariable(required = false,
defaultValue = "1") int q) {
  // required 即使不设置，使用默认值 true，效果也和设置为 false 一样
  // q == 1
  return "argumentView";
}
// 访问 /usersMap/66;q=11;r=12/things/21;q=22;s=23
@GetMapping("/usersMap/{userId}/things/{thingId}")
public String findThingWithMatrixMap(
    @MatrixVariable MultiValueMap<String, String> matrixVars,
    @MatrixVariable(pathVar = "thingId") MultiValueMap<String, String>
thingMatrixVars) {
  // 两个 MultiValueMap 合并的结果
  // matrixVars: ["q" : [11, 22], "r" : 12, "s" : 23]
  // thingMatrixVars: ["q" : 22, "s" : 23]
  // 参数也可以声明为 Map 类型，但是当一个矩阵变量对应多个值时，只会取第一个值，后面的值会
丢失
  return "argumentView";
}
```

若想使@MatrixVariable生效，匹配的路径模式中必须存在路径变量，矩阵变量是依赖于路径变量的。同时还需要把路径查找匹配依赖的PathMatcher的removeSemicolonContent设置为 false，这样才不会把 URL 中的分号删除掉。要设置 removeSemicolonContent 为 false，则需要加入WebMvcConfigurer配置类，修改PathMatcher为自定义的，removeSemicolonContent为 false 的 PathMatcher。此处较为复杂，且@MatrixVariable 在实际使用中也较少出现，故此处仅做了解。

3.2.5　请求参数

注解@RequestParam 提供了通过 Request.getParameter 方法获取的请求参数值的解析支持，getParameter 包括了 URL 上的查询参数与请求体的表单参数，其包括以下属性。

- String value() default ""：注解的默认属性，用以实现不指定属性名的方式使用注解，指定该参数解析的请求参数名，与 name 互为别名。
- String name() default ""：指定该参数解析的请求参数名，与 value 互为别名。
- boolean required() default true：是否必需，判断找不到参数值时是否报错。为true则报错，为 false 即找不到时设置参数值为 null。参数类型可以使用 Optional，当为 Optional 时，required 视为 false。

- String defaultValue() default ValueConstants.DEFAULT_NONE：为该参数绑定默认值，当找不到参数值时，使用该默认值。如果提供了默认值，required 会被视为 false。默认值支持使用属性占位符。

@RequestParam 属性特性与上面两种一样，只是属性值来源变为了 Request.getParameter。

@RequestParam 有一个特殊的特性，允许隐式指定此注解。当解析处理器参数时，如果参数中未出现任何可被其他参数解析器解析的注解，同时此参数类型为 Java 的一些内置类型或内置类型的数组，则视为@RequestParam 来解析，此时其属性 required 为 false，其他同默认值。也即请求参数名取方法参数名，默认值为 null。示例代码如下：

```
// 访问 /users?userId=66
@GetMapping("/users")
public String findUserById(String userId) {
  // userId=66
  return "argumentView";
}
```

同时如果@RequestParam 标记的参数类型为 Map<String, String>或 MultiValueMap<String, String>，且@RequestParam 中没有指定 name 属性，则会把当前请求中的所有参数绑定为该参数值，如果为 Map 类型，同一个属性名有多个值时，取第一个，忽略后面的值。示例代码如下：

```
// 访问 /findUser?firstName=Guang&lastName=shan&lastName=666
@GetMapping("/findUser")
public String findUserByName(@RequestParam MultiValueMap <String, String>
params) {
  // params: ["firstName" : "Guang", "lastName": ["shan", "666"]]
  System.out.println(params);
  return "argumentView";
}
```

3.2.6 请求头

使用@RequestHeader 注解可以解析参数值为请求头的值，通过 Request.getHeader 获取请求头的值，该注解有以下属性。

- String value() default ""：注解的默认属性，用以实现不指定属性名的方式使用注解，指定该参数解析的请求头名，与 name 互为别名。
- String name() default ""：指定该参数解析的请求参数名，与 value 互为别名。
- boolean required() default true：是否必需，找不到请求头值时是否报错。为 true 则报错，为 false 即找不到时设置参数值为 null。参数类型可以使用 Optional，当为 Optional 时，required 视为 false。
- String defaultValue() default ValueConstants.DEFAULT_NONE：为该参数绑定默认

值，当找不到请求头值时，使用该默认值。如果提供了默认值，required 会被视为 false。默认值支持使用属性占位符。

@RequestHeader 使用方法和@RequestParam 注解基本一致，同样支持 Map 与 MultiMap 类型参数，但@RequestHeader 除了可以支持 Map 和 MultiMap 外，还支持 HttpHeaders 类型。并且当注解不存在时，不会被视为@RequestHeader，即该注解如需绑定到参数值，必须显式指定。同时@RequestHeader 的 name 不区分大小写，是请求头的标准特性。

有一种特殊的请求头如 Accept，其值是使用逗号分隔的多个值，而 Spring MVC 提供的默认类型转换策略可以识别，如果要转换的目标是数组或者 Collection 集合时，则按照逗号切分多个元素。即可以按照下面示例方式绑定 Accept 头。

```
// 请求头为 Accept: text/html,application/xhtml+xml,application/ xml;q=0.9
@GetMapping("/getAccept")
public String getAccept(@RequestHeader List<String> accept) {
  // accept: ["text/html", "application/xhtml+xml", "application/ xml;q=0.9"]
  System.out.println(accept);
  return "argumentView";
}
```

3.2.7 Cookie 值

使用注解@CookieValue 可以为请求参数绑定 Cookie 中的值，Cookie 通过 Request.getCookies 获取，而 Cookie 值其实是通过 HTTP 请求的请求头传递的，@CookieValue 包括以下属性。

- String value() default ""：注解的默认属性，用以实现不指定属性名的方式使用注解，指定该参数解析的 Cookie 名，与 name 互为别名。
- String name() default ""：指定该参数解析的 Cookie 名，与 value 互为别名。
- boolean required() default true：是否必需，找不到 Cookie 值时是否报错。为 true 则报错，为 false 即找不到时设置参数值为 null。参数类型可以使用 Optional，当为 Optional 时，required 视为 false。
- String defaultValue() default ValueConstants.DEFAULT_NONE：为该参数绑定默认值，当找不到 Cookie 值时，使用该默认值。如果提供了默认值，required 会被视为 false。默认值支持使用属性占位符。

@CookieValue 基本特性与@RequestParam 和@RequestHeader 相同，但不支持隐式指定注解，Cookie 名区分大小写。同时该注解不再支持 Map 与 MultiMap 类型的参数，但额外支持 Cookie 类型的参数，可以把通过 Request.getCookies 获取的 Cookie 直接作为参数值绑定。其他特性不再赘述，示例代码如下：

```
// 请求包含如下 Cookie: JSESSIONID=415A4AC178C59DACE0B2C9CA727CDD84
@GetMapping("/getCookie")
public String getCookie(@CookieValue("JSESSIONID") String jSessionId) {
```

```
    // jSessionId: "415A4AC178C59DACE0B2C9CA727CDD84"
    System.out.println(jSessionId);
    return "argumentView";
}
```

3.2.8 请求体

对于 HTTP 请求，可以通过 URL 和请求头传递参数，但这两者传递参数都有一定的限制，一般只建议传递一些比较简单的字符串，对于比较复杂而且量较大的数据，则通过 HTTP 标准中定义的请求体来传递。

请求体数据以数据流的形式传输，引用中通过 Request.getInputStream 可以获取请求体的输入流，这是原始的使用方式。Spring MVC 为请求体的处理提供了自动转换机制，可以通过 HttpMessageConverter 自动把请求体的数据流转换为目标的 Java 类型。即通过 HttpMessageConverter 把数据流解码为 Java 中的实体类型。

在处理方法中，通过注解@RequestBody 来标记参数的值为通过请求体转换得到的数据。因为该注解标记是直接把整个请求体进行转换的数据，故不存在 name 之类的属性。属性只有一个：boolean required() default true 是否必需，找不到 Cookie 值时是否报错。为 true 则报错，为 false 即找不到时设置参数值为 null。参数类型可以使用 Optional，当为 Optional 时，required 视为 false。

对于请求体来说，内容格式可能是多种多样的，分别对应不同的编码方式，而不同的 HttpMessageConverter 可以处理不同的内容格式，在@RequestBody 的参数解析器中，维护 HttpMessageConverter 的列表，用于处理不同的类型。而对于是否可以处理当前的请求体，可以通过 HttpMessageConverter 的 canRead 方法判断。判断依据有两个，一是请求头中的 Content-Type；二是当前@RequestBody 所标记参数的类型信息。

举几个常见的例子：可以处理请求头 Content-Type 为 application/json 类型的 JSON 请求内容转换器；可以处理请求头 Content-Type 为 application/xml 类型的 XML 请求内容转换器；还可以处理 text/plain 类型的 String 消息转换器，只有参数类型为 String 时才可以转换。

对于@RequestBody 标记的参数，可以附加数据校验功能，基于 Validation API 提供 Java 实体数据校验功能。通过在该参数上额外标记 javax.validation.Valid 注解或者 org.springframework.validation.annotation.Validated 注解，表示在通过消息转换器转换为 Java 的类型实例后，再通过 Validation API 进行数据合法性校验。在默认情况下，校验失败将会抛出 MethodArgumentNotValidException 异常，直接返回 HTTP 响应，状态码为 400，响应体中包含错误信息。

但通过在处理器方法中需要校验的参数之后紧接着声明 BindingResult 或者 Errors 类型的参数，则可以拦截到参数校验的错误，以便在处理器中添加一些处理而不直接返回 400 错误码。示例代码如下：

```
@PostMapping("/postData")
// 标记@Validated 以进行数据校验，第二个参数绑定校验结果
```

```
// 校验结果取其前面与其紧邻的参数的校验结果进行绑定，所以两个参数必须紧邻
public String postData(@Validated @RequestBody MyPostData myPostData,
BindingResult result) {
  System.out.println("数据校验是否有错误：" + result.hasErrors());
  System.out.println(myPostData);
  return "argumentView";
}
// MyPostData.java
@XmlType // 标记该类型可通过 XML 序列化与反序列化
public class MyPostData {
  private String name;
  // 校验最小值为 0，即不能为负数
  @Min(0)
  private Integer age;
  public String getName() {
    return name;
  }
  public void setName(String name) {
      this.name = name;
  }
  public Integer getAge() {
    return age;
  }
  public void setAge(Integer age) {
      this.age = age;
  }
  @Override
  public String toString() {
    return "MyPostData{" +
          "name='" + name + '\'' +
          ", age=" + age +
          '}';
  }
}
```

通过 PostMan 发送 POST 请求，使用 raw 类型手动指定请求数据的内容，进行以下测试观察结果，提交 JSON 格式的数据，指定 Content-Type 为 application/json，数据如下：

```
{
    "name": "Guangshan",
    "age": 26
}
```

处理器参数可正常解析，该参数值实体与请求内容相同，数据校验错误无。

提交 XML 格式的数据，指定 Content-Type 为 application/xml，数据如下：

```
<MyPostData>
   <name>Guangshan</name>
   <age>26</age>
</MyPostData>
```

处理器参数可正常解析，该参数值实体与请求内容也相同。

如果将请求数据中的age设置为负数，此时参数age属性值虽然可以正常绑定为-26，但result.hasErrors 为 true，表示有校验错误。可以通过 result.getAllErrors()来获取所有的校验错误详情，此处获取到 age 字段不能小于 0 的错误。

去掉参数中的BindingResult result，仍然使用age为负数提交，此时直接得到响应状态码为 400 的错误。

另外还有一点需要注意，在处理器方法中，只能出现一个@RequestBody 标记的参数，因为Request中的数据流是单向的，只能读取一次，而如果有两个@RequestBody则需要读取两次数据流，自然就会报错。

3.2.9 请求头与请求体

如果需要在参数中既包含请求头，又包含请求体，可以使用两个参数分别表示。当然Spring MVC 也提供了一种类型，同时包含对两者操作的 API，也就是 HttpEntity 及其子类RequestEntity。可以直接在参数中使用这两种类型，同时这两种类型可以声明泛型类型，该泛型类型即请求体要转换的目标类型。

此请求体的转换方式和 3.2.8 节中的请求体转换方式完全一致，在 HttpEntity 中提供了getHeaders方法用于获取请求头的数据，getBody方法用于获取请求体。在RequestEntity中还额外增加了与 Request 相关联的一些属性，包括请求方法与请求 URL。

该类型的使用时需要注意，声明参数类型时一定要提供泛型类型，否则无法确认请求体应该转换的目标类型。而且该类型并不支持参数校验，即无法实现@RequestBody 中附加的数据校验功能，如果声明了BindingResult类型的参数，则会报错提示没有可解析的绑定结果类型数据。示例代码如下：

```
@PostMapping("/postEntity")
public String postEntity(HttpEntity<MyPostData> myPostData) {
  System.out.println(myPostData.getHeaders());
  System.out.println(myPostData.getBody());
  return "argumentView";
}
```

3.2.10 请求块

接下来介绍请求块。当在实现 HTML 中表单的文件上传功能时，需要把 form 表单的enctype 属性设置为 multipart/form-data，用以代表此表单的编码类型为多块 multipart 的表单数据。这种类型通过把请求体分为多块来实现表单的编码，具体规则如下。

设置请求头的Content-Type为multipart/form-data，并添加参数boundary分界线用于把请求体分割成多块，分界线的值的类型一般以 4 个横线开头，后面有一串随机字符串，如：multipart/form-data; boundary= ----WebKitFormBoundaryChBzbZTqu2DB9NQU，而以两个横线开头，再拼接 Content-Type 中的 boundary 的值，写入请求体的第一行，表示多块数据的开始会把每个请求参数都作为多块数据的一块写入请求体，参数写完也即一块数据写完，以两个横线--拼接 boundary 作为与下一块数据的分界线。

每个请求块都包含自己的请求块头与请求块体，与 HTTP 协议中定义的相同，请求块头与请求块体以两个换行分割。

每块数据都包含 Content-Disposition 的请求块头，内容一般为 form-data; name="lastName"，form-data 表示为表单数据，name 属性表示表单数据名，块请求体为表单数据值，称之为请求块属性名。

对于文件类型的表单数据，Content-Disposition 中额外添加 filename 属性，表示原始文件名，额外添加 Content-Type 请求块头，表示块数据的数据类型。同时通过请求块体传输文件的二进制数据。如 Content-Disposition: form-data; name="photo"; filename="我的照片.png"。

下面看一个 multipart/form-data 表单请求提交信息，如图 3.2 所示。

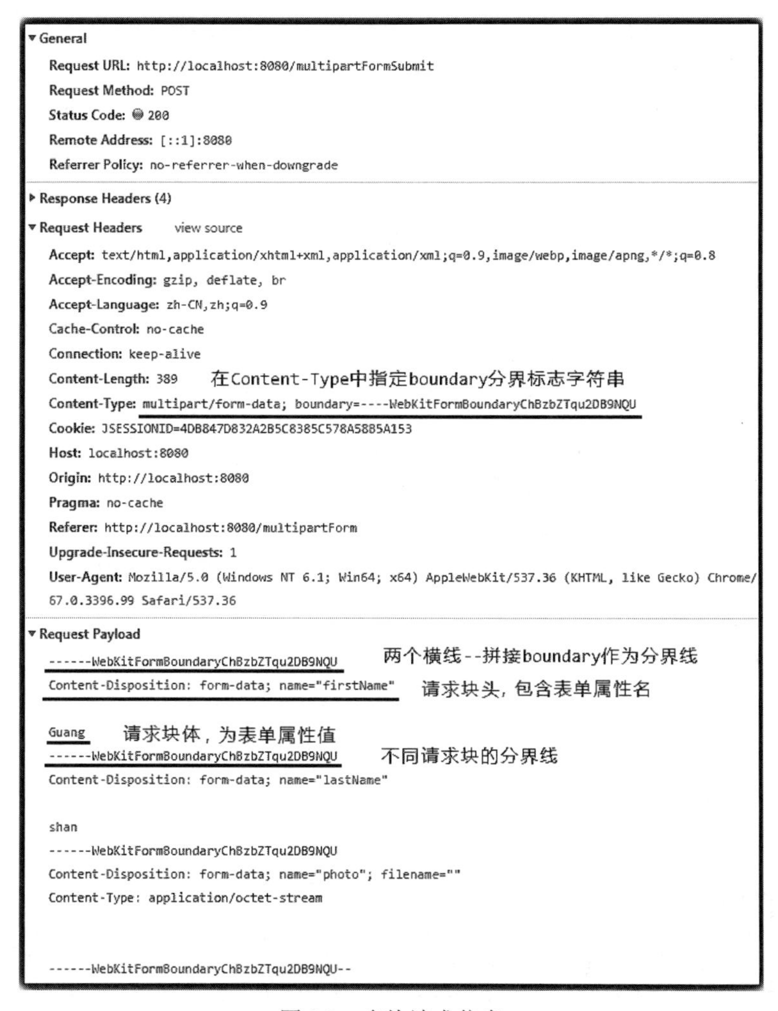

图 3.2 多块请求信息

而@RequestPart 注解就是为了标记这种请求的参数的注解，首先看其属性。

- String value() default ""：注解的默认属性，用以实现不指定属性名的方式使用注解，指定该参数解析的请求块属性名，与 name 互为别名。
- String name() default ""：指定该参数解析的请求块属性名，与 value 互为别名。
- boolean required() default true：是否必需，找不到请求块值时是否报错。为 true 则报错，为 false 即找不到时设置参数值为 null。参数类型可以使用 Optional，当为 Optional 时，required 视为 false。

对于 Content-Type 为 multipart/form-data 类型的请求，Servlet API 为其提供了两种方式以获取表单数据。

第一种，使用 Request.getPart(name)，根据请求块属性名，返回请求块的封装类型。请求块的封装类型为 javax.servlet.http.Part，该类型可以单独获取请求块头与请求块体对应的数据流，同时还封装了获取请求块的数据名，请求块的 Content-Type 及请求块的原始文件名等方法。对于多个请求块有相同的数据名时，只返回第一个请求块。如要根据请求块名称获取列表，需要使用 Request.getParts 方法获取 Part 的 Collection 自行遍历。

第二种，直接使用 Request.getParameter，该方法除了可以获取非 multipart 类型的表单请求的参数，还可以获取 multipart 类型中非文件类型的表单参数。即在请求块的 filename 属性不存在的情况下，会被添加到请求的 ParameterMap 中，以便直接通过 Request.getParameter 方法获取请求参数值。

同时 Spring MVC 还提供了 MultipartFile 类型，用于封装多块请求中类型为文件的 Part。该类型大部分方法与 Part 类型公开的方法相同，但 MultipartFile 更关心与文件相关的一些属性，如文件名、文件数据流、转储文件等。

对于@RequestPart 注解，支持的参数分为 3 种。

- 原始的 javax.servlet.http.Part 类型及其数组或 Collection 集合。
- MultipartFile 类型及其数组或 Collection 集合。
- 其他任意可被消息转换器转换的类型。

因为请求块的定义为在原始 HTTP 请求体中包含请求块头与请求块体的数据块，那么请求块体自然可以享受与@RequestBody 相同的特性。在前面提到过一个处理器上不能有多个标记@RequestBody 的参数，而根据@RequestPart 的特性，可以推断处理器方法上是可以有多个的。并且每个@RequestPart 标记的非 Part 或者非 MultipartFile 类型的参数都可以标记 Valid 相关注解，标记了 Valid 相关注解的方法参数后面都可以紧随 Errors 或 BindingResult 类型的参数以绑定校验结果。下面看一个简单的示例。

```
@RequestMapping("multipartForm")
public String multipartForm() {
  return "myMultipartFormView";
}
@RequestMapping("multipartFormSubmit")
public String multipartFormSubmit(@RequestPart String firstName, @RequestPart
String lastName, @RequestPart MultipartFile photo) {
```

```
  return "myFormAgreedView";
}
```

表单模板 myMultipartFormView.html 示例如下：

```
<form method="post" action="/multipartFormSubmit" enctype= "multipart/form-data">
  First name: <input type="text" name="firstName"><br>
  Last name: <input type="text" name="lastName"><br>
  Photo: <input type="file" name="photo"><br>
  <input type="submit" value="注册">
</form>
```

通过页面测试提交，可以看到请求参数都正常绑定到了方法参数中。

上面提到了两个小知识点，第一，对于 Multipart 类型的请求，Servlet 容器会提取其中的非文件类型的请求块，并把其添加到请求的 ParameterMap 中，使得可以通过 Request.getParameter 方法获取表单参数值；第二，@RequestPart 中非 Part 或者非 MultipartFile 类型的参数，是通过消息转换器转换得到的结果。

那么是否可以使用@RequestParam 代替上面的@RequestPart 以便直接通过请求参数获取值而避免通过消息转化器进行处理呢？答案是肯定的，在对 multipart/form-data 类型的请求的处理中，关于@RequestParam 与@RequestPart 之间，它们的职责有一部分模糊的定义，对于同一参数用两个注解都可以取到值，但是也有一些不同之处，如取参数值的方式等，列举如下。

对于 Part 类型或者 Multipart 类型及这两种类型的数组或 Collection 集合封装，使用@RequestParam、@RequestPart 或者不标记任何注解，都可以完成自动绑定。

对于需要使用消息转换器转换的数据，需要使用@RequestPart。这是针对请求块中特殊的数据，如构造了 multipart/form-data，其中有 Part 的块数据为 JSON 字符串，同时该块的 Content-Type 为 application/json，这种数据就可以使用@RequestPart 绑定为 Java 实体类型。

对于 String 类型的参数，因为消息转换器中包含了 String 类型的消息转换器，故可以使用@RequestPart 标记参数，此时使用消息转换器转换为字符串；也可以使用@RequestParam 标记；或者不使用任何注解标记参数，此时通过 Request.getParameter 获取参数值。对于 String 类型的参数，建议使用@RequestParam 标记或者不标记注解，因为消息转换器的处理耗时比直接获取参数要长。

其他原始类型参数，因为没有对应的消息转换器，只能使用@RequestParam 或者不标记注解，此时通过 Request.getParameter 获取参数值，并增加参数类型的自动转换。如果使用@RequestPart 标记这种参数类型，如 int 类型，因为没有可以使用的消息转换器，将会提示不支持的内容类型错误：HttpMediaTypeNotSupportedException。

3.2.11　重定向属性

在控制器方法中，可能需要返回重定向视图。在重定向时，有两种参数传递方案：通过重定向的 URL 参数或者通过 Session 临时存储。Spring MVC 支持这两种方案，其中 Spring MVC 提供了内置的、功能强大的 Session 临时存储方案，在重定向前把一些需要使用的 Model 属性放入参数，重定向后再取出这些参数并从 Session 移除，完成了重定向参数的自动管理。完成这个功能的组件叫做 FlashMap，其通过 FlashMapManager 进行管理，在 RequestContextUtils 中开放了相关的方法用以使用 FlashMap。

但大多数情况下，并不需要直接使用原始的 FlashMap，而是在处理器方法中引入类型为 RedirectAttributes 的参数，该类型是为方便 FlashMap 的操作而封装的接口，可以使用 RedirectAttributes 的 addFlashAttribute 方法来添加这种重定向属性，重定向结束后自动把这些属性添加回 Model 中。

而通过 RedirectAttribute 的 addAttribute 方法添加的属性，则会被添加到重定向的 URL 中，作为 URL 的查询参数，使用时通过请求参数来获取传递的参数值。关于 RedirectAttributes 的使用我们在 2.4.1 节中已经讲解过，其包含的特殊功能如下所示。

```
@PostMapping("/files/{path}")
public String upload(MultipartFile file) {
  // 此时重定向 URL 中的模板{path}可以直接引用到请求匹配路径中的模板变量值
  return "redirect:files/{path}";
}
```

3.2.12 模型属性

使用注解@ModelAttribute 标记参数，可以通过当前处理周期的 Model 获取属性值绑定到请求参数中。当 Model 中存在属性值时，直接取该属性值；如果当前 Model 中不存在该属性值时，还会根据请求参数的类型创建该类型的实例，并作为Model中的属性值添加到Model中。同时还可以把请求参数和路径参数的值绑定到属性值实例的内部属性中，该注解有以下属性。

- String value() default ""：注解的默认属性，用以实现不指定属性名的方式使用注解，指定该参数对应的 Model 中的属性名，与 name 互为别名。
- String name() default ""：指定该参数对应的 Model 中的属性名，与 value 互为别名。
- boolean binding() default true：指定是否把请求参数值和路径参数值绑定到模型属性实例中的内部属性上。仅当需要引用 Model 中值时，将其设置为 false，一旦设置为 true，获取 Model 中属性实例后就会根据请求参数和路径参数更新该示例中属性值。

当 value 和 name 都没有提供值时，默认使用该注解标记的参数类型名，第一个字母小写。对于@ModelAttribute 获取的属性值来源有两大部分，一是通过现有 Model 取值；二是根据类型创建值。

对于通过现有 Model 取值，需要在执行处理器方法前 Model 中已有该值，其中 Model 中属性有几种不同的来源，列举如下。

- 通过 RedirectAttributes 与重定向视图，在重定向后的请求中自动设置到当前的 Model。
- 通过在@Controller 或@ControllerAdvice 中被@ModelAttribute 标记的非处理器方法添加。关于@ControllerAdvice 参见 3.4.6 节。
- 通过在@Controller 的类上标记的@SessionAttributes 注解指定需要从 Session 中添加到 Model 中的属性。

而根据类型创建，又有以下两种不同的策略。

第一，从请求参数或路径参数中取值，并通过 Spring 的转换服务 ConversionService 把值转换为目标参数类型，如可以把字符串用逗号（,）分隔转换为数组或者 Collection。转换器可以使@Init Binder 注解结合 DataBinder 注解定制，在 3.4.1 节中详细讲解。

第二，如果第一种方法无法得到实例，则通过目标参数的构造器创建实例（没有无参构造器且有多于一个有参构造器时会报错），如果取到的构造器上有参数，则通过请求参数获取构造器参数并进行构造。

在完成参数构造后，如果没有发生异常，此时还会判断该参数是否禁用了绑定，即通过@ModelAttribute 的 binding 参数声明是否绑定。如果没有禁用绑定，则会把请求参数和路径参数中的值通过 WebDataBinder 绑定到生成的参数实例中，支持多种参数绑定规则。

- 简单属性绑定，生成实例中的简单类型属性值会从请求参数和路径参数中取值，并被设置到实例的该属性中。
- 嵌套属性绑定，对于实例类中嵌套的其他类型，属性使用“.”作为嵌套分割符。如 Parent 类中有 Son 类型的属性 son，Son 类型又包含了 String 类型的 name 属性，对于该属性，可以用 son.name 或者 son[name]表示。
- 数组属性，只能使用“[]”标记，“[]”内是数组元素索引值，允许元素空缺，即只提供索引 2 的值，则 0 和 1 都为 null。对于二位数组则使用此表示，以此类推。
- List 属性，同数组属性，使用“[]”标记，内部是索引值，允许元素空缺。同样支持嵌套。
- Map 属性，基本同嵌套属性，但只支持使用“[]”标记 Map 中的 Key，其他相同。
- “[]”和“.”可以混用，支持多层嵌套，只要最终的数据模型复合上面的规则即可。但一般建议不要太复杂。

总体来说，数组和 List 属性使用“[]”内包含索引表示，索引只能为数组。Map 类型使用“[]”内包含 key 表示，key 为任意字符串。类型嵌套用“.”分割符表示。

同时在参数绑定过程中，都会附加校验机制，通过校验 API 校验参数值的合法性，同样可以在校验参数后面添加 BindingResult 或者 Errors 类型的参数，以绑定校验结果。在参数值实例创建后最终还会把参数值和绑定结果放到 Model 中。

对于@ModelAttribute，还有一个附加功能，可以不显式声明该注解。如果一个参数值不是 Java 内置的简单类型或其数组类型，则默认使用@ModelAttribute 的规则进行参数绑定。示例代码如下：

```
@RequestMapping("modelAttribute/{name}")
public String modelAttribute(@ModelAttribute PersonData data) {
  return "defaultView";
}
```

PersonData 定义如下：

```
public class PersonData {
  // 简单属性
  private String name;
  // 嵌套属性
  private Nested nested;
  // 数组属性
  private String[] hobbies;
  // List 属性
  private List<String> things;
  // Map 属性
  private Map<String, String> properties;
  // Map 中嵌套 Nested 属性
  private Map<String, Nested> nestedProperties;
  public String getName() {
    return name;
  }
  public void setName(String name) {
    this.name = name;
  }
  public Nested getNested() {
    return nested;
  }
  public void setNested(Nested nested) {
    this.nested = nested;
  }
  public String[] getHobbies() {
    return hobbies;
  }
  public void setHobbies(String[] hobbies) {
    this.hobbies = hobbies;
  }
  public List<String> getThings() {
    return things;
  }
  public void setThings(List<String> things) {
    this.things = things;
  }
  public Map<String, String> getProperties() {
    return properties;
  }
  public void setProperties(Map<String, String> properties) {
    this.properties = properties;
```

```
  }
  public Map<String, Nested> getNestedProperties() {
    return nestedProperties;
  }
  public void setNestedProperties(Map<String, Nested> nestedProperties) {
    this.nestedProperties = nestedProperties;
  }
  // 嵌套类型
  public static class Nested {
    // 嵌套的 name
    private String name;
    public String getName() {
      return name;
    }
    public void setName(String name) {
      this.name = name;
    }
  }
}
```

使用 POST 到/modelAttribute/a，提交表单，数据如下：

```
nested.name:b
hobbies[1]:c
things[0]:d
properties[key1]:e
properties[key2]:f
nestedProperties[key3].name:g
nestedProperties[key4].name:h
```

请求数据解析为参数后结果如图 3.3 所示。

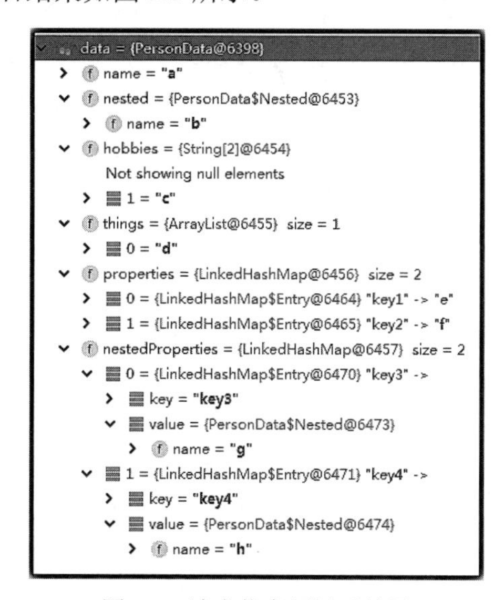

图 3.3　请求信息解析后结果

所有类型的参数均正常绑定。各位可以自行测试校验参数的其他情况。如果在此处加入参数 Model，则该 Model 中已经存在了 PersonData 的值，Key 为 personData。

特别需要注意的是，虽然@ModelAttribute 看起来绑定功能非常强大，但是依然有些情况不能使用，其常见使用场景如下。

- 需要从已有 Model 中取值时。
- 需要直接从请求参数或路径参数中通过转换获取目标属性值时。
- 需要根据请求参数和路径参数构造参数实例时。
- 需要把解析后值放入 Model 时。通过@ModelAttribute 标记的参数，生成后都会放入 Model 中。

在构造实例时，并不是所有类型都可以构造，如果@ModelAtrribute 绑定的参数类型是 Map 或者 List，当无法在当前 Model 中查找到，也无法通过请求参数或者路径参数值直接转换得到而需要触发该参数的构造器创建实例时，将会因为 Map 或者 List 无法直接创建实例而报错。

@ModelAttribute 除了可以标记在方法参数上，还可以标记在处理器方法上，普通方法上，在不同位置有不同的作用，后续节将详细讲解。

3.2.13 模型会话属性

@SessionAttributes 用于声明需要从 Model 中转存到 Session 中的模型会话属性。该注解只能声明在类型上，并对该类下的所有处理器方法生效。当在处理器方法上的参数标记了@ModelAttribute 时，如果该参数类型或者该参数的 Model 属性名在@SessionAttributes 中指定了，又会从 Session 中取值存放到 Model 中。

如果要从 Session 中清理掉从 Model 转存的值，则需要在处理器方法中声明 SessionStatus 类型的参数，并调用其 setComplete 方法标记 Session 状态处理完成，此时 Spring MVC 会自动清理掉@SessionAttributes 标记的 Session 属性。该注解有以下属性。

- String[] value() default {}：注解的默认属性，用以实现不指定属性名的方式使用注解。指定需要从 Model 转存到 Session 中的属性名数组，与 name 互为别名。
- String[] names() default {}：指定需要从 Model 转存到 Session 中的属性名数组，与 value 互为别名。
- Class<?>[] types() default {}：指定需要从 Model 转存到 Session 中的属性类型数组，Model 中该类型的属性都会放入 Session 中。

该注解主要作用是在不同的请求之间隐式传值，不需要通过 HTTP 显式传递请求参数，完全通过服务端即可完成传值操作。在重定向部分提到了重定向的参数传递，也无须对重定向做拼接参数的操作，使用 RedirectAttribute 即可完成传值操作，其实现原理是通过 Session 暂存重定向的参数。而这里的不同请求间隐式传值，同样也是利用 Session 实现的，其基本使用步骤如下。

（1）把需要跨请求传递的 Model 中属性通过@SessionAttributes 声明，可以声明属性名，也可以声明属性类型。

（2）在请求中，把需要跨请求传递的属性放入 Model 中，属性名或者属性类型需要在@SessionAttributes 中声明。

（3）在另一个请求中，使用@ModelAttribute 标记处理器参数，且需要为@ModelAttribute 添加属性，并指定要引用的 Model 中的属性名，如隐式指定属性名，则会使用该属性类型的首字母小写作为属性名。

（4）如果在另一个请求中，使用后需要从 Session 中移除此属性，减少内存占用，则可以在请求的处理器方法中声明 SessionStatus 类型参数，并在处理逻辑中执行其 setComplete 方法标记跨请求传递参数完成。在处理完 Session 中该值会被清除。示例代码如下：

```
@Controller
@SessionAttributes("from")
public class ModelAttributeResolveController {
  @GetMapping("sessionAttributesFrom")
  public String sessionAttributes(Model model) {
    MyData myData = new MyData();
    myData.setFirstName("Guang");
    myData.setLastName("shan");
    // 设置 Model 中 from 属性值，因为存在@SessionAttributes("from")，随后该值会被设置
到 Session 中
    model.addAttribute("from", myData);
    return "defaultView";
  }
  @GetMapping("sessionAttributes")
  public String sessionAttributes(@ModelAttribute("from") MyData myData,
SessionStatus sessionStatus) {
    // 可以取到 sessionAttributesFrom 请求中设置的 from 的值
    System.out.println(myData);
    // 标记完成，清除 Session 中的值
    sessionStatus.setComplete();
    return "defaultView";
  }
}
```

3.2.14　会话属性

注解@ SessionAttribute 声明从 Session 中取值，通过 Session.getAttribute 方法获取属性值并绑定到请求参数中。该注解的逻辑很简单，其中有以下属性。

- String value() default ""：注解的默认属性，用以实现不指定属性名的方式使用注解。指定该参数解析的 Session 属性名，与 name 互为别名。
- String name() default ""：指定该参数解析的 Session 属性名，与 value 互为别名。

- boolean required() default true：判断找不到 Session 属性值时是否报错。为 true 则报错，为 false 则找不到时设置参数值为 null。参数类型可以使用 Optional，当为 Optional 时，required 视为 false。

同样，该注解取不到名称时，会以参数名作为 Session 中属性名去取值。详细使用不再赘述，与@PathVariable 类似。

3.2.15 请求属性

@RequestAttribute 注解声明从 Request 的属性中取值，通过 Request.getAttribute 方法获取属性值并绑定到请求参数中。该注解的逻辑也非常简单，属性同@SessionAttribute，有以下属性。

- String value() default ""：注解的默认属性，用以实现不指定属性名的方式使用注解。指定该参数解析的 Request 属性名，与 name 互为别名。
- String name() default ""：指定该参数解析的 Request 属性名，与 value 互为别名。
- boolean required() default true：找不到 Request 属性值时是否报错。为 true 则报错，为 false 则找不到时设置参数值为 null。参数类型可以使用 Optional，当为 Optional 时，required 视为 false。

同样，通过注解无法获取属性名时，会通过参数名获取，使用不再赘述。

以上是处理器方法支持的参数类型，当然不仅限于此，可以为 Spring MVC 添加参数解析器用以解析更多类型的参数，详细内容在源码讲解章节详述。

3.3 返回值处理

完成处理器方法的参数解析后，随即使用解析结果作为此处理器方法的参数执行方法调用。在处理器方法中，包含了开发者对 Model 相关的处理逻辑和返回 View 的选择逻辑。处理器方法执行完成后，可以返回值，Spring MVC 会根据处理器信息与返回值信息对该返回值执行特定的处理。

通过对返回值进行不同的处理和加工，最终再由处理适配器包装为 ModelAndView 类型的值并返回到 DispatchServlet 的处理适配器调用处，最后再基于这个 ModelAndView 类型的返回值对 HTTP 的响应结果进行渲染，最终完成请求处理过程。本节学习一下 Spring MVC 对处理器方法的返回值支持。

3.3.1 返回值处理概述

返回值的处理通过 HandlerMethodReturnValueHandler 组件实现，该组件与参数解析组件类似，提供了 supportsReturnType 方法，接收一个 MethodParameter 类型的参数，其中包含了返回值相关的元信息。supportsReturnType 根据返回值相关的元信息判断是否可对该返回值进行处理。该组件同样是以列表形式封装在 RequestMappingHandlerAdapter 中，在处理器方法执行完成且获取返回值之后，遍历返回值处理器组件列表，通过执行遍历中组件的 supportsReturnType 方法判断是否支持该返回值的处理。如果支持，则调用该返回值处理器的 handleReturnValue 方法，对返回值进行处理。

这个功能同样属于 Spring MVC 的黑科技，在@RequestMapping 注解标记的方法中完成了参数自动解析的逻辑后，又增强了对返回值的自动处理。对于开发者来说完全不需要关心返回值如何写入到响应中返回，这一切的处理都被 Spring MVC 框架自动执行了，开发者只需关注自己需要实现的业务和业务返回的数据即可，后续的处理并写入响应都已经被框架封装完善了。

返回值的支持大致分为 3 类：Model 相关类型、View 相关类型与@ResponseBody 相关类型，列举如下。

- String：返回视图名，此时 Model 数据可以通过参数注入或者@ModelAttribute 标记的方法写入。视图名最后通过视图解析器查找视图。
- View：直接返回视图，Model 数据写入同 String，此时无须通过视图解析器查找视图。
- java.util.Map,org.springframework.ui.Model：仅仅返回 Model 数据，视图名根据请求自动获取，一般为请求路径的文件名。通过 RequestToViewNameTranslator 组件解析。
- @ModelAttribute：返回数据为模型属性。返回值会自动作为 Model 中属性放入 Model，属性名为注解标记的 name，如果 name 为空，则根据返回类型获取 name，一般取返回类型首字母小写后作为 name。建议在注解中显式指定。该注解放在不同位置有不同的作用，在方法参数中也可使用，该注解可选。
- ModelAndView 类型：包含 Model 和 View 的返回值类型,也可包含响应状态码 ResponseStatus。
- Void：没有返回值或者返回 null，此时不会做任何返回值处理。这种类型的场景一般在处理器方法中添加 Response 并向其中的 OutputStream 手动输出数据，或者在方法上添加了@ResponseStatus 特殊标记返回状态码。如果两者都不是，则会根据请求路径自动获取视图名并解析。
- @ResponseBody：返回值直接作为相应内容，该类型对应@RequestBody，同样是通过 HttpMessageConverter 把返回值转换后写入 HTTP 响应体中。参考@ResponseBody 的使用。
- HttpHeaders：只返回响应的头数据，不返回响应体，一般用于 HTTP 请求只需要获取响应头的情况。
- HttpEntity,ResponseEntity：结合 HttpHeaders 与@ResponseBody 的功能，ResponseEntity 还可以额外指定响应状态码。

- DeferredResult 等异步结果：通过异步请求返回结果，类型包括 DeferredResult、Callable、ListenableFuture、CompletionStage、CompletableFuture、ResponseBodyEmitter、SseEmitter、StreamingResponseBody 等类型，均为异步请求支持的相关类型。详见 4.1.3 节。

非以上类型，则均视为@ModelAttribute 进行处理，Model 中属性名取返回类型首字母小写后的字符串。

3.3.2 响应体与响应头

该注解标记在处理器方法上，指定返回值通过消息转换器把结果写入响应体中。在逻辑上与@RequestBody 是互逆的，@RequestBody 是把请求体反序列化为指定类型的对象，而@RequestBody 则是把指定类型的对象序列化为响应体返回给客户端。

在该注解标记处理器方法后，就不再通过常规的模型与视图逻辑进行处理了，因为在对该注解处理时就已经生成了响应流。此注解多应用于不需要返回页面视图的场景，如对于页面 AJAX 请求的响应，或提供给第三方的 API 接口，或是 RESTful 风格的接口。通过把声明处理器 Bean 的@Controller 修改为@RestController，可令该处理器 Bean 中的所有处理器方法都应用@ResponseBody 注解功能。

同@RequestBody 一样，在向响应体中写入序列化数据时，要指定写入类型 Content-Type。该类型选择依据有如下 3 部分。

- 请求中的可接收响应类型的标记 Accept 头，以及与之对应的@RequestMapping 中的 produces 条件。
- 请求路径中的文件名后缀，如请求 http://localhost:8080/myResponseBody.json 与 http://localhost:8080/myResponseBody.xml 分别表示获取 JSON 类型的数据和 XML 类型的数据。
- 消息转换器对返回数据的支持。对于 JSON 和 XML 类型数据，需要判断是否支持对返回数据进行序列化。

这部分逻辑叫做内容协商，通过内容协商，可以自动判断请求方需要的数据并自动为其返回对应类型的数据，开发者无需关心这些与自身业务无关的逻辑。示例代码如下：

```
@GetMapping(path = "myResponseBody")
@ResponseBody
public MyData myResponseBody() {
  return getMyData();
}
// 获取测试数据
private MyData getMyData() {
  MyData myData = new MyData();
  myData.setFirstName("Guang");
  myData.setLastName("shan");
  return myData;
}
```

通过浏览器直接访问时，返回的为 XML 格式的数据，因为浏览器的 Accept 不会添加 JSON 类型，但是有 XML 类型。如果通过 PostMan 指定 Accept 为 application/json，则可以看到返回结果为 JSON 类型。

如果要测试根据请求后缀判断返回类型的功能，还需要添加两个配置，添加后通过访问网址 http://localhost:8080/myResponseBody.json 和网址 http://localhost:8080/myResponseBody.xml 可以看到相同的数据，返回了不同的数据格式。配置如下：

```
# 设置路径匹配时自动模糊匹配后缀，即带有后缀的请求，可以匹配无后缀的@RequestMapping
spring.mvc.pathmatch.useSuffixPattern=true
# 设置根据请求路径扩展名后缀判断返回数据类型
spring.mvc.contentnegotiation.favor-path-extension=true
```

这两个功能在 Spring Boot 2 中默认都是关闭的，基于一些安全考虑，开启后缀默认匹配可能会为服务带来 RFD（Reflected File Download，反射文件下载）攻击，有兴趣的读者可以搜索 RFD 的相关资料。

对于 HttpHeaders 类型的返回值，则会把结果中的头数据放入响应头中，一般用于一些没有响应体的请求，如请求方法是 HEAD 的请求，仅仅用于获取一些状态。

而 HttpEntity 则是对 HttpHeaders 与 ResponseBody 的封装，该类型可以同时设置 HttpHeaders 与 ResponseBody，Body 的处理与@ResponseBody 相同。同时还有 ResponseEntity 类型的支持，可以额外设置响应的状态码。示例代码如下：

```
@GetMapping(path = "myResponseEntity")
@ResponseBody
public ResponseEntity<MyData> myResponseEntity() {
  return ResponseEntity.status(HttpStatus.OK)
        .header("Test", "For Test")
        .body(getMyData());
}
```

ResponseEntity 有多种方便的静态方法，生成其构造器对象，是一个构造器模式，可以很方便地构造不同的响应实体结果。

3.3.3　模型类型

支持的模型类型包括 java.util.Map、org.springframework.ui.Model、ModelAndView 与处理器方法注解@ModelAttribute，这几种类型因为都只返回了模型，而不返回视图，故按照默认策略查找视图，即根据请求路径中的文件名作为视图名进行查找。而 Map 与 Model 类型的使用我们在 2.3.2 节中已经详细说明，这里的返回值类型还可以通过直接创建实例的形式返回。示例代码如下：

```
@GetMapping(path = "myModelReturn")
public Map<String, Object> modelReturn() {
  Map<String, Object> map = new HashMap<>(2);
  map.put("name", "Guangshan");
```

```
    return map;
}
```

此时生成的 Map 实例中的所有属性会被合并到请求周期中的 ModelMap 中。而此时查找的视图名为 myModelReturn。该视图内容如下：

```
<!DOCTYPE html>
<html xmlns:th="http://www.thymeleaf.org">
  <body>
    <h2 th:text="'Hello Return, visitor is' + ${name} + '!'"></h2>
  </body>
</html>
```

这里重点说一下@ModelAttribute 注解，该注解标记在处理器方法参数上时，是通过当前 Model 获取值绑定到处理器参数中的。而标记在处理器方法上，则表示把当前返回值作为 Model 属性放入 Model，属性名从注解的 name 或者 value 获取，如果没有，则通过返回值类型自动判定，一般为类型名首字母小写后的字符串。而注解上的 binding 参数在这种使用场景下没有任何作用。示例代码如下：

```
@GetMapping(path = "myModelAttributeReturn")
@ModelAttribute("data")
public MyData modelAttributeReturn() {
  return getMyData();
}
```

在该请求处理之后，会把 MyData 放入 Model 中，属性名为 data，如果注解不提供属性名，则属性名为 myData。视图根据请求路径查找，为 myModelAttributeReturn。视图内容如下：

```
<html xmlns:th="http://www.thymeleaf.org">
  <body>
    <h2 th:text="'Hello Return, visitor is' + ${data.firstName} + '!'"></h2>
  </body>
</html>
```

访问页面，正常显示 data.firstName。

3.3.4 视图类型

返回的视图支持类型包括 String、View 与 ModelAndView，这 3 种类型在 2.4.2 节已经详细讲解过了，这里举一个 ModelAndView 的例子，包括为其设置状态码。

```
@GetMapping("/modelAndViewReturn")
public ModelAndView modelAndViewReturn() {
  Map<String, Object> model = new HashMap<>(2);
  model.put("name", "返回 ModelAndView");
  // 返回 ModelAndView，第一个参数是视图名，第二个参数是模型，第三个参数指定返回状态码 404
```

```
    return new ModelAndView("defaultView", model, HttpStatus.NOT_FOUND);
}
```

该请求返回状态码 404，页面视图也正常显示。这也说明响应状态码和响应体在逻辑上并无直接关联，一些404页面就是通过这种形式展示的。

3.4 控制器增强

上面介绍了与处理器方法相关的内容，包括定义处理器方法映射、处理器方法参数解析、处理器方法返回值处理，整个请求处理的流程是线性的流程，多个处理器方法之间互不关联，这是面向过程编程的特性。

那么，如果想要在多个处理器逻辑之前或者之后做一些公共的处理，单看上面的3部分内容是不够的。这种公共的处理部分又是面向切面编程的理念，Spring MVC 为这种面向切面提供了多个扩展点，可以很方便地为多个控制器提供相同的功能增强。这就是控制器增强功能。

3.4.1 控制器增强分类

最常见的控制器增强类型包括以下4种。

- 数据绑定：通过注解@InitBinder 可以为数据绑定器 WebDataBinder 添加新的类型转换器。在所有需进行类型转换的参数绑定过程中，都需要用到 WebDataBinder 的数据转换功能把请求数据转换为目标参数类型。
- 模型属性：通过在非处理器方法上标记@ModelAttribute，可以为所有的处理器方法附加模型属性。在执行处理器方法前先执行@ModelAttribute 标记的方法，并添加该方法的返回值到Model中。
- 异常处理：当处理器方法中发生异常且未被处理器捕获时，会通过异常处理器对该异常进行处理。通过@ExceptionHandler 可以为处理器方法声明异常处理方法。
- 请求体与响应体增强：在@RequestBody 与@ResponseBody 的处理中增强消息转换功能，可以在读请求体前、读请求体后、写响应器前对数据做一些特殊处理。

那么，这些增强器如何定义并应用？Spring MVC 提供了@ControllerAdvice 注解用于标记控制器增强Bean。前三种增强器都是通过注解标记的方法实现功能，可以在@ControllerAdvice 标记的 Bean 中定义这三种增强器方法，即只需要在方法上标记注解即可实现相关增强功能，此时增强功能按照@ControllerAdvice 注解中定义的条件范围应用到处理器方法中；也可以直接在控制器 Bean 中声明方法并标记这些注解，这些增强功能只应用于当前控制器 Bean 中的处理器方法。

而对于最后一种增强器是依赖于接口 RequestBodyAdvice 与 ResponseBodyAdvice 的，所以需要被单独声明为 Bean，以实现这两个接口，并标记为@ControllerAdvice 即可生效。下面来看一下它们的详细使用。

3.4.2 数据绑定增强

对于 HTTP 的请求数据，无论是请求路径、请求参数或是请求头，在服务端获取的数据都是字符串类型。而要在 Java 中使用这些类型，一般都需要通过数据转换把字符串类型转换为参数中声明的 Java 类型。类型转换功能即是通过 WebDataBinder 数据绑定器的 convert 实现的。

只要是需要通过 HTTP 请求数据来绑定参数的，都会涉及类型转换功能，如 @RequestParam、@RequestHeader、@PathVariable、@MatrixVariable、@CookieValue、@ModelAttribute 注解。Spring MVC 内置了大多数常见类型的数据转换，如 Java 内置的原始类型 int、double 或 Date 等。

但对于 Date 类型，只支持默认的标准格式时间，即英文格式，但并不符合中文习惯；这时需要通过字符串转换为自定义的 Java 类型。在这两种场景下，都需要对 WebDataBinder 进行增强。而@InitBinder 就是用来对 WebDataBinder 进行增强的。示例代码如下：

```
// 定义 RESTful 控制器，所有处理器方法均按照@ResponseBody 返回
@RestController
public class InitBinderAdviceController {
  @InitBinder
  public void initBinder(WebDataBinder binder) {
    // 添加 yyyy-MM-dd 类型的格式化工具
    binder.addCustomFormatter(new DateFormatter("yyyy-MM-dd"));
  }
  @GetMapping("initBinderAdvice")
  public String initBinderAdvice(Date date) {
    // 通过请求参数 date 获取时间，也可以使用注解@DateTimeFormat (pattern =
"yyyy-MM-dd")而无须添加@InitBinder
    System.out.println(date);
    return date.toString();
  }
}
```

访问 http://localhost:8080/initBinderAdvice?date=2018-10-01，可以看到页面返回了日期数据的标准字符串 Mon Oct 01 00:00:00 CST 2018。如果添加@InitBinder，请求会得到参数不合法的错误页面。其实 Spring 为日期类型提供了更加方便的转换，为 Date 参数添加注解 @DateTimeFormat (pattern = "yyyy-MM-dd")，即可应用这种格式转换而无须添加 @InitBinder。

@InitBinder 包含属性 value，为字符串数组。用于限定此@InitBinder 方法应用的范围，数组内容为需要应用到的参数名数组。每种注解标记的处理器参数都有其对应的参数名，在注解中无法获取参数名时，对于非@ModelAttribute 注解的参数则是处理器方法的参数名，而@ModelAttribute 则是参数类型首字母小写后的字符串。当@InitBinder 的 value 属性为空

时，表示应用于所有的处理器方法参数中。如果是在@Controller 标记的 Bean 中，应用范围是当前 Bean，如果是在@ControllerAdvice 标记的 Bean 中，应用范围根据@ControllerAdvice 注解的限定信息确定。

@InitBinder 标记的方法与处理器方法类似，一样可以支持多种参数类型的自动绑定。但其额外添加了对 WebDataBinder 类型的参数的支持，表示当前处理器方法需要使用的 WebDataBinder，而其他参数的自动绑定支持，则要比处理器方法少，只支持需要用到 WebDataBinder 进行数据类型转换的参数类型。

同时注意，@InitBinder 标记的方法不能有返回值，否则会抛出异常：@InitBinder methods should return void。

3.4.3　模型属性增强

当多个处理器方法的 Model 中需要根据相同的逻辑存放数据时，可以使用模型属性增强功能。模型属性增强功能又为 Model 添加了属性来源。

通过标记@ModelAttribute 的非处理器方法来实现模型属性增强功能，这里称之为模型属性方法。模型属性方法可以放在@Controller 标记的控制器 Bean 中，此时模型属性方法对当前控制器 Bean 中的处理器方法均生效，也可以放在@ControllerAdvice 标记的控制器增强 Bean 中，此时模型属性方法生效依赖于@ControllerAdvice 中的属性条件。示例代码如下：

```
@Controller
public class ModelAttributeAdviceController {
  // 定义模型属性方法，把返回值添加到 Model 中，属性名为 data
  @ModelAttribute("data")
  public MyData myData() {
    MyData myData = new MyData();
    myData.setFirstName("Guang");
    myData.setLastName("shan");
    return myData;
  }

  // 模型中存在模型方法定义的属性，可直接使用
  @GetMapping("modelAttributeAdvice1")
  public String modelAttributeAdvice1() {
    return "myModelAttributeReturn";
  }
  @GetMapping("modelAttributeAdvice2")
  public String modelAttributeAdvice1(@ModelAttribute("data") MyData myData)
{
    // 通过@ModelAttribute 标记的参数可以正常引入模型属性方法定义的模型属性
    System.out.println(myData);
    return "myModelAttributeReturn";
  }
}
```

两者均使用 myModelAttributeReturn 视图，视图内容如下：

```
<html xmlns:th="http://www.thymeleaf.org">
  <body>
    <h2 th:text="'Hello Return, visitor is' + ${data.firstName} + '!'"></h2>
  </body>
</html>
```

可以看到两个请求均返回相同的页面，模型属性方法正常执行并可把返回值放入模型中。

在模型属性方法的@ModelAttribute 注解中，同参数的注解也有 3 个属性。name 和 value 属性互为别名，用于为模型属性方法的返回值指定 Model 的属性名，不存在时则根据返回值类型自动判定，一般取首字母小写后的字符串，如 MyData 类型自动判定结果为 myData。一些特殊的数组、集合和 Map 会添加特殊的后缀，规律不同，故一般建议显式指定属性名。而 binding 属性则与处理器方法参数中的 binding 作用相同，默认为 true，如果为 false 则标记该属性实例不通过请求参数的值绑定为其中的属性值。

该注解标记的方法同样支持参数自动解析绑定，其绑定功能与处理器方法上的参数功能完全一致，使用相同的逻辑进行解析。

该注解标记的方法返回值逻辑同处理器方法上标记的@ModelAttribute 相同，同样根据注解和返回值类型获取属性名，并把其值放入 Model 属性中。

3.4.4 异常处理增强

在执行处理器的过程中，可能因为各种原因而发生一些异常，如类型转换异常或处理器方法中发生了数据读写相关的异常等，这些异常都由 Java 的异常体系抛给 Spring MVC 的框架层进行处理，Spring MVC 会对异常做简单的处理，并把异常结果作为响应状态码与响应结果返回给请求方。当然，默认情况下的异常处理对于用户来说友好度并不高，而异常处理增强就是为了增强应用中对于异常的返回结果，通过异常处理增强，可以返回给用户一些友好的提示。

在 Spring MVC 的 DispatcherServlet 对请求进行处理的过程中，可以拦截到发生的所有异常，一旦有异常产生，便会调用 HandlerExceptionResolver 组件用于解析异常。该组件提供了一个 resolveException 方法，接受 HTTP 请求 Request、HTTP 响应 Response、请求处理器 Handler 与发生的异常 Exception 4 个参数，返回一个 ModelAndView 类型的结果，这个 ModelAndView 便是解析异常后的视图模型结果，后续对于 ModelAndView 的处理同正常请求一样。

如果要想增强异常处理功能，一种方式是创建实现 HandlerExceptionResolver 接口的异常解析器，并作为组件注册到 Spring MVC 中。但这并不太方便，不符合 Spring MVC 的设计理念。就如同所有的请求处理都是通过各种注解功能实现的，异常处理增强是否可以通过注解实现呢？答案是肯定的，@ExceptionHandler 就是为了实现异常处理增强而提供的注解。先看一个简单的示例。

```
@RestController
public class ExceptionHandlerAdviceController {
  @ExceptionHandler(Exception.class)
  public String exceptionHandler(Exception e) {
    System.out.println(e.getMessage());
    return e.getMessage();
  }
  @GetMapping("exceptionHandler")
  public String exceptionHandler() throws Exception {
    System.out.println("Throw Exception");
    throw new Exception("Test Exception");
  }
}
```

访问 localhost:8080/exceptionHandler 时，处理器方法抛出异常，此时对应的 ExceptionHandler 声明了处理 Exception 类型的异常，即可处理该类型与其所有子类型的异常，异常处理器自动调用该处理器方法，并把异常处理方法的返回结果作为处理器方法的返回结果使用，用于 HTTP 响应。

@ExceptionHandler 注解用于标记方法为异常处理方法，注解提供 value 属性，类型是 Class<? extends Throwable>的数组，即该属性类型为继承自 Throwable 的 Class 类型数组，表示该异常处理器支持处理的异常类型列表，当发生 value 数组中异常类型的异常时，会调用异常处理方法进行处理。该注解同以上两种增强的注解相同，可以放在处理器方法所在的 Bean 中的方法上作为异常处理方法，此时对该 Bean 中的所有处理器方法生效，也可放在@ControllerAdvice 注解标记的控制器增强 Bean 中，此时根据注解中的属性条件确定生效范围。

与上面两种增强相同，异常处理增强也支持一些类型的参数绑定。包括@SessionAttribute、@RequestAttribute、Model 相关类型参数与 Servlet 相关类型参数，还额外增加了发生异常的处理器 HandlerMethod 与发生的异常 Exception 参数。

对于异常处理方法的返回结果，最终也会被处理为 ModelAndView 类型的结果供响应 HTTP 使用，其同样支持返回值自动处理。可支持的返回类型与处理器方法中所有非异步的类型相同。

如果返回类型不是用 ModelAndView 或 ResponseEntity 手动设置响应的状态码，那么发生异常时的返回状态码会依然是 200，这不符合 HTTP 的规范。那么有简单的方法可以为异常返回附以特定的状态码吗？当然有，@ResponseStatus 就是应用于这种场景的。

@ResponseStatus 注解用于直接指定处理器方法或者异常处理方法的 HTTP 响应状态码。其 code 属性用于指定返回的响应状态码，默认为 500，代表内部服务器错误，value 属性用于提供注解默认属性，与 code 属性互为别名，reason 属性则用于提供响应状态原因。示例代码如下：

```
// 指定响应状态码为 500
@ResponseStatus(code = HttpStatus.INTERNAL_SERVER_ERROR)
@ExceptionHandler(RuntimeException.class)
public String exceptionHandlerStatus(Exception e) {
  System.out.println(e.getMessage());
  return e.getMessage();
}
@GetMapping("exceptionHandlerStatus")
public int exceptionHandlerStatus() {
  // 抛出异常，除数不能为 0，为 RuntimeException 的子类
  int result = 1 / 0;
  return result;
}
```

访问 localhost:8080/exceptionHandlerStatus，可以看到页面返回了异常的内容，同时响应状态码为 500。

对于@ResponseStatus，有以下几点需要注意。

（1）该注解不仅可以标记异常处理方法，而且也可以标记处理器方法。当标记处理器方法时，该处理器方法返回的响应状态码会取注解中状态码。但如果返回的结果为包含响应状态码的类型且其中响应状态码不为空(如 ModelAndView 或 ResponseEntity)时，则以返回结果中的状态码为准。

（2）当提供 reason 属性时，无论是异常处理方法还是处理器方法，返回值都会无效，因为此请求会被转发到Servlet容器中响应状态码对应的页面去渲染，不再经过返回值处理器去处理了。对于 Spring Boot 项目来说，默认会被转发到/error 路径去处理对应类型的错误。Spring Boot 为/error 提供了默认的页面，可以显示包括@ResponseStatus 中的状态码和 reason 信息。

（3）该注解还可以标记在自己定义的异常类上，此时如果处理器中抛出此异常，则会按照异常类上的该注解返回响应状态码与异常原因。

Spring MVC 还使用 DefaultHandlerExceptionResolver 为其内置的一些异常类型映射了不同的响应状态码与错误原因，例如没有查找到处理器时映射为“404 未找到”，处理器参数无法被解析时映射为“400无效请求”等，这都是Spring MVC为其异常语义所设置的合理的响应状态码。

如果发生了在以上异常处理步骤中均无法处理的异常，则会把异常抛到Servlet容器中，容器会自动把响应状态码设置为 500 并查找到默认的异常请求路径，把请求转发给该路径，在 Spring Boot 中该路径默认为/error。

以下几种异常情况都会通过 Servlet 容器的 Response.sendError 方法把请求转发至异常请求路径/error。

- 在处理器方法或异常处理方法上标记的@ResponseStatus 中提供 reason 属性。
- 抛出的异常中异常类上包含@ResponseStatus 时。
- Spring MVC 框架内置的异常。

- 未捕获的异常。

对于返回的异常页面，可以通过 Spring MVC 的配置自行定义，详细内容参见第 4 章。

3.4.5 请求体与响应体增强

在对@RequestBody 和@ResponseBody 的处理过程中，同样可以对其功能进行增强。

对于@RequestBody 注解（也包括@RequestPart 注解），可以通过标记了@ControllerAdvice 注解的 RequestBodyAdvice 接口的实现类 Bean 进行增强，有 3 个增强点。

- beforeBodyRead：在消息转换器读取消息进行反序列化之前，可以返回新的 HttpInput-Message，即可以对消息转换器的输入进行增强。
- afterBodyRead：在消息转换器反序列化消息之后，传入转换的结果，可以返回新的对象，增强转换结果，即处理器方法的参数。
- handleEmptyBody：当请求体为空时，可以通过该方法返回值作为消息转换器转换的结果，一般用于处理空请求对应的默认值。

对于@ResponseBody 注解，可以通过标记了@ControllerAdvice 注解的 ResponseBody-Advice 接口的实现类 Bean 进行增强，只有一个增强点：beforeBodyWrite。用于在数据序列化写入到响应体之前，对返回结果做一些通用的处理。示例代码如下：

```
// 定义为控制器增强器
@ControllerAdvice
// 定义一个 Bean，接口 RequestBodyAdvice 可用类 RequestBodyAdviceAdapter 代替
@Component
public class MyRequestBodyAdvice implements RequestBodyAdvice {
  @Override
  public boolean supports(MethodParameter methodParameter, Type targetType,
Class<? extends HttpMessageConverter<?>> converterType) {
    // 只支持 MyData 类型增强
    return methodParameter.getParameterType() == MyData.class;
    }
  @Override
  public HttpInputMessage beforeBodyRead(HttpInputMessage inputMessage,
MethodParameter parameter, Type targetType, Class<? extends
HttpMessage Converter<?>> converterType) throws IOException {
    return inputMessage;
  }
  @Override
  public Object afterBodyRead(Object body, HttpInputMessage inputMessage,
MethodParameter parameter, Type targetType, Class<? extends
HttpMessage Converter<?>> converterType) {
    // 根据 firstName 与 lastName 设置 fullName 属性
    MyData myData = (MyData) body;
    // 可以在@RequestBody 中获取 fullName 属性
    myData.setFullName(myData.getFirstName() + myData.getLastName());
    return myData;
```

```
  }
  @Nullable
  @Override
  public Object handleEmptyBody(@Nullable Object body, HttpInputMessage
inputMessage, MethodParameter parameter, Type targetType, Class<? extends
HttpMessageConverter<?>> converterType) {
    return null;
  }
}
// 定义为控制器增强器
@ControllerAdvice
// 定义一个 Bean
@Component
public class MyResponseBodyAdvice implements ResponseBodyAdvice<MyData> {
  @Override
  public boolean supports(MethodParameter returnType, Class<? extends
HttpMessageConverter<?>> converterType) {
    return returnType.getParameterType() == MyData.class;
  }
  @Nullable
  @Override
  public MyData beforeBodyWrite(@Nullable MyData body, MethodParameter
returnType, MediaType selectedContentType, Class<? extends
HttpMessageConverter<?>> selectedConverterType, ServerHttpRequest request,
ServerHttpResponse response) {
    // 根据 firstName 与 lastName 设置 fullName 属性，把 fullName 返回到响应体中
    body.setFullName(body.getFirstName() + body.getLastName());
    return body;
  }
```

为 MyData 添加 fullName 属性，定义请求处理器。

```
@PostMapping("/myDataRequestAdvice")
@ResponseBody
public String myDataRequestAdvice(@RequestBody MyData myData) {
  System.out.println(myData);
  return myData.toString();
}
@GetMapping("/myDataResponseAdvice")
@ResponseBody
public MyData myDataResponseAdvice() {
  MyData myData = new MyData();
  myData.setFirstName("Guang");
  myData.setLastName("shan");
  return myData;
}
```

通过向 myDataRequestAdvice 提交请求体数据，其中包含 firstName 和 lastName 属性，在

请求方法中可以得到 fullName 属性。

访问 myDataResponseAdvice 请求时，也可以看到结果中包含了 fullName 属性，这就是两个增强器的作用。

注意：

不能用同一个类同时实现两个接口，如果同时实现两个接口，会导致 ResponseBodyAdvice 无效，因为扫描时先判断 Bean 是否是 RequestBodyAdvice 接口的实现，如果是，则直接作为 RequestBody-Advice，而不会视为 ResponseBodyAdvice。

3.4.6　控制器增强 Bean

通过@ControllerAdvice 标记 Bean 为控制器增强器。在控制器增强器中，可以为其中方法标记@InitBinder、@ModelAttribute、@ExceptionHandler 3 种增强器注解，此时这三者标记的方法可以对整个引用中的所有控制器的处理器方法生效，而不是仅对本类中的处理器方法生效。

在@ControllerAdvice 注解的属性中，可以定义一些条件，用于限定该增强器的应用范围，属性如下。

- String[] value() default {}：提供注解默认属性，是 basePackages 的别名。
- String[] basePackages() default {}：定义由 Java 的包名组成的数组，限定该增强器只对这些包下的控制器生效，与 value 互为别名。
- Class<?>[] basePackageClasses() default {}：定义基础包的 Class 数组，所有 Class 所在包会被添加到 basePackages 属性数组中。
- Class<?>[] assignableTypes() default {}：定义该增强器应用的控制器类的范围，只有数组中的类型才应用此增强器。
- Class<? extends Annotation>[] annotations() default {}：定义该增强器应用的控制器限定范围，只有标记了其中一个注解的控制器类才会被应用此增强器。

所有条件之间的关系均为“或”的关系，即只要满足任意一个条件，即视为满足此增强器的限定条件。如果均未定义，则对所有控制器类生效。示例代码如下：

```
@Component
// 只对 MyControllerAdviceController 类型应用增强器
@ControllerAdvice(assignableTypes = MyControllerAdviceController.class)
public class MyControllerAdvice {
  @ResponseBody
  @ExceptionHandler(Exception.class)
  public String exceptionHandler(Exception e, HandlerMethod handlerMethod) {
    System.out.println(e.getMessage());
    return handlerMethod.toString();
  }
}
@Controller
public class MyControllerAdviceController {
```

```
  @GetMapping("myControllerAdvice")
  public String exceptionHandler() throws Exception {
    System.out.println("Throw Exception");
    throw new Exception("Test ControllerAdvice");
  }
}
```

只有 MyControllerAdviceController 发生的异常才会被 MyControllerAdvice 增强，其他控制器的异常均不会应用此增强。

对于 RequestBodyAdvice 和 ResponseBodyAdvice 这两个增强器 Bean，必须标记@ControllerAdvice 注解才会被扫描到，参见 3.4.5 节。

与@Controller 对应@RestController 类似，@ControllerAdvice 也对应@RestController-Advice，在@RestControllerAdvice 中添加了@ResponseBody 注解，用于所有增强均返回响应体。

至此，围绕整个@Controller 的相关知识我们都有详细的了解，在后续章节中，我们将进入源码来研究这些功能如何实现，这样使用起来会更加得心应手。

3.5 扩展知识

本节内容较长，其中出现的小知识点很多，这里只列两个比较有意思的知识点供大家开阔视野。

1. 属性占位符

在 Spring 体系中的很多注解里，有字符串属性的地方，都支持使用属性占位符功能设置属性。通过属性占位符，可以做到通过当前环境中的一些变量为注解设置属性。

属性占位符以${}表示，大括号内为属性名，支持使用“.”分割多级属性，[]表示属性数组索引。也支持${}的嵌套，还可以在${}内使用“:”分割属性名与值，值作为该属性的默认值。而属性来源也有多个，包括启动参数、系统变量、JVM 参数、环境变量、Spring Boot 的配置文件（application.(properties|yml)）以及各种自定义的属性源等。示例如下。

- ${key}：获取 key 的属性值。
- ${key1.key2:test：获取 key1.key2 的属性值，没有该属性则取 test 为值。
- ${key1.${inner}}：先获取${inner}对应的值，再对 key1.拼接${inner}对应的值作为属性名获取属性值。
- ${key1.key2:${key3:test}}：先获取 key1.key2 的值，如获取不到则获取 key3 的值，还获取不到则取 test 的值。

常见的使用场景是@RequestMapping 中的 path 属性和各种参数绑定注解中的默认值属性。

除了属性占位符外，还支持 SPEL 表达式，通过使用#{}表示 SPEL 表达式，其中内容可以通过 Java 进行运算获取结果，如#{1+1}得到结果 2，甚至还能调用 Java 的方法。属性占位符和 SPEL 表达式可以嵌套，优先解析属性占位符，之后解析 SPEL 表达式。SPEL 功能强大，其本身知识点也比较多，这里不详细展开。

2. 参数名解析

在请求参数绑定的过程中，有需要获取处理器方法上的参数名的需求。如果注解中没有显示提供属性名则使用参数名。该功能看起来似乎没什么特殊的作用，但其实它并不是简单的功能。

在 JDK 1.8 之前，通过反射相关的 API 并不能获取到方法上的参数名，而在 JDK 1.8 中，加入了反射获取参数名的 API，但需要在编译时加入参数-parameters，而不是默认提供。JDK 1.7 也支持 Spring MVC 的该功能，在这种情况下 Spring 如何保证可以获得参数名？

Spring 是通过 ParameterNameDiscoverer 来获取参数名，对于 JDK 1.8 及以前版本中未添加-parameters 参数的情况，使用的是 LocalVariableTableParameterNameDiscoverer，其中逻辑是解析类的 class 文件，通过其中的本地变量表信息获取参数名。本地变量表中的参数名信息提供给调试模式使用，在调试时可以看到参数名都是基于本地变量表实现。而在 JDK 1.8 以后加入了-parameters 参数后，则直接使用 StandardReflectionParameterNameDiscoverer 反射来获取参数名。

对于通过本地变量表获取参数名的情况其实还是有限制的，该方式不能获取接口上的参数名，因为接口不需要调试信息，故没有本地变量表。同时调试信息也需要设置编译器参数才会添加到编译后的文件中，但该参数一般是默认提供的，故 Spring 直接通过这种方式来获取参数名。但一般还是建议使用时显式提供参数名，可降低一定的风险。

本章小结：

本章以@Controller 声明的控制器 Bean 为核心，详解了与之相关的大部分知识点，其中多为使用方面的内容，但有些是比较复杂的使用场景，实际开发中可能并不会用到，但作为了解，在后面对于源码的理解上也会有很大的帮助。

除了本章介绍的@Controller 相关的内容外，Spring MVC 还包含了一些比较小但又比较重要的通用功能，如 CORS 跨站请求、异步请求等，将会在第 4 章提及。同时 Spring MVC 还包含了众多的配置功能，可以个性化定制各种组件，也会在后续章节中进行简单的说明。

第 4 章　Spring 对 Web 开发的扩展支持

第 3 章以 Spring MVC 中的控制器为入口，了解与之相关的功能与使用，这些功能都是围绕 Model、View 与 Controller 来设计的。虽然 MVC 模式是 Web 应用开发中很重要的设计依据，但 MVC 只是 Web 应用中的大功能实现，还有一些非 MVC 组件的功能支持，通过本章了解一下即可。

对于 Web 开发来说，不仅只有 Spring MVC 一种模式，还可以使用原始 Servlet 的功能进行 Web 开发，也可以使用非 Servlet 框架，如 Webflux 框架，这些也将在本章做简单的介绍。

4.1　非 MVC 组件的功能支持

Web 应用在发展过程中，功能越来越复杂，也有一些特殊的功能，这些功能虽不属于 MVC 范畴，但 Spring MVC 都对其提供了很好的支持，如跨域请求、WebSocket 和异步响应等。本节就对这 3 部分内容进行说明。

4.1.1　跨域请求

在开发多个 Web 应用时，可能会遇到 A 应用调用 B 应用请求的需求，当两个应用页面所在的域名不同时，就会遇到跨域请求问题。

在浏览器中，基于一些安全原因，对 JavaScript 脚本的执行添加了同源策略的限制。当在一个页面使用 JavaScript 发起一个请求时，浏览器会检测当前请求的 URL 是否与当前页面 URL 同源，如果不是，一般情况下会禁止此请求执行得到响应结果。此时即称之为跨域请求。当两个 URL 的协议、域名与端口均相同时，则视为同源。当未提供端口时，HTTP 协议默认为 80，HTTPS 协议默认为 443。

同一个企业中存在多个 Web 项目时，都会遇到跨域的问题。当遇到跨域问题时，相关数据已有接口提供，为什么不能直接通过 JavaScript 的异步请求获取，而要加入同源策略限制呢？

虽然同源看起来有阻碍，但如果没有同源策略的限制，应用会暴露在危险之中。这是因为 HTTP 是无状态的，当一个用户多次请求时，通过 HTTP 请求头中的 Cookie 携带的信息来判断用户信息。而通过浏览器发起一个请求时，会自动根据请求的域名设置请求头中的

Cookie。

基于此，攻击者可以创建一个特殊页面与 URL，在该页面向应用发起请求，如果一个正常用户通过 URL 访问了这个特殊页面，那么应用可能会把这个请求视为当前正常用户进行的正常请求，这样非常危险，特别是涉及资金问题时。这也是 XSS 跨站脚本攻击和 CSRF 跨站请求伪造两种攻击方式的实现原理。

因为有跨站请求的限制，当遇到需要使用跨站请求时，真的束手无策吗？答案是否定的。关于实现跨站请求，其实有很多种方式，如通过 JSONP 的方式引入 JS 脚本来实现跨站，或者使用 iframe 实现跨站。但它们都有限制，如 JSONP 只能通过 GET 请求实现，且不太安全；iframe 使用复杂也仅支持 GET 请求。是否有更标准的方式？当然有，在 Web 技术标准、W3C 标准中，提供了 CORS 跨域资源共享这种方式，用于实现标准的跨域请求，其功能全面，基本与正常请求无异，且在配置正确的情况下，安全性也没问题。

CORS 的基本实现原理是为请求头添加 Origin 属性，标记当前发出请求的页面所在域，服务端检测请求头中的 Origin，如果是可信的请求源，则可以在该请求的响应头中添加 Access-Control-Allow-Origin，内容为请求的 Origin，表明允许当前 Origin 进行跨域请求，也可以为*，表示允许所有 Origin 进行跨域请求。

Spring MVC 对 CORS 这种跨域请求标准的实现非常简单，要实现跨域请求，只需要使用@CrossOrigin 注解做一些简单的配置即可。示例代码如下：

```
@RestController
public class MyCorsController {
  // 只允许 Origin 是 https://www.baidu.com 的跨域请求
  @CrossOrigin(origins = "https://www.baidu.com")
  @GetMapping("myCors")
  public String myCors() {
    return "CORS TEST";
  }
}
```

打开 https://www.baidu.com，通过浏览器的控制台 Console 执行如下脚本。

```
var xhr = new XMLHttpRequest();
xhr.open("GET", "http://localhost:8080/myCors", true);
xhr.send();
```

此时可以看到该请求正常发送并收到了响应，同时请求头中添加 Origin: https://www.baidu.com，响应头中也添加了 Access-Control-Allow-Origin: https://www.baidu.com。如果把@CrossOrigin 注解去掉，虽然请求可以正常发出，也能得到响应结果，但控制台中会报一个错误。

```
Failed to load http://localhost:8080/myCors: No 'Access-Control- Allow-Origin'
header is present on the requested resource. Origin 'https://www.baidu.com' is
therefore not allowed access.
```

该错误表示收到的响应结果中不包含 Access-Control-Allow-Origin，在脚本执行中抛出异常。故在页面应用的 JS 脚本中，即使请求成功，也得不到响应里的结果，因为此时脚本会抛出异常，异常中并没有响应的结果。

除此之外，CORS 还有其他很复杂的配置，均与@CrossOrigin 注解中的属性对应。下面再来详细了解一下 CORS。

CORS 标准把跨域请求分为两类：简单请求和非简单请求。对于同时满足以下条件的请求视为简单请求，请求方法为 HEAD、GET 或 POST，请求头只包含以下属性。

- Accept：客户端可接收的 MediaType。
- Accept-Language：客户端可接收的语言。
- Content-Language：客户端请求内容的语言。
- Last-Event-ID：最后一次事件 ID。
- Content-Type：客户端请求内容的 MediaType，当且仅当 MediaType 为 application/x-www-form-urlencoded、multipart/form-data、text/plain 三者之一时才视为简单请求。

其他请求均视为非简单请求。对于一个请求，浏览器在发送时就会自动判断请求类型，并对两种类型的请求做不同的处理，同时服务端对两种请求的处理也是不同的。

1. 简单请求的发送与处理

对于简单请求，浏览器在发送时，会在请求头中为其自动添加 Origin 属性，用于表明请求来源，值为请求页面 URL 中的协议、域名与端口信息。

在服务端，通过检查是否包含 Origin 头来判断本次请求是否为 CORS 请求，如果是，则根据 CORS 配置判断是否允许 CORS 请求，无论允许与否，结果都会正常返回。但当允许时，会根据配置为响应添加三个与 CORS 相关的响应头，用于提供给浏览器进行请求合法性判断，不允许时则不包括这些响应头，响应头如下。

- Access-Control-Allow-Origin：该属性必须返回，值一般为请求的 Origin，但根据配置也可能是*，表明允许所有来源进行跨域请求。
- Access-Control-Allow-Credentials：该属性可选。用于表明是否允许浏览器把 Cookie 信息包含在 CORS 请求中。当该属性出现时，必须为 true。如果需要为 false，不设置该属性即可。
- Access-Control-Expose-Headers：允许请求方的 JS 脚本中通过 Response 获取的头属性列表，默认只包含 6 个基本属性，分别是：Cache-Control、Content-Language、Content-Type、Expires、Last-Modified、Pragma。如果需要让 CORS 请求方可以访问其他属性，则需要通过该响应头设置属性列表。

上面提到的响应中，通过 Access-Control-Allow-Credentials 设置是否允许请求包含 Cookie 信息。如要包含 Cookie 信息，在请求方还需为 XMLHttpRequest 的实例设置其 withCredentials 属性为 true，只有为 true 时本次请求才会包含 Cookie 信息。注意此时虽然在 CORS 的请求头中包含了 Cookie 头信息，但如果除了 Cookie 头之外，其他仍满足简单请求的条件，该请求仍然会被视为简单请求。

还需特别注意，一旦请求方需要发送 Cookie 信息，响应头中的 Access-Control-Allow-Origin 不能为*，只能指定为请求方的 Origin。这是基于安全考虑，毕竟携带 Cookie 信息就意味着携带了用户的认证信息，相当于用户本人直接进行的请求，危险系数比较高，只能对直接指定了 Allow-Origin 的跨域请求使用。携带 Cookie 依然遵循浏览器的默认同源 Cookie 策略。

2. 非简单请求的发送与处理

对于非简单请求，本身请求可能比较复杂，对应的发送和处理也比较复杂。因为一个非简单请求，携带的数据量比较大，或者请求的内容比较特殊，在安全性上也无法有效保证。在浏览器检测到当前 CORS 请求是非简单请求时，会先向服务器发送一个预检请求（PreFlight），预检通过之后，才会发送正式的数据请求。

预检请求是一个请求方法为 OPTIONS 的请求，其不携带任何请求体，只携带一些与本次 CORS 请求相关的元信息，如 CORS 请求方法，包含哪些请求头等信息。服务器根据预检请求里的这些信息，判断是否允许该 CORS 请求，只有预检请求得到了服务器的肯定回答，才允许正式请求，否则该请求将会直接报错。

预检请求包含以下两个特殊的请求头。

- Access-Control-Request-Method：该请求头一定存在，表示本次 CORS 请求的请求方法。
- Access-Control-Request-Headers：表示 CORS 请求除了简单请求中请求头之外，额外包含的请求头属性名列表，多个属性之间用逗号分隔。

服务器接收到预检请求后，根据这两个请求头属性进行判断，如果服务器对于 CORS 的策略是可以接受该 CORS 请求，则需要对预检请求进行响应，响应的结果中包含以下响应头。

- Access-Control-Allow-Origin：该属性必须返回，值一般为请求的 Origin，但根据配置也可能是*，表明允许所有来源进行跨域请求。
- Access-Control-Allow-Methods：表示可接受 CORS 请求的方法列表，用逗号隔开。返回多个可以避免多次预检，浏览器会对预检结果进行缓存。
- Access-Control-Allow-Headers：表示可接受的请求头列表，不包括简单请求中的基本请求头。
- Access-Control-Allow-Credentials：与简单请求中定义相同。
- Access-Control-Max-Age：可选属性。表示此次预检结果的有限时长，浏览器会对预检结果进行缓存，该属性即表示缓存时长，单位为秒。

如果服务端不接受该 CORS 请求，只需要在预检的响应头中去除这些属性即可，浏览器即认为不允许该跨域请求，脚本执行报错。

当预检请求通过之后，真正的请求就与简单请求一样，包含 Origin 的请求头，响应中包含 Access-Control-Allow-Origin 响应头。

Spring MVC 对于以上两种请求，都提供了完善的支持。对于开发者来说，无须关心是简单请求还是非简单请求，只要配置 CORS 相关属性，Spring MVC 即会按照配置自动对预检请求和 CORS 请求进行对应的标准响应。

通过@CrossOrigin注解，可以完整地配置CORS请求的接收条件，Spring MVC通过注解中信息自动判断是否可以对此 CORS 请求进行响应，该注解属性如下。

- String[] value() default{}：origins 的别名，用于支持注解默认属性。
- String[] origins() default{}：与 value 互为别名，代表该注解标记的处理器方法支持的 Origins，只有 CORS 请求的 Origin 在该数组中，此处理器对应的请求才支持该 CORS 请求。默认为*。
- String[] allowedHeaders() default{}：对应于 CORS 请求中的 Access-Control-Request-Headers，如果该属性数组包含 CORS 请求中的 Access-Control-Request-Headers 属性数组，则表示标记的处理器支持该 CORS 请求，在返回的 Access-Control-Allow-Headers 中会包含该注解数组的所有值。
- String[] exposedHeaders() default {}：对应于对 CORS 请求的响应头中的 Access-Control-Expose-Headers，对应的处理器方法处理完 CORS 请求后，会把该属性数组通过 Access-Control-Expose-Headers 返回给请求方。默认为空。
- RequestMethod[] methods() default {}：对应于预检请求中的 Access-Control-Request-Method，只有该属性包含了 Access-Control-Request-Method 的属性值，才表示该处理器方法支持该 CORS 请求。对于 CORS 响应时，会把该属性数组写入到 Access-Control-Allow-Methods 中。默认与处理器方法上的@RequestMapping 的 method 属性相同。如果处理器方法上的 method 为空，则默认为 GET、HEAD、POST。
- String allowCredentials() default ""：对应于 CORS 响应中的 Access-Control-Allow-Credentials，默认未设置，响应结果中不包含 Access-Control-Allow-Credentials。注意该属性为字符串，如需配置，需设置字符串为"true"或"false"。
- long maxAge() default -1：对应于 CORS 预检响应结果的 Access- Control-Max-Age 属性，负值表示未定义，取默认值 1800，即 30 分钟。

看一个复杂请求的示例，示例代码如下：

```
@CrossOrigin(origins = "https://www.baidu.com", allowCredentials = "true",
     allowedHeaders = {"X-Custom-Header", "X-Other-Header"})
@PutMapping("myComplexCors")
public String myComplexCors() {
  return "CORS TEST";
}
```

同样通过 https://www.baidu.com 页面的控制台发送 PUT 请求。

```
var xhr = new XMLHttpRequest();
xhr.open("PUT","http://localhost:8080/myComplexCors",true);
xhr.withCredentials=true;
```

```
xhr.setRequestHeader('X-Custom-Header', 'Complex CORS');
xhr.send();
```

此时请求信息如下：

```
OPTIONS/myComplexCors HTTP/1.1
Origin: https://www.baidu.com
Access-Control-Request-Method: PUT
Access-Control-Request-Headers: X-Custom-Header
```

得到的响应结果如下：

```
Access-Control-Allow-Credentials: true
Access-Control-Allow-Methods: PUT
Access-Control-Allow-Origin: https://www.baidu.com
Access-Control-Max-Age: 1800
```

@CrossOrigin 注解不仅可以标记在处理器方法上，还可以标记在处理器类上。在对处理器方法进行初始化时，CORS 属性优先取类上的注解信息，之后再取处理器方法上的注解信息，对两者进行合并处理。对于注解中的数组属性，进行数组合并。对于非数组属性 allowCredentials，当类与方法注解均设置了该属性时，以方法上属性为准，否则以设置了该属性的注解为准。对于 maxAge 属性，如果类与方法注解均设置了该属性，且值大于等于 0，则以类注解的属性为准，否则以设置了该属性的为准。对于任何设置的属性，均以其属性默认值策略进行应用。

对于单个处理器方法或一个类中的所有处理器方法，可以使用@CrossOrigin 注解来配置跨域，但如果要对多个类中的处理器方法使用同一个 CORS 配置，用注解的方式就不太方便。Spring MVC 还提供了一种特殊配置方式，可以根据路径模式应用 CORS 配置。通过声明一个 WebMvcConfigurer 接口的实现类 Bean，作为 Web MVC 的配置类，可以对 Web MVC 进行配置。通过实现接口中的 addCorsMappings 方法可以对 CORS 跟进路径模式进行配置，示例代码如下：

```
@Configuration
public class MyCorsConfiguration implements WebMvcConfigurer {
  @Override
  public void addCorsMappings(CorsRegistry registry) {
    // addMapping 参数为路径模式，其他方法与注解中参数相同
    registry.addMapping("/myComplexCors")
    .allowedOrigins("https://www.baidu.com")
    .allowedHeaders("X-Custom-Header", "X-Other-Header")
    .allowCredentials(true);
  }
}
```

当注解 CORS 属性与路径匹配 CORS 属性都存在时，会对两者的属性进行合并，合并规则与类注解和方法注解的合并规则基本相同。对于数组属性会对两者属性数组进行合并，allowCredentials 属性优先以注解属性为准，不存在时取路径匹配属性。maxAge 属性优先以

注解属性为准，不存在时取路径匹配属性。

以上便是 Spring MVC 对于 CORS 跨域请求的支持，只需要配置好相关的 CORS 属性，Spring MVC 就会按照配置属性自动对 CORS 请求进行判断处理。如果不符合对应处理器的 CORS 属性条件，则会拒绝此 CORS 请求；如果符合，则会自动对 CORS 的预检请求与实际请求进行相应的处理，添加对应的响应头。这些都是自动进行的，完全不需要开发者过度关心 CORS 如何去处理。但必须要注意，CORS 的属性配置尽量避免使用默认值，如 Origins 使用*，会导致允许所有的 Origin 进行跨域请求。

4.1.2 WebSocket

HTTP 协议是一个无状态协议，当一个请求发出，在收到响应后，本地请求的声明周期就结束了，后续的请求与本次请求基本无任何关系。且请求只能由客户端主动发起，如果服务端有一些数据需要主动推送给客户端，在传统的 HTTP 协议中是做不到的。

以往为了实现该功能，常见的方式是客户端定时向服务端发起请求，获取服务端要推送的数据，而服务端也临时存储此数据，客户端主动取出数据后再清理。这种方式对于数据的获取并不是实时的，可能有一定的延迟，而且因为每次都是一个完整的 HTTP 请求周期，在 HTTP 请求中包含了很多重复的请求头和重复的响应头，这种方式会消耗很多资源。同时临时存储数据对于服务端的压力也比较大，并不是一个很好的方式。

而在 HTML 5 的标准中，为了实现 Web 的消息推送，提出 WebSocket 协议标准。通过 WebSocket 协议，可以使客户端与服务端创建一个持久的 Socket 连接，在不关闭该连接的情况下，双方可以互相主动发送消息。推送时无须依照 HTTP 协议添加各种请求头与响应头，该协议是一个基于 TCP 的低级协议，传输只关心数据而无额外的头等信息，以此实现了既可靠又占用资源少的服务端推送功能。

先看一个 JavaScript 中使用 WebSocket 客户端的例子。

```
// 初始化一个 WebSocket 对象，可接收两个参数
// 第一个参数是 ws 协议的 WebSocket 的连接地址，也可以是 wss 的安全连接地址；第二个参数是
可接收的子协议，如 STOMP 协议，后面详解
var ws = new WebSocket("ws://localhost:8080/myWebSocket");
// WebSocket 连接成功触发事件
ws.onopen = function () {
  // 使用 send() 方法发送数据
  ws.send("发送数据");
};
// 接收服务端数据触发事件
ws.onmessage = function (event) {
  console.log(event.data);
};
// 连接断开触发事件
ws.onclose = function () {
};
```

```
// 主动关闭 WebSocket 连接
// ws.close()
```

WebSocket 协议在连接时，首先使用 HTTP 协议向 WebSocket 的连接地址发起一个 GET 请求（如果 WebSocket 是 wss 协议，则使用 HTTPS 协议发起），请求内容一般如下：

```
GET/myWebsocket HTTP/1.1
Host: localhost:8080
Upgrade: websocket
Connection: Upgrade
Sec-WebSocket-Key: Uc9l9TMkWGbHFD2qnFHltg==
Sec-WebSocket-Protocol: v10.stomp, v11.stomp
Sec-WebSocket-Version: 13
Origin: http://localhost:8080
```

请求头中的 Upgrade，代表请求协议升级为 WebSocket 协议、Connection 使用 Upgrade 标记；Sec-WebSocket-Key 是客户端自动生成的一个 Key，用于校验服务端合法性，服务端需要根据一定的算法对此 Key 进行回复；Sec-WebSocket-Protocol 是创建 WebSocket 客户端时传入的子协议；Sec-WebSocket-Version 代表 WebSocket 版本，WebSocket 协议初期，不同版本处理逻辑可能不同，当然现在已经基本统一了；Origin 则代表请求来源，WebSocket 一样支持跨域请求。

WebSocket 服务端收到此连接请求后，需要对其进行回复，响应内容如下：

```
HTTP/1.1 101 Switching Protocols
Upgrade: websocket
Connection: Upgrade
Sec-WebSocket-Accept: 1qVdfYHU9hPOl4JYYNXF623Gzn0=
Sec-WebSocket-Protocol: v10.stomp
```

响应的状态码为 101，表示切换协议。Upgrade 与 Connection 同请求头，Sec-WebSocket-Accept 则是对 Sec-WebSocket-Protocol 的回复，Sec-WebSocket-Protocol 表示服务端可接收协议，是对 Sec-WebSocket-Protocol 的回复。

这个请求一般叫做 Handshake 握手请求。当握手请求完成后，浏览器会使用与握手请求相同的 TCP 连接发起 WebSocket 连接请求。连接请求成功时，才算完成 WebSocket 的连接，可以进行后续的发送与接收消息动作。

在 Spring Boot 的 Web 项目中，要想开启 WebSocket 功能，也非常简单，首先在项目依赖中引入 WebSocket 支持。

```
<dependency>
  <groupId>org.springframework.boot</groupId>
  <artifactId>spring-boot-starter-websocket</artifactId>
</dependency>
```

接着为 WebSocket 服务添加一个处理器，该处理器用于接收 WebSocket 相关事件，如客户端连接、收到客户端消息、客户端关闭等。示例代码如下：

```
public class MyWebSocketHandler extends TextWebSocketHandler {
  // 收到消息时的处理方法
  @Override
  protected void handleTextMessage(WebSocketSession session, TextMessage
message) throws Exception {
    // 接收文本消息，并通过 session 的 API 再发送回客户端，echo 功能
    session.sendMessage(message);
  }
  // 连接开启时的处理方法
  @Override
  public void afterConnectionEstablished(WebSocketSession session) throws
Exception {
    super.afterConnectionEstablished(session);
  }
  // 连接关闭后的处理方法
  @Override
  public void afterConnectionClosed(WebSocketSession session, CloseStatus
status) throws Exception {
    super.afterConnectionClosed(session, status);
  }

  // 数据传输出错时的处理方法
  @Override
  public void handleTransportError(WebSocketSession session, Throwable
exception) throws Exception {
    super.handleTransportError(session, exception);
  }

}
```

此外，还需要通过配置把此处理器添加为 WebSocket 的处理器。示例代码如下：

```
@Configuration
// 通过该注解表示开启 WebSocket 功能
@EnableWebSocket
public class WebSocketConfig implements WebSocketConfigurer {
  // 注册 WebSocket 的处理器，同时还添加了一个 HandshakeInterceptor
  @Override
  public void registerWebSocketHandlers(WebSocketHandlerRegistry registry) {
    registry.addHandler(new MyWebSocketHandler(), "/myWebSocket")
        .addInterceptors(new HttpSessionHandshakeInterceptor());
  }
}
```

此时便可以通过上面的测试代码在浏览器中通过 ws://localhost:8080/myWebSocket 发送和接收消息了。

在之前介绍 MVC 的拦截器时，提到拦截器一般用于用户认证相关的判断，在拦截器和

处理器中均可以通过Session可以获取当前访问用户的认证信息。那么在WebSocket中，如何获取已有的用户认证信息呢？

首先，因为HTTP相关的Session是与请求头中的Cookie相关联的，在WebSocket连接中，因为没有Cookie相关的信息，故WebSocket的Session与HTTP的Session并不是同一个Session。HTTP使用Cookie存储Session标识ID的原因是因为HTTP多次请求之间没有关系，故需要使用标识来表明SessionId。而在WebSocket中，多次请求的是同一个连接，完全可以把Session相关的属性与此连接绑定，就不再需要Cookie信息。

这样WebSocket的Session问题就解决了，但是当需要通过WebSocket的Session来获取当前连接用户HTTP的Session的信息时，却无法完成。这样带来的问题是用户已经登录，认证信息在HTTP的Session中。如果发起WebSocket连接，还需要用户再次进行认证，这样不合理。那么，是否有更好的方式来通过WebSocket的Session获取HTTP的Session信息？

根据WebSocket的连接原理可知，在WebSocket连接前会先发起一个握手请求，该请求是HTTP请求。同时在创建WebSocket连接时，使用的TCP连接与握手请求的连接是同一个。那么是否可以在握手时通过HTTP的Session获取信息放入WebSocket的Session呢？当然可以。在上面WebSocket配置中，最后一行代码addInterceptors(new HttpSessionHandshake-Interceptor())的作用就是把HTTPSession信息放入WebSocketSession。其实现原理是添加握手拦截器，在WebSocket的握手请求时，取到所有的HTTPSession信息放入WebSocketSession中。当需要用到HTTPSession信息时，只需要通过WebSocketSession.getAttributes即可获取HTTPSession的所有信息。但仅限于创建连接时的HTTPSession信息，后续放入的信息不会再被添加。

除了使用Spring MVC提供的这种方式来实现WebSocket服务端之外，使用Servlet原生方式来实现也比较方便。通过注解@ServerEndpoint来标记WebSocket的处理器，该注解默认属性即WebSocket的连接路径。在该注解标记的处理器中，可以使用@OnOpen标记连接开启时的处理方法，@OnMessage标记收到消息时的处理方法，@OnClose标记连接关闭后的处理方法，@OnError标记数据传输出错时的处理方法。

处理器方法可以声明Session参数，用于绑定该WebSocket连接的Session（Spring相关处理器中的WebSocketSession是Spring对原始Session的封装，在原始Session中并没有获取HTTPSession信息的方法）。通过该Session可以向客户端推送消息。使用起来也比较方便，但Spring Boot中默认并不开启此方式来注册WebSocket的处理器，在Spring Boot中推荐使用上面的方式来开发WebSocket服务端。

至此关于原始的WebSocket我们已经有了足够的了解，但可以看到，原始的WebSocket消息内容基本上只能是简单的文本消息和二进制消息，是否有更好的格式让WebSocket消息更语义化，同时又不像HTTP协议那么臃肿？

STOMP协议就是这样一种协议，与HTTP相似。它规定了各种头信息用于表示此条消息的含义。通过WebSocket协议，可以传输基于STOMP协议的消息负载，规范化的消息内容使得开发复杂的WebSocket应用成为可能。

STOMP 协议整体框架是消息发布订阅协议。与 HTTP 请求方法类似，STOMP 提供了不同的命令，根据不同的命令实现不同的功能。如 SEND 命令表示发送消息，通过 destination 头的值表示发往的目的地。头信息结束后空一行，后面表示发送的内容。与发送相对，还有接收消息。通过命令 SUBSCRIBE 表示订阅消息，通过 destination 头的值表示要订阅的 topic，与 SEND 命令中的目的地对应。除此之外还有很多其他命令，其内容繁多，有兴趣的读者可自行了解。

既然 STOMP 协议与 HTTP 协议相似，那在 Spring 中是否有与 HTTP 请求相对应的可处理 STOMP 请求的一套机制？答案是肯定的。在 Spring 中，为 STOMP 消息提供了@MessageMapping 与@SubscribeMapping 注解，用于标记接收 STOMP 消息的方法为消息处理器，以及用于参数上的各种注解，如获取消息中的 destination 头中路径参数的@DestinationVariable 注解，获取消息头的@Header 注解，获取消息头 Map 的@Headers 注解，获取消息内容的@Payload 注解。

还有用于标记返回值作为消息时，发送的目的地址@SendTo 注解。同时还提供了@MessageExceptionHandler 注解，用于拦截消息处理中的异常并做统一处理。这些与 Spring MVC 功能基本一致，均属于 WebSocket 相关的知识，有兴趣的读者可以参阅 Spring WebSocket 相关文章或书籍。

4.1.3 异步请求

在正常情况下，Servlet 容器对于所有请求和响应的处理都是同步的。在一个 HTTP 请求发送到服务端后，Servlet 容器分配一个线程用于处理该请求，在经过各个 Filter 及 Servlet 组件对该请求进行处理后，把响应返回给客户端，并释放处理此请求的线程。

在这种方式下，由于线程需要占用一定的空间，服务器的线程数有限，如果遇到请求处理需要较长时间，会导致该线程一直被占用而无法释放。当在一定时间内发生超过线程数上限的请求，且在这段时间内该请求均无法完成处理时，会导致没有请求处理线程可用，对于客户端的请求表现是长时间无法得到响应，对于服务端来说随着请求数量越来越多，可能导致整个服务的崩溃，也就是常说的服务雪崩。

在普通应用开发中，遇到这种情况，一般会考虑启动一个线程去单独处理长时间的操作，以避免导致主线程的阻塞。那是否可以使用这种方式对请求进行处理呢？当需要长时间处理时，把 Response 放入单独的线程中，当处理完成后再把结果写入 Response。在默认情况下，这种方式行不通，因为一次请求与响应是一个完整的生命周期，当 Servlet 逻辑执行完之后，容器会视为此响应已结束，会关闭 Response 的输出流，所以，在其他线程中对 Response 进行输出会提示流已关闭。要实现这种异步请求，必须在 Servlet 框架层予以支持。

在 Servlet 3.0 中，这种异步请求得到了充分的支持，通过 ServletRequest 的 startAsync 标记对此请求开启异步处理，该方法返回一个 AsyncContext，其中包含有 Request 与 Response。可以对此 AsyncContext 进行异步操作，在其他线程中直接对其中的 Request 和 Response 进行读写都可行，但在处理完成后，一定要调用其 complete 表示处理完成，如果一直未完成处理，会导致此连接一直不被释放，虽然不占用线程，但连接过多也会导致服务崩溃。我们来看一个简单的使用示例。

```
public class MyAsyncServlet extends HttpServlet {
  @Override
  protected void doGet(HttpServletRequest request, HttpServletResponse
response) {
    // 开启异步处理，标记此请求为异步
    // 标记为异步处理后，当此请求相关的 Servlet 与 Filter 执行完成后，不会关系其请求与响应
    AsyncContext asyncContext = request.startAsync();
    // 创建异步任务，异步对 Response 写入
    Runnable runnable = () -> {
      // 模拟 5 秒处理
      simulateLongTimeProcess(5000L);;
      try {
          // 异步通过响应返回数据
          asyncContext.getResponse().getWriter().write("Hello World!");
      } catch (IOException e) {
          e.printStackTrace();
      }
      // 标记异步处理完成，可以释放与此请求相关的 Request 与 Response 了
      asyncContext.complete();
    };
    // 创建线程，执行异步任务
    new Thread(runnable).start();
    // 此处 Servlet 逻辑处理完成，在其相关的 Filter 处理返回后，与该请求关联的 HTTP 处理线
程就会被释放
  }
  // 模拟长时间请求，参数为休眠毫秒数
  private void simulateLongTimeProcess(long time) {
    try {
        Thread.sleep(time);
    } catch (InterruptedException e) {
        e.printStackTrace();
    }
  }
}
```

示例中的处理线程是我们自己创建的，一般建议通过线程池来处理异步任务。因为创建线程开销较大，使用线程池可以解决创建的开销问题。Servlet 容器对请求的处理同样也是使用线程池来完成的。

```
// 参数分别为核心线程数、最大线程数、空闲线程最长存活时间、时间单位、任务队列
private static ThreadPoolExecutor executor = new ThreadPoolExecutor(100, 200,
50000L, TimeUnit.MILLISECONDS, new ArrayBlockingQueue<>(100));
excutor.excute(runnable);
```

使用双线程池，分离了请求处理与业务中的长时间处理，可以有效防止请求处理线程被占满，无法处理新请求从而导致应用崩溃的问题的发生。

但这样能解决问题吗？分离线程虽然可以让处理请求的线程及时释放出来，但处理请求的线程与处理长时间任务的线程依然都属于当前应用，还会受到总线程数的限制。其实在真实应用场景中，需要长时间处理的任务一般都是与 IO 相关的任务，在所有涉及 IO 的场景中，其实都可以使用 NIO（非阻塞 IO）来代替原始的 BIO（阻塞 IO）。NIO 的特点是在发起 IO 请求后，等待 IO 响应数据的过程中不占用线程，在 IO 数据可以响应时，才分配线程去处理此数据。

异步处理请求和 NIO 的结合可以在更大限度上发挥出应用的性能，而且在 Servlet 3.1 中，对于请求数据的读取也增加了非阻塞方式。通过对请求的非阻塞读取、其他 IO 数据的非阻塞读写、响应数据的异步输出这三部分功能，令 Web 应用处理请求的能力得到巨大提升。

上面使用的是原始Servlet实现的异步请求，可以看到异步请求和线程都需要自己进行操作和管理。在 Spring MVC 设计理念中，这些非业务方面的逻辑尽量让使用者不过度关注，Spring MVC 对于异步请求有一个非常完善且使用简单的封装。

在 3.3 节中，我们提到返回值支持的类型有一种异步结果类型，这些类型按照数据的获取来源分为两种。

1．WebAsyncTask

WebAsyncTask 是对异步请求任务的封装，其中封装了 Callable 类型的实例作为异步执行逻辑，同时还可定制异步处理的超时、异步执行器、超时回调、异常回调、完成回调等功能。

Callable 是 Java 中与 Runnable 相对的接口，Callable 的 call 方法有返回值，而 Runnable 的run方法则没有返回值。Callable用于在异步情况下需要返回值的场景。这与异步请求场景很相似。

Callable 接口的 call 方法封装了执行逻辑与返回值，但其并没有自带异步执行器，所以要让 Callable 执行，必须通过异步的执行器去执行 call 方法，一般使用线程池作为执行器。以下返回值类型会被作为 WebAsyncTask 进行处理。

- Callable<T>：原始的 Callable 类型，泛型类型 T 为实际返回类型，通过 WebAsyncTask 封装该 Callable 进行处理。
- WebAsyncTask：直接支持类型。
- StreamingResponseBody：返回流形式的响应体，其包括 writeTo(OutputStream)方法，用于通过该方法把数据写入输出流。返回值处理器会把其封装为返回值为 Void 的 Callable 类型再通过 Callable 执行逻辑去执行。同时支持类型 ResponseEntity。

下面来看 Callable 返回值的示例。

```
@RequestMapping("myCallableAsync")
public Callable<String> myCallableAsync() {
  return () -> {
    simulateLongTimeProcess(5000L);
    System.out.println(1);
    return "defaultView";
  };
}
```

通过浏览器访问 myCallableAsync，5 秒后可以得到响应的页面。

2．DeferredResult

DeferredResult 与 WebAsyncTask 相对，不同的是 DeferredResult 中不包含异步结果的获取逻辑，其异步执行结果是通过 setResult 方法设置的，该方法可以在任意线程中执行。

DeferredResult 包含定制异步处理的超时、超时回调、异常回调、完成回调及结果设置后的回调等功能。与 WebAsyncTask 不同，对该类型的处理不包含对其的执行逻辑，对数据设置值完全依赖于其他应用线程，如常见的网络 IO 操作数据、消息系统的消息回调数据等，均可以使用这种类型来进行异步设置结果，其包括以下类型支持。

- DeferredResult：直接支持的类型。
- ListenableFuture：Spring 对 Java Future 功能的封装，包含添加完成监听器的功能，其会被适配为 DeferredResult 类型使用。
- CompletionStage：Java 8 中提供的异步处理的阶段抽象，可以为各个阶段添加回调，包括数据处理完成的阶段，其也会被适配为 DeferredResult 使用。
- ResponseBodyEmitter：响应体的发射器。该类型可以设置超时，同时提供超时回调、异常回调、完成回调。核心方法为 send，可以通过 send 方法向 Response 发射数据。发射的数据同@ResponseBody 一样，会通过消息转换器转换后写入输出流。该类型同样会封装 DeferredResult，作为延迟结果处理，但与其他延迟结果不同，该类型可以向 Response 多次写入数据，只要输出流未关闭就可持续写入。
- Reactive 相关类型：响应式编程框架中的类型支持，包括 Mono、Flux、Publisher 等，Spring MVC 对其提供基本支持，一般推荐使用 WebFlux 框架进行开发，详见 4.2 节。

下面来看一个 DeferredResult 的简单示例。

```
@RequestMapping("myDeferredAsync")
public DeferredResult<String> myDeferredAsync() {
  DeferredResult<String> result = new DeferredResult<>();
  setResultAsync(result);
  return result;
}
// 通过一个线程模拟异步设置结果
private void setResultAsync(DeferredResult<String> result) {
```

```
  Runnable runnable = () -> {
    simulateLongTimeProcess(5000L);
    result.setResult("defaultView");
  };
  new Thread(runnable).start();
}
```

返回结果与 Callable 示例相同，这种方式的线程执行由自己创建，设置结果完全是异步执行。看起来复杂，其实这种应用场景更加广泛，因为在使用 NIO 进行外部数据读取时，大多是在数据准备就绪后才开启线程，这时再通过 DeferredResult 设置结果，可以做到在长时间的 IO 等待过程中不消耗线程的功能，大大提高了服务的处理性能。

简述一下 ResponseBodyEmitter 的使用场景，其有一个子类 SseEmitter，SSE 全称为 Server-sent Events，即服务端事件发送。这种方式使用异步请求模型，令客户端的请求在发起后不立即返回完整的响应，并声明接受一个流数据。在这种场景下，客户端和服务端之间会保持请求与响应，并可以通过流数据的形式间断地向客户端写入数据。这种流数据类似于视频、音频或文件下载的场景。

SSE 也常被用于实现服务端的数据推送，在 WebSocket 规范出现之前，是除了轮训外最常使用的服务端推送实现。SSE 的实现原理决定了其只能不断地从服务端收到数据，而在过程中不能再使用此请求向服务端发送数据，这是因为 HTTP 协议的线性特性。SseEmitter 的 send 方法用于向客户端推送事件，使用起来也比较简单灵活。

以上便是整个异步请求的支持情况，同时还有一些注意点需要了解。

注意：

在一些异步执行结果中，有些返回值还需要通过 DispatcherServlet 的后续处理逻辑进行处理才能得到完整的视图渲染逻辑，所以在拿到异步结果后，通过 AsyncContext 的 dispatch 方法重新调用一次 DispatcherServlet。不同于 AsyncContext 的 complete 方法直接标记结束，该方法会把请求的处理权交给 Servlet 容器，再次执行 DispatcherServlet 时直接获取异步的结果进行后续操作，不再调用原始的处理方法。

在该请求结果设置完成后，重新执行 Dispatcher 时，结果是通过 WebAsyncManager 异步请求管理器来传递，同时还可以为其设置异步请求执行器 AsyncTaskExecutor、Callable 拦截器 CallableProcessingInterceptor 与 DeferredResult 拦截器 DeferredResultProcessingInterceptor，这些都是增强异步请求处理的基础组件，关于这些组件的增强与使用，有兴趣的读者可自行进行扩展了解。

同时还需注意，所有的异步请求都会有一个超时时间，如果没有超时时间，会导致所有的连接不被关闭，最终会耗尽系统资源，默认超时时间为 30 秒。可以通过 spring.mvc.request-timeout 来配置统一超时时间，在 WebAsyncTask 与 DeferredResult 内部的超时时间会覆盖这个统一超时时间。

在异步请求达到超时时还没有得到异步的结果，会触发超时回调；当异步请求的逻辑处理异常时会触发异常回调。这两种异常都被作为结果设置为异步执行的结果，在通过 AsyncContext 的 dispatcher 重新调用 Servlet 处理时，该异常会被获取并直接交给 Spring MVC 的异常处理器进行处理，可以在异常处理器中对异步相关的异常做统一处理。

4.2　WebFlux 框架

在 4.1.3 节中，提到了对异步请求的处理，即在接收到 HTTP 请求后，把该请求的参数解析并交给处理器处理，得到一个异步结果，此时会使用 Servlet 的异步功能对该请求进行响应。从中发现，对于 Spring MVC 来说，要调用处理器方法，必须先解析请求中的相关参数，也就是说此时需要得到完整的 HTTP 请求数据，才可以执行后续操作，所以对于请求数据的获取其实还是同步的，只是把对响应数据的写入变为异步而已。

可以看出异步进行响应写入的方式仅是半个异步，对于整个请求与响应的生命周期来说，仅完成了响应的异步。这种方式虽然可以解决处理方法执行时间长导致的 HTTP 请求阻塞，但并不能解决请求数据接收耗时导致的请求阻塞。当一个请求数据量较大，如上传文件请求，在调用处理器方法前，需要把获取全部请求数据才可以调用。

那是否有对请求和响应都是异步的方式？答案是有，本节以此为主要内容，看如何实现请求与响应使用异步处理。

4.2.1　WebFlux 背景

在 Servlet 3.1 中，增加了对请求数据的非阻塞获取，即在 Servlet 功能层面已经完整地支持请求与响应的异步非阻塞处理。但通过观察 Spring MVC 功能发现，要查找到请求的处理器，一定需要请求地址、请求方法和请求头来进行条件判断，而要调用请求处理器方法，则需要对请求的参数进行完整处理，连请求体都需要先完整接收才可以执行后续操作。也就是在 Spring MVC 的框架限制下，要做到请求数据的异步非阻塞接收是不现实的。难道没有其他办法吗？

我们说过 Spring 框架之所以经久不衰，部分原因在于其对新技术提供快速支持。在意识到异步非阻塞的 Web 框架可以极大地提高 Web 服务性能时，Spring 又为 Web 应用开发提供了一种新框架：WebFlux。Flux 字面意思是流，从名字可以看出该框架是为了支持 Web 的流式处理而产生，先来了解其相关背景。

在流式处理中，有一个重要的概念是响应式编程 Reactive。响应式编程是一种新的编程模式，与面向对象编程中把数据与数据相关的操作封装为对象不同，响应式编程把数据抽象为数据流及对数据流的操作与变化的响应。

举例说明，对于 HTTP 请求来说，其中包含数据，通过 IO 流把数据提交给服务端。此时服务端可以对此数据流的变化做监听，首先声明待数据流准备完成后要对数据流进行的各种操作，该操作便是对数据流变化的响应。后续可以继续监听操作后数据流的变化，并对此变化做出响应，通过这种链式的响应与操作，最终把经过各种操作后的数据流再通过 HTTP 响应进行输出。而数据流变化一般是较为耗时的 IO 操作，如从数据库获取数据操作，通过响应式编程，则可以做到在向数据库提交获取数据的请求后到数据库返回数据期间，应用不再阻塞等待，而只需要告知数据返回时执行何种操作即可。

Reactive 本身是发布订阅模型的高级抽象，数据流其实就是数据源不断地推送数据，对数据变化的响应其实就是订阅数据推送事件。过程中所有对数据的操作都是通过声明式的方式进行，在数据流未被订阅时，即没有监听数据变化事件时，所有对数据的操作均不会被执行，只有当需要使用数据时，监听了数据变化，此时才会有数据从数据源流向数据的使用方，同时在这个过程中才会对源数据执行所有的声明式操作。

可以看到响应式编程模式就是为了异步非阻塞而设计的。最初响应式编程模式多用来开发 GUI 应用，应用需要时刻监听用户对 UI 的操作，并及时做出响应，用户的一个操作可能会对 UI 界面中多个数据的显示产生影响，如 Excel 的数据变更后各种公式的重新计算等。随后在 Web 应用的前端页面通过 JavaScript 的异步事件模型也实现了响应式编程的结果。

随着 JavaScript 服务端 NodeJS 的兴起，异步非阻塞的响应式编程模型逐渐在服务端开发中崭露头角，实践证明这种方式确实可以为涉及 IO 操作的 Web 应用服务性能带来很大的提升。

在响应式编程中有两个重要部分，一是对数据变化的响应，响应是回调函数，与 JavaScript 语言中各种回调函数一一对应；二是声明式地对数据操作，分为很多种，但基本摆脱不了数据映射，把一个数据映射为另一个数据集，这种映射同样可以使用一个函数来表示。这种模式在 JavaScript 语言中较早地推广运用起来，因为 JavaScript 本身就是一种函数式语言，对这两个重要部分有着先天的支持。

要在 Java 中实现回调函数方式，必须先创建一个类，实现回调接口，重写接口中的方法，在回调执行时可以调用回调类实现的回调接口方法来执行回调，这就是 Java 实现 GUI 界面时的回调方式。这种方式对于开发者而言，会显得过于臃肿，于是在 Java 8 中引入了一个新的特性，即 lambda 表达式。

lambda 表达式允许把仅包含单一方法的接口声明为函数式接口，通过 lambda 表达式语法便捷地创建该接口的实例。如对于 Runnable 接口，可以使用() -> System.out.println ("runnable")的方式来快速创建其实例。使用 lambda 表达式语法，为函数值编程带来可能，同时 Java 8 为其自身的集合框架提供多种附加功能，一个集合自身可视为一个数据流，通过 lambda 表达式，可以对数据流中的数据进行各种映射和转化操作，示例代码如下：

```
List<String> names = new ArrayList<>();
names.add("Guangshan");
names.add("July");
names.add("Jackson");
List<String> helloNames = names.stream().map(n -> "Hello" + n).collect
(Collectors.toList());
// 结果为{"Hello Guangshan", "Hello July", "Hello Jackson"}
```

通过为 map 方法传入 lambda 表达式函数，达到声明式地进行数据操作的目的。声明式的数据操作可以叠加多个，且不仅有 map 映射操作，还包括 filter 过滤操作、concat 合并另外一个数据流等操作。

这些对数据操作的操作符，返回都是数据流，当需要使用完整的数据时，通过结束操作符表示操作完成，此时才会对整个数据流进行链式的操作，把所有的操作函数通过链式处理获取最终结果。结束的操作也有多种，包括 collect 收集为一个新的数据集、forEach 遍历所有数据、count 统计数据量等终止操作。

这种方式与响应式编程的模型相似，输入的集合转变为一个数据流，声明数据操作链，在最终需把流转换为可使用的数据时，才开始进行数据操作。如此看来，完成响应式编程框架的条件——函数式编程已经具备，独缺一个语言级别的抽象框架来实现了。

随着响应式编程带来的异步非阻塞体验的兴起，以及 Java 8 对函数式编程的完善支持，在 Java 世界中，也逐渐出现了多个 Reactive 库，包括 RxJava 和 Reactor。最初 RxJava 是为通过 Java 实现 UI 应用开发的，即 Android 应用，随着后端响应式编程的兴起，RxJava 也对后端应用提供了完善的支持。而 Reactor 则是 Spring 官方提供的 Reactive 库，可以更好地融入到 Spring 框架体系。

在 Spring 5 中，为基于响应式编程开发，Web 应用提供了 WebFlux 框架，其 Reactive 模型使用自己的 Reactor 库来实现，但只有 Reactive 模型不足以作为 Web 框架来使用，还需要数据源和数据输出，即数据的发布者与订阅者。而 Web 应用的 HTPP 请求与 HTTP 响应就是最直接的发布者与订阅者，其服务也需要依赖 Web 服务提供者。在 Spring Boot 2 中，通过添加 spring-boot-starter-webflux 库后，可直接使用 WebFlux 框架进行 Web 开发，默认情况下，Web 服务的提供者使用 Netty 来实现。

Netty 是一个高性能的异步事件驱动的网络应用框架，而异步事件驱动和响应式有直接联系，故采用 Netty 作为默认的 WebFlux 框架服务端提供，是很合理的选择。使用 Netty 等于直接抛弃 Servlet 框架，这与 Spring MVC 基于 Servlet 框架完全不同。但 Spring 其强大扩展性又为应用提供了其他的 WebFlux 服务端实现，包括 Servlet 3.1 的各种实现，如 Tomcat 等，都是基于 Servlet 3.1 的异步请求读写功能。

Reactor 为 Reactive 提供了两个基本的 API：Mono 与 Flux，分别用于支持单元素数据流（Mono 包含 0 或 1 个元素的数据流）和多元素数据流（Flux 包含 0~n 个元素）。这两种 API 中都为数据操作提供了多种操作符，同 Java 8 的集合框架中的操作符类似，包括 map 映射、filter 过滤、concat 合并等操作。

在这种情况下，一个 HTTP 请求的完整处理过程如下。

（1）Netty 接收 HTTP 连接，准备开始接收请求数据，基于 Netty 的特性，此时请求数据并不会进行读取，因为涉及 IO 相关的数据读取在数据准备就绪时均会被阻塞。

（2）Netty 服务把请求封装为数据源，之后获取所有对该数据源的操作，但所有操作此时都不会被执行，因为此时数据可能尚未准备好，且对于该数据源还没有订阅者，无须进行操作。

（3）在 WebFlux 框架中，封装包括处理器查找、处理器执行、返回值处理的逻辑，把这三种操作都作为数据转换操作，链接在数据源上。此时这些逻辑还不会被执行。

（4）所有的处理器逻辑的返回值都建议使用 Flux、Mono 或其他异步结果进行，可做到对响应的数据写入也变为异步。

（5）待所有操作链接完成后，在对请求进行响应时，会对数据源进行订阅以执行所有的转换逻辑，订阅后，只有当数据源准备好时，才会使用线程执行所有的转换操作，在数据转换逻辑中包含把数据写入响应的逻辑。

至此，便完成整个请求与响应的周期，其中在等待请求数据准备就绪的过程中不会占用线程进行阻塞，只有在准备就绪后才会分配线程进行数据处理。同时，如果请求处理器逻辑都使用异步结果返回，则它们的数据获取也会变为异步获取，同样在处理器中的耗时操作如数据库读写 IO 等也能做到在等待 IO 的过程中不占用线程。

下面是一个 Reactor 模拟 HTTP 请求与响应的实例。

```
private static void simulateRequestAndResponse(){
  Mono.fromFuture(delayRequest())
      .map(request -> "Hello" + request)
      .flatMap(request -> asyncResult(request))
      .subscribe(response -> System.out.println(response));
  System.out.println("请求线程执行完成");
  sleep(20000L);
}
// 模拟一个获取请求数据的情况，从申请获取到获取结果需要 5 秒
private static CompletableFuture<String> delayRequest() {
  return CompletableFuture.supplyAsync(() -> {
    sleep(5000);
    return "Request";
  });
}
// 模拟一个长时间的执行结果，从执行开始到执行获得结果需要 5 秒
private static Mono<String> asyncResult(String request) {
  System.out.println(request);
  return Mono.just("defaultView").delaySubscription(Duration.ofSeconds(5L))
.log();
}
private static void sleep(long time) {
  try {
    Thread.sleep(time);
  } catch (InterruptedException e) {
    e.printStackTrace();
  }
}
```

说明一下 simulateRequestAndResponse，先通过 delayRequest 获取请求数据，但请求数据 5 秒后才可以被全部接收。数据接收后暂时不会被 map 和 flatMap 处理，只有此数据流被订阅后，才执行 map 和 flatMap 处理，此时请求数据暂时存在缓存中。map 对请求数据进行简单的映射，flatMap 调用 asyncResult 获取结果，因为 asyncResult 返回的也是数据流，所以随

后使用 flatMap 对数据流进行操作符，可以做到请求时不获取数据，订阅时才开始获取。最后执行订阅，写入响应，此时 map 和 flatMap 才开始执行。

可以看到先打印了“请求线程执行完成”提示信息，此时主线程会被释放。此后延迟 5 秒后 delayRequest 会获取请求数据，之后 asyncResult 方法被执行。再次延迟 5 秒后，打印出结果，使 asyncResult 获取结果的延迟。这个过程便是请求与响应的模拟过程。

以上实例使用的是 WebFlux 技术，其特点是在获取请求数据和获取响应数据的过程中并不占用主线程，完全是异步的。同时获取请求数据和获取响应数据的两个方法也都是非阻塞的。在等待一定时间，请求数据准备好之后，如果此时数据流已被订阅，则直接执行后续的声明式处理逻辑；如果尚未被订阅，数据会被缓存，并等待订阅后处理逻辑才会被执行，这也是响应式的最大特点。在等待数据的过程中，是不占用线程的（上面的模拟方法还占用线程，因为延迟使用的是 CPU 延迟，如果换用 IO 等待的延迟，可以做到不占用线程）。

基于这种模型，请求处理的线程基本不需要太多，因为请求处理线程不会被阻塞，所以其处理效率非常高。

4.2.2　WebFlux 使用

在了解完背景之后，来看一下具体使用。相比于 Web MVC，WebFlux 整体框架不变，包括查找处理器、处理器执行、返回值处理，一样包括对页面的渲染，与 MVC 的模式基本类似。

在 Spring Boot 中，创建一个基于 WebFlux 框架的 Web 应用非常简单，只需要引入依赖 spring-boot-starter-webflux，即可直接进行 WebFlux 开发。在 Spring MVC 中引入的依赖为 spring-boot-starter-web，换用 WebFlux 只需要换依赖即可。这都是得益于 Spring Boot 强大的组件自动装配功能。

虽然依赖变化不大，但是对于处理器的编写有一定的要求。若想使用这种响应式编程的特性，在对应的处理器编写时，需要注意尽量不要使用带有阻塞的方法，对于处理器方法中任何需要阻塞的处理如 IO 相关操作，均需要使用一些异步结果类型，异步结果类型包括 Reactor 中的 Mono 与 Flux 和 Spring MVC 中的所有异步类型。

但是在 Java 的体系中，目前大多数被使用的数据库连接客户端、消息客户端或其他的 IO 客户端，基本上都是阻塞式 IO 客户端，要想使用 Reactive 特性，则需要把客户端换为支持 Reactive 特性的客户端。如一些 NoSQL 数据库的使用。

```
<!-- Redis 的 Reactive 库 -->
<dependency>
  <groupId>org.springframework.boot</groupId>
  <artifactId>spring-boot-starter-data-redis-reactive </artifactId>
</dependency>
<!-- MongonDB 的 Reactive 库 -->
<dependency>
```

```
  <groupId>org.springframework.boot</groupId>
  <artifactId>spring-boot-starter-data-mongodb-reactive </artifactId>
</dependency>
```

但目前Reactive对很多与IO相关的库还未提供支持，此时使用其阻塞方式，但是返回其异步类型的结果是有必要的。

在 WebFlux 中，由于其并不是基于 Servlet 的，所以原生的一些 Servlet 类型都无法被直接使用。WebFlux 把请求和响应封装在了一起，作为 ServerWebExchange 类型使用，可以通过其访问 Request、Response 与 Session。同时 Request 与 Response 也从 ServletRequest 与 ServletResponse 变为 ServerWebExchange 与 ServerHttpResponse，Session 变为 WebSession 类型。这些是在原始 Web 的 API 层面的改变，在高层的控制器抽象上也有所不同。

WebFlux 提供了 Web MVC 方式的控制器注册，即同样可以使用@Controller 标记处理器 Bean，使用@RequestMapping 标记处理器方法。WebFlux 中建议处理器方法返回的结果为异步类型，但即使返回的不是异步类型的结果，WebFlux 依然会对其返回值进行包装为异步的结果。虽然请求中依然有参数值绑定，但参数值的解析与请求的接收线程并不是同一线程，参数值解析在需要进行响应时才执行。参数值解析时不再支持 Servlet API 中的一些类型，转为支持 WebFlux API 中的类型，如 ServerWebExchange、ServerHttpRequest、ServerHttpResponse、WebSession 等。

除了@Controller 方式注册处理器外，WebFlux 还提供了使用函数式端点注册处理器的方式，函数式终端包含两部分：路由函数和处理器函数。先来看一个简单示例。

```
// 静态导入 static 的方法或常量
import static org.springframework.web.reactive.function.server
.RequestPredicates.GET;
import static org.springframework.web.reactive.function.server
.RequestPredicates.POST;
import static org.springframework.web.reactive.function.server
.RequestPredicates.queryParam;
import static org.springframework.web.reactive.function.server
.RouterFunctions.route;
// 声明为配置类
@Configuration
public class MyRouteFunctionConfig {
  // 路由函数注册为 Bean
  @Bean
  public RouterFunction<ServerResponse> routerFunction() {
    // 创建处理器实例
    MyFunctionalHandler handler = new MyFunctionalHandler();
    // 注册路由函数，/echo 的 POST 方法路由到 handler 的 echo 方法
    // /get 路径上带有请求参数 key 的 GET 方法路由到 handler 的 get 方法
    // /list 路径上的 GET 方法路由到 handler 的 list 方法
    RouterFunction<ServerResponse> router =
            route(POST("/echo"), handler::echo)
            .andRoute(GET("/get").and(queryParam("key", value -> true)),
```

```
handler::get)
            .andRoute(GET("/list"), handler::list);
    return router;
  }
}
import static org.springframework.web.reactive.function.BodyInserters.
fromObject;
public class MyFunctionalHandler {
  // 返回请求体内容
  public Mono<ServerResponse> echo(ServerRequest request) {
    return ServerResponse.ok().body(request.bodyToMono(String.class),
String.class);
  }
  // 返回请求参数 key 内容
  public Mono<ServerResponse> get(ServerRequest request) {
    return ServerResponse.ok().body(fromObject(request.queryParam("key")));
  }
  // 返回所有请求头的名称列表
  public Mono<ServerResponse> list(ServerRequest request) {
    return
ServerResponse.ok().body(fromObject(request.headers().asHttpHeaders().
keySet()));
  }
}
```

单看示例，比较@Controller 方法，方便性差不多，只是其编程风格更加优雅，更符合 Reactive 的风格。下面对其详细介绍。

1. 处理器函数

处理器函数是 HandlerFunction 函数式接口的 handle 方法实现，该函数接收 ServerRequest 类型的参数，返回 Mono 类型的返回值。有以下两种方式可以创建这个函数。

第一种，直接通过 lambda 表达式创建，即 HandlerFunction fun = request -> Server-Response.ok()。该 lambda 表达式包含一个参数，即 ServerRequest 类型，返回值需要是 Mono。

第二种，通过方法引用。使用双冒号“::”来引用实例方法或静态方法，只要该方法接收参数类型和数量即返回值类型与函数式接口中的方法一致，即可以作为该函数式接口的实现来使用。

这两种方式都是 Java 函数式编程中提供的方式，一般来说，当处理逻辑较短时，可以直接使用 lambda 方式创建，但如果处理逻辑较长，lambda 表达式的函数体内容过长，影响了代码的可读性，则可以通过方法引用来创建。

直接使用 ServerRequest 和 ServerResponse 类型似乎没有在@Controller 中直接参数绑定简单，但其实这两个类型都是 WebFlux 为方便函数式编程而添加的、对函数式编程非常友好的两个特殊类型。

对于 ServerRequest 类型，其提供了多个方法，常用的如下。

- Path：获取请求路径。
- method：获取请求方法。
- headers：获取请求头，该方法返回的是头访问器，可以通过访问器中的方法方便地获取各种标准请求头，如 contentType、accept 等，当然也可以通过 header 方法来直接指定要获取的请求头名。
- cookies：获取请求的 Cookie。
- attributes：获取请求中的属性，同 ServletRequest 中的 attribute。
- queryParams：获取请求中的查询参数。与 Servlet 不同，这里的查询参数更标准，只能获取 URL 中的查询参数，请求体中的表单参数需要使用 body 相关方法获取。
- pathVariables：获取路径变量。
- session：获取 WebSession，同 Servlet 中的 Session。
- principal：获取请求的鉴权信息。
- body：接收 BodyExtractor 参数，用于提取请求体为 Flux 或 Mono 的数据流类型，数据流中数据自动根据 BodyExtractor 提取目标类型与请求 Content-Type 进行数据转换。与 Web MVC 使用消息转换器类似，这里读取并转换数据使用的是 HttpMessageReader。
- bodyToMono：通过传入类型参数或泛型类型引用 ParameterizedTypeReference，表示需要的返回流类型，数据流包含单个元素。内部处理直接使用 BodyExtractors.toMono 作为提取器调用 body 参数。
- bodyToFlux：同上，返回数据流为多个元素的数据流。内部处理直接使用 BodyExtractors.toFlux 作为提取器调用 body 参数。
- formData：获取表单数据，注意此处返回的是个 Mono<MultiValueMap<String, String>>类型，因为是从请求体获取的，获取请求体内容需要通过网络 IO 读取，所以均返回数据类型。
- multipartData：返回多块表单数据，返回 Mono<MultiValueMap <String, Part>>，同上。

以上就是所有的方法，通过这些方法，可以非常方便地获取需要的请求数据，同时对于请求体的处理，也并不比@Controller 中的处理器方法复杂，而且请求体均返回数据流类型，可以在整个流式处理中发挥更大的优势。

在 body 相关的方法中，使用 BodyExtractor，用于提取请求体为数据流。在 BodyExtractors 的工具类中，包含了如下多个内置的提取方案。

- toFlux：接收类型或泛型类型引用（ParameterizedTypeReference），把请求体解析为包含多个元素的 Flux 数据流，元素类型为接收的类型或泛型类型引用所表示的类型。
- toMono：同上，不同之处在于解析为单个元素的数据流。

- toFormData：解析请求体为 Mono<MultiValueMap<String, String>>。
- toMultipartData：解析请求体为 Mono<MultiValueMap<String, Part>>。
- toParts：解析请求体为 Flux。

当参数接收类型时，返回值只能是该类型。对于 List 或 Map 包含泛型类型的类，则需要使用泛型类型引用 ParameterizedTypeReference 来表示。如 List 类型，使用 new ParameterizedTypeReference<List>() {}来表示。下面看一个请求参数的示例。

```
public Mono<ServerResponse> echo(ServerRequest request) {
  System.out.println(request.path());
  System.out.println(request.method());
  System.out.println(request.headers().asHttpHeaders());
  System.out.println(request.queryParams());
  System.out.println(request.cookies());
  // 把请求体转换为 String 类型的 Mono 流，通过 block 阻塞获取数据
  // 一般不推荐这种方式获取数据，推荐直接把 Mono 流通过各种转换处理转换为返回值的 Mono 流
  System.out.println(request.bodyToMono(String.class).block());
  // 同上面语句，使用 BodyExtractors 的工具提取请求体
  System.out.println(request.body(BodyExtractors.toMono (String.class))
.block());
  return ServerResponse.ok();
}
```

上面的部分为处理器函数的请求参数获取，这部分对应于 Web MVC 中处理器方法中的参数自动绑定。那么对于返回值的 ServerResponse，又该如何使用？

ServerResponse 本身是构造器模式，通过其提供的静态方法来创建 ServerResponse 构造器如下。

- ok：返回响应状态码为 200 的 ServerResponse 的 Builder。
- status：传入响应状态码，返回该状态码对应的 Builder。
- from：传入 ServerResponse，根据传入参数构造 Builder。
- created：接受 URI 参数，返回状态码为 201 已创建，响应头 Location 为传入参数的 Builder。
- temporaryRedirect：接受 URI 参数，返回状态码为 307 临时重定向，响应头 Location 即重定向地址为传入参数的 Builder。
- badRequest：创建响应状态码为 400 错误请求的 ServerResponse 的 Builder。
- notFound：创建响应状态码为 404 未找到的 ServerResponse 的 Builder，此时返回的 Builder 为 HeaderBuilder，只能对响应头做一些修改。

除此之外，还有很多方法用于直接返回某个对应的状态码，这里不再赘述。如下为构造器可以构造的参数。

- contentType：响应的 Content-Type。
- header：响应头。

- cookie：响应的 Cookie，使用响应头 Set-Cookie 指定。参数还支持 ResponseCookie 类型，其包含构造工具，可以方便地构造各种 ResponseCookie。
- body：响应体，可以接收流数据和表示流中的数据类型的参数，或者 BodyInserter 响应体写入器类型，用于更加方便地自定义响应体内容。
- syncBody：同步写入请求体，接收参数是非流数据类型，而不是普通类型。
- render：接受视图名和 Model 类型，用于返回渲染的视图。

最后通过 build 方法创建实例。还包括各种标准响应头的方法，这里不再赘述，有兴趣的读者可以查看 ServerResponse 的 BodyBuilder 中相关方法。

与请求中的请求体处理类似，响应中的响应体处理分为两大类。第一类是相应视图，使用 render 方法即可实现；第二类是直接向响应体写数据，类似于@ResponseBody 的方式。

在请求体的解析中，有 BodyExtractor 用于提取请求体数据为目标类型，而在响应体的写入中，与之相对的包含了 BodyInserter，用于把特定数据写入响应体。

BodyExtractor 的工具类 BodyExtractors 中包含了内置的一些写入方法。

- fromFormData：用于把 MultiValueMap 写入响应体。
- fromMultipartData：用于把包含 Part 的 MultiValueMap 写入响应体。
- fromPublisher：用于把数据流的数据写入响应体，还接收一个Class类型的参数用于表示此数据流中元素类型。
- fromObject：用于直接把对象写入响应体。
- fromResource：用于把 Resource 写入响应体，Resource 包含输入流，把此输入流写入响应体的输出流。
- fromServerSentEvents：用于把服务端事件的数据流写入响应体，同 Web MVC 中的 SseEmitter，用于发送服务端事件。

这些方式在写入数据时与消息转换器和消息读取器类似，会使用 HttpMessageWriter 消息写入器写入响应体，根据写入的数据类型和请求的接收类型自动判断使用哪种消息写入器。

上面的逻辑就是处理器函数的返回值构造方式，整体更接近于函数式编程，代码风格也更加接近于自然语言。示例代码如下：

```
public Mono<ServerResponse> get(ServerRequest request) {
  // 返回 404，带有一个响应头
  ServerResponse.notFound().header("X-Custom-Header", "Test");
  Map<String, Object> model = new HashMap<>(2);
  model.put("name", "Guangshan");
  // 渲染视图
  ServerResponse.ok().render("defaultView", model);
  // 通过 Body 返回响应体
  ServerResponse.ok().body(Mono.just("BodyTest"), String.class);
  // 通过 BodyInserter 的 fromObject 设置响应体
  return ServerResponse.ok().body(fromObject(request.queryParam ("key")));
}
```

2. 路由函数

处理器函数只定义了对于请求如何处理以及响应数据是什么，但仅有处理器函数是不够的。处理器函数只对应于 Web MVC 的参数处理和返回值处理，而对于生命处理器的查找逻辑@RequestMapping 注解并没有表现。那么请求与处理器函数是如何映射的呢？WebFlux 使用了路由函数对其进行映射。

RouterFunction 是路由函数的函数式接口，其中接口方法 route 接收 ServerRequest 参数，根据参数获取处理器函数的流数据 Mono< HandlerFunction>。

在 RouterFunction 的工具类 RouterFunctions 中，包含多种创建 RouterFunction 的方法。其核心方法为 route 方法，接收两个参数。第一个参数为 RequestPredicate，用于封装请求的条件，类似于@RequestMapping 注解中的属性条件；第二个参数是 HandlerFunction 处理器函数，用于在满足第一个参数条件时路由的目标处理器函数。

要实现与@RequestMapping 相似的功能，需要使用 RequestPredicate 条件。该类型同样是函数式接口，其 test 方法接受 ServerRequest 参数，返回结果为 boolean 类型，表示是否匹配条件。因为请求中有一些固定的信息可以用于条件判断，如@RequestMapping 中的请求方法、请求路径之类的信息，是否有方便的方法直接创建这样的条件？RequestPredicate 的工具类 RequestPredicates 的作用就在于此，其包括如下方法。

- all：匹配结果固定为 true。
- method：匹配请求方法。
- path：匹配请求的路径，使用路径模式进行匹配。
- headers：匹配请求的请求头，参数为传入请求头 Headers 的函数式条件，可以对请求头的值进行判断，是否符合匹配条件。
- contentType：匹配请求的 Content-Type 头。
- accept：匹配请求的 Accept 头。
- pathExtension：匹配请求的扩展后缀，即路径中后面的值，类似于文件扩展名。
- queryParam：匹配请求参数，传入参数名和参数值判断条件，可以根据参数值判断是否符合匹配条件。
- GET、HEAD、POST、PUT、PATCH、DELETE、OPTIONS：直接指定请求方法为这些方法名的判断条件。

当然这些方法的返回值都是 RequestPredicate 类型，即只能传入一个条件，关于符合条件如何实现？可以通过 RequestPredicate 上的合并方法来实现。

- and：传入 RequestPredicate 参数，把当前条件和参数条件进行 and（与）判断，两者都满足时才视为满足。
- negate：对当前条件做反向判断。
- or：传入 RequestPredicate 参数，把当前条件和参数条件进行 or（或）判断，两者满足其一即视为满足。

对于这些合并运算符的运算顺序，按照从左到右依次运算，不涉及运算符优先级问题。看以下一些例子。

```
// GET 请求，路径为/echo，Content-Type 为 ApplicationJson 的条件
method(HttpMethod.GET).and(path("/echo")).and(contentType(MediaType.
APPLICATION_JSON));
// GET 或 POST 请求，且路径为/method，注意 or、and 之类的运算符优先级是按照从左到右结合。
每一次连接都相当于加了括号，忽略普通优先级的问题
method(HttpMethod.GET).or(method(HttpMethod.POST)).and(path("/method"));
// GET 请求，路径为/get，请求参数包含 key
GET("/get").and(queryParam("key", value -> true));
```

通过条件与条件合并，完成@RequestMapping 的功能，且与其相比，条件更加自由。@RequestMapping 的条件判断是固定的，每个注解的属性代表的条件只能是 or 或 and 之一，而 RequestPredicate 可以自由定制所有条件的 or 或 and，甚至所有条件都可以反向判断 negate。

通过 RouterFunctions 的 route 方法实现@RequestMapping 的所有功能，与此同时，还扩展支持了如下一些特殊功能。

- nest：接受 RequestPredicate 参数和 RouterFunction 参数，返回嵌套的 RouterFunction。其功能是用于为 Router 嵌套另一个 Router。首先经过 RequestPredicate 判断，如果满足条件，则把请求传递给嵌套的 RouterFunction，嵌套的 RouterFunction 再进行路由。这种方式扩展了 Router 的功能，使得其使用起来更加自由。
- resources：接收路径模式参数和 Resource 参数，用于把路径映射为静态资源，常用于静态资源映射。也可以接收 Function<ServerRequest, Mono>映射函数，映射函数用来查找资源 Mono。

通过 RouterFunctions.route 方式生成的 RouterFunction 只包含一个路径，对于多个路由难道都要生成 RouterFunction 吗？当然不是，同 RequestPredicate，在 RouterFunction 中也提供了一些用于聚合 Router 的方法，如下所示。

- and：接受 RouterFunction 参数，要求与当前实例泛型类型相同。先判断当前实例是否能匹配到 HandlerFunction，匹配不到再通过参数的 RouterFunction 进行匹配。
- andOther：同上，但是可接收不同的范型类型。
- andRoute：接收 RequestPredicate 参数和 RouterFunction 参数，通过这两个参数调用 RouterFunctions.route 生成新的 RouterFunction，再使用 and 操作符连接当前实例与新的 RouterFunction。
- andNest：接收 RequestPredicate 参数和 RouterFunction 参数，通过这两个参数调用 RouterFunctions.nest 生成嵌套 RouterFunction，再使用 and 操作符连接当前实例与嵌套 RouterFunction。

参考如下示例。

```
RouterFunction<ServerResponse> router =
        route(POST("/echo"), handler::echo)
```

```
        .andRoute(GET("/get").and(queryParam("key", value -> true)),
handler::get)
        .andRoute(method(HttpMethod.GET).or(method(HttpMethod.POST)).and
(path("/method")), handler::list);
```

声明路由函数之后，如果需要在 WebFlux 中使用，只需要把该 RouterFunction 注册为 Bean，即可自动生效。

```
// 路由函数注册为 Bean
@Bean
public RouterFunction<ServerResponse> routerFunction() {
    // route 定义如上，此处省略
    return route;
}
```

可以注册多个 RouterFunction，WebFlux 会自动对其进行处理。

再扩展一个功能点，在 Web MVC 中，有两种请求拦截器：Servlet 的 Filter 与 MVC 的 HandlerInterceptor，都可以实现请求拦截统一处理的功能。那么在 WebFlux 中是否有此功能？在 WebFlux 中使用 WebFilter 代替 Servlet 中的 Filter，而 HandlerInterceptor 则使用 HandlerFilterFunction 来代替。

HandlerFilterFunction 也是函数式接口，其函数式方法为 filter，接收 ServerRequest 参数与 HandlerFunction 处理器函数，返回 ServerResponse 结果。该函数同样可以拼成一个链，通过第二个 HandlerFunction 参数可以使过滤器链进行链式调用。当需要提前返回时，不再进行链式调用，直接返回结果。下面来看一个例子。

```
RouterFunction<ServerResponse> filteredRoute =
  route.filter((request, next) -> {
    if (request.cookies("user") != null) {
        return next.handle(request);
  } else {
        return ServerResponse.status(UNAUTHORIZED).build();
    }
  });
```

HandlerFilterFunction 中还包含了两个静态方法，ofRequestProcessor 用于创建请求处理器，在请求前执行；ofResponseProcessor 用于创建响应处理器，在返回结果后执行。

这就是 WebFlux 框架的基本使用，在整体风格上，与 Web MVC 的@Controller 完全不同，但两者在整体上互相兼容。但 WebFlux 模式是重新进行设计的框架，而 Spring Web MVC 则在历史的发展中不断更新，不断的更新则会带来一些历史包袱，导致整体框架性不能有效地提高。

而在 WebFlux 中，对整体框架进行了重新设计，在保证功能的情况下，对性能的优化也做了很大的努力。对于想尝试改进 Web MVC 性能的开发者来说，WebFlux 值得尝试。但只建议对新项目使用 WebFlux 开发，因为对老项目的改造需要修改所有的处理器为异步的数据流，会消耗更多精力。

关于 WebFlux 的相关配置，本书不再详述，有兴趣的读者可以参考 WebFlux 官方网址 https://docs.spring.io/spring/docs/current/spring-framework-reference/web-reactive.html#spring-webflux，查看相关资料。

比较 Spring Web MVC 与 WebFlux，两者技术的交叉度很高，对大多数功能都同时提供了支持；但对于整体的编程模型，两者却有很大区别。图 4.1 指出了两者的一些交叉和不同。

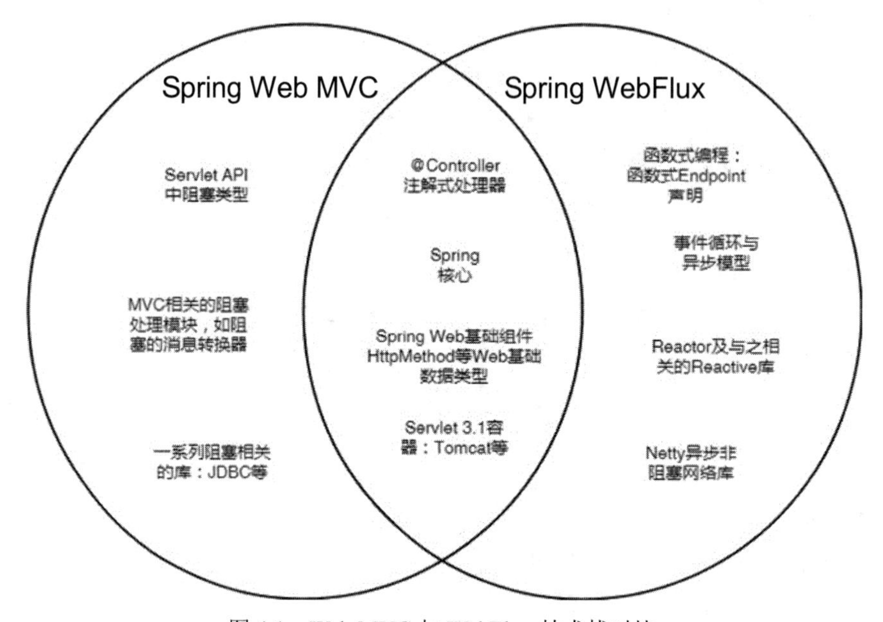

图 4.1　Web MVC 与 WebFlux 技术栈对比

本节相关代码在 GitHub 仓库中，网址为 https://github.com/FastBootWeixin/WebFlux-Example。

本章小结：

本章第一部分详细地介绍了在 Web MVC 中额外提供的一些支持，这些支持虽不是其核心功能，但在使用时却非常重要。同时了解这些功能，也有利于对于整体 Spring MVC 框架的掌握和扩展，对于后面的源码讲解也有很大的帮助。

第二部分则以 WebFlux 框架为重点，详细介绍了 Web 开发的新的选择，同时了解了一种新的编程模式，扩展了知识面。同时在对两个框架的对比中，可以更详细地思考两者的异同及优劣，对框架的深入理解有辅助作用。

在之后的章节中将以源码为核心，详细地为大家展示上面的这些功能，在框架源码中如何设计与实现，在详细地了解了设计与实现后，从会使用框架达到精通框架的程度，这也是开发成长道路的特殊阶梯。

第5章 配置 Spring MVC 的功能

在前面的章节中，我们了解了在 Spring 中对 Web 应用开发的支持，这些支持提供了非常多的便捷功能，可以让开发人员只需要关注自己应用中的处理逻辑即可。虽说对于这些功能实现细节开发者不必过多关注，但针对不同的 Web 应用，需要对 Web 框架层的一些参数进行针对性调整，开启或关闭特定功能，或添加额外功能。例如异步请求时用于调整异步请求超时的 spring.mvc.async.request-timeout 参数，以及为整个应用添加拦截器的 WebMvcConfigurer.addInterceptors 方法等。

在原始的 Spring MVC 中，仅提供了配置器 WebMvcConfigurer 方式用来配置框架。在 Spring Boot 中，结合其强大的自动配置与属性解析功能，又提供了各种便捷的可配置属性。在默认情况下，无需进行任何配置即可使用 Spring Boot 进行 Web 开发。Spring Boot 针对 MVC 提供内置的全部默认参数，使其在一定场景下为最通用的配置，同时也提供了各种可配置属性，用于对 Web 框架特性进行定制。这就是“约定大于配置”思想的实现。

本章了解一下 Spring Boot 中的可配置参数与 Spring MVC 中的配置功能及其使用方式。

5.1 配置使用方式

在 Spring Boot 中提供了各种属性，通过修改其中的一些组件属性，可以实现对 Spring MVC 的定制。同时原始的 Spring MVC 支持使用配置器 WebMvcConfigurer 方式进行配置。属性的配置适用于对现有的一些组件进行简单的定制化修改，而 WebMvcConfigurer 则可更详细地添加或者修改内置的 MVC 组件。

5.1.1 属性配置的使用

在 Spring 容器中，提供了通用的环境 Environment，用于包含当前运行应用的一些初始化属性。属性的表现形式是 Key，对应 Value。Key 是属性名，Value 是属性值。因为 Spring 整体是 Bean 的容器，而 Bean 的创建则依赖于 Bean 的工厂。在工厂模式下，Bean 的产生需要依赖于外部的属性，Environment 就是用于容纳这些属性的容器。

对 Spring MVC 进行定制，就是对 Spring MVC 中的组件进行定制，而组件是通过 Spring 的 Bean 工厂产生。所以对 Spring MVC 进行定制，本质上就是通过提供工厂创建 Bean 需要使用的属性来定制产生的 Spring MVC 组件。

在这种模式下，对组件进行配置，只需要把组件提供的配置属性放入 Spring 容器的 Environment 中即可。在第 3 章中提到可以使用属性占位符来配置注解中的属性，其实注解中属性也可以视为与注解关联组件的属性，属性占位符中的属性值来自于当前运行环境的 Environment。

Environment 中包含多个属性源 PropertySource，而在 Spring Boot 中，又对这些属性源进行了增强，支持以更多的方式为 Environment 添加不同的属性源。对于使用者来说，其表现就是可以使用多种方式对 Web 框架组件进行定制。下面来看一下可以使用哪些方式进行配置。

1. 系统属性

当前系统属性是当前应用所依赖的执行系统中配置的属性，在 Java 中通过 System.getProperties()方法来获取全部系统属性。Spring Boot 把该方法获取的结果作为属性源来使用。

Java 应用的执行依赖于 JVM 虚拟机，该系统属性就是 JVM 相关属性。系统属性除了包含当前 JVM 运行时的一些属性，如当前运行的 Java 版本、应用的根目录等，还可以通过启动参数添加系统属性。Java 应用的启动是通过 Java 命令来执行的，通过添加命令行参数，以 -D 为前缀，跟随 key=value，可以把 key 与 value 作为属性名与属性值添加到系统属性中。例如把 Spring Boot 应用打包为 app.jar 后，通过以下方式为其添加系统属性。

```
java -Dmykey=myvalue -jar app.jar
```

通过这种方式启动应用，即可使用 System.getProperties()获取 mykey 与其对应的 myvalue，同时通过 Environment 即可取到 mykey 对应的 myvalue 值。

同时也可以在运行时动态添加系统属性，通过 System.setProperty (key, value)即可添加。基于此，可以在应用启动的 main 方法中，SpringApplication 启动方法执行前，通过这种方式添加系统属性。

2. 环境变量

环境变量表示当前应用的宿主系统的环境变量，一般是 Windows、Linux 和 MacOS 的系统变量，通过 System.getenv()方法可以获取当前系统的环境变量。最常见的系统变量是 path，表示可执行程序的查找路径；还有环境变量 JAVA_HOME，在安装 Java 时需要配置其值为 Java 的安装目录。在不同系统下有不同的添加环境变量的方式，在此只介绍通过命令添加环境变量的方法。

```
// Windows
set mykey=myvalue
// Linux 和 MacOS
export key=value
```

3．启动参数

在 Java 的启动入口 main 方法中，接收 String 数组类型的参数，这个 String 数组是该程序的启动参数。

Java 程序可以通过 java 命令指定启动类来启动，在命令中启动类的后面，可以添加多个用空格隔开的参数，这个参数就是 Java 程序的启动参数。

Spring Boot 支持通过启动参数添加属性源，在启动参数中，以两个横线作为前缀，后面跟随 key=value 的形式，表示要添加到属性源中的属性。示例代码如下：

```
java -jar app.jar --mykey=myvalue
```

注意：

> 该属性源依赖于 SpringApplication 的 run 方法传入的参数，run 方法的第一个参数为配置类，同时还可以接收 String 数组作为第二个参数，该参数一般直接使用 main 方法的参数，只有使用这种方式才可以实现把启动参数作为属性源的目标。当然也可以任意构造字符串数组作为 SpringApplication.run 方法的参数，此时会把该数组作为命令行参数使用。

通过各种 IDE，可以很方便地为以上 3 种方式添加参数。图 5.1 所示为 IntelliJ IDEA 的参数配置，其他 IDE 与之类似。

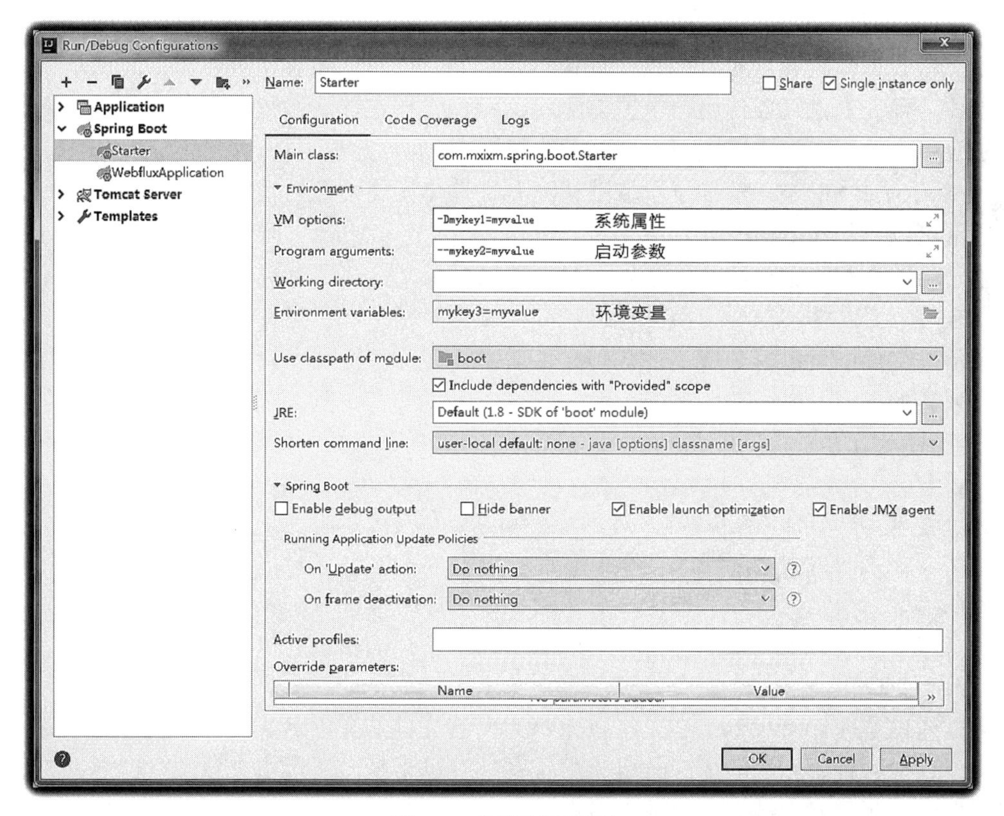

图 5.1　参数配置界面

4. 构建参数

除了通过 SpringApplication 的静态方法 run 来启动 Spring 应用外，还可以通过 SpringApplicationBuilder 来构建 Spring 应用并启动。在构建时，可以传入更多的自定义参数，其中就包括默认的数据源。示例代码如下：

```
public static void main(String[] args) {
  Map<String, Object> map = new HashMap<>(2);
  map.put("mykey", "myvalue");
  SpringApplicationBuilder builder = new SpringApplicationBuilder();
  builder.sources(ApplicationBuilderApp.class)        // 指定配置源类
        .properties(map)                               // 指定默认属性，属性源之一
        .build()                                       // 构建 SpringApplication
        .run(args);                                    // 执行，传入命令行参数
}
```

通过构建器的 properties 方法，可以为构建的 SpringApplication 添加额外的属性源。同样也可以使用 SpringApplication 的构造器来创建其实例，并通过 setDefaultProperties 方法设置默认属性源，与构建方式是相同的实现。

5.1.2 配置文件

以上所有属性配置方式或多或少有些不便，如系统属性和启动参数需要为启动命令指定额外参数，环境变量需要使用命令提前配置，而直接指定默认参数则需要在代码中硬编码，这对于应用中的一些配置属性都不是友好的使用方式。

在 Spring Boot 中，增加了读取默认配置文件作为属性源的功能。在 Spring Boot 项目中，通常可以在其 resources 文件夹下看到 application.properties 文件，该文件就是 Spring Boot 支持了一种默认配置文件。除此之外，对于默认配置文件，还有额外的一些支持。

要定位一个文件，需要使用文件路径。在文件路径中，包括文件夹与文件。文件夹通过位置表示，文件则可以拆分成文件名与文件后缀，即文件格式。针对不同部分，都有其不同支持，列举如下。

1. 多个位置

支持配置文件放在 resources 文件夹、resources/config 文件夹、当前应用启动目录、当前应用启动目录下的 config 文件夹这四个位置。对于 resources 文件夹来说，在编译后其中文件会被放在与最上级包同级的文件夹，也即编译后文件的根目录，又叫做 classpath。所以对于其文件夹支持，用 Spring 中资源的表述方式是：classpath:/、classpath:/config/、file:./、file:./config/。

可以通过属性 spring.config.location 来指定配置文件的文件名。注意因为此时配置文件还未加载，之前四种属性源的加载时机比配置文件时机要早，所以这个属性只能通过上面四种方式来指定，而不能通过配置文件来指定。

2. 多种文件格式

Spring Boot 除了支持 properties 格式之外，默认还提供了对 yml、yaml、xml 格式的支持。yml 与 yaml 互为别名，下文统一用 yml 表示。

properties 是 Java 标准定义的属性文件格式，提供 key=value 的方式配置属性，每个属性占一行。Spring 为该属性名提供了额外的绑定功能，如通过“.”分割多个层级属性，[]中数字表示数组属性，[]中字符串表示 Map 属性（也可视为多个层级属性）。与 3.2.11 节中模型属性的绑定策略相同。示例代码如下：

```
# 简单属性
mykey=myvalue
# 数组属性
myarray[0]=a
myarray[1]=b
# 多层级属性
my.firstname=Guang
my.lastname=shan
```

YAML 是一种标记语言，其被设计用来描述配置文件。yml 格式为使用 YAML 语言书写的配置文件格式。与 properties 不同，yml 对简单属性、多个层级的属性、数组、Map 提供了原生的支持，其设计目的就是为了方便各种语言中的配置文件的书写，现在其已经被各种应用广泛使用。其属性值支持多种类型，同时其表示方式也非常直观，对于多个层级的属性，支持使用缩进表示层级关系。示例代码如下：

```
# 简单属性，值支持多种类型
mykey: myvalue
# 数组属性，也可以使用[a, b]表示数组，单行表示
myarray:
 - a
 - b
# 多层级属性，也可以使用{ firstname: Guang, lastname: shan }，单行表示
my:
 firstname: Guang
 lastname: shan
```

除了这些直接类型外，各个类型还可以嵌套使用，如多层级属性，下级还可以是多个层级的属性，也可以是数组属性等。数组属性的值一样也可以是数组属性，表示一个二维数组或多维数组，其表示方式为：

```
# 表示 myarray=[[a1, a2], [b1, b2]]，也可以直接使用后面这种形式来表示
myarray:
 -
  - a1
  - a2
 -
```

```
  - b1
  - b2
```

除了对数据结构提供了多种支持外，对于属性值的类型也提供了多种支持，包括字符串、布尔值、整数、浮点数、Null、时间、日期等。

这种对于配置文件丰富的支持，都是该格式原始支持的，表现形式优雅，逻辑清晰。

除此之外，YAML 还提供了一些高级功能，如锚点&与别名*，通过这两个功能可以实现属性引用的功能。如有兴趣了解更多功能，可以参考 YAML 语言规范，网址：http://yaml.org/spec/1.2/spec.html。

Spring Boot 对 YAML 提供了完整的支持，通过 yml 或 yaml 格式的文件来定义这种格式的配置文件。该格式的配置文件也是 Spring Boot 推荐使用的格式。

除 properties 和 yml 之外，Spring Boot 其实还支持 xml 格式，xml 格式同样可以用于描述多种类型的属性名与属性值。但其通过标签表示属性名，可以进行多级嵌套，使用起来字符的冗余度很高，没有上述两种格式方便，故在此就不对这种类型进行详述，在实际开发中，尽量避免使用这种格式来作为配置文件。

3. 多个配置文件名

在默认情况下，Spring Boot 会使用 application 作为配置文件的文件名进行查找。与文件位置相同，文件名可以通过属性 spring.config.name 来指定配置文件的文件名，同样需要使用前面四种方式来配置该属性。

该属性支持通过逗号分隔来配置多个，当有多个配置文件名时，会遍历这些配置文件，并把它们全部配置添加到属性源中。

4. 多个环境配置

上述 3 部分似乎已经能够定位配置文件，但 Spring Boot 还额外提供了特殊的支持——多环境配置。

在企业应用开发中，往往需要分多个环境，如开发时使用的开发环境，测试时使用的测试环境，以及正式环境等。对于不同的环境会有不同的配置，如数据库相关的配置等。Spring 提供了 Profile 功能，用于针对不同的环境提供不同的 Bean。在 Spring Boot 中，也为不同的 profile 提供了加载不同配置文件的功能，我们称 profile 为环境配置，其使用方式如下。

可以为配置文件的文件名与文件后缀之间添加“-环境配置名”来为不同的环境应用不同的配置。对于不包含环境配置名的文件来说，则作为所有环境都需要加载的配置来用，这里称之为全局配置文件。可以通过属性 spring.profiles.active 来指定当前活动的环境配置名，该属性可以使用上面四种方式来提前设置，也可以通过全局配置文件来设置。

通常把一些通用的属性放到全局配置文件中，而把不同环境属性值不同的属性放到各自的配置文件中。示例代码如下：

```
# application.yml 文件内容
```

```
spring:
 profiles:
  active: dev                                          # 指定当前活动环境配置名
 application:
  name: myapplication                                  # 指定应用名称
# application-dev.yml 文件内容
mykey: devValue
# application-test.yml 文件内容
mykey: testValue
```

通过这种方式配置后，修改 application.yml 中的 active 属性值，可以达到使用不同配置文件中的 mykey 的属性值作为当前环境中属性值的目的。

对于多环境配置，在 yml 格式中提供了额外的支持，允许使用一个文件来提供多个环境的配置，使用---分割多个环境的配置。一般直接通过全局配置文件来提供不同环境的配置，上面的配置文件定义等同于：

```
# application.yml 文件内容
spring:
 profiles:
  active: dev                                          # 指定当前活动环境配置名
 application:
  name: myapplication                                  # 指定应用名称
---
spring:
 profiles: dev                                         # 指定配置名为 dev
mykey: devValue
---
spring:
 profiles: test                                        #指定配置名为 test
mykey: testValue
```

但一般不推荐使用这种方式来配置，建议使用文件拆分的方式来针对不同环境使用不同配置。

综上所述，对于配置文件的支持，有其固定的查找文件策略，按照策略找到对应的文件后，把对应文件中的属性配置作为属性源添加到当前的环境中。其策略可以描述为{文件路径}/{文件名}.{文件后缀}与{文件路径}/{文件名}-{环境配置名}.{文件后缀}。

同时，Spring 还扩展了属性值引用功能，允许属性值引用通过${}属性占位符引用其他属性值，示例格式如下：

```
my.firstname=Guang
my.lastname=shan
# 该属性可被解析为 my.fullname=Guang.shan
my.fullname=${my.firstname}.${my.lastname}
```

除此之外，在 Spring 中还可以通过注解@PropertySource 把指定的配置文件加载到当前环境中作为属性源。该注解的 value 属性用于指定要加载的配置文件名，此处仅支持

properties 与 xml 格式的配置文件，不支持 yml 格式的配置文件。

5.1.3 配置器配置

通过属性配置，可以定制 Spring MVC 组件的一些行为，但对于需要添加组件的情况，如自定义的拦截器，使用属性配置就无法实现了。Spring MVC 为此提供了配置器 WebMvcConfigurer，通过它实现了该接口的 Bean，从而实现自定义的配置功能。

在 Spring MVC 框架启动时，会获取当前 Spring 容器中所有的 WebMvcConfigurer 实现类 Bean，把获取到的全部 Bean 作为配置器，并执行其中的方法以对当前 Web 框架进行配置。该接口提供了多个方法，实现类通过实现接口中的方法来达到配置的目的。其中方法可以分为三大类：配置、扩展与覆盖。

配置类方法用于对当前组件的特性进行修改，扩展类方法用于添加一些组件，覆盖类方法则直接替换内置的默认组件实现。每个方法都有其不同的作用与提供的扩展，详细内容在 5.2 节中讲解。

除了 WebMvcConfigurer 外，还有一个更加底层的配置方式：继承 DelegatingWebMvcConfiguration。在该配置类中，引用了当前 Spring 中所有 WebMvcConfigurer 的实现类 Bean，并通过调用它们的方法对 MVC 框架进行配置。继承此类，可以对更加底层的组件进行配置。在 WebMvcConfigurer 中，可以对一些组件进行配置，但做不到对这些组件的替换。如对 ContentNegotiationManager 内容协商管理器，通过配置器只能做到简单的配置，而定制不了更多的行为。

通过继承 DelegatingWebMvcConfiguration，重写其 mvcContentNegotiationManager 方法，可以提供完全自定义的 ContentNegotiationManager。但这种方式替换较为底层，只有对 MVC 框架结构非常熟悉时，且在必要时，才通过这种方式来定制框架。

5.2 常用配置项

5.1 节介绍了配置的使用方式，本节就来详细了解上面两种配置方式所支持的可配置内容。

5.2.1 配置器可配置项

配置器的配置是通过实现配置器接口的各个方法类完成配置功能，配置器接口的方法中，一般都会传入与需要配置内容相关的注册工具，该注册工具是在 DelegatingWebMvcConfiguration 类中执行配置器方法前生成的，通过提供的参数，可以达到配置 Web 框架的目的。其方法很多，可分为三大类，即配置、扩展与覆盖。本节就针对这些方法进行详细讲解。

配置方法用于对当前框架中提供的内置功能或组件进行配置，其提供的配置功能与属性配置的功能有一些重叠，这些配置既可以通过属性配置进行定制，也可以通过 WebMvcConfigurer 配置器进行定制。配置方法会传入特定的组件配置器，通过该配置器可以修改组件的一些属性来定制该组件的功能。如异步请求方法的超时时间，可以通过以下方式配置。

```
/**
 * 配置异步请求支持的相关参数与组件
 * @param configurer 异步支持配置器
 */
@Override
public void configureAsyncSupport(AsyncSupportConfigurer configurer) {
  // 设置默认异步超时时间为 30 秒
  configurer.setDefaultTimeout(30 * 1000);
}
```

下面列出一些常用的配置器支持。

1. configureAsyncSupport(AsyncSupportConfigurer)

配置异步请求的相关支持。AsyncSupportConfigurer 配置器提供以下功能。

- setDefaultTimeout(long)：配置默认异步请求超时时间，默认 10 秒。
- setTaskExecutor(AsyncTaskExecutor)：配置异步任务的执行器，默认使用 SimpleAsyncTaskExecutor。
- registerCallableInterceptors(CallableProcessingInterceptor...)：注册异步请求的 Callable 拦截器。
- registerDeferredResultInterceptors(DeferredResultProcessingInterceptor...)：注册异步请求的 DeferredResult 拦截器。

2. configurePathMatch(PathMatchConfigurer)

配置路径匹配的属性。PathMatchConfigurer 配置器提供以下功能。

- setUseSuffixPatternMatch(Boolean)：配置是否启用后缀匹配模式，启用时对于路径模式可额外匹配带有扩展名的请求路径，如请求/user.json 也可以匹配到/user 路径下的请求处理器。Spring Boot 中默认为 false。
- setUseTrailingSlashMatch(Boolean)：配置是否对请求路径中以“/”结尾的请求在匹配不到请求处理器时，自动为路径模式结尾添加“/”后再进行路径匹配。如对 localhost:8080/user/的请求，使用/user 路径对应的请求处理器处理该请求。默认为 true。
- setUseRegisteredSuffixPatternMatch(Boolean)：对于后缀匹配模式，是否只匹配已知的文件扩展名后缀。默认为 false。
- setPathMatcher(PathMatcher)：设置路径匹配器，默认为 AntPathMatcher。
- setUrlPathHelper(UrlPathHelper)：设置 URL 路径工具类，默认为 UrlPathHelper。

3．configureContentNegotiation(ContentNegotiationConfigurer)

配置内容协商管理器 ContentNegotiationManager，ContentNegotiationConfigurer 配置器提供以下功能。

- mediaType(String, MediaType)：配置指定的请求路径中文件扩展名对应的媒体类型。
- strategies(List)：配置内容协商策略，用于根据请求获取请求可接收的返回媒体类型。一般使用默认策略，无须配置。
- favorParameter(boolean)：对于响应接收的 ContentType 类型，是否优先从请求参数中获取，请求参数名默认是 format。该配置默认为 false。
- parameterName(String)：设置请求参数中 ContentType 的参数名，对应上一条配置，默认为 format。
- favorPathExtension(boolean)：是否优先使用请求的路径扩展名来判断响应的 ContentType，如请求路径以.pdf 结尾，则优先视为返回 application/pdf 类型的响应。默认为 false。

4．configureMessageConverters(List<HttpMessageConverter<?>>)

用于配置所有的消息转换器。当通过此方式提供配置消息转换器时，会覆盖默认的消息转换器配置，可能会导致一些默认消息转换器无法使用，故需慎用此方式。如需扩展消息转换器，请使用 extendMessageConverters 方法。

5．configureDefaultServletHandling(DefaultServletHandlerConfigurer)

用于当配置没有为请求找到请求处理器时，那么使用哪个 Servlet 来处理该请求。通过 DefaultServletHandlerConfigurer 的 enable 方法可以指定 Servlet 名，若不指定则使用默认的 default Servlet。

6．configureHandlerExceptionResolvers(List<HandlerExceptionResolver>)

用于配置处理器异常解析器，使用此方式会覆盖默认的异常解析器，需慎用。如需扩展默认的异常处理器，可使用 extendHandlerExceptionResolvers 方法。

7．configureViewResolvers(ViewResolverRegistry)

用于配置与注册视图解析器。视图解析器注册器 ViewResolverRegistry 提供以下功能。

- viewResolver(ViewResolver)：添加视图解析器。
- beanName()：添加 BeanNameViewResolver。
- freeMarker()：添加 FreeMarker 视图解析器，并返回 UrlBasedViewResolverRegistration 注册器，可以为 FreeMarker 视图解析器进行配置。可配置项包括视图查找的前缀、后缀、是否为视图添加缓存等。使用该方法的前提是对应的 FreeMarker 依赖存在。
- 其他模板类型，如 jsp、tiles、groovy 等，功能同上。

除了配置之外，配置器还提供了很多扩展方法，用于对当前应用 Web 层的组件进行扩展。如添加拦截器、参数值解析器，返回值处理器、消息转换器等。拦截器的配置实例如下：

```
@Override
public void addInterceptors(InterceptorRegistry registry) {
    registry.addInterceptor(new MyHandlerInterceptor())
            .addPathPatterns("/**")
            .excludePathPatterns("/api");
}
```

下面列出常用的扩展方法。

1．addInterceptors(InterceptorRegistry)

提供拦截器注册器，用于注册拦截器。通过调用注册器的addInterceptor方法，提供拦截器实例作为参数，返回的 InterceptorRegistration 提供的方法可以对该拦截器进行配置。包括以下方法。

- addPathPatterns(String...)：添加此拦截器拦截的路径模式。
- excludePathPatterns(String...)：添加此拦截器排除的路径模式，不拦截符合模式的请求。
- order(int)：配置此拦截器的拦截顺序。

2．addArgumentResolvers(List<HandlerMethodArgumentResolver>)

添加参数解析器，在该方法中添加的参数解析器会放在大部分默认的参数解析器后面，但其放在提供默认解析参数的两个参数解析器前面，即放在无须注解的 RequestParam 参数和无须注解的 ModelAttribute 的参数解析器前面。

3．addReturnValueHandlers(List<HandlerMethodReturnValueHandler>)

添加返回值数据处理器。与 addArgumentResolvers 类似，通过此方法添加的返回值数据处理器放在大部分默认的返回值处理器后面，只放在默认的无须注解的 ModelAttribute 返回值处理器前面。

4．addCorsMappings(CorsRegistry)

提供跨域请求全局配置注册器。通过 CorsRegistry 的 addMapping 添加全局跨域请求映射，传入路径模式参数，返回该路径对应的跨域请求注册器。在该跨域注册器中，可以通过 allowedOrigins 和 allowedHeaders 等方法设置与跨域请求相关的参数。详细内容请参考 4.1.1 节。

5．addFormatters(FormatterRegistry)

提供 DataBinder 中的格式与类型转化器注册功能。在注册@InitBinder 标记的方法中，可以为本次请求关联的 WebDataBinder 提供自定义格式与类型转换器。而在这里，通过

FormatterRegistry 的 addFormatter 方法与 addConverter 方法可以添加全局的格式转换器与类型转换器。

6．extendHandlerExceptionResolvers(List<HandlerExceptionResolver>)

用于扩展处理器异常解析器，在该方法中，传入的 List 参数已经包含了当前所有的默认异常解析器，在方法逻辑中，可以对该 List 进行重排序、添加元素、删除元素等操作，可以完全自定义异常解析器。

7．extendMessageConverters(List<HttpMessageConverter<?>>)

用于扩展消息转换器，与上面方法相同，在该方法中，传入的 List 参数已经包含了当前所有的默认消息转换器，在方法逻辑中，可以对该 List 进行重排序、添加元素、删除元素等操作，可以完全自定义消息转换器。

8．addViewControllers(ViewControllerRegistry)

用于注册视图控制器。通过该方法，可以指定路径，该路径请求直接返回视图。包含了控制器中的处理器查找、处理器执行与返回值处理三个功能。一般适用于请求直接返回视图，而无需进行逻辑处理的情况。ViewControllerRegistry 提供了如下三种注册方式。

- addViewController(String)：为指定路径模式添加视图控制器，请求匹配该路径模式时返回指定的视图。该方法返回视图控制器注册器 ViewControllerRegistration，可以通过返回的注册器设置返回视图的状态码与返回的视图名。
- addRedirectViewController(String, String)：为指定路径模式返回指定重定向视图。第一个参数为指定路径模式，第二个参数为重定向的 URL。返回结果为 RedirectViewControllerRegistration 重定向视图控制器注册器，通过该注册器可以配置重定向时是否保留 URL 中的查询参数、返回的状态码（只能是 3XX 系列）等功能。
- addStatusController(String, HttpStatus)：为指定路径模式添加返回固定响应状态码的视图。该视图无内容，对于该路径模式的请求只会返回固定状态码的响应，并不包含任何响应体。

9．addResourceHandlers(ResourceHandlerRegistry)

用于注册资源处理器。资源处理器用于支持为指定路径模式返回本地的静态资源。当返回静态资源时，无须经过视图与模型的解析，直接把资源的数据流写入响应中，此种方式可节省处理时间。

资源处理器注册器提供了 addResourceHandler 来添加资源处理器，参数是路径模式数组。该方法返回 ResourceHandlerRegistration，用于对该路径模式数组对应的资源处理器进行详细的配置，包括以下方法。

- addResourceLocations(String...)：添加对应的资源路径。路径支持 classpath 类路径与 file 文件路径等方式。当请求匹配当前资源处理器对应的路径模式时，会截取请求路径中的文件路径，通过该路径在配置的 ResourceLocations 中查找资源，找到后把该资源通过响应流返回给请求方。

- setCachePeriod(Integer)：设置该静态资源在客户端的缓存时长。
- resourceChain(Boolean)：启用资源链功能，如果启用，则会把静态资源内容中引用的 URL（如 CSS 中的 URL 引用）通过静态资源处理器处理为新的 URL（新的 URL 地址中带有版本号）并返回。一般用于启用资源的版本控制，在资源修改后自动改变其版本，达到控制浏览器使该文件缓存失效的目的。

补充一个关于视图控制器注册与静态资源处理器注册的示例，示例代码如下：

```
@Override
public void addViewControllers(ViewControllerRegistry registry) {
  // 添加重定向视图控制器，对于/路径的请求，重定向到/user 下
  registry.addRedirectViewController("/","/user");
  // 添加视图控制器，对于/user/**模式的请求，直接使用视图/assets/index.html 进行响应
  registry.addViewController("/user/**").setViewName("/assets/index.html");
}
@Override
public void addResourceHandlers(ResourceHandlerRegistry registry) {
  // 添加静态资源处理器，对于/static/**路径模式的请求，在 classpath 下的 assets 文件夹
中查找对应的静态资源并返回
  registry.addResourceHandler("/static/**")
        .addResourceLocations("classpath:/assets/")
        .setCachePeriod(24 * 60 * 60);  // 在浏览器中缓存 24 小时
}
```

示例中两个功能的实现其实都是通过一个特殊的 HandlerMapping，即 SimpleUrlHandler-Mapping 实现的，直接把路径模式映射为一个特定的处理器。注册的视图控制器对应的处理器是 Controller 接口的实现，因为需要返回视图。注册的资源处理器对应的控制器则是 HttpRequestHandler 的实现，因为不需要返回视图，直接把资源写入响应流即可。

除此之外，还有两个组件级别的配置，通过组件级别的配置，可以直接覆盖 Web 框架中的默认组件，使用此配置生成的组件即作为唯一组件使用，包括以下两个。

第一，Validator getValidator()：获取校验器，用于对各种数据进行校验。在参数绑定时用到此功能，对处理器的方法参数值进行数据校验，在 WebDataBinder 中也会使用到该校验器。此方法如果提供了返回值，则会把返回的 Validator 作为全局校验器使用。通过 @InitBinder 注解也可以为 WebDataBinder 添加校验器。

第二，MessageCodesResolver getMessageCodesResolver()：用于对数据绑定的错误进行解析，通过该解析器可以获取解析后的消息状态码，用于对绑定错误的情况进行自定义返回。

以上便是整个 WebMvcConfigurer 的所有内容，其中扩展相关的功能在实际开发中使用得较多；配置相关的功能只有在对 Web 框架比较熟悉时才推荐使用；而覆盖的功能则基本不推荐使用，只有需要对框架功能进行深度定制时才推荐使用该功能进行配置。

5.2.2 可配置属性

在 Spring Boot 中，为 Web 框架提供了很多自动化配置。基于这些自动化配置，在使用 Spring MVC 进行开发时，开发者几乎无需提供任何配置即可直接使用，即开箱即用。同时依据自动化配置，Spring Boot 又开放了很多可配置项，通过写入 Spring 的 Environment 中作为属性，即可直接令这些配置生效。

除了对 Spring MVC 提供了很多可配置属性外，与 Web 相关的其他功能也提供了很多属性，本节详细列出了其中所有的可配置属性。

对于属性描述的说明：属性名=属性值，后面的属性值表示该属性的默认值，没有值时表示默认为空。

1. Spring MVC 相关属性

（1）spring.mvc.async.request-timeout=：异步请求超时时间，单位毫秒，默认使用 Servlet 容器配置，Tomcat 默认为 10 秒。对应于 WebMvcConfigurer.configureAsyncSupport 的 setDefault- Timeout 方法。

（2）spring.mvc.contentnegotiation.favor-parameter=false：内容协商策略，优先从请求参数中获取请求方可接收的响应内容格式。对应于 WebMvcConfigurer.configureContent-Negotiation 的 favorParameter 方法。

（3）spring.mvc.contentnegotiation.parameter-name=：favorParameter 为 true 时，指定获取格式的请求参数名。不指定时使用默认值 format。对应于 WebMvcConfigurer.configure-ContentNegotiation 的 parameterName 方法。

（4）spring.mvc.contentnegotiation.favor-path-extension=false：是否优先使用请求的路径扩展名来判断响应的内容类型。对应于 WebMvcConfigurer.configureContentNegotiation 的 favorPathExtension 方法。

（5）spring.mvc.contentnegotiation.media-types.*=：用于指定文件扩展名对应的 MediaType，*可以是任意值，表示扩展名，对应的值是 MediaType。如 spring.mvc.contentnegotiation.mediatypes .yml=text/yaml 。可指定多个，对应于 WebMvcConfigurer.configureContentNegotiation 的 mediaType 方法。

（6）spring.mvc.date-format=：指定格式转换器使用的日期格式，示例：yyyy/MM/dd。对应于 WebMvcConfigurer.addFormatters 的功能。

（7）spring.mvc.dispatch-trace-request=false：是否分发请求方法为 TRACE 的请求。

（8）spring.mvc.dispatch-options-request=true：是否分发请求方法为 OPTIONS 的请求。

（9）spring.mvc.favicon.enabled=true：是否启用默认的 favicon.ico 请求解析。favicon.ico 是网页的小图标，在网页的标签上会展示此图标，浏览器会自动对该图标进行请求。

（10）spring.mvc.formcontent.putfilter.enabled=true：是否启用 HttpPutFormContentFilter 功能。该功能用于把请求方法为 PUT 和 PATCH 的请求体内容解析到请求参数中。默认情况 Servlet 容器只对 POST 请求执行请求体解析到请求参数，该过滤器用于扩展该功能。

（11）spring.mvc.ignore-default-model-on-redirect=true：在重定向时，是否忽略默认 Model 中的数据，如果不忽略，默认 Model 中数据会作为重定向的 URL 中的查询参数处理。

（12）spring.mvc.locale=：用于配置全局的响应内容本地化区域，当无法从请求头 Accept-Language 头中获取 Locale 时，使用该属性值作为 Locale。

（13）spring.mvc.locale-resolver=accept-header：指定 Locale 解析方案，默认先从 Accept-Language 中获取，其次从上一条配置获取，最后从服务器本地环境获取。也可以配置为 FIXED，表示直接使用上一条配置获取。

（14）spring.mvc.log-resolved-exception=false：日志中是否记录 HandlerExceptionResolver 处理器异常解析器处理的错误。

（15）spring.mvc.pathmatch.use-suffix-pattern=false：与 WebMvcConfigurer.configurePath-Match 的 setUseSuffixPatternMatch 功能相同。

（16）spring.mvc.pathmatch.use-registered-suffix-pattern=false：与 setUseRegisteredSuffix-PatternMatch 功能相同。

（17）spring.mvc.static-path-pattern=/**：配置静态资源路径映射，默认映射所有请求，即未被其他请求处理器处理的请求都会被视为静态资源尝试获取，获取路径默认为 classpath:/ META-INF/resources/、classpath:/resources/、classpath:/static/、classpath:/public/，可通过配置 spring.resources.static-locations 修改。

（18）spring.mvc.throw-exception-if-no-handler-found=false：当没有处理器找到时是否抛出异常，不抛出异常时直接响应 404 状态码，抛出异常时通过异常处理器处理。

（19）spring.mvc.view.prefix=：配置内置视图的前缀，一般为所有视图所在文件夹，未配置时，默认取 classpath 根目录。

（20）spring.mvc.view.suffix=：配置内置视图的后缀，一般为视图的扩展名，未配置时为空，使用视图时要指定全路径名。对于视图的查找，使用视图前缀+视图名+视图后缀拼接为完整视图路径进行查找。

2. 静态资源相关属性

（1）spring.resources.add-mappings=true：是否开启默认的资源处理，默认为 true。不开启时，静态资源处理不能通过配置进行指定，开启后 spring.mvc.static-path-pattern 才生效。

（2）spring.resources.static-locations=classpath:/META-INF/resources/,classpath:/resources/,classpath:/static/,classpath:/public/：指定静态资源路径。

（3）spring.resources.cache-period=：设定资源的缓存时效，以秒为单位。默认-1，表示不缓存。

（4）spring.resources.cache.cachecontrol.*=：详细配置更多缓存参数。

（5）spring.resources.chain.enabled=：配置是否启用静态资源链，当未配置静态资源链策略时，该配置为 false；否则为 true。具体策略使用 spring.resources.chain.*指定。

3．视图相关属性，仅以 thymeleaf 为例

（1）spring.thymeleaf.cache=true：是否开启模板缓存。

（2）spring.thymeleaf.encoding=UTF-8：指定模板文件的编码。

（3）spring.thymeleaf.prefix=classpath:/templates/：指定模板的路径前缀。

（4）spring.thymeleaf.suffix=.html：指定模板的路径后缀。对于视图的查找，使用视图前缀+视图名+视图后缀拼接为完整视图路径进行查找。

（5）spring.thymeleaf.servlet.content-type=text/html：指定模板返回的 ContentType。

4．Web 支持相关属性

（1）spring.servlet.multipart.enabled=true：是否启用多块请求，用于支持文件上传。

（2）spring.servlet.multipart.file-size-threshold=0：设定写入磁盘的文件阈值，大于该值时文件先写入磁盘再使用，可以使用 MB 或 KB 做单位，默认单位 Byte。默认全部写入磁盘。

（3）spring.servlet.multipart.location=：设置上传文件的暂存位置，默认为临时文件夹。

（4）spring.servlet.multipart.max-file-size=1MB：上传的单个文件大小限制。

（5）spring.servlet.multipart.max-request-size=10MB：总请求的大小限制，包括多个文件的总大小。

（6）spring.servlet.multipart.resolve-lazily=false：延迟处理多块请求，当为 true 时，只有使用文件时才解析多块请求。

（7）spring.http.encoding.charset=UTF-8：指定 HTTP 请求和响应的 Charset。

（8）spring.http.encoding.enabled=true：是否开启 HTTP 的编码支持。

最后这两个配置用于定制 CharacterEncodingFilter 拦截器，设置请求与响应的编码。spring.http.encoding 还包括一些其他配置，可以设置是否强制使用配置的编码，强制设置时会忽略原始的编码，直接使用指定的编码。还可以配置 mapping 关系，把指定的 Locale 映射到指定的编码，对不同区域应用不同的编码策略。

5．Server 通用属性

（1）server.address=：服务绑定的本地网卡地址，仅适用于多网卡的情况。

（2）server.port=8080：指定服务器启动端口。

（3）server.max-http-header-size=0：设置最大请求头长度，默认不限制，单位字节。

（4）server.server-header=：指定响应头中的 Server 属性值，默认不添加 Server 响应头。

（5）server.use-forward-headers=：是否把请求头中的 X-Forwarded-*应用到请求的属性中。一般在上层是反向代理的情况下使用，可以把原始的请求属性传输到当前服务的 Request 中。

（6）server.compression.enabled=false：是否压缩全部响应结果。

（7）server.compression.excluded-user-agents=：针对指定的请求头 UserAgent 不启用压

缩。防止一些特殊的 UserAgent 即浏览器不支持响应内容的解压缩。

（8）server.compression.mime-types=text/html,text/xml,text/plain,text/css,text/javascript, application/javascript：指定启用压缩的响应 ContentType，只针对这些类型的响应启用压缩。

（9）server.compression.min-response-size=2048：指定压缩响应的阈值，只有超过此值才启用压缩。防止无效的压缩，长度较小时压缩的效果并不太好。

（10）server.connection-timeout=：设置连接超时时间，当 HTTP 请求的连接建立后，等待接受数据的时长，如果超时还未收到请求数据，该请求的连接将会被强制关闭。默认不超时。

（11）server.error.include-exception=false：请求处理错误时是否为请求添加 exception 属性。

（12）server.error.include-stacktrace=never：请求处理错误时是否为请求添加 stacktrace 属性。

（13）server.error.path=/error：指定请求处理异常时，将该请求转发到的路径。

（14）server.error.whitelabel.enabled=true：是否启用 Spring Boot 默认的错误页面。该页面对应于/error 路径请求。

（15）server.http2.enabled=false：是否启用 HTTP/2 支持。

（16）server.servlet.context-parameters.*=：指定 Context 的启动参数，值是 Map 类型，需要用到 ContextParameter 的特殊情况时才设置。

（17）server.servlet.context-path=：指定当前服务的 Context 路径。当配置 context-path 时，当前服务需要使用 localhost:8080/context-path/访问。一般无须配置，直接占用根路径即可。

（18）server.servlet.application-display-name=application：当前服务的应用名，针对 Servlet 容器提供的展示名。

（19）server.servlet.path=/：指定 DispatcherServlet 这个核心 Servlet 对应的路径，该路径下的请求都经过 DispatcherServlet 分发处理。

（20）server.servlet.session.timeout=：Session 默认超时时间，不提供时使用 Servlet 容器的默认超时，Tomcat 为 30 分钟。

（21）server.servlet.session.persistent=false：配置 Session 是否持久化。

（22）server.servlet.session.store-dir=：Session 持久化时的存储目录。

（23）server.servlet.session.cookie.name=：指定 SessionId 属性在 Cookie 中对应的属性名。

（24）server.servlet.session.cookie.comment=：指定 SessionId 属性在 Cookie 中对应的 Comment 注释。

（25）server.servlet.session.cookie.domain=：指定 SessionId 的 Cookie 对应的 Domain。

（26）server.servlet.session.cookie.max-age=：指定 SessionId 的 Cookie 对应的 Max-age。

（27）server.servlet.session.cookie.path=：指定 SessionId 的 Cookie 对应的 Path。

（28）server.servlet.session.cookie.http-only=：指定 SessionId 的 Cookie 是否为 Http-Only。

（29）server.servlet.session.cookie.secure=：指定 SessionId 的 Cookie 对应的 Secure 标记。

（30）server.ssl.*：配置 HTTPS 相关属性。

6．特定服务器属性，此处仅列出 Tomcat 相关属性

（1）server.tomcat.max-connections=10000：当前 Tomcat 可接收的最大连接数。

（2）server.tomcat.max-threads=200：处理线程数最大值，最多有 200 个线程同时处理请求。

（3）server.tomcat.min-spare-threads=10：最小线程数，即使没有请求需要处理也保持 10 个线程活动。

（4）server.tomcat.accept-count=100：当线程全部被占用时还可以接收的请求数量，接收后放入等待队列。

（5）server.tomcat.max-http-header-size=0：请求头最大长度，覆盖 server.max-http-header-size

（6）server.tomcat.max-http-post-size=2097152：POST 请求体最大长度。

（7）server.tomcat.basedir=：当前服务的根目录，默认为临时文件夹。

（8）server.tomcat.port-header=X-Forwarded-Port：对应于 X-Forwarded-*属性，设置请求中的端口信息通过指定请求头获取。

（9）server.tomcat.protocol-header=：同上，指定请求中的协议信息通过指定请求头获取。

（10）server.tomcat.remote-ip-header=：同上，指定请求中的请求方 IP 信息通过指定请求头获取。

（11）server.tomcat.uri-encoding=UTF-8：设置 URL 编码 server.tomcat.accesslog.enabled=false：是否启用访问日志。

（12）server.tomcat.accesslog.directory=logs：指定访问日志存放目录。

（13）server.tomcat.accesslog.file-date-format=.yyyy-MM-dd：指定访问日志文件名日期格式。

（14）server.tomcat.accesslog.pattern=common：指定访问日志记录模式。

（15）server.tomcat.accesslog.prefix=access_log：指定访问日志文件名前置。

（16）server.tomcat.accesslog.suffix=.log：指定访问日志文件名后缀。

所有时间类型的属性值都可以通过一个事件类型后缀来表示，如 s 表示秒、m 表示分钟、h 表示小时等，无后缀则用秒表示。同时，路径类型的属性可以使用前缀 classpath:和 file:分别表示基于 classpath 的文件路径与基于文件系统的文件路径。基于 classpath 的文件路径以当前项目执行时的 class 路径的根目录为根进行查找；基于文件系统的则与原始的系统文件夹查找方式相同。

以上属性为全部属性的基本内容，其中所有的属性都通过一个对应的属性类绑定。

Spring Boot 根据相应的属性名，把所有的属性值绑定到一个属性类中对应的字段属性上。以上的属性类包括如下。

- WebMvcProperties：Spring MVC 相关属性。
- ServerProperties：Server 与具体的 Server 容器(Tomcat 等)的相关属性。
- HttpEncodingProperties：HTTP 编码相关属性。
- MultipartProperties：多块请求相关属性。
- ResourceProperties：静态资源相关属性。
- ThymeleafAutoConfiguration：Thymeleaf 相关属性。

除此之外，还可以配置包括 JSON 消息转换器属性以及 WebFlux 框架的相关属性等，有兴趣的读者可以通过 Spring Boot 的官方文档进行详细的了解。

5.3 扩 展 知 识

5.2 节用到很多属性值，这些属性值都是按照固定的结果通过配置文件配置的，而要在代码中使用这些属性值，则需要进行一定的转换，即通过一定的策略把这些属性根据属性名与属性类型绑定，那么这个功能如何实现呢？

以 WebMvcProperties 为例，通过为该类型标记类型注解@ConfigurationProperties 来指定该类型中的值与环境中的属性值绑定。

```
@ConfigurationProperties(prefix = "spring.mvc")
public class WebMvcProperties {
 private String dateFormat;

 private boolean dispatchTraceRequest = false;
 // ...
}
```

通过注解的 prefix 属性，指定该类型中的所有字段绑定的属性名前缀。如对于其中的 dateFormat 字段，与 spring.mvc.dataFormat 属性绑定。即把“前缀.字段名”作为属性名，获取对应的属性值，通过类型转换后设置为该字符的值。

同时属性类还需要作为 Spring 容器中的 Bean 来配置才可以令此注解生效，一般使用在配置类中标记的@EnableConfigurationProperties (WebMvcProperties.class)来启用此属性类型 Bean。当然也可以直接为该类型标记@Component 显式指定为 Bean。此时注解@ConfigurationProperties 同样可以生效。除此之外，也可以为@Bean 标记的 Bean 工厂方法标记此注解，此时该 Bean 工厂生成的 Bean 中的属性同样可以使用@ConfigurationProperties 策略与属性值进行绑定，可以说是非常灵活。

其中属性值和属性类型绑定与 Web 请求中的数据绑定类似，使用 DataBinder 进行数据类型的转换与绑定。

本章小结：

本章详细说明了关于 Spring MVC 使用中的全部配置及其使用方式，填补了前几章在 MVC 使用中缺少的内容。

经过这几章的学习，相信大家对 Spring MVC 的使用都有了整体的认识。

从第 6 章开始，编者将会带领大家进入 Spring Boot 与 Spring MVC 的源码世界，从而详细地了解前面章节中所属的使用，以及在框架层面的实现原理。在了解了整体的框架原理后，无论是使用框架，还是对框架进行扩展开发，都将会变得得心应手。

第二部分

Spring MVC 的源码研究与原理探索

在第一部分中，将全面了解 Spring MVC 的功能使用，体验到 Spring MVC 带来强大的功能与使用的便捷。这些功能在源码中是如何实现的呢？为什么可以在实现强大功能的同时还能做到使用起来非常简单？这就是第二部分的主要研究内容。

第 6 章包含了研究源码前的准备工作，包括学习两个研究源码的方法论与使用 IDE 中为源码研究提供的多个功能。

第 7 章运用第 6 章中的方法论，从启动入口开始去探索整个 Spring Boot Web 应用的启动过程，研究在应用启动过程中 Spring MVC 框架如何自动装配到当前应用上下文中。通过本章可以学习到 Spring Boot 自动装配的基本原理。

第 8 章以应用接收到一个请求为入口，去探索整个请求的处理过程。从中可以学习到 Spring MVC 的核心组件 DispatcherServlet 的初始化过程与工作原理，以及从接收到请求开始到返回响应为止，框架内部所经历的处理过程及其中用到的 12 种核心组件。

第 9 章针对在第 8 章了解到的 12 种组件进行详细的分析研究，了解每种组件的多种实现、初始化过程及工作原理，完善补充了第 8 章执行过程的组件内执行细节。

第 10 章详细分析了@RequestMapping 注解标记方法的扫描与初始化过程，以及在接收到请求后根据请求中信息查找符合条件的@RequestMapping 注解标记方法的全过程，最终学习到通过注解声明请求处理方法这种简单的用法如何通过复杂的源码实现。

第 11 章紧接第 10 章内容，详细讲解查找到请求处理方法后对请求处理方法的参数进行解析的过程和对方法执行返回值的处理过程，了解到在处理过程中使用到的组件及这些组件的初始化。结合本章与第 10 章的内容，可完全理解 Spring MVC 中整个基于注解的功能实现原理，这也是 Spring MVC 中最为核心的功能。

通过本部分的学习，可以结合第一部分的功能使用了解到为什么这么使用、所使用功能的工作原理，还能通过源码反推到功能的使用方法。掌握了本部分的内容即可精通 Spring MVC 框架，任何功能的使用都将得心应手。

第 6 章　框架源码探索指南

从本章开始，本书将会进入对 Spring MVC 工作原理的探索，其中会涉及 Spring Boot 框架及 Spring MVC 框架的底层源码。俗话说："工欲善其事，必先利其器。"要想对源码进行详细的研究，离不开对源码调试，而要想对源码进行调试，一个好的 IDE 工具是非常必要的。

在 Java 开发中，有两种常用的 IDE：Eclipse 与 IntelliJ IDEA。这两种 IDE 为 Java 项目的开发与调试都提供了非常完善的支持。为了避免重复，本书就以 IntelliJ IDEA 为例，详细地为大家介绍在原理探索、源码研究过程中需要用到的 IDE 功能，以及如何利用这些功能来帮助读者理解 Spring 框架的原理。

6.1　程 序 入 口

一般来说，研究一个框架的原理，首先应该找到其直观的入口，也就是研究的切入点。

在使用原始的 Java 进行简单开发时，默认的启动入口是类的 public static void main(String[] args)方法。如果需要查看应用的执行行为，可以在 main 方法的第一行设置一个断点，通过调试模式逐步查看程序的执行，此处为程序的启动入口。除此之外，在 main 方法中可以调用其他类的其他方法，如果需要关注具体某个方法的执行，可以在方法中设置一个断点来定向关注此方法的执行，此处为方法的执行入口。

与此类似，对于基于 Spring 的 Web 应用，同样有两个最直观的入口：应用启动入口与请求处理入口，这两个入口分别对应于代码中的启动方法与处理器方法，即应用的启动与使用两个核心过程。在框架层，为应用启动与请求处理做了高度的封装，对于使用者来说，只需要完成启动框架的代码与处理器方法的代码即可使用 Web 应用，这两部分也对应着两个入口。

6.1.1　应用启动入口

基于 Spring Boot 的 Web 应用，其启动入口是 main 方法。示例代码如下：

```
@SpringBootApplication
public class Starter {
```

```
    // 启动入口，Java 原生启动入口
    public static void main(String[] args)  {
        SpringApplication.run(Starter.class, args);
    }
}
```

这个方法也是 Java 原生的启动方法。执行该启动方法后，Spring Boot 负责启动内嵌的 Web 容器，同时根据当前的环境配置来初始化 Web 应用需要的全部组件，并把所有的组件拼装完成后作为 Web 容器的组件来使用。其中包括初始化全部 Spring MVC 相关的组件，把 Spring MVC 组件、Spring 上下文与 Web 容器连接的过程。

该入口启动了整个 Spring 应用框架，在应用框架的启动过程中执行了很多的框架层逻辑，这对于开发者来说都是隐藏细节。该入口相当于一棵树的根，而 Spring 框架中的每个执行逻辑都是树中的树枝，最终生成的各个组件都是树叶，而能看到的启动方法执行完成后，该 Web 应用就进入了等待状态，等待接收 HTTP 请求。

6.1.2　请求处理入口

除启动方法外，Web 应用中最重要的部分就是处理器方法。下面是一个处理器方法的示例。

```
// 用于调试模式的处理器
@Controller
public class DebugController {
@GetMapping("/debug")
    public String debug() {
        return "debugView";
    }
}
```

其实 HTTP 的请求处理入口并不是该处理器方法，原始的请求处理入口是 Web 容器。Web 容器负责接收 HTTP 请求，并把该请求分配给 Spring MVC 的组件进行处理。而 Spring MVC 的组件又通过一定的策略找到开发者编写的处理器方法，并经过一定的预处理后执行处理器方法。

处理器方法入口与启动入口不同，处理器方法入口是开发者基于 Spring MVC 框架编写的，接入到 Spring MVC 框架中用于处理请求的逻辑。其实该逻辑执行的是框架层所执行的最终方法，框架层调用该方法，获取该方法的返回值后又回到框架层。框架层是开发者不可见的，其中封装了很多与请求相关的处理逻辑。处理器方法相当于树上的叶子，是整个请求处理入口的调用栈的终点。

这就意味着，处理器方法并不是真正的请求处理入口，但却是 Spring 框架层之外的可以追踪的请求处理过程的入口。

以上两个入口是对 Spring Boot 与 Spring MVC 框架原理研究的两个核心切入点，这两个切入点息息相关。在请求处理入口中，需要用到很多 MVC 组件，对请求进行预处理及对返回结果进行处理，而这些组件的初始化与组装都是在启动阶段执行的。同时，在启动阶段还执行了把这些组件与 Web 容器整合的操作，基于该整合操作，才得以使用强大的 Spring MVC 功能来进行请求处理。

本书原理与探索的目标也就是弄清楚这两部分是如何执行的。

在启动阶段，探索的目标如下。

- Spring Boot 如何启动 Web 容器？
- Spring Boot 如何初始化 MVC 相关组件？
- Spring Boot 如何把 MVC 组件与 Web 容器整合？

在请求处理阶段，探索的目标如下。

- Web 容器接收请求后，Spring MVC 是如何把其交给处理器方法执行的？
- 处理器方法的参数是如何从请求参数转换而来的？
- 处理器方法的返回值如何转换为响应内容返回？

这两者的入口都已经确定，只需要在其入口处设置一个断点，就可以通过调试模式对其进行探索研究。

6.2 调 试 探 索

通过在启动入口设置断点，并结合单步调试，即可以完整地观察到 Spring Boot 应用的详细启动过程。通过在处理器方法中设置断点，则可以通过调用栈看到从 Web 容器的请求处理方法开始，到 Spring MVC 框架层的处理过程，最终到达处理器方法的执行的整个过程。

因为启动入口是整个应用的根，从根可以得到的调试信息是优先的。而在处理器方法中，因为是请求处理入口执行的最后一环，通过处理器方法的调试信息，可以得到完整的请求处理的调用链。故在此以处理器方法为例，来演示整个调试过程，以及调试过程中可以得到的信息，从而达到通过调试来探索研究的目的。

6.2.1 调试图解

以 6.1.2 节的示例代码 DebugController 为例，展示对控制器方法添加断点后的调试页面。在 debug 方法的第一行添加断点。使用调试模式（快捷键：Shift+F9）启动应用，待应用启动完成后，通过浏览器访问 localhost:8080/debug，此时进入断点，如图 6.1 所示。

下面根据其中内容列出调试时常用的窗口及其提供的信息，以及其中的常用功能，最后列出该功能对应的快捷键。

① 断点。在一行代码的左侧位置单击即可为该行代码设置断点。程序执行到此处时会中断，进而进入调试模式。快捷键：Ctrl+F8。

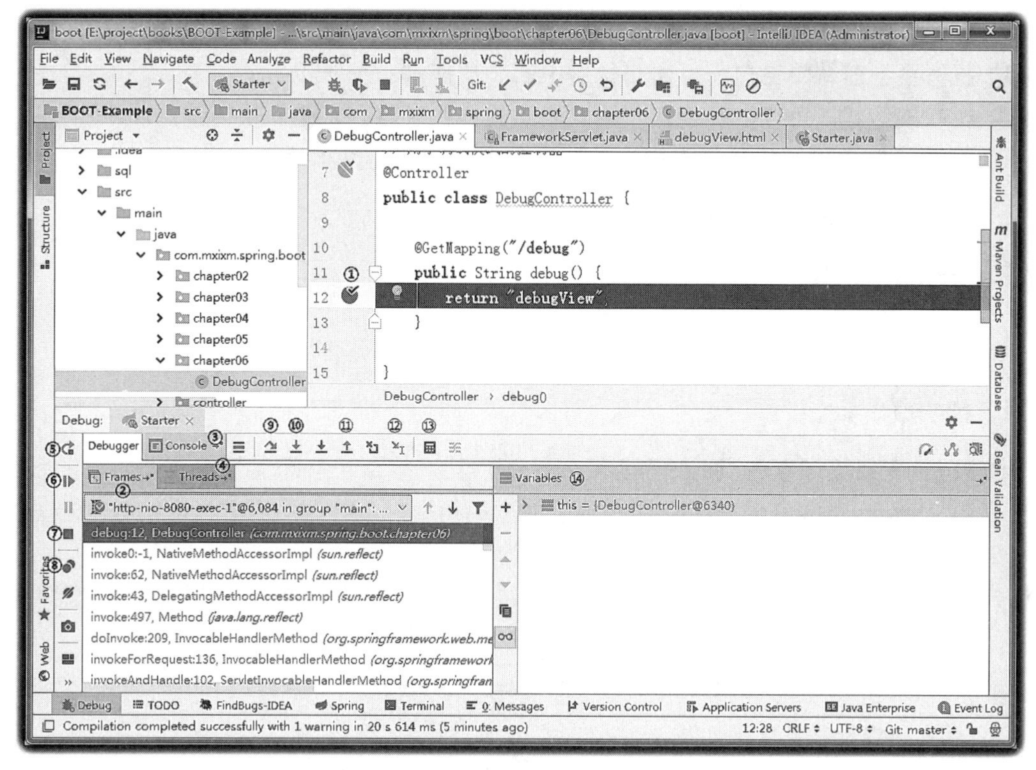

图 6.1　调试模式总览

② 栈帧窗口。用于展示当前断点的调用栈。通过该窗口，可以看到从请求处理入口调用到当前处理方法的全部调用栈，其上层调用栈的代码都是框架层的代码，该窗口是用于探索框架执行路径的常用工具。单击栈帧窗口中的任一帧，可以看到该帧所在的方法。

③ 控制台。用于展示控制台的输出或输入，System.out 相关的输出都会展示到控制台中。

④ 线程窗口。可以看到当前 Web 应用中的所有线程。用于请求处理的是 Web 容器创建的线程。一般用于多线程调试。

⑤ 重启应用。快捷键：Ctrl+F5。

⑥ 恢复执行。从调试模式恢复执行，直到遇到下一个断点。快捷键：F9。

⑦ 终止程序。快捷键：Ctrl+F2。

⑧ 列出所有断点。快捷键：Ctrl+Shift+F8。

⑨ 单步执行，跳过方法。调试模式下执行当前行代码，如果当前行是方法，不进入方法直接完成方法的执行。该功能调试模式下常用。快捷键：F8。

⑩ 单步执行。调试模式下执行当前行代码，如果当前行是方法，则进入方法内部单步执行。与该图标相邻的红色按钮表示强制进入方法内部，如 JDK 内置的方法，蓝色按钮直接跳过方法执行，红色按钮则会进入 JDK 内置的方法中执行。快捷键：F7。

⑪ 跳出方法。调试模式下，执行该方法后续逻辑后从当前执行方法返回至上一级调用

栈。即在栈帧窗口看到的当前帧的上一帧。快捷键：Shift+F8。

⑫ 执行至当前编辑窗口光标所在行后中断。快捷键：Alt+F9。

⑬ 执行表达式。可以打开窗口，输入表达式并执行得到结果。快捷键：Alt+F8。

⑭ 变量窗口。展示当前断点栈中的所有变量，包括方法参数、当前实例等。如果单击栈帧窗口中的不同栈帧，则可以看到所选栈帧的所有变量。

6.2.2 调试的使用

本节对 6.2.1 节的内容进行详细展开，学习各部分的具体使用。

1. 栈帧窗口

通过栈帧窗口可以看到当前处理器方法的调用栈，栈顶是 Web 容器接收请求后的根处理方法，经过 Spring MVC 框架的组件一层层地查找调用，最终调用到了当前的处理器方法，而这整个过程是可以通过栈帧窗口完整地查看的。

单击栈帧窗口中的各个栈，可以看到当前选中栈执行所在类文件，通过这种方式可以看到在框架层中源码及其执行所在行，如图 6.2 所示。

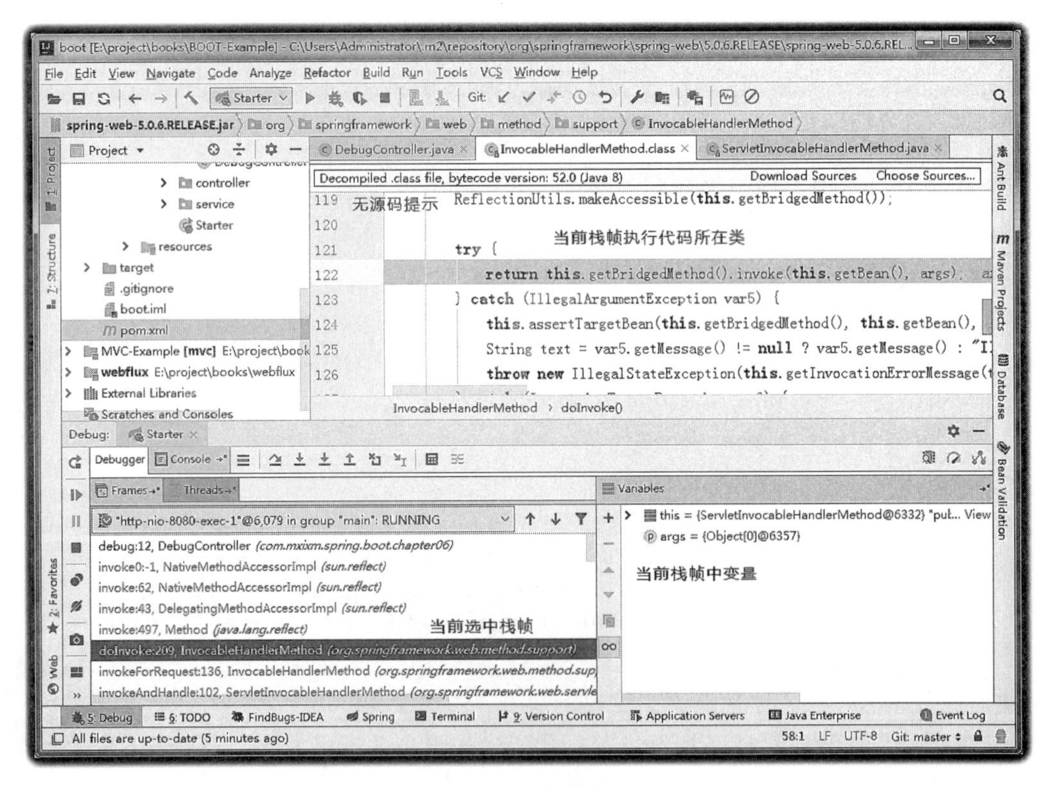

图 6.2　线程堆栈情况

如果在编辑页窗口的顶部出现了图中的 decompiled .class file 提示文字，则表示当前展示的源码是通过对类文件进行反编译获得的，但反编译出来的代码有时候并不准确，可读性也比较差。Spring 框架整体都是开源的，故可以直接单击 Download Sources 来下载 Spring 的源码，下载完成后再次单击栈帧窗口中的栈帧，即可看到完整的源代码。

栈帧中部分帧的源码是看不到的，如图 6.2 中 invoke0:-1, NativeMethodAccessorImpl (sun.reflect)帧，该帧对应的是 sun.reflect 包中的类，该包是 JDK 自带的私有包，源码并不直接在 JDK 中公开。这种源码我们也无须关注，只需要关注 org.framework 包下的栈帧对应的类即可。

下面是一个完整的栈帧示例。

```
debug:12, DebugController (com.mxixm.spring.boot.chapter06)
invoke0:-1, NativeMethodAccessorImpl (sun.reflect)
invoke:62, NativeMethodAccessorImpl (sun.reflect)
invoke:43, DelegatingMethodAccessorImpl (sun.reflect)
invoke:497, Method (java.lang.reflect)
doInvoke:209, InvocableHandlerMethod (org.springframework.web.method.support)
invokeForRequest:136, InvocableHandlerMethod (org.springframework.web.method
.support)
invokeAndHandle:102,ServletInvocableHandlerMethod (org.springframework.web
.servlet.mvc.method.annotation)
invokeHandlerMethod:877,RequestMappingHandlerAdapter (org.springframework
.web.servlet.mvc.method.annotation)
handleInternal:783,RequestMappingHandlerAdapter (org.springframework.web
.servlet.mvc.method.annotation)
handle:87, AbstractHandlerMethodAdapter (org.springframework.web.servlet
.mvc.method)
doDispatch:991, DispatcherServlet (org.springframework.web.servlet)
doService:925, DispatcherServlet (org.springframework.web.servlet)
processRequest:974, FrameworkServlet (org.springframework.web.servlet)
doGet:866, FrameworkServlet (org.springframework.web.servlet)
service:635, HttpServlet (javax.servlet.http)
service:851, FrameworkServlet (org.springframework.web.servlet)
service:742, HttpServlet (javax.servlet.http)
internalDoFilter:231, ApplicationFilterChain (org.apache.catalina.core)
doFilter:166, ApplicationFilterChain (org.apache.catalina.core)
doFilter:52, WsFilter (org.apache.tomcat.websocket.server)
internalDoFilter:193, ApplicationFilterChain (org.apache.catalina.core)
doFilter:166, ApplicationFilterChain (org.apache.catalina.core)
doFilterInternal:99, RequestContextFilter (org.springframework.web.filter)
doFilter:107, OncePerRequestFilter (org.springframework.web.filter)
internalDoFilter:193, ApplicationFilterChain (org.apache.catalina.core)
doFilter:166, ApplicationFilterChain (org.apache.catalina.core)
doFilterInternal:109, HttpPutFormContentFilter (org.springframework.web.filter)
doFilter:107, OncePerRequestFilter (org.springframework.web.filter)
internalDoFilter:193, ApplicationFilterChain (org.apache.catalina.core)
doFilter:166, ApplicationFilterChain (org.apache.catalina.core)
doFilterInternal:81, HiddenHttpMethodFilter (org.springframework.web.filter)
```

```
doFilter:107, OncePerRequestFilter (org.springframework.web.filter)
internalDoFilter:193, ApplicationFilterChain (org.apache.catalina.core)
doFilter:166, ApplicationFilterChain (org.apache.catalina.core)
doFilterInternal:200, CharacterEncodingFilter (org.springframework.web.filter)
doFilter:107, OncePerRequestFilter (org.springframework.web.filter)
internalDoFilter:193, ApplicationFilterChain (org.apache.catalina.core)
doFilter:166, ApplicationFilterChain (org.apache.catalina.core)
invoke:198, StandardWrapperValve (org.apache.catalina.core)
invoke:96, StandardContextValve (org.apache.catalina.core)
invoke:496, AuthenticatorBase (org.apache.catalina.authenticator)
invoke:140, StandardHostValve (org.apache.catalina.core)
invoke:81, ErrorReportValve (org.apache.catalina.valves)
invoke:87, StandardEngineValve (org.apache.catalina.core)
service:342, CoyoteAdapter (org.apache.catalina.connector)
service:803, Http11Processor (org.apache.coyote.http11)
process:66, AbstractProcessorLight (org.apache.coyote)
process:790, AbstractProtocol$ConnectionHandler (org.apache.coyote)
doRun:1468, NioEndpoint$SocketProcessor (org.apache.tomcat.util.net)
run:49, SocketProcessorBase (org.apache.tomcat.util.net)
runWorker:1142, ThreadPoolExecutor (java.util.concurrent)
run:617, ThreadPoolExecutor$Worker (java.util.concurrent)
run:61, TaskThread$WrappingRunnable (org.apache.tomcat.util.threads)
run:745, Thread (java.lang)
```

栈顶是 Java 线程的 run 方法，这表示在 Web 容器接收到请求后，会通过一个独立的线程对该请求进行处理。不同的请求使用不同的线程处理。

再向上则是 org.apache.tomcat 相关的类，因为 Spring Boot 默认使用的 Web 容器是 tomcat，所以这里的调用栈就是 Web 容器内部对请求的处理调用栈。

随后进入 org.springframework.web.servlet 相关的类。这一层就是 Spring MVC 框架与 Web 容器整合的部分，该部分的整合依赖于名为 FrameworkServlet 这个 Servlet 组件（其实是其子类 DispatcherServlet）。其后续执行都与 org.springframework.web.servlet 相关包有关。

Spring MVC 框架层执行的终点也就是处理器方法，整个调用栈就是这样产生的。

2. 入口断点

通过在处理器方法上打断点，可以在执行处理器时中断。在处理器断点向上返回的过程中，通过调试的方式可以知道整个框架对于返回值的处理过程。但如果要想探究进入处理器前方法参数等的处理过程，这里的断点就不能满足我们的需求。但可以根据调用栈找到根入口，只需要在框架的根入口处打上断点，重新请求一次即可以在根入口处中断。

对于上述栈帧，找到 Spring MVC 框架的根入口即 FrameworkServlet.doGet 方法，其中执行 FrameworkServlet.processRequest 方法，这里就是框架的入口，在此处打断点，可以发现任何请求都会进入此断点。

如果只想查看某个路径下请求的调用过程，则每个请求都进入断点多少有些不方便。此时可以使用条件断点功能。在断点左侧的红点上单击右键，即可打开断点详细设置窗口，也可在断点上行使用快捷键 Ctrl+Shift+F8 打开断点详细设置窗口，如图 6.3 所示。

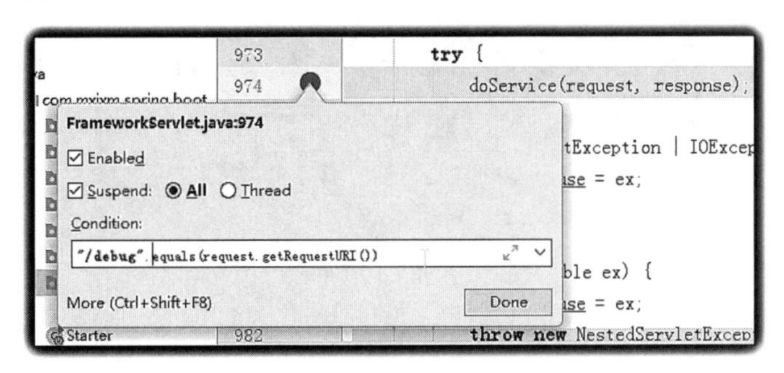

图 6.3　条件断点设置

在断点的条件中，可以使用当前断点所在上下文中的所有变量，即执行时栈帧中的所有变量。代码执行到此处时，先判断条件是否匹配，如果匹配则中断程序，进入调试模式。如上面的例子中使用的是"/debug".equals(request.getRequestURI())，表示在请求 URI 为/debug 时中断进入调试模式。

一般在需要研究的代码处打上条件断点后，通过单步调试来观察源码的执行。

除此之外，IDEA 还支持属性断点、类型断点、方法断点等多种类型的断点。在其对应位置打上断点即可启用这些断点功能，如在属性声明行、类型声明行、方法声明行打断点。属性断点可以在访问或修改属性时中断，类型断点可以在构造该类型实例时中断，方法断点可以在方法进入、返回甚至多线程竞争时中断，如图 6.4 所示。

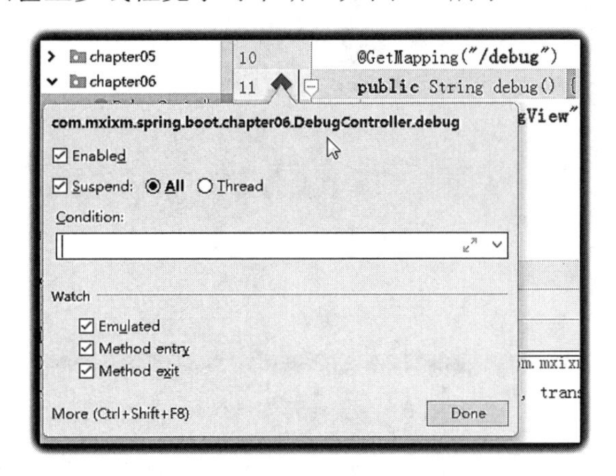

图 6.4　方法断点

3. 执行表达式

在对源码调试时，如果想临时查看某个变量的值，则可以通过变量窗口进行查看。但如果想对当前变量执行一定的运算后获得其结果，就需要使用执行表达式功能了。执行表达式得到结果的方式有以下三种。

第一种，通过表达式执行窗口。在调试模式下，执行到断点中断后，可以单击图 6.1 中

⑬标记的按钮或者使用快捷键 Alt+F8，快速打开一个表达式执行窗口，如图 6.5 所示。

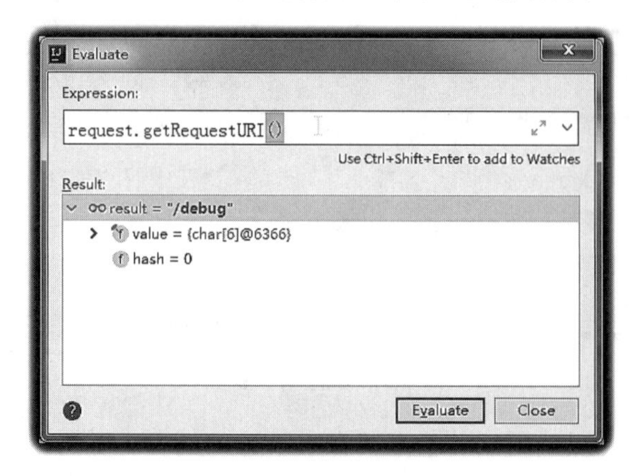

图 6.5　表达式执行窗口

在执行窗口文本框中输入需要执行的代码后，单击 Evaluate 或按 Enter 键，即可在 Result 里面看到语句执行的结果。

执行窗口还可以用于执行复杂的代码，如直接创建一些对象的实例等，当需要执行多行代码时，可以单击输入框右侧的双箭头扩展符号，即可打开多行输入方式，也可使用快捷键 Shift+Enter 执行此操作，如图 6.6 所示。

图 6.6　多行表达式执行

执行多行代码时，Result 里面显示的结果为最后一行代码的执行结果。在这种输入状态下不能使用 Enter 键快速执行，但可以使用快捷键 Alt+V 来执行运算。

在编辑器中选中一段代码，再打开执行窗口，则这段代码会自动放入执行窗口的输入框中，非常方便。

执行窗口中，可以执行任何合法的代码段，包括修改当前栈中变量的值或当前可操作实例的属性值。当需要进入某块判断代码的某个分支进行研究时，可以使用这种方式来手动修改判断条件中的值以达到动态修改判断结果的目的，来实现控制执行分支的效果。当然这种手动操作分支的方式并不太推荐使用，因为未按照原始逻辑进行判断，在分支中遇到错误的概率较高。

第二种，快速执行。对于在代码中存在的一些语句，可以直接通过快速执行来完成对这些语句的执行并获得该语句执行的结果。按 Alt 键的同时，鼠标指针移动到需要执行的语句上，当整个语句被高亮显示且出现下划线时，单击鼠标左键，即可打开快速执行窗口，此时快速执行窗口显示了该语句的执行结果，如图 6.7 所示。

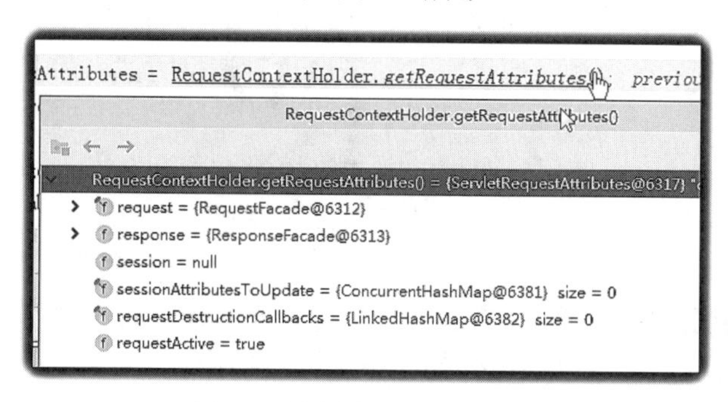

图 6.7　编辑窗口中快速执行

也可以通过快捷键 Ctrl+Alt+F8 来快速执行语句。如果此时编辑器中有选中文本，则把选中的文本作为快速执行语句执行；如果没有，则会根据当前编辑光标所在位置自动判断与该位置相关的语句来执行。

第三种，添加为观察变量。在变量窗口中，可以看到当前执行栈中的所有变量，但其中只包含了变量值。对于需要执行代码后才能得到的结果，变量窗口是否能实现该功能呢？答案是肯定的。

在变量窗口中，单击变量窗口左侧的加号或右击选择 New Watch 或按 Insert 键，即可出现一个输入框，在输入框中输入要执行的语句，按 Enter 键确认输入。此时变量窗口中即可看到刚才输入的表达式的运算结果，如图 6.8 所示。

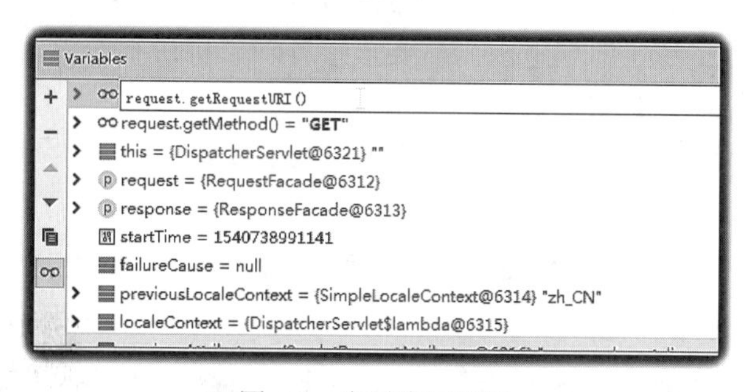

图 6.8　变量窗口监视

也可在编辑窗口中选择一段代码，单击鼠标右键选择 Add to Watches 添加这段代码到变量窗口。在执行窗口中，可以使用快捷键 Ctrl+Shift+Enter 快速把当前输入框中的代码添加到变量窗口中。

了解上述这些功能使用后，在调试模式下，结合断点和调试执行的几种方式（单步、进入方法、跳出方法等），可以掌握通过调试探索框架执行原理的技能。在调试执行下，一个请求接收后，交给 Spring MVC 框架层处理，到框架层预处理请求参数并执行处理器方法，再到获取处理器方法的返回值并加工，最终通过响应返回给请求方的整个过程，都将会豁然开朗。

以上这种调试模式非常适合对处理器方法的原理研究。但是对于应用启动入口，虽然也能使用调试一步步地执行来分析得到启动过程。但是由于启动入口是调用栈的根，而整个 Spring 框架的启动又不是很简单的线性方式，所以这种调试方式并不是用来研究启动过程最好的方式。

对于整个启动过程，可以使用针对性的方式来探索。因为 Spring 框架大而全，不太可能面面俱到全部研究。可以针对于 Web 应用相关的一些组件的初始化作为切入点来探索 Web 应用的启动过程，这里面包括内嵌 Web 容器的启动、内嵌 Web 容器与 MVC 框架的整合核心 DispatcherServlet 的初始化等。因为在处理器方法的调试时，通过调用栈找到了请求处理的核心是 DispatcherServlet，所以以该组件为入口进行启动探索也是很合理的。

6.3 针对性探索

在针对特定组件进行探索时，也需要依赖于 IDE 提供的强大功能，包括特定类与接口的查找、方法引用的查找、实现类的查找等查找操作。本节就来介绍需要使用到的所有 IDE 的功能及其使用方式。同时在一个操作后面会附上该操作的快捷键，使用快捷键可以大大提高源码的阅读效率。

6.3.1 目标查找

从 6.2 节的调用栈可知，MVC 请求处理的核心是 FrameworkServlet，首先找到该类的源文件，可以通过调用栈找到。但这里因为需要直接针对目标进行查找，所以直接使用 IDE 提供的类查找功能来实现目标类的查找。

单击菜单栏中的 Navigate（快捷键：Alt+N），选择 Class 菜单项（快捷键：Ctrl+N），可以打开类查找窗口，如图 6.9 所示。

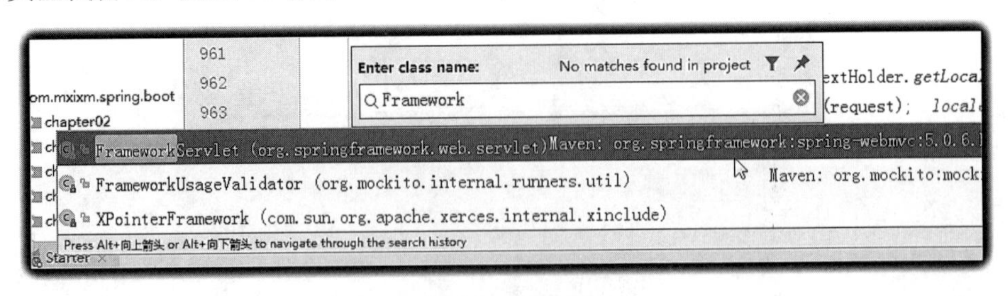

图 6.9　类查找

在搜索框中输入类名即可进行查找，支持模糊搜索。在搜索结果列表中选择要查看的目标类按 Enter 键后即可在编辑窗口中打开该类。在默认情况下，先搜索本项目中相关类，当无结果时自动搜索本项目的依赖中的相关类。如果本项目中有搜索相关类，则不会展示依赖中的相关类。如果需要强制展示依赖中的相关类，可以勾选 Include non-project items，或再次按下快捷键 Ctrl+N。

除了类查找功能之外，还有文件查找功能。文件查找可以同时查找非类文件。通过 Navigate（快捷键：Alt+N）→File（快捷键：Ctrl+Shift+N）打开文件查找窗口，功能同类查找，如图 6.10 所示。

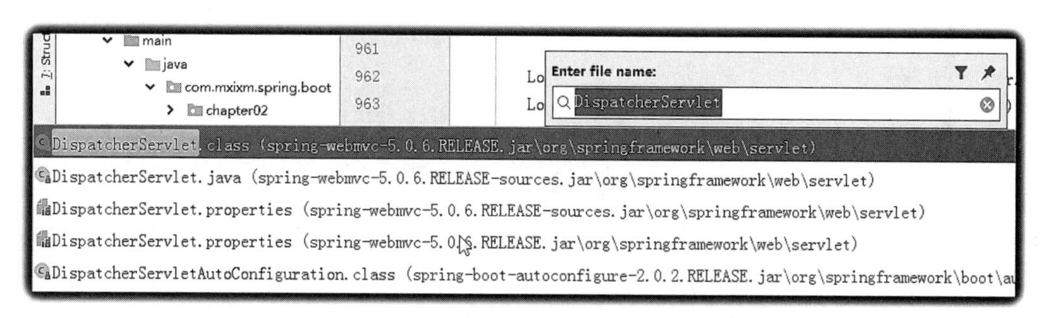

图 6.10 文件查找

查找目标包括本项目中任意文件，以及依赖包中的任意文件。查找策略同类查找功能。

以上只是根据名称查找，当需要查找类中的一些方法名时，就需要使用符号查找了。通过 Navigate（快捷键：Alt+N）→Symbol（快捷键：Ctrl+Alt+Shift+N）打开符号查找窗口，如图 6.11 所示，在符号查找窗口中查找方法名。

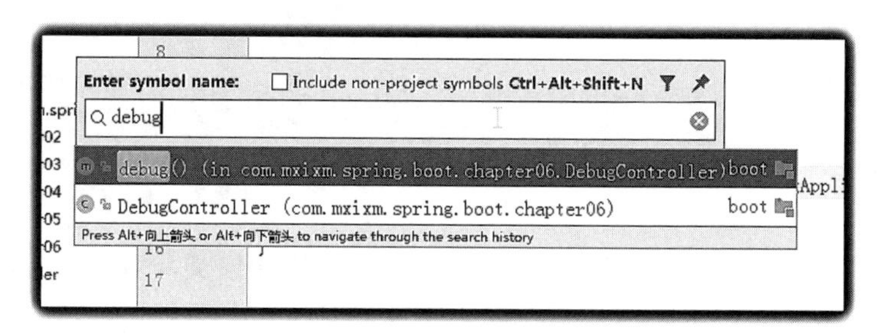

图 6.11 符号查找

除了方法名外，符号还包括类名、属性名，都可以通过查找符号功能进行查找。其查找策略同类查找功能。

IDEA 还提供了一个很强大的 Search Everywhere 功能，通过双击 Shift 键打开该窗口，如图 6.12 所示。

该功能不仅包含了上面三个查找功能，即可以查找类、文件、符号，还可以查找 IDE 内置的一些功能，图 6.12 可以查找到 Debug 调试相关的功能。

在代码编辑窗口中，还有常用的定位功能，跳转行与列。跳转行与列可以通过输入的行号与列号直接定位到目标代码位置。该功能多用于根据异常堆栈中的行号信息直接查看异常堆栈相关代码。当然调试时的堆栈中也有行号信息。

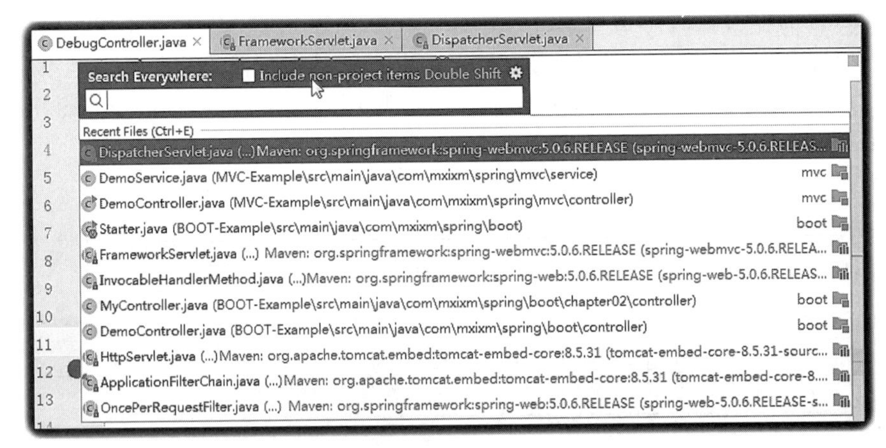

图 6.12　任意查找

通过 Navigate（快捷键：Alt+N）→Line/Column（快捷键：Ctrl+G）打开跳转行与列窗口，如图 6.13 所示。

图 6.13　行列跳转

通过冒号分割行号与列号，也可以只输入行号，输入完成按下 Enter 键即完成跳转。

6.3.2　代码分析

在通过类查找找到 FrameworkServlet 后，发现该类是抽象类，可以判断其有一个子类，在启动时被初始化了。要找到类的子类，可以通过 IDE 达到此目的。

单击类型声明左侧的图标（快捷键：Ctrl+Alt+B），可以打开其子类列表，如果只有一个子类，则直接进入子类中。该处 FrameworkServlet 只包含子类 DispatcherServlet，所以编辑器直接定位到了 DispatcherServlet。这里以 FrameworkServlet 的父类 HttpServletBean 为例展示此功能，如图 6.14 所示。

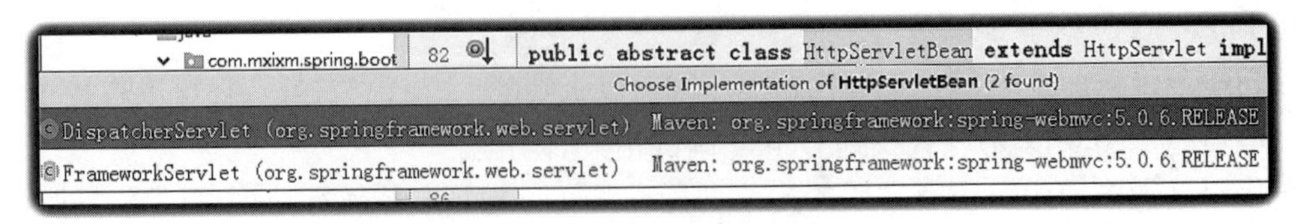

图 6.14　跳转实现类

同样，在方法上一样拥有该功能，可以查看子类重写的该方法，如图 6.15 所示。

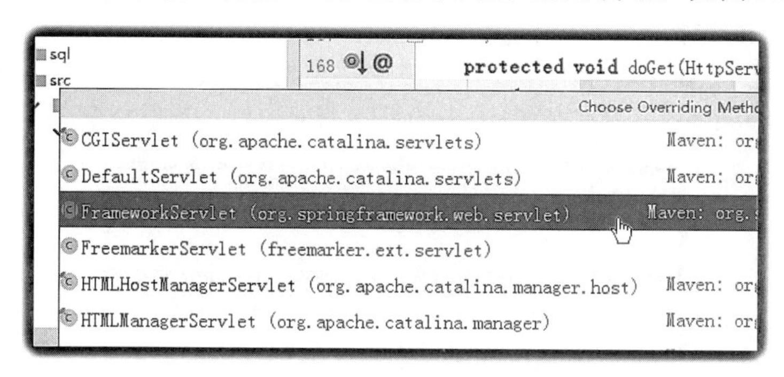

图 6.15　跳转重写方法

同样只有一个子类重写了该方法时，直接跳转至子类的该方法。当要查看接口的实现类，或接口方法，或抽象方法的实现方法时，方法同上，只不过左侧可单击图标中间的字母变为了 I。

既然有查看子类、实现类和子类重写方法的功能，自然可以想到有查看父类、实现接口和被重写方法的功能。通过单击与查看子类中图标相同但箭头向上的图标（快捷键：Ctrl+U），可以查看这些信息，如图 6.16 所示。

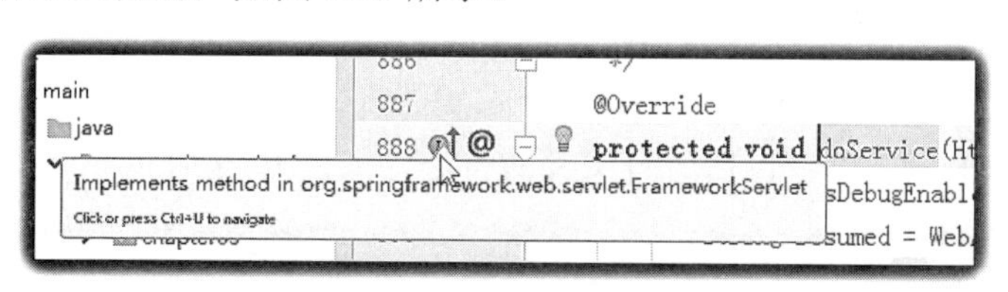

图 6.16　查看被实现方法

因为父类是唯一的，所以查看父相关的操作大多数都是直接跳转父类。当一个类实现多个接口时，通过快捷键 Ctrl+U 打开的窗口中会包含所有的实现接口。同时通过快捷键进行的操作会根据当前光标所在位置自动判断需要查看方法还是查看类。

如果需要查看一个类的父类及子类，可以通过 Navigate（快捷键：Alt+N）→Type Hierarchy（快捷键：Ctrl+H）打开类层次窗口，如图 6.17 所示。

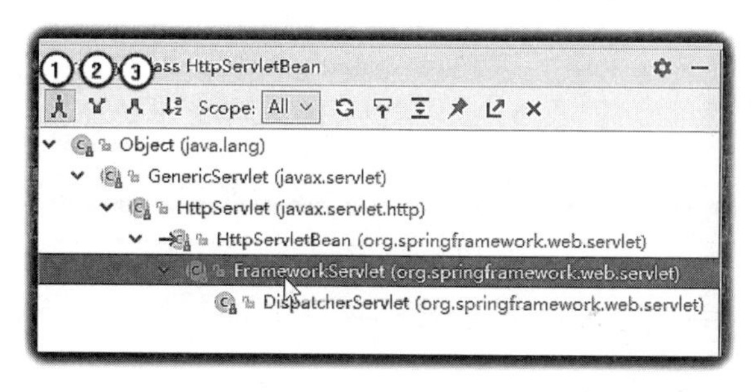

图 6.17　类层次窗口

图 6.17 中编号①只列出类型的结构；编号②列出父类型的结构，包括所有实现的接口；编号③列出子类型的结构。

除了查看类层次结构外，还有查看方法层次结构的功能，通过 Navigate（快捷键：Alt+N）→Type Hierarchy（快捷键：Ctrl+Shift+H）打开方法层次结构窗口，如图 6.18 所示。

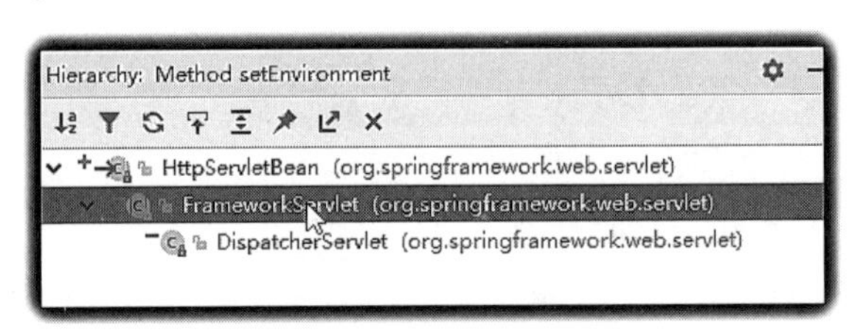

图 6.18　方法层次窗口

打开方法层次结构后，可以通过 Navigate（快捷键：Alt+N）→Go to previous method（快捷键：Ctrl+Alt+↑）和 Navigate（快捷键：Alt+N）→Go to next method（快捷键：Ctrl+Alt+↓）快速在方法层次结构窗口中的多层移动。

在纵向上，可以查看类的所有接口、父类、子类，或接口的父接口与子接口，以及所有被重写的方法与被子类重写的方法。那么相对的，在横向上，也会有操作为查看类中的所有方法。

通过查看类结构 Navigate（快捷键：Alt+N）→File Structure（快捷键：Ctrl+F12），可以列出本类中的所有符号，包括属性和方法。在打开的结构窗口中，勾选 Inherited members 或再次按下快捷键 Ctrl+F12 可以包括所有父类的符号，如图 6.19 所示。

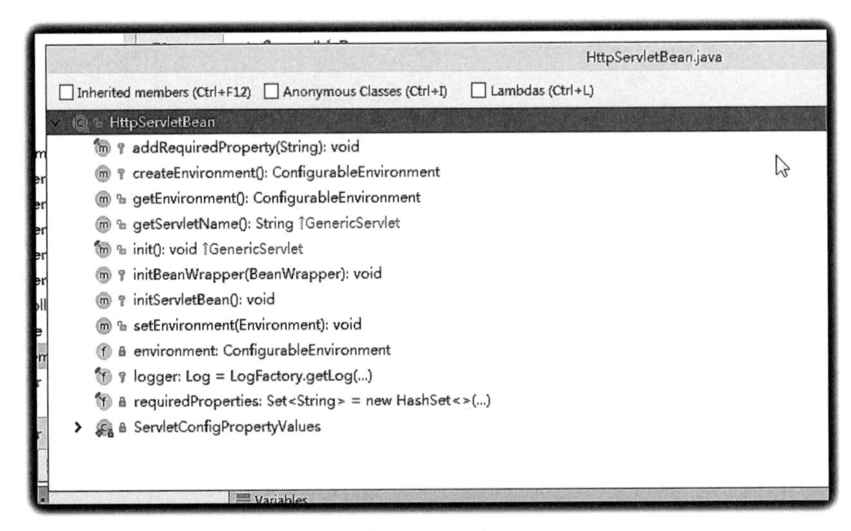

图 6.19　类结构

选中其中任一符号，按 Enter 键直接跳转至符号声明处。

纵向的类层次结构与类自身的方法属性结构都已有了相对的功能，下面就来探索一下在一个具体类的代码中有哪些实用的功能。

1. 定义跳转

在一个方法的代码中，经常会使用很多变量。在对源码进行研究时，如果方法行数很多，在方法体的后面往往需要找到一些变量定义的位置，此时就可以使用跳转到定义的功能。

在编辑窗口中，把编辑光标放到需要查看定义的变量上，之后通过 Navigate（快捷键：Alt+N）→Declaration（快捷键：Ctrl+B）即可跳转至该变量的定义。或者按下 Ctrl 键，再把鼠标指针移动到要查看的变量上，单击鼠标左键也可直接跳转至该变量的定义。快捷键 F4 也可达到相同的效果，如图 6.20 所示。

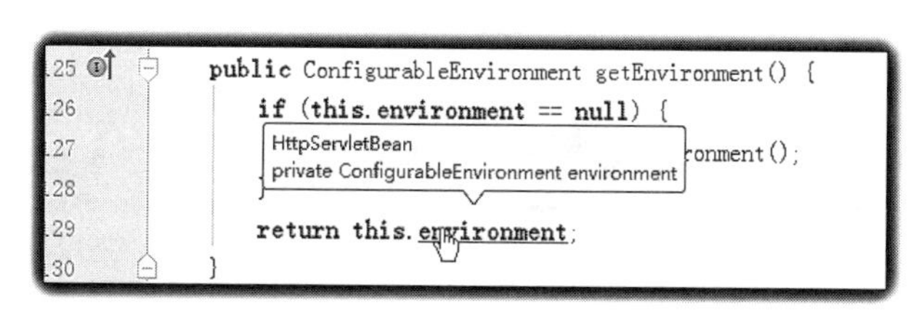

图 6.20　变量定义跳转

除了可以查看变量的定义外，还可以查看类型的定义与方法的定义。如果操作目标是类型，操作后则会直接跳转至该类型的类文件，如果操作目标是方法，则跳转至该方法的定义。在一类中，执行跳转方法后，发现该方法是抽象的或者是接口方法是很常见的，此时就可以组合之前的查看子类重写方法的操作来列出当前抽象方法的所有实现方法。这也是在研究过程中常用的组合使用方式。

如果要查看变量类型的定义，按照上面的操作需要先跳转到变量的定义，再查看变量类型的定义，IDEA 提供了简单的操作，可以直接跳转至变量类型的定义。通过 Navigate（快捷键：Alt+N）→Type Declaration（快捷键：Ctrl+Shift+B）即可直接转向类型定义。该操作也可针对方法执行，此时跳转至方法的返回值类型的定义。

除了这些常用的跳转方法外，还有以下几个常用的跳转方式。

- 跳转至下一个方法 Navigate（快捷键：Alt+N）→Next Method（快捷键：Alt+↓）：在类中跳转至当前方法的下一个方法。
- 跳转至上一个方法 Navigate（快捷键：Alt+N）→Previous Method（快捷键：Alt+↑）：上一条的逆向操作。
- 返回上一个编辑光标位置 Navigate（快捷键：Alt+N）→Back（快捷键：Ctrl+Alt+←）：从一个位置通过上述操作跳转至其他位置时，可以通过该指令快速返回上一个位置。源码查看时常用。
- 返回下一个编辑光标位置 Navigate（快捷键：Alt+N）→Forward（快捷键：Ctrl+Alt+→）：上一条的逆向操作。
- 上一个编辑位置 Navigate（快捷键：Alt+N）→Last Edit Location（快捷键：Ctrl+Shift+Backspace）或上一个改变位置 Navigate（快捷键：Alt+N）→Previous

Change（快捷键：Ctrl+Alt+Shift+↑），在代码编写时较为常用。

- 下一个编辑位置 Navigate（快捷键：Alt+N）→Next Edit Location（快捷键：Ctrl+Shift+Backspace）或下一个改变位置 Navigate（快捷键：Alt+N）→Next Change（快捷键：Ctrl+Alt+Shift+↓），上一条的逆向操作。

在以上任意有多个可选择项的窗口中，都可以通过输入关键词进行搜索，如图 6.21 所示。

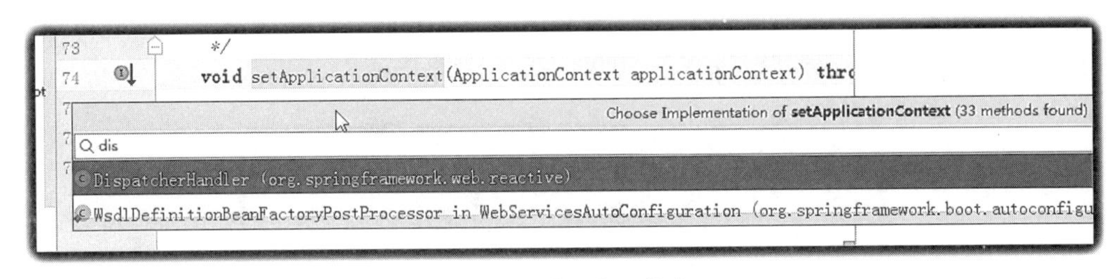

图 6.21 弹出窗口搜索

2．查找引用

与查找定义相反的操作为查找该定义的使用，如需要查找变量、类型或方法在哪些地方使用，就需要使用查找引用的反向操作。这种操作在需要观察类中某些属性的变化时有特殊用途，如查找到所有引用的位置都打上断点再进行调试，即可查看所有对该变量操作的时机（当然也可以为该属性打上属性断点，当属性设置或获取时即中断，但此种方式会影响调试速度）。

在非运行时，通过查找引用的方式，可以简单地了解框架层方法、类型、变量的一些使用情况，可以初步对框架进行了解。

在编辑窗口中，光标移动到类型、变量或方法上时，可以执行查找目标对象所有使用的操作。通过 Edit（快捷键：Alt+E）→Find（快捷键：Alt+E，Alt+F）→Find Usages（快捷键：Alt+F7）可以打开查找使用窗口，图 6.22 为查找 FrameworkServlet 的 processRequest 方法的使用的结果。

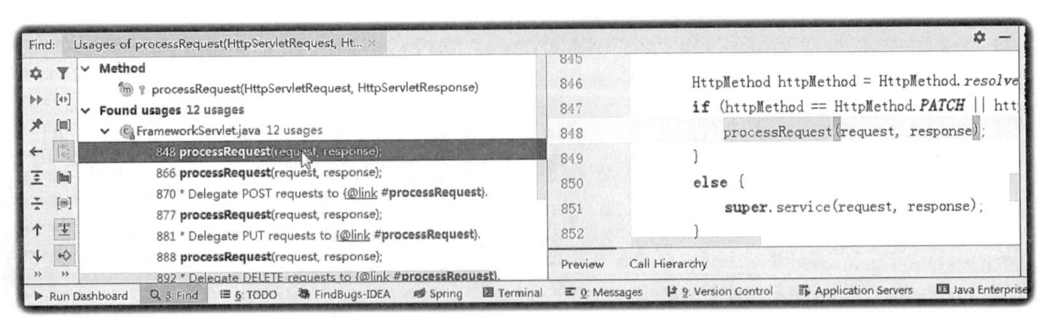

图 6.22 方法使用查找

在图 6.22 中，左侧为查找结果窗口，可以看到全部使用该方法的位置；右侧为代码预览窗口，可以预览左侧的选中使用处。

也可以使用 Edit（快捷键：Alt+E）→Find（快捷键：Alt+E，Alt+F）→Show Usages（快捷键：Ctrl+Alt+F7）功能快速展示所有引用，直接在当前位置打开一个弹出框，来展示所有的引用。图 6.23 所示为 processRequest 中参数 request 的所有引用情况。

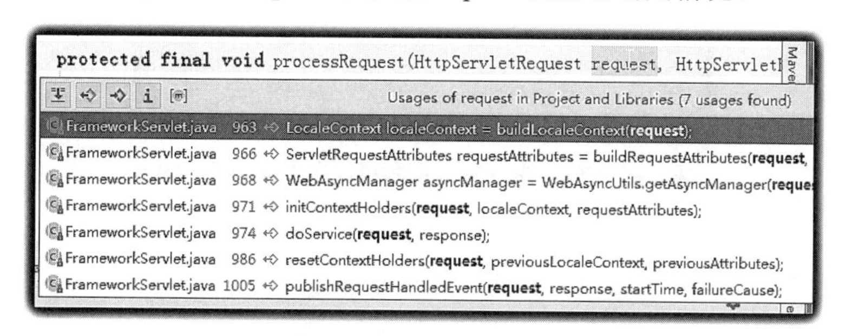

图 6.23　变量使用展示

在目标对象上按 Ctrl 键的同时再单击鼠标左键可以跳转到定义处，与此相反，如果在定义处执行此操作，则会打开该对象的所有引用位置，同 Show Usages 功能，图 6.24 所示为展示一个类的所有引用。

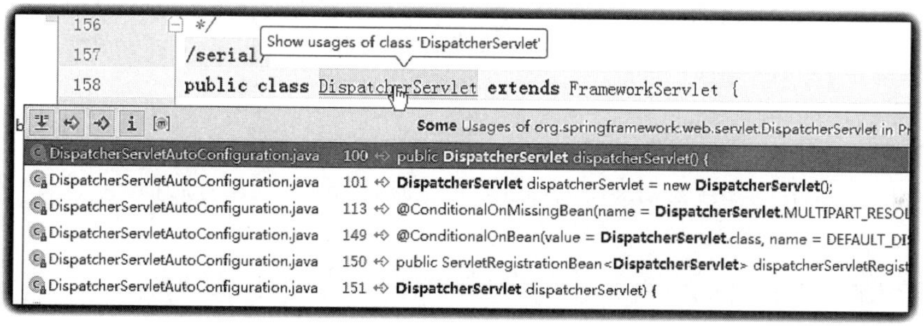

图 6.24　类型使用展示

在 Find 中，还提供了在本文件中查找引用的操作，如 public 的方法，使用的位置可能会非常多，通过功能 Edit（快捷键：Alt+E）→Find（快捷键：Alt+E，Alt+F）→Find Usages in File（快捷键：Ctrl+F7）即可实现查找本文件中使用位置的功能。

因为查找使用功能比较强大，IDEA 还提供了简单的配置功能，使用 Edit（快捷键：Alt+E）→Find（快捷键：Alt+E，Alt+F）→Find Usages Settings（快捷键：Ctrl+Alt+Shift+F7）打开配置窗口，如图 6.25 所示。

其中可以配置查找目标，如属性、类型或方法，也可以配置查找范围，如当前项目、项目与项目的依赖等范围。

此外，在编辑器中，通过 Edit（快捷键：Alt+E）→Find（快捷键：Alt+E，Alt+F）→Find（快捷键：Ctrl+F）可以在当前编辑窗口中打开查找工具栏，用来查找当前编辑器中的文本内容，按下 F3 键查找下一个。该功能多用于查找代码中的一些字符串变量等。

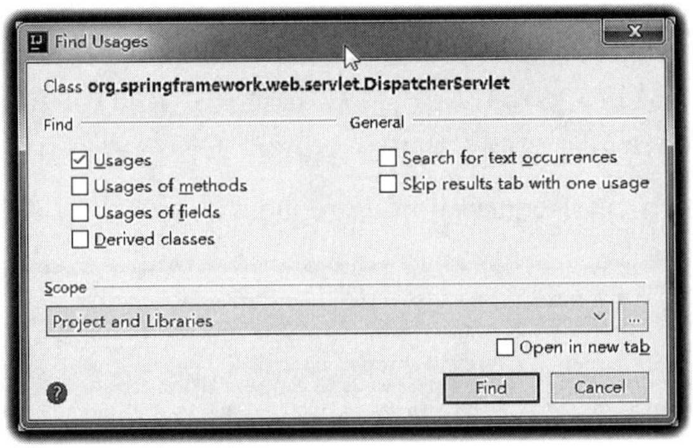

Find Usages

Class org.springframework.web.servlet.DispatcherServlet

Find
- [x] Usages
- [ ] Usages of methods
- [ ] Usages of fields
- [ ] Derived classes

General
- [ ] Search for text occurrences
- [ ] Skip results tab with one usage

Scope

Project and Libraries

- [ ] Open in new tab

Find　Cancel

图 6.25　查找引用设置

如果需要在全部文件中查找文本内容，则可以使用全局搜索功能。该功能多用于查找依赖中的文本内容。通过 Edit（快捷键：Alt+E）→Find（快捷键：Alt+E，Alt+F）→Find in Path（快捷键：Ctrl+Shift+F）打开全局查找功能，如图 6.26 所示。

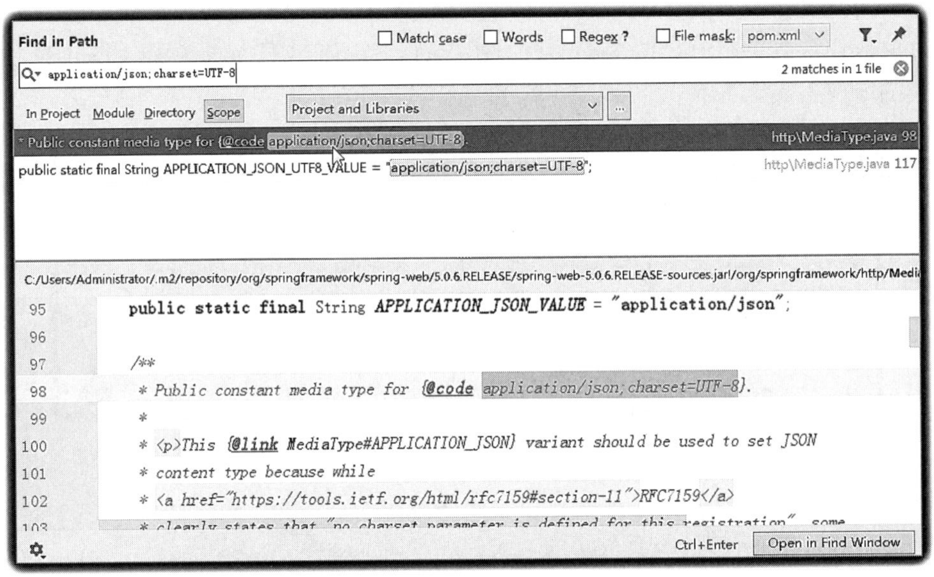

Find in Path　☐ Match case　☐ Words　☐ Regex ?　☐ File mask: pom.xml

application/json;charset=UTF-8　　2 matches in 1 file

In Project　Module　Directory　Scope　　Project and Libraries

```
* Public constant media type for {@code application/json;charset=UTF-8}.        http\MediaType.java 98
public static final String APPLICATION_JSON_UTF8_VALUE = "application/json;charset=UTF-8";        http\MediaType.java 117
```

C:/Users/Administrator/.m2/repository/org/springframework/spring-web/5.0.6.RELEASE/spring-web-5.0.6.RELEASE-sources.jar!/org/springframework/http/Medi

```
95      public static final String APPLICATION_JSON_VALUE = "application/json";
96
97      /**
98       * Public constant media type for {@code application/json;charset=UTF-8}.
99       *
100      * <p>This {@link MediaType#APPLICATION_JSON} variant should be used to set JSON
101      * content type because while
102      * <a href="https://tools.ietf.org/html/rfc7159#section-11">RFC7159</a>
103      * clearly states that "no charset parameter is defined for this registration", some
```

Ctrl+Enter　Open in Find Window

图 6.26　字符串查找

可以指定查找范围为项目、模块、目录或自定义的范围（自定义范围可指定依赖的源码），支持正则表达式及文件过滤功能，该功能非常强大，但如果提供的内容特异性不强，将会查出来很多不相关的内容。故该功能只在合适的时候用来查找字符串变量值。

在查找引用中，对于方法有一些特殊之处，一般来说使用方法的位置同样处于另一个方法之中，那么另一个方法同样也有使用之处，是层级关系。IDEA 提供了显示此调用层级的功能，使用 Navigate（快捷键：Alt+N）→Method Hierarchy（快捷键：Ctrl+Alt+H）功能，即可打开方法调用的层级窗口，如图 6.27 所示。

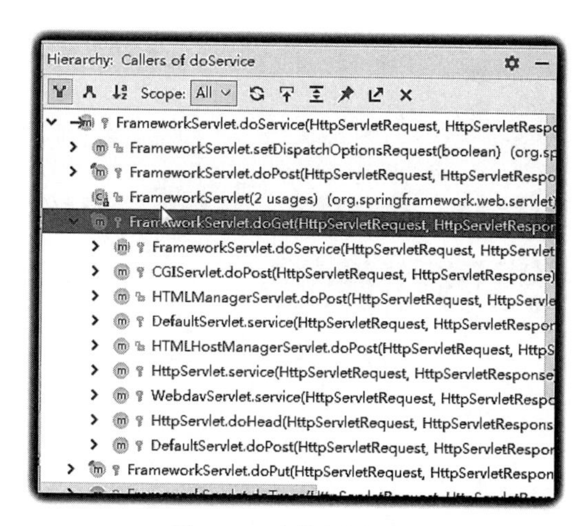

图 6.27　方法调用层级

这种方式为通过代码静态分析出来的方法调用层级，所以可能有很多的分支，而在运行时一定是这些层级分支中的某一个。

本章小结：

本章提供的所有功能均是在源码研究时常用的 IDE 功能，使用这些功能可以对源码的研究起到事半功倍的效果。

静态代码的分析研究通过结合 IDE 提供的各种查找功能来完成，如代码分支过多，则需要使用调试时动态的方式来分析。结合静态方式与动态方式对源码进行研究理解，模拟运行，做到如此，对源码的理解也就不算难了。

在后续章节中，将通过启动入口与处理器执行入口这两部分分别对源码进行研究，带领大家遨游在源码的海洋中。对源码深入理解后，可以自己来实现源码相关功能，或是基于源码进行扩展开发，也可以对项目的执行源码有更多的理解，遇到任何相关问题都将会迎刃而解。

第7章　Spring Boot下Spring MVC框架的启动原理

Spring Boot是一个容纳百川的启动框架，在这套框架体系中，可以非常方便地使用各种基于Spring实现的功能，这其中也包括本书的主角：Spring MVC。Spring MVC在Spring Boot框架的支持下，大大地简化了Web开发的过程。

简化开发者们使用Spring MVC并不是一件简单的事，Spring Boot做了很多额外的工作才实现了这个目的。把Spring MVC嵌入到整个Spring Boot框架中，经历了一系列的过程。在第6章中提到了以启动方法为入口进行调试来研究源码的方式，本章从Spring Boot应用的启动方法开始，一步步地研究基于Tomcat的内嵌Servlet容器的创建与启动过程，最终分析Spring MVC的核心组件DispatcherServlet的注册过程。通过本章可以学到以下知识点。

- Spring Boot应用的启动过程。
- 基于Spring Boot的自动配置生效原理。
- 内嵌ServletWebServer如何通过自动配置创建和启动。
- DispatcherServlet如何通过自动配置注册到ServletWebServer中。

7.1　Spring Boot Web项目示例

在前面的章节中，我们已知创建了一个基于Spring Boot的Web项目，只需要在pom.xml中把parent设置为spring-boot-starter-parent，依赖spring-boot-starter-web再创建启动类，代码如下：

```
@SpringBootApplication
@Controller
public class Starter {
  // 直接启动这个main方法即可
  public static void main(String[] args) throws Exception {
    SpringApplication.run(Starter.class, args);
  }
  @RequestMapping("hello")
  @ResponseBody
  public String hello() {
```

```
    return "Hello, world!";
  }
}
```

使用 main 方法启动，一个基于 Spring Boot 的 Web 项目就运行起来了，访问 localhost:8080/hello 即可看到页面上展示的 Hello, world!字样。

那么本节就从创建开始分析 Spring Boot 项目的启动。

7.2　SpringApplication 的创建

SpringApplication.run 静态方法的代码如下：

```
/**
 * 静态方法启动 SpringApplication
 * @param source 创建上下文使用的资源
 * @param args 启动时的命令行参数
 * @return 返回创建的应用上下文 ConfigurableApplicationContext，也就是最常用的 Spring
的 ApplicationContext
 */
public static ConfigurableApplicationContext run(Object source, String...
args) {
  // 调用下面的重载方法，只传入一个 source
  return run(new Object[] { source }, args);
}
/**
 * 静态方法启动 SpringApplication
 * @param sources 创建上下文使用的资源数组
 * @param args 启动时的命令行参数
 * @return 返回创建的应用上下文 ConfigurableApplicationContext，也就是最常用的 Spring
的 ApplicationContext
 */
public static ConfigurableApplicationContext run(Object[] sources, String[]
args) {
  // 创建 SpringApplication 实例，执行 run 方法之后返回 ApplicationContext
  return new SpringApplication(sources).run(args);
}
```

本节重点讲解创建，看一下创建的逻辑，代码如下。

```
* @param sources 创建上下文使用的资源数组
 */
public SpringApplication(Object... sources) {
  // 构造时直接进行初始化
  initialize(sources);
}
/**
 * 初始化方法，初始化一些属性
```

```
 * @param sources 创建上下文使用的资源数组
 */
private void initialize(Object[] sources) {
  // 把启动类添加到 sources 列表中
  if (sources != null && sources.length > 0) {
      this.sources.addAll(Arrays.asList(sources));
  }
  // 推断是否是 Web 环境
  this.webEnvironment = deduceWebEnvironment();
  // 从 spring.factories 文件工厂中获取 ApplicationContextInitializer 并设置到当前
实例中
  setInitializers((Collection) getSpringFactoriesInstances(
       ApplicationContextInitializer.class));
  // 从 spring.factories 文件工厂中获取 ApplicationListener 并设置到当前实例中
  setListeners((Collection) getSpringFactoriesInstances(ApplicationListener
.class));
  // 推断启动类
  this.mainApplicationClass = deduceMainApplicationClass();
}
```

初始化的逻辑比较简单清晰，依次展开说明。

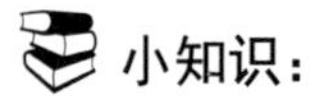
小知识：

在 Spring Boot 1.x 中创建 SpringApplication 时，使用的 Object 类型的资源支持以下 4 种类型。Class、Resource、Package、CharSequence，分别代表根配置 Class、XML 配置文件、ComponentScan 的 Package 和类名字符串来处理。而在 Spring Boot 2.x 中，则只支持 Class 类型的资源。

7.2.1 推断 Web 环境类型

推断 Web 环境类型，逻辑是检测特定类型的 Web 环境相关的类是否存在，例如：

```
// 两个类分别是 Servlet 与 WebApplicationContext，需要引入 Spring Web 相关的依赖才有
这个类
private static final String[] WEB_ENVIRONMENT_CLASSES = { "javax.servlet
.Servlet",
"org.springframework.web.context.ConfigurableWebApplication Context" };
// 基于 Netty 的 WebFlux 框架，即 Reactive 类型必须存在的类
private static final String REACTIVE_WEB_ENVIRONMENT_CLASS =
"org.springframework." + "web.reactive.DispatcherHandler";
// 基于 Servlet 的 Web 框架，即经典的 Servlet 服务必须存在的类，多数使用于 Tomcat 的 Servlet
容器
private static final String MVC_WEB_ENVIRONMENT_CLASS =
"org.springframework." + "web.servlet.DispatcherServlet";
/**
 * 推断当前应用环境是否是 Web 环境
 * @return 推断结果：None、Servlet 或者 Reactive
```

```
 */
private WebApplicationType deduceWebApplicationType() {
  // 如果只存在 Reactive 相关类，则判断为 Reactive 类型
  if (ClassUtils.isPresent(REACTIVE_WEB_ENVIRONMENT_CLASS, null)
        && !ClassUtils.isPresent(MVC_WEB_ENVIRONMENT_CLASS, null)) {
     return WebApplicationType.REACTIVE;
  }
  // 如果不存在任意一个 Web 相关环境的依赖，则判断为非 Web 环境
  for (String className : WEB_ENVIRONMENT_CLASSES) {
     if (!ClassUtils.isPresent(className, null)) {
        return WebApplicationType.NONE;
     }
  }
  // 否则都是 Servlet 环境
  return WebApplicationType.SERVLET;
}
```

7.2.2 通过 Spring 工厂设置应用组件

检测特定类型的 Web 环境相关的类是否存在，接着两行代码逻辑基本相同，从 spring.factories 工厂中分别获取 Initializer 组件类列表和 Listener 组件类列表，并对它们进行实例化之后设置到当前应用中，代码如下：

```
/**
 * 从工厂获取指定类型的所有类实例
 * @param type 要获取的类型
 * @return 实例化好的所有类
 */
private <T> Collection<T> getSpringFactoriesInstances(Class<T> type) {
  // 从 spring.factories 中获取所有 type 类型的实例对象
  return getSpringFactoriesInstances(type, new Class<?>[] {});
}
/**
 * 从工厂获取指定类型的所有类实例
 * @param type 要获取的类型
 * @param parameterTypes 实例化时使用的构造器的参数类型数组
 * @param args 调用构造器实例化时的构造器参数
 * @return 实例化好的所有类
 */
private <T> Collection<T> getSpringFactoriesInstances(Class<T> type,
      Class<?>[] parameterTypes, Object... args) {
  // 获取当前上下文类加载器，用于 Classpath 下的加载资源文件
  ClassLoader classLoader = Thread.currentThread().getContextClassLoader();
  // Use names and ensure unique to protect against duplicates
  // 调用 SpringFactoriesLoader.loadFactoryNames 获取指定类的所有类型名，使用 Set 保
证没有重复类型名
```

```
    Set<String> names = new LinkedHashSet<>(
        SpringFactoriesLoader.loadFactoryNames(type, classLoader));
    // 遍历 names，通过反射获取拥有参数类型为 parameterTypes 的构造器，反射调用进行实例化
    List<T> instances = createSpringFactoriesInstances(type, parameterTypes,
         classLoader, args, names);
    // 根据@Priority、@Order 注解和 PriorityOrdered、Ordered 接口做一次排序
    AnnotationAwareOrderComparator.sort(instances);
    return instances;
}
```

获取工厂中指定类对应所有类名的功能，是通过 Spring 工厂加载器 SpringFactoriesLoader 的 loadFactoryNames 方法实现。该方法根据类型 Class 和类加载器 ClassLoader 获取工厂中所有该 Class 类对应的类名列表，其中 ClassLoader 参数用于获取 classpath 下的资源。

在 loadFactoryNames 的逻辑中，会通过 ClassLoader 查找 classpath 下所有 jar 包中 META-INF 路径下的 spring.factories 文件。而 spring.factories 文件是 properties 类型的属性文件，本质上是 key=value 类型的配置文件。spring 通过 Properties 加载资源文件并生成 Properties 类型的实例，Properties 最终是 key:value 类型的 map，在 spring.factories 中，key 是类的全名，即通过 Class.getName()获取到的值。

而 value 则是用逗号分隔的所有工厂类名的拼接，这个方法就是通过传入的 Class 参数的全名作为 key，获取到 spring.factories 中定义的所有 value 即所有的工厂类。

这里看一下 spring boot 包下面的 META-INF/spring.factories 的摘要内容，代码如下：

```
# Application Context Initializers
org.springframework.context.ApplicationContextInitializer=\
org.springframework.boot.context.ConfigurationWarningsApplicationContextInitializer,\
org.springframework.boot.context.ContextIdApplicationContextInitializer,\
org.springframework.boot.context.config.DelegatingApplicationContextInitializer,\
org.springframework.boot.web.context.ServerPortInfoApplicationContextInitializer
# Application Listeners
org.springframework.context.ApplicationListener=\
org.springframework.boot.ClearCachesApplicationListener,\
org.springframework.boot.builder.ParentContextCloserApplicationListener,\
org.springframework.boot.context.FileEncodingApplicationListener,\
org.springframework.boot.context.config.AnsiOutputApplicationListener,\
org.springframework.boot.context.config.ConfigFileApplicationListener,\
org.springframework.boot.context.config.DelegatingApplicationListener,\
org.springframework.boot.context.logging.ClasspathLoggingApplicationListener,\
org.springframework.boot.context.logging.LoggingApplicationListener,\
org.springframework.boot.liquibase.LiquibaseServiceLocatorApplicationListener
```

上面的摘要内容正是 SpringApplication 在上面的 initialize 方法中获取的两个工厂类类

型。在获取到所有工厂类类名并通过反射实例化之后，把上面这些类型的实例设置到当前 SpringApplication 中。

7.2.3　推断 main 方法所在的启动类

main 这个方法很有意思，在 Java 已有的 API 中，并没有直接获取 main 方法，也就是应用启动入口所在的类的 API，那么这个方法是如何做推断的呢？代码如下：

```
/**
 * 推动启动入口所在的类
 * @return 启动入口所在类的 Class 实例
 */
private Class<?> deduceMainApplicationClass() {
  try {
      // 通过创建一个异常，获取当前方法执行的调用栈信息
      StackTraceElement[] stackTrace = new RuntimeException().getStackTrace();
      for (StackTraceElement stackTraceElement : stackTrace) {
          // 从底到顶遍历栈，找到方法名是 main 的栈，尝试推断该栈中的 Class 就是启动类
          if ("main".equals(stackTraceElement.getMethodName())) {
               return Class.forName(stackTraceElement.getClassName());
          }
      }
  }
  catch (ClassNotFoundException ex) {
    // 忽略类未找到异常
  }
  return null;
}
```

创建一个异常，再从异常栈中获取信息。但会发现如果有另外一个方法名也是 main，那么判断就有问题了。个人认为，为了更确切地获取启动类，可以在这里的 main 方法判断中增加该 main 方法是否声明为 static 和声明参数是否仅有一个 String 数组的判断。不过因为启动类变量在应用中只是为了作为打印日志的信息，有些错误并不会对应用造成影响，所以 Spring 直接这样处理也没有问题。

至此 SpringApplication 的创建过程分析完，接下来进入启动阶段。

7.3　SpringApplication 的启动

在 SpringApplication 创建完成后，可以调用 run 方法启动应用，传入 String[]类型的参数作为应用的启动参数。在 run 方法中，有准备环境、准备上下文、刷新上下文、启动完成等操作，这些步骤构成了整个应用的启动逻辑。下面详细分析 run 方法，代码如下：

```
/**
```

```
 * 实例方法启动 SpringApplication
 * @param args 启动时的命令行参数
 * @return 返回创建的应用上下文 ConfigurableApplicationContext，也就是最常用的
Spring 的 ApplicationContext
 */
public ConfigurableApplicationContext run(String... args) {
  // 停表，用于监控启动时长
  StopWatch stopWatch = new StopWatch();
  // 启动停表
  stopWatch.start();
  // 可配置的应用上下文
  ConfigurableApplicationContext context = null;
  // 启动失败的分析报告器
  Collection<SpringBootExceptionReporter> exceptionReporters = new ArrayList
<>();
  // 配置是否是缺少显示屏、键盘或者鼠标环境属性
  configureHeadlessProperty();
  // SpringApplicationRunListener 的容器，用于监听 SpringApplication 的各个启动事件
  SpringApplicationRunListeners listeners = getRunListeners(args);
  // 触发启动中事件
  listeners.starting();
  try {
    // 通过启动参数生成应用参数
    ApplicationArguments applicationArguments = new DefaultApplicationArguments
          (args);
    // 准备可配置的环境，在 ApplicationContext 中使用此环境
    ConfigurableEnvironment environment = prepareEnvironment(listeners,
        applicationArguments);
    // 从环境中获取 spring.beaninfo.ignore 并配置
    configureIgnoreBeanInfo(environment);
    // 打印启动横幅，可以改成永无 bug
    Banner printedBanner = printBanner(environment);
    // 创建 ApplicationContext
    context = createApplicationContext();
    // 从 spring.factories 中获取失败分析报告器，用于失败时详细分析失败原因并报告
    exceptionReporters = getSpringFactoriesInstances(
        SpringBootExceptionReporter.class,
        new Class[] { ConfigurableApplicationContext.class }, context);
    // 准备 ApplicationContext，包括设置环境、注册一些必要的组件等
    prepareContext(context, environment, listeners, applicationArguments,
        printedBanner);
    // 执行 context 的 refresh 方法，初始化启动 ApplicationContext
    refreshContext(context);
    // 刷新之后执行一些方法
    afterRefresh(context, applicationArguments);
    // 停止停表
    stopWatch.stop();
    if (this.logStartupInfo) {
```

```
            // 打印启动日志
            new StartupInfoLogger(this.mainApplicationClass)
                .logStarted(getApplicationLog(), stopWatch);
        }
        // 调用启动完成的事件回调
        listeners.started(context);
        // 从应用上下文中获取ApplicationRunner和CommandLineRunner类型的Bean并调用他们的run方法
        callRunners(context, applicationArguments);
    }
    catch (Throwable ex) {
        // 失败时调用必要的逻辑，失败分析报告器就用在这里
        handleRunFailure(context, ex, exceptionReporters, listeners);
        throw new IllegalStateException(ex);
    }
    try {
        // 正常启动，调用运行中事件回调
        listeners.running(context);
    }
    catch (Throwable ex) {
        // 失败时调用必要的逻辑
        handleRunFailure(context, ex, exceptionReporters, null);
        throw new IllegalStateException(ex);
    }
    // 返回创建的ApplicationContext
    return context;
}
```

其中有几个关键点，分别是 prepareEnvironment 应用环境的创建与准备、createApplicationContext 应用上下文的创建、prepareContext 应用上下文的准备、refreshContext 应用上下文的刷新，接下来依次分析整个过程。

7.3.1　应用环境的创建与准备

首先看一下应用环境如何创建与准备，代码如下：

```
/**
 * 准备应用环境
 * @param listeners Spring应用的启动监听器，用于处理一些事件回调
 * @param applicationArguments 启动时传入的启动参数的封装，一般以"--参数名=参数值"的方式配置参数
 * @return 返回可配置的应用环境
 */
private ConfigurableEnvironment prepareEnvironment(
        SpringApplicationRunListeners listeners,
        ApplicationArguments applicationArguments) {
    // Create and configure the environment
```

```
  // 根据情况获取或者创建环境。SpringApplication 构造时可以主动指定环境
  // 如果是自动获取的环境，则会根据当前 Web 类型返回不同的环境。Servlet 环境返回
StandardServletEnvironment，其他情况返回 StandardEnvironment
  ConfigurableEnvironment environment = getOrCreateEnvironment();
  // 配置应用环境，添加一些默认的 PropertySource 属性源，尝试通过属性源获取活动的 profiles
  configureEnvironment(environment, applicationArguments.getSourceArgs());
  // 调用监听器的环境已准备事件
  listeners.environmentPrepared(environment);
  // 环境初始化完毕，绑定环境中一些属性到当前 SpringApplication 中
  bindToSpringApplication(environment);
  // 如果当前不是 Web 环境，则把环境做转换
  if (this.webApplicationType == WebApplicationType.NONE) {
      environment = new EnvironmentConverter(getClassLoader())
            .convertToStandardEnvironmentIfNecessary(environment);
  }
  // attach 一些属性源到环境中
  ConfigurationPropertySources.attach(environment);
  return environment;
```

在这一步中，看似做的事情不多，其实并不简单。在这一步中，会加载以下数据源。

- 通过 System.getProperties()获取 Jvm 相关变量，通过 Java 启动参数-Dkey=value 指定。
- 通过 System.getenv()获取的当前系统的环境变量，Linux 通过 export key=value 指定，Windows 通过 set key=value 指定。
- 通过命令行参数获取，使用应用启动参数-key=value 来配置。
- 通过 resources 或者 resources/config 目录下的配置文件 application.yml 或者 application.properties 指定。

其中我们所熟知的 Spring Boot 的 application.yml 或者 application.properties 配置文件的属性加载，就和 listeners.environmentPrepared 事件相关，ConfigFileApplicationListener 的 onApplicationEnvironmentPreparedEvent 方法的执行逻辑中，会对 resources 目录下的文件进行加载并绑定到环境中。

环境创建和准备完毕，就开始创建应用上下文。

7.3.2 应用上下文的创建

创建上下文的逻辑在 createApplicationContext 逻辑里面，我们来看一下具体应用上下文的创建，代码如下：

```
// 基于注解配置的 Servlet Web 服务应用上下文
public static final String DEFAULT_WEB_CONTEXT_CLASS = "org.springframework
.boot."
        + "web.servlet.context.AnnotationConfigServletWebServerApplication-
Context";
// 基于注解配置的 Reactive Web 服务应用上下文
```

```
public static final String DEFAULT_REACTIVE_WEB_CONTEXT_CLASS = "org
.springframework."
        + "boot.web.reactive.context.AnnotationConfigReactiveWebServer-
ApplicationContext";
// 基于注解配置的非 Web 应用上下文
public static final String DEFAULT_CONTEXT_CLASS = "org.springframework
.context."
        + "annotation.AnnotationConfigApplicationContext";
/**
 * 根据环境创建对应类型的 ApplicationContext
 * @return 返回创建的应用上下文 ConfigurableApplicationContext，也就是最常用的
Spring 的 ApplicationContext
 */
protected ConfigurableApplicationContext createApplicationContext() {
  Class<?> contextClass = this.applicationContextClass;
  // 如果当前配置中的 applicationContextClass 为空，则根据环境自动获取，否则直接以配置
为准
  if (contextClass == null) {
     try {
        // 根据是 Web 环境类型，返回不同的 ApplicationContext 类型
        switch (this.webApplicationType) {
        case SERVLET:
           // Servlet 类型返回 AnnotationConfigServletWebServerApplication-
Context
           contextClass = Class.forName(DEFAULT_WEB_CONTEXT_CLASS);
           break;
        case REACTIVE:
           // Reactive 类型返回 AnnotationConfigReactiveWebServerApplication-
Context
           contextClass = Class.forName(DEFAULT_REACTIVE_WEB_CONTEXT_CLASS);
           break;
        default:
           // 默认返回 AnnotationConfigApplicationContext
           contextClass = Class.forName(DEFAULT_CONTEXT_CLASS);
        }
     }
     catch (ClassNotFoundException ex) {
        throw new IllegalStateException(
              "Unable create a default ApplicationContext, "
                    + "please specify an ApplicationContextClass",
              ex);
     }
  }
  // 实例化应用上下文类
  return (ConfigurableApplicationContext) BeanUtils.instantiateClass
(contextClass);
}
```

在Web环境的情况下，使用的是org.springframework. boot.web.servlet.context.AnnotationConfigServletWebServerApplicationContext 上下文。下面我们对上下文的准备进行详细的分析。

7.3.3 应用上下文的准备

应用上下文的准备，具体代码如下：

```
/**
 * 准备应用上下文
 * @param context 创建好的可配置应用上下文
 * @param environment 创建好的可配置环境
 * @param listeners Spring应用的启动监听器，用于处理一些事件回调
 * @param applicationArguments 启动时传入的启动参数的封装，一般以“--参数名=参数值”
的方式配置参数
 * @param printedBanner 可打印的启动横幅，可以按照自己的喜好修改，如改为永无bug
 */
private void prepareContext(ConfigurableApplicationContext context,
      ConfigurableEnvironment environment, SpringApplicationRunListeners
listeners,
      ApplicationArguments applicationArguments, Banner printedBanner) {
  // 把环境设置到应用上下文中
  context.setEnvironment(environment);
  // 设置完做一些处理
  postProcessApplicationContext(context);
  // 调用应用初始化组件
  applyInitializers(context);
  // 调用监听器的上下文已准备事件
  listeners.contextPrepared(context);
  // 打印启动日志
  if (this.logStartupInfo) {
      logStartupInfo(context.getParent() == null);
      logStartupProfileInfo(context);
  }
  // 直接注册特殊类型的启动参数单例到BeanFactory中
  context.getBeanFactory().registerSingleton("springApplicationArguments",
         applicationArguments);
  // 直接注册可打印类型的Banner单例到BeanFactory中
  if (printedBanner != null) {
      context.getBeanFactory().registerSingleton("springBootBanner",
printedBanner);
  }
  // 加载并获取当前应用的配置资源
Set<Object> sources = getAllSources();
// 保证资源不为空
  Assert.notEmpty(sources, "Sources must not be empty");
```

```
  // 加载配置资源到应用上下文中
  load(context, sources.toArray(new Object[0]));
  // 调用监听器的上下文已加载回调事件
  listeners.contextLoaded(context);
}
```

这一步的主要作用是把启动时的配置资源也就是启动类作为配置 Bean 加载到应用上下文中，作为整个应用的配置入口，在应用上下文刷新时会把这个作为入口加载整个应用。

7.3.4 应用上下文的刷新

通过上面的过程，得知使用的应用上下文是 AnnotationConfigServletWebServerApplicationContext 类型。在 run 方法的 refreshContext 逻辑中，会调用生成 ConfigurableApplicationContext 上下文的 refresh 方法对创建的上下文进行刷新，刷新后，整个 Spring 应用启动起来。

对于 AnnotationConfigServletWebServerApplicationContext 类型的 ConfigurableApplicationContext，它的 refresh 方法是在父类 ServletWebServerApplicationContext 中的重写，代码如下：

```
/**
 * 刷新上下文
 */
public final void refresh() throws BeansException, IllegalStateException {
  try {
      // 调用父类，也就是 AbstractApplicationContext 的 refresh 方法
      // 父类的 refresh 是个模板方法，其中执行了很多抽象方法，子类根据情况重写抽象方法，达到模板化 refresh 整个应用上下文
      super.refresh();
  }
  catch (RuntimeException ex) {
     // 如果有异常，则停止内嵌的 ServletWebServer
     stopAndReleaseWebServer();
     // 抛出原来发生的异常
     throw ex;
  }
}
/**
 * 停止内嵌 Servlet 容器
 */
private void stopAndReleaseWebServer() {
  WebServer webServer = this.webServer;
  // 不为空，调用停止方法
  if (webServer != null) {
      try {
          webServer.stop();
```

```
            this.webServer = null;
        }
        catch (Exception ex) {
            throw new IllegalStateException(ex);
        }
    }
}
```

注意：

这里有停止内嵌 ServletWebServer 的方法，内嵌 ServletWebServer 是从 this.webServer 获取。根据这些信息可以推断，内嵌 Servlet 容器是在 ServletWebServerApplicationContext 中维护，那么这个容器的来源是什么?

根据 this.webServer 引用情况，找到这个实例的创建是在 createWebServer 方法中，代码如下：

```
/**
 * 创建内嵌 ServletWebServer
 */
private void createWebServer() {
  // 保存原始引用，用于在执行创建时就已经存在 webServer 的情况
  WebServer webServer = this.webServer;
  // // 获取 ServletContext 上下文
  ServletContext servletContext = getServletContext();
  // 初始化时，两者都为空，执行默认的创建逻辑
  if (webServer == null && servletContext == null) {
      // 获取内嵌 ServletWebServer 工厂
      ServletWebServerFactory factory = getWebServerFactory();
      // 通过工厂的方法 getWebServer 获得内嵌 ServletWebServer
      // 传入的参数是 ServletContextInitializer,在 ServletContainer 初始化完成之后，
会调用 ServletContextInitializer.onStartup 方法并传入
      this.webServer = factory.getWebServer(getSelfInitializer());
  }
  else if (servletContext != null) {
     try {
        // 在已有情况下直接调用自身的 Initializer 的 onStartup 方法并传入
        getSelfInitializer().onStartup(servletContext);
     }
     catch (ServletException ex) {
        throw new ApplicationContextException("Cannot initialize servlet context",
             ex);
     }
  }
  // 初始化 PropertySources，用于使用 ServletContext 和 ServletConfig 代替
ApplicationContext 的 Environment 中的这两个属性源
  initPropertySources();
  // 补充解释 SelfInitializer 所做的事情，后面源码分析还会涉及到
```

```
  // 因为有些操作需要在 Servlet 容器初始化完成的时候执行，Initializer 的作用就是如此。在它的 onStartup 逻辑中会调用 selfInitialize 方法
  // 这个方法会注册一些 Servlet 上下文特有的组件和作用域，同时获取 ApplicationContext 中的所有 ServletContextInitializer 类型的 bean，统一调用它们的 onStartup 方法
}
```

这个方法在 ServletWebServerApplicationContext 的 onRefresh 方法中被调用，而 onRefresh 方法的调用处又是在本类的 refresh 方法中。执行这个方法时当前应用上下文中的所有 BeanDefinition 都已经加载，且对 Bean 进行初始化的相关组件如 BeanFactoryPostProcessor 和 BeanPostProcessor 也都已经初始化完成。也即整个 Bean 创建的生命周期中所需要的组件都已准备就绪，此时无论需要使用任何 Bean，都可以完整可靠地创建出来。

所以在此时机加载内嵌 Servlet 容器非常合理，容器中需要使用到的 Bean 都可以被完整地初始化，可以保证 SpringApplication 生命周期完整和 Servlet 容器生命周期的完整。这个方法的代码如下：

```
/**
 * 重写父类的 onRefresh 方法，先调用父类 onRefresh，再额外创建内嵌 Servlet 容器
 */
protected void onRefresh() {
  super.onRefresh();
  try {
      // 创建内嵌 ServletWebServer，逻辑见上面
      createWebServer();
  }
  catch (Throwable ex) {
    throw new ApplicationContextException("Unable to start embedded container",
        ex);
  }
}
```

在上面创建内嵌 ServletWebServer 的逻辑中，主要关注内嵌 ServletWebServer 创建和启动的相关逻辑，即 getWebServerFactory 方法，代码如下：

```
/**
 * 获取内嵌 ServletWebServer 工厂
 * return 内嵌 ServletWebServer 工厂实例 Bean
 */
protected ServletWebServerFactory getWebServerFactory() {
  // Use bean names so that we don't consider the hierarchy
  // 获取 BeanFactory 中的 ServletWebServerFactory 类型的 beanNames，搜索不包括父 BeanFactory
  String[] beanNames = getBeanFactory()
        .getBeanNamesForType(ServletWebServerFactory.class);
  // 如果没有则抛出异常
  if (beanNames.length == 0) {
     throw new ApplicationContextException(
```

```
        "Unable to start ServletWebServerApplicationContext due to missing"
            + "ServletWebServerFactory bean.");
  }
  // 如果大于一个也抛出异常
  if (beanNames.length > 1) {
     throw new ApplicationContextException(
        "Unable to start ServletWebServerApplicationContext due to multiple"
            + "ServletWebServerFactory beans :"
            + StringUtils.arrayToCommaDelimitedString(beanNames));
  }
  // 有且仅有一个时，返回这个 Bean
  return getBeanFactory().getBean(beanNames[0], ServletWebServerFactory
.class);
}
```

获取到 ServletWebServer 工厂 bean 之后，调用它的工厂方法 getWebServer 来获取内嵌 ServletWebServer 对象。这里引出一个疑问，ServletWebServerFactory 从哪里来？

7.4 ServletWebServer 的创建与启动

前面已经了解到使用 Spring Boot 快速搭建 Web 项目，只需要在 Maven 的 pom.xml 文件中引入依赖 spring-boot-starter-web 即可，在 spring-boot-starter-web 中，依赖如下组件。

- spring-boot-starter。
- spring-boot-starter-tomcat。
- spring-boot-starter-json。
- spring-web。
- spring-webmvc。
- org.hibernate:hibernate-validator。

其中的 spring-boot-starter-tomcat 是用于支持内嵌 tomcat 容器的核心。下面回到 ServletWebServer 工厂，分析该依赖与工厂的关系，以及工厂是如何注册到应用上下文中的。

7.4.1 ServletWebServer 工厂的注册与初始化

通过 IDE 查看 ServletWebServerFactory 接口的实现类，发现有以下 3 个可实例的类。

- TomcatServletWebServerFactory。
- JettyServletWebServerFactory。
- UndertowServletWebServerFactory。

默认实现中是 Tomcat，那么就从 TomcatServletWebServerFactory 的创建入手，研究内嵌 Servlet 容器工厂类 bean 的注册。

通过 IDE 找到该类的实例化的位置，即 ServletWebServerFactoryConfiguration 配置类，声明如下：

```
class ServletWebServerFactoryConfiguration {
  // 声明为配置类
  @Configuration
  // 只有存在 Servlet 和 Tomcat 两个类时才启用
  @ConditionalOnClass({ Servlet.class, Tomcat.class, UpgradeProtocol.class })
  // 当在当前 BeanFactory 中找不到此类型的 Bean 时才创建
  @ConditionalOnMissingBean(value = ServletWebServerFactory.class, search =
SearchStrategy.CURRENT)
  public static class EmbeddedTomcat {
    // 创建 TomcatServletWebServerFactory 类型的 Bean
    @Bean
    public TomcatServletWebServerFactory tomcatServletWebServerFactory() {
      return new TomcatServletWebServerFactory();
    }
  }
  // ... 该类剩余部分代码的逻辑与上面相同，不同的是在 ConditionalOnClass 中判断特定的类
是否存在，后面两个分别是判断 Jetty 与 Undertow 的相关类是否存在，如果存在就初始化
  // ... 省略该类其他代码
}
```

ServletWebServerFactoryConfiguration 类是如何被 Spring 引入的？同样使用 IDE 找到其引入点，即在 ServletWebServerFactoryAutoConfiguration 中，Spring Boot 的 autoconfigure 包提供了自动化配置类。相关声明如下：

```
// 声明为配置类
@Configuration
// 自动配置优先级最高
@AutoConfigureOrder(Ordered.HIGHEST_PRECEDENCE)
// 在 ServletRequest 存在时才有效
@ConditionalOnClass(ServletRequest.class)
// WebApplication 类型是 SERVLET 时才有效，在 Reactive 的情况下不启用
@ConditionalOnWebApplication(type = Type.SERVLET)
// 启用 ServerProperties 属性的自动配置
@EnableConfigurationProperties(ServerProperties.class)
// 使用@Import 引入几个配置类
@Import({ServletWebServerFactoryAutoConfiguration.BeanPostProcessorsRegistrar
.class,
    ServletWebServerFactoryConfiguration.EmbeddedTomcat.class,
    ServletWebServerFactoryConfiguration.EmbeddedJetty.class,
    ServletWebServerFactoryConfiguration.EmbeddedUndertow.class})
public class ServletWebServerFactoryAutoConfiguration {

  // 生成一个 WebServerFactoryCustomizer 的 Bean，用于使用 ServerProperties 对
```

```
ServletWebServerFactory 进行个性化配置
  @Bean
  public ServletWebServerFactoryCustomizer servletWebServerFactoryCustomizer(
        ServerProperties serverProperties) {
     return new ServletWebServerFactoryCustomizer(serverProperties);
  }
  // 生成一个 WebServerFactoryCustomizer 的 Bean，用于使用 ServerProperties 对
ServletWebServerFactory 进行个性化配置，这个 Bean 只有在 Tomcat 存在时才会创建，也就是
对 Tomcat 类型的 ServletWebServerFactory 进行个性化配置
  @Bean
  @ConditionalOnClass(name = "org.apache.catalina.startup.Tomcat")
  public TomcatServletWebServerFactoryCustomizer tomcatServletWebServer-
FactoryCustomizer(
        ServerProperties serverProperties) {
     return new TomcatServletWebServerFactoryCustomizer(serverProperties);
  }
  /**
   * 用于向应用上下文中注册 WebServerFactoryCustomizerBeanPostProcessor
   */
  public static class BeanPostProcessorsRegistrar
        implements ImportBeanDefinitionRegistrar, BeanFactoryAware {
     @Override
     public void registerBeanDefinitions(AnnotationMetadata importingClass-
Metadata,
           BeanDefinitionRegistry registry) {
        if (this.beanFactory == null) {
           return;
        }
        // 注册 WebServerFactoryCustomizerBeanPostProcessor，用于加载 WebServer-
FactoryCustomizer，对 ServletWebServerFactory 进行个性化配置
        registerSyntheticBeanIfMissing(registry,
              "webServerFactoryCustomizerBeanPostProcessor",
              WebServerFactoryCustomizerBeanPostProcessor.class);
        registerSyntheticBeanIfMissing(registry,
              "errorPageRegistrarBeanPostProcessor",
              ErrorPageRegistrarBeanPostProcessor.class);
        }
        // ... 省略具体代码
  }
}
```

由上面的自动配置类可以知道 Spring Boot 中内置提供了 Tomcat、Jetty、Undertow 3 种内嵌 Servlet 容器的支持。默认情况下，因为 Tomcat 容器会被引入，故 TomcatServlet-WebServerFactory 会被注册。

当然除了内置的 3 种容器外，完全可以提供自定义的 ServletWebServerFactory 实现，替

换掉 Spring Boot 内置的实现。因为内置提供的实现都是@ConditionalOnMissingBean 的，只要提供了实现，Tomcat 的就不会创建。Spring Boot 的一大特色：提供即插即用的组件，且组件的约定大于配置，同时需要配置时，提供从配置文件的简单配置到直接替换实现的复杂配置。

同时要注意到，自动配置类中定义了两个 Bean，即 ServletWebServerFactoryCustomizer 和 TomcatServletWebServerFactoryCustomizer，都属于 WebServerFactoryCustomizer 接口的实现类，而接口的 customize 方法作用是对 ServletWebServerFactory 进行自定义，其调用处是在 WebServerFactoryCustomizerBeanPostProcessor 的 postProcessBeforeInitialization 逻辑中，这个方法在 Bean 的初始化过程中被调用，用于对 ServletWebServerFactory 进行自定义。

而 WebServerFactoryCustomizerBeanPostProcessor 注册则是在自动配置中引入的 ServletWebServerFactoryAutoConfiguration.BeanPostProcessorsRegistrar 注册类中，这样整个 ServletWebServerFactory 的注册和创建过程就完整了。

注意：

> 在 EmbeddedWebServerFactoryCustomizerAutoConfiguration 自动配置类中，也注册了一个 WebServerFactoryCustomizer，基本同上，这里不再赘述。

7.4.2　TomcatWebServer 的创建与启动

上节分析了在 ApplicationContext 创建 WebServer 过程中获取 ServletWebServerFactory 的相关依赖，现在我们已经得到了 WebServerFactory 的工厂，下面的逻辑就是分析如何从工厂获取 WebServer。

```
this.webServer = factory.getWebServer(getSelfInitializer())
```

getWebServer 的过程如下：

```
/**
 * 返回一个经过包装的 WebServer，包含了 start、stop、getPort 3 个接口
 * @param initializers ServerContext 初始化时的回调，用于初始化之后做一些事情
 * @return WebServer Spring 中的一个门面模式的设计包装了原始 TomcatServer，通过门面
把不同的内嵌 Web 容器包装成 Spring 开放的统一接口 WebServer
 */
public WebServer getWebServer(ServletContextInitializer... initializers) {
  // 创建 Tomcat 实例
  Tomcat tomcat = new Tomcat();
  // 获取 Tomcat 的 baseDir，这个 baseDir 是通过上面分析的两个 Customizer 配置的，属性来
源是 ServerProperties
  File baseDir = (this.baseDirectory != null ? this.baseDirectory
        : createTempDir("tomcat"));
  tomcat.setBaseDir(baseDir.getAbsolutePath());
  // 创建 Tomcat 的 Connector，protocol 配置来源同上
```

```
 Connector connector = new Connector(this.protocol);
 // 把 Connector 添加到 Tomcat 的 Service 中
 tomcat.getService().addConnector(connector);
 // 个性化 Connector 配置，有些是从配置文件中获取的自定义配置，还有一些是通过 Tomcat-
ConnectorCustomizer 类型的 Bean 进行的自定义配置
 customizeConnector(connector);
 // 设置当前 Connector 为上面创建的 Connector
 tomcat.setConnector(connector);
 // 不自动部署
 tomcat.getHost().setAutoDeploy(false);
 // 配置 Tomcat 的引擎
 configureEngine(tomcat.getEngine());
 // 如果有其他 Connector，则继续添加到 Tomcat 的 Service 中
 for (Connector additionalConnector : this.additionalTomcatConnectors) {
     tomcat.getService().addConnector(additionalConnector);
 }
 // 准备 Tomcat 的 StandardContext，并添加到 Tomcat 中，同时把 initializers 注册到类
型为 TomcatStarter 的 ServletContainerInitializer 中
 prepareContext(tomcat.getHost(), initializers);
 // 把 Tomcat 通过 TomcatWebServer 包装为 Spring 统一的 WebServer 类型并返回
 return getTomcatWebServer(tomcat);
}
```

这里只是创建了 Tomcat 类型的 WebServer，只有调用了 WebServer 的 start 方法，整个 WebServer 才算启动。

查找创建出来的 WebServer，找到启动逻辑，在 ServletWebServerApplicationContext 的 finishRefresh 方法中，使整个 ApplicationContext 刷新全部完成时才调用，过程如下：

```
/**
 * 完成刷新逻辑
 */
protected void finishRefresh() {
 // 调用父类完成刷新逻辑
 super.finishRefresh();
 // 调用启动 WebServer 的方法
 WebServer webServer = startWebServer();
 // 如果启动成功，会返回 WebServer
 if (webServer != null) {
     // 启动成功，发布 ServletWebServerInitializedEvent 事件
     publishEvent(new ServletWebServerInitializedEvent(webServer, this));
 }
}
/**
 * 启动 WebServer
 * @return 返回启动后的 WebServer
 */
```

```
private WebServer startWebServer() {
  WebServer webServer = this.webServer;
  if (webServer != null) {
      // 调用启动方法
      webServer.start();
  }
  return webServer;
}
```

在 TomcatWebServer 的启动逻辑中，会对之前创建的 Tomcat 进行启动，调用 TomcatEmbeddedContext 的 loadOnStartup 方法，启动整个 StandardContext。

7.4.3　总结

纵观整个 ServletWebServer 的注册、创建与启动过程，归纳以下 12 个步骤。

（1）通过自动配置类，引入 ServletWebServerFactoryConfiguration.*。

（2）在 ServletWebServerFactoryConfiguration.*中根据 ConditionalOnClass 条件来决定注册哪种类型的 ServletWebServerFactory。这里注册的是 TomcatServletWebServerFactory。

（3）通过自动配置类引入的 BeanPostProcessorsRegistrar，注册 WebServerFactoryCustomizer-BeanPostProcessor 到 ApplicationContext 中。

（4）在 ServletWebServerApplicationContext 上下文的 onRefresh 方法中，调用 createWeb-Server 创建 WebServer。

（5）在 createWebServer 方法中通过 BeanFactory 获取 ServletWebServerFactory。

（6）在 BeanFactory 获取 ServletWebServerFactory 时，会对 TomcatServletWebServerFactory 进行初始化。在初始化过程中，工厂会自动调用 WebServerFactoryCustomizerBeanPostProcessor 的 postProcessBeforeInitialization 方法。

（7）在 postProcessBeforeInitialization 方法中，从工厂获取所有 WebServerFactoryCustomizer 类型的 Bean，调用它们的 customize 方法，传入参数为此时生成的 Bean。

（8）初始化完成后拿到 ServletWebServerFactory，调用 getWebServer 方法获取 WebServer。

（9）在方法中创建 Tomcat 容器及相关组件，并对所有组件进行初始化和自定义配置。

（10）准备 Servlet 相关的 Context 上下文。

（11）把 Tomcat 包装为 TomcatWebServer 并返回。

（12）在 ApplicationContext 的 finishRefresh 方法中，启用上一步返回的 TomcatWeb-Server。

目前为止，已经全部分析了 Tomcat 内嵌 WebServer 的启动过程，但是似乎没有看到主角 DispatcherServlet 出现，DispatcherServlet 作为内嵌 WebServer 容器的组件，是在什么时候注册到容器中的呢？

7.5 DispatcherServlet 的创建与注册

要想找到DispatcherServlet的创建入口，可以通过WebServer启动过程中执行的逻辑进行定位。但启动过程中的扩展逻辑太多，不容易找到入口。可以设想是 DispatcherServlet 相关的 AutoConfiguration 在生效，同时可以根据 ServletWebServerFactory 的自动配置类定位到包未知，设想 DispatcherServlet 的相关注册和 ServletWebServerFactory 的注册类是在同一个包下。

果然，在 org.springframework.boot.autoconfigure.web.servlet 包下找到了 DispatcherServlet-AutoConfiguration 自动配置类，那么由这个自动配置类进行下面的分析。

7.5.1 DispatcherServlet 的创建

DispatcherServletAutoConfiguration 的自动配置逻辑如下：

```
// 自动配置优先级最高
@AutoConfigureOrder(Ordered.HIGHEST_PRECEDENCE)
// 声明为配置类
@Configuration
// WebApplication 是 Servlet 时才加载
@ConditionalOnWebApplication(type = Type.SERVLET)
// 存在 DispatcherServlet.class 时才加载
@ConditionalOnClass(DispatcherServlet.class)
// 在 ServletWebServer 工厂自动化配置之后才加载
@AutoConfigureAfter(ServletWebServerFactoryAutoConfiguration.class)
// 声明配置类 ServerProperties，其中属性自动通过配置文件映射
@EnableConfigurationProperties(ServerProperties.class)
public class DispatcherServletAutoConfiguration {
}
```

在该自动配置类中，嵌套了两个配置类，嵌套的配置类在解析自动配置类时会被自动加载，第一个需要关注的就是 DispatcherServletConfiguration，也就是 DispatcherServlet 配置类，代码如下：

```
// 声明为配置类
@Configuration
// 条件化配置，不存在默认 DispatcherServlet 时才加载
@Conditional(DefaultDispatcherServletCondition.class)
// 存在 ServletRegistration.class 时加载（Servlet 3.0 之后支持的 Servlet 动态注册类）
@ConditionalOnClass(ServletRegistration.class)
// 启用 WebMvcProperties，通过配置文件自动映射
@EnableConfigurationProperties(WebMvcProperties.class)
protected static class DispatcherServletConfiguration {
```

```
  // 保存 WebMvcProperties，用于配置 DispatcherServlet
  private final WebMvcProperties webMvcProperties;

  // 构造器注入
  public DispatcherServletConfiguration(WebMvcProperties webMvcProperties) {
    this.webMvcProperties = webMvcProperties;
  }
  // 声明 DispatcherServlet 的 Bean，name 为 dispatcherServlet
  @Bean(name = DEFAULT_DISPATCHER_SERVLET_BEAN_NAME)
  public DispatcherServlet dispatcherServlet() {
    // 创建 DispatcherServlet
    DispatcherServlet dispatcherServlet = new DispatcherServlet();
    // 通过配置文件配置一些属性
    // 是否使用 DispatcherServlet 处理 Options 类型的请求
    dispatcherServlet.setDispatchOptionsRequest(
        this.webMvcProperties.isDispatchOptionsRequest());
    // 是否使用 DispatcherServlet 处理 Trace 类型的请求
    dispatcherServlet.setDispatchTraceRequest(
        this.webMvcProperties.isDispatchTraceRequest());
    // 没有 Handler 发现时，是否抛出异常
    dispatcherServlet.setThrowExceptionIfNoHandlerFound(
        this.webMvcProperties.isThrowExceptionIfNoHandlerFound());
    return dispatcherServlet;
  }
}
```

在这里可以看到DispatcherServlet的Bean被创建。但是单创建一个Bean不足以让上面创建的Tomcat容器自动引用，肯定有逻辑指定DispatcherServlet作为Servlet注册到Servlet容器中。查找这个类型的引用，可以发现在DispatcherServletAutoConfiguration自动配置类中使用到了它，该自动配置类内部嵌套的另外一个配置类DispatcherServletRegistration-Configuration中创建了DispatcherServlet的实例。代码如下：

```
@Configuration
// 检查 BeanFactory 中是否有默认的 DispatcherServlet，有则加载
@Conditional(DispatcherServletRegistrationCondition.class)
// 是否存在 ServletRegistration.class
@ConditionalOnClass(ServletRegistration.class)
// 配置属性
@EnableConfigurationProperties(WebMvcProperties.class)
// 引入 DispatcherServletConfiguration，也就是上面的配置类，保证这个配置类被加载（个
人感觉多余了，只要有上面的配置类就可以被加载了）
@Import(DispatcherServletConfiguration.class)
protected static class DispatcherServletRegistrationConfiguration {
  // 注入 ServerProperties 服务器相关配置
  private final ServerProperties serverProperties;
  // 注入 WebMvcProperties 相关配置
  private final WebMvcProperties webMvcProperties;
```

```
  // 注入 MultipartConfigElement 文件相关配置
  private final MultipartConfigElement multipartConfig;
  // 使用构造器注入
  public DispatcherServletRegistrationConfiguration(
        ServerProperties serverProperties, WebMvcProperties webMvcProperties,
        ObjectProvider<MultipartConfigElement> multipartConfigProvider) {
    this.serverProperties = serverProperties;
    this.webMvcProperties = webMvcProperties;
    // 使用 ObjectProvider 以确保不存在 MultipartConfigElement 类型的 Bean 时也不会
报错
    this.multipartConfig = multipartConfigProvider.getIfAvailable();
  }
  // 声明 name 为 dispatcherServletRegistration 的 Bean
  @Bean(name = DEFAULT_DISPATCHER_SERVLET_REGISTRATION_BEAN_NAME)
  // 存在默认的 DispatcherServlet 时才启用
  @ConditionalOnBean(value = DispatcherServlet.class, name = DEFAULT_
DISPATCHER_SERVLET_BEAN_NAME)
  // 通过方法参数注入 DispatcherServlet
  public ServletRegistrationBean<DispatcherServlet> dispatcherServlet-
Registration(
        DispatcherServlet dispatcherServlet) {
    // 创建一个ServletRegistrationBean，包含dispatcherServlet，并从ServerProperties
中获取 UrlMapping，即此 Servlet 映射的 Url
    ServletRegistrationBean<DispatcherServlet> registration = new Servlet-
RegistrationBean<>(
            dispatcherServlet, this.serverProperties.getServlet()
.getServletMapping());
    // 设置 name
    registration.setName(DEFAULT_DISPATCHER_SERVLET_BEAN_NAME);
    // 配置是否在启动时就加载
    registration.setLoadOnStartup(
          this.webMvcProperties.getServlet().getLoadOnStartup());
    // 如果 multipartConfig 存在时，则设置
    if (this.multipartConfig != null) {
        registration.setMultipartConfig(this.multipartConfig);
    }
    return registration;
  }
}
```

至此自动配置类的代码分析已完成，值得注意的是 ServletRegistrationBean，看名字是否是用于 Servlet 的注册，根据其使用情况分析也是如此。那么它的作用是否与我们的设想相符？7.5.2 节将进行详细分析。

7.5.2 用于注册 Servlet 的 Bean

先看一下 ServletRegistrationBean 的 UML 类图结构，如图 7.1 所示。

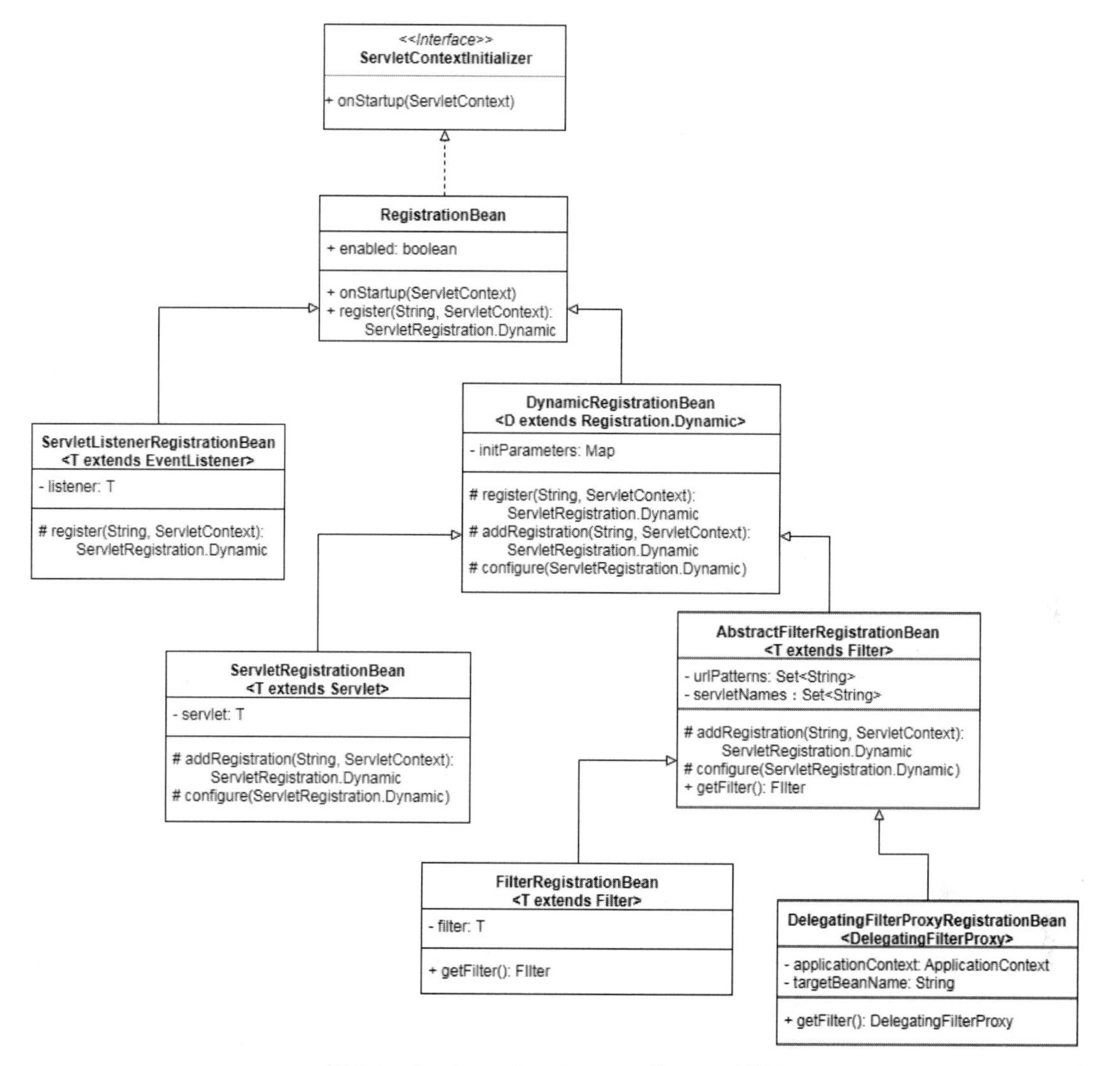

图 7.1　ServletRegistrationBean 的 UML 类图

从图 7.1 中可以看到 ServletRegistrationBean 是 RegistrationBean 的子类，同时 RegistrationBean 支持 3 种组件的注册：Servlet、Listener 和 Filter。这 3 个组件的注册和配置都是基于 RegistrationBean。RegistrationBean 实现了 ServletContextInitializer 接口，重写接口的 onStartup 并调用 register 来向 ServletContext 注册相关组件。下面主要分析 ServletRegistrationBean 的代码。

```
/**
 * RegistrationBean 中的 onStartup 方法
 * @param servletContext Servlet 相关上下文，可以用于注册 Servlet、Listener 和 Filter
 */
public final void onStartup(ServletContext servletContext) throws
ServletException {
    // 获取组件描述
```

```
    String description = getDescription();
    if (!isEnabled()) {
        logger.info(StringUtils.capitalize(description)
                + " was not registered (disabled)");
        return;
    }
    // 传入描述和 ServletContext，执行注册逻辑
    register(description, servletContext);
}
/**
 * DynamicRegistrationBean 中的 register 方法
 * @param description 组件的描述，向 ServletContext 中注册时作为 name
 * @param servletContext Servlet 相关上下文，可以用于注册 Servlet、Listener 和 Filter
 */
protected final void register(String description, ServletContext
servletContext) {
    // 添加 registration，返回 Registration.Dynamic
    D registration = addRegistration(description, servletContext);
    if (registration == null) {
        logger.info(StringUtils.capitalize(description) + "was not registered"
                + "(possibly already registered?)");
        return;
    }
    // 执行配置逻辑
    configure(registration);
}
/**
 * ServletRegistrationBean 中的 addRegistration 方法
 * @param description 组件的描述，向 ServletContext 中注册时作为 name
 * @param servletContext Servlet 相关上下文，可以用于注册 Servlet、Listener 和 Filter
 * @return ServletRegistration.Dynamic Servlet 3.0 之后提供的 Registration.Dynamic
相关的动态注册配置支持，可以对添加到 ServletContext 中的组件相关配置做修改，如映射的
UrlMapping 等
 */
protected ServletRegistration.Dynamic addRegistration(String description,
        ServletContext servletContext) {
    // 使用 ServletName 来注册
    String name = getServletName();
    logger.info("Servlet " + name + " mapped to " + this.urlMappings);
    // 调用 ServletContext 的 addServlet 方法，向 ServletContext 中注册 Servlet，并返
回可用于对 Servlet 相关映射做修改的 ServletRegistration.Dynamic
    return servletContext.addServlet(name, this.servlet);
}
/**
 * ServletRegistrationBean 中的 configure 方法
 * @param ServletRegistration.Dynamic 同上面方法的返回值
 */
protected void configure(ServletRegistration.Dynamic registration) {
```

```
    // 调用父类通用配置
    super.configure(registration);
    // 获取当前 Servlet 的 UrlMapping
    String[] urlMapping = StringUtils.toStringArray(this.urlMappings);
    if (urlMapping.length == 0 && this.alwaysMapUrl) {
        urlMapping = DEFAULT_MAPPINGS;
    }
    if (!ObjectUtils.isEmpty(urlMapping)) {
        // 添加 UrlMapping
        registration.addMapping(urlMapping);
    }
    // 配置是否启动时加载
    registration.setLoadOnStartup(this.loadOnStartup);
    if (this.multipartConfig != null) {
        // 如果 multipartConfig 不为空则添加配置
        registration.setMultipartConfig(this.multipartConfig);
    }
}
```

该逻辑就是 ServletRegistrationBean 向 ServletContext 动态注册 Servlet 的逻辑，基本可以断定在这个逻辑中，DispatcherServlet 注册到 ServletContext 中。

7.5.3 ServletRegistrationBean 的调用

基本组件已经分析完毕，那么在 ServletWebServer 的启动过程中如何获取 ServletRegistrationBean 调用并进行注册呢？

已知 ServletRegistrationBean 的注册核心入口是接口 ServletContextInitializer 实现的 onStartup 方法，通过 IDE 找到 onStartup 的调用点有两处，一是上节提到的 ServletWebServer-ApplicationContext 中的 selfInitialize 方法；二是 TomcatStarter 的 onStartup 方法。

首先 ServletWebServerApplicationContext 中的 selfInitialize 作为方法被使用，在 createWebServer 中有逻辑：this.webServer=factory.getWebServer(getSelfInitializer())，而 getSelfInitializer 方法返回的也是 ServletContextInitializer 类型的实例，暂时命名为 SelfInitializer。这里 selfInitialize 方法被调用，并不会对 ServletContextInitializer 的 onStartup 方法进行调用，所以真实的调用处并不在这里，那么真实的调用处是在二处的逻辑中吗？

通过 IDE 查看 TomcatStartet 实例化的位置在 TomcatServletWebServerFactory 中，这就和 factory.getWebServer 方法联系起来了。

再分析调用栈。TomcatServletWebServerFactory.getWebServer 调用 prepareContext 准备 Context，传入 SelfInitializer。在 propareContext 中又调用了 configureContext 配置 Context，传入的是经过 mergeInitializers 方法合并过的所有 initializers。合并了包括固定添加的两个 ServletContextInitializer，传入参数中的 ServletContextInitializer 和 TomcatServletWebServer-Factory 中设置的 ServletContextInitializer。

在 configureContext 方法中，把上面所有的 ServletContextInitializer 作为构造参数创建

TomcatStarter，并作为 ServletContainerInitializer 注册 Tomcat 的 Context 中。ServletContainerInitializer 的执行则是 Tomcat 容器在初始化时自动调用执行，即初始化时自动调用 TomcatStarter 的 onStartup，在 onStartup 方法中才真正调用了所有的 ServletContextInitializer 的 onStartup 方法，这才是真正的调用源头。

但在 TomcatStarter 中维护的只是固定的几个 ServletContextInitializer，并没有出现 DispatcherServletRegistrationBean。在 selfInitialize 中，是否也有 ServletContextInitializer 的 onStartup 调用在 selfInitialize 中维护了所有的 RegistrationBean 吗？代码如下：

```
/**
 * ServletWebServerApplicationContext 中的 selfInitialize 方法
 * @param servletContext Servlet 上下文
 */
private void selfInitialize(ServletContext servletContext) throws
ServletException {
    // 准备 ApplicationContext，互换 ServletContext 和 ApplicationContext 中的一些
属性
    prepareWebApplicationContext(servletContext);
    // 获取 Bean 工厂
    ConfigurableListableBeanFactory beanFactory = getBeanFactory();
    // 向工厂注册作用域，包括 request、session 和 application 3 种
    ExistingWebApplicationScopes existingScopes = new ExistingWeb-
ApplicationScopes(
            beanFactory);
    WebApplicationContextUtils.registerWebApplicationScopes(beanFactory,
            getServletContext());
    existingScopes.restore();
    // 把 ServletContext 和 ServletConfig 注册为单例
    WebApplicationContextUtils.registerEnvironmentBeans(beanFactory,
            getServletContext());
    // 获取所有的 ServletContextInitializerBean 并调用 onStartup 方法
    for (ServletContextInitializer beans : getServletContextInitializerBeans
()) {
        beans.onStartup(servletContext);
    }
}
/**
 * 获取 ServletContextInitializerBeans 集合类
 * @return Collection<ServletContextInitializer> 所有 ServletContextInitializer
的集合
 */
protected Collection<ServletContextInitializer> getServletContext-
InitializerBeans() {
    return new ServletContextInitializerBeans(getBeanFactory());
}
```

很明显，所有 ServletContextInitializer 的 onStartup 的调用就是在这里，问题在于如何获

取所有的 ServletContextInitializer？ServletContextInitializerBeans 的构造方法如下：

```
/**
 * 构造方法
 * @param beanFactory 用于获取所有 BeanFactory 中的 ServletContextInitializer 类型的 Bean
 */
public ServletContextInitializerBeans(ListableBeanFactory beanFactory) {
    this.initializers = new LinkedMultiValueMap<>();
    // 通过工厂获取 ServletContextInitializer 类型的 Bean 并添加
    addServletContextInitializerBeans(beanFactory);
    // 用于自动把 BeanFactory 中的 Servlet、Filter、EventListener 包装成 Servlet-ContextInitializer，这里面会有去重逻辑，如果已经通过 ServletRegistrationBean 加载的 Servlet，则不会通过 Adaptable 加载
    addAdaptableBeans(beanFactory);
    List<ServletContextInitializer> sortedInitializers = new ArrayList<>();
    // 排序并添加所有
    this.initializers.values().forEach((contextInitializers) -> {
        AnnotationAwareOrderComparator.sort(contextInitializers);
        sortedInitializers.addAll(contextInitializers);
    });
    this.sortedList = Collections.unmodifiableList(sortedInitializers);
}
private void addServletContextInitializerBeans(ListableBeanFactory
beanFactory) {
    // 从 Bean 工厂中获取所有的 ServletContextInitializer
    for (Entry<String, ServletContextInitializer> initializerBean :
getOrderedBeansOfType(
            beanFactory, ServletContextInitializer.class)) {
        addServletContextInitializerBean(initializerBean.getKey(),
                initializerBean.getValue(), beanFactory);
    }
}
```

至止，完整地分析了 DispatcherServlet 是如何注册到 Tomcat 容器中的。

7.5.4　总结

纵观整个 DispatcherServlet 的创建与注册过程，可以总结为以下 8 个步骤。

（1）通过自动配置类，引入 DispatcherServlet。

（2）把 DispatcherServlet 包装为 ServletRegistrationBean，用于自动向 ServletWebServer 中注册。

（3）在 Tomcat 创建阶段，把 SelfInitializer 作为 ServletContextInitializer 注册到 Tomcat-Starter 中。

（4）把 TomcatStarter 作为 ServletContainerInitializer 注册到 Tomcat 中。

（5）在启动 TomcatStarter 时，调用 ServletContainerInitializer 的 onStartup 方法。

（6）TomcatStarter 的 onStartup 方法中调用 SelfInitializer 的 onStartup 方法。

（7）在 SelfInitializer 的 onStartup 方法中获取 BeanFactory 中的所有 ServletContext-Initializer 类型的 Bean，并调用它们的 onStartup 方法。

（8）在 RegistrationBean 相关的 onStartup 方法中，把内部维护的 Servlet、Listener、Filter 注册到 ServletContext 中。

7.6 扩 展 知 识

本章内容涉及了很多 Spring Boot 相关的知识点，正文中不方便列出。作为扩展知识，本节讲述自动配置和 Bean 的后置处理相关内容。

7.6.1 关于 AutoConfiguration

Spring Boot 使用 AutoConfiguration 实现自动化配置，以提供即插即用的组件服务。其原理是在 @SpringBootApplication 注解中，标记 @EnableAutoConfiguration。在标记为 @EnableAutoConfiguration 后，Spring Boot 会自动开启 AutoConfiguration 自动配置。

其功能实现入口是在 @EnableAutoConfiguration 标记的 @Import(EnableAuto-ConfigurationImportSelector.class)，通过 @Import 功能，导入 ImportSelector。通过 ImportSelector 的 selectImports 功能，自动引入需要的一些 Class 类型作为配置类的 Bean 生成。

在 EnableAutoConfigurationImportSelector 的 selectImports 方法中，使用 SpringFactories-Loader.loadFactoryNames 功能来获取 spring.factories 文件中的 key。即 org.springframework.boot.autoconfigure.EnableAutoConfiguration 对应的所有类的类名，再通过过滤条件筛选出最终需要引入的所有类的类名，作为 selectImports 的返回值，如此 Spring Boot 便会把这个类作为配置类进行加载解析。

上面就是 EnableAutoConfiguration 的实现原理，但是实际开发中逻辑很复杂，有兴趣的读者可以参考上面的关键词找到对应的源码，调试进行研究。

7.6.2 关于 BeanPostProcessor

BeanPostProcessor（以下简称 BPP）是 Spring 为 Bean 增强提供的一个扩展点，是 Bean 的后置处理器。其中有 postProcessBeforeInitialization 和 postProcessAfterInitialization 两个方法，参数都有两个，第一个是当前正在创建的 Bean 实例；第二个是当前 Bean 的 Name。

在 BeanFactory 中尝试获取 Bean 时，工厂会检查要获取的 Bean 是否存在。如果不存在，则会执行创建 Bean 的逻辑。在创建 Bean 的逻辑中，对每一个 Bean 都会调用 BPP 的相关方法，以达到对创建的 Bean 进行扩展的目的。如可替换成动态代理的类，这也是 Spring AOP

实现的基础。

postProcessBeforeInitialization 的时机是在原始 Bean 实例创建后，当 postProcess-BeforeInitialization 调用完成时，会调用 Bean 的一些初始化方法，当初始化方法调用完成后，再调用 BPP 的 postProcessAfterInitialization 方法。

在 ServletWebServerFactory 的自动注册类中，通过 BeanPostProcessorsRegistrar 向 BeanFactory 中注册类型为 WebServerFactoryCustomizerBeanPostProcessor 的 BPP，在 BPP 的 postProcessBeforeInitialization 方法中会判断 Bean，如果是 WebServerFactory 类型，则通过工厂获取所有类型为 WebServerFactoryCustomizer 的 Bean，并调用它们的 customize 方法对 WebServerFactory（在 Tomcat 情况下，该 WebServerFactory 为 TomcatServletWebServerFactory）进行个性化。

本章小结：

本章从 Spring Boot 与 Tomcat 容器的整合开始，再到 Spring MVC 组件与 Tomcat 容器整合，完整地分析了 Spring Boot Web 相关应用的启动过程的源码，达到了不仅知其然，而且知其所以然的目的。读者也可以根据源码进行自定义扩展。总之，在理解源码之后，进行项目开发会更加得心应手。

第 8 章　请求分发中心：DispatcherServlet

在第 7 章中，已了解到 Spring MVC 与 Web 容器之间的整合是通过 DispatcherServlet 组件实现的。Spring Boot 在启动时把 DispatcherServlet 注册到基于 Servlet 标准的 Web 容器中，Web 容器在接收到 HTTP 请求时，经过预处理后把该请求交给 DispatcherServlet 处理，同时 DispatcherServlet 还负责处理把需要返回的内容写入 HTTP 响应。这就意味着，Spring MVC 请求处理的核心就是 DispatcherServlet。

这正如在餐厅点餐，客人点单即发起一个 HTTP 请求，后续的菜单传递、食材准备、烹饪及上餐前对菜肴的点缀过程均是由餐厅管理层进行分发控制。核心管理至关重要，分发控制必须做到井然有序，这样才能达到高效率的请求处理目的。

本章就以 DispatcherServlet 分发处理请求为切入点，来分析该核心组件的工作原理。

8.1　Web 容器请求处理入口

在第 6 章中提到研究请求处理的步骤可以通过在处理器方法上设置一个断点，再访问此请求进入断点中断，此时查看该线程的调用栈即可找到相关的处理逻辑。那么这里继续以此思路来查看 Web 容器中对于请求的处理步骤。

在处理器方法的调用栈中，从最顶层开始调用栈的上层查看，排除掉 JDK 自身包 java.* 下的方法及 tomcat 服务器包 org.apache.*下的方法，最先出现的 Spring 包 org.springframework 下相关的方法是 Filter 组件。

在 Filter 组件执行完成后，则进入 org.springframework 中的 Servlet 组件执行请求与响应的处理。这个 Servlet 组件即是 Spring MVC 与 Web 容器整合的核心。在 Servlet 组件中，依次调用 org.springframework 包中的所有 MVC 组件，最终执行到开发者定义的处理器方法。这也就是断点所在处，之后即层层向上返回，同时把返回内容写入 HTTP 响应中。

下面分析其处理过程。

8.1.1　过滤器组件

在 Servlet 标准中，请求的处理过程是先通过由所有的 Filter 组件构成 Filter 链对请求进行过滤与预处理，如果在 Filter 链中没有对请求提前结束处理，则最终会进入 Servlet 组件中对请求进行处理。

对于 Spring MVC 来说，最终的 Servlet 组件就是 DispatcherServlet，而其中调用链中出现的 Spring MVC 提供的一些 Filter 则各有其功能，这些组件的注册在第 7 章中已经讲述过，在此不再赘述。这里只列出常见的 Filter 组件及功能。

- CharacterEncodingFilter：用于强制指定请求和响应的编码。
- HiddenHttpMethodFilter：用于在请求方法为 POST 时，从请求参数中获取请求方法，并用获取的参数作为真实的请求方法，替换当前的 POST 请求方法。该组件用于为只支持 GET 和 POST 两种方法的浏览器提供支持。
- HttpPutFormContentFilter：用于支持请求方法为 PUT 或 PATCH 时，把表单参数解析到请求参数中，以支持从 request 的 getParameter 中获取表单请求参数的功能。
- RequestContextFilter：用于初始化 RequestContext 请求上下文，把当前请求和响应放入 Spring MVC 的请求上下文中。

下面来看 CharacterEncodingFilter 的相关源码，以了解其工作原理，代码如下：

```
/**
 * 重写父类 OncePerRequestFilter 的 doFilterInternal 方法
 * 父类 OncePerRequestFilter 的 doFilter 方法中，保证该 Filter 的 doFilterInternal
方法在一次请求的处理过程中只被调用一次
 * @param request 原始的 HttpServletRequest
 * @param response 原始的 HttpServletResponse
 * @param filterChain 过滤器链，用于执行链式调用
 */
@Override
protected void doFilterInternal(
    HttpServletRequest request, HttpServletResponse response, FilterChain
filterChain)
    throws ServletException, IOException {
  // 获取当前配置的编码
  String encoding = getEncoding();
  // 如果编码不为空
  if (encoding != null) {
      // 如果配置的强制设置请求编码为 true 或请求编码为空，则强制设置请求编码
      if (isForceRequestEncoding() || request.getCharacterEncoding() == null) {
          request.setCharacterEncoding(encoding);
      }
      // 如果配置的强制设置响应编码为 true，则强制设置响应编码
      if (isForceResponseEncoding()) {
          response.setCharacterEncoding(encoding);
      }
  }
  // 设置完成后，执行链式调用的下一个过滤器
  filterChain.doFilter(request, response);
}
```

从以上代码中可以看到，获取的一些值是本类的属性，而这些属性则是在该 Filter 组件初始化时设置的，其初始化的值则从配置 spring.http.encoding 下对应配置项中获取。组件相关初始化逻辑将会在 8.6 节详述。

8.1.2 Servlet 组件

在过滤器执行完成后，将会进入Servlet组件的执行中。通过调用栈可知，在调用栈中最先出现的Servlet组件相关类为javax.servlet.http.HttpServlet，该类为抽象类，执行时肯定是一个具体的类，为该类的子类。

在调用栈中，定位到开始调用 Servlet 相关方法处，此处为：internalDoFilter:231, ApplicationFilterChain。在该处执行的调用为 servlet.service(request, response);，在此处查看 servlet 的值，可以看到其具体类型为 DispatcherServlet，如图 8.1 所示。

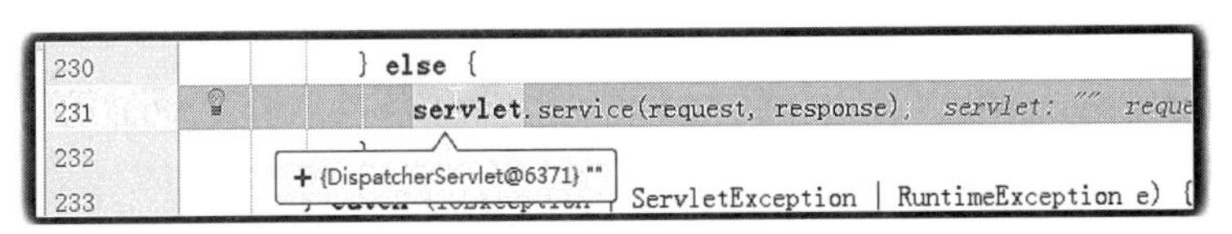

图 8.1 servlet 实例

下面依次讲述其中详细的调用过程。

（1）首先进入 HttpServlet 的 service(ServletRequest req, ServletResponse res)方法，代码如下：

```
/**
 * 从Filter转向Servlet的入口方法,方法内负责把原始的Servlet请求与响应转换为基于HTTP
的Servlet请求与响应，再调用响应的service方法
 * @param req 原始的请求，类型为ServletRequest
 * @param res 原始的响应，类型为ServletResponse
 */
@Override
public void service(ServletRequest req, ServletResponse res)
   throws ServletException, IOException {
  HttpServletRequest  request;
  HttpServletResponse response;
  try {
      // 对两个参数进行转换，只有基于Servlet 的Web容器，产生的HTTP请求与响应就是下面
对应的类型。这里强制转换以提供给重载的service方法
      request = (HttpServletRequest) req;
      response = (HttpServletResponse) res;
  } catch (ClassCastException e) {
      throw new ServletException("non-HTTP request or response");
  }
  // 调用重载的service方法
  service(request, response);
}
```

（2）进入父类的 service 执行逻辑，因为这里使用/debug 下的 get 请求进行测试，所以执行 else 分支。在父类的 service 执行逻辑中，对请求方法进行判断，以执行不同的处理。部分代码如下：

```
protected void service(HttpServletRequest req, HttpServletResponse resp)
  throws ServletException, IOException {
  String method = req.getMethod();
  // 对请求方法进行判断，支持 GET、HEAD、POST、PUT、DELETE、OPTIONS、TRACE 7 种请求方法
  // 对于每种请求方法分别执行其对应的 do 方法
  if (method.equals(METHOD_GET)) {
       long lastModified = getLastModified(req);
       if (lastModified == -1) {
       // lastModified 为-1 表示不支持 LastModified 缓存策略，执行 doGet 方法逻辑
       doGet(req, resp);
      } else {
          // 省略详细 GET 处理逻辑，用 doGet 代替，非真实情况
      }
  } else if (method.equals(METHOD_HEAD)) {
      long lastModified = getLastModified(req);
      maybeSetLastModified(resp, lastModified);
      doHead(req, resp);
  } else if (method.equals(METHOD_POST)) {
      doPost(req, resp);
  } else if (method.equals(METHOD_PUT)) {
     doPut(req, resp);
  } else if (method.equals(METHOD_DELETE)) {
      doDelete(req, resp);
  } else if (method.equals(METHOD_OPTIONS)) {
      doOptions(req,resp);
  } else if (method.equals(METHOD_TRACE)) {
      doTrace(req,resp);
  } else {
      // 进入此逻辑表示请求方法不被支持，会直接返回错误响应
      // 因为 PATCH 方法与其他无法识别的请求方法在 FrameworkServlet 中重写的该方法中提供了支持，故此处 Spring MVC 下将不会进入
      String errMsg = lStrings.getString("http.method_not_implemented");
      Object[] errArgs = new Object[1];
      errArgs[0] = method;
      errMsg = MessageFormat.format(errMsg, errArgs);
      resp.sendError(HttpServletResponse.SC_NOT_IMPLEMENTED, errMsg);
  }
}
```

其中对 GET 请求的处理有些特殊，进行了 HTTP 缓存规范判断，如判断请求头中的 If-Modified-Since 以达到直接从浏览器缓存中获取请求结果的目的。但前提是需要支持 LastModified 功能。在 DispatcherServlet 中，GET 请求缓存通过另外的途径实现，这里的

getLastModified 方法固定返回-1，故固定执行 doGet 方法。

（3）在 HttpServlet 的 do*系列方法中，均返回固定的错误请求，错误状态码为 405，请求方法不被支持。所以若要对对应请求方法提供支持，子类必须重写父类对应请求方法的 do*系列方法。

在 Spring MVC 中，真实的 Servlet 实例为 DispatcherServlet，其中其父类 FrameworkServlet 重写了 HttpServlet 中所有的 do*系列方法。

因为在 Spring MVC 的设计中，可以根据@RequestMapping 注解中标记的方法条件，把请求根据请求方法分发到不同的处理器方法上，故最终所有的方法需要调用同一个分发逻辑。所以在 FrameworkServlet 的 do*方法中，可以看到都调用了同一个方法：processRequest。下面是 doGet 方法的内容示例。

```
@Override
protected final void doGet(HttpServletRequest request, HttpServletResponse
response) throws ServletException, IOException {
 // 调用本类的处理请求方法
 processRequest(request, response);
}
```

其实在不同的 do*系列方法中，根据 HTTP 请求方法的定义，会做一些默认处理，如 doHead 方法会调用 doGet 方法，FrameworkServlet 中并没有重写 doHead，而是通过重写 doGet 实现 doHead 的内部功能。同时还有 doOptions 方法进行了 Options 类型的请求方法的特有处理，doTrace 方法包含了特有的 Trace 相关跟踪操作，有兴趣的读者可以自行查阅相关方法源码。

在上述过程执行完成后，Spring MVC 提供的 Servlet 组件与 Web 容器整合，在后续的过程中，将调用与原始 Servlet 无关的 processRequest 方法，以此为入口，进入到 Spring MVC 框架对请求的处理中。上述过程是从原始 Web 容器调用到 MVC 框架组件的过程，下面就来看 MVC 框架组件 DispatcherServlet 的处理过程。

8.2 Spring MVC 请求处理入口

在从原始 Web 容器入口开始，一步步对请求进行处理，在执行到 Servlet 层后，开始进入 Spring MVC 的请求处理组件。所有请求的处理入口在 Spring 的 DispatcherServlet 组件中，都是以 processRequest 开始的。下面就从该方法开始，从入口向下继续执行。

8.2.1 处理请求方法

所有请求最终都调用 processRequest 方法，该方法的内容如下：

```
// 处理请求方法，用于执行所有请求的处理
```

```
protected final void processRequest(HttpServletRequest request, HttpServlet-
Response response)
    throws ServletException, IOException {
  // 记录当前时间，用于日志记录
  long startTime = System.currentTimeMillis();
  // 失败原因，如请求处理过程抛出异常，则使用该变量记录
  Throwable failureCause = null;
  // 获取当前本地化的上下文，存储为上一个本地化上下文变量，以便在此请求处理中使用新的本地
化上下文，在使用完成后通过该变量恢复原始的本地化上下文
  LocaleContext previousLocaleContext = LocaleContextHolder.getLocaleContext();
  // 构建当前请求的本地化上下文
  LocaleContext localeContext = buildLocaleContext(request);
  // 同本地化上下文，这里先存储上一次请求的请求属性上下文，以便在本次请求中使用新的请求属
性上下文，在使用完成后根据该变量恢复原始的请求属性上下文
  RequestAttributes previousAttributes = RequestContextHolder
.getRequestAttributes();
  // 构造当前请求的请求属性上下文
  ServletRequestAttributes requestAttributes = buildRequestAttributes(request,
response, previousAttributes);
  // 获取或创建当前请求的异步管理器，用于对异步响应结果提供支持
  WebAsyncManager asyncManager = WebAsyncUtils.getAsyncManager(request);
  // 为异步请求注册一个 Callable 拦截器
  // 拦截器 RequestBindingInterceptor 的作用同上面构造上下文的逻辑和下面初始化上下文持
有器 initContextHolders 与重置上下文持有器 resetContextHolders 的作用相同
  // 因为请求的处理与当前线程是异步关系，所以在其他线程执行初始化操作时就需要使用执行注册
的这个拦截器
  asyncManager.registerCallableInterceptor(FrameworkServlet.class.getName(),
new RequestBindingInterceptor());
  // 初始化上下文持有器，包括请求上下文处理器 LocaleContextHolder 和本地化上下文持有器
RequestContextHolder，修改这两个持有器所持有的上下文为新创建的上下文
  initContextHolders(request, localeContext, requestAttributes);
  try {
    // 初始化完成后，执行真正的处理请求方法 doService
    doService(request, response);
  }
  catch (ServletException | IOException ex) {
    // 拦截 Servlet 异常和 IO 异常，记录后再次抛出
    failureCause = ex;
    throw ex;
  }
  catch (Throwable ex) {
    // 其他异常，记录后抛出新的嵌套异常，嵌套异常包含原始异常
    failureCause = ex;
    throw new NestedServletException("Request processing failed", ex);
  }
  // finally 代码块，用于执行重置上下文的操作
  finally {
    // 重置上下文持有器，重置为该方法前面逻辑保存的原始上下文。在异步请求拦截器里，重置上
```

```
下文则把上下文设置为null，这里设置为之前的上下文
    resetContextHolders(request, previousLocaleContext, previousAttributes);
    if (requestAttributes != null) {
        // 标记请求完成，并执行一些请求完成的回调方法
        requestAttributes.requestCompleted();
    }
    if (logger.isDebugEnabled()) {
        // 省略内部日志相关代码
    }
  // 向当前应用上下文中发布请求被处理的事件，事件类为ServletRequestHandledEvent，其
中包含请求相关的一些属性，如请求路径、请求方法等，具体可查看此类
    publishRequestHandledEvent(request, response, startTime, failureCause);
  }
}
```

从以上代码中可以得出结论：该方法内先进行上下文的初始化操作，最后会进行上下文请求重置的操作，真实的请求与响应操作则是通过 doService 方法完成的。

在构造本地化上下文时，调用方法 buildLocaleContext。在这个方法逻辑中，会使用到本地化解析器解析请求中的地区信息，关于本地化解析器将会在 8.3 节详述。

上述过程中有如下 3 个比较关键的组件。

- 本地化上下文（LocaleContext）：用于在整个请求期间维护当前请求的本地化信息，请求的本地化信息通过 request.getLocale()方法执行，以供后续所有的处理过程使用。在任何一个处理过程中，可能都需要使用到本地化信息，根据不同的判断，输出不同的内容，所以本地化信息使用这种方式存储。同时本地化信息除包括地区信息外，还可以包括时区信息。
- 请求属性上下文（ServletRequestAttributes）：包括 Request 对象的属性和 Session 对象的属性两部分，用于提供给后续的处理过程来读写其属性，一般用于跨方法传递参数。如在 A 方法中通过上下文设置的属性，在整个请求处理过程中，B 方法也可以通过上下文获取该属性。
- 异步管理器（WebAsyncManager）：用于对异步请求响应提供支持，所有的异步操作都通过异步管理器进行管理，其同样是上下文，绑定到请求的生命周期中。后续在对异步的所有处理中，都需要通过请求获取与之绑定的异步管理器进行操作。

8.2.2 执行服务方法

在请求处理方法中，所有处理的调用最终会委派给 doService 方法。在 FrameworkServlet 中该方法是抽象方法，运行期真实调用的是 DispatcherServlet 重写的 doService 方法，代码如下：

```
/**
 * 用于初始化并暴露DispatcherServlet相关的一些请求属性，放到请求内部属性中。并代理
doDispatcher方法的执行
```

```
 */
protected void doService(HttpServletRequest request, HttpServletResponse
response) throws Exception {
  if (logger.isDebugEnabled()) {
      // 省略日志
  }
  // 保存请求属性快照用于请求完成后恢复
  Map<String, Object> attributesSnapshot = null;
  // 1. 用于在请求类型为 inlcude 时，保存当前请求属性的快照，以便在 include 执行完后恢复
请求属性
  if (WebUtils.isIncludeRequest(request)) {
       attributesSnapshot = new HashMap<>();
       Enumeration<?> attrNames = request.getAttributeNames();
       while (attrNames.hasMoreElements()) {
          String attrName = (String) attrNames.nextElement();
          // cleanupAfterInclude 为 true，表示在 include 执行完成后，清理当前请求的所
有请求属性
          // 或者只保存属性名为特定前缀的请求属性，前缀为 org.springframework.web.servlet
          if (this.cleanupAfterInclude || attrName.startsWith(DEFAULT_
STRATEGIES_PREFIX)) {
               attributesSnapshot.put(attrName, request.getAttribute(attrName));
          }
       }
  }
.
  // 2. 把当前 Spring MVC 的应用上下文放入请求属性
  request.setAttribute(WEB_APPLICATION_CONTEXT_ATTRIBUTE, getWebApplication-
Context());
  // 3. 把本地化解析器放入请求属性
  request.setAttribute(LOCALE_RESOLVER_ATTRIBUTE, this.localeResolver);
  // 4. 把主题解析器放入请求属性
  request.setAttribute(THEME_RESOLVER_ATTRIBUTE, this.themeResolver);
  // 5. 把主题源放入请求属性，主题源使用 ThemeSource 组件
  request.setAttribute(THEME_SOURCE_ATTRIBUTE, getThemeSource());
  // FlashMap 管理器，用于支持跨请求的参数传递，即用于支持 RedirectAttributes
  if (this.flashMapManager != null) {
      // 通过 FlashMap 管理器获取当前请求的输入 FlashMap，本次请求的输入 FlashMap 为上次
请求的输出 FlashMap
      FlashMap inputFlashMap = this.flashMapManager.retrieveAndUpdate(request,
response);
      // 6. 如果输入 FlashMap 不是空，则放入请求属性中，以提供给后续的 Model 使用
      if (inputFlashMap != null) {
          request.setAttribute(INPUT_FLASH_MAP_ATTRIBUTE, Collections
.unmodifiableMap(inputFlashMap));
      }
      // 7. 同时初始化一个本地请求的输出 FlashMap，用于提供给 RedirectAttributes 使用
      request.setAttribute(OUTPUT_FLASH_MAP_ATTRIBUTE, new FlashMap());
      // 把 FlashMap 管理器放入请求属性中
```

```
        request.setAttribute(FLASH_MAP_MANAGER_ATTRIBUTE, this.flashMapManager);
    }

    try {
        // 执行核心的 doDispatch 分发请求方法
        doDispatch(request, response);
    }
    finally {
        // finally 块中，判断如果异步请求未开始（已结束），恢复 include 请求时保存的请求参数
快照
        if (!WebAsyncUtils.getAsyncManager(request).isConcurrentHandling-
Started()) {
            if (attributesSnapshot != null) {
                restoreAttributesAfterInclude(request, attributesSnapshot);
            }
        }
    }
}
```

上面的代码中有以下两个要点。

1．保存当前请求属性快照的目的

在处理流程之前，先判断是否是 include 类型的请求，是则保存当前请求属性快照，这样做的目的是什么？

首先要知道 include 类型的请求是什么?在 Servlet API 中，请求类型常见的有重定向 redirect、转发 forward 和包含 include。重定向通过返回重定向响应实现；转发则直接丢弃当前处理过程，通过服务器内部转发给另一个请求处理流程来处理；而包含则是在一个请求的处理过程中包含另一个请求的处理过程，同时还包含请求过程的处理使用相同的 request 与 response，这样可以做到在一个请求的响应中包含多个内部请求的响应结果。

包含请求最常见的使用是在视图的包含中，如 jsp 中的 include 标签，可以把另一个页面内容包含在当前页面中，这就是典型的 include 使用场景。

这里之所以要保存之前请求的属性，是因为在 Spring MVC 中，include 类型的属性同样会通过这个方法进行处理，因为 include 请求使用同一个 request 与 response，如果这里不保存请求属性快照，那么在 include 请求处理时，进入该方法后会把上一个请求的这些属性覆盖。

例如在请求/root 的处理过程中，先进入 doService 方法，向 request 中添加一些属性。之后在后续对请求的处理过程中，服务器内部发起 include 请求，路径为/root/include，该 include 请求同样会进入这里的 doService 方法，此时先保存/root 请求下的请求属性，再执行后续的/root/include 请求处理操作，之后添加的任何属性都无须担心覆盖/root 请求的请求属性，因为在 include 请求执行完成后，会通过请求属性快照恢复/root 的请求属性。

2．放入请求属性中的组件

在请求处理过程中，会把一些组件放入请求属性中供后续处理逻辑使用，其中包括以下

组件。

（1）Web 应用上下文（WebApplicationContext）。通过 getWebApplicationContext 方法获取当前 Web 应用的上下文，并放入请求属性中，以供后续处理过程使用，可以通过请求获取应用上下文并执行一些上下文中的操作或从上下文中获取一些组件。

（2）本地化解析器（LocaleResolver）。用于根据请求获取当前请求所关联的本地化地区信息。通过请求关联的本地化信息，可以针对性地返回对应的本地化视图。例如针对不同语言地区返回不同语言对应的视图，用来实现国际化。同时 LocaleResolver 解析器还包含子接口 LocaleContextResolver 本地化上下文解析器，该解析器的方法 resolveLocaleContext 用于解析请求对应的本地化上下文，如果解析后的本地化上下文为 TimeZoneAwareLocaleContext 类型，还可以通过该上下文获取时区信息。也提供设置本地化上下文的方法 setLocale-Context。

（3）主题解析器（ThemeResolver）。用于根据请求解析当前请求所关联的主题，不同的主题对应一组视图及静态资源（如 CSS 与图片等），这和本地化信息有些类似。但本地化信息用于切换页面语言类型，主题范围更加广泛，可以切换页面的展示样式等。此功能多用来实现前端页面提供的切换主题功能，切换主题效果为切换整体页面的展示样式。

（4）主题源（ThemeSource）。用于提供根据主题名 ThemeName 获取主题实例 Theme。在主题解析器中，根据请求获取主题名，与该主题名关联的主题资源则需要使用主题源获取。主题源根据主题名返回主题实例，在实例中封装该主题对应的所有资源。

（5）FlashMap 管理器。用于提供重定向时跨请求传递参数功能。其底层通过 Session 实现参数传递。可以通过管理器获取重定向前请求传递的参数保存的输出 FlashMap，并自动把这个 FlashMap 作为输入放入与当前请求关联的 Model 中。也可以通过管理器保存当前请求要传递给重定向后的请求的参数，通过 RedirectAttributes 的功能添加需要存储在本请求的输出 FlashMap 中属性。

（6）FlashMap。包括用于输入的 FlashMap 与用于输出的 FlashMap。请求处理时，先通过 FlashMap 管理器获取重定向前请求处理过程中添加的 FlashMap 属性，即上一次请求的输出 FlashMap 作为本次请求的输入 FlashMap，并把输入 FlashMap 保存在当前请求属性中，清空输入的 FlashMap 中属性。再通过 FlashMap 管理器获取用于输出的 FlashMap，保存在请求属性中。

在本次请求处理期间，需要提供给重定向后下一个请求使用的属性，都通过请求属性中用于输出的 FlashMap 保存，在下次重定向后请求访问时，会把这次的输出 FlashMap 作为下次请求的输入 FlashMap，这样进行参数传递。

对于上述所有请求中保存的属性，在整个请求处理的生命周期中，随处都有可能使用。Spring 提供了 RequestContextUtils 工具类用于获取这些添加到请求属性中的属性值。如其中的 getLocaleResolver，通过参数传入请求 Request，方法内获取传入参数中的 LocaleResolver 请求参数属性值。

8.3 本地化与主题的使用

在上述过程中，可以看到有本地化解析器和主题解析器，在本书的使用部分并没有提到它们的使用，因为在实际场景中使用较少，这里就以出现的本地化组件和主题组件为契机来说明一下这两个功能的使用。

8.3.1 本地化的使用

如果要为项目提供国际化支持，就需要为不同地区的请求返回不同的视图内容，尤其是视图中的一些文字语言，不同地区有不同地区的语言，所以在展示时自然要使用当地语言，这个过程叫做本地化。

在 Java 中使用 Locale 表示地区，一个区域一般用两段表示，格式为“语言地区”。如 zh_CN，zh 表示简体中文，CN 代表地区，语言用小写，地区用大写。使用这种格式表示全限定的地区及语言，当然对于只关心语言的情况下，Locale 中可省略地区部分，如直接使用 zh 表示使用简体中文语言。

对于请求来说，同样可以获取与该请求相关的 Locale，即请求方可接收的 Locale 本地化语言，该操作通过 Locale 解析器执行。有以下几种常见的解析器，对应不同的解析策略。

- FixedLocaleResolver：固定 Locale 解析器，任意请求均返回相同的 Locale，通过配置 spring.mvc.localeResolver 属性为 FIXED，并配置 spring.mvc.locale 为固定的 Locale 字符串来指定使用此 Locale 解析器，把 Locale 解析为配置中的 Locale。用于只支持固定 Locale 的情况。
- AcceptHeaderLocaleResolver：通过请求头中的 Accept-Language 属性获取 Locale。该请求头为浏览器发起请求的标准请求头，浏览器根据当前系统环境或者浏览器设置中的地区属性获取 Locale，并通过该请求头传递给服务器。Spring 在默认情况下使用此解析器，同时可通过 spring.mvc.locale 配置在通过请求头未解析到 Locale 时使用的默认 Locale。未配置时使用当前服务器环境的本地 Locale。
- SessionLocaleResolver：通过 Session 存取 Locale，其作用时间范围为一次 Session 从创建到过期。在请求方切换请求的 Locale 后，会把 Locale 存放在当前请求对应的 Session 中，以后每次请求都从 Session 中获取该 Locale 作为当前请求的 Locale，直到 Session 过期后，下次请求重新恢复初始的 Locale。
- CookieLocaleResolver：与 SessionLocaleResolver 类似，通过 Cookie 存取 Locale。其作用时间范围为从 Cookie 的创建到 Cookie 过期或被客户端主动清除。其中 Locale 对应的 Cookie 默认过期是浏览器回话结束时，可设置其默认过期时长。

默认情况下使用 AcceptHeaderLocaleResolver，可以通过 spring.mvc.localeResolver 配置使

用 FixedLocaleResolver。对于最后两种 LocaleResolver，可通过在当前应用上下文中添加这种类型的 Bean，达到替换默认 LocaleResolver 的目的。

后两种解析器与前两种有很大的不同，前两种自带 Locale 获取源，如 Fixed 是预先设置好的固定值，AcceptHeader 则是从请求头中获取，这两个 Locale 都来自外部。后两种虽然使用 Session 或 Cookie 来存取 Locale，但其中最初设为到其中的 Locale 却没有外部来源。要想为这两种解析器设置其中保存的 Locale 值，需要通过 LocaleResolver 的 setLocale 方法手动设置。其手动设置有以下两种方式。

第一种，在请求处理过程中，获取 Locale 解析器实例，并调用其 setLocale 方法为当前请求设置 Locale，最终保存在对应的存储（Session 或 Cookie）中。可通过 RequestContextUtils .getLocaleResolver 方法获取当前请求的 Locale 解析器，再调用 setLocale 设置 Locale。设置后在对应的作用域（Session 或 Cookie）中，此 Locale 持续有效。

第二种，通过配置 LocaleChangeInterceptor 拦截器拦截所有请求，并通过固定的请求参数来获取 Locale，并最终调用 Locale 解析器把从请求参数中获取的 Locale 值设置为当前请求对应的 Locale，同时保存在作用域中（Session 或 Cookie）。默认请求参数名为 locale，任何拦截的请求中包含的此参数，其值都会被作为当前作用域对应的 Locale 使用。

一般直接使用默认的 AcceptHeaderLocaleResolver，因为现代浏览器都符合一定的开发规范，在请求时都会传递 Accept-Language 请求头，故使用这种解析器是最好的选择。

在通过 Locale 解析器解析到请求对应的 Locale 后，如何利用 Locale 信息使得自定义的页面提供国际化支持则是在应用中最需要先考虑的内容。

国际化一般是指针对于视图层的国际化，即根据不同的 Locale 信息来展示不同的视图。但对于页面来说，不同的地区仅仅是展示语言不同，整体页面的样式还是相同的。由此可以想到，如果能让视图中使用的一些展示内容的值与 Locale 绑定，不同的 Locale 使用相同的视图，但是展示不同的内容就好了。而实际上 Locale 就是这样使用的。

在 Spring MVC 中，使用 MessageSource 组件来保存当前应用中整套信息资源包。信息资源是与该应用关联的一组字符串值。可以通过代码 code 值来引用信息资源中的字符串。MessageSource 的 getMessage 方法就是用来根据 code 获取 Message 值的方法。同时该方法还可以传入 Locale 属性，以支持同 code 根据不同的区域信息获取到不同的 Message 值。这也正是 Spring 实现本地化的核心组件。

在默认情况下，应用中的整套信息资源包是通过 classpath（一般使用项目的 resources 目录）下的一组 messages 属性文件来获取的。通过"messages.locale 字符串.proeprties"形式的文件名来指定不同 Locale 对应的一组信息资源。这里的文件名默认为 messages，可以通过配置项 spring.messages.basename 指定文件名（可使用逗号分割配置多个，也可使用路径加文件名）。资源文件中的表示形式为 code=message 值，不同 Locale 的 code 使用不同 Locale 对应的资源文件保存。示例代码如下：

```
# messages.properties 文件
welcome=$^#@%$
# messages_en_US.properties 文件
welcome=hello
# messages_zh_CN.properties 文件
welcome=nihao
```

当存在与当前 Locale 匹配的属性文件时，会使用对应属性文件中的属性。Locale 与 Locale 资源文件的匹配策略按照全限定语言与地区的资源文件、只指定语言的资源文件、未指定 Locale 的资源文件的顺序进行查找。

已经知道 Locale 对应的信息源如何在模板中使用这些信息了。

在这里以 Thymeleaf 模板引擎为例，在该模板中，可以使用#{}来引用 Model 中属性。该表达式不仅可以引用代码中声明的 Model 属性，还可以引用与 Locale 关联的信息字符串，只需要在#{}中指定要获取对应信息字符串的 code 即可。以上面代码中的 welcome 为例，对应的模板 localeView.html 代码如下：

```
<!DOCTYPE html>
<html xmlns:th="http://www.thymeleaf.org">
  <body>
    <h2 th:text="'不同语言内容：'"></h2>
    <div th:text="#{welcome}"></div>
  </body>
</html>
```

对应的请求处理器代码如下：

```
@GetMapping("locale")
public String locale() {
  return "localeView";
}
```

访问/locale 地址，可以看到页面展示内容为 nihao。这是因为浏览器根据本地系统的语言设置自动获取 Locale 属性，并通过 Accept-Language 请求头发送到服务器。可以通过修改系统语言来改变 Accept-Language 的值，或者直接通过 PostMan 请求该路径，并设置 Accept-Language 为 en-US，此时可看到返回内容为 hello。

这里中文信息属性文件中，welcome 对应的值并没有使用中文，在默认情况下，使用中文会导致响应出现乱码，这是因为 properties 文件默认使用 ISO8859 编码。如果要在 properties 中使用中文，则需要通过配置 properties 文件的编码为 UTF-8。IDEA 中配置项如图 8.2 所示。

以上便是整个 Locale 的相关内容及其使用，下面再来看与 Locale 类似的组件、主题的使用。

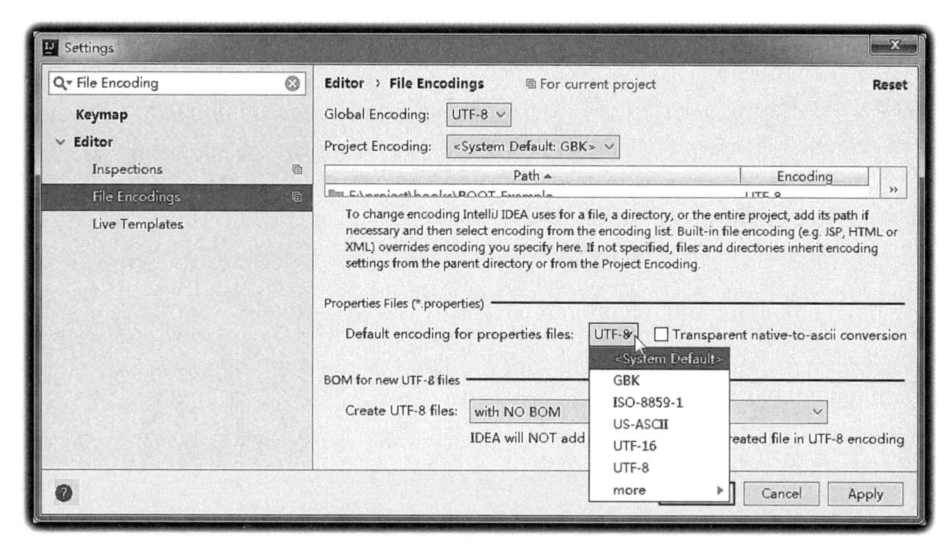

图 8.2　配置 properties 文件编码

8.3.2　主题的使用

Locale 解析器及其对应的 MessageSource 消息资源包与模板结合使用，可以达到同一个模板支持不同语言的目的。但在 Web 开发中，还有一种切换主题场景比较常见。

主题可以做到分离页面样式和页面内容，页面样式包括页面的样式表与一些静态资源。切换主题，可以实现改变整个页面样式，但不改变页面内容的目的。与 Locale 类似，只需要在请求中做到可以存取主题名，即可以根据该主题名，通过与 Locale 相同的方式来处理不同主题对应的资源列表。这就是主题解析器与主题源的作用。

在 Spring Boot 默认启动的情况下，Spring MVC 中初始化的主题解析器组件是 FixedThemeResolver，该解析器的特性是只支持固定的主题名，默认的主题名为 theme。

先来看一下如何通过固定主题来加载与主题相关的资源并使用这些资源。

一般主题是针对前端页面而言的，而前端页面则是由视图控制的，所以主题中的资源可以视为需要被视图引用的变量资源，在 Thymeleaf 中通过表达式#themes.codes("资源名")来引用主题中资源。同时当需要使用该表达式时，该表达式需要放入${}形式的 SPEL 表达式内才可以使用。

还有一个关键点，有了资源名，那么其对应的值通过什么方式配置到当前应用中呢？这就需要使用主题对应的主题源进行解析。通过在当前 classpath 下（一般放在 Maven 项目的 resources 目录下，编译后内容在 classpath 下）添加主题名.properties 主题资源文件，可以配置对应主题要使用的主题资源文件。该属性文件中使用“资源名=资源值”的形式来配置主题对应的所有资源。主题资源的解析获取是通过 ThemeSource 组件根据主题名获取的 Theme 对象来实现的。

控制器代码 ThemeController 参考如下：

```
@GetMapping("theme")
public String theme() {
  // 返回主题视图
  return "themeView";
}
```

对应的视图 themeView.html 代码如下：

```
<!DOCTYPE html>
<html xmlns:th="http://www.thymeleaf.org">
  <head>
    <link rel="stylesheet" th:href="${#themes.code('theme.css')}" type="text/
css"/>
  </head>
  <body>
    <h2 th:text="'不同主题的视图!'"></h2>
    <div>不同语言的内容为：</div>
    <div th:text="${#themes.code('theme.language')}"></div>
  </body>
</html>
```

对应的主题资源文件 theme.properties 为：

```
theme.css=/css/red.css
theme.language=Default
```

如此，即可在视图中访问到对应主题资源文件中的资源值。在视图的 head 中通过指定引入 theme.css 资源对应的 css 地址来控制当前页面的样式，对应的/css/red.css 文件放在 classpath 下的 static/css 目录中，对于 Maven 项目来说一般放在 resources 下的 static/css 目录中，resources 下的 static 目录是 Spring Boot 下默认的静态资源目录，直接放入该目录，即可被页面正常引用。该文件代码如下：

```
h2 {
  background-color: red;
}
```

访问 theme 路径请求，页面显示如图 8.3 所示。

图 8.3　红色主题访问

以上演示了主题资源文件的使用，默认的主题解析器对于任何请求解析的主题名都是固定的 theme，如果想要实现切换主题的功能，还需要替换默认的主题解析器。Spring MVC 提供两种常用的主题解析器：SessionThemeResolver 与 CookieThemeResolver。这与 Locale 解析器中的两种实现是对应关系。

SessionThemeResolver 通过 Session 存取主题名，其特性与 SessionLocaleResolver 相同。CookieThemeResolver 则通过 Cookie 存取主题名，其特性与 CookieLocaleResolver 相同。这里不再赘述。

以 SessionThemeResolver 为例，演示主题切换功能。要替换默认的主题解析器，只需要添加 SessionThemeResolver 类型的 Bean 即可，通过以下配置类执行替换。

```
@Configuration
public class ThemeConfig {
  @Bean
  public ThemeResolver themeResolver() {
    // 替换默认的主题解析器
    return new SessionThemeResolver();
  }
}
```

替换了默认的主题解析器，还需要设置主题的逻辑。与 SessionLocaleResolver 相同，对于 SessionThemeResolver，请求对应的主题名需要手动设置。设置主题的方法如下。

（1）在请求处理过程中，获取主题解析器实例，并调用其 setThemeName 方法为当前请求设置主题，最终保存在解析器对应的作用域中（Session 或 Cookie）。

（2）通过配置 ThemeChangeInterceptor 拦截器拦截所有请求，并通过固定的请求参数来获取主题名，并最终调用主题解析器把从参数中获取的主题名设置为当前请求对应的主题名，同时保存在对应的作用域中（Session 或 Cookie）。默认请求参数名为 theme，任何拦截的请求中包含的此参数，值都会被作为当前作用域（Session 或 Cookie）对应的主题使用。

下面演示第一种方式，添加以下请求处理器。

```
@GetMapping("changeTheme")
public String changeTheme(HttpServletRequest request, HttpServletResponse
response) {
  // 通过请求上下文工具类获取主题解析器，并设置主题名。注意原始的固定主题解析器不支持设置
主题
  RequestContextUtils.getThemeResolver(request).setThemeName(request, response,
"other");
  return "themeView";
}
```

对应的主题资源文件 other.properties 内容如下：

```
theme.css=/css/white.css
theme.language=Default
```

对应的/static/css/white.css 文件内容如下：

```
h2 {
  background-color: white;
}
```

访问请求 changeTheme，可以看到页面中标题文字的背景变为白色，如图 8.4 所示。

图 8.4　白色主题访问

后续再访问原来的 theme 请求，背景仍然是白色，说明 Session 作用域的主题名生效。

上述是主题的基本使用。但在特殊情况下还有一种需求，即在相同的主题下，对于不同的区域展示不同的样式。这种情况下是否可以通过主题结合 Locale 来实现？答案是肯定的，主题源还支持主题的国际化，通过提供不同 Locale 对应的主题资源文件作为主题资源包，可做到根据当前请求的 Locale 来使用不同主题资源文件的目的。其通过主题对应的 Theme 实例获取的 MessageSource 信息源实现，每个主题都有自己的一套信息资源包，该信息资源包与 Locale 的信息资源包相同。

通过“主题名 Locale 名.properties”的方式为不同 Locale 指定主题资源文件。如上例，可额外添加 theme_zh_CN.properties 与 theme_en_US.properties 两个主题资源文件，用于支持 zh_CN 和 en_US 两种 Locale 地区使用不同的样式。如果是其他地区，且没有对应的 Locale 文件时，则使用默认的无 Locale 名的主题资源文件。

```
# theme_zh_CN.properties 内容
theme.css=/css/red.css
theme.language=简体中文
# theme_en_US.properties 内容
theme.css=/css/green.css
theme.language=English
```

在使用默认主题时，通过构造不同的 Accept-Language 可以得到不同的响应页面样式。

可以看到，通过主题完全可以实现本地化中的所有功能，但主题更倾向于控制整体页面的样式与页面中引入的静态资源，而本地化则更倾向于控制页面中的文字语言。根据不同的情况使用不同的功能，才是两者最好的使用方式。

在上述 doService 的过程中并没有核心的请求处理，对请求的所有处理都封装在其中调用的 doDispatch 方法中。一旦进入 doDispatch 方法，就可以视为与原始 Servlet 的对接已经完成，后续将会进入 Spring MVC 相关核心功能。8.4 节讲述 doDispatch 的详细功能。

8.4　请求分发处理

在 Spring MVC 的核心组件 DispatcherServlet 与原始的 Servlet 对接完成后，会进入自己的 doDispatcher 方法。在该方法中，会执行所有的请求处理操作，包括请求分发、响应处理等核心操作。这也是整个 Spring MVC 中最复杂的部分。

在这个复杂的分发逻辑中，Spring MVC 的高度封装与分层设计的代码依然表现得非常优美。整体处理逻辑可以分为多个步骤，每个步骤都有其独立的作用与封装，相关源码看起来使人心旷神怡。对于源码的研究者来说，其中的设计理念值得学习，这也是本书对源码分析的目的，即通过分析优秀的源码来学习代码的设计。

8.4.1　请求分发概述

请求处理方法虽然复杂，但其方法长度并不长，因为每个步骤的处理都单独封装，下面来详细地看一下该方法的源码，代码如下：

```
/**
 * 执行请求分发到处理器
 * 处理器通过当前应用中初始化的 HandlerMapping 处理器映射列表按顺序获取处理器
 * 通过当前应用中初始化的 HandlerAdapter 处理适配器列表，获取支持当前请求处理器的处理适
配器
 * 该方法处理可处理的所有请求方法。对于一些特殊的请求方法如 Options 等，响应需要做额外的一
些适配操作，该适配操作交给请求处理器与处理适配器的逻辑去处理
 * @param request 当前 HTTP 请求
 * @param response 当前 HTTP 响应
 */
protected void doDispatch(HttpServletRequest request, HttpServletResponse
response) throws Exception {
  // 定义一个已处理请求，指向参数中的 request，已处理请求后续可能改变
  HttpServletRequest processedRequest = request;
  // 定义处理器执行链，内部封装拦截器列表与处理器
  HandlerExecutionChain mappedHandler = null;
  // 是否是多块请求，默认为否
  boolean multipartRequestParsed = false;
  // 获取与当前请求关联的异步管理器，用于执行异步操作
  WebAsyncManager asyncManager = WebAsyncUtils.getAsyncManager(request);
  // 整体放在 try 中，用于捕获处理过程中的所有异常
  try {
      // 用于保存处理适配器执行处理器后的返回结果
      ModelAndView mv = null;
      // 用于保存处理过程中发生的异常
      Exception dispatchException = null;
      // 嵌套一个 try，内部获取真实的处理异常，在异常处理中还有可能发生异常，上层的 try 作
用为拦截这层 try 异常处理中发生的异常
      try {
          //1. 检查多块请求，如果是多块请求，则返回一个新的请求，processedRequest 保存
这个新的请求引用；否则返回原始请求
          processedRequest = checkMultipart(request);
          // 判断两者是否是同一个引用，如果是则说明为多块请求，且已经处理，此变量为 true
```

```
        multipartRequestParsed = (processedRequest != request);
        // Determine handler for the current request.
        //2. 获取可处理当前请求的请求处理器，通过 HandlerMapping 查找，请求处理器中封
装了拦截器链和对应的处理器，可以是具体的处理器方法
        mappedHandler = getHandler(processedRequest);
        // 如果没有，则执行没有处理器逻辑
        if (mappedHandler == null) {
            // 内部逻辑判断配置 throwExceptionIfNoHandlerFound 是否为 true，如果为
true 则抛出异常，否则直接设置响应内容为 404
            // 可通过 spring.mvc.throwExceptionIfNoHandlerFound 设置其值，默认为
false
            noHandlerFound(processedRequest, response);
            return;
        }
        // 3. 根据当前请求的处理器获取支持该处理器的处理适配器
        HandlerAdapter ha = getHandlerAdapter(mappedHandler.getHandler());
        // Process last-modified header, if supported by the handler.
        // 4. 单独处理 last-modified 请求头，用于判断请求内容是否修改，如果未修改直接
返回，浏览器使用本地缓存
        String method = request.getMethod();
        boolean isGet = "GET".equals(method);
        // 只有 get 请求和 head 请求执行此判断
        if (isGet || "HEAD".equals(method)) {
            // 具体实现还是通过处理适配器来实现的
            // 通过处理适配器的 getLastModified 方法，传入请求与处理器，获取该请求对应
内容的最后修改时间
            // 一般针对静态资源，返回静态资源的上一次修改时间，动态资源固定返回-1，表示
不存在该时间。
            long lastModified = ha.getLastModified(request,
mappedHandler.getHandler());
            if (logger.isDebugEnabled()) {
                logger.debug("Last-Modified value for [" +
getRequestUri(request) + "] is: " + lastModified);
            }
            // 经过判断，如果最后修改时间在当前请求中浏览器缓存时间之前，则直接返回状态
码 304，表示未修改，浏览器可直接使用本地缓存作为请求内容
            // 否则继续执行请求处理逻辑，lastModified 为-1 的固定执行后续请求处理逻辑
            if (new ServletWebRequest(request,
response).checkNotModified(lastModified) && isGet) {
                return;
            }
        }
        // 5. 通过 mappedHandler 这个 HandlerExecutionChain 执行链的封装，链式执行
其中所有拦截器的前置拦截方法 preHandle
        if (!mappedHandler.applyPreHandle(processedRequest, response)) {
            // 任意一个拦截器的前置拦截方法返回了 false，即提前结束请求的处理
            return;
        }
```

```
        // Actually invoke the handler.
        // 6. 最终执行处理适配器的处理方法，传入请求，响应与其对应的处理器，对请求进行处理。在这个处理中，最终调用到了请求对应的处理器方法
        // 执行的返回值是 ModelAndView 类型，封装了模型数据与视图，后续对此结果进行处理并根据其中的视图与模型返回响应内容
        mv = ha.handle(processedRequest, response, mappedHandler
.getHandler());
        // 如果异步处理开始，则直接返回，后续处理均通过异步执行
        if (asyncManager.isConcurrentHandlingStarted()) {
            return;
        }
        // 7. 应用默认视图名，如果返回值的 ModelAndView 中不包含视图名，则根据请求设置默认视图名，具体逻辑后面说明
        applyDefaultViewName(processedRequest, mv);
        // 8. 请求处理正常完成，链式执行所有拦截器的 postHandle 方法。链式顺序与 preHandle 相反
        mappedHandler.applyPostHandle(processedRequest, response, mv);
    }
    catch (Exception ex) {
        // 发生异常，保存异常
        dispatchException = ex;
    }
    catch (Throwable err) {
        // 在 Spring MVC 4.3 版本之后，添加了支持 Error 类型异常的处理。Throwable 的子类除了 Exception 就是 Error
        // 可以通过@ExceptionHandler 处理这种类型的异常
        // 封装为嵌套异常以供异常处理逻辑使用
        dispatchException = new NestedServletException("Handler dispatch
failed", err);
    }
    // 9. 对上面逻辑的执行结果进行处理，包括处理适配器的执行结果处理以及发生的异常处理等逻辑
    processDispatchResult(processedRequest, response, mappedHandler, mv,
dispatchException);
  }
  catch (Exception ex) {
    // 外层 try 的 catch，用于拦截对执行结果的处理过程 processDispatchResult 中发生的异常
    // 10. 拦截后链式执行拦截器链的 afterCompletion 方法。在该方法内部判断 mappedHandler 是否为空，如果不为空，则执行器 triggerAfterCompletion 方法
    triggerAfterCompletion(processedRequest, response, mappedHandler, ex);
  }
  catch (Throwable err) {
    // 11. 拦截 Error 类型异常，拦截后链式执行拦截器链的 afterCompletion 方法
    triggerAfterCompletion(processedRequest, response, mappedHandler,
        new NestedServletException("Handler processing failed", err));
  }
  finally {
```

```
    // 12. finally块，做资源清理
    if (asyncManager.isConcurrentHandlingStarted()) {
         // 如果在异步请求执行中，则链式执行拦截器链中的afterConcurrentHandling-
Started方法，即针对异步请求的特殊处理
         if (mappedHandler != null) {
              mappedHandler.applyAfterConcurrentHandlingStarted(processed-
Request, response);
         }
    }
    else {
        // 如果是多块资源，则清理多块资源占用的系统资源，包括文件缓存等。
      if (multipartRequestParsed) {
          cleanupMultipart(processedRequest);
      }
    }
  }
}
```

在整个方法中，每一段逻辑都有其自身的目的，且整体从前到后都是按照请求处理的流程在执行。同时，每一段逻辑的处理都会涉及一些 Spring MVC 的组件，在上述代码中共分为 11 个逻辑，分别如下。

（1）预处理多块请求。

（2）获取请求处理器。

（3）查找处理适配器。

（4）处理 HTTP 缓存。

（5）执行前置拦截器链。

（6）处理适配器执行。

（7）返回值视图名处理。

（8）执行后置拦截器链。

（9）处理返回值与响应。

（10）执行完成拦截器链。

（11）清理资源。

下面就针对这些不同的逻辑步骤一一详细说明。

8.4.2 预处理多块请求

在 Spring MVC 中，对于多块请求有特殊处理，如@RequestPart 绑定多块请求参数与多块请求文件等。要想实现这些特殊处理，就需要先对请求类型为多块的请求执行预处理，在请求分发前就执行该操作，并替换后续使用的请求已经预处理过的多块请求。下面看一下预处理的逻辑。

```
/**
 * 如果请求为多块请求，则转换为多块请求的多装类型，并标记多块请求解析器为可用
```

```
 * <p>If no multipart resolver is set, simply use the existing request.
 * 如果为设置多块请求解析器，则直接使用原始请求
 * @param request 需要处理的请求
 * @return 返回 request，如果是多块请求，则返回多块请求的包装请求类型 MultipartHttp-
ServletRequest
 * @see MultipartResolver#resolveMultipart
 */
protected HttpServletRequest checkMultipart(HttpServletRequest request)
throws MultipartException {
  // 如果多块请求解析器不为空，使用多块请求解析器判断请求是否为多块请求，如果是，则执行后
续逻辑
  if (this.multipartResolver != null && this.multipartResolver.isMultipart
(request)) {
      // 如果当前请求已经是多块请求包装类型，则打印 debug 日志，并返回传入的参数请求
      if (WebUtils.getNativeRequest(request, MultipartHttpServletRequest
.class) != null) {
          logger.debug("Request is already a MultipartHttpServletRequest - if
not in a forward, " +
              "this typically results from an additional MultipartFilter in
web.xml");
      }
      // 如果当前请求中包含异常(通过请求属性 javax.servlet.error.exception 有无判断)，
则返回传入的参数请求
      else if (hasMultipartException(request)) {
        logger.debug("Multipart resolution failed for current request before - " +
            "skipping re-resolution for undisturbed error rendering");
      }
      // 否则执行多块请求解析
      else {
        try {
            // 尝试通过多块请求解析器解析多块请求，并返回多块请求解析器包装过的多块请求
MultipartHttpServletRequest
            return this.multipartResolver.resolveMultipart(request);
        }
        catch (MultipartException ex) {
            // 发生异常时，先判断是否已存在异常，如果已存在，则打印日志；否则抛出该异常
            if (request.getAttribute(WebUtils.ERROR_EXCEPTION_ATTRIBUTE) !=
null) {
                logger.debug("Multipart resolution failed for error dispatch",
ex);
            }
            else {
              throw ex;
            }
        }
    }
  }
```

```
    // 如果多块请求解析器为空，或者不为多块请求，或执行其他不解析多块请求的多级，则直接返回原请求
    return request;
}
```

这里面多为一些简单判断，核心是使用多块请求解析器 MultipartResolver 对原始请求进行判断与解析。

默认情况下，多块请求解析器为 StandardServletMultipartResolver，其判断请求是否为多块请求的依据是请求方法为 POST，且请求的 Content-Type 以 multipart/开头。

此外还有一个问题，默认的多块请求处理器是被初始化到当前的 DispatcherServlet 组件中，这部分内容将在第 8.5、8.6 节进行详述。

多块请求解析器除了提供判断请求是否是多块请求的方法 isMultipart 与解析多块请求的方法 resolveMultipart 外，还提供了清理多块请求占用资源的方法 cleanupMultipart，在逻辑清理资源时会使用到此功能。

8.4.3 查找请求处理器

对于请求的处理，最终都是要通过处理器来执行，Spring MVC 把请求处理器的查找与请求处理器的执行分离。在 doDispatch 方法中，执行请求处理器的查找，也是 Spring MVC 的核心操作。该部分代码如下：

```
/**
 * 返回该请求对应的处理器执行链
 * <p>Tries all handler mappings in order.
 * 按顺序查找全部处理器映射
 * @param request 当前请求
 * @return 未找到可处理该请求的处理器执行链时，返回空，找到时返回该处理器执行链
 */
@Nullable
protected HandlerExecutionChain getHandler(HttpServletRequest request) throws
Exception {
    // 如果处理器映射列表不为空
    if (this.handlerMappings != null) {
        // 遍历全部处理器映射
        for (HandlerMapping hm : this.handlerMappings) {
            // 打印跟踪日志
            if (logger.isTraceEnabled()) {
                // ... 省略日志
            }
            // 尝试执行当前处理器映射的获取处理器方法，获取与本次请求适配的处理器执行链
            HandlerExecutionChain handler = hm.getHandler(request);
            // 不为空直接返回，即便有多个处理器执行链匹配，也只返回第一个，处理器映射排在前面的优先返回
            if (handler != null) {
                return handler;
```

```
            }
        }
    }
    return null;
}
```

从以上代码中可以看到虽然表面上逻辑很简单，仅是遍历所有的处理器映射，以此尝试获取与当前请求匹配的处理器执行链，但其实核心逻辑都在处理器映射中。

以我们熟知的@RequestMapping 注解注册的处理器方法，其相关的处理器映射类为 RequestMappingHandlerMapping，该映射器内部根据当前请求与所有的注解信息进行匹配，找到最佳匹配并封装为处理器执行链并返回。

这也正是 Spring MVC 高度封装的表现，把每一个复杂的逻辑都封装为一个接口，不仅可以通过不同的接口实现来完成不同的映射查找功能，同时无论映射查找方法有多复杂，这里看到的代码结构仍然非常清晰。在这里把抽象与封装的概念体现得淋漓尽致。

同时注意，查找到的是处理器执行链，其中封装了最终执行的处理器，以及在执行处理器前后要执行的拦截器链，即把与该请求匹配的所有拦截器链式封装到处理器执行链中，以供后续执行使用。

关于处理器映射的内部细节在本节不再详述，后续章节会对其不同实现细节进行详述。

8.4.4　获取处理适配器

8.4.3 节提到，Spring MVC 对于请求处理器的查找与执行是分离的，而根据请求处理器的类型不同，又需要使用不同的适配器去执行该处理器，这正是处理适配器 HandlerAdapter 的作用。要想使用对应的处理适配器执行处理器，则需要先获取可以执行当前处理器的适配器，查找逻辑代码如下：

```
/**
 * 返回支持传入的处理器对象的处理适配器
 * @param handler 前面逻辑查找到的处理器
 */
protected HandlerAdapter getHandlerAdapter(Object handler) throws
ServletException {
  if (this.handlerAdapters != null) {
      // 遍历处理适配器列表，调用 supports 方法，找到支持该处理器的适配器
      for (HandlerAdapter ha : this.handlerAdapters) {
         if (logger.isTraceEnabled()) {
             logger.trace("Testing handler adapter [" + ha + "]");
         }
         // 按顺序查找，第一个支持的适配器被返回
         if (ha.supports(handler)) {
             return ha;
         }
      }
```

```
    }
    // 未找到处理适配器是直接抛出异常
    throw new ServletException("No adapter for handler [" + handler +"]: The
        DispatcherServlet configuration needs to include a HandlerAdapter that
supports this handler");
}
```

这里的查找逻辑与处理器映射的查找逻辑基本相同。

处理适配器的作用不但是执行处理器，而且还有更大的作用即适配。用于把请求参数适配为处理器需要的参数，并执行处理器，之后再把处理器的返回值适配为 ModelAndView 统一的模型视图类型，用于后续操作中对相应的统一处理。

对于@RequestMapping 注解注册的处理器，类型为 HandlerMethod，通过 RequestMapping-HandlerMapping 返回。对于该类型的处理器，其适配器为 RequestMappingHandlerAdapter，其内部处理逻辑极其复杂，包括参数绑定和返回值处理，在后续章节中对其详述。

8.4.5 处理 HTTP 缓存

在获取处理适配器后，额外添加了用于支持 HTTP 缓存的功能，因为该功能是上层的统一功能，故直接在通用处理逻辑中添加。

HTTP 缓存是 HTTP 协议标准中的定义，用于提高 HTTP 请求的效率。允许浏览器对 GET 请求获取的资源进行缓存，如 css、js、图片资源等，在下次浏览器发起相同的请求时，会携带本地缓存的资源时间或其他与资源相关的信息作为请求头传递，如通过 If-Modified-Since 请求头携带本地缓存的资源的最近一次修改时间。而在服务器的处理逻辑中，则根据该资源的最后修改时间与请求信息中的一些标志信息执行对比判断，如果判断结果是请求方缓存仍然有效，则直接返回状态码 304，表示服务端为对此资源进行修改，可以直接使用缓存中的资源。通过这种缓存方式大大减少了请求耗时，对于客户端来说体验更加友好，对于服务端来说，压力也会减小。

这一段逻辑是为了实现缓存目的而出现。首先缓存只支持 GET 和 HEAD 请求，再通过处理适配器的 getLastModified 方法获取当前请求与请求处理器对应资源的最后一次修改时间，一般对于静态资源有最后一次修改时间。之后调用逻辑 new ServletWebRequest(request, response).checkNotModified(lastModified)检查当前请求中携带的缓存信息是否过期，如未过期，直接返回状态码 304，不再执行后续处理；如已过期，直接按照原逻辑执行后续处理。

当然整体的 HTTP 缓存机制经过长时间的发展，其提供的缓存策略和支持方式也变得越来越多样化，如 ETag 等各种标签方式。这里不再对缓存机制进行解析，有兴趣的读者可以自行查询 HTTP 标准中的缓存，参考网址：https://tools.ietf.org/html/rfc7234。并结合 ServletWebRequest 的 checkNotModified 方法，可详细了解缓存标准与缓存处理机制。

对处理器方法来说，以这种方式获取的是动态资源，动态资源均不进行缓存，所以 lastModified 值均为-1。

8.4.6　执行前置拦截器链

在查找请求处理器时，返回了请求处理器执行链，在其中封装了拦截器链，用于在执行请求逻辑前拦截执行、执行请求逻辑之后添加后置处理，还可以拦截所有的请求处理，在所有处理完成时或发生异常时添加完成后操作。

这里按步骤先调用 HandlerExecutionChain 的 applyPreHandle 方法，执行请求处理器执行链的前置拦截方法，代码如下：

```
/**
 * 执行已注册拦截器的处理前拦截方法
 * @return 返回是否需要继续执行后续的处理
 * 如果为 false，则表示请求被拦截器拦截，不再执行后续处理；否则继续执行后续处理
 */
boolean applyPreHandle(HttpServletRequest request, HttpServletResponse
response) throws Exception {
  // 获取当前处理器执行链中的所有拦截器
  HandlerInterceptor[] interceptors = getInterceptors();
  if (!ObjectUtils.isEmpty(interceptors)) {
      // 正序遍历全部拦截器
      for (int i = 0; i < interceptors.length; i++) {
          HandlerInterceptor interceptor = interceptors[i];
          // 执行拦截器的 preHandle 方法
          // 如果返回 false，则直接停止执行，视为处理完成，触发拦截器的完成后方法
          if (!interceptor.preHandle(request, response, this.handler)) {
               triggerAfterCompletion(request, response, null);
               return false;
          }
          // 如果为 true，拦截器索引设置为当前遍历索引，用于提供给 triggerAfterCompletion
使用
          this.interceptorIndex = i;
      }
  }
  // 全部执行完成，返回 true，表示继续执行下一步
  return true;
}
```

在拦截器链中，任何拦截器的 preHandle 方法返回 false，均会中断后续执行。这种场景多用于用户登录校验，在拦截器中判断当前请求是否有用户登录信息，如果没有，则可在拦截器中返回 false，并设置响应为重定向到登录地址。

在提前返回 false 的情况下，在 doDispatch 方法中也会终止后续的所有处理，进而直接结束请求处理。同时在一个拦截器中返回了 false，会直接调用 triggerAfterCompletion 方法，以提前调用拦截器的 afterCompletion 方法。注意，在调用 afterCompletion 方法时，只会调用那些已经执行了 preHandle 方法的拦截器的 afterCompletion 方法（除了当前 preHandle 方法返回

false 的拦截器外）。这就是索引 interceptorIndex 的作用。后面可以看到这里的源码。

8.4.7 处理适配器执行

在完成上面的所有处理后，会进入处理适配器的执行逻辑，这里只是简单地调用处理适配器的 handle 方法，该方法返回一个 ModelAndView 类型的值。

这个方法是整个请求处理过程中最核心的方法，也是在调用了这个方法后，最终才调用到了处理器方法。所有对请求处理逻辑的封装都在这个方法内部。

我们熟知的@RequestMapping 对应的处理器方法，其处理适配器为 RequestMapping-HandlerAdapter。在该适配器处理过程中，包含了处理器方法参数与请求参数绑定的功能及处理器方法返回值的自动处理功能，最终适配为 ModelAndView 类型的返回值到调用处。

关于其内部执行逻辑，总体也是比较复杂的，这里不再进行详述，在后续章节中会对该部分内容进行讲解。

8.4.8 返回值视图名处理

在处理适配器执行完成后，返回了 ModelAndView 类型的返回值，在很多情况下，返回值中不包含视图。但对于响应结果来说，没有视图就无法产生响应，故此处将会执行默认的视图查找逻辑，以对此返回值应用默认视图，其逻辑代码如下：

```
// 应用默认视图名
private void applyDefaultViewName(HttpServletRequest request, @Nullable
ModelAndView mv) throws Exception {
  // 如果返回值不为空，且不包含视图
  if (mv != null && !mv.hasView()) {
      // 则根据逻辑获取默认视图名
      String defaultViewName = getDefaultViewName(request);
      // 如果获取的默认视图名不为空，则将其设置为 ModelAndView 的视图名
      if (defaultViewName != null) {
          mv.setViewName(defaultViewName);
      }
  }
}
// 通过视图名翻译器来根据请求获取视图名
protected String getDefaultViewName(HttpServletRequest request) throws
Exception {
  return (this.viewNameTranslator != null ? this.viewNameTranslator.getViewName
(request) : null);
}
```

在视图名的获取逻辑中又出现了新的组件 ViewNameTranslator，其类型为 RequestToViewNameTranslator。该组件的作用是根据请求获取一个视图名，此处该组件为其默认实现 DefaultRequestToViewNameTranslator。

在该实现中，获取视图名的逻辑为获取请求路径，并拼接此实现中的前缀和后缀，作为默认的视图名，包括路径。默认的前缀、后缀都为空字符串，所以可直接视为视图名就是请求路径名。

当然该实现开发者可以自己修改，在后面整体组件的配置与初始化内容中，将会介绍这些默认组件是如何初始化的，以及如何对其进行替换。

8.4.9　执行后置拦截器链

在请求处理正常执行结束后，将会触发请求处理器执行链中的后置拦截器链，其代码如下：

```
// 执行拦截器链中的后置拦截
void applyPostHandle(HttpServletRequest request, HttpServletResponse response,
@Nullable ModelAndView mv)
     throws Exception {
  // 获取全部拦截器
  HandlerInterceptor[] interceptors = getInterceptors();
  if (!ObjectUtils.isEmpty(interceptors)) {
     // 倒序遍历全部拦截器，以达到先执行 preHandle 的拦截器，后执行 postHandle 的目的
     for (int i = interceptors.length - 1; i >= 0; i--) {
        HandlerInterceptor interceptor = interceptors[i];
        // 直接执行，无返回值
        interceptor.postHandle(request, response, this.handler, mv);
     }
  }
}
```

可见此处执行后置拦截方法与执行前置拦截方法的拦截器顺序是相反的，假设注册的拦截器顺序是 A→B→C，那么执行 preHandle 方法的顺序也是 A→B→C，但执行 postHandle 的顺序就反过来了，为 C→B→A。

8.4.10　处理返回值与响应

在拿到处理适配器的处理结果 ModelAndView 后，接下来就可以根据这个返回值向响应中添加返回数据了。

通过方法 processDispatchResult，处理前面过程中产生的分发结果。在无异常时，主要处理对象是处理适配器返回的 ModelAndView。发生异常时，处理对象为产生的异常，异常处理后结果为 ModelAndView，使用此 ModelAndView 继续执行后续处理。其详细处理逻辑代码如下：

```
/**
 * 用于处理适配器调用处理器后适配过的 ModelAndView 结果，或者发生异常时把异常处理为
ModelAndView 结果，继续执行后续处理
 */
```

```
private void processDispatchResult(HttpServletRequest request,
HttpServletResponse response,
      @Nullable HandlerExecutionChain mappedHandler, @Nullable ModelAndView mv,
      @Nullable Exception exception) throws Exception {
  // 标记是否是 error 视图
  boolean errorView = false;
  // 如果出现了异常
  if (exception != null) {
      // 如果异常类型为 ModelAndViewDefiningException
      if (exception instanceof ModelAndViewDefiningException) {
          // 该异常内部包含一个 ModelAndView 类型的属性，用于提供包含 ModelAndView 结果
的异常封装
          logger.debug("ModelAndViewDefiningException encountered",
exception);
          // 直接使用异常中封装的 ModelAndView 作为最终的 ModelAndView 结果
          mv = ((ModelAndViewDefiningException) exception).getModelAndView();
      }
      else {
          // 其他异常类型，先获取处理器
          Object handler = (mappedHandler != null ? mappedHandler.getHandler() :
null);
          // 执行 process 处理器异常方法，获取处理了异常结果后得到的 ModelAndView 结果
          mv = processHandlerException(request, response, handler, exception);
          // 如果 mv 不为空，则说明返回了包含异常的视图，即返回的视图为异常视图
          errorView = (mv != null);
      }
  }
  // 如果视图与模型不为空，且视图与模型没有标记为被清理（被清理表示调用过 ModelAndView 的
clear 方法，清理后的 ModelAndView 相当于 null）
  if (mv != null && !mv.wasCleared()) {
      // 视图与模型不为空时，执行渲染视图的操作
      render(mv, request, response);
      // 如果是异常视图，渲染后需要清空请求属性中的异常信息
      if (errorView) {
          WebUtils.clearErrorRequestAttributes(request);
      }
  }
  else {
      // 如果视图为 null，则打印一个日志
      if (logger.isDebugEnabled()) {
          logger.debug("Null ModelAndView returned to DispatcherServlet with
name '" + getServletName() + "': assuming HandlerAdapter completed request
              handling");
      }
  }
  // 如果异步处理已经开始，则直接返回结束执行
  if (WebAsyncUtils.getAsyncManager(request).isConcurrentHandlingStarted()) {
      return;
```

```
    }
    // 处理器执行链不为空时，触发拦截器链的完成后方法，这里的完成后方法执行是在请求处理正常
完成时执行的。还有异常时执行的完成后方法
    if (mappedHandler != null) {
        mappedHandler.triggerAfterCompletion(request, response, null);
    }
}
```

在上面的处理过程中，有两个比较重要的方法。第一个是发生异常时，把异常处理为 ModelAndView 返回值的逻辑 processHandlerException。第二个是对返回的 ModelAndView 结果进行渲染的逻辑 render。下面详细看一下这两部分。

处理器异常的处理方法 processHandlerException 逻辑代码如下：

```
/**
 * 通过处理器异常解析器来把产生的异常解析为一个错误视图与模型结果
 * @param request 请求
 * @param response 响应
 * @param handler 执行的处理器，也有可能为空，如果发生异常时还没有获取处理器。如在多块
请求解析时产生的异常
 * @param ex 在请求处理过程中发生的异常
 * @return 返回一个经过异常解析后得到的 ModelAndView 结果
 * @throws Exception 没有对应异常处理解析器时抛出异常
 */
@Nullable
protected ModelAndView processHandlerException(HttpServletRequest request,
HttpServletResponse response, @Nullable Object handler, Exception ex) throws
Exception {
    ModelAndView exMv = null;
    // 如果处理器异常解析器列表不为空
    if (this.handlerExceptionResolvers != null) {
        // 遍历该列表
        for (HandlerExceptionResolver handlerExceptionResolver :
this.handlerExceptionResolvers) {
            // 执行处理器异常解析器的解析异常方法，拿到解析的 ModelAndView 结果
            exMv = handlerExceptionResolver.resolveException(request, response,
handler, ex);
            // 如果不为空，则将此结果作为对异常处理后的 ModelAndView 结果使用，中断后续的遍
历动作
            if (exMv != null) {
                break;
            }
        }
    }
    // 如果返回的异常 ModelAndView 不为 null
    if (exMv != null) {
        // 如果 ModelAndView 内部为空（View 为空且 Model 为空）
        if (exMv.isEmpty()) {
```

```
            // 设置异常属性到请求属性中
            request.setAttribute(EXCEPTION_ATTRIBUTE, ex);
            // 返回 null
            return null;
        }
        // 如果异常 ModelAndView 不包含视图
        if (!exMv.hasView()) {
            // 采用与 doDispatch 方法中相同的处理逻辑来根据请求获取默认视图名
            String defaultViewName = getDefaultViewName(request);
            if (defaultViewName != null) {
                exMv.setViewName(defaultViewName);
            }
        }
        if (logger.isDebugEnabled()) {
            logger.debug("Handler execution resulted in exception - forwarding to
resolved error view: " + exMv, ex);
        }
        // 暴露一些异常信息到请求属性中
        WebUtils.exposeErrorRequestAttributes(request, ex, getServletName());
        // 返回新的 ModelAndView 异常视图模型
        return exMv;
    }
    // 如果没有处理器异常解析器，则原封不动抛出原始异常，交给 Web 框架处理
    throw ex;
}
```

在把异常解析为 ModelAndView 结果时，其核心是处理器异常解析器组件，其为列表，解析时遍历这个列表，把第一个解析结果不为空的 ModelAndView 结果作为最终的异常 ModelAndView 结果使用。

该组件包含了在前面章节中用过的@ExceptionHandler 注解配置的异常处理器的解析逻辑，更详细的内容在后续章节中详细展开。

在经过把异常解析为ModelAndView过程后，在processDispatchResult方法中，就可以对产生的 ModelAndView 结果进行统一的处理。对该结果进行统一处理的逻辑核心为 render 渲染方法，渲染方法的详细逻辑代码如下：

```
/**
 * 对指定 ModelAndView 进行渲染
 * <p>This is the last stage in handling a request. It may involve resolving
the view by name.
 * 这一步是一个请求的处理过程中的最后一步，其中包含了通过视图名获取视图的逻辑
 * @param mv 需要渲染的 ModelAndView
 * @param request 请求
 * @param response 响应
 * @throws ServletException 如果视图不存在或不能被解析抛出
 * @throws Exception 渲染时发生任何异常抛出
 */
```

```
protected void render(ModelAndView mv, HttpServletRequest request,
HttpServletResponse response) throws Exception {
  // 先通过 Locale 解析器获取请求对应的 Locale
  Locale locale = (this.localeResolver != null ? this.localeResolver
.resolveLocale(request): request.getLocale());
  // 设置获取的 Locale 为相应的 Locale
  response.setLocale(locale);
  // 最终获取的视图
  View view;
  // 如果 ModelAndView 中的视图为视图名，则获取这个视图名
  String viewName = mv.getViewName();
  if (viewName != null) {
      // We need to resolve the view name.
      // 把视图名解析为视图
      view = resolveViewName(viewName, mv.getModelInternal(),locale,request);
      // 无法根据视图名解析视图时抛出异常
      if (view == null) {
          throw new ServletException("Could not resolve view with name '" +
mv.getViewName() +"' in servlet with name '" + getServletName() + "'");
      }
  }
  else {
     // 如果不是视图名，而直接是一个视图类型，则获取视图
     view = mv.getView();
     // 视图为空时同样抛出异常
     if (view == null) {
         throw new ServletException("ModelAndView [" + mv + "] neither contains
a view name nor a " +
              "View object in servlet with name '" + getServletName() + "'");
     }
  }
  // 代理调用视图类的渲染方法
  if (logger.isDebugEnabled()) {
      logger.debug("Rendering view [" + view + "] in DispatcherServlet with name
'" + getServletName() + "'");
  }
  try {
     // 如果 ModelAndView 中的 status 部位为空，则把其设置为相应的状态码，@ResponseStatus
设置的状态码功能就是通过这里实现的
     if (mv.getStatus() != null) {
         response.setStatus(mv.getStatus().value());
     }
     // 执行视图的渲染方法，每种模板引擎都有其对应的视图实现，视图渲染对应于模板引擎的渲
染模板
     view.render(mv.getModelInternal(), request, response);
  }
  catch (Exception ex) {
```

```
    if (logger.isDebugEnabled()) {
        logger.debug("Error rendering view [" + view + "] in DispatcherServlet
with name '" + getServletName() + "'", ex);
    }
    throw ex;
  }
}
```

其中第一个关键点是通过视图名解析视图的方法 resolveViewName，该方法内容如下：

```
protected View resolveViewName(String viewName, @Nullable Map<String, Object>
model, Locale locale, HttpServletRequest request) throws Exception {
  // 如果视图解析器列表不为空
  if (this.viewResolvers != null) {
      // 遍历视图解析器列表
      for (ViewResolver viewResolver : this.viewResolvers) {
          // 调用视图解析器的 resolveViewName 方法，把视图名解析为视图
          View view = viewResolver.resolveViewName(viewName, locale);
          // 第一个不为空的视图被返回
          if (view != null) {
              return view;
          }
      }
  }
  // 没有找到视图时返回 null
  return null;
}
```

这里又通过新的组件——视图解析器来对视图名进行解析，得到最终要使用的视图。不同模板引擎有不同的视图解析器，例如我们使用的 Thymeleaf 模板引擎，对应的视图解析器为 ThymeleafViewResolver，解析逻辑则是通过配置中的 spring.thymeleaf.prefix+视图名+spring.thymeleaf.suffix 的形式，从 classpath 下查找视图名资源，并解析为具体的 ThymeleafView。

获取到具体的视图后，后续的处理核心是视图渲染方法的执行。在视图渲染方法的执行过程中，通过 Model 对模板进行渲染，并把渲染后的结果写入相应的输出流，最终返回给请求方。不同模板引擎对应着不同的视图，不同的视图又有其自身的渲染方法。

8.4.11 执行完成拦截器链

在拦截器中，还有在请求处理完成后执行的方法 afterCompletion。在请求过程中无论是 preHandle 提前返回 false，还是处理过程中发生了异常，或是正常处理完成，都会调用拦截器链的该方法。该方法的处理逻辑代码如下：

```
void triggerAfterCompletion(HttpServletRequest request, HttpServletResponse
response, @Nullable Exception ex)
```

```
        throws Exception {
    // 获取全部拦截器
    HandlerInterceptor[] interceptors = getInterceptors();
    // 以 interceptorIndex 索引开始倒序遍历
    if (!ObjectUtils.isEmpty(interceptors)) {
        for (int i = this.interceptorIndex; i >= 0; i--) {
            HandlerInterceptor interceptor = interceptors[i];
            // 执行拦截器的 afterCompletion 方法，放在 try 块中，以保证执行中不再向外抛出异
常，因为执行此方法时可能已经发生异常了，而该方法的执行处不会再对内部发生的异常进行捕获，避
免覆盖上层的异常
            try {
                interceptor.afterCompletion(request, response, this.handler, ex);
            }
            catch (Throwable ex2) {
                logger.error("HandlerInterceptor.afterCompletion threw exception",
ex2);
            }
        }
    }
}
```

afterCompletion 的执行依然是倒序的，但是其中有个特殊的 interceptorIndex 索引，该索引的值是在 applyPreHandle 执行中设置的。该索引的目的是保存当前执行到的拦截器位置，以实现在 preHandle 方法中返回了 false 时，仍然执行 afterCompletion 方法，且只触发已经执行过 preHandle 方法的拦截器的 afterCompletion 方法。

例如有拦截器链 A→B→C→D，在 C 的 preHandle 方法中，返回了 false，此时直接触发 afterCompletion 方法，其执行链顺序为 B→A，即只调用除了自身以外执行过 preHandle 方法的拦截器。这是可以理解的，因为只有执行过 preHandle 方法的拦截器，才对 afterCompletion 生效，这也是拦截器中几个方法执行顺序的定义。

8.4.12　清理资源

在 Java 的 try... catch... finally... 中，经常使用 finally 块来清理资源，这里也不例外。

但在 finally 块中，首先对异步请求处理执行了处理器执行链中的 afterConcurrentHandlingStarted 方法，为异步请求开始执行时添加一些逻辑。

除此之外，核心的清理方法是对多块请求的清理。如果是多块请求，且多块请求是被处理过的，则执行多块请求占用资源的清理方法。代码如下：

```
protected void cleanupMultipart(HttpServletRequest request) {
    // 多块请求解析器不为空
    if (this.multipartResolver != null) {
        MultipartHttpServletRequest multipartRequest =
                WebUtils.getNativeRequest(request, MultipartHttpServletRequest
```

```
.class);
        // 多块请求不为空
        if (multipartRequest != null) {
            // 使用多块请求解析器执行多块请求的清理
            this.multipartResolver.cleanupMultipart(multipartRequest);
        }
    }
}
```

对于默认实现的多块请求解析器 StandardServletMultipartResolver，其清理逻辑是遍历多块数据 Part，如果多块数据 Part 为文件数据，则执行它们的删除操作，以清理多块数据占用的临时文件。

以上内容便是整个请求在 DispatchServlet 的处理过程，在本节中只详细列出了所有步骤及其作用，其中使用的组件的细节并没有详述，在 8.5 节将对此进行详述。

8.5 相关组件及其初始化

在上述整个请求的处理过程中出现了很多组件，这些组件都是 Spring MVC 整个处理过程中不可获缺的部分。正是通过这些组件之间的搭配组合，才令整个 Spring MVC 框架完整地运行起来，使用框架进行开发时，各种便捷功能都是通过这些组件辅助完成的。这就像乐高一样，通过一个个小组件，最终搭建起一个完整的艺术品。

本节列出所有组件并描述这些组件的初始化及其来源，以及自定义组件的方式。

8.5.1 相关组件列表

总结整个处理过程，顺序地列出其中所有组件及其功能。

（1）WebAsyncManager（异步请求管理器）：用于对异步请求和响应提供支持。

（2）LocaleResolver（本地化解析器）：用于解析请求对应的 Locale。可以是其子接口 LocaleContextResolver 本地化上下文解析器，额外添加获取时区功能。

（3）ThemeResolver（主题解析器）：用于解析请求对应的主题名，以支持主题选择与切换。

（4）ThemeSource（主题源）：用于封装不同主题对应的资源包。通过主题源的 getTheme 方法，可以根据主题名获取对应的主题资源包。

（5）MessageSource（消息源）：用于对国际化提供支持，消息源封装了不同 Code 在不同 Locale 中对应的消息字符串。

（6）FlashMapManager（闪存管理器）：用于提供重定向跨请求传递 Model 参数，其中存储内容在下次请求发生后即清空。同时该管理器还用于获取上次请求输出的 FlashMap 作为本地请求输入的 FlashMap，把当前请求的输出 FlashMap 保存起来作为下一次请求的输入 FlashMap。

（7）MultipartResolver（多块请求解析器）：用于判断请求是否为多块请求，对多块请求进行一些预先解析。

（8）List< HandlerMapping >（处理器映射列表）：用于根据请求查找对应的处理器执行链。

（9）List< HandlerAdapter >（处理适配器列表）：用于对处理器执行链进行适配执行。

（10）ViewNameTranslator（视图名翻译器）：类型为 RequestToViewNameTranslator，用于通过请求获取请求对应的默认视图名。

（11）List<HandlerExceptionResolver>（处理器异常解析器列表）：用于解析整个处理过程中发生的异常，把异常解析为 ModelAndView 的模型视图结果，并执行统一的渲染逻辑。

（12）List<ViewResolver>（视图解析器列表）：用于根据视图名解析获取对应的视图。

除了（1）、（4）、（5）3 部分不是在 DispatchServlet 中定义的以外，其他九大组件均是在 DispatcherServlet 中定义的，这就是常说的 DispatcherServlet 的九大组件。其属性定义的源码如下：

```
@Nullable
private MultipartResolver multipartResolver;
@Nullable
private LocaleResolver localeResolver;
@Nullable
private ThemeResolver themeResolver;
@Nullable
private List<HandlerMapping> handlerMappings;
@Nullable
private List<HandlerAdapter> handlerAdapters;
@Nullable
private List<HandlerExceptionResolver> handlerExceptionResolvers;
@Nullable
private RequestToViewNameTranslator viewNameTranslator;
@Nullable
private FlashMapManager flashMapManager;
@Nullable
private List<ViewResolver> viewResolvers;
```

在整个请求的处理过程中，使用到了上面的所有组件。除了组件的使用外，还有个很关键的部分与组件有关，那就是这些组件是如何在 DispatcherServlet 中初始化的，运行时这些组件的来源是什么，它们是如何初始化的，通过 Spring MVC 配置属性与配置类进行的配置又是如何影响到各个组件的特性的？8.5.2 节介绍的就是这些组件的初始化。

8.5.2　组件的初始化

要想知道这些组件是在何时被初始化的，只需要找到为该组件设置值的位置即可。在第

6 章学习了通过 IDE 研究源码的技巧，可以先根据 DispatcherServlet 中的组件属性值查找对该属性的所有引用，在为该引用设置值的地方即为初始化的位置。

这里以第一个定义的组件 multipartResolver 属性为例，查找其引用，如图 8.5 所示。

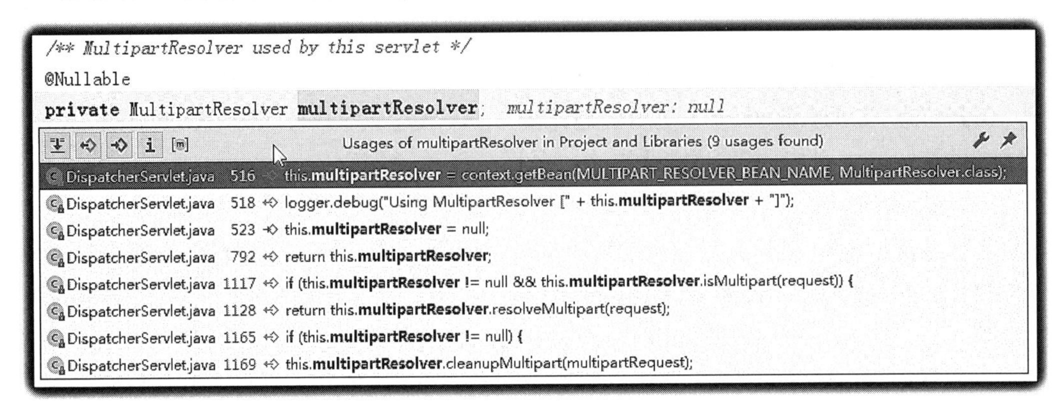

图 8.5　MultipartResolver 引用

从图 8.5 很容易发现，只有第一条才是对 multipartResolver 设置值的逻辑，其所在方法内容如下：

```
/**
 * 初始化本类使用的多块请求解析器
 * 如果在 ApplicationContext 中没有一个 MultipartResolver 类型的且名称为
multipartResolver 的 Bean 被定义，则默认为空，不对多块请求进行特殊处理
 */
private void initMultipartResolver(ApplicationContext context) {
  try {
      // 从 ApplicationContext 中获取 name 为 multipartResolver，类型为 Multipart-
Resolver 的 Bean
      this.multipartResolver = context.getBean(MULTIPART_RESOLVER_BEAN_NAME,
MultipartResolver.class);
      if (logger.isDebugEnabled()) {
          logger.debug("Using MultipartResolver [" + this.multipartResolver
+ "]");
      }
  }
  catch (NoSuchBeanDefinitionException ex) {
    // 没有这种 Bean 时，抛出 NoSuchBeanDefinitionException，拦截后设置默认的多块请求
处理器为 null
    this.multipartResolver = null;
    if (logger.isDebugEnabled()) {
        logger.debug("Unable to locate MultipartResolver with name '" +
MULTIPART_RESOLVER_BEAN_NAME + "': no multipart request handling provided");
    }
  }
}
```

那么该方法是在何处被调用的呢？同样使用 IDE 的查找引用功能找到该方法的调用处，其结果为 initStrategies 方法，代码如下：

```
/**
 * 初始化 Servlet 的所有组件，通过方法名即可得知初始化组件类型
 * <p>May be overridden in subclasses in order to initialize further strategy
objects.
 * 该方法可被子类覆盖，用以支持子类提供更多组件
 */
protected void initStrategies(ApplicationContext context) {
  initMultipartResolver(context);
  initLocaleResolver(context);
  initThemeResolver(context);
  initHandlerMappings(context);
  initHandlerAdapters(context);
  initHandlerExceptionResolvers(context);
  initRequestToViewNameTranslator(context);
  initViewResolvers(context);
  initFlashMapManager(context);
}
```

九大组件的初始化都在这里执行，该方法在什么位置执行？按照上述方式查找，发现在本类的 onRefresh 方法中代码如下：

```
protected void onRefresh(ApplicationContext context) {
  // 调用初始化，传入 Context
  initStrategies(context);
}
```

继续查找 onRefresh 方法的引用，发现不止一处调用了 initStrategies 方法，那实际上如何调用呢？此时就可以使用断点调试功能，在 onRefresh 方法中添加断点，即在 initStrategies 方法中添加断点。断点添加后启动项目，发现并没有进入断点。

还有一种可能，该组件是延迟初始化。在第一次发生请求时该组件才初始化，此时才进行所有组件的初始化，进入此方法。访问任意请求地址后，即可发现进入断点，这也是服务器启动后第一次请求耗时长的一个原因，可以通过指定配置项 spring.mvc.servlet.load-on-startup 为任意非负数强制指定启动时执行初始化，默认为-1。

在断点查看调用栈，代码如下：

```
onRefresh:490, DispatcherServlet (org.springframework.web.servlet)
initWebApplicationContext:561, FrameworkServlet
(org.springframework.web.servlet)
initServletBean:499, FrameworkServlet (org.springframework.web.servlet)
init:172, HttpServletBean (org.springframework.web.servlet)
init:158, GenericServlet (javax.servlet)
initServlet:1144, StandardWrapper (org.apache.catalina.core)
// ...省略部分调用栈
```

```
run:61, TaskThread$WrappingRunnable (org.apache.tomcat.util.threads)
run:745, Thread (java.lang)
```

通过调用栈可以得到以下结论。调用栈的顶端是线程，也就是请求处理分配的线程，在请求处理过程中，发现用来处理该请求的 Servlet 尚未初始化，此时执行 StandardWrapper 的 initServlet 方法初始化该 Servlet。

在 initServlet 方法中执行了 servlet.init(ServletConfig config)方法，对 servlet 实例进行初始化。这个方法中又调用了本类的无参数的 init 方法，该方法由 DispatcherServlet 的祖先类 HttpServletBean 重写。

在 HttpServletBean 的 init 方法中，先为当前的 DispatcherServlet 实例绑定 ServletContext 中初始化的一些属性（在 Spring Boot 中为空，此段逻辑不执行），接着执行 initServletBean 方法，该方法由 DispatcherServlet 的父类 FrameworkServlet 实现。

在 FrameworkServlet 的 initServletBean 方法中，执行了本类的 initWebApplicationContext 方法，此方法就是核心的初始化方法入口，在该方法中调用了 onRefresh 方法，即上面 DispatcherServlet 初始化的入口方法。此方法内容如下：

```
/**
 * 初始化此 Servlet 的 Web 应用上下文
 * @return 返回初始化后的 Web 应用上下文
 */
protected WebApplicationContext initWebApplicationContext() {
  // 先尝试从 Servlet 上下文获取已初始化的 Web 应用上下文作为根上下文
  // 此处已经可以获取 rootContext，设置该值的代码在第 7 章中提到的 selfInitialize 方法
的 prepareWebApplicationContext 方法中
  WebApplicationContext rootContext =
      WebApplicationContextUtils.getWebApplicationContext(getServletContext
());
  // 定义最终要返回的 Web 应用上下文
  WebApplicationContext wac = null;
  // 如果当前 Web 应用上下文不为空
  if (this.webApplicationContext != null) {
      // 在默认情况下不为空，因为在 DispatcherServlet 作为 Bean 初始化时，就通过其
setApplicationContext 设置其值
      wac = this.webApplicationContext;
      // 如果当前 Web 应用上下文是可配置的 Web 应用上下文
      if (wac instanceof ConfigurableWebApplicationContext) {
          ConfigurableWebApplicationContext cwac = (ConfigurableWebApplication-
Context) wac;
          // 且 Web 应用上下文还刷新，则执行此逻辑。默认情况下，该上下文未刷新，不执行此逻辑
          if (!cwac.isActive()) {
              // 当其父上下文为空时
              if (cwac.getParent() == null) {
                  // 则设置其父上下文为上面获取的根上下文
                  cwac.setParent(rootContext);
              }
              configureAndRefreshWebApplicationContext(cwac);
```

```
            }
        }
    }
    if (wac == null) {
        // 如果在上一逻辑未获取到 Web 上下文，此时执行查找逻辑获取
        // 该方法内部通过查找 Servlet 上下文中本类指定的 contextAttribute 属性名对应的属性
值找到 Web 应用上下文
        wac = findWebApplicationContext();
    }
    if (wac == null) {
        // 仍然未查找到 Web 应用上下文，则创建一个
        // No context instance is defined for this servlet -> create a local one
        // 在第 2 章扩展知识里提到的多个应用上下文，就是这里的逻辑产生的
        // 在 Spring Boot 中，第一段逻辑即获得了 Web 应用上下文，故不会执行此逻辑
        wac = createWebApplicationContext(rootContext);
    }
    // 如果此时已接收过应用上下文刷新的事件，则不执行下面 if 块中逻辑
    // 在应用上下文刷新事件中，也会执行 onRefresh 方法
    // 如果已经执行过 onRefresh 方法，则不再执行
    if (!this.refreshEventReceived) {
        // 执行 onRefresh 方法，其中执行整个 Servlet 中组件的初始化操作
        onRefresh(wac);
    }
    // 如果配置发布 Web 应用上下文到 Servlet 上下文
    if (this.publishContext) {
        // 同时把 Web 应用上下文添加到 Servlet 上下文的属性中，以供整个 Web 应用使用
        String attrName = getServletContextAttributeName();
        getServletContext().setAttribute(attrName, wac);
        // 打印日志省略...
    }
    return wac;
}
```

以上便是初始化此 Servlet 对应的 Web 应用上下文的过程，在这个过程中执行了 DispatcherServlet 中使用到的组件初始化，因为一些初始化逻辑需要使用 Web 应用上下文获取组件，故需先执行此逻辑初始化 Web 应用上下文。

8.6　组件的初始化过程

在 8.5 节中学习了 DispatcherServlet 组件 Bean 的定义位置，作为 Bean 定义的该组件，拥有了 Spring Bean 的生命周期，Spring Bean 的初始化逻辑优先执行。关于 Bean 的初始化这里不详细说明，只需知道在 DispatcherServlet 的 Bean 初始化过程中，已经为该 Bean 中的一些实例设置了值，如最核心的 WebApplicationContext 就是在 Bean 初始化过程中设置的。后面只关系组件的初始化，该 Bean 的初始化过程读者可以尝试自行了解。

上面初始化步骤已经分析完成，下面就针对所有组件一一列出其初始化过程。

8.6.1 MultipartResolver 组件

对于 MultipartResolver 组件，已知是通过初始化的 Web 应用上下文获取，那么该组件是在哪里注册到 Web 应用上下文的呢？

通过运行时调试，发现实际初始化的 MultipartResolver 类型为 StandardServletMultipart-Resolver，查找此类的所有使用，发现是在 MultipartAutoConfiguration 类中创建了此类的实例，代码如下：

```
// 声明为配置类
@Configuration
// 在 Servlet.class、StandardServletMultipartResolvet.class、
MultipartConfigElement.class 均存在时才启动此配置
// 只要是基于 Servlet 的 Web 应用，就存在这 3 个类
@ConditionalOnClass({ Servlet.class, StandardServletMultipartResolver.class,
        MultipartConfigElement.class })
// 在属性 spring.servlet.multipart.enabled 不为 false 或不存在时此配置生效
@ConditionalOnProperty(prefix = "spring.servlet.multipart", name = "enabled",
matchIfMissing = true)
// 当 Web 应用为 Servlet 类型时，此配置生效
@ConditionalOnWebApplication(type = Type.SERVLET)
@EnableConfigurationProperties(MultipartProperties.class)
public class MultipartAutoConfiguration {
  // ...省略部分方法
  @Bean(name = DispatcherServlet.MULTIPART_RESOLVER_BEAN_NAME)
  @ConditionalOnMissingBean(MultipartResolver.class)
  public StandardServletMultipartResolver multipartResolver() {
      // 创建实例
      StandardServletMultipartResolver multipartResolver = new Standard-
ServletMultipartResolver();
      //根据属性源 spring.servlet.multipart.resolveLazily 的值，设置 multipart-
Properties 中的 resolveLazily 属性值，表示对多块请求是否执行懒解析，如果为懒解析则在用
到多块请求中的数据时才对多块请求进行解析
      multipartResolver.setResolveLazily(this.multipartProperties
.isResolveLazily());
      return multipartResolver;
  }
}
```

MultipartAutoConfiguration 本身是自动配置类，在该类中用@Bean 方式标记的方法，返回值都会注册到当前应用上下文中，这也就是应用上下文中该组件的来源了。

8.6.2 LocaleResolver 组件

LocaleResolver 组件初始化逻辑与 MultipartResolver 基本相同，该组件是必需组件，所以

多了个默认初始化策略，代码如下：

```
/**
 * BeanFactory 中没有定义 LocaleResolver 组件类型的 Bean 时,使用默认组件 AcceptHeader-
LocaleResolver
 */
private void initLocaleResolver(ApplicationContext context) {
  try {
      // 从上下文获取
      this.localeResolver=context.getBean(LOCALE_RESOLVER_BEAN_NAME,
LocaleResolver.class);
      // 省略日志...
  }
  catch (NoSuchBeanDefinitionException ex) {
      // 上下文没有时，使用默认策略
      this.localeResolver = getDefaultStrategy(context, LocaleResolver.class);
      // 省略日志...
  }
}
```

获取默认组件的策略是通过加载 jar 包中的 DispatcherServlet.properties 属性文件，获取其中的 key:value。key 为组件的类型接口全限定名，value 为默认的组件类型名。初始化策略为获取组件接口属性名对应的组件类型属性值，并通过反射初始化该类型，作为默认组件使用。其中 DispatcherServlet.properties 文件内容如下：

```
# DispatcherServlet 中组件默认策略
# 用作在应用上下文中获取不到组件时的降级策略
# 不推荐开发者自己定义
org.springframework.web.servlet.LocaleResolver=org.springframework.web.
servlet.i18n.AcceptHeaderLocaleResolver
org.springframework.web.servlet.ThemeResolver=org.springframework.web.
servlet.theme.FixedThemeResolver
org.springframework.web.servlet.HandlerMapping=org.springframework.web.
servlet.handler.BeanNameUrlHandlerMapping,\
org.springframework.web.servlet.mvc.method.annotation.RequestMapping-
HandlerMapping
org.springframework.web.servlet.HandlerAdapter=org.springframework.web.
servlet.mvc.HttpRequestHandlerAdapter,\
org.springframework.web.servlet.mvc.SimpleControllerHandlerAdapter,\
org.springframework.web.servlet.mvc.method.annotation.RequestMapping-
HandlerAdapter
org.springframework.web.servlet.HandlerExceptionResolver=org.springframework
.web.servlet.mvc.method.annotation.ExceptionHandlerExceptionResolver,\
org.springframework.web.servlet.mvc.annotation.ResponseStatusException-
Resolver,\
org.springframework.web.servlet.mvc.support.DefaultHandlerExceptionResolver
org.springframework.web.servlet.RequestToViewNameTranslator=org.
springframework.web.servlet.view.DefaultRequestToViewNameTranslator
```

```
org.springframework.web.servlet.ViewResolver=org.springframework.web.servlet
.view.InternalResourceViewResolver
org.springframework.web.servlet.FlashMapManager=org.springframework.web.
servlet.support.SessionFlashMapManager
```

注意：

上面有些 key 配置了用逗号隔开的多个 Class 类名，因为有些组件是 List 类型，List 类型通过方法 getDefaultStrategies 获取。

除此之外，在配置文件中提供 spring.mvc.locale-resolver 与 spring.mvc.locale 之后，最后使用的 LocaleResolver 会通过这些配置进行定制，这是如何实现的呢？可以在配置后通过调试研究其原理。

在配置 spring.mvc.locale-resolver=FIXED 与 spring.mvc.locale=zh_CN 后，初始化 LocaleResolver 就不再通过默认策略初始化，而是直接通过应用上下文获取 LocaleResolver 类型的 Bean，为 FixedLocaleResolver。通过查找 FixedLocaleResolver 的构造器引用位置，找到了该 Bean 的定义位置在 WebMvcAutoConfiguration 自动配置类的 WebMvcAutoConfiguration-Adapter 配置中，代码如下：

```
// 定义为 Bean
@Bean
// 在其他地方未定义 Bean 时，此 Bean 才会被定义
@ConditionalOnMissingBean
// 只有配置了 spring.mvc.locale 属性时，该 Bean 才会被定义
@ConditionalOnProperty(prefix = "spring.mvc", name = "locale")
public LocaleResolver localeResolver() {
  // 通过 MvcProperties 封装 spring.mvc 下的所有配置
  // 判断 spring.mvc.locale-resolver 配置值
  if (this.mvcProperties
        .getLocaleResolver() == WebMvcProperties.LocaleResolver.FIXED) {
    // 如果为 FIXED，则初始化 FixedLocaleResolver
    // 并使用 spring.mvc.locale 配置的 locale 作为构造参数传入，即固定取此 Locale
    return new FixedLocaleResolver(this.mvcProperties.getLocale());
  }
  // 否则使用请求头 Locale 解析器
  AcceptHeaderLocaleResolver localeResolver = new AcceptHeaderLocale-
Resolver();
  // 并设置配置值为 localeResolver 未解析到 Locale 时的默认 Locale
  localeResolver.setDefaultLocale(this.mvcProperties.getLocale());
  return localeResolver;
}
```

其中 MvcProperties 是 spring.mvc 下所有配置映射类，所有 spring.mvc 下的配置项都可以通过该实例的方法获取。

这种通过属性自动进行配置的方式在 Spring Boot 中很常见，在第 5 章提到的通过配置属性定制框架中的组件特性，其实现原理也是如此。在其他组件初始化的配置中，这种方式也

经常出现，后续就不再赘述，读者可自行查阅源码学习。

8.6.3　ThemeResolver 组件

主题解析器 ThemeResolver 的初始化逻辑通过方法 initThemeResolver 执行，该组件在默认情况下同 LocaleResolver 组件，在应用上下文中无此组件类型的 Bean，最终通过执行降级的初始化方法获取该类型组件的默认实例，逻辑代码如下：

```
/**
 * BeanFactory 中没有定义 ThemeResolver 组件类型的 Bean 时，使用默认组件 FixedThemeResolver
 */
private void initThemeResolver(ApplicationContext context) {
  try {
      // 默认无此组件
      this.themeResolver=context.getBean(THEME_RESOLVER_BEAN_NAME, ThemeResolver
.class);
      // 省略日志...
  }
  catch (NoSuchBeanDefinitionException ex) {
     // 使用默认策略，即 FixedThemeResolver
     this.themeResolver = getDefaultStrategy(context, ThemeResolver.class);
     // 省略日志...
  }
}
```

8.3.2 节内容主题使用示例中，通过创建 SessionThemeResolver 类型的 Bean 来替换默认的 FixedThemeResolver，即是上面这一段逻辑产生的效果。

8.6.4　HandlerMapping 组件

HandlerMapping 组件是查询请求处理器的核心组件，为 List 类型，即一个 DispatcherServlet 中支持多个 HandlerMapping 组件。其初始化逻辑如下：

```
/**
 * BeanFactory 中没有定义 ThemeResolver 组件类型的 Bean 时，使用默认组件
BeanNameUrlHandlerMapping 与 RequestMappingHandlerMapping
 */
private void initHandlerMappings(ApplicationContext context) {
  this.handlerMappings = null;
  // 是否查找当前 BeanFactory 与其所有父 BeanFactory 中的 HandlerMapping 组件，默认为
true
  if (this.detectAllHandlerMappings) {
      // Find all HandlerMappings in the ApplicationContext, including ancestor
contexts.
      // 查找包括当前及所有祖先 BeanFactory 中的 HandlerMapping 类型的 Bean，返回 Map
类型，key 为 BeanName，value 为 Bean 实例
```

```
    Map<String, HandlerMapping> matchingBeans =
        BeanFactoryUtils.beansOfTypeIncludingAncestors(context, HandlerMapping
.class, true, false);
    // 如果不为空,则把找到的所有HandlerMapping类型的Bean作为当前DispatcherServlet
的 HandlerMapping 组件列表使用
    if (!matchingBeans.isEmpty()) {
        this.handlerMappings = new ArrayList<>(matchingBeans.values());
        // We keep HandlerMappings in sorted order.
        // 对组件列表进行排序
        AnnotationAwareOrderComparator.sort(this.handlerMappings);
    }
  }
  else {
    // 否则，只查找 BeanName 为 handlerMapping 的 Bean，作为唯一 HandlerMapping 组件
使用
    try {
        HandlerMapping hm=context.getBean(HANDLER_MAPPING_BEAN_NAME,
HandlerMapping.class);
        this.handlerMappings = Collections.singletonList(hm);
    }
    catch (NoSuchBeanDefinitionException ex) {
        // 忽略异常，使用默认策略
    }
  }
  // Bean 查找策略未找到时，使用默认策略，初始化组件 BeanNameUrlHandlerMapping 与
RequestMappingHandlerMapping
  if (this.handlerMappings == null) {
      this.handlerMappings = getDefaultStrategies(context, HandlerMapping
.class);
      if (logger.isDebugEnabled()) {
          logger.debug("No HandlerMappings found in servlet '" + getServletName
() + "': using default");
      }
  }
}
```

在默认情况下，会通过当前 BeanFactory 与其祖先 BeanFactory 中获取到所有的 HandlerMapping 类型的 Bean 作为 HandlerMapping 组件列表使用。默认组件列表包含以下组件，如表 8.1 所示。

表 8.1　HandlerMapping 组件列表

Bean 名称	Bean 类型	作　　用	初始化位置
faviconHandler-Mapping	org.springframework.web.servlet.handler.SimpleUrl-HandlerMapping	简单 URL 映射，处理**/favicon.ico 路径请求，返回网站小图标	WebMvcAutoConfiguration.WebMvcAutoConfiguration-Adapter.FaviconConfiguration.faviconHandlerMapping()

续表

Bean 名称	Bean 类型	作　　用	初始化位置
requestMapping-HandlerMapping	org.springframework.web.servlet.mvc.method.annotation.RequestMappingHandler-Mapping	处理@RequestMapping 注解注册的请求处理器	WebMvcAutoConfiguration.EnableWebMvcConfiguration.requestMappingHandler-Mapping()
viewController-HandlerMapping	org.springframework.web.servlet.config.annotation.WebMvcConfigurationSupport$EmptyHandlerMapping	无作用的 HandlerMapping，用于占位。使用 addViewControllers 配置后此 HandlerMapping 会被 SimpleUrlHandlerMapping 替换	EnableWebMvcConfiguration 的祖先类 WebMvcConfigur-ationSupport.viewController-HandlerMapping()
beanNameHand-lerMapping	org.springframework.web.servlet.handler.BeanName-UrlHandlerMapping	用于通过 URL 映射到 Bean 的处理器映射	EnableWebMvcConfiguration 的祖先类 WebMvcConfigura-tionSupport.beanNameHandler-Mapping()
resourceHandler-Mapping	org.springframework.web.servlet.handler.SimpleUrl-HandlerMapping	用于处理静态资源映射	EnableWebMvcConfiguration 的祖先类 WebMvcConfigura-tionSupport.resourceHandler-Mapping()
defaultServlet-HandlerMapping	org.springframework.web.servlet.config.annotation.WebMvcConfigurationSupport$EmptyHandlerMapping	EnableWebMvcConfiguration 的祖先类 WebMvcConfiguration-Support.defaultServletHandler-Mapping() 无作用，用于占位。当使用 configureDefaultServlet-Handling 配置默认 Servlet 处理器后，会被 SimpleUrlHandler-Mapping 替换	EnableWebMvcConfiguration 的祖先类 WebMvcConfigura-tionSupport.resourceHandler-Mapping()
welcomePage-HandlerMapping	org.springframework.boot.autoconfigure.web.servlet.WelcomePageHandlerMapping	用于处理默认首页的请求，跳转到 index.html	WebMvcAutoConfiguration.WebMvcAutoConfiguration-Adapter.welcomePageHandler-Mapping()

表 8.1 中大部分组件 Bean 的初始化都在 WebMvcAutoConfiguration 类、EnableWeb-MvcConfiguration 类及其父类 WebMvcConfigurationSupport 中。这里来简单阐述一下其工作原理。

在 WebMvcAutoConfiguration 自动配置类中，又包含 WebMvcAutoConfigurationAdapter 配置类。在这个配置类上，通过@Import 注解引入 EnableWebMvcConfiguration 类作为配置类，使得 EnableWebMvcConfiguration 配置类成为 Spring MVC 所有相关组件定义的核心配置类。在该配置类中，包含全部 MVC 需要使用到组件的初始化逻辑，代码如下：

```
@Configuration
public static class EnableWebMvcConfiguration extends DelegatingWeb-
```

```
MvcConfiguration {
  // spring.mvc 下配置属性的映射类
  private final WebMvcProperties mvcProperties;
  // ... 省略其他 Bean 定义
  // 声明为 Bean 定义方法
  @Bean
  // 声明为 Primary，当通过 Bean 类型获取 Bean 时，如果有多个 Bean 存在，则使用标记了
@Primary 的 Bean 作为结果
  @Primary
  // 重写方法
  @Override
  public RequestMappingHandlerMapping requestMappingHandlerMapping() {
    // 标记 Primary 后 MvcUriComponentsBuilder 才能正常工作，此部分内容读者可自行了解
    // Must be @Primary for MvcUriComponentsBuilder to work
    // 调用父类该方法初始化 RequestMappingHandlerMapping 组件
    return super.requestMappingHandlerMapping();
  }
  // 定义 RequestMappingHandlerAdapter 类型的 Bean
  @Bean
  @Override
  public RequestMappingHandlerAdapter requestMappingHandlerAdapter() {
    // 调用父类方法创建 RequestMappingHandlerAdapter 组件实例
    RequestMappingHandlerAdapter adapter =
super.requestMappingHandlerAdapter();
    // 通过 spring.mvc.ignore-default-model-on-redirect 配置的属性值来定制
RequestMappingHandlerAdapter
    adapter.setIgnoreDefaultModelOnRedirect(this.mvcProperties == null
        || this.mvcProperties.isIgnoreDefaultModelOnRedirect());
    return adapter;
  }
}
```

从以上代码可以看到并不是在本类中创建的 RequestMappingHandlerMapping 实例，而是在父类中创建的。其父类为 DelegatingWebMvcConfiguration，该类中也没有此方法，所以 requestMappingHandlerMapping 最终调用的是 DelegatingWebMvcConfiguration 的父类 WebMvcConfigurationSupport 中的方法。

DelegatingWebMvcConfiguration 类的作用是为实现通过 WebMvcConfigurer 接口的实现类 Bean 进行 MVC 配置的目的。其中注入当前应用上下文中的全部 WebMvcConfigurer 类型的 Bean 作为配置器 List，并在父类 WebMvcConfigurationSupport 执行组件配置方式时，遍历这个配置器 List，逐一进行组件配置。

WebMvcConfigurationSupport 类的作用则是为 MVC 的组件定义与组件配置提供支持，所有组件 Bean 的定义都在这个类中，同时该类在定义组件前后会执行一些配置方法。Spring Boot 引入的配置类 EnableWebMvcConfiguration 作用仅仅是为了通过 spring.mvc 相关配置来

定制其中一些组件的特性，就如上面代码中看到的 RequestMappingHandlerAdapter 的定义一样，这也是通过配置来定制组件特性的实现原理。

DelegatingWebMvcConfiguration 中实现了这些配置方法，通过其中保存的 WebMvcConfigurer 配置器列表执行所有配置器的对应方法，在对 Async 的配置中将看到此代码。

8.6.5 HandlerAdapter 组件

HandlerAdapter 组件是处理请求的核心组件，该组件为列表。其初始化逻辑与 HandlerMapping 初始化逻辑相同，当 BeanFactory 中无 HandlerAdapter 组件时，使用默认组件列表：HttpRequestHandlerAdapter、SimpleControllerHandlerAdapter、RequestMappingHandlerAdapter。在 Spring Boot 中，默认情况下通过 BeanFactory 获取的组件列表如表 8.2 所示。

表 8.2　HandlerAdapter 组件列表

Bean 名称	Bean 类型	作　　用	初始化位置
requestMappingHandlerAdapter	org.springframework.web.servlet.mvc.method.annotation.RequestMappingHandlerAdapter	处理@RequestMapping 注解生成的方法处理器	WebMvcAutoConfiguration.EnableWebMvcConfiguration.requestMappingHandlerAdapter()
httpRequestHandlerAdapter	org.springframework.web.servlet.mvc.HttpRequestHandlerAdapter	处理 HttpRequestHandler 类型的处理器	EnableWebMvcConfiguration 的祖先类 WebMvcConfigurationSupport.httpRequestHandlerAdapter()
simpleControllerHandlerAdapter	org.springframework.web.servlet.mvc.SimpleControllerHandlerAdapter	处理 Controller 类型的处理器	EnableWebMvcConfiguration 的祖先类 WebMvcConfigurationSupport.simpleControllerHandlerAdapter()

关于 requestMappingHandlerAdapter 组件的初始化 11.1.3 节详细讲解，这里先学习另外两个组件的初始化逻辑，它们都定义在 WebMvcConfigurationSupport 类中，代码如下：

```
public class WebMvcConfigurationSupport implements ApplicationContextAware,
ServletContextAware {
  // 定义为 Bean，方法内直接通过 new 来创建 HttpRequestHandlerAdapter 组件实例
  @Bean
  public HttpRequestHandlerAdapter httpRequestHandlerAdapter() {
    return new HttpRequestHandlerAdapter();
  }
  // 定义为 Bean，方法内直接通过 new 来创建 SimpleControllerHandlerAdapter 组件实例
  @Bean
  public SimpleControllerHandlerAdapter simpleControllerHandlerAdapter() {
    return new SimpleControllerHandlerAdapter();
  }
}
```

WebMvcConfigurationSupport 仅仅是 WebMvc 配置支持类，本身并不是配置类，所以其

内部定义的@Bean 标记的方法并不会产生 Bean。所以在实际环境中还需要通过创建一个配置类，继承该配置支持类，来实现该类作为配置类的目的。

在 Spring MVC 中，由配置类 DelegatingWebMvcConfiguration 继承该配置支持类，实现内部@Bean 定义组件的目的，同时 DelegatingWebMvcConfiguration 中还添加了通过 WebMvcConfigurer 配置器组件配置 WebMvc 组件的功能。在 Spring Boot 中，又通过 EnableWebMvcConfiguration 继承了 DelegatingWebMvcConfiguration，从而来实现更强大的通过配置文件定义的属性来配置组件的功能。

8.6.6 HandlerExceptionResolver 组件

HandlerExceptionResolver 组件为一个列表，其初始化逻辑与 HandlerMapping 初始化逻辑相同。当 BeanFactory 中无 HandlerExceptionResolver 组件时，使用默认组件列表：ExceptionHandlerExceptionResolver、ResponseStatusExceptionResolver、DefaultHandlerExceptionResolver。在 Spring Boot 中，默认情况下通过 BeanFactory 获取的组件列表如表 8.3 所示。

表 8.3 HandlerExceptionResolver 组件列表

Bean 名称	Bean 类型	作　用	初始化位置
errorAttributes	org.springframework.boot.web.servlet.error.DefaultErrorAttributes	用于发生异常时保存异常信息到请求属性中	ErrorMvcAutoConfiguration.errorAttributes()
handlerExceptionResolver	org.springframework.web.servlet.handler.HandlerExceptionResolverComposite	用于组合已有的处理器异常解析器组件	EnableWebMvcConfiguration 的祖先类 WebMvcConfigurationSupport.handlerExceptionResolver()

在 handlerExceptionResolver 这个 HandlerExceptionResolverComposite 组合组件中，还包含了三个处理器异常解析器，该组件用于包装这三个处理器异常解析器，顺序执行其中的三个处理器异常解析器，组合组件实现了其中三个异常处理器的功能。其中组件为 ExceptionHandlerExceptionResolver、ResponseStatusExceptionResolver、DefaultHandlerExceptionResolver，这三个组件都是在 WebMvcConfigurationSupport.handlerExceptionResolver()方法中初始化。

在该方法中，调用了本类的 configureHandlerExceptionResolvers 方法，配置处理器异常解析器。在实际运行时，该方法执行的实例在其子类 WebMvcAutoConfiguration.EnableWebMvcConfiguration 中定义，子类重写了该方法，方法内容如下：

```
protected void configureHandlerExceptionResolvers(
    List<HandlerExceptionResolver> exceptionResolvers) {
  // 执行父类的 configureHandlerExceptionResolvers 方法，其中逻辑为执行所有 WebMvc-
Configurer 类型的 Bean 的 configureHandlerExceptionResolvers 方法配置异常处理器，默
认无此类型的 Bean，故不做处理
  super.configureHandlerExceptionResolvers(exceptionResolvers);
  // 如果处理后为空，则执行默认的添加逻辑
```

```
  if (exceptionResolvers.isEmpty()) {
      addDefaultHandlerExceptionResolvers(exceptionResolvers);
  }
  // 如果配置项 spring.mvc.log-resolved-exception 为 true，则为异常添加日志记录
  if (this.mvcProperties.isLogResolvedException()) {
      for (HandlerExceptionResolver resolver : exceptionResolvers) {
          if (resolver instanceof AbstractHandlerExceptionResolver) {
              ((AbstractHandlerExceptionResolver) resolver)
                      .setWarnLogCategory(resolver.getClass().getName());
          }
      }
  }
}
// 因默认情况执行默认添加异常处理器逻辑，列出默认添加异常处理器逻辑的源码
protected final void addDefaultHandlerExceptionResolvers(List<Handler-
ExceptionResolver> exceptionResolvers) {
  // 创建 ExceptionHandlerExceptionResolver，添加到异常处理器列表
  ExceptionHandlerExceptionResolver exceptionHandlerResolver = createException-
HandlerExceptionResolver();
  // 配置异常处理器的内容协商管理器
  exceptionHandlerResolver.setContentNegotiationManager(mvcContentNegotiation-
Manager());
  // 设置异常处理器用到的消息转换器
  exceptionHandlerResolver.setMessageConverters(getMessageConverters());
  // 设置异常处理器使用的参数解析器
  exceptionHandlerResolver.setCustomArgumentResolvers(getArgumentResolvers-
());
  // 配置异常处理器的返回值处理器
  exceptionHandlerResolver.setCustomReturnValueHandlers(getReturnValue-
Handlers());
  // 如果存在 jackson2 的库，则添加一个响应体增强器
  if (jackson2Present) {
      exceptionHandlerResolver.setResponseBodyAdvice(
          Collections.singletonList(new JsonViewResponseBodyAdvice()));
  }
  // 设置异常处理器的应用上下文
  if (this.applicationContext != null) {
      exceptionHandlerResolver.setApplicationContext(this.application
Context);
  }
  // 执行异常处理器的初始化方法
  exceptionHandlerResolver.afterPropertiesSet();
  // 添加到异常处理器列表
  exceptionResolvers.add(exceptionHandlerResolver);
  // 创建 ResponseStatusExceptionResolver 异常处理器
```

```
 ResponseStatusExceptionResolver responseStatusResolver = new Response-
StatusExceptionResolver();
 // 设置该异常处理器的信息源
 responseStatusResolver.setMessageSource(this.applicationContext);
 // 添加到异常处理器列表
 exceptionResolvers.add(responseStatusResolver);
 // 添加默认异常处理器 DefaultHandlerExceptionResolver 到列表
 exceptionResolvers.add(new DefaultHandlerExceptionResolver());
}
```

如上便是调试时看到的 3 个异常处理器的代码来源。

8.6.7 RequestToViewNameTranslator 组件

RequestToViewNameTranslator 组件又叫做 ViewNameTranslator 组件，该组件在 DispatcherServlet 中只存在一个。其初始化策略与 LocaleResolver 组件相同，默认情况下 BeanFactory 中未提供该组件，使用默认策略指定的 DefaultRequestToViewNameTranslator 组件。其初始化逻辑代码如下：

```
/**
 * BeanFactory 中没有定义 RequestToViewNameTranslator 组件类型的 Bean 时，使用默认组件 DefaultRequestToViewNameTranslator
 */
private void initRequestToViewNameTranslator(ApplicationContext context) {
  try {
     // 默认无此组件，触发 NoSuchBeanDefinitionException 异常
     this.viewNameTranslator =
           context.getBean(REQUEST_TO_VIEW_NAME_TRANSLATOR_BEAN_NAME,
RequestToViewNameTranslator.class);
    // 省略日志...
  }
  catch (NoSuchBeanDefinitionException ex) {
    // 使用默认策略，即使用 DefaultRequestToViewNameTranslator 作为该类型组件
    this.viewNameTranslator = getDefaultStrategy(context,
RequestToViewNameTranslator.class);
    // 省略日志
  }
}
```

该类型组件同样可以通过在 ApplicationContext 中定义来替换该类型的默认组件，但一般很少自己去实现，默认的即可满足需求。

8.6.8 ViewResolver 组件

ViewResolver 组件为组件列表，其初始化策略与 HandlerMapping 组件列表相同，在只加入 Thymeleaf 模板引擎的依赖时，默认 BeanFactory 中包含 5 个该组件，具体如表 8.4 所示。

表 8.4　ViewResolver 组件列表

Bean 名称	Bean 类型	作　用	初始化位置
beanNameView-Resolver	org.springframework.web.servlet.view.BeanNameViewResolver	用于支持默认的 Bean 名称视图解析器	ErrorMvcAutoConfiguration.WhitelabelErrorViewConfiguration.beanNameViewResolver()
mvcViewResolver	org.springframework.web.servlet.view.ViewResolverComposite	提供 configureViewResolvers 方法添加 ViewResolver 的功能，也支持通过 BeanFactory 获取所有 ViewResolver 类型的 Bean	EnableWebMvcConfiguration 的祖先类 WebMvcConfiguration-Support.mvcViewResolver()
defaultViewReso-lver	org.springframework.web.servlet.view.Intern-alResourceViewResolver	默认的视图解析器，用于解析 html、jsp 等内置的静态页面资源	WebMvcAutoConfiguration.Web-MvcAutoConfigurationAdapter.defaultViewResolver()
viewResolver	org.springframework.web.servlet.view.Cont-entNegotiatingView-Resolver	内容协商视图解析器，用于支持根据请求接收内容类型与视图内容类型自动匹配视图功能	WebMvcAutoConfiguration.Web-MvcAutoConfigurationAdapter.viewResolver(BeanFactory bean-Factory)
thymeleafView-Resolver	org.thymeleaf.spring5.view.ThymeleafView-Resolver	用于支持 Thymeleaf 类型的模板视图	ThymeleafAutoConfiguration.Th-ymeleafWebMvcConfiguration.ThymeleafViewResolverConfigu-ration.thymeleafViewResolver()

其中 beanNameViewResolver 在 WebMvcAutoConfiguration.WebMvcAutoConfigurationAdapter.beanNameViewResolver()也进行了初始化，但因 ErrorMvcAutoConfiguration 的执行顺序在前（通过@AutoConfigureBefore(WebMvcAutoConfiguration.class)指定顺序），故 ErrorMvcAuto-Configuration 中的 beanNameViewResolver 优先。

另外，Thymeleaf 模板视图是在引入 Thymeleaf 的依赖后自动添加的，同此原理，其他类型模板的依赖引入后，也会自动添加对应类型的视图解析器，如 freeMarkerViewResolver。关于 Thymeleaf 的自动配置，依赖于 ThymeleafAutoConfiguration 自动配置类，在该自动配置类中判断 Thymeleaf 依赖是否存在，存在时则创建 Thymeleaf 对应的视图解析器，代码如下：

```
// 指定为配置类
@Configuration
// 启用配置文件映射配置类 ThymeleafProperties，把 Thymeleaf 相关配置映射到配置类实例中
@EnableConfigurationProperties(ThymeleafProperties.class)
// 只有存在 Thymeleaf 依赖时才生效
@ConditionalOnClass(TemplateMode.class)
// 在 WebMvc 或 WebFlux 自动配置完成后再开始进行此配置类的配置
@AutoConfigureAfter({ WebMvcAutoConfiguration.class, WebFluxAuto-
Configuration.class })
// Thymeleaf 自动配置类
```

```
public class ThymeleafAutoConfiguration {
  // ...省略其他配置
  // 内部嵌套一个配置类
  @Configuration
  // 在 Servlet 容器中启用
  @ConditionalOnWebApplication(type = Type.SERVLET)
  // spring.thymeleaf.enabled 配置为 true 或者该配置不存在时，启用此配置类
  @ConditionalOnProperty(name = "spring.thymeleaf.enabled", matchIfMissing =
true)
  static class ThymeleafWebMvcConfiguration {
    // 声明 Thymeleaf 的 ViewReolver 组件
    @Bean
    // 不存在 thymeleafViewResolver 时才创建此 Bean
    @ConditionalOnMissingBean(name = "thymeleafViewResolver")
    public ThymeleafViewResolver thymeleafViewResolver() {
      // 构造实例
      ThymeleafViewResolver resolver = new ThymeleafViewResolver();
      // 设置视图解析器的模板引擎
      resolver.setTemplateEngine(this.templateEngine);
      // 设置视图解析器的字符编码
      resolver.setCharacterEncoding(this.properties.getEncoding().name());
      // 设置此视图解析器解析视图后的 ContentType
      resolver.setContentType(
          appendCharset(this.properties.getServlet().getContentType(),
              resolver.getCharacterEncoding()));
      // 根据配置文件设置需要排除的视图名
      resolver.setExcludedViewNames(this.properties.getExcludedViewNames());
      // 根据配置文件设置需要解析的视图名
      resolver.setViewNames(this.properties.getViewNames());
      // 指定顺序比最低高一点，在该视图解析器无法解析视图时，使用最低优先级的 Internal-
ResourceViewResolver 视图解析器
      resolver.setOrder(Ordered.LOWEST_PRECEDENCE - 5);
      // 根据配置文件设置是否启用缓存
      resolver.setCache(this.properties.isCache());
      return resolver;
    }
    // 省略其他
  }
}
```

其他类型的自动配置类基本都是通过这种方式实现的，通过自动定义一些 Bean 及根据属性配置这些 Bean 来完成自动配置功能。

8.6.9 FlashMapManager 组件

在 DispatcherServlet 中只存在一个 FlashMapManager 组件。其初始化策略与 LocaleResolver 组件相同，默认情况下 BeanFactory 中未提供该组件，使用默认策略指定的

SessionFlashMapManager 组件。初始化逻辑代码如下：

```
/**
 * BeanFactory 中没有定义 FlashMapManager 组件类型的 Bean 时，使用默认组件 Session-
FlashMapManager
 */
private void initFlashMapManager(ApplicationContext context) {
  try {
      // 默认无此组件，触发 NoSuchBeanDefinitionException 异常
      this.flashMapManager = context.getBean(FLASH_MAP_MANAGER_BEAN_NAME,
FlashMapManager.class);
      // 省略日志
  }
  catch (NoSuchBeanDefinitionException ex) {
     // 使用默认策略，创建 SessionFlashMapManager 实例作为 FlashMapManager 组件
     this.flashMapManager = getDefaultStrategy(context, FlashMapManager.class);
     // 省略日志
  }
}
```

通过初始化代码可知，该类型的组件可以在 ApplicationContext 中重新定义，但该组件类型较为复杂，除非真的了解该功能，否则不建议自己尝试去重写该组件并替换默认组件。

8.6.10　WebAsyncManager 组件

WebAsyncManager 组件并不输入 DispatcherServlet 中的组件，但其也是处理过程中重要的组件。该组件的获取通过方法 WebAsyncUtils.getAsyncManager 实现。其代码如下：

```
// 根据请求获取该请求对应的异步管理器
public static WebAsyncManager getAsyncManager(ServletRequest servletRequest)
{
  WebAsyncManager asyncManager = null;
  // 从当前请求属性中尝试获取
  Object asyncManagerAttr = servletRequest.getAttribute(WEB_ASYNC_MANAGER_
ATTRIBUTE);
  // 已有时返回该组件
  if (asyncManagerAttr instanceof WebAsyncManager) {
           asyncManager = (WebAsyncManager) asyncManagerAttr;
  }
  // 没有时创建该组件，并放到请求属性中
  if (asyncManager == null) {
  asyncManager = new WebAsyncManager();
  servletRequest.setAttribute(WEB_ASYNC_MANAGER_ATTRIBUTE, asyncManager);
  }
  // 返回该组件
  return asyncManager;
}
```

在配置文件中，可以通过 spring.mvc.async.request-timeout 指定异步请求超时，同时也可以通过 WebMvcConfigurer 接口实现类 Bean 的 configureAsyncSupport 方法以配置更多的属性，这是如何实现的呢？

在上面已知 MvcProperties 为 spring.mvc 下所有配置属性的表现类，那其中也必然有 spring.mvc.async.request-timeout 的绑定属性，为 MvcProperties.async.requestTimeout，通过查找该属性的使用位置，找到了使用该值进行配置的逻辑，即在 WebMvcAutoConfiguration .WebMvcAutoConfigurationAdapter 的 configureAsyncSupport 方法中。

可以看到 WebMvcAutoConfigurationAdapter 正是 WebMvcConfigurer 配置器接口的实现类，即该配置其实是通过配置接口的实现类 Bean 实现的。

那么配置器又是如何生效的呢？在 RequestMapping 组件的初始化中，已经讲述过 EnableWebMvcConfiguration 与其父类 DelegatingWebMvcConfiguration 及再上一级的父类 WebMvcConfigurationSupport 的大致作用，这里就以 Async 的配置为例，简述其代码的实现原理。一样通过反查使用的方式来推断实现原理。

通过查找 WebMvcConfigurer.configureAsyncSupport 方法的调用，可以找到两处。第一处是 DelegatingWebMvcConfiguration 的 configureAsyncSupport 方法，第二处是 WebMvcConfigurerComposite 的 configureAsyncSupport 方法。仔细查看代码发现第一处调用的其实是第二处的方法，代码如下：

```
@Configuration
public class DelegatingWebMvcConfiguration extends WebMvcConfigurationSupport
{
  // 创建 WebMvc 配置器组合类，用于组合全部配置器实例
  private final WebMvcConfigurerComposite configurers = new
WebMvcConfigurerComposite();
  @Autowired(required = false)
  // 自动注入当前应用上下文的所有 MVC 配置类
  public void setConfigurers(List<WebMvcConfigurer> configurers) {
     if (!CollectionUtils.isEmpty(configurers)) {
         // 不为空时添加到配置器组合类中
         this.configurers.addWebMvcConfigurers(configurers);
     }
  }
  @Override
  protected void configureAsyncSupport(AsyncSupportConfigurer configurer) {
     // 配置时，调用配置类组合器的配置方法
     // 在配置类组合器中，遍历全部配置器，依次执行配置方法
     this.configurers.configureAsyncSupport(configurer);
  }
  // 省略其他方法
}
// 配置类组合器，同样实现配置器接口
class WebMvcConfigurerComposite implements WebMvcConfigurer {
  // 全部配置类 Bean 实例列表，名字叫做 delegates 代理，即代理这些 Bean 的调用
```

```
  private final List<WebMvcConfigurer> delegates = new ArrayList<>();
  // 用于添加需要代理执行的配置器
  public void addWebMvcConfigurers(List<WebMvcConfigurer> configurers) {
    if (!CollectionUtils.isEmpty(configurers)) {
        this.delegates.addAll(configurers);
    }
  }
   // 代理执行 configureAsyncSupport 配置方法
  @Override
  public void configureAsyncSupport(AsyncSupportConfigurer configurer) {
    // 遍历代理的配置器列表，依次执行配置方法
    for (WebMvcConfigurer delegate : this.delegates) {
         delegate.configureAsyncSupport(configurer);
    }
  }
  // 省略其他代码
}
```

可以看到配置器组合类的目的是代理多个配置器的配置方法调用，所以该方法的真实调用处其实是 DelegatingWebMvcConfiguration 的 configureAsyncSupport 方法，该方法重写了父类 WebMvcConfigurationSupport 中的该方法。找到父类中该方法的调用处，代码如下：

```
// 创建 RequestMappingHandlerAdapter 类型的 Bean
@Bean
public RequestMappingHandlerAdapter requestMappingHandlerAdapter() {
  RequestMappingHandlerAdapter adapter = createRequestMappingHandler-
Adapter();
  // 省略对 RequestMappingHandlerAdapter 组件的配置代码
  // 创建 Async 配置器支持
  AsyncSupportConfigurer configurer = new AsyncSupportConfigurer();
  // 调用 Async 配置方法，子类重写该方法实现通过 WebMvcConfigurer 配置 Async 的目的
  configureAsyncSupport(configurer);
  // 配置完成后，通过配置器获取 Async 相关的配置与组件
  // 设置到 RequestMappingHandlerAdapter 组件中
  if (configurer.getTaskExecutor() != null) {
     adapter.setTaskExecutor(configurer.getTaskExecutor());
  }
  if (configurer.getTimeout() != null) {
     adapter.setAsyncRequestTimeout(configurer.getTimeout());
  }
  adapter.setCallableInterceptors(configurer.getCallableInterceptors());
  adapter.setDeferredResultInterceptors(configurer.getDeferredResult-
Interceptors());
  // 返回通过配置的 RequestMappingHandlerAdapter 组件
  return adapter;
}
```

以上便是基于配置类 WebMvcConfigurer 进行组件自定义配置 Async 的实现原理。还有其

他很多组件配置都是通过这种方式实现的，结合第 5 章中的全部配置方法可以对该部分源码进一步探究，读者可以对其进行详细的了解。

8.6.11 ThemeSource 主题源

主题源也不是 DispatcherServlet 原始组件的一部分，其在 DispatcherServlet 的 doService 方法中设置到请求属性中，通过 DispatcherServlet 的 getThemeSource 方法获取主题源。在默认情况下，获取到的主题源是 Web 应用上下文自身，因为默认 Web 应用上下文实现了 ThemeSource 接口。代码如下：

```
// 获取主题源
public final ThemeSource getThemeSource() {
  // 当前 Web 应用上下文如果未实现接口 ThemeSource，则返回空；否则返回 Web 应用上下文作为主题源
  return (getWebApplicationContext() instanceof ThemeSource ? (ThemeSource)
getWebApplicationContext() : null);
}
```

而在 Web 应用上下文中，其实现的 ThemeSource 接口的 getTheme 方法其实是个代理方法，真正执行的是当前 Web 应用上下文实例中保存的 ThemeSource 主题源实例。代码如下：

```
// 代理方法
public Theme getTheme(String themeName) {
  Assert.state(this.themeSource != null, "No ThemeSource available");
  // 实际执行本类中主题源实例的该方法
  return this.themeSource.getTheme(themeName);
}
```

那么以上代码中的主题源实例何时初始化的呢？通过查找其引用，找到了设置其值的位置为 GenericWebApplicationContext 上下文类的 onRefresh 方法，通过 UiApplicationContext-Utils 的 initThemeSource 方法进行初始化。

在 initThemeSource 方法中，则尝试先从 BeanFactory 中或其父 BeanFactory 中获取名称为 themeSource、类型为 ThemeSource 的 Bean 作为主题源。如果未获取到，则使用默认的 ResourceBundleThemeSource 作为主题源。该类型的主题源为支持多 Locale 对应不同资源文件的主题源支持类。默认情况下都使用这个主题源组件。

8.6.12 MessageSource 信息源

信息源与主题源类似，也是绑定到 Web 应用上下文中的。应用上下文类型 AbstractApplicationContext 中实现 MessageSource 接口的方法，在其中的 getMessage 方法中使用代理模式，调用 AbstractApplicationContext 中维护的信息源实例的 getMessage 方法。

同样通过查找应用上下文中属性 messageSource 的引用，找到为其设置值的位置。在

AbstractApplicationContext 的 initMessageSource 初始化应用上下文中的 MessageSource 组件，其初始化策略与主题源策略类似，先尝试从 BeanFactory 中或其父 BeanFactory 中获取名称为 messageSource、类型为 MessageSource 的 Bean 作为主题源。如果不存在，则使用 DelegatingMessageSource 代理信息源，代理父应用上下文的信息源方法。

在 Spring Boot 中，默认情况下存在该 Bean，获取到的该 Bean 的类型为 ResourceBundle-MessageSource，即支持不同 Locale 的资源包类型的信息源。通过查找该类型的初始化位置，找到该 Bean 的创建位置，为 MessageSourceAutoConfiguration 的 messageSource()方法。其代码如下：

```
// 标记为配置类
@Configuration
// 在没有 MessageSource 类型的 Bean 时此配置类生效，判断 Bean 是否存在时只查找当前
BeanFactory
@ConditionalOnMissingBean(value = MessageSource.class, search =
SearchStrategy.CURRENT)
// 自动配置优先级最高
@AutoConfigureOrder(Ordered.HIGHEST_PRECEDENCE)
// 指定特定条件，条件中根据 spring.messages.basename 配置获取资源包名，默认为 messages
// 当资源包文件存在时，此配置类才生效
@Conditional(ResourceBundleCondition.class)
// 启动自动属性绑定
@EnableConfigurationProperties
public class MessageSourceAutoConfiguration {
  private static final Resource[] NO_RESOURCES = {};
  // 为 MessageSourceProperties 属性类绑定 spring.messages 下的属性值
  @Bean
  @ConfigurationProperties(prefix = "spring.messages")
  public MessageSourceProperties messageSourceProperties() {
     return new MessageSourceProperties();
  }
  // 生成 MessageSource 类型的 Bean
  @Bean
  public MessageSource messageSource() {
     // 获取属性
     MessageSourceProperties properties = messageSourceProperties();
     // 创建资源包类型的信息源，以提供多语言支持
     ResourceBundleMessageSource messageSource = new ResourceBundleMessage-
Source();
     // 设置信息源的资源包名，支持逗号分开多个值，默认为 messages
     if (StringUtils.hasText(properties.getBasename())) {
     messageSource.setBasenames(StringUtils.commaDelimitedListToStringArray
        (StringUtils.trimAllWhitespace(properties.getBasename())));
      }
      // 指定资源包的属性文件编码，默认 UTF-8 可以支持中文
```

```
        if (properties.getEncoding() != null) {
            messageSource.setDefaultEncoding(properties.getEncoding().name());
        }
        // 当查找目标 Locale 对应的信息源不存在时，判断是否回退到系统默认的 Locale 再进行
查找
        messageSource.setFallbackToSystemLocale(properties.isFallbackToSystem-
Locale());
        // 资源缓存时长
        Duration cacheDuration = properties.getCacheDuration();
        if (cacheDuration != null) {
            messageSource.setCacheMillis(cacheDuration.toMillis());
        }
        // 设置是否使用消息格式，默认为 false
        messageSource.setAlwaysUseMessageFormat(properties.isAlwaysUseMessage-
Format());
        // 设置是否使用 code 作为默认消息，默认为 false
        messageSource.setUseCodeAsDefaultMessage(properties.isUseCodeAs-
DefaultMessage());
        return messageSource;
    }
    // 省略代码
}
```

以上便是整个处理过程中用到的核心组件及其初始化的全过程。了解这些内容后，可以通过其组件的初始化反推组件的定制方案，如需要自定义 ViewNameTranslator，只需要定义 RequestToViewNameTranslator 类型的 Bean 注册到应用上下文即可替换默认的 ViewNameTranslator。

以上初始化的过程，结合第 5 章中对 Spring MVC 进行配置的相关方法来探索初始化中的源码，可以发现正是在初始化过程中整合了通过配置进行特定的初始化过程，才实现了通过这些配置实现的配置功能。

Spring MVC 组件配置的核心是在 Spring Boot 中为 WebMvcAutoConfiguration 自动配置类，其中根据提供的配置属性定制、创建了一些 MVC 中的组件。同时还提供了 WebMvcAutoConfigurationAdapter，该类为 WebMvcConfigurer 配置器实现类，其中的配置方法里又根据配置文件中提供的配置属性定制了 MVC 中的组件特性。又提供了 EnableWebMvcConfiguration 这个核心的 MVC 配置类，内部提供了 MVC 全部组件的注册与配置逻辑，用于实现无法通过 WebMvcConfigurer 达到的配置功能。通过这 3 部分内容与 DispatcherServlet 组件的初始化逻辑，实现了整个 Spring MVC 核心组件的配置与初始化。

8.7 扩展知识

本节内容繁多，涉及很多细节知识，这里仅挑选两处作为了解，感兴趣的读者可以自行搜索更多相关内容。

8.7.1　组件排序策略

HandlerMapping、HandlerAdapter、HandlerExceptionResolver 和 ViewResolver 这 4 个组件是通过列表形式提供的，在这几个列表组件的使用时，是通过列表顺序遍历全部组件，且最终可处理目标的组件只能是组件列表中的一个组件，所以这个列表中组件的顺序尤为重要。而在初始化过程中，从应用上下文中获取组件列表后经过了一个排序，那么这个排序策略是如何实现的，即如何确定 Bean 在列表中的顺序？排序策略如下。

（1）如果一个 Bean 实现了 org.springframework.core.Ordered 接口，则直接通过接口的 getOrder 方法获取顺序数字，数字越小排序越靠前。

（2）如果在第（1）步获取不到顺序时，则通过对应组件类型上的 org.springframework.core.annotation.Order 注解中的 value 值获取 order。

（3）如果在第（2）步中仍无法获取顺序时，可以通过 javax.annotation.Priority 注解中的 value 获取 order。

如果需要把自定义的组件注册到 DispatcherServlet 的组件列表中时，可以通过这种方式控制组件遍历的顺序，即组件的优先级。

8.7.2　资源包

在 ThemeSource 与 MessageSource 两种源中，都提供了 Locale 区域支持资源包，该资源包是通过 Java 标准中用于实现国际化的标准机制而实现的，即基于 Resource Bundle 资源包的不同形式提供不同 Locale 对应的资源文件名。只需在资源文件名的名称后面添加不同的 Locale 后缀即可，标准形式为：资源名_Locale.properties。

ResourceBundle 类中提供了 getBundle 的静态方法，可以传入资源名与 Locale 参数，获取对应的 ResourceBundle 实例。ResourceBundle 实例类似于 Map 的数据结构，可以通过其中的方法根据 key 获取 value。

通过类型 PropertyResourceBundle 来支持.properties 格式的资源文件。除此之外，默认的 ResourceBundle 还支持 class 类型的资源类。可以通过“类名_Locale.class”形式提供属性名与属性值。要求这种类必须继承于 ResourceBundle，获取这种类型的资源时，返回的是这种类型的实例，通过返回的 ResourceBundle 实例中提供的方法，根据 key 获取 value。

如 JDK 中的 CalendarData，就是通过类型提供资源类的实例，还包括 CalendarDataenUS 类，即其他不同 Locale 对应的类，所有的类都继承于 ListResourceBundle，通过 getContents 方法获取二维数组，二维数组中每个元素都是 key 对应 value 的形式。

同时对于 Locale 区域这种类型，除了上面提到了支持语言和地区标识外，还支持更多信息，详细定义格式为：language-script-country-variant-extension-privateuse，各部分定义如下。

- language：这部分就是 ISO639 规定的代码，代表不同国家的语言，例如中文是 zh。

- script：表示变体，例如简体汉字是 Hans，繁体汉字是 Hant。
- country：表示语言使用的地区，比如 zh-Hans-CN 就是中国大陆地区使用的简体中文，CN 表示中国大陆。该部分也称作 region 区域。
- variant：表示方言。
- extension-privateus：表示扩展用途和私有标识。

例如，zh-Hans 表示简体中文、zh-Hans-CN 表示中国大陆地区使用的简体中文、zh-Hant-HK 表示中国香港地区使用的繁体中文。该格式中间的某些部分可以省略，如 zh-CN，也表示中国大陆地区使用的简体中文，这一般是约定俗成的。在 Java 中会自动对齐进行补位处理，代码可参考 ResourceBundle.Control.CandidateListCache.createObject 中的逻辑，在此会对 zh 有特殊处理。

一般约定，language 标签全部小写，region（或 country）标签全部大写，script 标签首字母大写。不同标签之间用连字符“-”拼接。对于 Java ResourceBundle 来说，则是使用分割不同的部分用以表示不同 Locale 的资源文件。基本形式为“文件名 Locale 不同部分下划线分割表示”，不同部分只取其中的非空值部分，顺序为 languagescriptcountry_variant。

这些定义都是遵循 RFC 标准，可参考网址：http://tools.ietf.org/html/rfc4646、http://tools.ietf.org/html/rfc4647 的相关内容。

除此之外，region 中还支持某些部分为通配符，通配符一般用来表示地区范围，如浏览器发起的请求中携带的 Accept-Language 就可能是一个范围，表示可接收的语言范围。地区范围标准遵循 RFC4234 标准，可参考网址：http://tools.ietf.org/html/rfc4234 的相关内容。对于 Accept-Language 的非通配符方式，则是按照 BCP47 标准进行解析，可参考网址：https://tools.ietf.org/html/bcp47 的相关内容。

对于 Locale 而言，与之关联的有降级的列表 Locale。如 zhHansCNBeijingShanghai 的 Locale，language 为 zh、script 为 Hans、country 为 CN、variant 为 Beijing-Shanghai。获取文件时的顺序如下。

- zhHansCNBeijingShanghai
- zhHansCN_Beijing
- zhHansCN
- zh_Hans
- zhCNBeijing_Shanghai
- zhCNBeijing
- zh_CN
- zh
- 未指定 Locale 的资源文件

可以理解为当前两段相同时，按顺序匹配，最多的优先。之后第一段和第三段相同，按照顺序匹配，最多的优先。最后是只匹配语言和未指定 Locale 的文件。

8.7.3　其他组件

除了在正文中出现的核心组件外，每个核心组件内部又会包含一些其他支持组件。这些支持组件的知识过于琐碎但又有其特定的作用，为保证内容的完整性，这些组件及其作用在本节列出，具体内容如下。

- CorsProcessor 跨域请求处理器：用于支持对跨域请求的处理，根据当前请求对应的 CorsConfiguration 跨域请求配置与请求头信息，向响应头中写入跨域请求相关头信息。该处理器在跨域请求处理时被添加到 CorsInterceptor 跨域请求拦截器中，在拦截器的 preHandle 方法中通过 CorsProcessor 的 processRequest 方法对跨域请求进行处理。
- ResourceResolver 静态资源解析器：在 ResourceHttpRequestHandler 静态资源处理器中使用，用于根据请求路径与请求信通过特定的解析策略从本地获取静态资源文件，封装为 Resource 类型的结果返回，最终把静态资源写入响应体。核心作用是解析请求查找静态资源。
- ResourceTransformer 静态资源转换器：用于对获取的静态资源添加资源内容转换功能，例如可以为静态资源文本中引用的 URL 添加版本号等，可自动实现自身服务的静态资源版本管理功能。核心功能是通过替换静态资源中的文本内容实现的，配合静态资源解析器完成一些功能。
- ContentNegotiationManager 内容协商管理器：用于自动协商请求内容类型与响应内容类型。如根据请求信息获取请求内容类型列表，根据内容类型获取扩展名列表等。在内容协商视图解析器 ContentNegotiatingViewResolver 及异常解析器 ExceptionHandlerExceptionResolver 等功能中都需要使用该组件执行请求内容类型解析和扩展名解析。

以上几个组件在第 9 章中会详细讲解其用法，此处仅做了解，不再赘述。

本章小结：

本章详细地介绍了一个请求的处理过程，以及其中涉及的所有组件与它们的初始化。通过了解整体的处理过程，可以学习到 Spring MVC 是如何把一个请求根据众多的请求参数自动进行分配处理的，即如何把一个繁重的处理逻辑通过这种设计模式分配到各个处理组件中，逻辑与组件分离功能的实现大大提高了框架的扩展性。这种设计理念也应该从源码的研究中得到。

第 9 章　Spring MVC 组件拆解

在第 8 章中分析了 Spring MVC 对请求的处理过程，以及在处理过程中使用到的组件，但并没有分析各个组件内部的执行原理，特别是对于处理器查找和处理器执行这两个逻辑。这两个逻辑是@RequestMapping 注解实现的核心组件，要弄清楚注解的执行原理，还需了解更多关于组件的内部细节。本章的主要内容是拆解各个组件，并了解其原理。

下面根据整个请求的处理过程、组件出现的顺序，依次了解默认情况下 DispatcherServlet 中的组件执行原理。建议在执行过程中通过调试模式查看请求处理相关的源码。

9.1　Locale 解析器

在整个请求处理的过程中，最先使用到的组件为 Locale 解析器，通过把当前 DispatcherServlet 中的 Locale 解析器组件放到请求属性中，以供后续的处理过程获取该组件并根据该组件解析请求的 Locale。

LocaleResolver 提供了以下两个方法。

- Locale resolveLocale(HttpServletRequest request)：用于解析当前请求获取请求对应的 Locale。
- void setLocale(HttpServletRequest request, HttpServletResponse response, Locale locale)：用于设置当前请求与响应对应的 Locale。

在默认情况下，使用的 Locale 解析器为 AcceptHeaderLocaleResolver，其内部实现通过 Accept-Language 获取 Locale。代码如下：

```
public Locale resolveLocale(HttpServletRequest request) {
  // 获取本实例配置的默认 Locale，可通过 spring.mvc.locale 配置，默认为空
  Locale defaultLocale = getDefaultLocale();
  // 如果默认 locale 不为空，且请求头中不包含 Accept-Language，则使用默认 locale
  if (defaultLocale != null && request.getHeader("Accept-Language") == null) {
      return defaultLocale;
  }
  // 获取请求对应的 Locale，其底层通过解析 Accept-Language 请求头获取，为 tomcat 内部
实现
  Locale requestLocale = request.getLocale();
  // 找到本实例配置的可以支持的 Locales
```

```
  List<Locale> supportedLocales = getSupportedLocales();
  // 如果为空，或者支持请求的 Locale，则直接返回请求的 Locale
  if (supportedLocales.isEmpty() || supportedLocales.contains(requestLocale)) {
      return requestLocale;
  }
  // supportedLocales 不为空，且不包含请求的 Locale，则进入此查找逻辑
  // 查找逻辑通过 request.getLocales 获取请求头中提供的多个 Accept-Language
  // 遍历全部 Locale，找到本类 supportedLocales 中支持的 Locale 作为最终的 Locale 使用
  Locale supportedLocale = findSupportedLocale(request, supportedLocales);
  // 如果不为空，则返回支持的 Locale
  if (supportedLocale != null) {
      return supportedLocale;
  }
  // 否则，在默认 Locale 不为空时使用默认 Locale，为空时使用请求 Locale
  return (defaultLocale != null ? defaultLocale : requestLocale);
}
// 对于这种方式不支持设置 Locale，直接抛出异常
public void setLocale(HttpServletRequest request, @Nullable HttpServlet-
Response response, @Nullable Locale locale) {
  throw new UnsupportedOperationException(
      "Cannot change HTTP accept header - use a different locale resolution
strategy");
}
```

这便是该 Locale 解析器的工作原理，只是从原始的 Request 中获取 Locale 信息，而原始 Request 中的 Locale 信息又是从请求头 Accept-Language 中获取的。同时因为请求头中可以包括多个 Accept-Language 请求头，所以该解析器还提供了 supportedLocale 的功能，用于在多个 Accept-Language 请求头出现时，选择服务端优先支持的 Locale。

这种 Locale 解析器因为是从请求信息中解析的，所以其未提供设置 Locale 的功能，而其他类型如 SessionLocaleResolver 就提供了设置的功能。在后面的 ThemeResolver 中详述该功能。

9.2　主题解析器

主题解析器与 Locale 解析器比较相似，提供了以下两个方法。

- String resolveThemeName(HttpServletRequest request)：用于根据请求解析主题名。
- void setThemeName(HttpServletRequest request, HttpServletResponse response, String themeName)：用于设置请求与响应对应的主题名。

在默认情况下，该组件类型为 FixedThemeResolver，即只返回固定主题的主题解析器。代码也很简单，具体如下。

```
public String resolveThemeName(HttpServletRequest request) {
  // 获取默认主题名，默认主题名为 theme，可以通过 setDefaultThemeName 设置默认主题名
```

```
    return getDefaultThemeName();
}
public void setThemeName(
        HttpServletRequest request, @Nullable HttpServletResponse response, @Nullable
String themeName) {
    // 不支持设置主题名
    throw new UnsupportedOperationException("Cannot change theme - use a different
theme resolution strategy");
}
```

默认情况下，对于 theme 主题名，对应的属性文件是 theme.properties。在第 8 章中使用过 SessionThemeResolver 主题解析器，通过 Session 保存主题名，其中的逻辑代码如下：

```
public String resolveThemeName(HttpServletRequest request) {
    // 解析主题名，通过获取 Session 中 org.springframework.web.servlet.theme.THEME
对应的值作为主题名
    String themeName = (String) WebUtils.getSessionAttribute(request,
THEME_SESSION_ATTRIBUTE_NAME);
    // 如果没有，则使用默认主题名
    return (themeName != null ? themeName : getDefaultThemeName());
}
public void setThemeName(
        HttpServletRequest request, @Nullable HttpServletResponse response,
@Nullable String themeName) {
    // 将指定的主题名设置到 Session 中 org.springframework.web.servlet.theme.THEME
对应的值
    WebUtils.setSessionAttribute(request, THEME_SESSION_ATTRIBUTE_NAME,
        (StringUtils.hasText(themeName) ? themeName : null));
}
```

这里的逻辑很简单，直接通过 Session 存储主题名和获取主题名即可。再来看调用 setThemeName 的逻辑，在第 7 章中提到过可以使用 ThemeChangeInterceptor 拦截器控制请求对应的主题名，其代码如下：

```
// 该类实现了 HandlerInterceptorAdapter 接口，重写 preHandle 方法，在请求处理前拦截，
执行一些逻辑
public boolean preHandle(HttpServletRequest request, HttpServletResponse
response, Object handler)
        throws ServletException {
    // 获取请求中 paramName 对应的参数值作为主题名，paramName 默认为 theme
    String newTheme = request.getParameter(this.paramName);
    if (newTheme != null) {
        // 通过请求上下文获取该请求绑定的主题解析器
        ThemeResolver themeResolver = RequestContextUtils.getThemeResolver
(request);
        // 为空时抛出异常
        if (themeResolver == null) {
```

```
            throw new IllegalStateException("No ThemeResolver found: not in a
DispatcherServlet request?");
        }
        // 调用主题解析器的设置主题方法
        themeResolver.setThemeName(request, response, newTheme);
    }
    // 任何情况都返回 true
    return true;
}
```

实现原理是通过拦截器拦截请求，获取请求中的主题参数值，设置为当前请求绑定的主题。

除了使用 Session 保存主题名之外，还可以通过 Cookie 保存主题名，Cookie 的保存时间更长且在客户端保存，相对来说更加适用于这种场景。其获取主题名时通过 Cookie 获取，保存时则通过为响应添加 Cookie 方式来实现（最底层通过响应头 Set-Cookie 向请求方添加 Cookie）。Locale 解析器中也有对应的 CookieLocaleResolver，原理同上，读者可自行阅读相关源码。

9.3 FlashMap 管理器

FlashMap 管理器用于管理闪存 Map，包括 2 个方法：一个方法用于获取输入的 FlashMap，其中属性来源于上次请求的输出 FlashMap；另一个方法用于保存本次的输出 FlashMap，以供下次请求的输入 FlashMap 使用。

- FlashMap retrieveAndUpdate(HttpServletRequest request, HttpServletResponse response)：用于获取输入的 FlashMap，获取后更新维护的 FlashMap 集合，把输入的 FlashMap 从集合中清除，以实现 Flash 闪存功能，此 FlashMap 仅可被使用一次。
- void saveOutputFlashMap(FlashMap flashMap, HttpServletRequest request, HttpServlet-Response response)：保存输出 FlashMap 到 FlashMap 集合中。

该组件的默认实现为 SessionFlashMapManager，在该实现中 FlashMap 集合是通过 Session 保存的。因为 Session 是与请求发起方 Cookie 中的 SessionId 绑定的，多次请求获取的 Session 是同一个，所以可通过 Session 实现这种跨请求传递参数的目的。又因为 FlashMap 是用在执行重定向请求时为重定向后的请求传递参数，所以在保存输出 FlashMap 时，还需要保存本次重定向请求重定向到的目标地址与参数，只有下次请求是这个地址且参数相同时，才从 FlashMap 集合中取出上次的输出 FlashMap 作为本次的输入属性。

因为客户端可同时发起多个请求，只有确保请求地址是重定向的目标地址时，才可以取出上次的输出 FlashMap。其源码如下：

```
// 从当前 Session 对应的 FlashMap 集合获取上次请求对应的输出 FlashMap，作为本次请求的输入 FlashMap
// 并从 Session 对应的 FlashMap 集合中移除获取到的 FlashMap 与过期的 FlashMap
```

```
public final FlashMap retrieveAndUpdate(HttpServletRequest request,
HttpServletResponse response) {
  // 通过请求关联的 Session 获取 FlashMap 集合，该 List 作为属性保存在 Session 中
  List<FlashMap> allFlashMaps = retrieveFlashMaps(request);
  // 如果 allFlashMaps 为空，则直接返回，表示上一次请求没有输出
  if (CollectionUtils.isEmpty(allFlashMaps)) {
      return null;
  }
  if (logger.isDebugEnabled()) {
      logger.debug("Retrieved FlashMap(s): " + allFlashMaps);
  }
  // 每个 FlashMap 都有一个过期时间，以防止内存泄漏
  // 在返回重定向响应后，如果客户端未对重定向做出响应，将会导致重定向后的请求无法接收，最
终导致重定向前请求的输出 FlashMap 无法被清空，最终引起内存泄漏问题
  // 获取过期的 FlashMap 列表，作为待移除列表
  List<FlashMap> mapsToRemove = getExpiredFlashMaps(allFlashMaps);
  // 通过请求路径查找到与该请求路径匹配的 FlashMap
  FlashMap match = getMatchingFlashMap(allFlashMaps, request);
  // 如果匹配，则将匹配的 FlashMap 放入待移除列表，实现 FlashMap 被使用后即失效的目的
  if (match != null) {
      mapsToRemove.add(match);
  }
  // 如果待移除列表不为空
  if (!mapsToRemove.isEmpty()) {
      if (logger.isDebugEnabled()) {
          logger.debug("Removing FlashMap(s): " + mapsToRemove);
      }
      // 获取对 FlashMap 集合的操作锁，每个 Session 持有一个锁，相当于对 Session 加锁
      Object mutex = getFlashMapsMutex(request);
      if (mutex != null) {
          synchronized (mutex) {
              // 加锁之后再执行后续操作，防止多线程操作导致的数据异常
              // 再次获取 FlashMap 集合，上面的处理流程并不是线程安全的，在处理过程中
FlashMap 集合可能已经变动，在锁内获取保证数据是最新的
              allFlashMaps = retrieveFlashMaps(request);
              if (allFlashMaps != null) {
                  // 从 FlashMap 集合中移除待删除列表中的 FlashMap
                  allFlashMaps.removeAll(mapsToRemove);
                  // 移除后再执行一次更新，把移除后集合设置为当前 Session 对应的
FlashMap 集合
                  updateFlashMaps(allFlashMaps, request, response);
              }
          }
      }
      else {
         // 无锁时认为线程安全，直接执行删除和更新操作
         allFlashMaps.removeAll(mapsToRemove);
```

```
            updateFlashMaps(allFlashMaps, request, response);
        }
    }
    // 返回匹配的 FlashMap
    return match;
}
// 保存本次请求输出的 FlashMap 到本 Session 对应的 FlashMap 集合
// 在本次请求执行完成后调用
public final void saveOutputFlashMap(FlashMap flashMap, HttpServletRequest
request, HttpServletResponse response) {
    if (CollectionUtils.isEmpty(flashMap)) {
        return;
    }
    // 对本次请求返回的重定向响应对应的重定向地址进行标准化，该重定向地址在输出 FlashMap 中
维护
    String path = decodeAndNormalizePath(flashMap.getTargetRequestPath(),
request);
    // 把标准化后的路径设置为 FlashMap 对应的目标请求路径
    // 该路径标准化后用于对请求路径进行匹配，只有请求路径与这里的目标请求路径匹配时，才视为
这里的输出 FlashMap 与请求匹配，才能作为这个请求的输入 FlashMap 使用
    flashMap.setTargetRequestPath(path);
    if (logger.isDebugEnabled()) {
        logger.debug("Saving FlashMap=" + flashMap);
    }
    // 计算过期，获取默认 FlashMap 超时，默认为 180 秒
    flashMap.startExpirationPeriod(getFlashMapTimeout());
    // 获取 FlashMap 集合的操作锁
    Object mutex = getFlashMapsMutex(request);
    if (mutex != null) {
        // 加锁对 FlashMap 集合操作，因为非线程安全，所以对结合的写入和更新要在锁中执行
        synchronized (mutex) {
            // 获取当前 FlashMap 集合
            List<FlashMap> allFlashMaps = retrieveFlashMaps(request);
            // 获取的 allFlashMaps 为 null，则直接创建一个 CopyOnWriteArrayList 实例作
为 allFlashMaps，否则直接使用获取的 allFlashMaps
            allFlashMaps = (allFlashMaps != null ? allFlashMaps : new
CopyOnWriteArrayList<>());
              // 把当前的输出 FlashMap 添加到 FlashMap 集合中
              allFlashMaps.add(flashMap);
              // 把产生的 FlashMap 集合更新到当前 Session 中保存
              updateFlashMaps(allFlashMaps, request, response);
        }
    }
    else {
      // 无锁，假设线程安全的情况下执行与锁中相同的操作
      List<FlashMap> allFlashMaps = retrieveFlashMaps(request);
      allFlashMaps = (allFlashMaps != null ? allFlashMaps : new LinkedList<>());
```

```
        allFlashMaps.add(flashMap);
        updateFlashMaps(allFlashMaps, request, response);
    }
}
```

这便是整个 FlashMap 的全部功能在 SessionFlashMapManager 中的实现，简单来说，在请求刚开始处理时，从 Session 中获取上一次请求输出的 FlashMap 作为当前请求的输入 FlashMap。请求处理完成后再把当前请求的输出 FlashMap 保存到 Session 中。

再来看一下输出 FlashMap 中的重定向后的目标路径信息是如何放进去的。通过查找 FlashMapManager 的 saveOutputFlashMap 方法引用，可以找到只有在 RequestContextUtils 请求上下文工具类中的 saveOutputFlashMap 方法才调用了该方法，代码如下：

```
/**
 * 该方法在重定向视图和 ResponseEntity 返回值的处理中被调用
 * 重定向视图中 location 参数取自视图中重定向信息
 * ResponseEntity 返回值处理中，只有其中返回状态码是 3 系列时，才执行此操作，同时 location
来自于 ResponseEntity 的响应头 location
 * @param location 重定向的目标 location，包含路径和请求参数
 */
public static void saveOutputFlashMap(String location, HttpServletRequest
request, HttpServletResponse response) {
    // 获取请求对应的输出 FlashMap
    FlashMap flashMap = getOutputFlashMap(request);
    if (CollectionUtils.isEmpty(flashMap)) {
        return;
    }
    // 通过重定向的目标 location 构建 Uri 信息
    UriComponents uriComponents = UriComponentsBuilder.fromUriString(location)
.build();
    // 设置目标请求路径为 Uri 中路径信息
    flashMap.setTargetRequestPath(uriComponents.getPath());
    // 设置目标请求参数为 Uri 中查询参数信息
    flashMap.addTargetRequestParams(uriComponents.getQueryParams());
    // 获取请求中绑定的 FlashMap 管理器
    FlashMapManager manager = getFlashMapManager(request);
    Assert.state(manager != null, "No FlashMapManager. Is this a DispatcherServlet
handled request?");
    // 执行管理器的保存输出 FlashMap 功能
    manager.saveOutputFlashMap(flashMap, request, response);
}
```

以上逻辑把整个 FlashMap 的生命周期与处理逻辑串联起来，但并没有提到输入 FlashMap 中属性的使用与输出 FlashMap 的属性来源，在后续章节中将看到更多关于此功能的信息。

9.4　多块请求解析器

在进入 doDispatcher 方法后，最先用到的组件是多块请求解析器。多块请求解析器接口包含以下 3 个方法。

- boolean isMultipart(HttpServletRequest request)：用于判断请求是否是多块请求。
- MultipartHttpServletRequest resolveMultipart(HttpServletRequest request)：用于解析多块请求，返回新的请求包装类型 MultipartHttpServletRequest，封装多块请求相关方法与属性。
- void cleanupMultipart(MultipartHttpServletRequest request)：用于在请求处理完成后对多块请求使用的资源执行清理操作。

默认的多块请求解析器为 StandardServletMultipartResolver。在请求处理时，先使用 isMultipart 方法判断请求是否是多块请求。其逻辑代码如下：

```
// 判断是否是多块请求
public boolean isMultipart(HttpServletRequest request) {
  // 首先判断请求方法，如果不是 post，则直接返回 false
  if (!"post".equalsIgnoreCase(request.getMethod())) {
      return false;
  }
  String contentType = request.getContentType();
  // 在请求方法为 post 的情况下，再判断请求类型是否以 multipart/为前缀。如果是，则表明为
多块请求
  return StringUtils.startsWithIgnoreCase(contentType, "multipart/");
}
```

可以看到这个判断很简单，请求方法为 post 且请求头中的 ContentType 以 multipart/为前缀，即识别为多块请求。

如果判断结果是 true，即请求为多块请求，则执行 resolveMultipart 方法，处理为多块请求。其逻辑代码如下：

```
public MultipartHttpServletRequest resolveMultipart(HttpServletRequest request)
throws MultipartException {
  // 直接返回 StandardMultipartHttpServletRequest 实例，对原始请求进行包装
  // resolveLazily 默认为 false，表示实例创建时就对请求进行解析
  // 该配置通过 spring.servlet.multipart.resolve-lazily 修改，第 8 章初始化该组件逻
辑中提到过
  return new StandardMultipartHttpServletRequest(request, this.resolve-
Lazily);
}
```

继续看 StandardMultipartHttpServletRequest 的构造逻辑，代码如下：

```
public StandardMultipartHttpServletRequest(HttpServletRequest request, boolean
```

```
lazyParsing)
      throws MultipartException {
   // 调用父类构造器，该类型为对 HttpServletRequest 的包装类，装饰者模式，用于增强原始类
型功能，构造参数为要包装的对象
  super(request);
  // 如果不是懒解析，则直接解析请求
  if (!lazyParsing) {
      // 解析请求
      parseRequest(request);
  }
}
// 解析请求的方法
private void parseRequest(HttpServletRequest request) {
   try {
      // 获取多块请求原始的 Part 类型集合
      // Part 集合包括请求参数和请求文件
      Collection<Part> parts = request.getParts();
      // 用于保存多块请求的请求参数名
      this.multipartParameterNames = new LinkedHashSet<>(parts.size());
      // 用于保存多块请求的请求文件
      MultiValueMap<String, MultipartFile> files = new LinkedMultiValueMap<>
(parts.size());
      // 遍历多块数据
      for (Part part : parts) {
          // 获取当前遍历块的 Content-Disposition 请求头
          String headerValue = part.getHeader(HttpHeaders.CONTENT_DISPOSITION);
          // 解析 Content-Disposition 请求头为 ContentDisposition 类型，其中包括请求
头中的内容类型、文件名等信息
          ContentDisposition disposition = ContentDisposition.parse(headerValue);
          // 获取块请求的文件名
          String filename = disposition.getFilename();
          // 如果文件名不为空
          if (filename != null) {
              // 表示当前块是个文件类型的块，解析文件名
              if (filename.startsWith("=?") && filename.endsWith("?=")) {
                  filename = MimeDelegate.decode(filename);
              }
              // 放入文件 Map，key 是请求参数名（块名），value 是封装文件块请求与文件名的
StandardMultipartFile 类型
              files.add(part.getName(), new StandardMultipartFile(part,
filename));
          }
          else {
             // 不是文件类型的块请求，把块名放入请求参数名集合
             this.multipartParameterNames.add(part.getName());
          }
      }
      // 在本实例中保存多块请求文件 Map，封装为不可修改的 Map 方式处理过程中被篡改
      setMultipartFiles(files);
```

```
  }
  catch (Throwable ex) {
    // 发生任何异常均交给异常处理逻辑抛出异常
    handleParseFailure(ex);
  }
}
```

总结上面代码逻辑，对于多块请求的解析，只是用于把原始请求中的不同类型块分离保存，并提供不同的获取逻辑，以供后续请求处理过程中方便使用，特别是请求参数绑定时使用的 MultipartFile 类型绑定。因为原始的请求中多个块数据并没有类型区分，全部块既可能是文件块，又可能是数据块。这里对多块请求的包装就是为了在原始请求上增加获取这两种不同块数据的功能。

整个请求处理完成后，在最后的 finally 块清理请求阶段，会执行多块请求解析器的 cleanupMultipart 方法，其中执行多块文件的删除逻辑代码如下：

```
public void cleanupMultipart(MultipartHttpServletRequest request) {
  // 只有是多块请求类型，且多块请求已解析的情况下，才执行清理
  if (!(request instanceof AbstractMultipartHttpServletRequest) ||
        ((AbstractMultipartHttpServletRequest) request).isResolved()) {
     try {
        // 遍历全部请求块
        for (Part part : request.getParts()) {
           // 如果对应的请求块包含文件，则执行删除操作，清理占用的临时文件资源
           if (request.getFile(part.getName()) != null) {
               part.delete();
           }
        }
     }
     catch (Throwable ex) {
       // 异常时打印日志，忽略异常
       LogFactory.getLog(getClass()).warn("Failed to perform cleanup of
multipart items", ex);
     }
  }
}
```

以上便是整个多块请求解析器的完整功能，从 DispatcherServlet 的处理过程来看，这只是简单的调用方法。而在实际处理时，多块请求解析器可以有多种不同的实现，同时每种实现中都可以提供复杂的处理逻辑，即使逻辑再复杂，也不会影响 DispatcherServlet 中的处理逻辑，既实现了高扩展性，又大大提高了代码的可读性。

9.5 处理器映射

处理器映射用于根据请求信息查找可对此请求进行处理的处理器。在 DispatcherServlet 中支持多个处理器映射组件，按照顺序对这些组件进行遍历。处理器映射中支持多种根据请

求查找处理器的策略。

处理器映射组件的接口为 HandlerMapping，其中只有一个获取处理器的方法，即 HandlerExecutionChain getHandler(HttpServletRequest request)：根据请求获取处理器，同时封装拦截器，返回封装拦截器与处理器后的处理器执行链。

在第 3 章中提到了有 3 种映射策略：简单 URL 映射、BeanName 映射及@RequestMapping 映射，这三者对应 HandlerMapping 的 3 种不同实现，下面就来分别看一下它们的执行原理。

9.5.1 简单 URL 映射

处理简单 URL 映射的处理器映射类为 SimpleUrlHandlerMapping，在 Spring Boot 开发的 Web 应用中，默认会添加用于处理 favicon.ico 网站小图标请求的 SimpleUrlHandlerMapping 处理器映射，其处于处理器映射列表中的最前面，可以通过调试模式来研究这种映射器的工作原理。

SimpleUrlHandlerMapping 类图关系如图 9.1 所示。

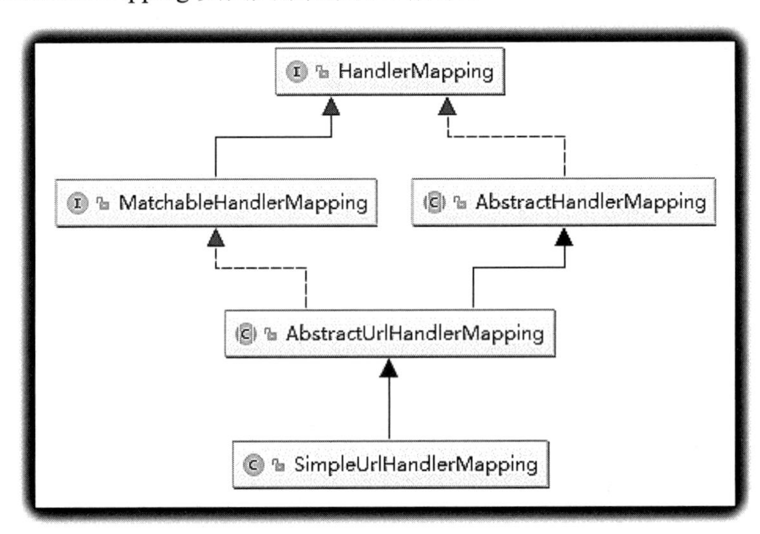

图 9.1　SimpleUrlHandlerMapping 类图结构

对于接口 HandlerMapping 的 getHandler 方法实现，在类 AbstractHandlerMapping 中。其代码如下：

```
// 获取处理器执行链逻辑
public final HandlerExecutionChain getHandler(HttpServletRequest request)
throws Exception {
  // 调用 getHandlerInternal 获取处理器，本类未提供 getHandlerInternal 实现，由子类
提供
  Object handler = getHandlerInternal(request);
  // 如果获取的 handler 为空，则使用默认的 Handler
  if (handler == null) {
      handler = getDefaultHandler();
```

```
    }
    // 如果仍然为空，则返回 null，则上层查找处理器逻辑会进入下一个处理器映射去查找
    if (handler == null) {
        return null;
    }
    // 如果处理器类型为 String，则表示返回的是一个 BeanName，从应用上下文中获取此 Bean
    if (handler instanceof String) {
        String handlerName = (String) handler;
        handler = obtainApplicationContext().getBean(handlerName);
    }
    // 执行内部的获取处理器执行链方法
    HandlerExecutionChain executionChain = getHandlerExecutionChain(handler,
request);
    // 如果请求是跨域请求，则添加特殊处理
    if (CorsUtils.isCorsRequest(request)) {
        // 获取本项目跨域请求全局配置，通过 WebMvcConfigurer 的 addCorsMappings 方法
配置
        CorsConfiguration globalConfig = this.globalCorsConfigSource
.getCorsConfiguration(request);
        // 获取该请求的跨域配置，用于支持@CrossOrigin 注解提供的跨域配置
        CorsConfiguration handlerConfig = getCorsConfiguration(handler, request);
        // 合并两个配置
        CorsConfiguration config = (globalConfig != null ? globalConfig
.combine(handlerConfig) : handlerConfig);
        // 获取跨域请求的处理器执行链，作为新的执行链
        executionChain = getCorsHandlerExecutionChain(request, executionChain,
config);
    }
    return executionChain;
}
```

该方法只是为了封装统一的处理逻辑，把获取处理器逻辑和把处理器与拦截器封装成处理器执行链的逻辑分开，这也是该抽象类的作用。

按照执行顺序，先查看 getHandlerInternal 的逻辑，对于 SimpleUrlHandlerMapping 的该方法，其实现在 AbstractUrlHandlerMapping 中，代码如下：

```
protected Object getHandlerInternal(HttpServletRequest request) throws
Exception {
    // 获取请求的路径信息
    String lookupPath = getUrlPathHelper().getLookupPathForRequest(request);
    // 根据路径信息查找处理器
    Object handler = lookupHandler(lookupPath, request);
    // 如果处理器为空
    if (handler == null) {
        // 定义原始处理器变量，后续使用
        Object rawHandler = null;
        // 如果请求路径为/，则使用根处理器，根处理器在初始化时传入
```

```
        if ("/".equals(lookupPath)) {
            rawHandler = getRootHandler();
        }
        // 如果仍然为空，则使用默认处理器
        if (rawHandler == null) {
            rawHandler = getDefaultHandler();
        }
        // 此时如果不为空，则表示已查找到处理器
        if (rawHandler != null) {
            // 如果处理器是 BeanName，解析之
            if (rawHandler instanceof String) {
                 String handlerName = (String) rawHandler;
                 rawHandler = obtainApplicationContext().getBean(handlerName);
            }
            // 校验处理器，无具体实现，用于子类重写
            validateHandler(rawHandler, request);
            // 构造一个用于暴露请求路径与 Uri 模板参数到请求中的拦截器执行链
            handler = buildPathExposingHandler(rawHandler, lookupPath,
lookupPath, null);
        }
    }
    // 省略日志打印代码
    return handler;
}
```

这一部分的逻辑仍然是统一逻辑的抽象，用于在核心查找方法 lookupHandler 中未查找到处理器时，尝试使用默认策略获取的统一逻辑。核心处理逻辑 lookupHandler 的代码如下：

```
protected Object lookupHandler(String urlPath, HttpServletRequest request)
throws Exception {
    // handlerMap 用于保存 URL 路径模式与处理器的映射管理，其数据在初始化时添加
    // 这里尝试直接通过请求路径获取处理器
    Object handler = this.handlerMap.get(urlPath);
    // 如果获取不为空
    if (handler != null) {
        // 当处理器为 BeanName 时解析这个 Bean
        if (handler instanceof String) {
             String handlerName = (String) handler;
             handler = obtainApplicationContext().getBean(handlerName);
        }
        // 校验处理器
        validateHandler(handler, request);
        // 构造暴露路径与 Uri 参数的拦截器执行链
        return buildPathExposingHandler(handler, urlPath, urlPath, null);
    }
    // 如果没有直接与路径匹配的处理器，则尝试遍历全部路径，根据路径模式进行匹配
    List<String> matchingPatterns = new ArrayList<>();
```

```
  // 遍历 HandlerMap 中 key，key 为路径模式
  for (String registeredPattern : this.handlerMap.keySet()) {
      // 尝试通过路径模式与请求路径进行匹配。如果匹配，则添加到匹配列表
      if (getPathMatcher().match(registeredPattern, urlPath)) {
          matchingPatterns.add(registeredPattern);
      }
      // 如果配置 useTrailingSlashMatch 为 true，则向路径模式最后添加/后再尝试匹配
      else if (useTrailingSlashMatch()) {
        if (!registeredPattern.endsWith("/") &&
getPathMatcher().match(registeredPattern + "/", urlPath)) {
            matchingPatterns.add(registeredPattern +"/");
        }
      }
  }
  // 当有多个路径模式匹配时，查找最优匹配。如/debug 与/*、/**两种模式都匹配
  String bestMatch = null;
  // 获取比较器
  Comparator<String> patternComparator = getPathMatcher().getPattern-
Comparator(urlPath);
  if (!matchingPatterns.isEmpty()) {
       // 对匹配结果进行排序
       matchingPatterns.sort(patternComparator);
       if (logger.isDebugEnabled()) {
           logger.debug("Matching patterns for request [" + urlPath + "] are "
+ matchingPatterns);
       }
       // 获取第一个结果，为最优匹配
       bestMatch = matchingPatterns.get(0);
  }
  // 如果最优匹配不为空
  if (bestMatch != null) {
       // 获取最优匹配对应的处理器
       handler = this.handlerMap.get(bestMatch);
       // 如果对应处理器为空，则可能在上面逻辑中为模式添加了/后缀后才匹配，去掉后缀再尝试
获取处理器
       if (handler == null) {
           if (bestMatch.endsWith("/")) {
               handler = this.handlerMap.get(bestMatch.substring(0, bestMatch
.length() - 1));
           }
           if (handler == null) {
               throw new IllegalStateException(
                       "Could not find handler for best pattern match [" +
bestMatch + "]");
           }
       }
       // 解析处理器 Bean
```

```
        if (handler instanceof String) {
            String handlerName = (String) handler;
            handler = obtainApplicationContext().getBean(handlerName);
        }
        // 校验处理器
        validateHandler(handler, request);
        // 提取匹配模式中非模式串部分，即不包括*、{}与.的部分
        String pathWithinMapping = getPathMatcher().extractPathWithinPattern
(bestMatch, urlPath);
        // 处理匹配的路径模式中的路径变量
        // 因为最佳匹配可能有多个，所以对所有匹配进行遍历，添加全部最佳匹配的路径变量到最终
结果中
        Map<String, String> uriTemplateVariables = new LinkedHashMap<>();
        for (String matchingPattern : matchingPatterns) {
           // 如果匹配模式与最佳匹配权重相同，则提取匹配模式中的路径变量
           if (patternComparator.compare(bestMatch, matchingPattern) == 0) {
               // 提取路径变量
               Map<String, String> vars = getPathMatcher().extractUriTemplate-
Variables(matchingPattern, urlPath);
               // 对路径变量解码
               Map<String, String> decodedVars = getUrlPathHelper().decode-
PathVariables(request, vars);
               // 添加到路径变量结果中
               uriTemplateVariables.putAll(decodedVars);
           }
        }
        // 省略日志代码
        // 构造暴露最佳匹配模式、匹配模式中非模式串与路径变量三个变量到请求中的请求处理器执
行链
        // 内部实现为添加前置拦截器，在前置拦截器中添加对应属性与值到请求属性中
        return buildPathExposingHandler(handler, bestMatch, pathWithinMapping,
uriTemplateVariables);
    }
    // 无处理器，返回 null
    return null;
}
```

处理逻辑比较复杂，其核心原理是通过注册的 HandlerMap 获取请求路径对应的处理器，如果没有直接匹配时，则尝试通过路径模式进行匹配。这是在使用时配置 URL 路径模式可以生效的原理。最后还暴露了路径模式、路径变量到请求属性中，这些属性值在后续的处理中将应用。

这里的核心是 HandlerMap，其也是抽象的逻辑，对于子类实现来说，可以使用任何方式来注册 HandlerMap，本节的主角 SimpleUrlHandlerMapping 使用的就是简单的 Url 注册模式。在该抽象类中注册 HandlerMap 的方法为 registerHandler，在 SimpleUrlHandlerMapping 类的初始化方法 initApplicationContext 中执行了该注册逻辑，注册代码如下：

```
public void initApplicationContext() throws BeansException {
  // 父类初始化逻辑包含初始化所有拦截器
  super.initApplicationContext();
  // 注册处理器 Map，本类的 urlMap 中的值，通过本类的 setUrlMap 与 setMappings 方法添加
  registerHandlers(this.urlMap);
}
// 注册全部处理器
protected void registerHandlers(Map<String, Object> urlMap) throws
BeansException {
  if (urlMap.isEmpty()) {
      logger.warn("Neither 'urlMap' nor 'mappings' set on SimpleUrlHandler-
Mapping");
  }
  else {
      // 遍历 urlMap
      urlMap.forEach((url, handler) -> {
          // 如果路径模式不以/为前缀，则向路径模式添加/前缀
          if (!url.startsWith("/")) {
              url = "/" + url;
          }
          // 如果处理器是 BeanName，移除 BeanName 中的空格
          if (handler instanceof String) {
              handler = ((String) handler).trim();
          }
          // 注册处理器
          registerHandler(url, handler);
      });
  }
}
```

以上代码中可以看到通过父类的各种抽象，在真正的实现类中，其逻辑非常简单，这种抽象与封装的概念在框架设计中显得尤为重要。

到此为止，getHandlerInternal 的方法执行完成，现在回到 AbstractHandlerMapping 的 getHandler 逻辑中，在查找到处理器之后，执行获取处理器执行链的方法 getHandler-ExecutionChain，其逻辑代码如下：

```
protected HandlerExecutionChain getHandlerExecutionChain(Object handler,
HttpServletRequest request) {
  // 如果已经是处理器执行链，则不做处理；如果不是，则封装为处理器执行链。因为在获取处理器
逻辑中可能已经封装为处理器执行链了
  HandlerExecutionChain chain = (handler instanceof HandlerExecutionChain ?
      (HandlerExecutionChain) handler : new HandlerExecutionChain(handler));
  // 获取请求路径
  String lookupPath = this.urlPathHelper.getLookupPathForRequest(request);
  // 遍历本类中的拦截器列表
  for (HandlerInterceptor interceptor : this.adaptedInterceptors) {
      // 如果拦截器类型为 MappedInterceptor
```

```
        if (interceptor instanceof MappedInterceptor) {
            MappedInterceptor mappedInterceptor = (MappedInterceptor) interceptor;
            // 则根据其匹配逻辑判断请求路径是否与拦截器配置的路径模式匹配
            if (mappedInterceptor.matches(lookupPath, this.pathMatcher)) {
                // 如果匹配，则添加到处理器执行链中
                chain.addInterceptor(mappedInterceptor.getInterceptor());
            }
        }
        else {
            // 如果不是 mappedInterceptor，则视为拦截全部路径请求，添加到处理器执行链中
            chain.addInterceptor(interceptor);
        }
    }
    return chain;
}
```

其中用到了本类的 adaptedInterceptors 列表，该列表中拦截器来源包括多个。其一为方法 setInterceptors，可以传入拦截器数组；其二为本类的初始化方法中的自动检测逻辑；其三为子类实现的 extendInterceptors 扩展拦截器方法。逻辑代码如下：

```
// 本类的初始化逻辑
protected void initApplicationContext() throws BeansException {
  // 执行扩展拦截器方法，可由子类重写
  extendInterceptors(this.interceptors);
  // 执行自动检测逻辑，检测应用上下文中所有类型为 MappedInterceptor 的 Bean，并添加到拦
截器列表中
  detectMappedInterceptors(this.adaptedInterceptors);
  // 把本类的 interceptors 适配后添加到 adaptedInterceptors 列表中
  initInterceptors();
}
```

以上 MappedInterceptor 中包含两个路径过滤模式：includePatterns 与 excludePatterns，还封装了 HandlerInterceptor 拦截器，只有在请求路径通过本类的两个条件过滤后，才把其中封装的拦截器添加到当前请求的处理器执行链中。这其中的逻辑判断都在 getHandler-ExecutionChain 方法中。

在 AbstractHandlerMapping 的 getHandler 方法最后，又为支持跨域请求相关处理添加了额外的处理逻辑。如果判断请求为跨域请求，则获取当前请求对应的跨域请求配置，并通过方法 getCorsHandlerExecutionChain 重新获取跨域请求情况下的处理器执行链，具体逻辑代码如下：

```
// 获取跨域请求的处理器执行链
protected HandlerExecutionChain getCorsHandlerExecutionChain(HttpServletRequest
request,
      HandlerExecutionChain chain, @Nullable CorsConfiguration config) {
  // 如果跨域请求是预检请求
  if (CorsUtils.isPreFlightRequest(request)) {
```

```
      // 则用 PreFlightHandler 替换上面查找到的 Handler。因为预检请求不需要返回值，所以
仅需使用预检请求处理器处理请求即可
      HandlerInterceptor[] interceptors = chain.getInterceptors();
      chain = new HandlerExecutionChain(new PreFlightHandler(config),
interceptors);
  }
  else {
     // 如果不是预检请求，则在原执行链中添加 CorsInterceptor，用于对跨域请求进行合法性检
测并添加特定的跨域响应头
     chain.addInterceptor(new CorsInterceptor(config));
  }
  // 返回处理器执行链，在 PreFlightHandler 和 CorsInterceptor 中，均使用了 CorsProcessor
跨域请求处理器的 processRequest 方法，根据传入的跨域请求配置与请求中的跨域信息向响应中写
入跨域相关的响应头
  return chain;
}
```

这种 SimpleUrlHandlerMapping 都是由开发者自己定义的，只用定义该类型的 Bean，并设置其 UrlMap 的值为 URL 路径模式与对应处理器的映射，即可在当前 DispatcherServlet 中生效。

以上便是整个 SimpleUrlHandlerMapping 的处理逻辑，同时其主要核心逻辑都在抽象类 AbstractUrlHandlerMapping 与 AbstractHandlerMapping 中，AbstractUrlHandlerMapping 抽象类用于封装所有与通过路径模式匹配处理器相关的逻辑，AbstractHandlerMapping 则负责封装所有与查找处理器及处理器执行链的逻辑。在 SimpleUrlHandlerMapping 中并不能很好地体会到封装的好处，在 9.5.2 节中就能看到封装的优势。

9.5.2　BeanName 映射

除了通过配置的 URL 路径模式与处理器的直接映射之外，还有一种自动把请求路径与请求路径名对应的 Bean 映射起来的映射逻辑，这就是 BeanNameHandlerMapping 的作用。

例如请求路径为/test，此时 BeanNameHandlerMapping 会自动查找 BeanName 为/test 的 Bean，返回这个 Bean 作为处理器使用。

BeanNameHandlerMapping 的父类为 AbstractDetectingUrlHandlerMapping，该父类自身的继承关系与 SimpleUrlHandlerMapping 相同，都是 AbstractUrlHandlerMapping。BeanName-HandlerMapping 的特性是通过 URL 路径模式与处理器 Bean 直接进行映射，所以其父类同样是 AbstractDetectingUrlHandlerMapping，与 SimpleUrlHandlerMapping 的不同理应只有向 HandlerMap 注册映射关系的逻辑。

已知注册在初始化逻辑中执行，BeanNameHandlerMapping 的初始化逻辑在父类 AbstractDetectingUrlHandlerMapping 中，代码如下：

```
// 初始化
public void initApplicationContext() throws ApplicationContextException {
  super.initApplicationContext();
```

```
  // 检测所有 Handler
  detectHandlers();
}
protected void detectHandlers() throws BeansException {
  // 获取应用上下文
  ApplicationContext applicationContext = obtainApplicationContext();
  if (logger.isDebugEnabled()) {
       logger.debug("Looking for URL mappings in application context: " +
applicationContext);
  }
  // 根据配置的 detectHandlersInAncestorContexts 判断是否检测包含所有祖先应用上下文
中的 Bean，默认为 false
  String[] beanNames = (this.detectHandlersInAncestorContexts ?
       BeanFactoryUtils.beanNamesForTypeIncludingAncestors(applicationContext,
Object.class) :
       applicationContext.getBeanNamesForType(Object.class));
  // 尝试对所有 beanName 进行处理，获取 beanName 对应的 Url 模式
  for (String beanName : beanNames) {
       // 通过 determineUrlsForHandler 检测 beanName 对应的路径数组
       String[] urls = determineUrlsForHandler(beanName);
       if (!ObjectUtils.isEmpty(urls)) {
           // 如果检测到有，则视为一个处理器
           registerHandler(urls, beanName);
       }
       else {
           // 否则只打印日志
       }
  }
}
```

determineUrlsForHandler 在子类 BeanNameUrlHandlerMapping 中实现，代码如下：

```
protected String[] determineUrlsForHandler(String beanName) {
  List<String> urls = new ArrayList<>();
  // 如果 beanName 以/开头，则视为 Url 路径
  if (beanName.startsWith("/")) {
       urls.add(beanName);
  }
  // 获取该 beanName 的所有别名，如果别名以/开头，则视为 Url 路径
  String[] aliases = obtainApplicationContext().getAliases(beanName);
  for (String alias : aliases) {
       if (alias.startsWith("/")) {
            urls.add(alias);
       }
  }
  // 返回
  return StringUtils.toStringArray(urls);
}
```

可以看到只有在 BeanName 以/开头时，才会被作为处理器 Bean 注册，同时基于抽象类 AbstractUrlHandlerMapping 中的逻辑，BeanName 同样支持路径模式进行匹配。要注意的一点是，并不是所有类型的 Bean 都可以作为处理器使用，只有被处理适配器 HandlerAdapter 组件支持类型的 Bean 才可以被作为处理器使用。

9.5.3　@RequestMapping 映射

该类型映射用于处理通过@RequestMapping 注解注册的处理器方法，其类型为 RequestMappingHandlerMapping。

该种类映射的查找逻辑相对于简单的 URL 映射来说复杂得多，其还可以根据请求方法、请求参数、请求头等判断信息进行处理器查找，这也是 Spring MVC 框架中应用最广泛的处理器映射组件。

由于该组件内部逻辑非常复杂，同时也是 Spring MVC 核心，在本节内不再对该组件进行详述。在第 10 章中，将会对与@RequestMapping 注解相关的所有处理逻辑及其执行原理进行详述。

9.6　处理适配器

在查找到处理器之后，即进入处理器的执行流程。已经知道 Spring MVC 对于处理器的查找和执行是分离的，所以对于处理器的支持完全依赖于处理适配器对其的支持，处理器可以是任意类型，只要存在可以对这种类型处理的处理适配器即可。

处理适配器接口为 HandlerAdapter，其内部作用是对请求进行预处理，并把请求参数适配为其支持的处理器需要的类型。在参数适配完成后，代理执行处理器，并从处理器中获取处理结果。最后再把处理器获取的结果适配为 ModelAndView 模型视图类型。从以上分析可以看出其处理过程全部都是为适配功能，其接口包括以下三个方法。

- boolean supports(Object handler)：用于判断该处理适配器是否支持这个处理器。
- ModelAndView handle(HttpServletRequest request, HttpServletResponse response, Object handler)：执行核心处理逻辑，返回 ModelAndView 模型视图封装。
- long getLastModified(HttpServletRequest request, Object handler)：用于支持统一的 GET 请求缓存，以及 HEAD 请求检查缓存。返回请求的目标资源最近一次的修改时间。

在 DispatcherServlet 中，先遍历其中 HandlerAdapter 组件列表，执行器 supports 方法，获取支持目标处理器的组件。之后判断如果是 GET 或 HEAD 请求，再执行 getLastModified 方法获取资源最近一次的修改时间。最后执行处理逻辑 handle 方法。

默认情况下，框架中会初始化三个处理适配器，分别用于适配不同类型的处理器。分别为：适配 HttpRequestHandler 类型处理器的 HttpRequestHandlerAdapter，适配 Controller 类型处理器的 SimpleControllerHandlerAdapter，处理 HandlerMethod 类型处理器（由@RequestMapping 注解标记的方法生成）的 RequestMappingHandlerAdapter。

9.6.1 HttpRequestHandler 适配器

HttpRequestHandler 适配器用于对 HttpRequestHandler 类型的处理器进行适配，其源码如下：

```
// 只有处理器类型为 HttpRequestHandler 时才支持
public boolean supports(Object handler) {
  return (handler instanceof HttpRequestHandler);
}
// 对 HttpRequestHandler 类型的处理器进行适配处理
public ModelAndView handle(HttpServletRequest request, HttpServletResponse
response, Object handler) throws Exception {
  // 直接执行 HttpRequestHandler 的 handleRequest 方法
  ((HttpRequestHandler) handler).handleRequest(request, response);
  // 无返回值，对请求与响应的处理都在 HttpRequestHandler.handleRequest 方法中
  return null;
}
// 获取资源最后一次修改时间
public long getLastModified(HttpServletRequest request, Object handler) {
  // 依赖于处理器实现的 LastModified 接口，通过处理器获取最后一次修改时间
  if (handler instanceof LastModified) {
      return ((LastModified) handler).getLastModified(request);
  }
  return -1L;
}
```

从以上代码中可以看到其中的逻辑很简单，核心处理方法在处理器自身。HttpRequestHandler 类型的处理器多用于处理静态资源，在 handleRequest 方法中，直接把静态资源流写入响应的输出流。同时其 getLastModified 方法也可以获取该静态资源的最后一次修改时间。

静态资源的处理器为 ResourceHttpRequestHandler，其实现接口 HttpRequestHandler，下面来看该类型处理器的 handleRequest 方法的内容。

```
// 处理请求方法
public void handleRequest(HttpServletRequest request, HttpServletResponse
response) throws ServletException, IOException {
  // 首先根据请求获取资源，在 getResource 方法中包含了通过资源解析器获取资源逻辑
  Resource resource = getResource(request);
  // 未查找到资源，返回 404
  if (resource == null) {
      logger.trace("No matching resource found - returning 404");
      response.sendError(HttpServletResponse.SC_NOT_FOUND);
      return;
```

```
  }
  // 如果是 OPTIONS 预检请求，则返回允许
  if (HttpMethod.OPTIONS.matches(request.getMethod())) {
      response.setHeader("Allow", getAllowHeader());
      return;
  }
  // 检查是否支持此请求
  checkRequest(request);
  // 检查资源缓存，如果未修改，则返回 304
  if (new ServletWebRequest(request, response).checkNotModified(resource
.lastModified())) {
      logger.trace("Resource not modified - returning 304");
      return;
  }
  // 向响应中写入缓存策略相关的响应头
  prepareResponse(response);
  MediaType mediaType = getMediaType(request, resource);
  // 省略代码，检查请求与资源媒体类型是否匹配并打印日志的相关逻辑
  // 如果是 HEAD 请求，则不处理响应体，直接返回头相关信息
  if (METHOD_HEAD.equals(request.getMethod())) {
      setHeaders(response, resource, mediaType);
      logger.trace("HEAD request - skipping content");
      return;
  }
  // 构造一个用于输出的响应包装类
  ServletServerHttpResponse outputMessage = new ServletServerHttpResponse
(response);
  // 如果请求头包含 Range，则表示请求内容为静态资源的一部分，Range 表示这一部分的开始与结
束。用于支持断点续传请求
  if (request.getHeader(HttpHeaders.RANGE) == null) {
      // 不包含 Range 时，直接把资源通过 Resource 类型的消息转换器写入响应内容
      Assert.state(this.resourceHttpMessageConverter != null, "Not
initialized");
      setHeaders(response, resource, mediaType);
      // 消息转换器内部实现是获取资源的输入流并把输入流复制到响应的输出流中
      // 可查看 ResourceHttpMessageConverter 的 writeInternal 方法
      this.resourceHttpMessageConverter.write(resource, mediaType,
outputMessage);
  }
  else {
     Assert.state(this.resourceRegionHttpMessageConverter != null, "Not
initialized");
     // 设置响应头表示 Range 范围，单位为字节
     response.setHeader(HttpHeaders.ACCEPT_RANGES, "bytes");
     // 通过请求生成输入请求类型
     ServletServerHttpRequest inputMessage = new ServletServerHttpRequest
(request);
```

```
    try {
        // 获取请求头中的 Range 信息，表示要获取的资源范围信息
        List<HttpRange> httpRanges = inputMessage.getHeaders().getRange();
        // 设置响应状态码为 206，表示一部分响应
        response.setStatus(HttpServletResponse.SC_PARTIAL_CONTENT);
        // 通过资源区块消息转换器把资源指定区域的数据流写入响应体中
        this.resourceRegionHttpMessageConverter.write(
                HttpRange.toResourceRegions(httpRanges, resource), mediaType,
outputMessage);
    }
    catch (IllegalArgumentException ex) {
        // 发生异常时返回错误信息
        response.setHeader("Content-Range", "bytes */" + resource.contentLength
());
        response.sendError(HttpServletResponse.SC_REQUESTED_RANGE_NOT_
SATISFIABLE);
    }
  }
}
```

这种处理器只需要把请求和响应作为参数传递给方法即可，无需返回值，因为在方法处理逻辑中就已经向响应中写入了相关数据，对响应体的处理均在此方法逻辑中实现。对于上面的静态资源处理器，则使用消息转换器把 Resource 资源的流数据写入响应体中。可以把 HttpRequestHandler 类型的处理器理解为最原始的处理器，用于直接向响应写入数据流的情况。

这其中有个关键逻辑是 getResource 方法，根据请求获取对应的 Resource 资源。方法内通过请求信息遍历调用 ResourceResolver 资源解析器列表，获取对应的资源。比较常见的资源解析器为 PathResourceResolver，即根据资源的路径从服务器本地文件中获取资源，资源路径可通过配置传入该解析器。获取资源后还可以通过 ResourceTransformer 资源转换器对资源内容进行二次处理，如把 HTML 资源中引用的 URL 地址添加版本号等操作。关于其中的逻辑也比较多，在此不再详细展开，有兴趣的读者可自行阅读源码或查阅资料。

在第 5 章对框架进行配置时，通过 WebMvcConfigurer 的 addResourceHandlers 方法添加的资源处理器最终是通过上面这种处理器生效。在方法 addResourceHandlers 内通过 ResourceHandlerRegistry 的 addResourceHandler 方法注册的路径模式就是处理器查找时的路径模式，该路径模式的查找最终通过 SimpleUrlHandlerMapping 实现。查找到的处理器类型为 ResourceHttpRequestHandler，处理器内部配置的本地资源查找路径通过 addResource-Locations 方法配置，缓存策略则通过 setCachePeriod 方法配置。

9.6.2 Controller 适配器

SimpleControllerHandlerAdapter 用于对 Controller 类型的处理器进行适配处理，相对于 HttpRequestHandler 类型处理器的原始特性，Controller 类型更加接近于 MVC 模式。该适配

器的源码如下：

```
// 只支持 Controller 类型的处理器
public boolean supports(Object handler) {
  return (handler instanceof Controller);
}
// 执行处理器逻辑
public ModelAndView handle(HttpServletRequest request, HttpServletResponse
response, Object handler)
      throws Exception {
  // 执行处理器逻辑，返回处理器的执行结果
  return ((Controller) handler).handleRequest(request, response);
}
// 与 HttpRequestHandlerAdapter 相同，依赖于处理器自身的 lastModified 逻辑
public long getLastModified(HttpServletRequest request, Object handler) {
  if (handler instanceof LastModified) {
      return ((LastModified) handler).getLastModified(request);
  }
  return -1L;
}
```

其中处理方法仅是调用 Controller 类型的 handleRequest 方法，并且返回值也是 Controller 处理器自身的返回值。这种类型可以理解为对 MVC 支持的原始类型，中间不包括任何适配逻辑，仅是把参数传递给处理器自身，具体逻辑都在处理器内部。

这种处理器的使用场景为需要通过请求路径直接返回某一视图的情况。在处理过程中无复杂逻辑，不需要请求参数的转换绑定和响应内容的自动处理时使用这种类型的处理器。

例如，在第 5 章中通过 WebMvcConfigurer 的 addViewControllers 方法注册的视图控制器，其中返回的处理器就是这种类型。在方法内，通过调用 ViewControllerRegistry 的 addViewController 方法，声明添加视图控制器，传入的路径模式即为处理器查找时的路径模式，处理器查找同样通过 SimpleUrlHandlerMapping 实现。通过 setViewName 设置需要返回的视图名，在这里会被封装为 ParameterizableViewController 类型的处理器，该类型就是 Controller 类型处理器的实现，下面以该类型进行示例说明。

ParameterizableViewController 类型继承 AbstractController，在 AbstractController 中包含了 handleRequest 方法，封装一些通用逻辑。如设置跨域的 Allow 响应头，检查当前处理器是否支持当前请求的请求方法，准备响应内容（为响应添加缓存相关响应头），以及判断是否需要为 Session 加锁处理（为 Session 加锁情况下，同一个 SessionId 同时只能有一个请求被该处理逻辑处理）。

在这些通用的逻辑执行完成后，就进入下一步真实的处理方法 handleRequestInternal，该方法由子类实现，在 ParameterizableViewController 中逻辑代码如下：

```
protected ModelAndView handleRequestInternal(HttpServletRequest request,
HttpServletResponse response)
      throws Exception {
```

```
  // 获取配置的视图名
  String viewName = getViewName();
  // 配置的状态码不为空
  if (getStatusCode() != null) {
      // 如果状态码是 3 系列重定向
      if (getStatusCode().is3xxRedirection()) {
          // 为视图名添加 redirect:前缀
          request.setAttribute(View.RESPONSE_STATUS_ATTRIBUTE, getStatusCode
());
          viewName = (viewName != null && !viewName.startsWith("redirect:") ?
"redirect:" + viewName : viewName);
      }
      else {
         // 否则响应状态码写入响应
         response.setStatus(getStatusCode().value());
         // 如果只返回响应状态码（响应状态码为 204，无内容且视图名为空）
         if (isStatusOnly() || (getStatusCode().equals(HttpStatus.NO_CONTENT)
&& getViewName() == null)) {
            // 或者啥也不返回，处理完成
            return null;
         }
      }
  }
  // 创建模型视图实例
  ModelAndView modelAndView = new ModelAndView();
  // 通过请求上下文工具类获取本次请求的输入 FlashMap
  // 并把其中值添加到生成的模型视图实例的模型中
  modelAndView.addAllObjects(RequestContextUtils.getInputFlashMap(request));
  // 如果本类配置的视图名不为空，则设置视图名
  if (getViewName() != null) {
     modelAndView.setViewName(viewName);
  }
  else {
    // 否则，直接使用本类配置的视图实例
    modelAndView.setView(getView());
  }
  // 如果只返回状态码，则返回 null；否则返回生成的模型视图
  return (isStatusOnly() ? null : modelAndView);
}
```

对于仅需要固定返回模型与视图而无需其他复杂处理的情况，使用这种类型的处理器是最优选择。

9.6.3 HandlerMethod 适配器

HandlerMethod 类型的处理器是通过@RequestMapping 注册的处理器方法，对该类型的处理器进行适配是通过 RequestMappingHandlerAdapter 执行的。

这种类型的处理适配器与 RequestMappingHandlerMapping 的处理器映射配套使用。通过处理器映射，返回 HandlerMethod 处理器方法类型的处理器，再通过该适配器对处理器方法进行适配处理。

在这种处理适配器中，封装了处理器方法参数与请求内容绑定的逻辑及对处理器方法返回值自动处理的逻辑，其中内容也比较复杂，与@RequestMapping 注解的处理器映射一样，第 10 章将对@RequestMapping 注解的相关处理进行详细讲解。

9.7 视图名翻译器

在执行到视图名翻译器的逻辑时，该请求已经过 HandlerAdapter 的处理，返回 ModelAndView 类型的返回值。如果在返回值中没有视图名，则会使用视图名翻译器 ViewNameTranslator 根据请求获取一个默认的视图名。

视图名翻译器接口为 RequestToViewNameTranslator，其中只包含一个方法，即 String getViewName(HttpServletRequest request)：根据请求获取视图名。

默认情况下，DispatcherServlet 中使用的该组件类型为 DefaultRequestToViewNameTranslator，该实现逻辑代码如下：

```
public String getViewName(HttpServletRequest request) {
  // 获取请求路径，同时会把请求路径中的当前应用在 Web 容器中的上下文路径 context-path 和当前 Servlet 的路径 servlet-path 排除（默认情况下这两者都为空），只保留与应用有关的路径信息
  String lookupPath = this.urlPathHelper.getLookupPathForRequest(request);
  // 拼接前缀+转换后路径+后缀为最终的模板名，默认前后缀为空，可在创建实例时指定这两者
  return (this.prefix + transformPath(lookupPath) + this.suffix);
}
// 对路径进行转换处理
protected String transformPath(String lookupPath) {
  String path = lookupPath;
  // 如果配置 stripLeadingSlash 去掉前置/为 true，且路径以/开头，则去掉/，默认为 true
  if (this.stripLeadingSlash && path.startsWith(SLASH)) {
      path = path.substring(1);
  }
  // 如果配置去掉后置/且路径以/结尾，则去掉最后的/，默认为 true
  if (this.stripTrailingSlash && path.endsWith(SLASH)) {
      path = path.substring(0, path.length() - 1);
  }
  // 如果配置去掉路径中扩展名，即路径最后的文件名中包含.*，默认为 true
  if (this.stripExtension) {
      // 去掉路径中的文件扩展名
      path = StringUtils.stripFilenameExtension(path);
  }
  // 如果分隔符不是/，则把/替换为本类配置的分隔符，默认为/
```

```
    if (!SLASH.equals(this.separator)) {
        path = StringUtils.replace(path, SLASH, this.separator);
    }
    // 返回处理后路径
    return path;
}
```

这里的处理比较简单，只是把请求中的路径信息作为模板名，同时这个模板名在模板查找过程中还会根据视图解析器里配置的前后缀拼接后再去查找。

9.8 处理器异常解析器

在请求处理的过程中，如果发生任何异常，在最终执行处理结果方法 processHandlerException 时，会尝试把该异常解析为异常的 ModelAndView 结果，后续使用相同逻辑处理此 ModelAndView。

处理器异常解析器只有一个方法，即 ModelAndView resolveException(HttpServletRequest request, HttpServletResponse response, @Nullable Object handler, Exception ex)：共有传入请求、响应、查找到的处理器、发生的异常 4 个参数，返回对该请求解析后的 ModelAndView 异常视图。

默认情况下，包括两个异常解析器：DefaultErrorAttributes 与 HandlerExceptionResolverComposite。第一个仅用于保存异常相关信息到请求属性中，并没有其他实际作用。第二个则组合了 3 个异常解析器，在该异常解析器的解析方法中，遍历内部的 3 个异常解析器，返回第一个非空的异常 ModelAndView 结果。

3 个异常解析器按顺序分别为 ExceptionHandlerExceptionResolver、ResponseStatusExceptionResolver、DefaultHandlerExceptionResolver。这 3 个类型都继承了 AbstractHandlerExceptionResolver 抽象类。在抽象类中，添加 Ordered 接口用于支持指定异常解析器的顺序。同时其实现了 HandlerExceptionResolver 接口的 resolveException 方法，封装一些异常解析时的统一操作，代码如下：

```
public ModelAndView resolveException(
        HttpServletRequest request, HttpServletResponse response, @Nullable
Object handler, Exception ex) {
    // 调用本类的 shouldApplyTo 方法，并判断此异常解析器是否对该请求和处理器提供支持
    if (shouldApplyTo(request, handler)) {
        // 省略日志...
        // 预处理响应，如在某些情况下对于错误结果不需要缓存，就在该方法中进行了处理
        prepareResponse(ex, response);
        // 执行真正的解析异常方法，由子类实现
        ModelAndView result = doResolveException(request, response, handler, ex);
        // 结果不为空，打印日志，并返回结果
        if (result != null) {
```

```
            logException(ex, request);
        }
        return result;
    }
    else {
      // 如果不支持该请求与处理器类型，则返回空
      return null;
    }
}
// 判断是否支持此请求与处理器类型的异常解析
protected boolean shouldApplyTo(HttpServletRequest request, @Nullable Object
handler) {
    // 在处理器不为空时才执行判断，因为后续需要使用处理器的实例信息
    if (handler != null) {
        // 本类配置 mappedHandlers 用于标记本异常解析器支持的处理器实例，如果不为空且包含
当前处理器，则返回 true
        if (this.mappedHandlers != null && this.mappedHandlers.contains
(handler)) {
            return true;
        }
        // 上面逻辑不为 true 时，判断配置的 mappedHandlerClasses，即支持的处理器类型列表
        if (this.mappedHandlerClasses != null) {
            // 如果处理器的类型为本类支持的类型之一，则返回 true
            for (Class<?> handlerClass : this.mappedHandlerClasses) {
                if (handlerClass.isInstance(handler)) {
                    return true;
                }
            }
        }
    }
    // 如果配置的 mappedHandlers 与 mappedHandlerClasses 都为空，则默认视为支持
    return (this.mappedHandlers == null && this.mappedHandlerClasses == null);
}
```

以上便是抽象出来的统一逻辑，主要目的是增加判断是否支持当前处理器产生的异常解析 shouldApplyTo 方法。

下面依次分析这 3 个不同的异常解析器。

9.8.1　ExceptionHandler 异常解析器

ExceptionHandler 异常解析器用于支持通过注解@ExceptionHandler 配置的异常处理方法。同时该类型通过重写 shouldApplyTo，对处理器类型进行判断，只有类型为 HandlerMethod 的处理器产生的异常才视为支持，即只解析@RequestMapping 注解相关逻辑中产生的异常。

故该类型的异常解析器也是@RequestMapping 体系中的一部分，关于其详细使用可以参考第 10 章中对@RequestMapping 处理逻辑的详述。

9.8.2 ResponseStatusExceptionResolver 异常解析器

ResponseStatusExceptionResolver 异常解析器用于自动处理 ResponseStatusException 类型的异常或异常类上包含@ResponseStatus 注解的异常信息。其处理逻辑代码如下：

```
protected ModelAndView doResolveException(
      HttpServletRequest request, HttpServletResponse response, @Nullable
Object handler, Exception ex) {
  try {
      // 如果是 ResponseStatusException 类型异常
      if (ex instanceof ResponseStatusException) {
          // 则通过该异常执行解析响应状态异常逻辑
          return resolveResponseStatusException((ResponseStatusException) ex,
request, response, handler);
      }
      // 如果不是 ResponseStatusException 类型的异常，则尝试查找异常类型上的
@ResponseStatus 注解信息，包括父类中的注解
      ResponseStatus status = AnnotatedElementUtils.findMergedAnnotation
(ex.getClass(), ResponseStatus.class);
      // 如果结果不为空
      if (status != null) {
          // 则返回解析响应状态后的结果
          return resolveResponseStatus(status, request, response, handler,
ex);
      }
      // 如果结果为空，则尝试获取该异常包装的异常，并递归调用本方法
      if (ex.getCause() instanceof Exception) {
          ex = (Exception) ex.getCause();
          return doResolveException(request, response, handler, ex);
      }
  }
  catch (Exception resolveEx) {
     logger.warn("ResponseStatus handling resulted in exception", resolveEx);
  }
  return null;
}
// 解析响应状态异常，还有个重载方法，第一个参数为@ResponseStatus 注解
protected ModelAndView resolveResponseStatusException(ResponseStatusException
ex, HttpServletRequest request, HttpServletResponse response, @Nullable Object
handler) throws Exception {
  // 通过异常信息获取状态码，对于参数是@ResponseStatus，则获取注解中的该信息
  int statusCode = ex.getStatus().value();
  // 获取异常原因，参数为注解时逻辑则从注解中获取该信息
  String reason = ex.getReason();
  // 应用状态码和原因到响应中
```

```
  return applyStatusAndReason(statusCode, reason, response);
}
// 应用异常结果，返回模型与视图
protected ModelAndView applyStatusAndReason(int statusCode, @Nullable String
reason, HttpServletResponse response)
    throws IOException {
  // 如果异常原因为空
  if (!StringUtils.hasLength(reason)) {
      // 通过响应的 sendError 方法发送对应状态的响应
      // 此时会进入 Servlet 原生的错误处理逻辑，查找状态码对应的异常处理 Servlet
      // 在 Spring Boot 中，最终会把该异常响应转发到/error 路径对应的处理器进行处理
      response.sendError(statusCode);
  }
  else {
    // 如果异常原因不为空，且信息源不为空，则尝试通过信息源解析此原因
    String resolvedReason = (this.messageSource != null ?
        this.messageSource.getMessage(reason, null, reason, LocaleContextHolder
.getLocale()) : reason);
    // 解析后同样通过原始 sendError 方法处理结果
    response.sendError(statusCode, resolvedReason);
  }
  // 返回一个空的 ModelAndView，以令后续处理不再执行
  return new ModelAndView();
}
```

基于该功能，可以编写一些自定义的异常类，并通过异常类上的@ResponseStatus 注解来定制该异常的响应状态码。

9.8.3 默认异常解析器

Spring MVC 对于内置的一些异常会返回不同的状态码。如对于参数解析异常，会返回 400（Bad Request 错误请求）；对于消息数据转换异常，则会返回 500（Internal Server Error 服务器内部异常），这些策略都是通过默认异常解析器提供的，其代码如下：

```
protected ModelAndView doResolveException(
    HttpServletRequest request, HttpServletResponse response, @Nullable Object
handler, Exception ex) {
  try {
     // 异常类型为请求方法不被支持时，返回 406
     if (ex instanceof HttpRequestMethodNotSupportedException) {
          return handleHttpRequestMethodNotSupported(
               (HttpRequestMethodNotSupportedException) ex, request, response,
handler);
     }
     // 省略一些异常...
     // 异常为缺少请求参数时，返回 400
     else if (ex instanceof MissingServletRequestParameterException) {
```

```
        return handleMissingServletRequestParameter(
              (MissingServletRequestParameterException) ex, request, response,
handler);
      }
      // 省略一些异常...
      // 消息转换不被支持时，返回 500
      else if (ex instanceof ConversionNotSupportedException) {
         return handleConversionNotSupported(
               (ConversionNotSupportedException) ex, request, response, handler);
      }
      // 省略一些异常...
   }
   // 过程中发生异常，简单记录
   catch (Exception handlerException) {
      if (logger.isWarnEnabled()) {
          logger.warn("Handling of [" + ex.getClass().getName() + "] resulted
in exception", handlerException);
      }
   }
   // 上述处理最后的返回值都是一个 ModelAndView 的新实例，这种实例用于标记该结果是通过异常
处理返回的
    // 非内置异常，返回 null，使用默认处理逻辑处理
    return null;
}
```

以上便是整个异常解析器的逻辑，最终返回的都是 ModelAndView 类型，返回后交由后续的 ModelAndView 处理逻辑进行统一处理。

9.9 视图解析器

在大多数情况下，开发者返回的视图都是视图名的形式，视图解析器就是用来把视图名解析为视图数据的组件。其中仅包含一个方法，即 View resolveViewName(String viewName, Locale locale)：通过视图名与 Locale 区域信息解析为视图类型。

在 DispatcherServlet 中该组件为列表，使用时同样会遍历组件列表查找到第一个返回不为空的 View 作为最终的 View 使用。在只添加 Thymeleaf 模板引擎依赖的情况下，该组件列表包含五个组件，按顺序如下。

- ContentNegotiatingViewResolver：整合全部视图解析器，附加内容类型协商逻辑。
- BeanNameViewResolver：根据视图名获取 Bean，把 Bean 作为 View 返回。
- ThymeleafViewResolver：Thymeleaf 模板视图解析器。
- ViewResolverComposite：组合视图解析器类，用于组合多个视图解析器组件，内部维护视图解析器列表，执行解析时遍历内部视图解析器列表进行解析。内部视图解析器列表默认为空。

- InternalResourceViewResolver：内部资源视图解析器，用于解析内部的一些视图资源，如 jsp 等视图。

视图解析器返回值为 View 视图类型，其为视图的封装，主要作用是根据 Model 模型及请求与响应，对结果进行渲染，把渲染后的结果写入响应体中，其提供的方法如下。

- default String getContentType()：返回视图的 ContentType，用于请求头 Accept 做判断，以确定此视图是否支持 Accept 中的任意一种 MediaType。默认为 null，表示无显式声明类型。
- void render(@Nullable Map<String, ?> model, HttpServletRequest request, HttpServlet-Response response)：根据 Model 模型对视图进行渲染，并把渲染内容写入响应体。

下面分别来了解一下这些组件。

9.9.1　内容协商视图解析器

ContentNegotiatingViewResolver 包含内容协商的逻辑，在通过视图名无法直接获取视图时，可根据请求头中声明的可接收内容类型，解析内容类型对应的文件扩展名，并自动为视图名添加文件扩展名再次解析，其逻辑代码如下：

```
public View resolveViewName(String viewName, Locale locale) throws Exception
{
  // 通过请求属性上下文获取请求属性
  RequestAttributes attrs = RequestContextHolder.getRequestAttributes();
  // 因为需要获取 HttpServletRequest，故需要请求属性为 ServletRequestAttributes
类型
  Assert.state(attrs instanceof ServletRequestAttributes, "No current
ServletRequestAttributes");
  // 根据请求头 Accept 获取请求的 MediaType 列表，内部使用 ContentNegotiationManager
内容协商管理器执行此操作
  List<MediaType> requestedMediaTypes = getMediaTypes(((ServletRequestAttributes)
attrs).getRequest());
  // 如果请求的 MediaType 不为空
  if (requestedMediaTypes != null) {
      // 根据视图名和请求 MediaType 获取全部视图列表
      List<View> candidateViews = getCandidateViews(viewName, locale,
requestedMediaTypes);
      // 在有多个视图返回时，根据固定策略获取最优匹配视图
      // 策略：如果有任一视图是 SmartView 类型且其方法 isRedirectView 返回 true，直接
使用此重定向视图
      // 否则根据视图的 ContentType 与请求的可接收 MediaType 进行匹配，返回 MediaType
可匹配的视图
      View bestView = getBestView(candidateViews, requestedMediaTypes, attrs);
      // 不为空则返回
      if (bestView != null) {
          return bestView;
      }
```

```
  }
  // 如果未找到,且配置的 useNotAcceptableStatusCode 为 true,则返回一个 NOT_ACCEPTABLE
视图，该视图用于向响应写入 406 状态码，useNotAcceptableStatusCode 默认为 false
  if (this.useNotAcceptableStatusCode) {
      if (logger.isDebugEnabled()) {
          logger.debug("No acceptable view found; returning 406 (Not Acceptable)
status code");
      }
      return NOT_ACCEPTABLE_VIEW;
  }
  // 否则返回 null，以通过下一个视图解析器进行解析
  else {
     logger.debug("No acceptable view found; returning null");
     return null;
  }
}
```

最终返回的 View 类型依赖于从候选列表里获取的视图类型。获取候选视图列表与对选择最佳视图的方法的代码如下：

```
private List<View> getCandidateViews(String viewName, Locale locale, List
<MediaType> requestedMediaTypes)
      throws Exception {
  // 用于保存匹配的视图候选列表
  List<View> candidateViews = new ArrayList<>();
  if (this.viewResolvers != null) {
      // 内容协商管理器不能为空
      Assert.state(this.contentNegotiationManager != null, "No Content-
NegotiationManager set");
      // 遍历全部视图解析器
      for (ViewResolver viewResolver : this.viewResolvers) {
          // 尝试直接获取视图
          View view = viewResolver.resolveViewName(viewName, locale);
          // 如果直接获取视图不为空，添加到候选列表
          if (view != null) {
              candidateViews.add(view);
          }
          // 遍历请求中全部 Accept 头中的 MediaType
          for (MediaType requestedMediaType : requestedMediaTypes) {
              // 通过内容协商器，根据 MediaType 获取该 MediaType 对应的文件扩展名列表
              // 内部使用 MediaTypeFileExtensionResolver 文件扩展名解析器获取一个
MediaType 对应的扩展名，默认无此组件，故获取的扩展名列表为空
              List<String> extensions = this.contentNegotiationManager
.resolveFileExtensions(requestedMediaType);
              // 遍历全部扩展名
              for (String extension : extensions) {
                  // 为视图名添加扩展名
                  String viewNameWithExtension = viewName + '.' + extension;
```

```
                // 再尝试获取视图
                view = viewResolver.resolveViewName(viewNameWithExtension,
locale);
                // 如果视图不为空，添加到候选列表
                if (view != null) {
                    candidateViews.add(view);
                }
            }
        }
    }
  }
  // 同时如果本类配置的默认视图列表不为空，则也添加到候选列表中
  if (!CollectionUtils.isEmpty(this.defaultViews)) {
      candidateViews.addAll(this.defaultViews);
  }
  // 返回候选列表，上一级逻辑中再通过视图的 ContentType 与 Accept 接收的 MediaType 做对
比返回最优视图
  return candidateViews;
}
// 获取最后视图的逻辑
private View getBestView(List<View> candidateViews, List<MediaType>
requestedMediaTypes, RequestAttributes attrs) {
  // 遍历全部候选视图
  for (View candidateView : candidateViews) {
      // 如果视图类型是 SmartView
      if (candidateView instanceof SmartView) {
          SmartView smartView = (SmartView) candidateView;
          // 且视图是重定向视图，则直接返回此视图，以重定向为准
          if (smartView.isRedirectView()) {
              if (logger.isDebugEnabled()) {
                  logger.debug("Returning redirect view [" +
candidateView + "]");
              }
              return candidateView;
          }
      }
  }
  // 遍历请求头 Accept 可接收的 MediaType 列表
  for (MediaType mediaType : requestedMediaTypes) {
      // 遍历候选视图列表
      for (View candidateView : candidateViews) {
          // 如果视图的 ContentType 包含文本内容
          if (StringUtils.hasText(candidateView.getContentType())) {
              // 则把视图的 ContentType 文本解析为 MediaType 类型
              MediaType candidateContentType = MediaType.parseMediaType
(candidateView.getContentType());
              // 判断视图的 ContentType 与请求的 MediaType 是否兼容。如果兼容，则返回此
视图
```

```
                if (mediaType.isCompatibleWith(candidateContentType)) {
                    // 省略日志
                    // 把匹配的 MediaType 放入请求属性
                    attrs.setAttribute(View.SELECTED_CONTENT_TYPE, mediaType,
RequestAttributes.SCOPE_REQUEST);
                    return candidateView;
                }
            }
        }
    }
    // 无匹配返回空
    return null;
}
```

该类也相当于对原始的视图解析器的包装类，另外添加自动根据请求类型进行协商的逻辑，保证返回视图的 ContentType 支持请求的 Accept 头中的某个 MediaType，以保证返回数据的可读性。返回视图的具体类型依赖于内部封装的视图解析器列表返回的视图类型。

该视图解析器封装的视图解析器列表与 DispatcherServlet 中的相同，仅仅排除自己。下面继续查看视图解析器列表中具体的视图解析器解析逻辑。

9.9.2 BeanName 视图解析器

BeanName 视图解析器与之前提到的 BeanName 处理器映射功能类似，BeanName 视图解析器是把视图名作为 BeanName 名，根据该 BeanName 获取应用上下文中对应的 Bean，把这个 Bean 直接作为返回的视图使用。其逻辑代码如下：

```
public View resolveViewName(String viewName, Locale locale) throws
BeansException {
    // 获取应用上下文
    ApplicationContext context = obtainApplicationContext();
    // 如果应用上下文中不包含视图名的 Bean，则返回空
    if (!context.containsBean(viewName)) {
        // 省略日志...返回空以使用下一个视图解析器
        return null;
    }
    // 如果该 Bean 的类型不是 View 类型，则同样不能返回，该方法只能返回 View 类型
    if (!context.isTypeMatch(viewName, View.class)) {
        // 省略日志...返回空以使用下一个视图解析器
        return null;
    }
    // 返回该 Bean，作为 View 使用
    return context.getBean(viewName, View.class);
}
```

返回具体的视图类型依赖于注册到应用上下文中的 Bean 类型。

这种解析器的逻辑相对来说比较简单，但实际场景中用处比较小，因为要求开发者提供

View 类型的 Bean，不如使用模板引擎的视图方便。

9.9.3 Thymeleaf 视图解析器

在第 8 章中，已知在项目中添加 Thymeleaf 模板引擎的依赖后，会自动添加 Thymeleaf 视图解析器，该视图解析器用于对 Thymeleaf 模板视图进行解析，其中处理逻辑如下。

该视图解析器的 resolveViewName 方法实现在其父类 AbstractCachingViewResolver 中，该父类通过名称可以判断，为模板解析添加缓存的抽象类。在某些视图解析器中，解析过程可能涉及多次磁盘 IO，性能损耗较大，故为其视图名与返回的视图添加缓存是很常见的一种优化性能的方法，其方法如下：

```
public View resolveViewName(String viewName, Locale locale) throws Exception
{
  // 如果配置了不缓存
  if (!isCache()) {
      // 则直接调用创建视图逻辑，返回创建的视图实例
      return createView(viewName, locale);
  }
  else {
    // 根据该方法参数返回一个缓存 Key，一般为 viewName_locale，在忽略 locale 的实现中，直接返回 viewName
    Object cacheKey = getCacheKey(viewName, locale);
    // viewAccessCache 是 ConcurrentHashMap，保存访问过的视图缓存，尝试根据 key 从访问过的视图缓存中获取视图
    View view = this.viewAccessCache.get(cacheKey);
    // 缓存未命中
    if (view == null) {
        // 为 viewCreationCache 视图创建缓存加锁，以保证在多线程访问同一请求时，创建视图逻辑只执行一次
        synchronized (this.viewCreationCache) {
          // 加锁后仍需要判断一次创建缓存中是否有值，有值则可能是其他线程先执行了创建逻辑后释放了锁，本线程获取锁后执行了里面的逻辑
          view = this.viewCreationCache.get(cacheKey);
          // 如果仍然为空，则需要触发创建逻辑
          if (view == null) {
              // 执行创建逻辑，可被子类重写 createView(viewName, locale);
              // 如果返回视图为空，且配置的 cacheUnresolved 为 true，表示缓存空结果
              if (view == null && this.cacheUnresolved) {
                  // 指定视图为用于缓存 null 值的空视图
                  view = UNRESOLVED_VIEW;
              }
              // 创建后视图不为空
              if (view != null) {
                  // 写入访问缓存
                  this.viewAccessCache.put(cacheKey, view);
                  // 写入创建缓存
```

```
                    this.viewCreationCache.put(cacheKey, view);
                    // 省略日志
                }
            }
        }
    }
    // 如果视图不为用于标记的空值，则返回该视图；否则返回空
    return (view != UNRESOLVED_VIEW ? view : null);
  }
}
```

在 AbstractCachingViewResolver 创建视图 createView 的逻辑中，直接调用本类的 loadView 方法，该方法是抽象方法，子类需要实现这个方法。

在 ThymeleafViewResolver 中还重写了 createView 方法。在该方法中，执行一些内置的视图前缀判断，以进行不同的处理，代码如下：

```
// 省略代码中日志打印逻辑
protected View createView(final String viewName, final Locale locale) throws
Exception {
  // alwaysProcessRedirectAndForward 标记是否处理 redirect:和 forward:为前缀的视图
名，默认为 true
  // canHandle 判断是否可被此视图解析器处理，内部维护了本视图解析器支持的视图名通配符列表
与不支持的视图名通配符列表
  // 此方法根据这两个列表判断是否对此视图名进行解析处理，默认两个列表都为空，支持处理任一
视图名
  if (!this.alwaysProcessRedirectAndForward && !canHandle(viewName, locale)) {
      return null;
  }
  // 如果视图名以 redirect:为前缀，则视为重定向视图
  if (viewName.startsWith(REDIRECT_URL_PREFIX)) {
      // 截取重定向地址
      final String redirectUrl = viewName.substring(REDIRECT_URL_PREFIX
.length(), viewName.length());
      // 创建一个重定向视图，传入相关初始化参数
      final RedirectView view = new RedirectView(redirectUrl, isRedirect-
ContextRelative(), isRedirectHttp10Compatible());
      // 通过应用上下文初始化此视图，用以把该视图需要的应用上下文中信息初始化到实例中
      return (View) getApplicationContext().getAutowireCapableBeanFactory()
.initializeBean(view, viewName);
  }
  // 处理 forward:前缀的视图请求
  if (viewName.startsWith(FORWARD_URL_PREFIX)) {
      // 处理转发 URL
      final String forwardUrl = viewName.substring(FORWARD_URL_PREFIX.length(),
viewName.length());
      // 返回发起 forward 请求的视图，内部实现通过 RequestDispatcher.forward 方法转发
请求
```

```
        return new InternalResourceView(forwardUrl);
    }
    // 处理后执行逻辑 canHandle，判断此解析器是否支持该视图名，不支持则返回空
    if (this.alwaysProcessRedirectAndForward && !canHandle(viewName, locale)) {
        return null;
    }
    // 执行加载视图的方法
    return loadView(viewName, locale);
}
```

在 createView 的逻辑中，对视图名做了一些特殊处理，核心创建视图方法还是 loadView 方法。在该方法中，包括尝试从应用上下文获取该视图名对应的 Bean、创建 ThymeleafView 视图类实例、通过应用上下文初始化 ThymeleafView 实例、使用应用的一些配置设置视图的属性等逻辑，在此不再列出其中代码，感兴趣的读者可自行查阅。

同时，在此处返回的视图 ThymeleafView 中，其渲染逻辑是先通过视图名及应用配置的视图前缀和后缀，拼接出视图文件路径，再获取视图文件流，把应用上下文、传入的模型参数、Servlet 上下文等信息作为模板信息，通过模板引擎逻辑渲染视图文件流，并把渲染后的数据流写入 Http 响应体中。内容较多，且与模板引擎关联较多，此处不再赘述。

9.9.4　组合视图解析器

组合视图解析器 ViewResolverComposite 的功能与内容协商视图解析器的功能类似，但组合视图解析器只是简单的组合多个视图解析器，并不包含内容协商相关逻辑，其实现也非常简单，代码如下：

```
public View resolveViewName(String viewName, Locale locale) throws Exception
{
    // 遍历本类包装的视图解析器列表
    for (ViewResolver viewResolver : this.viewResolvers) {
        // 第一个获取非空 View 的视图解析器生效，返回该 View
        View view = viewResolver.resolveViewName(viewName, locale);
        if (view != null) {
            return view;
        }
    }
    return null;
}
```

✍ **说明：**

在默认情况下该视图解析器中包装的视图解析器列表为空，只有在通过 WebMvcConfigurer 的 configureViewResolvers 方法配置视图解析器后，该组合视图解析器中的视图解析器列表才不为空，列表内容为通过该方法的参数 ViewResolverRegistry 注册的全部视图解析器。

9.9.5 内部资源视图解析器

内部资源视图解析器（InternalResourceViewResolver）用于解析一些内部资源视图，如重定向视图、转发视图或 Servlet 内置支持的 JSP 视图等。该视图解析器父类为 UrlBasedViewResolver，父类提供了基于视图配置的前后缀路径拼接视图名后进行解析的功能，该父类被多个需要使用这个特性的视图解析器继承。同时 UrlBasedViewResolver 的父类又为 AbstractCachingViewResolver，已在 9.9.3 节中对该抽象类予以说明。

在 UrlBasedViewResolver 重写了父类的 createView 方法，提供统一的功能，其代码如下：

```
protected View createView(String viewName, Locale locale) throws Exception {
  // 先判断此视图解析器是否可处理此视图名
  // 内部逻辑与 Thymeleaf 视图解析器类似，提供了一个可包含通配符的视图名列表，如果列表为
空或视图名与任一通配符名匹配，则为 true
  if (!canHandle(viewName, locale)) {
      return null;
  }
  // 检查视图名的 redirect:前缀，包含此前缀，则处理为重定向视图
  if (viewName.startsWith(REDIRECT_URL_PREFIX)) {
      // 截取重定向的目标地址
      String redirectUrl = viewName.substring(REDIRECT_URL_PREFIX.length());
      // 创建重定向视图
      RedirectView view = new RedirectView(redirectUrl, isRedirectContext-
Relative(), isRedirectHttp10Compatible());
      // 获取重定向的目标 host，默认为空，取请求路径中的 host 部分，可配置
      String[] hosts = getRedirectHosts();
      if (hosts != null) {
          // 不为空，设置为 view 的属性
          view.setHosts(hosts);
      }
      // 应用生命周期方法，相当于把 view 作为 Bean，调用应用上下文对 Bean 进行初始化操作
      return applyLifecycleMethods(viewName, view);
  }
  // 如果是以 forward:开头的转发视图
  if (viewName.startsWith(FORWARD_URL_PREFIX)) {
      // 提取转发地址
      String forwardUrl = viewName.substring(FORWARD_URL_PREFIX.length());
      // 创建内部资源视图，内部实现逻辑直接通过 RequestDispatcher 的 forward 方法转发
      return new InternalResourceView(forwardUrl);
  }
  // 上述方法无法创建，调用父类的 createView 方法交给其他逻辑处理
  return super.createView(viewName, locale);
}
```

在该逻辑最后，调用父类的 createView 方法，在父类的该方法逻辑中，又调用本类的 loadView 方法，在 UrlBasedViewResolver 中又重写 loadView 方法，逻辑代码如下：

```
protected View loadView(String viewName, Locale locale) throws Exception {
  // 调用本类创建视图方法创建视图
  AbstractUrlBasedView view = buildView(viewName);
  // 对视图实例通过应用上下文初始化
  View result = applyLifecycleMethods(viewName, view);
  // 用于检查视图对应资源是否存在，不存在返回空
  return (view.checkResource(locale) ? result : null);
}
```

在 InternalResourceViewResolver 中，重写 buildView 方法，对父类 buildView 方法返回的视图进行了简单的配置。

```
protected AbstractUrlBasedView buildView(String viewName) throws Exception {
  // 通过父类创建视图
  InternalResourceView view = (InternalResourceView) super.buildView(viewName);
  // 是否使用 include 包含代替 forward 转发，如果是，则使用 RequestDispatcher.include
方法代替转发
  if (this.alwaysInclude != null) {
     view.setAlwaysInclude(this.alwaysInclude);
  }
  // 防止循环 Dispatcher，例如一个请求转发到自身的情况
  view.setPreventDispatchLoop(true);
  return view;
}
// UrlBasedViewResolver 中构造视图方法
protected AbstractUrlBasedView buildView(String viewName) throws Exception {
  // 获取视图类型，对于 InternalResourceViewResolver，视图类型是构造方法中已经指定为
InternalResourceView 或者在 jstl 存在的情况下为 JstlView，JstlView 为 jsp 的视图
  Class<?> viewClass = getViewClass();
  Assert.state(viewClass != null, "No view class");
  // 实例化视图类
  AbstractUrlBasedView view = (AbstractUrlBasedView) BeanUtils.instantiateClass
(viewClass);
  // 根据配置的前缀、视图名、后缀拼接后作为视图 URL 使用
  view.setUrl(getPrefix() + viewName + getSuffix());
  // 获取视图解析器配置的 ContentType，并设置给视图
  String contentType = getContentType();
  if (contentType != null) {
     view.setContentType(contentType);
  }
  // 为视图设置请求上下文属性
  view.setRequestContextAttribute(getRequestContextAttribute());
  // 为视图设置属性 Map，从视图解析器的全局配置获取
  view.setAttributesMap(getAttributesMap());
```

```
    // 是否暴露路径变量，默认为 true
    Boolean exposePathVariables = getExposePathVariables();
    // 把该值设置到视图属性
    if (exposePathVariables != null) {
        view.setExposePathVariables(exposePathVariables);
    }
    // 是否暴露应用上下文中的 BeanNames 作为属性，默认为 false
    Boolean exposeContextBeansAsAttributes = getExposeContextBeansAsAttributes();
    if (exposeContextBeansAsAttributes != null) {
        view.setExposeContextBeansAsAttributes(exposeContextBeansAsAttributes);
    }
    // 需要暴露的应用上下文 BeanName 列表
    String[] exposedContextBeanNames = getExposedContextBeanNames();
    if (exposedContextBeanNames != null) {
        view.setExposedContextBeanNames(exposedContextBeanNames);
    }
    // 返回视图
    return view;
}
```

该视图解析器返回的视图类型是 RedirectView 或 InternalResourceView，同时视图解析器只负责查找返回视图，具体对视图内容的解析、渲染、响应内容的填充则都是在视图自身的逻辑中。

9.9.6 视图实现

本节主要讲解前面提到的视图的实现，主要关注两种视图，即 RedirectView 与 InternalResourceView，其内部实现如图 9.2 所示。

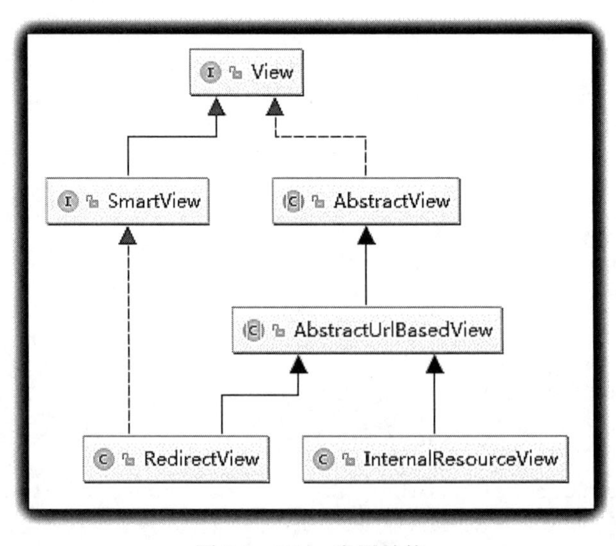

图 9.2 View 类图结构

这两种视图都继承自 AbstractUrlBasedView，该抽象视图用于封装基于 Url 的视图的统一逻辑，在 AbstractView 中也封装了与所有视图处理相关的抽象逻辑。

对于视图最重要的 render 方法，在 AbstractView 中有实现，代码如下：

```
public void render(@Nullable Map<String, ?> model, HttpServletRequest request,
     HttpServletResponse response) throws Exception {
  // 省略日志...
  // 用于把参数的模型与内置模型属性合并，合并顺序为：本视图的所有静态属性、当前请求的路径
变量、传入的模型参数及封装好的请求上下文
  // 请求上下文中包含了主题源与信息源的相关内容
  // 暴露的这些属性可以在后续处理中使用，以实现各种功能
  Map<String, Object> mergedModel = createMergedOutputModel(model, request,
response);
  // 用于准备响应，如添加一些公共响应头等
  prepareResponse(request, response);
  // 执行抽象方法，把合并后的模型作为参数使用，渲染视图
  renderMergedOutputModel(mergedModel, getRequestToExpose(request), response);
}
```

在 RedirectView 和 InternalResourceView 中，有该方法的不同实现，RedirectView 视图中实现代码如下：

```
protected void renderMergedOutputModel(Map<String, Object> model, HttpServlet-
Request request, HttpServletResponse response) throws IOException {
  // 处理重定向的目标地址
  // 包括处理重定向的相对路径、添加视图的重定向目标、处理重定向目标中的模板参数、处理重定
向目标的查询参数、编码重定向地址等逻辑
  // 重定向目标为已拼接视图解析器中前缀和后缀后的视图名
  // 基于模板参数处理，实现了支持重定向模板中包含了模板参数功能
  String targetUrl = createTargetUrl(model, request);
  // 更新目标地址，使用组件 RequestDataValueProcessor 执行处理逻辑，如果应用上下文中不
存在该组件，则不执行处理，使用该组件可对重定向地址进行额外的处理
  targetUrl = updateTargetUrl(targetUrl, model, request, response);
  // 触发重定向，通过 FlashMapManager 保存当前请求输出的 FlashMap 到 Session 中
  RequestContextUtils.saveOutputFlashMap(targetUrl, request, response);
  // 发送重定向，向响应写入重定向状态码，并添加 location 响应头为重定向目标地址
  sendRedirect(request, response, targetUrl, this.http10Compatible);
}
```

该视图逻辑很清晰，对应用中返回的视图名进行额外的处理，作为重定向的 location 直接返回重定向响应。同时该视图实现 SmartView 视图接口，用于标记自己为重定向视图，以供对视图统一处理时进行判断。这也符合重定向的逻辑。

下面再看一下 InternalResourceView 内部资源视图，其逻辑代码如下。

```
protected void renderMergedOutputModel(
     Map<String, Object> model, HttpServletRequest request, HttpServletResponse
response) throws Exception {
```

```
    // 把模型添加到请求属性中，以供转发后处理逻辑使用
    exposeModelAsRequestAttributes(model, request);
    // 用于额外暴露属性到请求属性中，可由子类重写
    exposeHelpers(request);
    // 准备转发路径，一般直接使用视图中的视图名（已拼接视图解析器中前缀和后缀）
    String dispatcherPath = prepareForRendering(request, response);
    // 通过 request 与分发路径获取对应的请求分发器
    RequestDispatcher rd = getRequestDispatcher(request, dispatcherPath);
    // 不能为 null，否则视为内部资源无法获取，抛出异常
    if (rd == null) {
        throw new ServletException("Could not get RequestDispatcher for [" +
getUrl() + "]: Check that the corresponding file exists within your web
application archive!");
    }
    // 判断是否是 include 的请求
    if (useInclude(request, response)) {
        // include 需要设置 ContentType
        response.setContentType(getContentType());
        // 省略日志...
        // 如果是，则执行 include 方法
        rd.include(request, response);
    }
    else {
       // 省略日志...
       // 否则执行转发请求
       rd.forward(request, response);
    }
}
```

以上这两种视图很容易理解，重定向视图直接向响应写入重定向相关参数，内部资源视图则交给 Servlet 框架自身处理，获取内部相关资源。

除此之外，还有各种模板引擎构造的视图，这些逻辑与模板引擎高度相关，其内部逻辑是通过配置的模板文件前缀加视图名加模板文件后缀拼接后查找对应位置的模板文件，之后使用模板引擎的渲染功能对此模板进行渲染，其详细逻辑本书不再赘述，有兴趣的读者可以了解模板引擎相关原理。

9.10 其他组件原理

除了上述九大核心组件外，还有一些额外的辅助组件，如在第 8 章中介绍的主题源、信息源及异步管理器。

对于主题源与信息源，在对视图的渲染中使用较多，在视图的模板文件中，可以通过固

定的指令访问这两个源中的数据。

对于信息源 MessageSource 来说，其包含的方法如下。

- String getMessage(String code,@Nullable Object[] args,@Nullable String defaultMessage, Locale locale)：根据参数，获取某个 locale 中，code 对应的字符串信息值，获取不到则使用参数中的默认值。
- String getMessage(String code,@Nullable Object[] args,Locale locale) throws NoSuch-MessageException：不提供默认值，获取不到抛出异常。
- String getMessage(MessageSourceResolvable resolvable,Locale locale) throws NoSuch-MessageException：MessageSourceResolvable 封装多个 code，用于解析多个 code 对应的值。

信息源在系统中默认实现的是 ResourceBundleMessageSource，关于信息源这个获取逻辑相对比较复杂，这里就不再列出源码，只简单对其原理进行介绍。

ResourceBundle 在第 8 章中已介绍过，该信息源的实现就是通过 Java 自身的资源包机制实现的，每个资源包信息源只对应一个资源包，默认对应的资源包名为 messages。

每个资源包会对应一个资源包名，资源包名为资源包中文件名去掉 locale 后缀的名称，同一个资源包下所有资源都以该名为前缀，拼接 locale 信息与文件名后缀后作为文件在资源包中存在。

在获取信息值时，首先根据不同的 locale 获取资源包下的不同 locale 后缀的 properties 属性文件。再根据 code 与 locale 获取信息值时，先通过 locale 获取资源包中对应 locale 的资源属性，再把 code 作为属性文件的属性 key，获取该资源属性文件中对应的 value，作为最终的资源值。当然所有的属性文件在系统中都是被缓存的，以提高访问速度。

再来考虑主题源，主题源 ThemeResource 只包含根据主题名获取主题实例的方法，即 Theme getTheme（String themeName）：根据主题名获取主题。

主题源默认实现与信息源类似，为 ResourceBundleThemeSource 资源包主题源。但其与资源包信息源不同之处在于，一个资源包信息源只对应一个资源包，而资源包主题源的目的是为了实现通过主题名获取主题，一个主题名可以视为一个资源包名，所以资源包主题源的功能类似于通过资源包名查找资源包。

该主题源在获取到资源包后，把其封装为主题源返回。最终封装的主题类型为 SimpleTheme，在该类型中包含 MessageSource，具体的 MessageSource 类型理所当然是 ResourceBundleMessageSource。

所以，最终的逻辑关系为资源包主题源根据主题名返回主题封装，每个主题封装对应一个资源包信息源，最终还是通过资源包信息源来实现。

对于 WebAsyncManager 异步管理器，本书就不再详细介绍，只需了解其中执行原理是通过异步任务执行器 AsyncTaskExecutor 来执行异步相关操作即可，其中涉及很多异步多线程相关知识，本书不再对该内容进行展开叙述。

本章小结：

本章对在 DispatcherServlet 的处理逻辑中用到的全部组件及其工作原理进行了详细的介绍，在阅读这些组件的相关源码后，结合实际使用框架时用到的功能，将源码与功能一一映射起来，将会有一种恍然大悟的感觉，如果能够发出“原来是这样”的感叹，那么本章内容也就实现了它的价值。

但在实际开发中，只有上面这些内容还远远不够，例如我们平时使用最多的 @RequestMapping 的相关功能及其附属的很多注解功能的实现，在本章中并没有详述。@RequestMapping 相关原理较为复杂，在第 10 章中将专门对其相关功能及原理进行详细介绍。

第 10 章　@RequestMapping 的查找原理

在本书的前半部分，讲述了 Spring MVC 框架的使用，其中使用最多的是它提供的极为方便的基于注解的声明式功能。随着 Java 企业开发从 XML 向注解的演变，Spring MVC 从 3.1 版本开始提供了基于注解的 Web 开发功能。可以通过注解@RequestMapping 标记一个方法，并在注解中添加一些条件属性，当请求信息与这些条件匹配时则把标记的方法作为请求的处理器方法使用。

已知在一个请求的处理过程中，需要先通过处理器映射 HandlerMapping 获取可以处理该请求的处理器，而注解@RequestMapping 的作用就是声明一个请求处理方法，该注解标记的方法会注册为一个处理器方法，用于处理满足@RequestMapping 中声明条件的请求。

那么基于这个考虑，必然是有一个处理器映射组件是实现用于处理@RequestMapping 注解相关逻辑的。在这个处理器映射内部，维护了当前应用中声明的全部@RequestMapping 注解信息及注解标记的方法。在获取处理器时，根据@RequestMapping 注解中声明的条件获取与当前请求匹配的注解，并对该注解标记的方法进行简单的封装，作为该处理器映射返回的处理器使用。这个处理器映射组件就是本章的研究对象：RequestMappingHandlerMapping。

10.1　@RequestMapping 方法查找

同样按照之前提到的执行原理研究方法，先从 RequestMappingHandlerMapping 组件的入口方法来研究，即请求处理时调用处理器映射的获取处理器方法：getHandler。以该方法为切入点，可整体地研究清楚查找逻辑的实现。

10.1.1　@RequestMapping 查找入口

在负责@RequestMapping 注解标记方法的查找组件 RequestMappingHandlerMapping 中，其 getHandler 入口方法来自于其祖先类 AbstractHandlerMapping，在第 9 章中已经了解过这个抽象类的作用。RequestMappingHandlerMapping 的继承类图如图 10.1 所示。

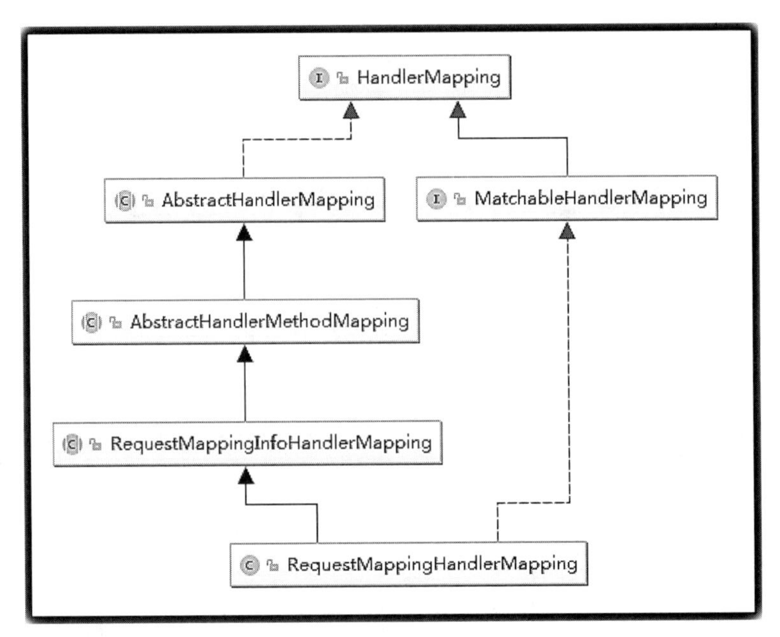

图 10.1　RequestMappingHandlerMapping 的继承类图

可以看到 RequestMappingHandlerMapping 并不是直接继承于 AbstractHandlerMapping，中间还有其父类 RequestMappingInfoHandlerMapping 与父类的父类 AbstractHandlerMethod-Mapping，这两个类都是抽象类，它们的抽象都是基于一定的设计目的，后面将详述。接口 MatchableHandlerMapping 则是为 HandlerMapping 添加匹配方法，用于对当前服务注册的所有处理器映射做一些管理操作。

已知在 AbstractHandlerMapping 类的 getHandler 方法中，进行一些公共处理后，最终会调用 getHandlerInternal 方法获取处理器，该方法由其子类实现，这才是@RequestMapping 注解的真正查找入口。在 RequestMappingHandlerMapping 中，getHandlerInternal 方法的实现在其祖先类 AbstractHandlerMethodMapping 中，其代码如下：

```
protected HandlerMethod getHandlerInternal(HttpServletRequest request) throws
Exception {
  // 获取请求路径，作为查找路径
  String lookupPath = getUrlPathHelper().getLookupPathForRequest(request);
  if (logger.isDebugEnabled()) {
      // 打印 debug 日志
      logger.debug("Looking up handler method for path " + lookupPath);
  }
  // 获取映射注册器 MappingRegistry 的读锁，以支持多线程并发读写
  this.mappingRegistry.acquireReadLock();
  try {
      // 调用内部逻辑查找处理器方法
      HandlerMethod handlerMethod = lookupHandlerMethod(lookupPath, request);
      // 打印 debug 日志，找到或未找到都会打印
      if (logger.isDebugEnabled()) {
```

```
            if (handlerMethod != null) {
                logger.debug("Returning handler method [" + handlerMethod + "]");
            }
            else {
              logger.debug("Did not find handler method for [" + lookupPath + "]");
            }
        }
        // 返回处理器方法，如果处理器方法不为空，还额外解析了处理器方法中方法所在的 Bean
实例
        return (handlerMethod != null ? handlerMethod.createWithResolvedBean() :
null);
    }
    finally {
        // 解锁
        this.mappingRegistry.releaseReadLock();
    }
}
```

该方法的返回类型为 HandlerMethod，即通过这种处理器映射返回的处理器都是处理器方法类型。这种处理器类型是对方法的封装及该方法所在类实例 Bean 的封装。对于@RequestMapping 注解表现来说，就是封装声明了@Controller 的处理器 Bean 实例与标记@RequestMapping 注解的方法。

在处理逻辑中，可以看到其中的核心组件：MappingRegistry 映射注册器。该组件作用是注册处理器方法的映射信息，一般用于注册一组请求过滤条件的封装与该条件封装对应的处理器方法映射关系，以下称一组请求过滤条件的封装为映射信息。对于@RequestMapping 来说，就是把注解属性中包含的条件作为映射信息，与注解标记的处理器方法之间建立对应关系。

该组件包含读写加锁功能，为实现运行时多线程并发进行动态注册功能。有了此加锁功能，可以实现在项目运行期间，使用一些线程动态地向映射注册器中注册映射信息，同时也不影响正在从映射注册器中获取映射数据的线程。

从返回的处理器类型可以看出来，抽象类 AbstractHandlerMethodMapping 的核心抽象功能是限定返回的处理器类型为 HandlerMethod 类型，与此同时还提供了映射注册功能，以实现统一的映射查找功能。该抽象类带有一个泛型类型 T，T 对应于该抽象类中映射注册器注册的请求映射信息类型。

请求处理时，判断当前请求与某个映射信息是否匹配，如果匹配则使用该映射信息对应的处理器方法作为最终的处理器使用。即查找请求对应的处理器方法其实就是查找该请求满足的映射信息所对应的处理器方法。

10.1.2　@RequestMapping 查找逻辑

在 getHandlerInternal 方法中，封装统一的获取处理器方法逻辑，仅是在查找前执行加锁和查找到处理器方法后解析处理器方法 Bean 这两个统一逻辑，最终查找处理器方法的逻辑是在 lookupHandlerMethod 中，代码如下：

```
/**
 * 查找与当前请求最佳匹配的处理器方法
 * @param lookupPath 查找路径
 * @param request 请求
 * @return 最佳匹配的处理器方法，没有则为空
 */
@Nullable
protected HandlerMethod lookupHandlerMethod(String lookupPath, HttpServletRequest
request) throws Exception {
  // 创建匹配结果列表，用于保存多个匹配结果，Match 为匹配的映射信息与处理器方法的封装
  List<Match> matches = new ArrayList<>();
  // 首先尝试通过映射注册器根据请求路径获取直接对应的映射信息列表
  List<T> directPathMatches = this.mappingRegistry.getMappingsByUrl(lookupPath);
  if (directPathMatches != null) {
       // 如果不为空，调用条件匹配映射的方法，内部首先遍历映射信息列表
       // 判断当前请求与遍历中的映射信息是否匹配，如果匹配，则把匹配的映射信息与处理器方法
封装为 Match 匹配结果添加匹配结果列表中
       addMatchingMappings(directPathMatches, matches, request);
  }
  if (matches.isEmpty()) {
       // 如果不能通过路径直接映射获取匹配结果，则尝试遍历全部映射信息，执行与上面相同的获
取匹配结果的逻辑
       addMatchingMappings(this.mappingRegistry.getMappings().keySet(), matches,
request);
  }
  // 如果匹配结果不为空
   if (!matches.isEmpty()) {
       // 创建一个匹配结果比较器，用于获取最佳匹配，比较逻辑为直接使用匹配信息进行比较
       Comparator<Match> comparator = new MatchComparator(getMappingComparator
(request));
       // 通过比较器排序，排序靠前的匹配度最高
       matches.sort(comparator);
       // 打印日志
       if (logger.isTraceEnabled()) {
            logger.trace("Found " + matches.size() + " matching mapping(s) for
[" + lookupPath + "] : " + matches);
       }
       // 获取匹配列表中第一个元素，视为最佳匹配
       Match bestMatch = matches.get(0);
       // 如果匹配列表大于 1
       if (matches.size() > 1) {
            if (CorsUtils.isPreFlightRequest(request)) {
                 // 如果是 CORS 预检请求，则直接返回一个预定义好的处理器方法，忽略预检请求
多个匹配结果异常，即允许预检请求有多个匹配，不影响后续处理
                 return PREFLIGHT_AMBIGUOUS_MATCH;
```

```
            }
            // 非预检请求，再获取匹配列表中第二个元素
            Match secondBestMatch = matches.get(1);
            // 对第一个元素和第二个元素进行比较
            if (comparator.compare(bestMatch, secondBestMatch) == 0) {
                // 如果结果为 0，则判断至少有两个最佳匹配
                Method m1 = bestMatch.handlerMethod.getMethod();
                Method m2 = secondBestMatch.handlerMethod.getMethod();
                // 如果多个最佳匹配，则抛出不明确（不唯一）的处理器方法映射异常
                throw new IllegalStateException("Ambiguous handler methods
mapped for HTTP path '" +
                        request.getRequestURL() + "': {" + m1 + ", " + m2 + "}");
            }
        }
        // 如果只有一个最佳匹配，则执行处理匹配方法，在处理匹配方法中可以执行一些逻辑
        handleMatch(bestMatch.mapping, lookupPath, request);
        // 返回最佳匹配对应的处理器方法
        return bestMatch.handlerMethod;
    }
    else {
        // 如果没有匹配结果，执行无处理器匹配方法，可执行一些特殊逻辑
        return handleNoMatch(this.mappingRegistry.getMappings().keySet(),
lookupPath, request);
    }
}
```

在上述获取处理器方法中，封装查找的统一执行过程和查找到多个结果时获取唯一结果的过程，上述过程调用了核心的添加匹配映射到结果列表中的方法：addMatchingMappings，其方法逻辑如下：

```
/**
 * 遍历参数中映射信息列表，获取全部匹配的映射信息与处理器方法，添加到匹配结果列表中
 * @param mappings 需要遍历的映射信息列表
 * @param matches 用于保存匹配结果的列表
 * @param request Http 请求
 */
private void addMatchingMappings(Collection<T> mappings, List<Match> matches,
HttpServletRequest request) {
  // 遍历匹配信息列表
  for (T mapping : mappings) {
      // 尝试获取匹配的映射信息
      T match = getMatchingMapping(mapping, request);
      if (match != null) {
          // 如果匹配结果不为空，则封装为 Match 对象，添加到匹配结果列表中
          // 构造 Match 的第二个参数是处理器方法，需要通过映射注册器根据当前遍历中的映射
获取
          matches.add(new Match(match, this.mappingRegistry.getMappings()
.get(mapping)));
```

```
        }
    }
}
```

上述整个查找过程有如下 4 个核心逻辑。

1. 获取与请求匹配的映射：getMatchingMapping

在类 AbstractHandlerMethodMapping 中，getMatchingMapping 方法是抽象方法，需要由不同的子类实现。通过这种方式，把匹配逻辑抽象出来，而把与匹配相关的一些通用逻辑放在抽象类中，可以在子类中实现不同的匹配逻辑，以达到不同的设计目的。该逻辑在 RequestMappingHandlerMapping 组件中通过@RequestMapping 注解的属性与请求信息进行匹配，具体逻辑较为复杂，在 10.3 节会进行详解。

同时注意，该方法的第一个参数是当前遍历中的映射信息，返回的结果类型也是映射信息类型，但是返回的映射信息不一定是传入的映射信息，而是原始的映射信息中匹配的一部分信息的抽象，即映射信息的匹配结果。如注解@RequestMapping 指定其 method 属性为{HttpMethod.GET, HttpMethod.POST}，那么对于请求方法为 GET 的请求，其匹配的映射信息就是 method=HttpMethod.GET，而不是原始的映射信息 method={HttpMethod.GET, HttpMethod.POST}。

2. 查找逻辑的性能优化：getMappingsByUrl

在 lookupHandlerMethod 的逻辑中，首先会尝试通过映射注册器的 getMappingsByUrl 方法获取请求路径直接对应的映射信息列表，通过这种方式达到优化查找处理器方法速度的目的。这种优化主要针对@RequestMapping 中 path 属性直接指定了具体路径的情况，可通过路径直接获取该映射信息，达到快速获取匹配结果的目的。如果不能直接获取匹配的映射信息，则需要遍历注册到映射注册器中的全部映射信息，才能获取匹配的结果。

3. 从匹配结果列表中获取最佳匹配结果

在查找处理器方法的逻辑中，调用 addMatchingMappings 方法遍历全部映射信息，把匹配的映射结果添加到结果列表中，那么对于一个请求来说就很有可能得到多个匹配结果，即匹配结果列表中的元素数大于 1。所以在查找逻辑完成后还添加了额外的辅助逻辑，如有多个匹配结果时，尝试从结果获取最佳匹配的逻辑，其核心是通过映射信息比较器比较匹配的映射信息。获取映射信息比较器的方法为 getMappingComparator，在 AbstractHandlerMethodMapping 中同样是抽象方法，用于由子类定制具体的映射信息比较策略。

4. 查找结束后的统一处理

在查找逻辑执行完成后，会根据是否有匹配结果来执行 handleMatch 或 handleNoMatch 的逻辑。handleMatch 方法用以在有匹配结果时执行一些逻辑，即传入的参数为匹配时的映射信息、查找路径（请求路径）及原始请求，可由子类重写。在默认实现中，该方法逻辑仅是向请求中添加当前的查找路径属性，用在后续来处理逻辑。

handleNoMatch 中，用以在未查找到匹配结果时执行一些逻辑，也可用来返回处理器方法，作为匹配的处理器方法返回。传入参数为注册的全部映射信息、查找路径（请求路径）及原始的请求，可由子类重写，默认不实现任何操作。

以上便是整个抽象类 AbstractHandlerMethodMapping 中所抽象的查找处理器方法逻辑。其把核心查找逻辑通过映射注册器实现了抽象，查找逻辑与映射注册器直接关联。对于子类来说，无须关注具体的查找逻辑，只需要实现根据注册的映射信息获取匹配的映射信息方法 getMatchingMapping 及获取对多个匹配的映射信息进行排序的比较器方法 getMapping-Comparator。

10.2　映射信息与处理器方法注册

在整体处理器的查找逻辑中，还包括了隐含逻辑。在查找的逻辑中，需要从映射注册器中获取注册的映射信息，获取到匹配结果后，还需要根据映射信息获取对应的处理器方法。

那么映射注册器中注册的映射信息与对应的处理器方法又是在何时通过什么方式注册的呢？下面就从映射注册器的使用开始，反向查找研究映射信息的详细注册逻辑。

10.2.1　映射注册器

映射信息通过映射注册器 MappingRegistry 获取，该类是 AbstractHandlerMethodMapping 的内部类。在查找处理器方法逻辑中，使用到映射注册器的 getMappingsByUrl 方法与 getMappings 方法，以获取相关的映射信息，那么就以这两个方法为入口，来探索映射注册器的相关逻辑。

getMappingsByUrl 与 getMappings 方法的逻辑如下：

```
// 根据路径获取映射信息列表
public List<T> getMappingsByUrl(String urlPath) {
  // 通过保存路径与映射信息列表关系的 Map: urlLookup 直接获取路径对应的映射信息列表
return this.urlLookup.get(urlPath);
}
// 获取全部映射信息 Map: mappingLookup
public Map<T, HandlerMethod> getMappings() {
  // 直接返回用于映射查找的列表
return this.mappingLookup;
}
```

映射注册器的这两个方法的逻辑很简单，只是从映射注册器中已经注册好的信息中获取需要的信息，那么问题就转移到如何注册这些信息？首先来了解一下映射注册器的内部结构，代码如下：

```
class MappingRegistry {
  // 映射注册表，用于保存映射注册信息的 Map，key 是映射信息，value 是该映射信息对应的全部
```

```
注册信息的封装 MappingRegistration
  // MappingRegistration 内部包括映射信息、对应的处理器方法、映射信息中的直接路径（非模式化路径）、映射名 4 个信息。
  // 注意 MappingRegistration 中的 4 个信息正好是下面 4 个 Map 中的 key
private final Map<T, MappingRegistration<T>> registry = new HashMap<>();
  // 映射查找表，用于保存全部映射信息与对应的处理器方法的 Map
private final Map<T, HandlerMethod> mappingLookup = new LinkedHashMap<>();
  // Url 查找表（直接路径查找表），用于保存直接路径对应的映射信息列表，key 是直接路径，value 是映射信息的列表
private final MultiValueMap<String, T> urlLookup = new LinkedMultiValueMap
<>();
  // Name 查找表（映射名查找表），用于保存映射名对应的处理器方法列表
private final Map<String, List<HandlerMethod>> nameLookup = new ConcurrentHashMap
<>();
  // CORS 查找表（跨域配置查找表），用于保存处理器方法对应的 CORS 跨域配置，暂不考虑
private final Map<HandlerMethod, CorsConfiguration> corsLookup = new
ConcurrentHashMap<>();
  // 可重入的读写锁，用于保证映射注册器的线程安全性
private final ReentrantReadWriteLock readWriteLock = new ReentrantRead-
WriteLock();
}
```

映射注册器中包含多个Map，用于保存多个不同的映射关系，那么这些Map中的映射关系来源在哪里？每个 Map 又有什么作用？下面来讲解。

10.2.2 注册逻辑与映射表

通过查找几个 Map 的引用，可以发现调用 Map 添加方法的代码都在映射注册器的注册方法 register，该方法用于向映射注册器中注册映射信息与处理器方法，代码如下：

```
/**
 * 注册映射信息
 * @param mapping 映射信息封装
 * @param handler 处理器，一般为一个 Bean 实例或 BeanName，用于作为实例调用处理器方法
 * @param method 映射信息对应的处理器实例中的原始方法，未封装为 HandlerMethod 对象
 */
public void register(T mapping, Object handler, Method method) {
  // 注册前先获取写锁
  this.readWriteLock.writeLock().lock();
  try {
      // 1. 把处理器与原始方法封装为处理器方法
      HandlerMethod handlerMethod = createHandlerMethod(handler, method);
      // 2. 判断该处理器方法是否唯一，防止相同的映射信息对应多个不同的处理器方法，导致查找处理器方法时无法找到唯一最优匹配
      assertUniqueMethodMapping(handlerMethod, mapping);
      // 打印 Info 日志
      if (logger.isInfoEnabled()) {
```

```
            logger.info("Mapped \"" + mapping + "\" onto " + handlerMethod);
        }
        // 3. 向映射查找表中添加当前映射信息与对应的处理器方法
        this.mappingLookup.put(mapping, handlerMethod);
        // 4. 获取当前注册的映射信息包含的直接路径列表
        List<String> directUrls = getDirectUrls(mapping);
        for (String url : directUrls) {
            // 遍历直接路径列表，添加到 Url 查找表中
            this.urlLookup.add(url, mapping);
        }
        String name = null;
        // 如果命名策略不为空
        if (getNamingStrategy() != null) {
            // 5. 通过命名策略获取映射名
            name = getNamingStrategy().getName(handlerMethod, mapping);
            // 调用 addMappingName 方法向 Name 查找表中添加映射名对应的处理器方法
            addMappingName(name, handlerMethod);
        }
        // 6. 获取处理器方法对应的 CORS 配置
        CorsConfiguration corsConfig = initCorsConfiguration(handler, method,
mapping);
        if (corsConfig != null) {
            // 如果配置不为空，则添加到 CORS 查找表中
            this.corsLookup.put(handlerMethod, corsConfig);
        }
        //7. 把上述全部查找表中的 key 作为注册信息封装为 MappingRegistration，添加到注册
表中
        this.registry.put(mapping, new MappingRegistration<>(mapping,
handlerMethod, directUrls, name));
    }
    finally {
        // 解锁
        this.readWriteLock.writeLock().unlock();
    }
}
```

以上代码的逻辑很清晰，映射注册器向外暴露注册方法，外部调用注册方法注册映射信息与处理器与方法。在注册方法内部向各个查找表中添加数据，以便支持使用时快速通过各种查找表获取需要的数据。

上述过程中包含了如下几个处理步骤，下面按顺序列出。

1. 创建处理器方法

通过 createHandlerMethod 方法创建处理器方法的封装，其逻辑如下：

```
// 获取处理器方法实例，处理器方法中封装了处理器实例，以及处理器类型中的方法，调用处理器方
法时通过反射调用处理器实例的 method 方法。
protected HandlerMethod createHandlerMethod(Object handler, Method method) {
```

```
    HandlerMethod handlerMethod;
    // 如果传入的处理器是 String 类型，则视为一个 BeanName
    if (handler instanceof String) {
        String beanName = (String) handler;
        // 创建处理器方法实例，封装 BeanName、BeanFactory 与原始方法
        handlerMethod = new HandlerMethod(beanName,
            obtainApplicationContext().getAutowireCapableBeanFactory(), method);
        // 在getHandlerInternal逻辑中,最后执行了处理器方法实例的createWithResolvedBean,
就是为了把上面封装的 BeanName 通过 BeanFactory 解析为对应的处理器 Bean 实例
        // 这里没有立即获取 BeanName 对应的 Bean 实例是为了实现延迟加载的目的
    }
    else {
        // 否则直接封装为处理器方法
        handlerMethod = new HandlerMethod(handler, method);
    }
    return handlerMethod;
}
```

对于在控制器 Bean 中，使用@RequestMapping 标记的方法来说，返回的处理器方法实例中就封装了该控制器 Bean 与@RequestMapping 标记的原始方法。

2．保证方法映射唯一

通过调用 assertUniqueMethodMapping 方法，确保相同的映射信息不会对应不同的处理器方法，以提前避免在获取处理器时获取到多个最佳匹配的情况。其逻辑如下：

```
private void assertUniqueMethodMapping(HandlerMethod newHandlerMethod, T
mapping) {
    // 先根据映射信息获取当前已经注册到映射查找表中的处理器方法
    // 在映射信息中的全部属性均相同时，两个映射信息视为相同，即只有@RequestMapping 注解中
属性完全相同时，两个注解视为相同，使用这两个注解生成的映射信息在映射查找表中视为相同的 Key
    HandlerMethod handlerMethod = this.mappingLookup.get(mapping);
    // 如果原处理器方法不为空，且当前新注册的处理器方法与原处理器方法不是同一个，则抛出异常，
异常中包含了相关信息
    if (handlerMethod != null && !handlerMethod.equals(newHandlerMethod)) {
        throw new IllegalStateException(
            "Ambiguous mapping. Cannot map '" + newHandlerMethod.getBean() + "'
method \n" +
            newHandlerMethod + "\nto " + mapping + ": There is already '" +
            handlerMethod.getBean() + "' bean method\n" + handlerMethod + "
mapped.");
    }
}
```

那么这里就出现了一个新的问题，既然在注册时已判断相同的映射信息不能对应多个不同的处理器方法，那么在获取处理器方法的逻辑中，为何还要对获取的匹配信息结果列表进行唯一性判断？

这是因为在注册时仅通过静态的注册信息进行唯一性判断。例如在两个不同的方法上都标记有@RequestMapping 注解，且注解的属性完全相同，则会触发上面的异常。但如果一个注解上的 method 属性为 HttpMethod.GET，另一个的 method 属性为{HttpMethod.GET, HttpMethod.POST}，其他属性完全相同，那么这两个映射信息就不相同。

但在运行时，如果请求方法是 GET，且请求满足上面两个注解的其他属性条件，那么在运行时就会查找到这两个处理器方法，且它们的匹配结果完全相同，这种情况下就需要抛出运行时的 Ambiguous handler methods 异常。

3. 添加到映射查找表中

在创建处理器方法实例，且确定该映射信息唯一后，就会把当前映射信息与对应的处理器方法添加到映射查找表中。该表是映射注册器的核心数据表，在查找逻辑中，会通过该表获取全部映射信息，并遍历进行匹配。

在匹配后还需要通过该表查找到匹配的映射信息对应的处理器。所以此数据是映射处理过程中最核心的数据，通过映射注册器的 getMappings 方法公开该表。

4. 获取直接路径，添加到 Url 查找表中

基于直接路径查找映射信息的优化，需要在映射信息注册时获取该映射信息对应的直接路径列表，该逻辑是通过 getDirectUrls 方法实现的。代码如下：

```
// 获取映射信息对应的直接路径列表
private List<String> getDirectUrls(T mapping) {
    List<String> urls = new ArrayList<>(1);
  // 通过调用抽象方法 getMappingPathPatterns 获取该映射信息中的全部路径模式，并进行遍历
  for (String path : getMappingPathPatterns(mapping)) {
     // 如果路径不是模式串，则跳过，只添加非模式串的路径，即直接路径
      if (!getPathMatcher().isPattern(path)) {
           urls.add(path);
      }
  }
  // 返回结果
  return urls;
}
```

getMappingPathPatterns 是 AbstractHandlerMethodMapping 类的抽象方法，其逻辑需要通过子类提供。因为该逻辑是通过具体的映射信息类型 T 的实例获取相关路径模式信息，所以由子类去实现也最合理。对于@RequestMapping 注解对应的处理器映射 RequestMapping-HandlerMapping，该方法的实现是在其父类 RequestMappingInfoHandlerMapping 中。其逻辑为获取@RequestMapping 注解中 path 属性的值。

Url 查找表中的 value 是列表，用于保存直接路径对应的映射信息列表。获取直接路径列表后，会遍历该列表，把直接路径作为 key，把当前的映射信息添加到该 key 在映射查找表中对应的映射信息列表中，通过这种方式来实现直接路径的快速匹配目的。注意在该查找表

中只保存了映射信息，在匹配逻辑中获取到匹配的映射信息后，还需要根据映射查找表查找该映射信息对应的处理器方法。

该查找表通过映射注册器的 getMappingsByUrl 方法向外提供数据，根据传入的直接路径获取该 URL 查找表中对应的映射信息列表。

5. 获取映射名，添加到 Name 查找表中

在 AbstractHandlerMethodMapping 中会维护 HandlerMethodMappingNamingStrategy 组件，该组件包含 getName 方法，用于根据处理器方法与映射信息获取该映射的名称。该组件可为空，如果为空则不注册映射的 Name 信息。

对于@RequestMapping 的处理器映射类 RequestMappingHandlerMapping 来说，在其父类 RequestMappingInfoHandlerMapping 中，默认注册 RequestMappingInfoHandlerMethod-MappingNamingStrategy 命名策略，该命名策略首先使用@RequestMapping 注解提供的 name 属性值作为映射名，当 name 属性值为空时，再使用处理器方法中处理器类型名的大写字母拼接“#”后再拼接处理器方法名作为映射名使用。

例如，处理器类名为 MyController，标记@RequestMapping 的方法为 myMapping，且注解未提供 name 信息，则最终使用的处理器名为 MC#myMapping。

获取到映射名之后，执行添加映射名的方法 addMappingName，其逻辑代码如下：

```
/**
 * 添加映射名，一个映射名对应一个处理器方法列表
 * @param name 映射名
 * @param handlerMethod 为该映射名添加的处理器方法
 */
private void addMappingName(String name, HandlerMethod handlerMethod) {
  // 先获取当前映射名对应的原处理器列表
  List<HandlerMethod> oldList = this.nameLookup.get(name);
  // 如果为null，使用空列表
  if (oldList == null) {
      oldList = Collections.emptyList();
  }
  // 如果在原处理器方法列表中包含当前处理器方法，则直接返回
  for (HandlerMethod current : oldList) {
      if (handlerMethod.equals(current)) {
          return;
      }
  }
  // 打印日志
  if (logger.isTraceEnabled()) {
      logger.trace("Mapping name '" + name + "'");
  }
  // 创建新的处理器方法列表
  List<HandlerMethod> newList = new ArrayList<>(oldList.size() + 1);
  // 合并原处理器方法列表与当前的处理器方法
```

```
    newList.addAll(oldList);
    newList.add(handlerMethod);
    // 再放入 Name 查找表
    this.nameLookup.put(name, newList);
    // 如果新列表元素大于 1，则打印一个日志，提醒开发者有多个映射名重复，建议使用不同的映射名
    if (newList.size() > 1) {
        if (logger.isTraceEnabled()) {
            logger.trace("Mapping name clash for handlerMethods " + newList +
                    ". Consider assigning explicit names.");
        }
    }
}
```

以上代码中映射名与对应的处理器方法基本注册完成，最终添加到 Name 查找表中。而 Name 查找表则通过 getHandlerMethodsByMappingName 方法公开数据，该数据在整个 MVC 请求的处理过程中并没有直接使用，在一些辅助功能中可以使用。

例如可以通过映射名对应的处理器方法构造包含请求参数的路径，通过请求查找处理器方法是把请求路径与参数映射到处理器方法上，而根据这个辅助的查找表，可以实现把处理器方法转换为请求路径与参数的逆向操作。在远程 HTTP 调用时这种构造方式非常有用。

6．获取 CORS 配置，添加到 CORS 查找表中

为了提供跨域请求规范的支持，Spring MVC 实现了方便的开启跨域支持的内置功能。而 CORS 查找表就是为了支持该功能提供的数据结构。首先通过 initCorsConfiguration 方法获取当前处理器方法对应的跨域配置，再把其添加到 CORS 查找表中。

在请求处理过程中，查找到具体的处理器方法后，如果发现该请求为跨域请求，就会通过查找表获取到处理器方法对应的跨域配置，通过该跨域配置，判断如何对该跨域请求进行相应处理。

在 AbstractHandlerMethodMapping 类中，initCorsConfiguration 方法实现为空。在 @RequestMapping 的处理器映射中，有具体的实现。其中实现为获取处理器方法与处理器类上的@CrossOrigin 注解信息，对其进行合并，之后再与全局的 CORS 配置信息合并，把最终的合并结果作为该处理器方法对应的跨域配置使用。并在映射信息的注册逻辑中添加到 CORS 查找表中。

在映射注册器中，通过 getCorsConfiguration 方法公开 CORS 查找表的数据，通过传入的处理器方法参数，直接获取查找表中对应的跨域配置数据。更详细的内容本书不再赘述，有兴趣的读者可自行了解。

7．添加注册信息到注册表

这是整个注册过程中的最后一个注册步骤，把上面出现的 4 个查找表中的 key 封装为 MappingRegistration 实例，并把映射信息作为 key，封装的 MappingRegistration 实例作为 value 添加到注册表中。这个操作的目的是什么呢？

通过查找 registry 注册表的引用，可以找到除了注册时的 put 操作以外，只有一处对其进行引用，执行 remove 方法，该逻辑在映射注册器的 unregister 方法中。由此可以得出结论，注册表的目的就是为了实现映射的注销操作，用以在注销映射时，同时注销几个查找表中的数据，防止内存泄漏，其逻辑如下：

```
// 注销 mapping 映射，包括该映射的所有注册信息
public void unregister(T mapping) {
  // 同注册，需要加写锁，以支持运行期动态注销
  this.readWriteLock.writeLock().lock();
  try {
     // 移除该映射在注册表中对应的注册信息，同时获取移除的注册信息
     MappingRegistration<T> definition = this.registry.remove(mapping);
     if (definition == null) {
        return;
     }
     // 通过注册信息中的映射信息移除映射查找表数据
     this.mappingLookup.remove(definition.getMapping());
     // 遍历注册信息中的直接路径
     for (String url : definition.getDirectUrls()) {
        // 获取直接路径对应的 Url 查找表中的映射信息列表
        List<T> list = this.urlLookup.get(url);
        // 列表不为空，则从中移除注销的映射信息
        if (list != null) {
            list.remove(definition.getMapping());
            // 移除完列表为空，则从 Url 查找表中移除
            if (list.isEmpty()) {
                this.urlLookup.remove(url);
            }
        }
     }
     // 移除 Name 查找表中当前映射信息相关数据，与注册逻辑相反，内部实现方法此处不再赘述
     removeMappingName(definition);
     // 从 CORS 查找表中移除当前映射信息对应数据
     this.corsLookup.remove(definition.getHandlerMethod());
  }
  finally {
     // 最终执行解锁
     this.readWriteLock.writeLock().unlock();
  }
}
```

所以该注册表中信息，仅是为了实现映射在运行期间动态注销，由此可得，映射信息的注册与注销，都可以在运行期动态添加。

注意：

上面整个注册和注销过程对多个查找表执行了多次读写，因此需要在整个注册与注销过程中添加一个锁，防止多线程注册注销导致的数据异常。

总结全部查找表，其对应功能如下。

- Map<T, HandlerMethod> mappingLookup：映射查找表，核心数据表，保存全部映射信息与对应的处理器方法，用于获取全部映射信息与根据映射信息获取处理器方法。通过 getMappings 方法直接暴露该查找表。
- MultiValueMap<String, T> urlLookup：URL 查找表，用于优化直接路径的处理器查找效率，保存直接路径对应的映射信息列表。在处理某个路径请求时获取该路径直接对应的映射信息列表，避免遍历全部映射信息的操作。通过 getMappingsByUrl 方法向外提供根据直接路径获取对应的映射信息列表功能。
- Map<String, List> nameLookup：Name 查找表，保存映射名对应的处理器方法列表。用于提供辅助支持功能，根据映射名获取处理器方法，再根据处理器方法构造 URL 的路径信息与参数信息。通过 getHandlerMethodsByMappingName 方法向外提供根据映射名获取对应处理器方法列表功能。
- Map<HandlerMethod, CorsConfiguration> corsLookup：CORS 查找表，用于保存所有处理器方法及与之对应的 CORS 配置，在跨域请求的处理中生效，根据请求的处理器方法获取其跨域相关配置，以根据配置返回不同的响应。通过 getCorsConfiguration 方法向外提供根据处理器方法获取 CORS 配置的功能。
- Map<T, MappingRegistration> registry：注册表，保存上述 4 个查找表的注册信息，即上述 4 个表中的 key，用以在注销映射时同时移除 4 个注册表中注册的数据。仅供内部使用。

10.2.3　注册入口

前文对映射注册器进行了详细的分析，有了以上的知识背景，我们就可以开始下一步的研究了，映射信息是在何时通过何种逻辑注册到映射注册器中的呢？因为映射注册器的注册入口仅有一个，所以要清楚这个问题，只需要在映射注册器的 register 方法中打一个断点，通过调试模式启动，即可看到该方法完整的调用逻辑。其调用栈如下：

```
detectHandlerMethods:248, AbstractHandlerMethodMapping (org.springframework
.web.servlet.handler)
initHandlerMethods:218, AbstractHandlerMethodMapping (org.springframework
.web.servlet.handler)
afterPropertiesSet:188, AbstractHandlerMethodMapping (org.springframework
.web.servlet.handler)
afterPropertiesSet:129, RequestMappingHandlerMapping (org.springframework
.web.servlet.mvc.method.annotation)
```

调用栈只截取到 RequestMappingHandlerMapping 组件 Bean 的初始化方法 afterPropertiesSet，即映射信息注册是在 RequestMappingHandlerMapping 组件的初始化过程中执行的。下面就从调用栈入口，开始一层层地向下分析整个映射信息的注册过程。

首先回到 RequestMappingHandlerMapping 的类继承信息，其父类为 RequestMappingInfo-

HandlerMapping，该父类继承于 AbstractHandlerMethodMapping，直接指定 AbstractHandler-MethodMapping 的泛型类型为 RequestMappingInfo，也就意味着 RequestMappingHandler-Mapping 注册的映射信息类型为 RequestMappingInfo。在已知这个信息的情况下，继续研究初始化的源码，对调用栈中每个方法栈进行研究。

1. afterPropertiesSet 初始化入口

首先来看 RequestMappingHandlerMapping 的 afterPropertiesSet 初始化方法，示例代码如下：

```
public void afterPropertiesSet() {
  // 创建映射信息的构造器配置，用于构造映射信息 RequestMappingInfo
 this.config = new RequestMappingInfo.BuilderConfiguration();
 // 设置配置中使用的 UrlPathHelper 组件，该组件用于获取请求路径信息，该组件最终用在路径模式条件的匹配判断中
 this.config.setUrlPathHelper(getUrlPathHelper());
 // 设置配置中使用的路径匹配器，用于对路径与路径模式进行匹配，该组件最终用在路径模式条件的匹配判断中
 this.config.setPathMatcher(getPathMatcher());
 // 配置是否使用扩展名后缀模式匹配，在 Spring Boot 环境下默认为 false，该配置在路径模式条件的匹配判断中生效
  this.config.setSuffixPatternMatch(this.useSuffixPatternMatch);
 // 配置在无路径模式匹配时，是否为路径模式最后添加'/'后重新尝试匹配，默认为 true，该配置在路径模式条件的匹配判断中生效
this.config.setTrailingSlashMatch(this.useTrailingSlashMatch);
  // 配置是否只启用已注册的扩展名后缀模式匹配，在 Spring Boot 环境下默认为 false，该配置在 路径模式条件的匹配判断中生效
  this.config.setRegisteredSuffixPatternMatch(this.useRegisteredSuffixPattern
Match);
  // 设置配置中使用的内容协商管理器组件，该组件用于对内容类型进行协商判断，最终用在 produces 条件的匹配判断中
  this.config.setContentNegotiationManager(getContentNegotiationManager());
  // 调用父类初始化方法
  super.afterPropertiesSet();
}
// 在祖先类 AbstractHandlerMethodMapping 中有初始化方法，上面调用完成后调用这个方法
public void afterPropertiesSet() {
  // 执行处理器方法的初始化逻辑
  initHandlerMethods();
}
```

在初始化方法中，向配置中设置了很多组件与配置值，这些组件与配置值是在组件 RequestMappingHandlerMapping 的 afterPropertiesSet 方法执行前就已配置好，即在该组件的 Bean 定义中已配置好这些值。在第 9 章中，提到该组件 Bean 的定义是在 WebMvcAuto-Configuration.EnableWebMvcConfiguration 中，其方法 requestMappingHandlerMapping()执行的这个组件实例的构造及其内部组件与配置的初始化，可以在该方法内看到所有上面向

RequestMappingInfo 构造配置中设置的值的来源，这就把组件的 Bean 定义中初始化的配置与组件中使用这些配置的代码联系起来了。

2．initHandlerMethods 初始化处理器方法

回到映射信息注册的相关逻辑，可以看到初始化方法中，最终调用了 AbstractHandlerMethodMapping 的 initHandlerMethods 方法对处理器方法进行初始化，在处理器方法初始化过程中，就包括了映射信息的注册，其逻辑如下：

```
// 初始化处理器方法
protected void initHandlerMethods() {
  // 打印日志，初始化时间可能较长，取决于应用上下文中 Bean 的数量
  if (logger.isDebugEnabled()) {
       logger.debug("Looking for request mappings in application context: " +
getApplicationContext());
  }
  // 获取应用上下文中所有 Object 类型 Bean 的 Name，因为 Object 为所有类型的父类，所以这里
就是获取应用上下文中所有 BeanName
  // detectHandlerMethodsInAncestorContexts 标记是否包含所有祖先上下文中的
BeanNames，默认为 false
  String[] beanNames = (this.detectHandlerMethodsInAncestorContexts ?
        BeanFactoryUtils.beanNamesForTypeIncludingAncestors(obtainApplication-
Context(), Object.class) :
        obtainApplicationContext().getBeanNamesForType(Object.class));
  // 遍历全部 BeanNames
  for (String beanName : beanNames) {
     // 排除 Scoped 目标类型 Bean，Scoped 目标类型 Bean 是一种特殊的 Bean，带有一些特殊
的作用域代理，这种 Bean 不能作为处理器 Bean 使用，故直接忽略
     if (!beanName.startsWith(SCOPED_TARGET_NAME_PREFIX)) {
          // 获取当前遍历 BeanName 对应的 BeanType
          Class<?> beanType = null;
          try {
              beanType = obtainApplicationContext().getType(beanName);
          }
          catch (Throwable ex) {
            // 无法解析 BeanType 时抛出异常，可能该 BeanName 对应的 Bean 是懒加载的，此
时直接忽略，仅打印日志
            if (logger.isDebugEnabled()) {
                 logger.debug("Could not resolve target class for bean with name
'" + beanName + "'", ex);
            }
          }
          // 如果获取的 Bean 类型不为空，且通过 isHandler 方法判断是一个处理器类型的 Bean
          if (beanType != null && isHandler(beanType)) {
               // 则执行检测处理器方法逻辑
               detectHandlerMethods(beanName);
          }
```

```
        }
    }
    // 在全部处理器方法检测完成后，执行处理器方法初始化完成的处理方法，把全部处理器方法作为参数传入，用于执行一些统一的逻辑。默认实现中未做任何操作
    // getHandlerMethods 方法内调用了映射注册器的 getMappings 方法，以获取全部映射与对应的处理器方法数据
    handlerMethodsInitialized(getHandlerMethods());
}
```

上面的逻辑简单清晰，只是在初始化时，获取应用上下文中的全部 BeanName 及对应的 BeanType，方法 isHandler 根据 BeanType 判断该 Bean 是否是处理器 Bean，如果是，则执行检测处理器方法逻辑，用以检测该 Bean 内部的处理器方法并向映射注册器注册。

处理器方法检测逻辑执行完成后，又调用处理器方法初始化完成的逻辑，把映射注册器中全部映射信息与对应的处理器方法作为参数传入，用以对这些映射信息与处理器方法进行统一的处理。

3．isHandler 判断是否是处理器 Bean

首先来看 isHandler 的逻辑，在 AbstractHandlerMethodMapping 中，该方法是抽象方法，需要由子类实现。在 RequestMappingHandlerMapping 中实现了该方法，其逻辑代码如下：

```
// 判断 BeanType 是否是一个处理器类型
protected boolean isHandler(Class<?> beanType) {
    // BeanType 类型声明上，如果标记了@Controller 注解或者标记了@RequestMapping 注解，则视为处理器类型
    return (AnnotatedElementUtils.hasAnnotation(beanType, Controller.class) ||
            AnnotatedElementUtils.hasAnnotation(beanType, RequestMapping.class));
}
```

在该判断逻辑中，我们看到一个熟悉的面孔：Controller。Controller.class 是注解@Controller 的类型，即标记了@Controller 注解的 Bean 会被视为处理器 Bean。这就是在定义的处理器类上需要标记@Controller 的原因。

除了可以用@Controller 注解标记是否是处理器 Bean 外，还可以使用@RequestMapping 注解标记 Bean 为处理器 Bean。但@Controller 注解上还带有@Component 注解，等于同时标记了对应类型为 Bean，@RequestMapping 注解则不包含此功能，需要自己声明为 Bean。

另外也可以使用@RestController 标记处理器 Bean，但在 isHandler 中并没有检测这个注解的逻辑，那为何这个注解标记的 Bean 也可以被视为处理器 Bean？因为 AnnotatedElementUtils .hasAnnotation 方法，不仅可以判断类型上是否标记@Controller 注解，还会遍历类型上标记的所有注解，其中任何一个注解的类型声明上标记有@Controller 注解，都会视为标记了该注解。

如果还是没有发现此批注，会继续递归注解类型上标记的所有注解，执行上面相同的判断逻辑。即该判断注解是否存在的逻辑是递归判断过程，直到判断注解类型是 Java 内置的注解类型后，才停止递归。Spring 框架对于所有注解的处理都使用这种策略，通过这种策略可

以实现为某个注解附加其他注解功能的需求。

打开@RestController 注解的源码，可以看到该注解类型声明上标记了@Controler 注解。示例如下：

```
@Target(ElementType.TYPE)
@Retention(RetentionPolicy.RUNTIME)
@Documented
// 为该注解附加@Controller 注解，使得此注解具有与@Controller 注解相同的功能
@Controller
// 为该注解附加@ResponseBody 注解，使得此注解具有与@ResponseBody 注解相同的功能
@ResponseBody
public @interface RestController {
  /**
   * 声明该属性时@Controller 注解中该属性的别名
   */
   @AliasFor(annotation = Controller.class)
   String value() default "";

}
```

与@RestController 逻辑相同，使用@GetMapping、@PostMapping 等包含具体 HTTP 方法属性的 Mapping 注解后，也等于标记了@RequestMapping 注解。

注意：

> @AliasFor 注解的作用即通过@AliasFor 注解，可以在为注解附加其他注解功能的同时，另外指定该注解的属性为其上附加的其他注解的属性别名。指定别名后，如果设置了该注解的属性，相当于设置了其别名指向的注解中对应的属性。
>
> 如使用@RestController("MyRestController")标记了一个类，在通过 AnnotatedElementUtils 获取该类上的@Controller 注解时，可以正常获取到，且还可以获取到@Controller 注解的 value 值，与@RestController 注解的 value 值相同，均为 MyRestController。

4．detectHandlerMethods 检测处理器方法

在判断 BeanType 为处理器 Bean 后，接下来的逻辑就是整个处理器方法初始化逻辑中最核心的部分，也是执行映射信息注册的部分即 detectHandlerMethods 方法。该方法逻辑如下：

```
protected void detectHandlerMethods(final Object handler) {
  // 如果传入的 handler 类型为 String，则表示一个 BeanName，尝试从应用上下文中获取该
BeanName 对应的 BeanType 作为处理器类型 HandlerType，否则直接取 handler 的 Class 为
HandlerType
  Class<?> handlerType = (handler instanceof String ?
       obtainApplicationContext().getType((String) handler) : handler
.getClass());
  // 如果处理器类型不为空
```

```
  if (handlerType != null) {
      // 获取该处理器类型对应的用户定义类型，该逻辑内部判断处理器类型是否是代理类型，如果是自动生成的动态代理类型，则获取该代理的原始类型，即用户定义的类型
      final Class<?> userType = ClassUtils.getUserClass(handlerType);
      // 通过工具类 MethodIntrospector 的 selectMethods，遍历处理器类型上的全部方法
      // 为每个方法执行 getMappingForMethod 逻辑获取映射信息，返回 Map 类型，Key 为全部方法，Value 是方法对应的映射信息
      Map<Method, T> methods = MethodIntrospector.selectMethods(userType,
          (MethodIntrospector.MetadataLookup<T>) method -> {
            try {
                // 执行 getMappingForMethod 方法，获取当前遍历中方法对应的映射信息。该方法可以返回 null，如果返回 null，该 method 不会被添加到结果 methods 中
                return getMappingForMethod(method, userType);
            }
            // 执行过程中如果存在异常，则直接抛出
            catch (Throwable ex) {
              throw new IllegalStateException("Invalid mapping on handler class [" +
                   userType.getName() + "]: " + method, ex);
            }
          });
      // 执行完成，已经获取全部方法对应的映射信息，打印日志
      if (logger.isDebugEnabled()) {
          logger.debug(methods.size() + " request handler methods found on " + userType + ": " + methods);
      }
      // 遍历上述 methods 结果，为其中的方法与方法对应的映射信息执行注册处理器方法逻辑
      methods.forEach((method, mapping) -> {
          // 获取真实的可执行方法，因为上述查找逻辑在特殊情况下查找到的方法可能存在于代理上，需要获取非代理方法作为可执行方法调用
          Method invocableMethod = AopUtils.selectInvocableMethod(method, userType);
          // 传入处理器（当前为处理器 BeanName）、可调用方法与映射信息，注册处理器方法
          registerHandlerMethod(handler, invocableMethod, mapping);
      });
  }
}
```

检测的逻辑中，在检测到处理器方法后会调用注册处理器方法逻辑，即 registerHandlerMethod 方法。在该方法中调用映射注册器的 register 方法把映射信息与处理器和处理器方法注册到映射注册器中，这也是映射注册器的注册入口。但其中映射信息的生成需要调用 getMappingForMethod 方法，下面就来看一下该方法的逻辑。

5. getMappingForMethod 获取方法上的映射信息

在最后的 registerHandlerMethod 注册处理器方法逻辑中，执行映射注册器的 register 方法，把映射信息、对应的处理器（此处为处理器的 BeanName）、处理器原始方法作为参数

进行注册。整个注册过程的另一个核心获取方法对应的映射信息的逻辑，即方法 getMappingForMethod。在类 AbstractHandlerMethodMapping 中，该方法为抽象方法，需要由子类实现。

在 RequestMappingHandlerMapping 中，有该方法的实现，简单地说其逻辑就是把方法上标记的@RequestMapping 注解信息实例化为 RequestMappingInfo 类型的映射信息，具体逻辑如下：

```
// 根据方法与处理器类型获取方法对应的映射信息
protected RequestMappingInfo getMappingForMethod(Method method, Class<?>
handlerType) {
  // 调用创建映射信息逻辑，获取方法上的映射信息
  RequestMappingInfo info = createRequestMappingInfo(method);
  // 如果方法上的映射信息不为空
  if (info != null) {
      // 获取类型上的映射信息
      RequestMappingInfo typeInfo = createRequestMappingInfo(handlerType);
      // 如果类型上的映射信息不为空，则合并类型与方法上的映射信息，作为最终使用的映射信息
      if (typeInfo != null) {
          info = typeInfo.combine(info);
      }
  }
  // 返回生成的映射信息，可为空，如果为空表示该方法不是处理器方法
  return info;
}
// 创建映射信息，传入参数是一个被注解元素，可以是方法，也可以是类型
private RequestMappingInfo createRequestMappingInfo(AnnotatedElement element)
{
  // 获取被注解元素上标记的@RequestMapping 注解，包括其上标记的注解中的注解，如
@GetMapping 等
  RequestMapping requestMapping = AnnotatedElementUtils.findMergedAnnotation
(element, RequestMapping.class);
  // 获取对应元素上的自定义的请求条件，默认都为空
  // 请求条件 RequestCondition 是对请求进行匹配的逻辑封装
  RequestCondition<?> condition = (element instanceof Class ?
      getCustomTypeCondition((Class<?>) element) : getCustomMethodCondition
((Method) element));
  // 如果注解@RequestMapping 不为空，则调用 createRequestMappingInfo 根据注解与自定
义请求条件获取映射信息；否则返回空
  return (requestMapping != null ? createRequestMappingInfo(requestMapping,
condition) : null);
}
// 根据注解信息创建映射信息
protected RequestMappingInfo createRequestMappingInfo(
    RequestMapping requestMapping, @Nullable RequestCondition<?>
customCondition) {
  // 使用构造器模式构造映射信息
```

```
    RequestMappingInfo.Builder builder = RequestMappingInfo
        // 处理注解中的路径模式信息，用于支持使用属性占位符和 SPEL 表达式配置的路径模式属性
        .paths(resolveEmbeddedValuesInPatterns(requestMapping.path()))
        .methods(requestMapping.method())
        .params(requestMapping.params())
        .headers(requestMapping.headers())
        .consumes(requestMapping.consumes())
        .produces(requestMapping.produces())
        .mappingName(requestMapping.name());
    // 如果自定义条件不为空，则为构造器添加自定义条件，默认均为空
    if (customCondition != null) {
        builder.customCondition(customCondition);
    }
    // 为构造器添加配置选项后构造获取映射信息实例，配置是在 afterPropertiesSet 中创建的
    return builder.options(this.config).build();
}
```

上面的逻辑就是整体注册映射信息的逻辑，通过第 3 章关于@RequestMapping 的使用结合上面的源码进行理解。首先是通过@Controller 注解声明处理器 Bean，目的是为了让处理器映射在初始化时把这个 Bean 视为处理器 Bean 使用。

之后通过@RequestMapping 注解标记处理器方法，注解信息最终被实例化为 RequestMappingInfo 映射信息，注解中各个属性信息对应于映射信息中的各个属性。最后还包括了把方法上的@RequestMapping 注解信息与类上的@RequestMapping 注解信息生成的映射信息合并的逻辑，用以实现类型上统一添加映射信息的逻辑。

在整个映射信息注册与映射信息匹配过程中，最核心的是映射信息，那么映射信息中包括哪些内容，其又是如何与请求进行匹配的呢？具体讲解见 10.3 节。

10.3 映射信息的构造与匹配

在 10.2 节中，详细地描述了映射信息的注册过程，在最后讲述了映射信息的构造，而映射的匹配逻辑也封装在构造后的映射信息中。本节就来详细地讲述映射信息的构造过程及其封装的匹配逻辑。

10.3.1 映射信息与请求条件

在 10.2 节中已知最终产生的映射信息类型为 RequestMappingInfo，在映射信息注册逻辑中可以看到，其构造采用了一种设计模式即构造器模式，在构造器模式内部，封装了映射信息复杂的构造过程。@RequestMapping 注解中的每个属性都对应于构造器的方法。在最终的 build 方法中，执行了 RequestMappingInfo 真实的构造逻辑。代码如下：

```
// 构造映射信息
public RequestMappingInfo build() {
```

```
    // 获取配置中的内容协商器
    ContentNegotiationManager manager = this.options.getContentNegotiation-
Manager();
    // 根据注解中的 path 属性与应用配置中的一些配置创建请求路径模式条件实例，用于对请求路径
进行匹配
    PatternsRequestCondition patternsCondition = new PatternsRequestCondition(
            this.paths, this.options.getUrlPathHelper(), this.options
.getPathMatcher(),
            this.options.useSuffixPatternMatch(), this.options
.useTrailingSlashMatch(),
            this.options.getFileExtensions());
    // 创建请求映射信息，第一个参数为映射名，其余为根据注解中属性信息创建的对应类型的请求
条件
    return new RequestMappingInfo(this.mappingName, patternsCondition,
            // 根据注解的 method 属性创建请求方法条件实例，用于对请求方法进行匹配
            new RequestMethodsRequestCondition(this.methods),
            // 根据注解的 params 属性创建请求参数条件实例，用于对请求参数进行匹配
            new ParamsRequestCondition(this.params),
            // 根据注解的 headers 属性创建请求头条件实例，用于对请求头进行匹配
            new HeadersRequestCondition(this.headers),
            // 根据注解的 consumes 属性创建请求内容类型条件实例，用于对请求内容类型进行匹配，
额外传入请求头属性，用于处理 Content-Type 的请求头条件为请求内容类型条件
            new ConsumesRequestCondition(this.consumes, this.headers),
            // 根据注解的 produces 属性与内容协商管理器创建响应接收内容类型条件实例，用于对响
应接收内容类型进行匹配，额外传入请求头属性，用于处理 Accept 的请求头条件为接收内容类型条件
            new ProducesRequestCondition(this.produces, this.headers, manager),
            // 自定义条件，默认为空
            this.customCondition);
}
```

在以上代码的逻辑中，最重要的组件就是请求条件 RequestCondition。对于 @RequestMapping 注解中的不同属性，使用不同类型的请求条件进行封装。请求条件包含 3 个方法，具体如下。

- T combine(T other)：合并两个条件。用于把当前请求条件实例与参数中请求条件实例进行合并，在映射信息合并时有用。
- T getMatchingCondition(HttpServletRequest request)：获取与请求匹配条件实例，即与当前条件的匹配结果。用于获取请求条件实例中与当前请求匹配的条件信息，一般是请求条件实例的一个子集。如 RequestMethodsRequestCondition 请求方法条件，传入的请求方法列表是 HttpMethod.GET 与 HttpMethod.POST，当传入请求的请求方法为 GET 时，该方法返回的匹配结果为只包含 HttpMethod.GET 的 RequestMethodsRequestCondition 实例，即只返回与请求匹配的部分条件内容。
- int compareTo(T other, HttpServletRequest request)：匹配结果比较。在获取请求匹配条件时，返回的也是请求条件实例，该方法用于对 getMatchingCondition 返回的请求匹配结果进行比较，在存在多个与请求匹配的映射信息时对映射信息进行排序。

那么在映射信息 RequestMappingInfo 中如何使用这 3 个方法呢？下面就来详细分析 RequestMappingInfo 的实现。

1．RequestMappingInfo 映射信息的构造

此处列出 RequestMappingInfo 的类信息与其构造方法，代码如下：

```
// 该类的一个实例是方法上@RequestMapping 注解的映射信息的实例化
public final class RequestMappingInfo implements RequestCondition
<RequestMappingInfo> {
  // 映射名可为空，为空时使用映射名生成策略生成
  @Nullable
  private final String name;
  // 本映射信息中的请求路径模式条件
  private final PatternsRequestCondition patternsCondition;
  // 本映射信息中的请求方法条件
  private final RequestMethodsRequestCondition methodsCondition;
  // 本映射信息中的请求参数条件
  private final ParamsRequestCondition paramsCondition;
  // 本映射信息中的请求头条件
  private final HeadersRequestCondition headersCondition;
  // 本映射信息中的请求内容类型条件
  private final ConsumesRequestCondition consumesCondition;
  // 本映射信息中的接受内容类型条件
  private final ProducesRequestCondition producesCondition;
  // 自定义条件持有器
  private final RequestConditionHolder customConditionHolder;
  // 构造方法，所有参数都可以为 null
  public RequestMappingInfo(@Nullable String name, @Nullable PatternsRequest-
Condition patterns,
                 @Nullable RequestMethodsRequestCondition methods,
@Nullable ParamsRequestCondition params,
                 @Nullable HeadersRequestCondition headers, @Nullable
ConsumesRequestCondition consumes,
                 @Nullable ProducesRequestCondition produces, @Nullable
RequestCondition<?> custom) {
     // 设置映射名，空字符串视为 null
          this.name = (StringUtils.hasText(name) ? name : null);
          // 构造参数中请求路径模式条件为空，则构造一个空的请求模式条件，下面逻辑相同
          this.patternsCondition = (patterns != null ? patterns : new
PatternsRequestCondition());
          this.methodsCondition = (methods != null ? methods : new
RequestMethodsRequestCondition());
          this.paramsCondition = (params != null ? params : new
ParamsRequestCondition());
          this.headersCondition = (headers != null ? headers : new
HeadersRequestCondition());
          this.consumesCondition = (consumes != null ? consumes : new
```

```
ConsumesRequestCondition());
            this.producesCondition = (produces != null ? produces : new
ProducesRequestCondition());
            // 持有自定义条件，默认传入的 custom 为空，这个条件持有实例就是为了兼容自定
义条件为 null 的情况
            this.customConditionHolder = new RequestConditionHolder(custom);
  }
  // 忽略其他方法
}
```

从映射信息的构造来看，RequestMappingInfo 类型的映射信息其实只是对@Request-Mapping 注解中属性条件的封装，映射信息实例中，包含了注解中所有属性信息的条件化实例，当属性信息为空时，创建默认的映射条件实例。那么该映射信息在代码中将如何被使用呢？

2．RequestMappingInfo 映射信息与请求的匹配

回忆在 10.1 节提到在 AbstractHandlerMethodMapping 抽象类中，根据请求查找处理器方法的逻辑通过获取与请求匹配的映射信息方法 getMatchingMapping 实现。其通过方法 getMatchingMapping，传入映射信息与请求，根据返回的映射信息是否为空判断当前请求与传入的映射信息是否匹配。如果不为空，则视为请求与参数中的映射信息匹配，获取该映射信息对应的处理器方法作为与请求匹配的处理器方法添加到匹配列表中。

在 AbstractHandlerMethodMapping 抽象类中方法 getMatchingMapping，从上面信息我们也知道在实际组件 RequestMappingHandlerMapping 中，映射信息是 RequestMappingInfo。那么在实际实现中，getMatchingMapping 方法如何实现？在该方法的实现中，又如何使用传入的映射信息？

通过 IDE 的功能找到 getMatchingMapping 方法的实现位置，即在 RequestMapping-HandlerMapping 的父类 RequestMappingInfoHandlerMapping 中，实现逻辑如下：

```
protected RequestMappingInfo getMatchingMapping(RequestMappingInfo info,
HttpServletRequest request) {
  return info.getMatchingCondition(request);
}
```

逻辑很简单，直接调用 RequestMappingInfo 的 getMatchingCondition 方法获取匹配信息。即映射信息与请求的匹配逻辑是在 RequestMappingInfo 的 getMatchingCondition 方法中。由此可知，RequestMappingInfoHandlerMapping 这个抽象类的作用主要是抽象一些可以直接通过 RequestMappingInfo 映射信息执行的操作。

映射信息类型 RequestMappingInfo 也实现请求条件接口，在构造映射信息实例时，传入了根据@RequestMapping 注解属性创建的全部请求条件实例，每个请求注解属性对应一种请求条件实例。在 RequestMappingInfo 中，请求条件接口的实现逻辑如下：

```
// 获取匹配条件，把匹配条件封装为匹配信息 RequestMappingInfo 实例
public RequestMappingInfo getMatchingCondition(HttpServletRequest request) {
```

```
 // 获取请求方法条件的匹配结果，请求方法条件中有多个请求方法时，匹配结果中只包含匹配的请
求方法
 RequestMethodsRequestCondition methods = this.methodsCondition
.getMatchingCondition(request);
 // 获取请求参数条件的匹配结果
 ParamsRequestCondition params = this.paramsCondition.getMatchingCondition
(request);
 // 获取请求头条件的匹配结果
 HeadersRequestCondition headers = this.headersCondition.getMatchingCondition
(request);
 // 获取请求内容类型条件的匹配结果
 ConsumesRequestCondition consumes = this.consumesCondition.getMatchingCondition
(request);
 // 获取请求接收内容类型条件的匹配结果
 ProducesRequestCondition produces = this.producesCondition.getMatchingCondition
(request);
 // 任一个匹配结果为空，均视为不匹配
 // 其实可以在每次获取结果后就立即判断是否为空，这样在有一个为空的情况下，不用再去执行其
他判断，加快判断速度
 if (methods == null || params == null || headers == null || consumes == null
|| produces == null) {
        return null;
 }
 // 获取请求路径模式条件的匹配结果，因该判断可能影响速度，所以在上面所有结果判断都不为
null 后才进入此判断
 PatternsRequestCondition patterns = this.patternsCondition
.getMatchingCondition(request);
 // 无匹配结果，返回 null
 if (patterns == null) {
          return null;
 }
 // 判断自定义条件的匹配结果，为 null 则直接返回 null
 RequestConditionHolder custom = this.customConditionHolder
.getMatchingCondition(request);
 if (custom == null) {
         return null;
 }
 // 如果都不为 null，则把所有的匹配结果作为参数，构造一个匹配信息实例返回，内部封装了全部
条件的匹配结果，以通过这个实例获取匹配到的条件
 return new RequestMappingInfo(this.name, patterns,
                methods, params, headers, consumes, produces, custom
.getCondition());
}
```

从上面的逻辑可以看到，多个条件的判断互相独立，即@RequestMapping 注解中的多个属性生成的条件是独立的。只有在所有条件均有匹配结果时，才视为请求与该映射信息匹配。即与该@RequestMapping 注解匹配，最终结果为标记了注解的方法会被作为处理器方法

添加到匹配结果中。

3. RequestMappingInfo 匹配结果的比较

在 10.1.1 节提到了对请求执行所有映射信息的匹配逻辑时，可能存在多个匹配结果。此时需要对匹配结果进行排序，排序策略使用 AbstractHandlerMethodMapping 的 getMapping-Comparator 方法获取，该方法同样是抽象方法，在 RequestMappingInfoHandlerMapping 中有其实现，代码如下：

```
protected Comparator<RequestMappingInfo> getMappingComparator(final
HttpServletRequest request) {
  return (info1, info2) -> info1.compareTo(info2, request);
}
```

与 getMatchingMapping 方法的实现相同，getMappingComparator 方法的实现也直接使用 RequestMappingInfo 映射信息进行比较。这符合 RequestMappingInfoHandlerMapping 抽象可以直接通过 RequestMappingInfo 映射信息执行的操作的抽象逻辑。

下面来看映射信息的比较逻辑，其代码如下：

```
// 本实例与其他映射信息比较，需要使用 request 信息做比较
// 按照顺序依次对每个条件做对比，返回第一个条件比较结果不为 0 值，作为 RequestMappingInfo
比较结果返回
public int compareTo(RequestMappingInfo other, HttpServletRequest request) {
  int result;
  // 当请求方法是 HEAD 时，优先比较方法条件
  if (HttpMethod.HEAD.matches(request.getMethod())) {
      result = this.methodsCondition.compareTo(other.getMethodsCondition(),
request);
      // 判断结果是否不等于 0，结果不为 0 表示不相等，不相等时直接返回比较结果，相等则继续
向下执行
      if (result != 0) {
          return result;
      }
  }
  // 不是 HEAD 请求，优先比较请求路径模式条件，不相等时作为结果返回
  result = this.patternsCondition.compareTo(other.getPatternsCondition(),
request);
  if (result != 0) {
      return result;
  }
  // 比较请求参数条件，不相等时作为结果返回
  result = this.paramsCondition.compareTo(other.getParamsCondition(), request);
  if (result != 0) {
      return result;
  }
  // 比较请求头条件，不相等时作为结果返回
  result = this.headersCondition.compareTo(other.getHeadersCondition(), request);
```

```
  if (result != 0) {
      return result;
  }
  // 比较请求内容类型条件，不相等时作为结果返回
  result = this.consumesCondition.compareTo(other.getConsumesCondition(),
request);
  if (result != 0) {
      return result;
  }
  // 比较响应内容类型条件，不相等时作为结果返回
  result = this.producesCondition.compareTo(other.getProducesCondition(),
request);
  if (result != 0) {
      return result;
   }
  // 不是 HEAD 请求时，请求方法条件放在其他条件之后，不相等时作为结果返回
  result = this.methodsCondition.compareTo(other.getMethodsCondition(), request);
  if (result != 0) {
      return result;
  }
  // 最后比较自定义条件，不相等时返回
  result = this.customConditionHolder.compareTo(other.customConditionHolder,
request);
  if (result != 0) {
      return result;
  }
  // 所有条件都相等，返回 0，表示相等
  return 0;
}
```

在第 3 章中提到过，对于一个请求有多个匹配结果时，按照固定的顺序对条件进行对比，对应的实现逻辑就是上面的比较方法。

4．RequestMappingInfo 映射信息的合并

关于请求条件接口中的 3 个方法，上面已经列出了两个，现在再看最后一个 combine 方法。其作用是对两个 RequestMappingInfo 进行合并，在创建 RequestMappingInfo 时用到了合并功能，主要目的是为了实现合并类型上声明的@RequestMapping 生成的映射信息与方法上声明的@RequestMapping 生成的映射信息。其逻辑代码如下：

```
// 合并两个映射信息，执行时用类型上生成的映射信息作为实例执行合并方法，参数为方法上生成的映射信息
public RequestMappingInfo combine(RequestMappingInfo other) {
  // 合并映射名，两个名字都存在时，以当前实例映射名+#+其他实例映射名作为合并后映射名。如果有一个为空，则以不为空的作为合并后映射名；如果两者都为空，则取空
  String name = combineNames(other);
  // 以下分别对其内部每个条件执行合并逻辑，合并后生成新的合并后条件实例
  PatternsRequestCondition patterns = this.patternsCondition.combine
```

```
(other.patternsCondition);
  RequestMethodsRequestCondition methods = this.methodsCondition.combine
(other.methodsCondition);
  ParamsRequestCondition params = this.paramsCondition.combine
(other.paramsCondition);
  HeadersRequestCondition headers = this.headersCondition.combine
(other.headersCondition);
  ConsumesRequestCondition consumes = this.consumesCondition.combine
(other.consumesCondition);
  ProducesRequestCondition produces = this.producesCondition.combine
(other.producesCondition);
  RequestConditionHolder custom = this.customConditionHolder.combine
(other.customConditionHolder);
  // 使用合并后条件实例创建映射信息实例，以及映射信息合并后返回新的映射信息实例
  return new RequestMappingInfo(name, patterns,
       methods, params, headers, consumes, produces, custom.getCondition());
}
```

上面 3 个方法基本都是代理方法，其最终实现都是通过其中封装的各个请求条件自身去实现的。下面就来了解各个请求条件的实现。

10.3.2　请求条件的抽象

@RequestMapping 注解的，每个属性条件都是数组类型，而每个属性条件又对应一种请求条件实例。基于此，可以设计一个抽象类作为所有属性对应请求条件的父类，在父类中通过集合来保存属性条件对应的数组，这个类就是所有属性对应条件的父类即 AbstractRequestCondition。先来看其中的方法：

```
// 抽象类，其中泛型声明保证子类中的泛型声明是其自身
public abstract class AbstractRequestCondition<T extends
AbstractRequestCondition<T>> implements RequestCondition<T> {
  /**
   * 判断条件是否为空，即根据条件内容是否为空进行判断
   */
  public boolean isEmpty() {
   return getContent().isEmpty();
  }
  /**
   * 获取本条件的内容，对于任意具体的属性条件来说，该方法返回注解中属性对应的值，把数组转
换为 Collection
   */
  protected abstract Collection<?> getContent();
  /**
   * 执行 toString 方法时，内容中多个值的分割符，可以是||或者&&
   * 由此可知，每种条件中的内容之间可以是“或”的关系，也可以是“与”的关系，这在第 3 章中
提到过
   */
```

```
    protected abstract String getToStringInfix();
    /**
     * 判断条件是否相等，需要的内容是相同的。子类的 Content 有可能是 Set，也有可能是 List，
具体看属性特性
     */
    @Override
    public boolean equals(@Nullable Object obj) {
        if (this == obj) {
            return true;
        }
        if (obj != null && getClass() == obj.getClass()) {
            AbstractRequestCondition<?> other = (AbstractRequestCondition<?>) obj;
            return getContent().equals(other.getContent());
        }
        return false;
    }
}
```

在原有属性条件接口上，该抽象类又多了以下两个抽象方法。

- Collection<?> getContent()：用于获取请求条件中的条件内容集合，即@RequestMapping 注解中属性的封装结果，因为属性均为数组类型，所以这里使用集合来表示。
- String getToStringInfix()：用于表示请求条件中多个条件内容之间在匹配时的逻辑关系，“与”或者“或”的关系。“与”是多个内容必须同时满足，“或”是多个内容满足其一即可。

有了上面这些基础，下面就可以来分别看请求条件接口中的几个方法，在各个具体的请求条件类型中，都是如何实现的。

先来设想一个通用的实现，在@RequestMapping 注解中，可以仅指定部分属性条件。在匹配策略中，只对提供的属性条件执行匹配逻辑，对未提供的属性条件，视为所有请求均匹配该条件。即在上面的所有具体请求条件中，如果 getContent 方法返回的 Collection 为空，则任意请求通过其 getMatchingCondition 获取的匹配条件，都不应该为空。下面就按照 RequestMappingInfo 中的 getMatchingCondition 逻辑，依次看@RequestMapping 注解中所有属性对应条件具体如何实现。

10.3.3 请求方法条件

请求方法属性 method 对应的条件类型为 RequestMethodsRequestCondition。该类型用于表示请求方法条件，对应于@RequestMapping 的 method 数组属性。内部使用 Set 来保存 method 属性的值，类型是 HttpMethod。

使用 Set 集合来保证配置的属性中即使有多个相同的 HttpMethod，也只有一个生效。来看下其 content 内容的构造，代码如下：

```
public final class RequestMethodsRequestCondition extends AbstractRequestCondition
<RequestMethodsRequestCondition> {
  // 保存请求方法集合
  private final Set<RequestMethod> methods;
  // 构造方法，传入参数为 RequestMethod 数组
  public RequestMethodsRequestCondition(RequestMethod... requestMethods) {
     // 数组转换为 List
     this(Arrays.asList(requestMethods));
  }
  // 通过 List 构造对象，主要目的是为了把传入的数组转换为 Set 存储
  private RequestMethodsRequestCondition(Collection<RequestMethod>
requestMethods) {
     // 指定 method 集合为不可修改的集合，内容为传入的请求方法数组内容
     this.methods = Collections.unmodifiableSet(new LinkedHashSet<>
(requestMethods));
  }
  /**
   * 重写父类 getContent 方法，返回条件的请求方法集合
   */
  @Override
  protected Collection<RequestMethod> getContent() {
    return this.methods;
  }
}
```

当 method 属性中为空或包含当前请求方法时，视为当前请求与该条件匹配。该逻辑对应于获取匹配结果方法 getMatchingCondition，其实现逻辑代码如下：

```
// 匹配时的核心方法，获取匹配的条件
public RequestMethodsRequestCondition getMatchingCondition(HttpServletRequest
request) {
  // 如果是跨域请求中的预检请求
  if (CorsUtils.isPreFlightRequest(request)) {
       // 则执行特殊匹配逻辑,内部从请求头 Access-Control-Request-Method 获取请求方法,
再执行 matchRequestMethod
       return matchPreFlight(request);
  }
  // 当前条件中的请求方法集合为空
  if (getMethods().isEmpty()) {
       // 对于请求方法为 OPTIONS 的请求，无须返回匹配结果，有统一的处理逻辑
       if (RequestMethod.OPTIONS.name().equals(request.getMethod()) &&
           !DispatcherType.ERROR.equals(request.getDispatcherType())) {
           // 固定返回空，表示不匹配
           return null; // No implicit match for OPTIONS (we handle it)
       }
       // 不是 OPTIONS，且当前条件请求方法集合为空，返回匹配结果不为空，结果是当前实例。
用于表示有匹配结果，以实现未提供该属性时视为匹配的目的，此时匹配结果中的 method 集合元素数
为 0
```

```
        return this;
    }
    // 其他情况，使用匹配请求方法逻辑判断
    return matchRequestMethod(request.getMethod());
}
private RequestMethodsRequestCondition matchRequestMethod(String
httpMethodValue) {
    // 把请求方法解析为 HttpMethod 枚举
    HttpMethod httpMethod = HttpMethod.resolve(httpMethodValue);
    // 请求条件不为空，进入判断逻辑
    if (httpMethod != null) {
        // 遍历当前条件中请求方法集合，如果与当前请求匹配，则返回请求方法条件实例作为匹配结果，实例内部保存了匹配的方法
        for (RequestMethod method : getMethods()) {
            if (httpMethod.matches(method.name())) {
                // 使用新的请求条件实例作为匹配结果返回，实例内包含了匹配的请求方法，用于表示匹配结果，此时匹配结果中 method 集合元素数为 1
                return new RequestMethodsRequestCondition(method);
            }
        }
        // 请求方法是 HEAD 时，且条件集合包括了 GET 请求，则返回 GET 请求的条件结果，为了支持 HEAD 请求提供的特殊处理
        if (httpMethod == HttpMethod.HEAD && getMethods().contains
(RequestMethod.GET)) {
            return GET_CONDITION;
        }
    }
    // 无匹配时返回空
    return null;
}
```

基于上面的匹配逻辑，可以知道匹配结果中的 method 集合，元素数只可能为 0 或者 1。在匹配条件的 method 集合不为空时，如果当前请求方法在集合中，返回的匹配结果元素数为 1，只包括当前的请求方法。当匹配条件 method 集合为空时，所有请求方法均视为匹配，此时返回当前条件实例，所以匹配结果的 method 集合元素数为 0。

同时基于该属性的匹配特性，如上述逻辑，在属性集合中只要多个值有任一个与请求方法匹配，即视为请求匹配，所以其 getToStringInfix 方法返回“或”的关系，代码如下：

```
/**
 * 表示“或”的关系
 */
@Override
protected String getToStringInfix() {
    return " || ";
}
```

当一个请求有多个匹配结果时，需要对匹配结果进行排序。排序对象是方法

getMatchingCondition 返回的匹配结果，由匹配逻辑可知，返回结果中 method 集合大小为 1 或 0。为 1 表示匹配@RequestMapping 注解中声明的请求方法条件，为 0 则表示@RequestMapping 中方法属性为空，视为全匹配。

在对这两种匹配结果进行排序时，基于匹配条件越明确，则匹配结果越好的规则，必然是提供方法属性条件时的匹配结果要优于全匹配结果。那么其实现逻辑就应该有判断结果集合大小的操作，代码如下：

```
// 判断两个匹配结果的大小，返回负数表示当前结果排序在参数 other 之前，在对匹配结果排序时也越靠前。正数反之，0 则相等
public int compareTo(RequestMethodsRequestCondition other, HttpServletRequest request) {
  // 当条件中请求方法集合大小不同时，返回差值。size 越大，条件越明确
  if (other.methods.size() != this.methods.size()) {
      return other.methods.size() - this.methods.size();
  }
  else if (this.methods.size() == 1) {
      // HEAD 请求先于 GET 请求
      if (this.methods.contains(RequestMethod.HEAD) && other.methods.contains(RequestMethod.GET)) {
          return -1;
      }
      else if (this.methods.contains(RequestMethod.GET) && other.methods.contains(RequestMethod.HEAD)) {
         return 1;
      }
  }
  return 0;
}
```

当类型上标记@RequestMapping，方法上也标记@RequestMapping 时，需要对两个注解中的 method 条件进行合并。对应的合并方法 combine 逻辑如下：

```
/**
 * 合并两个请求方法条件
 */
@Override
public RequestMethodsRequestCondition combine(RequestMethodsRequestCondition other) {
  Set<RequestMethod> set = new LinkedHashSet<>(this.methods);
  set.addAll(other.methods);
  // 把两个条件的请求方法集合合并后，返回一个新的请求方法条件
  return new RequestMethodsRequestCondition(set);
}
```

两个注解合并时，两个属性可能存在相同的 HttpMethod 值，因为条件数组使用 Set 保存，所以可以避免集合中出现多个相同值的情况。

以上是整个请求方法条件的实现，每一部分都是抽象方法的实现。可以结合这里的源码

与第 3 章所述 method 属性的用法，加深对源码及该属性使用方式的理解。

10.3.4 请求参数条件

请求参数属性 params 对应的条件类型为 ParamsRequestCondition。该类型保存请求参数条件，具体条件对应内容集合。该条件与请求方法条件不同，请求方法条件使用 HttpMethod 数组表示，请求参数条件使用 String 数组表示。数组中每个元素代表请求参数匹配表达式，可以实现参数值匹配、参数存在匹配、参数值不匹配、参数不存在匹配 4 种不同的条件。

其内部保存请求参数条件数组，对应于@RequestMapping 的 params 数组属性。内部使用 Set 来保存 params 属性的值，类型是 ParamExpression，用于封装 params 属性数组中的值为参数表达式。使用 Set 集合保证表达式的唯一性。其 content 内容的构造代码如下：

```
public final class ParamsRequestCondition extends AbstractRequestCondition
<ParamsRequestCondition> {
  // 保存请求参数表达式集合
  private final Set<ParamExpression> methods;
  // 构造方法，传入参数为参数表达式字符串数组
  public ParamsRequestCondition(String... params) {
     // 通过方法parseExpressions解析String类型的params条件数组为ParamExpression
集合并构造
     this(parseExpressions(params));
  }
  // 通过 List 构造对象，主要目的是把传入的数组转换为 Set 存储
  private ParamsRequestCondition(Collection<ParamExpression> conditions) {
      // 指定 expressions 集合为不可修改的集合，内容为传入的参数表达式集合
      this.expressions = Collections.unmodifiableSet(new LinkedHashSet<>
(conditions));
  }
  // 解析参数表达式字符串数组为 ParamExpression 实例集合
  private static Collection<ParamExpression> parseExpressions(String...
params) {
      Set<ParamExpression> expressions = new LinkedHashSet<>();
      for (String param : params) {
         expressions.add(new ParamExpression(param));
      }
      return expressions;
  }
  /**
   * 重写父类 getContent 方法，返回参数表达式集合
   */
  @Override
  protected Collection<ParamExpression> getContent() {
    return this.expressions;
  }
}
```

请求参数条件的代码基本与请求方法条件相同，但这里引入了一个新的类型，参数表达式。该类型继承自 AbstractNameValueExpression，通过名字可以判断该类型是 Name 与 Value 成对出现的表达式抽象，参数条件满足这个抽象。参数条件的构造调用抽象类的构造，传入表达式字符串。其逻辑如下：

```
abstract class AbstractNameValueExpression<T> implements NameValueExpression
<T> {
  // 保存参数表达式中的参数名
  protected final String name;
  // 保存参数表达式中的参数值，可以为空
  @Nullable
  protected final T value;
  // 是否是反向匹配
  protected final boolean isNegated;
  // 构造时解析表达式
  AbstractNameValueExpression(String expression) {
     // 表达式字符串中等号位置
     int separator = expression.indexOf('=');
     // 为-1 表示不存在等号，进入解析无参数值的逻辑
     if (separator == -1) {
          // 如果第一个字符为!，表示为反向匹配逻辑
          this.isNegated = expression.startsWith("!");
          // 解析表达式中参数名
          this.name = (this.isNegated ? expression.substring(1) : expression);
          // 无 value
          this.value = null;
     }
     else {
        // 存在等号，进入解析参数名与参数值逻辑
        // 判断等号前一个字符是否是!，是则为反向匹配
        this.isNegated = (separator > 0) && (expression.charAt(separator - 1)
== '!');
        // 解析参数名部分
        this.name = (this.isNegated ? expression.substring(0, separator - 1) :
expression.substring(0, separator));
        // 解析参数值部分
        this.value = parseValue(expression.substring(separator + 1));
     }
  }
}
```

解析后的表达式最多存在如下 3 个属性。

- name：表示参数表达式中参数名。
- value：表示参数表达式中参数值，可以为空。
- isNegated：是否是反向匹配。

最多对应 4 种不同的参数表达式形式，对应的 3 个属性值及其匹配功能如表 10.1 所示。

表 10.1　参数表达式及其属性

参数表达式	name	value	isNegated	功　能
name	name	-	false	参数存在匹配
!name	name	-	true	参数不存在匹配
name=value	name	value	false	参数值匹配
name!=value	name	value	true	参数值不匹配

通过 name、value、isNegated 3 个属性可以实现上述 4 个不同匹配逻辑，具体的匹配逻辑在 match 方法中，逻辑代码如下：

```
// 判断参数表达式与请求是否匹配
public final boolean match(HttpServletRequest request) {
  boolean isMatch;
  // 如果 value 不为空，则为参数值匹配逻辑，执行匹配参数值方法，拿到匹配结果
  if (this.value != null) {
      isMatch = matchValue(request);
  }
  else {
    // 否则为参数存在匹配，执行参数名匹配逻辑，获取结果
    isMatch = matchName(request);
  }
  // 如果是反向，则对匹配结果执行否运算
  return (this.isNegated ? !isMatch : isMatch);
}
```

对于 matchValue 与 matchName 方法，在抽象类 AbstractNameValueExpression 中未实现，需要有子类实现自己的匹配逻辑。对于 ParamExpression，这两个方法的实现逻辑如下：

```
// 只需要判断请求中是否存在参数名为 name 的请求参数即可
@Override
protected boolean matchName(HttpServletRequest request) {
  return (WebUtils.hasSubmitParameter(request, this.name) ||
        request.getParameterMap().containsKey(this.name));
}
// 只需要判断请求参数中 name 对应的 value 与当前表达式的 value 是否匹配
@Override
protected boolean matchValue(HttpServletRequest request) {
  return ObjectUtils.nullSafeEquals(this.value, request.getParameter (this
.name));
}
```

到此为止，ParamExpression 的功能已经清楚，那么 match 方法在哪里使用呢？在 params 中配置的请求参数条件，需要在获取请求对应的匹配结果时，按照上述逻辑返回匹配结果，所以肯定是在请求参数条件的获取匹配条件方法中执行的该逻辑，代码如下：

```
public ParamsRequestCondition getMatchingCondition(HttpServletRequest request) {
  // 遍历全部参数表达式，如果表达式内容为空，则跳过遍历逻辑，直接返回当前实例
```

```
  for (ParamExpression expression : expressions) {
      // 有一个表达式匹配结果为 false，就视为整个条件不匹配，匹配逻辑封装在参数表达式中
      if (!expression.match(request)) {
           return null;
      }
  }
  // 只有在全部表达式匹配结果都为 true 或表达式列表为空时，才返回当前实例作为匹配结果
  return this;
}
```

可以看到在匹配时，与请求方法不同，该条件需要满足所有的表达式匹配才可以返回结果。因此，返回的结果只需要是自己的实例，即可代表全部匹配结果。

基于这个逻辑，多个参数表达式之间为“与”的关系，其 getToStringInfix 方法返回“与”的关系，代码如下：

```
/**
 * 表示“与”的关系
 */
@Override
protected String getToStringInfix() {
  return " && ";
}
```

当既在类型上标记了@RequestMapping，又在方法上标记了@RequestMapping 时，则需要对两个注解中的 params 条件进行合并。对应的合并方法 combine 逻辑如下：

```
/**
 * 合并两个请求参数条件
 */
@Override
public ParamsRequestCondition combine(ParamsRequestCondition other) {
  // 直接对两个参数条件的参数表达式集合进行合并
  Set<ParamExpression> set = new LinkedHashSet<>(this.expressions);
  set.addAll(other.expressions);
  return new ParamsRequestCondition(set);
}
```

两个注解合并时，两个属性可能存在相同的 params 表达式值，因为条件数组使用 Set 保存，所以可以避免集合中出现多个相同值的情况。因为该条件匹配多个参数表达式之间是“与”的关系，所以在合并后，请求既需要满足方法注解上的 params 条件，也需要满足类注解上的 params 条件。

当一个请求有多个匹配结果时，需要对匹配结果进行排序。排序对象是方法 getMatchingCondition 返回的匹配结果，由匹配逻辑可知，在匹配时，返回了参数条件自身的实例。

在对多个匹配结果进行排序时，基于匹配条件越明确则匹配结果越好的规则，必然是匹配上的参数表达式越多，匹配结果越好。那么其实现逻辑就应该是直接判断参数表达式集合

大小，代码如下：

```
// 判断两个匹配结果的大小，返回负数，表示当前结果在排序时排在参数 other 之前，在对匹配结果排序时也越靠前；返回正数反之；0 则相等
public int compareTo(ParamsRequestCondition other, HttpServletRequest request) {
  return (other.expressions.size() - this.expressions.size());
}
```

结合第 3 章中参数条件的使用，可以与上面的逻辑进行一一映射，每一个功能的实现，在源码中都是有其特定实现逻辑的。通过源码可以反推功能，通过功能也可以理解源码的实现。

10.3.5 请求头条件

请求头属性 headers 对应的条件类型为 HeaderRequestCondition。请求头条件与请求参数条件的支持大致是相同的，内部实现同样会对 headers 数组进行解析，解析为 HeaderExpression 类型的集合保存起来。HeaderExpression 的父类与 ParamExpression 相同，都是 AbstractNameValueExpression，头表达式同样也提供 4 种类型的匹配方式。其中匹配方法的实现代码如下：

```
@Override
protected boolean matchName(HttpServletRequest request) {
  // 判断是否包含请求头 name
  return (request.getHeader(this.name) != null);
}
@Override
protected boolean matchValue(HttpServletRequest request) {
  // 判断请求头 name 对应的值与表达式的值相同
  return ObjectUtils.nullSafeEquals(this.value, request.getHeader(this.name));
}
```

不同之处仅仅是把匹配逻辑从请求参数切换为请求头。除此之外，还有另外一个隐式的不同，请求头的 name 不区分大小写，而请求参数区分大小写。

在对请求头条件进行合并时，需要对 HeaderExpression 集合进行合并，保证集合内不存在相同的 HeaderExpression，那么就需要在该类型的 equals 方法中忽略 name 的大小写，然后再做判断。还有需要与 equals 同时做修改的 hashCode 方法，同样也需要忽略 name 的大小写后再取值。AbstractNameValueExpression 中的 equals 方法与 hashCode 方法逻辑如下：

```
// 返回此表达式在判断是否相同时，是否区分 name 的大小写。对于 header 来说不区分，对于 param 来说区分
protected abstract boolean isCaseSensitiveName();
// 比较两个对象是否相同
public boolean equals(Object obj) {
  if (this == obj) {
```

```
        return true;
    }
    if (obj instanceof AbstractNameValueExpression) {
        AbstractNameValueExpression<?> other = (AbstractNameValueExpression
<?>)obj;
        // 如果名字区分大小写，则使用 name；如果不区分大小写，则使用 name 的小写形式。最终
name 比较使用 thisName 和 otherName
        String thisName = (isCaseSensitiveName() ? this.name : this.name
.toLowerCase());
        String otherName = (isCaseSensitiveName() ? other.name : other.name
.toLowerCase());
        // 分别比较 name、value、isNegated 的值，如果都相等，则视为表达式相同
        return (thisName.equalsIgnoreCase(otherName) &&
                (this.value != null ? this.value.equals(other.value) : other.value
== null) &&
                this.isNegated == other.isNegated);
    }
    return false;
}
@Override
public int hashCode() {
    // 计算 hashCode，保证在区分大小写时，大小写不同的 name 取到的 hashCode 不同，在不区分
大小写时，大小写不同的 name 取到的 hashCode 相同
    int result = (isCaseSensitiveName() ? this.name.hashCode() : this.name
.toLowerCase().hashCode());
    result = 31 * result + (this.value != null ? this.value.hashCode() : 0);
    result = 31 * result + (this.isNegated ? 1 : 0);
    return result;
}
```

不知各位读者是否发现了 equals 方法中存在的一个逻辑错误。在对两个表达式 name 做比较时，先根据是否区分大小写方法来处理表达式的 name。如果区分大小写，则 name 使用原始值，原始值不等就视为 name 不同；如果不区分大小写，则两个 name 都直接取小写值，小写值不同时才视为 name 不同。之后再对处理过的 name 直接做比较即可得到这个期望的逻辑结果。但是奇怪的是最终对 name 的比较却使用了忽略大小写的比较方法，实际进行 equals 时，会导致无论 isCaseSensitiveName 返回“是”或者“否”，最终比较都变为了不区分大小写。不过由于 hashCode 方法返回的 hashCode 值使用了区分大小写的方式计算，所以在区分大小写的情况下，hashCode 的不同，直接确定了两个值是不同的，就不再进行后续的 equals 方法比较，实际情况中出现 bug 的概率并不高。

但这并不符合 Java 的规范，规范中明确表示，在两个对象的 hashCode 不同时，一定要确保 equals 方法的结果也为 false，否则在使用 HashMap 或 HashSet 时就有可能导致一些不可预见的问题。在上面的情况下，对于 KEY=name 和 key=name 两种表达式，在区分大小写方法为 true 时，它们的 hashCode 不同，但是它们的 equals 方法却为 true，这是不合理的。本书代码均使用 Spring MVC 5.0.6.RELEASE 版本，代码中确实存在以上 bug。在本书成书之时，

Spring MVC 将更新到 5.1.0.RELEASE，在新版本的该源码中，此问题已被修复，新的代码逻辑如下：

```
// 5.1.0.RELEASE 此段源码
public boolean equals(@Nullable Object other) {
  if (this == other) {
      return true;
  }
  if (other == null || getClass() != other.getClass()) {
      return false;
  }
  AbstractNameValueExpression<?> that = (AbstractNameValueExpression<?>) other;
  // 如果区分大小写，直接用 equals 比较；否则，使用不区分大小写的比较
  return ((isCaseSensitiveName() ? this.name.equals(that.name) : this.name
.equalsIgnoreCase(that.name)) &&
       ObjectUtils.nullSafeEquals(this.value, that.value) && this.isNegated
== that.isNegated);
}
```

该逻辑很明显修复了 5.0.6.RELEASE 版本中的 bug，且对此处的逻辑额外做了一些优化。在研究源码时，可能经常会发现一些疑似源码 bug 的逻辑，此时可以去 Spring 官方 jira：jira.spring.io 去搜索相关问题，或者查看 github：http://github.com/spring-projects/spring-framework 最新源码，是否有对此段逻辑做修改，可能会有一些意外发现。当然都没有的情况下，可以通过官方渠道向开发者提交相关 bug，为开源环境做一些力所能及的贡献。

equals 和 hashCode 在抽象类中有统一的逻辑，在 ParamExpression 中 isCaseSensitiveName 为 true，HeaderExpression 中则为 false，与其参数判断逻辑相同。不同之处是，请求头中有两个特殊的请求头条件：Content-Type 与 Accept 头，这两个头@RequestMapping 中由两个单独的属性 produces 与 consumes 提供条件，所以在请求头中不需要保留这两个头的条件，交给其对应的属性条件即可，所以在解析 headers 属性条件时，有如下逻辑。

```
private static Collection<HeaderExpression> parseExpressions(String...
headers) {
  Set<HeaderExpression> expressions = new LinkedHashSet<>();
  for (String header : headers) {
     HeaderExpression expr = new HeaderExpression(header);
     // 请求头表达式的 name 为 Accept 或 Content-Type 时（name 不区分大小写），直接跳过，
不添加到请求头表达式集合中
     // 这两个头交给后续的 ConsumesRequestCondition 与 ProducesRequestCondition
条件处理
     if ("Accept".equalsIgnoreCase(expr.name) || "Content-Type".equalsIgnoreCase
(expr.name)) {
         continue;
     }
     expressions.add(expr);
  }
```

```
    return expressions;
}
```

其他整体的匹配逻辑、合并逻辑、请求头表达式匹配时之间的“与”关系、匹配结果的比较逻辑，与请求头条件完全相同，这里不再赘述，读者可自行查阅相关源码。

10.3.6　消息内容类型条件

消息内容类型属性 consumes 属性对应的条件类型为 ConsumesRequestCondition。consumes 属性字面意思是消费类型，对于 Http 请求来说，消费类型对应于请求中的 Content-Type，即请求类型，用于表示是否可以对该 Content-Type 的请求进行处理。进行匹配判断时，使用请求对应的 Content-Type 与该条件进行匹配。

该条件内部使用 ConsumeMediaTypeExpression 类型的 List 来保存 consumes 条件数组，ConsumeMediaTypeExpression 类型是对 consumes 条件的实例化。consumes 属性使用字符串数组，请求头条件与请求参数条件一样，在构造 ConsumesRequestCondition 条件时，会把字符串解析为 ConsumeMediaTypeExpression 消费类型表达式，其整体的构造逻辑如下：

```
// 请求消息内容类型条件
public final class ConsumesRequestCondition extends
AbstractRequestCondition<ConsumesRequestCondition> {
  // 消费类型表达式列表，因为需要排序，所以只能使用列表类型
  private final List<ConsumeMediaTypeExpression> expressions;
  // 构造请求类型条件，传入参数为注解中 consumes 属性的数组值
  public ConsumesRequestCondition(String... consumes) {
     this(consumes, null);
  }
  // 构造请求类型条件，传入参数为注解中 consumes 属性的数组值与 headers 属性的数组值，
headers 参数用于把其中的 Content-Type 条件解析为消费类型表达式
  public ConsumesRequestCondition(String[] consumes, @Nullable String[]
headers) {
     // 解析表达式
     this(parseExpressions(consumes, headers));
  }
  // 最后调用的构造方法，传入解析过的消费类型表达式
  private ConsumesRequestCondition(Collection<ConsumeMediaTypeExpression>
expressions) {
     // 把传入的参数构造为 List 结果
     this.expressions = new ArrayList<>(expressions);
     // 对表达式列表做一个排序，具体排序逻辑在表达式中
     Collections.sort(this.expressions);
  }
  // 解析消费类型表达式
  private static Set<ConsumeMediaTypeExpression> parseExpressions(String[]
consumes, @Nullable String[] headers) {
     // 结果使用 Set，保证条件不重复
```

```
    Set<ConsumeMediaTypeExpression> result = new LinkedHashSet<>();
    if (headers != null) {
        // 遍历@RequestMapping 中的请求头属性
        for (String header : headers) {
            // 解析为请求头表达式
            HeaderExpression expr = new HeaderExpression(header);
            // 如果是 Content-Type 类型的表达式，且 value 不为空
            if ("Content-Type".equalsIgnoreCase(expr.name) && expr.value !=
null) {
                // 则把该请求头表达式中的值解析为 MediaType 列表
                for (MediaType mediaType : MediaType.parseMediaTypes
(expr.value)) {
                    // 依次把列表中媒体类型构造为消费类型表达式
                    result.add(new ConsumeMediaTypeExpression(mediaType,
expr.isNegated));
                }
            }
        }
    }
    // consumes 属性直接遍历并解析为消费类型表达式即可
    for (String consume : consumes) {
        // 添加到结果中
        result.add(new ConsumeMediaTypeExpression(consume));
    }
    return result;
  }
}
// 获取内容方法直接返回消费类型表达式列表
protected Collection<ConsumeMediaTypeExpression> getContent() {
  return this.expressions;
}
```

下面来看消费类型表达式 ConsumeMediaTypeExpression 的具体构造逻辑。该类型父类是 AbstractMediaTypeExpression，构造这种类型的表达式时都调用了父类的构造方法，构造方法逻辑如下：

```
// 本表达式表示的媒体类型
private final MediaType mediaType;
// 表达式是否是反向匹配
private final boolean isNegated;
AbstractMediaTypeExpression(String expression) {
  // 如果表达式字符串以!开头，则为反向匹配
  if (expression.startsWith("!")) {
      // isNegated 标记为反向匹配
      this.isNegated = true;
      // 去掉!
      expression = expression.substring(1);
  }
```

```
  else {
     // 反向匹配为 false
     this.isNegated = false;
  }
  // 表达式中字符串解析为媒体类型，赋给表达式的 mediaType 属性
  this.mediaType = MediaType.parseMediaType(expression);
}
// 直接指定属性值的构造方法
AbstractMediaTypeExpression(MediaType mediaType, boolean negated) {
  this.mediaType = mediaType;
  this.isNegated = negated;
}
// 表达式比较方法，对媒体类型表达式排序时使用
public int compareTo(AbstractMediaTypeExpression other) {
  // 使用媒体类型特殊比较器进行比较，具体的排序逻辑根据媒体类型的特殊性进行排序
  // 媒体类型特殊性越高，排序时越靠前。特殊性根据是否有通配符来决定
  // 如*/*、text/*、text/html 这 3 个表达式的排列顺序（由低到高）为：*/* < text/*
< text/html，但在媒体类型的父类型或子类型不同时，无法进行比较，视为相等
  // 在父类型和子类型均相同时，可根据参数中的 q 质量因子来排序，如 text/html;q=0.9 >
text/html;q=0.1，无参数时 q 默认为 1。q 相同时，按照参数数量比较，多的特殊性高，排序靠前
  return MediaType.SPECIFICITY_COMPARATOR.compare(this.getMediaType(),
other.getMediaType());
}
```

媒体类型表达式的解析逻辑与参数表达式解析逻辑基本相同。在 ConsumesRequestCondition 中，使用上面所述逻辑对消费类型表达式排序后，把表达式放入表达式列表，这个顺序在后面的逻辑中会用到。下面再来看这种条件的匹配逻辑。

```
// 获取 consumes 条件的匹配结果
public ConsumesRequestCondition getMatchingCondition(HttpServletRequest
request) {
  // 如果是预检请求，返回预检匹配结果，视为匹配，但匹配结果中匹配内容为空
  if (CorsUtils.isPreFlightRequest(request)) {
      return PRE_FLIGHT_MATCH;
  }
  // 如果 consumes 条件为空，则返回自身实例，作为匹配的结果，以此来实现注解中未提供属性时
所有请求都视为与此条件匹配的逻辑。返回自身实例时，因为内容为空，所以排序时结果排在后面
  if (isEmpty()) {
      return this;
  }
  // 解析请求的内容类型
  MediaType contentType;
  try {
     contentType = (StringUtils.hasLength(request.getContentType()) ?
          MediaType.parseMediaType(request.getContentType()) :
          MediaType.APPLICATION_OCTET_STREAM);
  }
  catch (InvalidMediaTypeException ex) {
```

```
    return null;
  }
  // 把表达式列表添加到待匹配集合中
  Set<ConsumeMediaTypeExpression> result = new LinkedHashSet<>(this.expressions);
  // 移除结果中不匹配的表达式
  result.removeIf(expression -> !expression.match(contentType));
  // 如果移除后，仍有匹配的表达式，则使用匹配的表达式集合创建一个
ConsumesRequestCondition 实例作为匹配结果。否则返回 null，表示与该条件不匹配
  return (!result.isEmpty() ? new ConsumesRequestCondition(result) : null);
}
```

根据如上逻辑，可以看到，表达式中存在一项匹配即可返回匹配的结果，所以多个表达式之间应该是“或”的关系，可以使用 getToStringInfix 方法查找，返回||，确实是“或”的关系。最终是否匹配是通过表达式 ConsumeMediaTypeExpression 的 match 方法实现的，该方法逻辑如下：

```
public final boolean match(MediaType contentType) {
  // 判断表达式中的媒体类型是否包括请求的 Content-Type，如果包括，就表示该表达式的媒体类
型可以处理 Content-Type 类型的请求。如 text/*是包括 text/html 的
  boolean match = getMediaType().includes(contentType);
  // 如果是反向匹配，则对匹配结果取否运算后作为结果返回
  return (!isNegated() ? match : !match);
}
```

匹配后，如果存在多个匹配结果，则排序时需要用到匹配结果的 compareTo 方法，即本类的 compareTo 方法，在逻辑如下：

```
// 匹配结果比较逻辑
public int compareTo(ConsumesRequestCondition other, HttpServletRequest
request) {
  // 如果匹配结果中匹配的表达式都为空，则相等。这种情况出现在均提供 consumes 属性值时
  if (this.expressions.isEmpty() && other.expressions.isEmpty()) {
      return 0;
  }
  // 否则，为空的匹配结果排序在后面，为空是因为未提供 consumes 值，排序时当然应该排在提供
了 consumes 值的条件之后
  else if (this.expressions.isEmpty()) {
    return 1;
  }
  else if (other.expressions.isEmpty()) {
    return -1;
  }
  else {
    // 其他情况，以匹配的表达式列表中的第一个表达式来判断两者的排序
    return this.expressions.get(0).compareTo(other.expressions.get(0));
  }
}
```

在最后的比较逻辑中，直接使用第一个表达式来判断，这是在表达式列表已经排序基础上进行的。在已排序 List 情况下，保证两个匹配结果的表达式列表均把最特殊的放在最前面，之后只需要比较最特殊的表达式之中哪个更特殊，即可确定两个匹配结果哪个特殊性更高，即可把特殊性高的匹配结果排在前面。例如在一个@RequestMapping 中配置了 consumes 为 text/html;q=0.9，另一个@RequestMapping 中 consumes 为 text/html;q=0.8，请求类型为 text/html 时，会选择 q=0.9 的@RequestMapping 作为匹配结果使用。

最后再来看该条件的合并逻辑，与之前的不同，这个条件的合并逻辑会丢弃一部分条件，而不是对两个表达式内容进行合并。代码如下：

```
// 合并执行顺序为类型与方法上的映射信息合并
public ConsumesRequestCondition combine(ConsumesRequestCondition other) {
  // 方法上的该条件不为空，直接使用方法上的该条件，否则使用类型上的该条件
  return !other.expressions.isEmpty() ? other : this;
}
```

10.3.7　可接收内容类型

可接收内容类型 produces 属性对应的条件类型为 ProducesRequestCondition。该条件类型是对@RequestMapping 中的 produces 属性的实例化，该属性用于限定标记的处理器方法可以返回的响应内容类型。对于 Http 请求来说，请求方可以通过请求头 Accept 指定可接收的响应内容类型，在对映射信息进行匹配判断时，通过 produces 限定本映射可匹配的 Accept 头。

本条件的构造方法与 ConsumesRequestCondition 的构造方法类似，内部保存内容列表的逻辑也相同。但也存在不同之处，其中最大的不同是本条件保存的类型表达式为 ProduceMediaTypeExpression 生产类型表达式，该表达式的父类是 AbstractMediaType-Expression；另外该条件在解析表达式时，还额外解析了请求头表达式中的 Accept 请求头表达式，作为生产类型表达式使用；最后，该条件内部还维护了内容协商管理器组件，用于根据请求获取接收内容类型列表。本条件的匹配逻辑如下：

```
// 获取匹配结果方法
public ProducesRequestCondition getMatchingCondition(HttpServletRequest
request) {
  // 预检请求特殊处理
  if (CorsUtils.isPreFlightRequest(request)) {
      return PRE_FLIGHT_MATCH;
  }
  // 映射信息中的 produces 为空，返回自身为匹配结果
  if (isEmpty()) {
      return this;
  }
  // getAcceptedMediaTypes 内部通过内容协商管理器获取请求可接收的响应内容，一般是通过
请求头 Accept 获取该内容
  List<MediaType> acceptedMediaTypes;
```

```
  try {
      acceptedMediaTypes = getAcceptedMediaTypes(request);
  }
  catch (HttpMediaTypeException ex) {
      return null;
  }
  // 用于遍历的集合
  Set<ProduceMediaTypeExpression> result = new LinkedHashSet<>(this.expressions);
  // 移除不匹配的表达式
  result.removeIf(expression -> !expression.match(acceptedMediaTypes));
  // 如果匹配表达式不为空，则返回匹配结果，封装了匹配的表达式
  if (!result.isEmpty()) {
      return new ProducesRequestCondition(result, this.contentNegotiation-
Manager);
  }
  // 否则，如果请求的可接收类型为全部，则返回一个空条件，以对这种请求的映射匹配结果排序时
忽略这个条件的匹配结果
  else if (acceptedMediaTypes.contains(MediaType.ALL)) {
    return EMPTY_CONDITION;
  }
  else {
    // 否则视为不匹配
    return null;
  }
}
```

这里的匹配逻辑同样是“或”的关系，只要有一个表达式匹配，结果即视为匹配。其中，重点是生产类型表达式的 match 方法。其逻辑如下：

```
public final boolean match(List<MediaType> acceptedMediaTypes) {
  // 是否匹配媒体类型
  boolean match = matchMediaType(acceptedMediaTypes);
  // 如果是反向匹配，则对匹配结果取否运算后作为结果返回
  return (!isNegated() ? match : !match);
}

private boolean matchMediaType(List<MediaType> acceptedMediaTypes) {
  // 遍历请求的可接收类型，任意一种可接收类型与当前表达式的媒体类型是可兼容的，即视为匹配。
即该请求生产的响应内容类型是 Accept 中声明的可接收的
  for (MediaType acceptedMediaType : acceptedMediaTypes) {
      if (getMediaType().isCompatibleWith(acceptedMediaType)) {
           return true;
      }
  }
  // 否则返回 false
  return false;
}
```

在有多个匹配结果时，对其进行排序的逻辑在本条件中较为复杂，在此简单做一些说明，逻辑如下：

```
// 比较两个匹配结果
public int compareTo(ProducesRequestCondition other, HttpServletRequest
request) {
  try {
      // 通过内容协商管理器获取请求的可接收媒体类型列表，已排序
      List<MediaType> acceptedMediaTypes = getAcceptedMediaTypes(request);
      // 遍历这些可接收类型
      for (MediaType acceptedMediaType : acceptedMediaTypes) {
          // 查找到在本实例匹配结果的表达式列表中与可接收类型完全匹配（类型和子类型均相同）
的表达式在列表中的索引，无结果返回-1
          int thisIndex = this.indexOfEqualMediaType(acceptedMediaType);
          // 查找在需要比较的实例中的上述索引
            int otherIndex = other.indexOfEqualMediaType(acceptedMediaType);
          // 比较索引，如果两者索引不同，则索引小的排序在前。可理解为匹配结果中最佳匹配优
先级越高，则匹配结果越好
          // 如果索引相同且不为-1，则比较两个结果对应索引位置的表达式，以表达式排序作为最
终匹配结果排序，表达式排序遵循媒体类型比较规则
          int result = compareMatchingMediaTypes(this, thisIndex, other,
otherIndex);
          // 如果 result 不为 0，表示已得出结果，返回
          if (result != 0) {
              return result;
          }
          // 如果上面逻辑没有得到结果，则索引获取策略由完全匹配降级为请求类型包括生产类型
表达式中的媒体类型
          thisIndex = this.indexOfIncludedMediaType(acceptedMediaType);
          otherIndex = other.indexOfIncludedMediaType(acceptedMediaType);
          // 执行与上面相同的比较逻辑
          result = compareMatchingMediaTypes(this, thisIndex, other, otherIndex);
          // 如果 result 不为 0，表示已得出结果，返回结果
          if (result != 0) {
              return result;
          }
      }
      // 否则，返回 0。对于未提供 produces 属性的条件，因为上述逻辑返回都为 0，所以最终返
回 0
      return 0;
  }
  catch (HttpMediaTypeNotAcceptableException ex) {
     // 不会发生异常，其他地方已阻止这种异常
     throw new IllegalStateException("Cannot compare without having any
requested media types", ex);
  }
}
```

总体依赖于类型匹配结果的比较，虽然逻辑比较复杂，但遵循一个原则：与请求匹配的条件特殊性越强，匹配度越高，匹配时排序越靠前。

对两个条件的合并，与 ConsumesRequestCondition 相同，同样是优先以方法映射信息的 produces 为内容，如果为空时，就以类型映射信息的 produces 为内容。

10.3.8 请求路径条件

请求路径属性 path 对应的条件类型为 PatternsRequestCondition。该条件是最复杂的也是最常用的，用来把@RequestMapping 中的 path 属性实例化，做路径匹配。因为自定义条件默认均为空，所以这个条件也是我们要讲解的最后一个条件。在之前映射信息构造时，已经看到了该类型的构造，其中的构造逻辑如下：

```
/**
 * 根据给定的路径模式集合创建条件实例，原始路径模式是数组形式，转换后传入该构造器
 * 所有的路径模式都不能为空，且如果不以/为前缀，则添加/前缀
 * @param patterns 路径模式集合，可为空，为空则所有请求均匹配
 * @param urlPathHelper 路径工具类，用于获取请求路径
 * @param pathMatcher 路径匹配器，用于执行路径匹配逻辑
 * @param useSuffixPatternMatch 是否启用匹配后缀(".*")，默认为 false
 * @param useTrailingSlashMatch 是否启用匹配不上时添加/后缀尝试匹配，默认为 true
 * @param fileExtensions 已知的文件扩展名列表，默认为空，不执行文件扩展匹配
 */
private PatternsRequestCondition(Collection<String> patterns, @Nullable
UrlPathHelper urlPathHelper,
    @Nullable PathMatcher pathMatcher, boolean useSuffixPatternMatch,
    boolean useTrailingSlashMatch, @Nullable List<String> fileExtensions) {
  // 对路径模式执行检查并添加/前缀的预处理操作，patterns 是一个 LinkedHashSet，保证获取
顺序与添加顺序相同，实现排序逻辑
  this.patterns = Collections.unmodifiableSet(prependLeadingSlash(patterns));
  // 路径工具不能为空，为空时创建新实例
  this.pathHelper = (urlPathHelper != null ? urlPathHelper : new
UrlPathHelper());
  // 路径匹配器不能为空，为空时创建新实例
  this.pathMatcher = (pathMatcher != null ? pathMatcher : new AntPathMatcher());
  // 配置，是否使用后缀匹配
  this.useSuffixPatternMatch = useSuffixPatternMatch;
  // 配置，无匹配结果时是否添加后缀/进行匹配
  this.useTrailingSlashMatch = useTrailingSlashMatch;
  // 如果文件扩展名不为空，则添加到文件扩展名列表
  if (fileExtensions != null) {
      for (String fileExtension : fileExtensions) {
          if (fileExtension.charAt(0) != '.') {
              fileExtension = "." + fileExtension;
          }
          this.fileExtensions.add(fileExtension);
```

```
        }
    }
}
// 获取内容方法返回本实例的路径模式集合
protected Collection<String> getContent() {
  return this.patterns;
}
```

构造时会初始化本实例必需的组件，这些组件需要在获取匹配结果时使用，其逻辑如下：

```
// 获取匹配结果
public PatternsRequestCondition getMatchingCondition(HttpServletRequest
request) {
  // 如果路径模式集合为空，视为匹配，返回自身实例作为匹配结果
  if (this.patterns.isEmpty()) {
      return this;
  }
  // 使用路径工具类获取请求对应的查找路径
  String lookupPath = this.pathHelper.getLookupPathForRequest(request);
  // 获取本实例路径模式集合中与查找路径匹配的路径模式列表
  List<String> matches = getMatchingPatterns(lookupPath);
  // 结果为空，返回 null 标记为不匹配；否则返回匹配结果，包含匹配的路径模式列表
  return matches.isEmpty() ? null :
      new PatternsRequestCondition(matches, this.pathHelper, this.pathMatcher,
this.useSuffixPatternMatch,
          this.useTrailingSlashMatch, this.fileExtensions);
}
// 获取匹配的路径模式列表
public List<String> getMatchingPatterns(String lookupPath) {
  List<String> matches = new ArrayList<>();
  // 遍历本类的路径模式，获取匹配结果
  for (String pattern : this.patterns) {
      String match = getMatchingPattern(pattern, lookupPath);
      if (match != null) {
          // 匹配结果不为空，添加到匹配结果列表中
          matches.add(match);
      }
  }
  // 匹配结果大于 1，则对路径模式进行排序，使用路径匹配器的排序逻辑，排序是为了在比较匹配
结果时使用
  // 内部逻辑同样基于特殊性排序，通配符和模式串出现越少，特殊性越高。内部逻辑相对复杂，具
体逻辑读者可自行了解
  if (matches.size() > 1) {
      matches.sort(this.pathMatcher.getPatternComparator(lookupPath));
  }
  return matches;
}
```

```
// 真正执行匹配的逻辑
private String getMatchingPattern(String pattern, String lookupPath) {
  // 完全匹配时，直接返回
  if (pattern.equals(lookupPath)) {
      return pattern;
  }
  // 如果使用后缀匹配
  if (this.useSuffixPatternMatch) {
      // 文件扩展名列表不为空，且查找路径中包括“.”时
      if (!this.fileExtensions.isEmpty() && lookupPath.indexOf('.') != -1) {
          // 遍历全部文件扩展名
          for (String extension : this.fileExtensions) {
              // 为路径模式添加文件扩展名后再执行匹配
              if (this.pathMatcher.match(pattern + extension, lookupPath)) {
                  // 如果匹配，则返回路径模式加文件扩展名
                  return pattern + extension;
              }
          }
      }
      // 否则，执行添加“.*”后再尝试匹配
      else {
         // 路径模式不包含“.”，则为其添加“.*”尝试匹配
         boolean hasSuffix = pattern.indexOf('.') != -1;
         if (!hasSuffix && this.pathMatcher.match(pattern + ".*", lookupPath)) {
             // 如果匹配，则返回添加了“.*”模式作为结果
             return pattern + ".*";
         }
      }
  }
  // 如果不执行后缀匹配，或上面匹配没有匹配结果时，直接执行匹配逻辑，匹配则返回
  if (this.pathMatcher.match(pattern, lookupPath)) {
      return pattern;
  }
  // 无匹配结果时，如果配置的添加后缀/进行匹配，则添加/后缀后再执行匹配逻辑
  if (this.useTrailingSlashMatch) {
      // 模式不以/结尾时，添加/进行匹配
      if (!pattern.endsWith("/") && this.pathMatcher.match(pattern + "/",
lookupPath)) {
          // 如果匹配，则返回添加了/的路径模式
          return pattern +"/";
      }
  }
  // 否则无匹配结果
  return null;
}
```

匹配逻辑依赖于路径匹配器，同时做了一些兼容配置，可以提供文件扩展名匹配逻辑与

后缀/的匹配逻辑。按照上述逻辑，可以判断路径匹配的逻辑是任一路径模式匹配即视为结果匹配，为或（||）的关系。基本与之前其他处理器映射对路径的匹配逻辑相同。

在对多个匹配结果的比较中，可以猜测是直接根据匹配的路径模式列表中的元素做比较，其逻辑如下：

```
public int compareTo(PatternsRequestCondition other, HttpServletRequest
request) {
  // 获取请求的查找路径
  String lookupPath = this.pathHelper.getLookupPathForRequest(request);
  // 获取路径模式比较器
  Comparator<String> patternComparator = this.pathMatcher.getPatternComparator
(lookupPath);
  // 获取两个匹配结果的路径模式集合的迭代器
  Iterator<String> iterator = this.patterns.iterator();
  Iterator<String> iteratorOther = other.patterns.iterator();
  // 依次遍历两个迭代器，表现是对两个集合依次做比较
  while (iterator.hasNext() && iteratorOther.hasNext()) {
    // 对两个集合对应位置的路径模式结果做比较
    int result = patternComparator.compare(iterator.next(), iteratorOther
.next());
    // 第一个不为空的作为匹配结果
    if (result != 0) {
         return result;
    }
  }
  // 两个迭代器任何一个迭代结束，即结束 while 循环
  // 如果此时任意结果还未迭代完，则未迭代完的匹配结果排序在前
  if (iterator.hasNext()) {
      return -1;
  }
  else if (iteratorOther.hasNext()) {
    return 1;
  }
  // 否则，匹配结果相同
  else {
    return 0;
  }
}
```

因为在获取匹配结果时，对匹配结果的路径模式列表进行了排序，所以在比较时，迭代两个结果集合依次比较即可得出最佳匹配。最后再看本类型特殊的合并逻辑，在第 3 章中已知合并时会把类型上的路径与方法上的路径合并，以实现类型指定统一的上级路径的目的。其逻辑如下：

```
public PatternsRequestCondition combine(PatternsRequestCondition other) {
  Set<String> result = new LinkedHashSet<>();
```

```
  // 两个都不为空
  if (!this.patterns.isEmpty() && !other.patterns.isEmpty()) {
      for (String pattern1 : this.patterns) {
          for (String pattern2 : other.patterns) {
               // 遍历两个的全部元素，对两个元素均通过路径匹配器执行合并逻辑，合并两个路径
模式
               result.add(this.pathMatcher.combine(pattern1, pattern2));
          }
      }
  }
  // 如果有一个为空，则把不为空的添加到合并结果中
  else if (!this.patterns.isEmpty()) {
     result.addAll(this.patterns);
  }
  else if (!other.patterns.isEmpty()) {
     result.addAll(other.patterns);
  }
  else {
     // 如果两者都为空，则添加一个空字符串
     result.add("");
  }
  // 返回合并结果实例
  return new PatternsRequestCondition(result, this.pathHelper, this.pathMatcher,
this.useSuffixPatternMatch,
         this.useTrailingSlashMatch, this.fileExtensions);
}
```

以上逻辑中，也存在一个漏洞：如果待合并的两个条件路径模式都为空，会被添加一个空字符串。这个逻辑有点莫名其妙。因为如果添加空字符串，会导致合并结果中的路径模式不为空，是一个只有空字符串的结果集合。那么在匹配时会导致所有路径均不能与这个集合匹配，但因为有自动添加后缀/再执行匹配的逻辑，所以合并的结构就会导致只有/路径的请求才能与这个合并结果匹配。

有兴趣的读者可以尝试一下这种逻辑：在类型上声明的注解中没有 path 属性，方法声明上也没有 path 属性，注解的其他属性声明有条件，最终会导致只有跟路径的请求才能进入匹配结果。同时这个 bug 也只存在于 5.1.0.Release 版本以下，在最新版本 5.1.0.Release 的 WebFlux 包中该逻辑里，去掉最后的 else 添加空字符的逻辑，解决这个漏洞，但在 WebMvc 逻辑中仍然有此 bug，使用时需注意。

该条件还有另一个作用，在注册映射信息时，向 Url 查找表中注册直接路径的逻辑中，有获取映射信息对应路径列表的逻辑，可以猜想，其实现是直接通过 RequestMappingInfo 映射信息的 PatternsRequestCondition 条件封装的路径模式列表获取的。逻辑也确实是如此，因为与 RequestMappingInfo 的统一逻辑有关，所以这个方法的实现在 RequestMappingInfo-HandlerMapping 中，逻辑如下：

```
protected Set<String> getMappingPathPatterns(RequestMappingInfo info) {
```

```
  return info.getPatternsCondition().getPatterns();
}
```

10.3.9 匹配结果统一处理

至此，条件相关的逻辑全部讲解完成，读者对于整个匹配逻辑也有了全部认识。在上述的知识储备基础上，再回到入口类 RequestMappingHandlerMapping，看一些匹配逻辑执行完成后做的统一操作。

在执行匹配逻辑后，如果有匹配结果，则会执行 handleMatch 逻辑；没有匹配结果时，则执行 handleNoMatch 逻辑。这两个逻辑在 RequestMappingInfoHandlerMapping 都有一个具体的实现，逻辑如下：

```
// 存在匹配的映射信息时，执行此逻辑
protected void handleMatch(RequestMappingInfo info, String lookupPath,
HttpServletRequest request) {
  // 先执行父类逻辑，把查找路径添加到请求属性中
  super.handleMatch(info, lookupPath, request);
  // 保存最佳匹配模式
  String bestPattern;
  // 保存路径变量
  Map<String, String> uriVariables;
  // 保存已解码路径变量
  Map<String, String> decodedUriVariables;
  // 获取匹配的映射结果中路径模式条件的路径模式集合
  Set<String> patterns = info.getPatternsCondition().getPatterns();
  // 如果为空
  if (patterns.isEmpty()) {
      // 则最佳匹配为当前查找路径
      bestPattern = lookupPath;
      // 设置路径变量为空
      uriVariables = Collections.emptyMap();
      // 同上
      decodedUriVariables = Collections.emptyMap();
  }
  else {
     // 如果不为空，则处理第一个匹配模式的路径变量
     bestPattern = patterns.iterator().next();
     // 根据路径模式与查找路径提取路径变量
     uriVariables = getPathMatcher().extractUriTemplateVariables(bestPattern,
lookupPath);
     // 解码
     decodedUriVariables = getUrlPathHelper().decodePathVariables(request,
uriVariables);
  }
  // 把最佳匹配模式添加到请求属性中
```

```
  request.setAttribute(BEST_MATCHING_PATTERN_ATTRIBUTE, bestPattern);
  // 把解码后的路径变量添加到请求属性中，以供参数绑定逻辑使用
  request.setAttribute(HandlerMapping.URI_TEMPLATE_VARIABLES_ATTRIBUTE,
decodedUriVariables);
  // 如果请求路径的矩阵变量模式可用（默认不可用）
  if (isMatrixVariableContentAvailable()) {
     // 则提取矩阵变量到请求属性中
     Map<String, MultiValueMap<String, String>> matrixVars =
extractMatrixVariables(request, uriVariables);
     request.setAttribute(HandlerMapping.MATRIX_VARIABLES_ATTRIBUTE,
matrixVars);
  }
  // 如果匹配的生产类型结果不为空，即处理器映射信息指定了该请求的响应内容类型
  if (!info.getProducesCondition().getProducibleMediaTypes().isEmpty()) {
     // 则把匹配的响应内容类型放到请求属性中，以供返回值处理器逻辑使用
     Set<MediaType> mediaTypes = info.getProducesCondition()
.getProducibleMediaTypes();
     request.setAttribute(PRODUCIBLE_MEDIA_TYPES_ATTRIBUTE, mediaTypes);
  }
}
```

在上面逻辑中，主要对匹配的映射信息结果进行统一处理，并把匹配结果解析后添加到请求属性中，以供后续的逻辑可以根据匹配结果获取一些信息。如参数绑定时，@PathVariable 需要从匹配的路径变量中获取信息，返回值处理时响应的内容类型又可以根据匹配的 produces 条件进行自动处理。

在没有映射信息匹配时，同样有统一的处理逻辑，用于返回一些特定的异常。如有 @RequestMapping 声明，除了请求方法条件不匹配之外，其他条件均匹配，此时会返回不支持的请求方法异常，就是通过这个逻辑处理的，代码如下：

```
// 无匹配结果时，根据部分匹配情况抛出异常。只有在路径模式匹配时，才去判断其他部分的匹配
情况
protected HandlerMethod handleNoMatch(
    Set<RequestMappingInfo> infos, String lookupPath, HttpServletRequest
request) throws ServletException {
  // 部分匹配的工具类，其中对所有路径模式条件进行匹配判断，如果有匹配的，则放到部分匹配列
表中
  PartialMatchHelper helper = new PartialMatchHelper(infos, request);
  // 如果为空，表示没有路径模式匹配，直接返回 null
  if (helper.isEmpty()) {
     return null;
  }
  // 路径模式匹配，获取匹配的路径模式所在的映射信息，判断请求方法是否与其匹配
  if (helper.hasMethodsMismatch()) {
     Set<String> methods = helper.getAllowedMethods();
     // Options 预检请求特殊处理
     if (HttpMethod.OPTIONS.matches(request.getMethod())) {
```

```
            HttpOptionsHandler handler = new HttpOptionsHandler(methods);
            return new HandlerMethod(handler, HTTP_OPTIONS_HANDLE_METHOD);
        }
        // 如果方法不匹配，则抛出请求方法不支持的异常
        throw new HttpRequestMethodNotSupportedException(request.getMethod(),
methods);
    }
    // 如果方法匹配，但消费类型与请求内容类型不匹配
    if (helper.hasConsumesMismatch()) {
        // 则解析请求内容类型与消费类型集合，用于构造异常
        Set<MediaType> mediaTypes = helper.getConsumableMediaTypes();
        MediaType contentType = null;
        if (StringUtils.hasLength(request.getContentType())) {
            try {
                contentType = MediaType.parseMediaType (request.getContentType());
            }
            catch (InvalidMediaTypeException ex) {
              throw new HttpMediaTypeNotSupportedException(ex.getMessage());
            }
        }
        // 抛出请求内容类型不支持的异常
        throw new HttpMediaTypeNotSupportedException(contentType, new
ArrayList<>(mediaTypes));
    }
    // 如上述信息匹配，但生产内容类型与可接收内容类型不匹配
    if (helper.hasProducesMismatch()) {
        Set<MediaType> mediaTypes = helper.getProducibleMediaTypes();
        // 则抛出服务端可返回内容类型是客户端的不可接收类型异常
        throw new HttpMediaTypeNotAcceptableException(new ArrayList<>
(mediaTypes));
    }
    // 如以上信息匹配，但是参数条件不匹配
    if (helper.hasParamsMismatch()) {
        List<String[]> conditions = helper.getParamConditions();
        // 则返回不可接收的请求参数异常
        throw new UnsatisfiedServletRequestParameterException(conditions,
request.getParameterMap());
    }
    // 以上异常最终会交给异常解析器去处理
    // 没有不匹配的部分信息，返回 null（如果不匹配的部分仅有请求头条，也会进入此逻辑）
    return null;
}
```

最后的部分匹配抛出异常功能可以方便地定位控制器，还可以让请求部分在不匹配时返回特定的状态码。如当声明了请求方法条件为POST时，向该接口发送了GET请求，就会得到 405 Method Not Allowed 响应状态，这也符合 HTTP 语义的定义。

本章小结：

本章研究了整个关于@RequestMapping 标记的处理器方法的查找过程，Spring 把全部逻辑细分为各个小步骤，完成复杂逻辑的简单化执行，源码也很清晰，非常适合研究源码的初学者。读者可以结合具体的注解使用去理解本章中讲述的源码，最好可以通过调试的方式来一步步地查看相关逻辑。只有理解源码之后，才可以更好的理解这种设计模式，即 Spring 如何把一个复杂逻辑拆解成一个个的简单逻辑，最终拼接在一起并完美运行。掌握这种设计模式，是我们研究源码最好的收获。

第11章　请求处理方法的执行过程

在第10章中，根据请求信息与@RequestMapping注解表示的映射信息获取可以处理该请求的处理器方法的逻辑，这仅是请求处理的第一步。基于处理器的查找和处理器的执行分离的设计，在获取处理器方法后，需要一个可以执行处理器方法的处理适配器来执行该处理器方法。对于HandlerMethod类型的处理器来说，可以对其进行适配执行的处理适配器是RequestMappingHandlerAdapter，其内部包含参数解析和返回值处理这些复杂的逻辑，以上功能都是为了让处理器方法的调用和返回变得更加简单。

除此之外，在执行过程中，有可能发生种种异常，此时还需要配合异常解析器组件来完成异常解析。与@RequestMapping标记的处理器方法配套，也存在基于注解标记的异常解析方法，该注解为@ExceptionHandler。用于对该注解进行解析并执行异常处理方法的异常解析器为ExceptionHandlerExceptionResolver，其内部与RequestMappingHandlerAdapter类似，都包含了对处理方法的参数解析和返回值处理功能。

RequestMappingHandlerAdapter和ExceptionHandlerExceptionResolver两个组件是Spring MVC实现基于注解开发功能的核心组件。本章就以这两个组件为研究目标，来完整地分析整个基于注解功能的实现。

11.1　处理器方法适配

通过RequestMappingHandlerMapping获取处理器方法后，需要使用该处理器对应的处理适配器去适配并执行处理器方法。对于HandlerMethod来说，对应的处理适配器为RequestMappingHandlerAdapter，该适配器与RequestMappingHandlerMapping是成套的组件。

11.1.1　处理适配器概览

RequestMappingHandlerAdapter继承自AbstractHandlerMethodAdapter，抽象类实现了HandlerAdapter接口，提供了接口中supports方法的实现，其逻辑如下：

```
public final boolean supports(Object handler) {
// 仅支持HandlerMethod类型的处理器，同时supportsInternal方法返回true
```

```
  return (handler instanceof HandlerMethod && supportsInternal ((HandlerMethod) handler));
}
```

supportsInternal 方法是抽象方法，仅提供参数类型为 HandlerMethod 的内部支持方法，即通过上面的逻辑把处理器转换为 HandlerMethod 类型再去调用。该抽象类中的所有抽象方法都是基于这个目的进行设计的，如 HandlerAdapter 的另一个方法 handle，在这个抽象类中的实现逻辑为如下。

```
public final ModelAndView handle(HttpServletRequest request,
HttpServletResponse response, Object handler)
      throws Exception {
  // 把参数中的处理器类型转换为 HandlerMethod 后，再调用内部处理方法
  return handleInternal(request, response, (HandlerMethod) handler);
}
```

另外一个方法 getLastModified，在本类中的实现同上，最终执行是交给 getLast-ModifiedInternal 方法，仅是把参数类型转换为 HandlerMethod。

对于真实的组件类 RequestMappingHandlerAdapter 来说，只需要实现抽象类 Abstract-HandlerMethodAdapter 的 Internal 方法即可。supportsInternal 方法的实现为固定返回 true，表示只要是 HandlerMethod 类型的处理器，该适配器就支持。getLastModifiedInternal 方法的实现为固定返回-1，表示所有的 HandlerMethod 都不支持 Http 缓存。这两个方法后面不再提及，后续只须关注 handleInternal 方法即可。

11.1.2 处理适配器的处理过程

如同 DispatcherServlet 组件一样，ReqeustMappingHandlerAdapter 组件已经自成一体，内部包含很多帮助其完成功能的组件。包括参数解析器、返回值处理器、消息转换器、控制增强器等组件，依赖于这些组件，适配器的整个过程才能完成，也正是这些组件赋予这个处理适配器强大的功能。在处理适配器的 handleInternal 方法中，把这些组件按照固定的步骤整合起来，实现整个组件的功能，本节就来看这个方法的具体执行步骤。

在调试模式下，任一@ReqeustMapping 注解标记的处理器方法，执行时都会进入 handleInternal 方法，在执行处理器方法的堆栈中，也可以看到这个方法在调用栈中。在通过 RequestMappingHandlerMapping 查找到处理器方法后，即进入内部处理逻辑，其代码如下：

```
// 内部处理方法，接收的参数为请求、响应、查找到的处理器方法
protected ModelAndView handleInternal(HttpServletRequest request,
      HttpServletResponse response, HandlerMethod handlerMethod) throws
Exception {
  // 先声明 ModelAndView 结果
  ModelAndView mav;
  // 检查请求是否被支持，包含两个逻辑：1. 判断本实例中的 supportedMethods 是否包含请求方法，默认支持所有请求方法。2. 如果配置的需要 session 属性为 true，检查请求是否包含 session，默认不需要 session
```

```
  checkRequest(request);
  // 处理时是否对 session 加锁，默认为 false
  if (this.synchronizeOnSession) {
      // 获取 Session 对象
      HttpSession session = request.getSession(false);
      // 不为空
      if (session != null) {
          // 获取 Session 中锁对象
          Object mutex = WebUtils.getSessionMutex(session);
          // 加锁后执行调用处理器方法逻辑
          synchronized (mutex) {
             mav = invokeHandlerMethod(request, response, handlerMethod);
          }
      }
      else {
         // 没有 Session，忽略加锁，直接执行调用处理器方法逻辑
         mav = invokeHandlerMethod(request, response, handlerMethod);
      }
  }
  else {
    // 配置的无需锁 Session，则直接执行调用处理器方法逻辑
     mav = invokeHandlerMethod(request, response, handlerMethod);
  }
  // 如果响应结果不包含缓存控制头
  if (!response.containsHeader(HEADER_CACHE_CONTROL)) {
      // 如果该处理器方法包含 SessionAttribute
      if (getSessionAttributesHandler(handlerMethod).hasSessionAttributes
()) {
          // 应用 SessionAttribute 的缓存策略，默认 cacheSecondsForSession-
AttributeHandlers 为 0，表示不缓存
          applyCacheSeconds(response, this.cacheSecondsForSessionAttribute-
Handlers);
      }
      else {
          // 不包含 SessionAttribute，准备请求。内部逻辑应用配置的缓存策略。本适配器默
认没有缓存策略，故所有请求都不返回缓存响应头
          prepareResponse(response);
      }
  }
  // 返回结果 invokeHandlerMethod 的执行结果
  return mav;
}
```

该方式并不是核心的执行方法，内部仅添加了一些统一的加锁逻辑与准备响应逻辑，最核心的方法是 invokeHandlerMethod，即调用处理器方法的逻辑，继续看这个逻辑。

```
// 调用处理器方法，获取 ModelAndView 类型的返回值
protected ModelAndView invokeHandlerMethod(HttpServletRequest request,
```

```
    HttpServletResponse response, HandlerMethod handlerMethod) throws
Exception {
  // 把请求与响应封装为一个 ServletWebRequest 对象，用于后续处理逻辑使用
  ServletWebRequest webRequest = new ServletWebRequest(request, response);
  try {
    // 1. 准备组件工厂
    // 获取处理器方法对应 WebDataBinderFactory 工厂，该工厂用于获取处理器方法对应的
WebDataBinder 组件
    WebDataBinderFactory binderFactory = getDataBinderFactory(handlerMethod);
    // 调用 getModelFactory 方法获取当前处理器方法对应的 Model 工厂，该工厂用于获取处
理器方法对应的 Model
    ModelFactory modelFactory = getModelFactory(handlerMethod, binderFactory);
    // 2. 准备可调用处理器方法实例
    // 创建一个 Servlet 下可调用处理器方法，该方法内部直接使用 new ServletInvocable-
HandlerMethod(handlerMethod)创建实例
    ServletInvocableHandlerMethod invocableMethod =
createInvocableHandlerMethod(handlerMethod);
    // 本组件的参数解析器不为空，则为创建的可执行方法设置参数解析器，初始化时参数解析器
会被初始化，所以这里不为 null
    if (this.argumentResolvers != null) {
        invocableMethod.setHandlerMethodArgumentResolvers (this.argument-
Resolvers);
    }
    // 本组件的返回值处理器不为空，则为创建的可执行方法设置返回值处理器，初始化时返回值
处理器会被初始化，所以这里不为 null
    if (this.returnValueHandlers != null) {
        invocableMethod.setHandlerMethodReturnValueHandlers(this.return-
ValueHandlers);
    }
    // 设置可执行方法的 DataBinder 工厂，用于获取 WebDataBinder 实例
    invocableMethod.setDataBinderFactory(binderFactory);
    // 设置可执行方法的参数名获得器，用于获取方法上的参数名
    invocableMethod.setParameterNameDiscoverer(this.parameterNameDiscoverer);
    // 3. 准备 ModelAndView 容器并初始化
    // 创建用于处理过程中使用的 ModelAndView 容器
    ModelAndViewContainer mavContainer = new ModelAndViewContainer();
    // 向当前 ModelAndView 容器的 Model 中添加输入 FlashMap 中的所有属性
    mavContainer.addAllAttributes(RequestContextUtils.getInputFlashMap
(request));
    // 初始化 Model，包含调用 Model 相关的初始化方法，如@ModelAttribute 注解标记的
方法
    modelFactory.initModel(webRequest, mavContainer, invocableMethod);
    // 在重定向时忽略默认的 Model 属性值，只考虑重定向 Model 的属性值，默认为 true
    mavContainer.setIgnoreDefaultModelOnRedirect(this.ignoreDefaultModel-
OnRedirect);
    // 4. 准备异步请求处理组件
    // 根据当前请求与响应创建异步请求
    AsyncWebRequest asyncWebRequest = WebAsyncUtils.createAsyncWebRequest
```

```
(request, response);
      // 设置异步请求的超时时间为当前组件中配置的超时时间
      asyncWebRequest.setTimeout(this.asyncRequestTimeout);
      // 获取异步管理器
      WebAsyncManager asyncManager = WebAsyncUtils.getAsyncManager(request);
      // 后续初始化异步管理器中的一些组件，暂时省略相关代码，参考后续详解
      // ...
      // 5. 调用处理器方法并处理返回值
      invocableMethod.invokeAndHandle(webRequest, mavContainer);
      // 如果处理完成后，开启了异步请求并在处理中，说明返回值为一个异步的结果，直接返回
null，等待异步结果返回，再执行上面的获取异步结果逻辑
      if (asyncManager.isConcurrentHandlingStarted()) {
         return null;
      }
      // 6. 获取 ModelAndView 结果
      return getModelAndView(mavContainer, modelFactory, webRequest);
   }
   finally {
      // 标记请求完成
      webRequest.requestCompleted();
   }
}
```

上面的处理整体分为以下几大步骤。

（1）准备组件工厂。

（2）准备可调用处理器方法实例。

（3）准备 ModelAndView 容器并初始化。

（4）准备异步请求处理组件。

（5）调用处理器方法并处理返回值。

（6）获取 ModelAndView 结果。

下面针对每一步做详细的研究。

1. 准备组件工厂

包括准备 WebDataBinder 工厂，用于创建此请求处理时使用的 WebDataBinder。创建 Model 工厂，用于初始化当前请求处理过程中绑定的 Model。

通过调用方法 getDataBinderFactory 创建 WebDataBinder 工厂，具体逻辑如下。

```
// 获取该处理器方法的 WebDataBinder 工厂
private WebDataBinderFactory getDataBinderFactory(HandlerMethod handlerMethod)
throws Exception {
   // 获取处理器方法所以在的 Bean 类型
   Class<?> handlerType = handlerMethod.getBeanType();
   // 尝试从 InitBinder 缓存中获取当前处理器类型对应的所有标记了@InitBinder 注解的方法
   Set<Method> methods = this.initBinderCache.get(handlerType);
   // 如果为空，说明缓存中还没有，进入获取逻辑
```

```
  if (methods == null) {
      // 找到处理器类型中所有标记了注解@InitBinder 的方法
      methods = MethodIntrospector.selectMethods(handlerType, INIT_BINDER_
METHODS);
      // 添加到缓存，以提高后续处理速度
      this.initBinderCache.put(handlerType, methods);
  }
  // 用于保存全部标记了@InitBinder 方法的结果列表，标记了@InitBinder 的方法会被封装为
InvocableHandlerMethod 可调用处理器方法，以便调用该方法
  List<InvocableHandlerMethod> initBinderMethods = new ArrayList<>();
  // 全局@InitBinder 方法放在结果列表前面，在第 3 章中提到过的@ControllerAdvice 标记的
处理器增强 Bean 中的@IninBinder 方法是全局的
  // 遍历全局 InitBinder 增强器缓存（缓存数据来源于组件初始化时），clazz 是增强器 Bean 的
封装：ControllerAdviceBean 和 methodSet 是这个增强器 Bean 中标记了@InitBinder 注解的
方法集合
  this.initBinderAdviceCache.forEach((clazz, methodSet) -> {
    // 先判断全局 InitBinder 增强器是否可以被应用到当前处理器类型，判断依据是
@ControllerAdvice 注解中配置的一系列属性
    if (clazz.isApplicableToBeanType(handlerType)) {
        // 如果可以被应用，则把增强器解析为 Bean 实例
        Object bean = clazz.resolveBean();
        // 遍历@InitBinder 标记的方法集合
        for (Method method : methodSet) {
            // 调用 createInitBinderMethod 把 Bean 实例和方法封装为可调用处理器方法
InvocableHandlerMethod，添加到 InitBinderMethods 结果列表中
            initBinderMethods.add(createInitBinderMethod(bean, method));
        }
    }
  });
  // 添加全局的@InitBinder 方法后，再添加处理器方法所在 Bean 的@InitBinder 方法，
methods 是前面获取的当前处理器 Bean 中标记了@InitBinder 注解的方法集合，遍历集合依次添加
  for (Method method : methods) {
     // 同上面添加逻辑，先获取@InitBinder 方法所在 Bean 的实例
     Object bean = handlerMethod.getBean();
     // 再调用 createInitBinderMethod 把 Bean 和方法封装为 InvocableHandlerMethod
     initBinderMethods.add(createInitBinderMethod(bean, method));
  }
  // 把 InitBinder 方法列表作为参数，创建 WebDataBinder 工厂
  return createDataBinderFactory(initBinderMethods);
}
```

可以看到上面的处理逻辑主要目的是获取处理器 Bean 及处理器增强 Bean 上的所有@InitBinder 标记的初始化 WebDataBinder 方法，这些方法在执行后续的 WebDataBinder 初始化时，会被调用。下面简单列一下上面出现的一些逻辑。

```
// 判断处理器增强 Bean 是否可被应用到当前处理器 Bean
public boolean isApplicableToBeanType(@Nullable Class<?> beanType) {
  // 先判断 basePackages、assignableTypes、annotations 是否存在，均不存在，说明处理
```

```
器增强 Bean 没有配置过滤属性，全部处理器 Bean 都可以应用
  if (!hasSelectors()) {
      return true;
  }
  // beanType 不能为 null，为 null 则没有可应用的增强器
  else if (beanType != null) {
      // 遍历@ControllerAdvice 配置的 basePackages 过滤条件(basePackageClasses 会被
转换为 basePackages，以类所在包为 basePackages)
      for (String basePackage : this.basePackages) {
          // 如果处理器 Bean 在 basePackage 包下，则符合过滤条件，可以被应用
          if (beanType.getName().startsWith(basePackage)) {
              return true;
          }
      }
      // 遍历@ControllerAdvice 配置的 assignableTypes 属性
      for (Class<?> clazz : this.assignableTypes) {
          // 如果处理器 Bean 是配置的 assignableType 或其子类、实现类，则可以被应用
          if (ClassUtils.isAssignable(clazz, beanType)) {
              return true;
          }
      }
      // 遍历@ControllerAdvice 配置的 annotations 属性
      for (Class<? extends Annotation> annotationClass : this.annotations) {
          // 如果处理器 Bean 上标记了配置的注解，则视为可以被应用
          if (AnnotationUtils.findAnnotation(beanType, annotationClass)
!= null) {
              return true;
          }
      }
  }
  // 否则，视为不能被应用，可以发现 3 个过滤条件以前是“或”的关系，任一个条件满足即可以视
为被应用
  return false;
}
// 创建 InitBinder 的可调用处理器方法实例，传入参数是方法所在 Bean 实例与@InitBinder 标
记的方法
private InvocableHandlerMethod createInitBinderMethod(Object bean, Method
method) {
  // 创建 binder 方法实例
  InvocableHandlerMethod binderMethod = new InvocableHandlerMethod(bean,
method);
  // 设置 binder 方法的方法参数解析器为当前 RequestMappingHandlerAdapter 组件内初始化
的 InitBinder 参数解析器
  if (this.initBinderArgumentResolvers != null) {
      binderMethod.setHandlerMethodArgumentResolvers (this.initBinder-
ArgumentResolvers);
  }
  // 设置 binder 方法的 WebDataBinder 工厂。和处理器方法的 WebDataBinder 工厂不是同一个，
```

```
此处的 WebDataBinder 工厂仅执行一部分初始化功能，后续使用的 WebDataBinder 则为当前获取工厂逻辑中返回的工厂实例，包含了@InitBinder 相关初始化逻辑的工厂
  // 传入了本组件内配置的 WebBindingInitializer，是一个全局的 WebDataBinder 初始化器，用于从工厂获取 WebDataBinder 时为其设置一些全局的组件，如 validator 校验器与 conversionService 类型转换服务等
  binderMethod.setDataBinderFactory(new DefaultDataBinderFactory(this
.webBindingInitializer));
  // 设置参数名获得器为当前组件配置的参数名获得器
  binderMethod.setParameterNameDiscoverer(this.parameterNameDiscoverer);
  return binderMethod;
}
// getDataBinderFactory 方法最后执行的创建 WebDataBinder 工厂方法
protected InitBinderDataBinderFactory createDataBinderFactory(List
<InvocableHandlerMethod> binderMethods)
        throws Exception {
  // 直接创建 ServletRequestDataBinderFactory 类型的 WebDataBinder 工厂，封装所有的@InitBInder 方法，同时传入当前组件配置的 WebBindingInitializer，用于从工厂创建 WebDataBinder 时，使用这个 WebDataBinder 初始化器对创建的 WebDataBinder 进行初始化
  return new ServletRequestDataBinderFactory(binderMethods, getWebBinding-
Initializer());
}
```

在以上逻辑中，获取了 WebDataBinder 的工厂，并为工厂添加了必要的属性。有了 WebDataBinder 工厂，就可以把这个工厂作为参数，获取处理过程中需要使用到的另外一个工厂：Model 工厂。该工厂用于初始化在请求处理过程中使用的 Model 数据。Model 工厂的获取逻辑如下：

```
// 获取 Model 工厂，传入参数为处理器方法与 WebDataBinder 工厂
private ModelFactory getModelFactory(HandlerMethod handlerMethod,
WebDataBinderFactory binderFactory) {
  // 获取 SessionAttributes 的处理器，用于处理处理器 Bean 类型上标记的@SessionAttributes 注解
  SessionAttributesHandler sessionAttrHandler = getSessionAttributesHandler
(handlerMethod);
  // 获取处理器 Bean 类型
  Class<?> handlerType = handlerMethod.getBeanType();
  // 从 ModelAttribute 缓存中获取 Bean 类型对应的@ModelAttribute 标记的方法
  Set<Method> methods = this.modelAttributeCache.get(handlerType);
  if (methods == null) {
      // 若缓存中没有，则进入获取逻辑，获取处理器类型中标记了@ModelAttribute 注解且未标记@RequestMapping 注解的方法，作为 ModelAttribute 方法
      methods = MethodIntrospector.selectMethods(handlerType, MODEL_ATTRIBUTE_
METHODS);
      // 放入缓存，加快下次处理逻辑
      this.modelAttributeCache.put(handlerType, methods);
  }
  // 创建一个列表，用于保存@ModelAttribute 注解标记方法的 InvocableHandlerMethod，可
```

```
调用封装
  List<InvocableHandlerMethod> attrMethods = new ArrayList<>();
  // 全局的@ControllerAdvice 标记的处理器增强中的@ModelAttribute 方法优先
  // 遍历处理器增强 Bean 中的@ModelAttribute 注解方法缓存，该缓存内容在组件初始化时填充，
clazz 是对应的处理器增强 Bean 的封装：ControllerAdviceBean，methodSet 是这个处理器增
强 Bean 中的全部@ModelAttribute 标记的方法
  this.modelAttributeAdviceCache.forEach((clazz, methodSet) -> {
     // 通过@ControllerAdvice 的属性进行过滤，判断是否可被应用到当前处理器 Bean 中
     if (clazz.isApplicableToBeanType(handlerType)) {
          // 解析处理器增强 Bean 为实例
          Object bean = clazz.resolveBean();
          for (Method method : methodSet) {
              // 遍历对应的方法集合，创建 ModelAttribute 可调用方法，添加到结果列表中
              attrMethods.add(createModelAttributeMethod(binderFactory, bean,
method));
          }
     }
  });
  // 全局@ModelAttribute 方法添加完成后，添加当前处理器 Bean 中的@ModelAttribute 方法
  for (Method method : methods) {
     Object bean = handlerMethod.getBean();
     attrMethods.add(createModelAttributeMethod(binderFactory, bean, method));
  }
  // 返回 Model 工厂实例，封装全部@ModelAttribute 的可调用方法，WebDataBinder 工厂与
SessionAttribute 处理器
  return new ModelFactory(attrMethods, binderFactory, sessionAttrHandler);
}
```

上面的整体逻辑与 WebDataBinder 工厂的获取逻辑相似，WebDataBinder 工厂的获取逻辑主要目的是为了获取全部@InitBinder 标记的 WebDataBinder 初始化方法。而这里的目的则主要是为了获取全部@ModelAttribute 标记的 Model 属性初始化方法。获取的这些方法将在后续对 Model 进行初始化的逻辑中调用。

SessionAttributes 逻辑中还包含了获取的 SessionAttributes 处理器，并封装到返回的 Model 工厂中的逻辑。该处理器的主要目的是解析处理器 Bean 类型上声明的@SessionAttributes 注解，把该注解中的 names 属性与 types 属性添加到 SessionAttributes 处理器中，以供后续@SessionAttributes 注解的相关处理逻辑使用。在此处不再展开详解，可以查看方法 getSessionAttributesHandler 的逻辑，维护了统一的缓存逻辑，以及创建 SessionAttributesHandler 实例并在其构造方法中解析@SessionAttributes 注解的逻辑。

在创建@ModelAttribute 标记方法的可调用方法封装时，使用的是 createModelAttributeMethod，与@InitBinder 标记的方法创建逻辑对比，其中使用的组件略有不同，其逻辑如下：

```
// 对@ModelAttribute 注解标记的 Model 初始化方法创建一个可调用方法的封装
private InvocableHandlerMethod createModelAttributeMethod(WebDataBinderFactory
factory, Object bean, Method method) {
```

```
    // 先创建一个实例
    InvocableHandlerMethod attrMethod = new InvocableHandlerMethod(bean, method);
    // 该可调用方法内部使用的参数解析器与处理器方法使用的参数解析器相同，与@InitBinder 使用的参数解析器不同
    if (this.argumentResolvers != null) {
        attrMethod.setHandlerMethodArgumentResolvers(this.argumentResolvers);
    }
    // 同样的参数名侦测器组件
    attrMethod.setParameterNameDiscoverer(this.parameterNameDiscoverer);
    // 设置 WebDataBinder 工厂。此处使用与处理器方法相同的 WebDataBinder 工厂，即在上一步的获取 WebDataBinder 工厂逻辑中获取的工厂
    attrMethod.setDataBinderFactory(factory);
    return attrMethod;
}
```

在获取这两个工厂之后，就可以进入下一步的处理逻辑：创建并初始化处理器方法对应的可调用方法实例。

2. 准备可调用处理器方法实例

工厂准备完成后，就可以把处理器方法封装为可调用的处理器方法实例了，同时把上面获取的两个工厂设置到创建的可调用方法实例中，以供调用方法时使用，其逻辑如下：

```
// 创建 Servlet 的可调用处理器方法实例
ServletInvocableHandlerMethod invocableMethod = createInvocableHandlerMethod
(handlerMethod);
// 设置实例的参数解析器为当前组件初始化后的参数解析器
if (this.argumentResolvers != null) {
  invocableMethod.setHandlerMethodArgumentResolvers(this.argumentResolvers);
}
// 设置实例的返回值处理器为当前组件初始化后的返回值处理器
if (this.returnValueHandlers != null) {
  invocableMethod.setHandlerMethodReturnValueHandlers(this.returnValue-
Handlers);
}
// 设置实例使用的 WebDataBinder 工厂为上面获取的 WebDataBinder 工厂
invocableMethod.setDataBinderFactory(binderFactory);
// 设置实例的参数名获取器为当前组件初始化后的参数名获取器
invocableMethod.setParameterNameDiscoverer(this.parameterNameDiscoverer);
```

可以看到这里的逻辑与工厂创建过程中，@InitBinder 与@ModelAttribute 标记的方法封装成的可调用方法类似，这两个注解使用的是 InvocableHandlerMethod 进行封装，而对于处理器方法则采用 InvocableHandlerMethod 的子类即 ServletInvocableHandlerMethod 进行封装。

子类中额外添加了返回值处理的逻辑，因为@InitBinder 与@ModelAttribute 的返回值是可以被直接拿来使用的，而处理器方法的返回值则需要经过返回值处理器处理才能被应用到

响应中。

以上初始化可调用处理器方法实例中，并没有使用 Model 工厂，而且各种初始化方法也未被调用，仅仅是生成一个待调用的可调用处理器方法实例，其真实调用后续讲解。

3．准备 ModelAndView 容器并初始化

整个处理方法最后的返回结果类型为 ModelAndView，而在整个处理器方法调用流程中，任何一步可能都需要对这个结果做修改，所以这里先创建 ModelAndView 容器，用于承载整个处理过程中对返回结果的 Model 与 View 的修改，即与 Model、View 相关的读写逻辑，都通过 ModelAndView 的容器执行。

在创建了容器后，需要对容器内的 Model 进行一些初始化。如通过@ModelAttribute 方法添加的Model属性，需要在初始化时执行。以及通过输入FlashMap保存的上次请求输出的Model 数据，也需要在这里添加。整体逻辑如下：

```
// 创建 ModelAndView 容器，构造时其内部已经创建了用于保存 Model 属性的 ModelMap 实例
ModelAndViewContainer mavContainer = new ModelAndViewContainer();
// 把重定向输入的 FlashMap 中所有属性添加到当前 ModelAndView 容器的 Model 属性中，以供本次处理逻辑使用
mavContainer.addAllAttributes(RequestContextUtils.getInputFlashMap(request));
// 这里使用 Model 工厂初始化新创建的 ModelAndView 容器
modelFactory.initModel(webRequest, mavContainer, invocableMethod);
// 设置容器的属性，在重定向时忽略默认 Model 中的属性，只保留重定向的 Model 属性。Model 属性默认为 true，如果不忽略，默认 Model 中的属性将通过 Url 的路径参数传递
mavContainer.setIgnoreDefaultModelOnRedirect(this.ignoreDefaultModelOn-Redirect);
```

以上逻辑中并没有发现之前解析过的@ModelAttribute 方法的调用，但有一个 Model 工厂的初始化 Model 方法调用，因为 Model 工厂中封装了全部@ModelAttribute 方法，所以可以猜测正是这个初始化逻辑调用了所有模型属性方法，其逻辑如下：

```
public void initModel(NativeWebRequest request, ModelAndViewContainer
container, HandlerMethod handlerMethod) throws Exception {
  // 使用 SessionAttributes 处理器，先从 Session 中获取@SessionAttributes 注解声明的Session 属性
  // 主要通过注解中的 Session 属性名来确定要获取的 Session 属性
  Map<String, ?> sessionAttributes =
this.sessionAttributesHandler.retrieveAttributes(request);
  // 把@SessionAttributes 声明的 Session 属性全部合并到 ModelAndView 容器中，以供处理逻辑使用。这就是@SessionAttributes 注解的工作原理
  container.mergeAttributes(sessionAttributes);
  // 调用全部@ModelAttribute 注解标记的方法，把方法返回值放入 ModelAndView 容器的Model 中
  invokeModelAttributeMethods(request, container);
  // 在 findSessionAttributeArguments 方法中，获取了 HandlerMethod 中所有标记了@ModelAttribute 的参数
  // 再判断该参数类型是否在@SessionAttributes 的 types 属性中，如果是，则把获取该参数上
```

```
@ModelAttribute 注解的 name 属性添加到方法的返回值列表中
  // 遍历返回的 name 列表
  for (String name : findSessionAttributeArguments(handlerMethod)) {
     // 如果 ModelAndView 容器中不包含 name 属性，则从 Session 中获取该属性，添加到容器中
     if (!container.containsAttribute(name)) {
          Object value = this.sessionAttributesHandler.retrieveAttribute
(request, name);
          if (value == null) {
               throw new HttpSessionRequiredException("Expected session
attribute '" + name + "'", name);
          }
          container.addAttribute(name, value);
     }
  }
}
```

以上逻辑除了调用@ModelAttribute 注解标记的方法及初始化 ModelAndView 容器中的 Model 属性外，还包括把@SessionAttributes 注解声明的所有 Session 属性名与对应的属性值放入容器的逻辑。被@ModelAttribute 标记的参数，如果其对应类型在@SessionAttributes 注解的 types 中存在，也会被作为 Session 属性名与对应的属性值放入容器中。

核心的 invokeModelAttributeMethods 方法逻辑如下：

```
// 调用全部模型属性方法，向 ModelAndView 容器中添加相关属性
private void invokeModelAttributeMethods(NativeWebRequest request,
ModelAndViewContainer container) throws Exception {
  // 遍历全部模型属性方法，直到为空
  while (!this.modelMethods.isEmpty()) {
     // 获取当前遍历的可调用模型属性方法
     InvocableHandlerMethod modelMethod = getNextModelMethod(container)
.getHandlerMethod();
     // 检查该方法上是否存在@ModelAttribute 注解
     ModelAttribute ann = modelMethod.getMethodAnnotation(ModelAttribute
.class);
     // 不存在，则状态异常，因为该方法的检测逻辑是通过判断是否存在这个注解进行添加，正常情
况下不会触发此逻辑
     Assert.state(ann != null, "No ModelAttribute annotation");
     // 如果当前容器已经包括了模型属性方法声明的模型名，则不覆盖现有属性
     if (container.containsAttribute(ann.name())) {
          // 如果注解标记了 binding = false，则把这个属性名添加到容器的不绑定列表中，用
于在参数绑定时忽略此模型属性的绑定
          if (!ann.binding()) {
               container.setBindingDisabled(ann.name());
          }
          // 跳过，不覆盖现有属性
          continue;
     }
     // 根据请求执行模型属性方法，获取模型属性方法的返回值。具体 invokeForRequest 逻辑在
```

```
11.1.3 节内详解
    Object returnValue = modelMethod.invokeForRequest(request, container);
    // 如果方法声明的返回值类型不是 void，则继续处理这个返回值
    if (!modelMethod.isVoid()){
        // 根据返回值与返回类型获取返回的属性名，一般是从方法注解@ModelAttribute 的
name 属性中获取该属性名
        String returnValueName = getNameForReturnValue(returnValue,
modelMethod.getReturnType());
        // 判断是否声明了 binding = false
        if (!ann.binding()) {
            // 如果是，则添加到容器的不绑定列表上中
            container.setBindingDisabled(returnValueName);
        }
        // 再次判断容器的 Model 中是否包含此模型属性
        if (!container.containsAttribute(returnValueName)) {
            // 不包含，则把该模型属性名与对应的返回值添加到容器中
            container.addAttribute(returnValueName, returnValue);
        }
    }
  }
}
```

以上逻辑就是整个@ModelAttribute 标记的模型属性方法的执行过程及其实现原理，这里最重要的操作就是把模型属性方法的返回值作为模型属性添加到当前的 ModelAndView 容器中，但并不是说只有返回值可以被添加到模型属性中，在整个模型方法的调用逻辑中，还可以把当前容器中的 Model 作为参数自动绑定到模型方法的参数上执行，即在方法逻辑中执行更多自定义的添加模型属性的逻辑。

这整个方法参数的绑定与处理器方法的参数绑定是相同的，这部分内容会在 11.2 节中详解。

4．准备异步请求处理组件

在 ModelAndView 容器创建并初始化一些 Model 属性后，准备不工作就完成了，按照正常的请求来说，可以直接调用处理器方法的逻辑。但因为 Spring MVC 加入了对异步请求的支持，在执行的处理器方法中，返回值有可能是异步的结果，这就要求在执行处理器方法前，先为可能出现的异步响应结果做一些准备逻辑，即准备处理异步请求的相关组件。

上述的 invokeAndHandle 方法中省略了这部分代码，这里详细列出，具体逻辑如下：

```
// 根据当前请求与响应创建异步请求
AsyncWebRequest asyncWebRequest = WebAsyncUtils.createAsyncWebRequest
(request, response);
// 设置异步请求的超时时间为当前组件中配置的超时时间
asyncWebRequest.setTimeout(this.asyncRequestTimeout);
// 获取异步管理器
WebAsyncManager asyncManager = WebAsyncUtils.getAsyncManager(request);
// 后续初始化异步管理器中的一些组件，暂时省略相关代码，参考后续详解...
```

```
// 设置异步管理器的任务执行器为当前组件中配置的任务执行器
asyncManager.setTaskExecutor(this.taskExecutor);
// 设置异步管理器管理的异步请求实例
asyncManager.setAsyncWebRequest(asyncWebRequest);
// 向异步管理器中注册 Callable 拦截器，Callable 拦截器来自于当前组件的配置
asyncManager.registerCallableInterceptors(this.callableInterceptors);
// 向异步管理器中注册 DeferredResult 拦截器，DeferredResult 拦截器来自于当前组件的配置
asyncManager.registerDeferredResultInterceptors(this.deferredResult-
Interceptors);
// 如果异步管理器中管理的异步请求已经有了结果
if (asyncManager.hasConcurrentResult()) {
  // 则获取异步执行结果
  Object result = asyncManager.getConcurrentResult();
  // 获取异步结果上下文中维护的 ModelAndView 容器
  mavContainer = (ModelAndViewContainer) asyncManager.getConcurrentResult-
Context()[0];
  // 清理异步管理器的结果，减少内存占用
  asyncManager.clearConcurrentResult();
  if (logger.isDebugEnabled()) {
      logger.debug("Found concurrent result value [" + result + "]");
  }
  // 把 invocableMethod 包装为返回 result 的方法
  invocableMethod = invocableMethod.wrapConcurrentResult(result);
}
// 调用处理器方法并处理返回值
invocableMethod.invokeAndHandle(webRequest, mavContainer);
// 如果处理完成后，开启了异步请求并在处理中，说明返回值为一个异步的结果，直接返回 null，等
待异步结果返回，再执行上面的获取异步结果逻辑
if (asyncManager.isConcurrentHandlingStarted()) {
   return null;
}
```

上面的主要逻辑是向异步管理器中添加一些组件，这些组件来源于 RequestMapping-HandlerAdapter 组件的初始化，具体的初始化逻辑在 11.1.3 节详解。

对于异步请求来说，首先会按照正常流程执行处理器方法。在处理器方法中如果返回了异步相关结果，在异步相关结果的返回值处理器中，会调用异步管理器，开始直接异步响应。此时 asyncManager 的 isConcurrentHandlingStarted 可能返回 true，在该处理逻辑中直接返回 null 表示为异步响应结果。

在异步响应结果完成后，将会再次进入 invokeHandlerMethod 方法，之后调用异步管理器的 hasConcurrentResult 方法将会返回 true，表示异步响应结果已经存在，再把此结果封装到可调用方法中，这个可调用方法固定返回这个异步响应的结果。通过这种方式成功地完成了整个异步请求与相应的处理。

关于异步请求与响应，整体的处理逻辑有很多的扩展内容，本书中不再做详细讲解，有兴趣的读者可以自己查看源码或搜索相关文档，了解整个异步请求的执行与处理原理。

5．调用处理器方法并处理返回值

至此为止，全部准备工作都已就绪，这时执行最核心的处理逻辑：invocableMethod.invokeAndHandle。也正是在这个逻辑中，最终调用开发者声明的@Controller 控制器与其上的@RequestMapping 标记的处理器方法。

在调试时，断点放在自己声明的处理器方法中时，可以看到最近的调用栈就是这里调用的 invokeForRequest 方法。其代码如下：

```
// 调用并处理，最后的 providedArgs 参数可提供多个，用于提供给最终调用方法时使用，在提供的参数类型与方法中声明的参数类型匹配时，直接使用 providedArgs 中的参数作为调用方法时的参数
public void invokeAndHandle(ServletWebRequest webRequest, ModelAndViewContainer mavContainer, Object... providedArgs) throws Exception {
  // 最终执行调用方法获取处理器方法的返回值，内部包含参数解析逻辑，参考后文
  Object returnValue = invokeForRequest(webRequest, mavContainer, providedArgs);
  // 设置响应状态码，状态码来自处理器方法上的@ResponseStatus 注解中的 code，在创建ServletInvocableHandlerMethod 实例时存在该注解的解析逻辑
  // 如果@ResponseStatus 注解中还指定了 reason 属性，则会直接把响应转发到错误处理逻辑，该注解多用于异常处理方法
  setResponseStatus(webRequest);
  // 如果返回值为空
  if (returnValue == null) {
      // 如果判断请求内容未修改或响应状态码不是空或容器中标记了请求已处理
      if (isRequestNotModified(webRequest) || getResponseStatus() != null ||
mavContainer.isRequestHandled()) {
          // 则表示该请求已经处理完成，直接返回
          mavContainer.setRequestHandled(true);
          return;
      }
  }
  // 如果响应状态原因存在内容，该原因来自原@ResponseStatus 的 reason 属性
  else if (StringUtils.hasText(getResponseStatusReason())) {
     // 如果标记请求为已被处理，则直接返回
     mavContainer.setRequestHandled(true);
     return;
  }
  // 否则，先标记请求未被处理
  mavContainer.setRequestHandled(false);
  // 确定返回值处理器组件不能为空
  Assert.state(this.returnValueHandlers != null, "No return value handlers");
  try {
     // 执行返回值处理器的处理返回值逻辑
     this.returnValueHandlers.handleReturnValue(
            returnValue, getReturnValueType(returnValue), mavContainer,
webRequest);
  }
   // 异常时记录日志，再次抛出，交给异常解析器处理
  catch (Exception ex) {
```

```
    if (logger.isTraceEnabled()) {
        logger.trace(getReturnValueHandlingErrorMessage("Error handling
return value", returnValue), ex);
    }
    throw ex;
  }
}
// 最终调用处理器方法的逻辑，之前对@ModelAttribute 标记方法的执行也是通过这个调用逻辑实
现的
public Object invokeForRequest(NativeWebRequest request, @Nullable ModelAnd-
ViewContainer mavContainer, Object... providedArgs) throws Exception {
  // 解析处理器方法的所有参数，返回一个参数数组，用于反射调用
  Object[] args = getMethodArgumentValues(request, mavContainer, providedArgs);
  if (logger.isTraceEnabled()) {
      // 打印日志
      logger.trace("Invoking '" + ClassUtils.getQualifiedMethodName
(getMethod(), getBeanType()) +
          "' with arguments " + Arrays.toString(args));
  }
  // 通过反射执行真实的处理器方法，获得处理器方法执行后的返回值，也就是这里，最终执行了开
发者声明的@RequestMapping 方法
  Object returnValue = doInvoke(args);
  if (logger.isTraceEnabled()) {
      logger.trace("Method [" + ClassUtils.getQualifiedMethodName(getMethod(),
getBeanType()) +
          "] returned [" + returnValue + "]");
  }
  // 返回执行方法后的返回值
  return returnValue;
}
```

在上面整个 invokeAndHandle 过程中，最核心也是最重要的两个功能：参数值解析和返回值处理。Spring MVC 提供参数解析器与返回值处理器两个组件实现这两个功能，这两个组件都以列表组合的形式提供，以支持多种不同的解析与处理逻辑。这两个处理逻辑在上面处理逻辑中的体现是 getMethodArgumentValues 方法与 this.returnValueHandlers.handleReturnValue 方法。

先来看 getMethodArgumentValues 方法的相关逻辑。

```
private Object[] getMethodArgumentValues(NativeWebRequest request, @Nullable
ModelAndViewContainer mavContainer, Object... providedArgs) throws Exception {
  // 获取方法上的参数数组
  MethodParameter[] parameters = getMethodParameters();
  Object[] args = new Object[parameters.length];
  // 遍历这些参数
  for (int i = 0; i < parameters.length; i++) {
      // 拿到数组中当前遍历的参数
      MethodParameter parameter = parameters[i];
```

```
        // 初始化参数的参数名获取器，以用来获取参数名
        parameter.initParameterNameDiscovery(this.parameterNameDiscoverer);
        // 解析通过 providedArgs 提供的预留参数，当 providedArgs 中有与当前遍历的参数类型
匹配的参数值时，直接使用该值作为最终调用的参数值
        // 在处理器方法调用时，providedArgs 为空，但在异常解析方法与@InitBinder 方法调用
时，有额外提供的参数
        args[i] = resolveProvidedArgument(parameter, providedArgs);
        // 如果能从已提供参数中获取，则继续进行下一个参数的解析
        if (args[i] != null) {
            continue;
        }
        // 否则，尝试判断参数解析器是否支持这个参数，如果支持，则执行解析逻辑
        if (this.argumentResolvers.supportsParameter(parameter)) {
            try {
                // 执行参数解析器的解析参数逻辑，获取参数值
                args[i] = this.argumentResolvers.resolveArgument(
                        parameter, mavContainer, request, this.dataBinderFactory);
                continue;
            }
            catch (Exception ex) {
                if (logger.isDebugEnabled()) {
                    logger.debug(getArgumentResolutionErrorMessage("Failed to
resolve", i), ex);
                }
                throw ex;
            }
        }
        // 如果解析后参数值为空，则抛出异常，无法解析参数值
        if (args[i] == null) {
            throw new IllegalStateException("Could not resolve method parameter
at index " +
                    parameter.getParameterIndex() + " in " + parameter.getExecutable()
.toGenericString() +
                    ": " + getArgumentResolutionErrorMessage("No suitable resolver
for", i));
        }
    }
    // 全部遍历完成，返回参数数组用来调用
    return args;
}
// this.argumentResolvers.supportsParameter(parameter)逻辑
// 其中 argumentResolvers 是一个参数解析器的组合器 HandlerMethodArgumentResolver-
Composite，内部维护一个参数解析器列表用于对参数执行解析。判断是否有参数解析器支持该参数
类型
public boolean supportsParameter(MethodParameter parameter) {
    // 返回的参数解析器不为空，则视为支持
    return (getArgumentResolver(parameter) != null);
}
```

```
// 获取支持 parameter 的参数解析器
private HandlerMethodArgumentResolver getArgumentResolver(MethodParameter
parameter) {
  // 优先从缓存中获取，优化性能
  HandlerMethodArgumentResolver result = this.argumentResolverCache.get
(parameter);
  // 如果缓存为空
  if (result == null) {
      // 则执行遍历判断逻辑，遍历内部的全部参数解析器
      for (HandlerMethodArgumentResolver methodArgumentResolver : this
.argumentResolvers) {
          // 打印日志
          if (logger.isTraceEnabled()) {
              logger.trace("Testing if argument resolver [" + methodArgument-
Resolver + "] supports [" +
                      parameter.getGenericParameterType() + "]");
          }
          // 执行参数解析器的 supportsParameter 逻辑，判断当前遍历中参数解析器是否支持
当前参数
          if (methodArgumentResolver.supportsParameter(parameter)) {
              // 如果支持，则指定 result 为当前参数解析器，并添加到缓存
              result = methodArgumentResolver;
              this.argumentResolverCache.put(parameter, result);
              // 之后结束遍历，一个参数最多只能被一个参数解析器解析
              break;
          }
          // 继下一次遍历
      }
  }
  // 返回支持该参数的参数解析器
  return result;
}
/**
 * this.argumentResolvers.resolveArgument(parameter, mavContainer, request,
this.dataBinderFactory)逻辑
 * 在 getMethodArgumentValues 中，如果判断符合参数解析器支持该参数，则执行复合参数解析
器的 resolveArgument 逻辑
 * @param parameter 当前解析的参数
 * @param mavContainer 当前处理过程中的 ModelAndView 容器
 * @param webRequest 当前请求与响应的封装
 * @param binderFactory 进入处理逻辑前创建的 WebDataBinder 工厂，用于参数解析逻辑中使
用，绑定 Web 请求数据到实例中作为参数使用
 */
public Object resolveArgument(MethodParameter parameter, @Nullable ModelAnd-
ViewContainer mavContainer,
    NativeWebRequest webRequest, @Nullable WebDataBinderFactory binderFactory)
throws Exception {
  // 执行获取参数解析器逻辑，因为在判断是否支持参数时已执行此逻辑，并把结果放在了缓存中，
```

```
所以这里直接从缓存中获得参数解析器结果
  HandlerMethodArgumentResolver resolver = getArgumentResolver(parameter);
  // 不可能为空，除非出现 bug
  if (resolver == null) {
      throw new IllegalArgumentException("Unknown parameter type [" + parameter
.getParameterType().getName() + "]");
  }
  // 执行这个参数解析器的解析参数逻辑
  return resolver.resolveArgument(parameter, mavContainer, webRequest,
binderFactory);
}
```

下面是返回值处理 returnValueHandlers.handleReturnValue 的相关逻辑：

```
/**
* 处理调用处理器方法后的返回值，当前处理器是组合类型的处理器，是对处理器列表封装，封装了
RequestMappingHandlerAdapter 组件中初始化的全部返回值处理器
 * @param returnValue 处理器方法的返回值
 * @param returnType 处理器方法的返回值类型
 * @param mavContainer 本次处理过程中使用的 ModelAndView 容器
 * @param webRequest 当前请求与响应的封装
 * @throws Exception 处理异常时抛出
 */
public void handleReturnValue(@Nullable Object returnValue, MethodParameter
returnType,
      ModelAndViewContainer mavContainer, NativeWebRequest webRequest) throws
Exception {
  // 选择返回值处理器列表中支持当前返回值的处理器，只能有一个
  HandlerMethodReturnValueHandler handler = selectHandler(returnValue,
returnType);
  // 如果是空，则表示无法处理返回值，抛出异常
  if (handler == null) {
      throw new IllegalArgumentException("Unknown return value type: " +
returnType.getParameterType().getName());
  }
  // 调用选择的返回值处理器的处理返回值方法，对返回值及与返回值相关的 ModelAndView 容器及
Web 请求进行处理。返回值处理器的处理返回值逻辑不返回结果，处理后的结果均通过 ModelAndView
容器传递
  handler.handleReturnValue(returnValue, returnType, mavContainer, webRequest);
}
// 选择返回值处理器
private HandlerMethodReturnValueHandler selectHandler(@Nullable Object value,
MethodParameter returnType) {
  // 先判断返回值是否是异步类型，但此处判断逻辑默认都为 false，因为当前所有的异步结构都是
作为同步结果进行处理的，在同步结果的处理器中做一些异步操作实现异步结果的处理
  boolean isAsyncValue = isAsyncReturnValue(value, returnType);
  // 遍历当前组合组件封装的全部返回值处理器
  for (HandlerMethodReturnValueHandler handler : this.returnValueHandlers) {
```

```
        // 如果是异步结果，且当前处理器不是异步返回值处理器，则直接跳过
        if (isAsyncValue && !(handler instanceof AsyncHandlerMethodReturn-
ValueHandler)) {
            continue;
        }
        // 其他情况，判断当前遍历中返回值处理器是否支持该返回值类型，如果支持，则直接返回。
一个结果只能有一个返回值处理器
        if (handler.supportsReturnType(returnType)) {
            return handler;
        }
    }
    return null;
}
```

以上就是整个请求处理过程中最核心的逻辑。我们所熟知的@RequestMapping 中所有执行逻辑，都是通过上述过程执行的。这里并没有详细讲解所有具体的参数解析器与返回值处理器，这部分内容会在 11.1.3 节进行详细介绍，这里仅对整个处理过程进行分析。

6．获取 ModelAndView 结果

在处理器方法调用后，又对处理器方法的返回值做了处理。执行以上相关逻辑，还缺少一个整合的部分。因为处理适配器的处理方法最终返回的类型应该是 ModelAndView 的封装类型，而在调用处理器方法的整个过程中，并没有这种类型的返回值被创建。但是在整个处理过程中，使用了同一个 ModelAndView 容器，所有的处理结果也都放在了这个容器中。

那么方法 invokeHandlerMethod 的最后一步，就是使用这个 ModelAndView 容器创建 ModelAndView 结果并返回。这就是 getModelAndView 方法的作用。下面列出这个方法的源码。

```
private ModelAndView getModelAndView(ModelAndViewContainer mavContainer,
        ModelFactory modelFactory, NativeWebRequest webRequest) throws Exception {
    // 调用 Model 工厂的更新模型方法，用于把处理过程中产生的一些 Model 属性保存在 Session 中
或者清理一些 Session 值，以及添加参数绑定的 BindingResult 到 Model 属性中
    // 当处理器方法参数引入的 SessionStatus 参数被标记为已完成，则执行 SessionAttributes
处理器的清理操作，把该处理器放入 Session 中的值删除
    // 否则会把当前 Model 中与该 SessionAttributes 处理器对应的@SessionAttributes 注解
声明的 names 或 types 匹配的属性添加到 Session 中供后续请求使用
    modelFactory.updateModel(webRequest, mavContainer);
    // 如果是已经处理过的请求，则返回的 ModelAndView 为 null，后续不再执行处理
    if (mavContainer.isRequestHandled()) {
        return null;
    }
    // 获取 ModelAndView 容器中的 ModelMap，包含了所有的 Model 属性
    ModelMap model = mavContainer.getModel();
    // 使用容器中的视图名、所有 Model 属性 Map、容器中设置的响应状态码创建 ModelAndView 结
果，该状态码如果不为空，会覆盖@ResponseStatus 注解声明的状态码
    ModelAndView mav = new ModelAndView(mavContainer.getViewName(), model,
```

```
mavContainer.getStatus());
  // 如果容器中的视图不是视图名引用
  if (!mavContainer.isViewReference()) {
       // 则直接设置返回 ModelAndView 中的视图
       mav.setView((View) mavContainer.getView());
  }
  // 如果模型属性是 RedirectAttributes 类型，说明是通过 RedirectAttributes 类型引入的
参数添加的模型属性值，即重定向属性
  if (model instanceof RedirectAttributes) {
       // 则获取重定向模型属性中需要留给重定向后请求使用的闪存属性
       Map<String, ?> flashAttributes = ((RedirectAttributes) model)
.getFlashAttributes();
       // 通过传入的请求封装获取原始的请求
       HttpServletRequest request = webRequest.getNativeRequest
(HttpServletRequest.class);
       // 如果请求不为空
       if (request != null) {
            // 则把重定向的删除属性添加到当前请求的输出 FlashMap 中
            RequestContextUtils.getOutputFlashMap(request).putAll
(flashAttributes);
       }
  }
  // 最后返回这个 ModelAndView 结果
  return mav;
}
```

到这里为止，整个处理器方法的处理适配已经全部执行完成，整个逻辑涉及很多组件，也正是基于这些组件的组合，才完成了@RequestMapping 标记的处理器方法的复杂逻辑。

在上面的处理中，直接看到了各个组件的使用，但是还有一个问题，这些组件究竟是如何被初始化到 RequestMappingHandlerAdapter 组件中的呢？这是 11.1.3 节的研究目标。

11.1.3　处理适配器的初始化

RequestMappingHandlerAdapter 组件是比较复杂的组件，其内部又包含了其他一些组件，整个初始化过程与 DispatcherServlet 类似，核心初始化方法同样在 afterProperties 方法中。但在组件 Bean 的定义时，也填充了一些初始化逻辑。下面先来看 RequestMapping-HandlerAdapter 其构造方法，其逻辑如下：

```
// 本类的消息转换器组件列表，用于保存消息转换器列表
private List<HttpMessageConverter<?>> messageConverters;
// 默认构造方法
public RequestMappingHandlerAdapter() {
  // 创建 String 类型的消息转换器
  StringHttpMessageConverter stringHttpMessageConverter = new StringHttp-
MessageConverter();
  // 配置此消息转换器不向响应中写入 Accept-Charset 响应头，默认为 true
```

```
  stringHttpMessageConverter.setWriteAcceptCharset(false); // see SPR-7316
  // 为本类的消息转换器列表属性创建实例
  this.messageConverters = new ArrayList<>(4);
  // 添加 Byte 数组类型的消息转换器
  this.messageConverters.add(new ByteArrayHttpMessageConverter());
  // 把刚才创建的 String 类型消息转换器添加到 List 中
  this.messageConverters.add(stringHttpMessageConverter);
  // 添加一个 Source 类型的消息转换器，用于转换 Spring 提供的 Source 类型的转换
  this.messageConverters.add(new SourceHttpMessageConverter<>());
  // 添加一个包含全部转换器的消息转换器，用于对表单数据进行转换
  this.messageConverters.add(new AllEncompassingFormHttpMessageConverter());
}
```

RequestMappingHandlerAdapter 构造方法中只添加了一些默认的消息转换器，没有执行其他逻辑。

除了构造方法外，该组件 Bean 在定义时也包含了一些为该组件添加内部功能组件的逻辑。通过构造方法的引用可以查到该 Bean 的定义在 WebMvcAutoConfiguration.EnableWebMvcConfiguration 的 requestMappingHandlerAdapter 方法中，整体逻辑如下：

```
// 声明 Bean 定义
@Bean
@Override
public RequestMappingHandlerAdapter requestMappingHandlerAdapter() {
  // 调用父类方法获取组件实例
  RequestMappingHandlerAdapter adapter = super.requestMappingHandlerAdapter();
  // 根据提供的配置属性设置组件的属性
  adapter.setIgnoreDefaultModelOnRedirect(this.mvcProperties == null
      || this.mvcProperties.isIgnoreDefaultModelOnRedirect());
  return adapter;
}
// 父类的 requestMappingHandlerAdapter 方法
public RequestMappingHandlerAdapter requestMappingHandlerAdapter() {
  // 创建 RequestMappingHandlerAdapter 组件实例，createRequestMappingHandlerAdapter
直接执行 new RequestMappingHandlerAdapter()
  RequestMappingHandlerAdapter adapter = createRequestMappingHandlerAdapter();
  // 设置组件内部使用的内容协商管理器组件，使用 mvcContentNegotiationManager 方法获取
该组件，获取的是当前引用上下文中的唯一内容协商管理器组件
  adapter.setContentNegotiationManager(mvcContentNegotiationManager());
  // 设置组件内部使用的全部消息转换器组件，通过 getMessageConverters 获取需要使用的消息
管理器组件，内部逻辑参考后续
  adapter.setMessageConverters(getMessageConverters());
  // 设置组件内部使用的 WebDataBinder 初始化器组件，用于对一个处理器方法执行过程中使用的
WebDataBinder 组件进行统一的初始化
  // 该初始化组件为内置组件，可通过各种配置定制这个初始化组件，如 WebMvcConfigurer 的
getValidator 配置初始化组件使用的校验器，通过 WebMvcConfigurer 的 addFormatters 添加
格式转换器
  adapter.setWebBindingInitializer(getConfigurableWebBindingInitializer());
```

```
  // 设置组件的自定义参数解析器列表，使用 getArgumentResolvers 方法获取
  adapter.setCustomArgumentResolvers(getArgumentResolvers());
  // 设置组件使用的返回值处理器获取
  adapter.setCustomReturnValueHandlers(getReturnValueHandlers());
  // 如果存在 Jackson2 库(用于处理 JSON 的库)
  if (jackson2Present) {
      // 则添加一个用于处理 JsonView 的 RequestBodyAdvice
      adapter.setRequestBodyAdvice(Collections.singletonList(new JsonView-
RequestBodyAdvice()));
      // 添加一个用于处理 JsonView 的 ResponseBodyAdvice
      adapter.setResponseBodyAdvice(Collections.singletonList(new JsonView-
ResponseBodyAdvice()));
  }
  // 执行 configureAsyncSupport 配置异步支持，获取异步管理器的自定义配置
  AsyncSupportConfigurer configurer = new AsyncSupportConfigurer();
  // 配置异步支持，通过 WebMvcConfigurer.configureAsyncSupport 方法执行配置逻辑
  configureAsyncSupport(configurer);
  // 如果自定义配置的任务执行器不为空，则设置组件的任务执行器为自定义配置的任务执行器
  if (configurer.getTaskExecutor() != null) {
      adapter.setTaskExecutor(configurer.getTaskExecutor());
  }
  // 如果自定义配置的异步请求超时不为空，则设置组件的异步请求超时为自定义配置的异步请求
超时
  if (configurer.getTimeout() != null) {
      adapter.setAsyncRequestTimeout(configurer.getTimeout());
  }
  // 设置组件的异步请求 Callable 拦截器为自定义配置的 Callable 拦截器
  adapter.setCallableInterceptors(configurer.getCallableInterceptors());
  // 设置组件的延迟结果拦截器为自定义配置的延迟结果拦截器
  adapter.setDeferredResultInterceptors(configurer.getDeferredResult-
Interceptors());
  // 返回自定义配置后的组件，上面自定义的这些组件，在 adapter 的调用处理器方法与处理返回值
的逻辑中都有使用
  return adapter;
}
```

在处理逻辑中，使用到上面配置的所有组件，最重要的 3 个组件是参数解析器、返回值处理器与消息转换器，这 3 个组件列表都是通过对应的初始化方法获取的。下面再看一下这 3 个组件的初始化方法：

```
// 获取自定义的参数解析器列表
protected final List<HandlerMethodArgumentResolver> getArgumentResolvers() {
  // 如果当前类中参数解析器列表为 null
  if (this.argumentResolvers == null) {
      // 则直接创建一个空的参数
      this.argumentResolvers = new ArrayList<>();
      // addArgumentResolvers 方法内执行所有 WebMvcConfigurer 的 addArgumentResolvers
方法，向这个 list 中添加自定义的参数解析器
```

```
        addArgumentResolvers(this.argumentResolvers);
    }
    // 返回当前类中的参数解析器列表，作为 RequestMappingHandlerAdapter 组件的自定义参数解析器使用
    return this.argumentResolvers;
}
// 获取自定义的返回值处理器列表
protected final List<HandlerMethodReturnValueHandler> getReturnValueHandlers(){
    // 如果当前类中返回值处理器列表为 null
    if (this.returnValueHandlers == null) {
        // 创建一个空的返回值处理器列表
        this.returnValueHandlers = new ArrayList<>();
        // addReturnValueHandlers 方法内执行所有 WebMvcConfigurer 的 addReturn-ValueHandlers 方法，向这个 list 添加自定义的返回值处理器
        addReturnValueHandlers(this.returnValueHandlers);
    }
    // 返回当前类中自定义的返回值处理器列表
    return this.returnValueHandlers;
}
// 获取全部消息转换器
protected final List<HttpMessageConverter<?>> getMessageConverters() {
    // 如果消息转换器列表为空
    if (this.messageConverters == null) {
        // 创建空的消息转换器列表，用于添加消息转换器
        this.messageConverters = new ArrayList<>();
        // 使用 WebMvcConfigurer 组件的 configureMessageConverters 方法配置消息转换器
        configureMessageConverters(this.messageConverters);
        // 如果经过配置后，消息转换器还为空，则添加默认的消息转换器。默认的消息转换器最终都会被添加到消息转换器列表中
        if (this.messageConverters.isEmpty()) {
            addDefaultHttpMessageConverters(this.messageConverters);
        }
        // 该方法内部再执行 WebMvcConfigurer 的 extendMessageConverters 方法，为消息转化器列表额外添加消息转换器
        extendMessageConverters(this.messageConverters);
    }
    // 返回配置后的消息转换器列表
    return this.messageConverters;
}
// 添加默认消息转换器
protected final void addDefaultHttpMessageConverters(List<HttpMessage-Converter<?>> messageConverters) {
    // 创建 String 类型的消息转换器
    StringHttpMessageConverter stringHttpMessageConverter = new StringHttpMessageConverter();
    // 配置此消息转换器不向响应中写入 Accept-Charset 响应头，默认为 true
    stringHttpMessageConverter.setWriteAcceptCharset(false);  // see SPR-7316
    // 添加 Byte 数组消息转换器
```

```
  messageConverters.add(new ByteArrayHttpMessageConverter());
  // 把刚才创建的 String 类型消息转换器添加到 List 中
  messageConverters.add(stringHttpMessageConverter);
  // 添加一个 Resource 类型的消息转换器，用于支持 Spring 提供的 Resource 资源类型的转换
  messageConverters.add(new ResourceHttpMessageConverter());
  // 添加一个资源块消息转换器，用于支持断点续传 Http Range 功能
  messageConverters.add(new ResourceRegionHttpMessageConverter());
  // 添加一个 Source 类型的消息转换器，用于支持 XML 标准中的 Source 类型数据
  messageConverters.add(new SourceHttpMessageConverter<>());
  // 添加一个包含全部转换器的消息转换器，用于对表单数据进行转换
  messageConverters.add(new AllEncompassingFormHttpMessageConverter());
  // 省略 rome 库相关转化器判断与添加逻辑...
  // 如果 Jackson 库的 XmlMapper 存在，则添加 Jackson 的 XML 数据转换器
  if (jackson2XmlPresent) {
      Jackson2ObjectMapperBuilder builder = Jackson2ObjectMapperBuilder
.xml();
      if (this.applicationContext != null) {
          builder.applicationContext(this.applicationContext);
      }
      messageConverters.add(new MappingJackson2XmlHttpMessageConverter
(builder.build()));
  }
  // 否则，再判断 Jaxb2 的 XML 转换库是否存在，如果存在，则添加 Jaxb 标准的 XML 转换器
  else if (jaxb2Present) {
     messageConverters.add(new Jaxb2RootElementHttpMessageConverter());
  }
  // 如果 Jackson 库的 ObjectMapper 存在，则添加 Jackson 库的 Json 类型消息转换器
  if (jackson2Present) {
      Jackson2ObjectMapperBuilder builder = Jackson2ObjectMapperBuilder
.json();
      if (this.applicationContext != null) {
          builder.applicationContext(this.applicationContext);
      }
      messageConverters.add(new MappingJackson2HttpMessageConverter
(builder.build()));
  }
  // 再判断 Gson 库是否存在，如果存在，则添加对应类型的 Json 类型消息转换器
  else if (gsonPresent) {
     messageConverters.add(new GsonHttpMessageConverter());
  }
  // 如果其他不存在，而 Jsonb 库存在，则添加 Jsonb 库的 Json 类型转换器
  else if (jsonbPresent) {
     messageConverters.add(new JsonbHttpMessageConverter());
  }
  // 省略两个判断与添加消息转换器逻辑...
}
```

在最后的添加默认消息转换器逻辑中，包含 RequestMappingHandlerAdapter 构造方法中

添加的消息转换器，因为在 Bean 定义方法中，调用 RequestMappingHandlerAdapter 的 setMessageConverters 设置消息转换器列表会替换构造时创建的消息转换器，所以这里的逻辑替换了构造方法的逻辑。

上述的 RequestMappingHandlerAdapter 定义完成后，在 Bean 初始化时，还会执行其中的初始化方法 afterPropertiesSet。在这个初始化方法中，会对该组件内部添加的其他组件进行整合，代码如下：

```
public void afterPropertiesSet() {
  // 初始化 ControllerAdvice 缓存，即初始化@ControllerAdvice 标记的处理器增强相关缓存
  initControllerAdviceCache();
  // 如果此时本实例的参数解析器为空，则执行参数解析器初始化逻辑
  // 因为在 Bean 定义中并没有设置参数解析器的值，只是设置了自定义参数解析器 custom-
ArgumentResolvers 的值，所以这里进入初始化逻辑
  if (this.argumentResolvers == null) {
       // 执行获取默认参数解析器逻辑
       List<HandlerMethodArgumentResolver> resolvers = getDefaultArgument-
Resolvers();
       // 把全部参数解析器封装为参数解析器复合类，作为本类的参数解析器组件使用
       this.argumentResolvers = new HandlerMethodArgumentResolverComposite()
.addResolvers(resolvers);
  }
  // 如果 InitBinder 的参数解析器为空，默认为空
  // 该组件用于对@InitBinder 标记方法上的参数进行解析
  if (this.initBinderArgumentResolvers == null) {
       // 获取默认的 InitBinder 参数解析器列表
       List<HandlerMethodArgumentResolver> resolvers = getDefaultInitBinder-
ArgumentResolvers();
       // 封装为参数解析器复合类，作为本实例的 InitBinder 参数解析器组件使用
       this.initBinderArgumentResolvers = new HandlerMethodArgumentResolver-
Composite().addResolvers(resolvers);
  }
  // 如果返回值处理器为空，默认为空
  if (this.returnValueHandlers == null) {
       // 则获取默认返回值处理器列表
       List<HandlerMethodReturnValueHandler> handlers = getDefaultReturn-
ValueHandlers();
       // 封装为符合返回值处理器，作为本类的返回值处理器组件使用
       this.returnValueHandlers = new HandlerMethodReturnValueHandlerComposite()
.addHandlers(handlers);
  }
}
```

以上过程包括以下 4 步核心逻辑。

1．@ControllerAdvice 组件与其缓存的初始化

方法 initControllerAdviceCache 的执行，主要用来初始化当前应用中所有@Controller-Advice 标记的处理器增强组件，并为其添加一些缓存，以实现快速处理的目的。其逻辑如下：

```
private void initControllerAdviceCache() {
  // 应用上下文为空，不做初始化处理
  if (getApplicationContext() == null) {
      return;
  }
  // 打印日志
  if (logger.isInfoEnabled()) {
      logger.info("Looking for @ControllerAdvice: " + getApplicationContext());
  }
  // 获取当前应用上下文及所有祖先上下文中@ControllerAdvice 注解标记的 Bean，并封装为
ControllerAdviceBean 实例列表
  List<ControllerAdviceBean> adviceBeans = ControllerAdviceBean
.findAnnotatedBeans(getApplicationContext());
  // 使用 Bean 排序逻辑对列表进行排序
  AnnotationAwareOrderComparator.sort(adviceBeans);
  // 请求响应 Body 增强器 Bean 列表
  List<Object> requestResponseBodyAdviceBeans = new ArrayList<>();
  // 遍历全部处理器增强 Bean 的封装
  for (ControllerAdviceBean adviceBean : adviceBeans) {
      // 获取对应 Bean 的类型
      Class<?> beanType = adviceBean.getBeanType();
      if (beanType == null) {
          throw new IllegalStateException("Unresolvable type for Controller-
AdviceBean: " + adviceBean);
      }
      // 查找处理器增强 Bean 中被@ModelAttribute 标记但未被@RequestMapping 标记的方法
      Set<Method> attrMethods = MethodIntrospector.selectMethods(beanType,
MODEL_ATTRIBUTE_METHODS);
      // 如果不为空
      if (!attrMethods.isEmpty()) {
          // 则添加到 modelAttribute 增强缓存中
          this.modelAttributeAdviceCache.put(adviceBean, attrMethods);
          if (logger.isInfoEnabled()) {
              logger.info("Detected @ModelAttribute methods in " + adviceBean);
          }
      }
      // 查找处理器增强 Bean 中被@InitBinder 标记的方法
      Set<Method> binderMethods = MethodIntrospector.selectMethods(beanType,
INIT_BINDER_METHODS);
      // 如果不为空
      if (!binderMethods.isEmpty()) {
```

```
            // 则添加到 initBinder 增强缓存中
            this.initBinderAdviceCache.put(adviceBean, binderMethods);
            if (logger.isInfoEnabled()) {
                logger.info("Detected @InitBinder methods in " + adviceBean);
            }
        }
        // 如果 Bean 类型是 RequestBodyAdvice 的实现类
        if (RequestBodyAdvice.class.isAssignableFrom(beanType)) {
            // 则添加到 requestResponseBodyAdviceBeans 列表中
            requestResponseBodyAdviceBeans.add(adviceBean);
            if (logger.isInfoEnabled()) {
                logger.info("Detected RequestBodyAdvice bean in " + adviceBean);
            }
        }
        // 如果 Bean 类型是 ResponseBodyAdvice 的实现类
        if (ResponseBodyAdvice.class.isAssignableFrom(beanType)) {
            // 则添加到 requestResponseBodyAdviceBeans 列表中
            requestResponseBodyAdviceBeans.add(adviceBean);
            if (logger.isInfoEnabled()) {
                logger.info("Detected ResponseBodyAdvice bean in " + adviceBean);
            }
        }
    }
    // 如果结果不为空
    if (!requestResponseBodyAdviceBeans.isEmpty()) {
        // 则把结果添加到本类的 requestResponseBodyAdvice 列表中
         this.requestResponseBodyAdvice.addAll(0, requestResponseBodyAdvice-
Beans);
    }
}
```

2. 参数解析器组件的初始化

通过方法 getDefaultArgumentResolvers 获取默认的参数解析器组件列表，以作为初始化的组件列表使用，其逻辑如下：

```
private List<HandlerMethodArgumentResolver> getDefaultArgumentResolvers() {
    // 参数解析器列表结果
    List<HandlerMethodArgumentResolver> resolvers = new ArrayList<>();
    // 以下为基于注解的参数解析器，放在最前面，因为注解为了显式声明，所以不会与其他注解处理
器冲突
    // @RequestParam 注解的基本类型参数解析器
    resolvers.add(new RequestParamMethodArgumentResolver(getBeanFactory(),
false));
    // @RequestParam 注解的 Map 类型参数解析器
    resolvers.add(new RequestParamMapMethodArgumentResolver());
    // @PathVariable 注解的基本类型参数解析器
    resolvers.add(new PathVariableMethodArgumentResolver());
```

```
    // @PathVariable 注解的 Map 类型参数解析器
    resolvers.add(new PathVariableMapMethodArgumentResolver());
    // @MatrixVariable 注解的基本类型参数解析器
    resolvers.add(new MatrixVariableMethodArgumentResolver());
    // @MatrixVariable 注解的 Map 类型参数解析器
    resolvers.add(new MatrixVariableMapMethodArgumentResolver());
    // @ModelAttribute 注解的参数解析器
    resolvers.add(new ServletModelAttributeMethodProcessor(false));
    // @RequestBody 注解的参数解析器，传入了所有的消息转换器，供内部使用
    resolvers.add(new RequestResponseBodyMethodProcessor(getMessageConverters(),
this.requestResponseBodyAdvice));
    // @RequestPart 注解的参数解析器，传入了所有的消息转换器，供内部使用
    resolvers.add(new RequestPartMethodArgumentResolver(getMessageConverters(),
this.requestResponseBodyAdvice));
    // @RequestHeader 注解的基本类型参数解析器
    resolvers.add(new RequestHeaderMethodArgumentResolver(getBeanFactory()));
    // @RequestHeader 注解的 Map 类型参数解析器
    resolvers.add(new RequestHeaderMapMethodArgumentResolver());
    // @CookieValue 注解的参数解析器
    resolvers.add(new ServletCookieValueMethodArgumentResolver(getBeanFactory()));
    // @Value 注解的参数解析器
    resolvers.add(new ExpressionValueMethodArgumentResolver(getBeanFactory()));
    // @SessionAttribute 注解的参数解析器
    resolvers.add(new SessionAttributeMethodArgumentResolver());
    // @RequestAttribute 注解的参数解析器
    resolvers.add(new RequestAttributeMethodArgumentResolver());
    // 基于参数类型的参数解析器，顺序在注解参数解析器后面
    // 基本的 Servlet 请求相关类型的参数解析器
    resolvers.add(new ServletRequestMethodArgumentResolver());
    // 基本的 Servlet 响应相关类型的参数解析器
    resolvers.add(new ServletResponseMethodArgumentResolver());
    // HttpEntity 与 RequestEntity 类型的参数解析器，传入消息转换器供内部使用
    resolvers.add(new HttpEntityMethodProcessor(getMessageConverters(),
this.requestResponseBodyAdvice));
    // RedirectAttributes 类型的参数解析器
    resolvers.add(new RedirectAttributesMethodArgumentResolver());
    // Model 类型的参数解析器
    resolvers.add(new ModelMethodProcessor());
    // Map 类型的参数解析器
    resolvers.add(new MapMethodProcessor());
    // Errors 类型的参数解析器，绑定参数校验错误
    resolvers.add(new ErrorsMethodArgumentResolver());
    // SessionStatus 类型的参数解析器
    resolvers.add(new SessionStatusMethodArgumentResolver());
    // UriComponentsBuilder 和 ServletUriComponentsBuilder 类型的参数解析器
    resolvers.add(new UriComponentsBuilderMethodArgumentResolver());
    // 自定义的参数解析器，通过 Bean 定义时传入，添加到后面
    if (getCustomArgumentResolvers() != null) {
```

```
        resolvers.addAll(getCustomArgumentResolvers());
    }
    // 放在最后的两个参数解析器，用于捕获所有参数的解析，否则不能正常解析参数，会抛出异常
    // 请求参数解析器，无需显式声明注解，参数类型是简单类型时进入此解析器逻辑
    resolvers.add(new RequestParamMethodArgumentResolver(getBeanFactory(),
true));
    // 模型属性解析器，无需显式声明注解，参数类型不是简单类型时进入此解析器逻辑，覆盖全部
类型
    resolvers.add(new ServletModelAttributeMethodProcessor(true));
    return resolvers;
}
```

参数解析器列表的初始化中，添加了很多内置的参数解析器，这些参数解析器都有其特殊作用，且顺序不可以修改。同时也包括添加自定义的参数解析器逻辑，将其放在两个处理全部参数的参数解析器前面。这就和上面 Bean 定义时传入的自定义参数解析器联系起来了。

3. @InitBinder 方法对应的参数解析器组件的初始化

@InitBinder 可以标记一个方法用于对 WebDataBinder 进行初始化，该注解标记的方法也可以提供多个参数，而这部分参数的解析逻辑与处理器方法上的参数解析逻辑略有不同，不需要太多组件即可。其初始化组件列表方法 getDefaultInitBinderArgumentResolvers 逻辑如下：

```
// 全部参数解析器是2中参数解析器的子集,排除了部分在@InitBinder标记方法中不支持的Model
相关的参数解析器及其他无须支持的参数解析器
// 添加逻辑与 getDefaultArgumentResolvers 相同，注释不再赘述
private List<HandlerMethodArgumentResolver> getDefaultInitBinderArgument-
Resolvers() {
    List<HandlerMethodArgumentResolver> resolvers = new ArrayList<>();
    // 基于注解的参数解析器
    resolvers.add(new RequestParamMethodArgumentResolver(getBeanFactory(),
false));
    resolvers.add(new RequestParamMapMethodArgumentResolver());
    resolvers.add(new PathVariableMethodArgumentResolver());
    resolvers.add(new PathVariableMapMethodArgumentResolver());
    resolvers.add(new MatrixVariableMethodArgumentResolver());
    resolvers.add(new MatrixVariableMapMethodArgumentResolver());
    resolvers.add(new ExpressionValueMethodArgumentResolver(getBeanFactory()));
    resolvers.add(new SessionAttributeMethodArgumentResolver());
    resolvers.add(new RequestAttributeMethodArgumentResolver());
    // 基于类型的参数解析器
    resolvers.add(new ServletRequestMethodArgumentResolver());
    resolvers.add(new ServletResponseMethodArgumentResolver());
    // 自定义参数解析器
    if (getCustomArgumentResolvers() != null) {
        resolvers.addAll(getCustomArgumentResolvers());
```

```
  }
  // 拦截所有的参数解析器
  resolvers.add(new RequestParamMethodArgumentResolver(getBeanFactory(),
true));
  return resolvers;
}
```

4. 返回值处理器组件的初始化

与参数解析器相对的组件是返回值处理器组件，参数解析器用于根据请求解析参数值供调用方法时使用，而返回值处理则用于处理方法的返回值。初始化时该组件列表通过 getDefaultReturnValueHandlers 方法获取，其中执行逻辑如下：

```
private List<HandlerMethodReturnValueHandler> getDefaultReturnValue-
Handlers() {
  // 声明用于保存结果的 List
  List<HandlerMethodReturnValueHandler> handlers = new ArrayList<>();
  // 单个功能返回值类型的处理器支持
  // 用于支持 ModelAndView 类型的返回值
  handlers.add(new ModelAndViewMethodReturnValueHandler());
  // 用于支持 Model 类型的返回值
  handlers.add(new ModelMethodProcessor());
  // 用于支持 View 类型的返回值
  handlers.add(new ViewMethodReturnValueHandler());
  // 用于支持 ResponseBodyEmitter 类型和 Reactive 类型的返回值，传入消息转换器列表与内
容协商管理器供内部使用
  handlers.add(new ResponseBodyEmitterReturnValueHandler(getMessageConverters(),
      this.reactiveAdapterRegistry, this.taskExecutor, this.contentNegotiation-
Manager));
  // 用于支持 StreamingResponseBody 类型的返回值
  handlers.add(new StreamingResponseBodyReturnValueHandler());
  // 用于支持 HttpEntity 与 ResponseEntity 类型的返回值
  handlers.add(new HttpEntityMethodProcessor(getMessageConverters(),
      this.contentNegotiationManager, this.requestResponseBodyAdvice));
  // 用于支持 HttpHeaders 类型的返回值
  handlers.add(new HttpHeadersReturnValueHandler());
  // 用于支持异步响应结果 Callable 类型的返回值
  handlers.add(new CallableMethodReturnValueHandler());
  // 用于支持异步响应结果 DeferredResult、ListenableFuture、CompletionStage 类型的
返回值
  handlers.add(new DeferredResultMethodReturnValueHandler());
  // 用于支持异步响应结果 WebAsyncTask 类型的返回值
  handlers.add(new AsyncTaskMethodReturnValueHandler(this.beanFactory));
  // 基于注解的返回值处理，与参数解析器的顺序相反
  // 用于对@ModelAttribute 标记方法的返回值进行处理
  handlers.add(new ModelAttributeMethodProcessor(false));
  // 用于对@ResponseBody 标记方法的返回值进行处理
```

```
    handlers.add(new RequestResponseBodyMethodProcessor(getMessageConverters(),
         this.contentNegotiationManager, this.requestResponseBodyAdvice));
    // 多个目的的返回值处理器
    // 对 String 类型返回值进行处理，视图名返回值处理器返回 String 均视为视图名
    handlers.add(new ViewNameMethodReturnValueHandler());
    // 提供 Map 类型的返回值处理功能
    handlers.add(new MapMethodProcessor());
    // 自定义的返回值处理器，放在前面明确的返回值处理器之后
    if (getCustomReturnValueHandlers() != null) {
         handlers.addAll(getCustomReturnValueHandlers());
    }
    // 最后添加一个用于处理全部返回值的处理器
    // 如果 ModelAndView 解析器不为空
    if (!CollectionUtils.isEmpty(getModelAndViewResolvers())) {
         // 则创建一个使用该解析器返回 ModelAndView 类型结果的返回值处理器，此时处理器方法
无需返回值
         handlers.add(new ModelAndViewResolverMethodReturnValueHandler
(getModelAndViewResolvers()));
    }
    else {
      // 否则，在没有这个解析器组件时，创建一个无需显式声明@ModelAttribute
      handlers.add(new ModelAttributeMethodProcessor(true));
    }
    return handlers;
}
```

至此整个 RequestMappingHandlerAdapter 需要使用的全部组件已经初始化完成，正是基于这些组件，才完成了复杂的参数解析、返回值处理逻辑。在 11.2 节将就其中的部分组件进行深入地分析，弄清楚平时使用的各种参数解析与返回值处理逻辑究竟是如何生效的。

11.2 参数解析器

在对@RequestMapping 标记的处理器方法执行前，需要通过参数解析器解析处理器方法声明的所有参数。本节就来对参数解析过程中使用到的组件进行简单地分析，深入底层了解其执行原理。

11.2.1 参数解析器概述

已知参数值的解析是通过 RequestMappingHandlerAdapter 中配置的所有参数解析器执行的，同时在 11.1.3 节中，已经看到了所有参数解析器的初始化。因为全部参数解析器数量比较多，且大多数参数解析器内部处理逻辑类似，本节就只选常用的部分参数声明方式，来分析这些参数对应的参数解析器底层的工作原理。

参数解析器使用接口 HandlerMethodArgumentResolver 表示，所有的参数解析器均实现了该接口。该接口包含以下两个方法。

- boolean supportsParameter(MethodParameter parameter)：判断该参数解析器是否支持该方法参数。
- Object resolveArgument(MethodParameter parameter, @Nullable ModelAndViewContainer mavContainer, NativeWebRequest webRequest, @Nullable WebDataBinderFactory binderFactory)：通过 mavContainer、webRequest、binderFactory 3 个参数的信息解析 parameter 对应的参数值。

所有的处理逻辑都是围绕这两个方法执行的。下面就先来看一下@RequestParam 注解对应的参数解析器究竟是如何进行参数解析的。

11.2.2　简单请求参数解析

简单请求参数解析用于从原始的 Request 中直接获取参数，如请求参数、请求头等。

使用注解@RequestParam 标记需要执行请求参数解析的方法参数，参数值来源于 URL 中的查询参数和表单参数，对应的参数解析器为 RequestParamMethodArgumentResolver。

在 RequestMappingHandlerAdapter 的初始化逻辑中，获取默认参数解析器时，这个参数解析器是最先被创建的，创建的逻辑为：new RequestParamMethodArgumentResolver (getBeanFactory(), false)。构造方法传入了 getBeanFactory 方法获得的 BeanFactory 和 false，其中 BeanFactory 用于解析注解中配置的属性占位符，false 则用于标记此参数解析器的默认解析策略为 false，当该参数为 true 时会解析未标记注解的参数，详细内容参考 11.2.5 节。

先来看一下这个参数解析器的 supportsParameter 方法逻辑。

```
public boolean supportsParameter(MethodParameter parameter) {
  // 判断参数是否标记了@RequestParam 注解
  if (parameter.hasParameterAnnotation(RequestParam.class)) {
      // 如果参数类型是 Map，则继续执行判断
      if (Map.class.isAssignableFrom(parameter.nestedIfOptional()
.getNestedParameterType())) {
          // 获取参数上的@RequestParam 注解
          RequestParam requestParam = parameter.getParameterAnnotation
(RequestParam.class);
          // 注解不为 null，且注解的 name 属性存在，则支持
          return (requestParam != null && StringUtils.hasText(requestParam
.name()));
      }
      // 标记有@RequestParam 注解，且类型不为 Map 的都支持
      else {
         return true;
      }
  }
  // 如果没有@RequestParam 注解
```

```
  else {
    //1. 如果有@RequestPart 注解，则返回不支持，因为@RequestPart 注解有其自己的参数解析器 RequestPartMethodArgumentResolver
    if (parameter.hasParameterAnnotation(RequestPart.class)) {
        return false;
    }
    // 如果参数类型是 Java8 的 Optional，则获取具体的泛型类型作为参数
    parameter = parameter.nestedIfOptional();
    // 2. 如果是参数类型是多块请求相关类型，如 MultipartFile、Part 及其数组或集合的包装类，则返回 true
    if (MultipartResolutionDelegate.isMultipartArgument(parameter)) {
       return true;
    }
    // 3. 如果是默认解析，该参数是构造时传入的
    else if (this.useDefaultResolution) {
       // 则只判断参数类型是否是简单类型，简单类型为 Java 内置的一些类型及其数组类型
       return BeanUtils.isSimpleProperty(parameter.getNestedParameterType());
    }
    // 其他情况均不支持，返回 false
    else {
      return false;
    }
  }
}
```

以上逻辑稍微有点复杂。看似只是简单地判断是否标记的有@RequestParam 注解，其实复杂得多。这是因为在 Spring 框架不断发展的过程中，需要支持的功能也越来越多。上面的几个特殊点如下。

（1）对于标记了@RequestParam 注解的 Map 类型参数，当注解中没有提供 name 属性时，则不被此参数解析器支持，因为还有另外一个参数解析器专门用来支持标记了@RequestParam 注解的 Map 类型参数。

（2）如果参数类型是多块请求相关类型，则无须声明@RequestParam 注解，默认就提供对该类型参数的解析。

（3）如果构造时传入的参数 useDefaultResolution 为 true，则无须声明@RequestParam 注解，简单类型的参数即可被此参数解析器处理。在 RequestMappingHandlerAdapter 组件的默认参数解析器列表中，排在最前面的该参数解析器构造时传入的 useDefaultResolution，其值为 false，也就是构造时传入的第二个参数。而在默认参数解析器列表的后面，还会再添加一个该类型的参数解析器，但 useDefaultResolution 的值为 true，用来提供一些默认无任何标识的参数的解析支持。

（4）Map 类型的@RequestParam 使用参数解析器 RequestParamMapMethodArgumentResolver 解析，其支持标记@RequestParam 注解且未提供 name 属性的 Map 类型参数，解析逻辑是直接获取当前请求的所有参数，添加到 Map 中，使用该 Map 作为参数值。

继续看该参数解析器的解析参数方法 resolveArgument，该方法的实现在父类 Abstract-

NamedValueMethodArgumentResolver 中，这个抽象类对一些参数名直接对应参数值类型的参数解析提供了统一的支持。首先来看其中的 resolveArgument 方法。

```
/**
 * 解析参数对应的参数值
 * @param parameter 待解析参数信息
 * @param mavContainer 当前处理声明周期中的 ModelAndView 容器
 * @param webRequest 对请求与响应的封装
 * @param binderFactory 处理周期中的 WebDataBinder 工厂
 */
public final Object resolveArgument(MethodParameter parameter, @Nullable
ModelAndViewContainer mavContainer,
    NativeWebRequest webRequest, @Nullable WebDataBinderFactory binderFactory)
throws Exception {
  // 1. 需获取参数对应的 NamedValueInfo 实例，该类型是对参数名 Name 与参数默认值 Value
及该参数是否必需信息的封装
  NamedValueInfo namedValueInfo = getNamedValueInfo(parameter);
  // 如果参数是 Optional 类型，则获取其中的泛型类型，即真实的参数类型
  MethodParameter nestedParameter = parameter.nestedIfOptional();
  // 2. 解析 NamedValueInfo 中的 name
  Object resolvedName = resolveStringValue(namedValueInfo.name);
  // 参数名不能为空
  if (resolvedName == null) {
      throw new IllegalArgumentException(
          "Specified name must not resolve to null: [" + namedValueInfo.name
+ "]");
  }
  // 3. 解析参数名获取的参数值，由子类实现
  Object arg = resolveName(resolvedName.toString(), nestedParameter, webRequest);
  // 解析的参数值如果为空
  if (arg == null) {
      // NamedValue 信息中默认值不为 null
      if (namedValueInfo.defaultValue != null) {
          // 4. 未获取到参数值时，解析默认值
          arg = resolveStringValue(namedValueInfo.defaultValue);
      }
      // 默认值为空，但该参数声明时标记为必须的，且参数类型不是 Optional
      else if (namedValueInfo.required && !nestedParameter.isOptional()) {
        // 5. 未解析到参数值且参数为必需，则执行缺失参数值的逻辑
        handleMissingValue(namedValueInfo.name, nestedParameter, webRequest);
      }
      // 6. 参数值是非必需的，或参数是 Optional 类型（即 Optional 类型表明是非必需的），
使用处理 null 值方法逻辑获取参数值
      arg = handleNullValue(namedValueInfo.name, arg, nestedParameter
.getNestedParameterType());
  }
  // 如果解析的参数值不为 null，但为空字符串，且默认值不为 null
  else if ("".equals(arg) && namedValueInfo.defaultValue != null) {
```

```
        // 则把默认值作为参数值解析
        arg = resolveStringValue(namedValueInfo.defaultValue);
    }
    // WebDataBinder 工厂不为空，执行绑定逻辑
    if (binderFactory != null) {
        // 7. 通过 WebDataBinder 工厂的 createBinder 方法创建 WebDataBinder，最后一个
参数表示要绑定的参数名
        WebDataBinder binder = binderFactory.createBinder(webRequest, null,
namedValueInfo.name);
        try {
            // 通过创建的 WebDataBinder 把上面返回的参数值转换为目标参数类型
            arg = binder.convertIfNecessary(arg, parameter.getParameterType(),
parameter);
        }
        // 如果发生转换异常，则抛出转换异常
        catch (ConversionNotSupportedException ex) {
            throw new MethodArgumentConversionNotSupportedException(arg, ex
.getRequiredType(),
                    namedValueInfo.name, parameter, ex.getCause());
        }
        // 如果发生类型不匹配，则抛出方法参数类型不匹配异常
        catch (TypeMismatchException ex) {
            throw new MethodArgumentTypeMismatchException(arg, ex.getRequiredType(),
                    namedValueInfo.name, parameter, ex.getCause());
        }
    }
    // 8. 参数值解析完成后执行的方法
    handleResolvedValue(arg, namedValueInfo.name, parameter, mavContainer,
webRequest);
    // 返回解析后的参数值
    return arg;
}
```

上述逻辑是这个抽象类解析参数值的核心逻辑，其中用到了一些抽象方法，由不同的子类实现，这个抽象类中仅封装查找逻辑与解析逻辑。下面列出方法中的一些细节点。

1. 获取 NamedValueInfo 实例

通过方法 getNamedValueInfo 获取参数对应的 NamedValueInfo 实例信息，方法逻辑如下：

```
private NamedValueInfo getNamedValueInfo(MethodParameter parameter) {
    // 先尝试从缓存中获取
    NamedValueInfo namedValueInfo = this.namedValueInfoCache.get(parameter);
    // 如果缓存中没有，则执行创建逻辑
    if (namedValueInfo == null) {
        // 调用抽象方法 createNamedValueInfo 创建 NamedValueInfo，由子类实现
        namedValueInfo = createNamedValueInfo(parameter);
```

```
        // 更新创建的 NamedValueInfo
        namedValueInfo = updateNamedValueInfo(parameter, namedValueInfo);
        // 添加到缓存中
        this.namedValueInfoCache.put(parameter, namedValueInfo);
    }
    // 返回
    return namedValueInfo;
}
// 获取 NamedValueInfo 后，执行更新方法，返回新的 NamedValueInfo 实例
private NamedValueInfo updateNamedValueInfo(MethodParameter parameter,
NamedValueInfo info) {
    // 获取信息中 name，一般来自注解中的 name 属性
    String name = info.name;
    // 如果信息中的 name 为 null 或空字符串
    if (info.name.isEmpty()) {
        // 则把参数名作为信息中 name 使用
        name = parameter.getParameterName();
        // 如果不能解析参数名，则抛出异常
        if (name == null) {
            throw new IllegalArgumentException(
                "Name for argument type [" + parameter.getNestedParameterType()
.getName() +
                "] not available, and parameter name information not found in
class file either.");
        }
    }
    // 处理默认参数值，因为注解中不能使用 null 作为默认值，所以使用一个特殊的字符串标记默认值。判断是否是预留的表示 null 的字符串，如果是，则使用 null 作为默认值
    String defaultValue = (ValueConstants.DEFAULT_NONE.equals(info.defaultValue)
? null : info.defaultValue);
    // 得到 name，与信息中的 required 属性和默认值创建一个 NameValueInfo 信息实例
    return new NamedValueInfo(name, info.required, defaultValue);
}
```

以上逻辑主要是添加一个缓存用来优化性能，以及对获取的NamedValueInfo进行额外的处理操作，以实现在注解中未提供 name 属性时把方法上的参数名作为解析用参数名使用，以及最后包含处理特殊 null 值的额外逻辑。

NamedValueInfo 是对方法参数的特殊封装，把方法参数上标记的注解信息实例化为包含了名称 name、默认值 defaultValue 及是否必需 required 3 个信息的 NamedValueInfo 实例。

NamedValueInfo 实例一般是通过特定的注解信息创建的，在对不同注解支持的参数解析器中，有特定的 NamedValueInfo 创建方法实现。对于@RequestParam 注解的参数解析器 RequestParamMethodArgumentResolver，对应的 createNamedValueInfo 方法实现如下：

```
// 基于@RequestParam 注解创建 NamedValueInfo 实例
protected NamedValueInfo createNamedValueInfo(MethodParameter parameter) {
    // 获取参数上的@RequestParam 注解
```

```
    RequestParam ann = parameter.getParameterAnnotation(RequestParam.class);
    // 因为支持无@RequestParam 注解的参数解析，所以可能为 null，不为 null 时以注解中信息创建 RequestParamNamedValueInfo（NamedValueInfo 的子类），否则使用默认构造器创建，默认参数名为空字符，required 为 false，默认参数值为预留的 null 值字符串
    return (ann != null ? new RequestParamNamedValueInfo(ann) : new Request-ParamNamedValueInfo());
    // RequestParamNamedValueInfo 的构造方法中，获取@RequestParam 注解的 name、required、defaultValue 3 个属性作为对应的 NamedValueInfo 中属性
}
```

2．解析 NamedValueInfo 中的 name

在获取了 NamedValueInfo 后，还另外添加了对 NamedValueInfo 中 name 的处理方法：resolveStringValue。该方法逻辑如下：

```
// 解析 String 类型的值，包括 NamedValueInfo 中的 name 与 defaultValue
private Object resolveStringValue(String value) {
    // 如果 configurableBeanFactory 为 null，则不执行后续解析，该值是通过参数解析器的构造方法传入的
    if (this.configurableBeanFactory == null) {
        return value;
    }
    // 使用 BeanFactory 解析属性占位符值，即支持 name 和 defaultValue 使用${}形式的属性占位符，属性占位符可被解析为具体的值
    String placeholdersResolved =
this.configurableBeanFactory.resolveEmbeddedValue(value);
    // 使用 BeanFactory 解析完属性占位符的值后，再使用 BeanFactory 中的 BeanExpression-Resolver 解析 SPEL 表达式的值
    BeanExpressionResolver exprResolver = this.configurableBeanFactory
.getBeanExpressionResolver();
    // 如果 SPEL 表达式解析器为 null 或表达式解析上下文为 null（表达式解析上下文在构造时创建）
    if (exprResolver == null || this.expressionContext == null) {
        return value;
    }
    // 使用表达式解析器计算 SPEL 表达式的值
    return exprResolver.evaluate(placeholdersResolved, this.expressionContext);
}
```

通过这个方法的逻辑，可以得出一个结论，即@RequestParam 注解中的 name 支持使用属性占位符和 SPEL 表达式，上面的解析字符串方法逻辑提供了这个功能支持。

3．解析参数名获取对应值

在 NamedValueInfo 准备完成后，下一步执行获取该信息对应参数值的逻辑。通过执行方法 resolveName 解析 name 对应的值，在 AbstractNamedValueMethodArgumentResolver 类中，该方法为抽象方法，由子类实现。RequestParamMethodArgumentResolver 类的该方法实现如下：

```
// 解析参数值
protected Object resolveName(String name, MethodParameter parameter,
NativeWebRequest request) throws Exception {
  // 获取原始 Servlet 请求
  HttpServletRequest servletRequest = request.getNativeRequest
(HttpServletRequest.class);
  // 如果不为 null
  if (servletRequest != null) {
      // 尝试把参数作为多块请求相关参数解析
      Object mpArg = MultipartResolutionDelegate.resolveMultipartArgument
(name, parameter, servletRequest);
      // 如果解析后值不是未解析的常量值，则直接返回该值作为解析后的参数值
      if (mpArg != MultipartResolutionDelegate.UNRESOLVABLE) {
          return mpArg;
      }
  }
  // 上面逻辑未解析到参数值，继续执行
  Object arg = null;
  // 尝试获取多块请求的封装
  MultipartHttpServletRequest multipartRequest = request.getNativeRequest
(MultipartHttpServletRequest.class);
  // 如果多块请求不为 null
  if (multipartRequest != null) {
      // 则根据信息名获取对应的多块请求文件列表
      List<MultipartFile> files = multipartRequest.getFiles(name);
      // 如果结果列表不为空，在数量为 1 时返回唯一的 MultipartFile 作为参数值，否则返回
列表作为参数值
      if (!files.isEmpty()) {
          arg = (files.size() == 1 ? files.get(0) : files);
      }
  }
  // 如果仍未被解析
  if (arg == null) {
      // 则直接把信息名作为请求参数名，从请求中获取请求参数值
      String[] paramValues = request.getParameterValues(name);
      // 如果结果不为 null，则在数组长度为 1 时获取唯一元素作为参数值，否则返回数组作为参
数值
      if (paramValues != null) {
          arg = (paramValues.length == 1 ? paramValues[0] : paramValues);
      }
  }
  // 返回解析后参数值
  return arg;
}
```

在上面的逻辑中，另外添加了一些处理多块请求相关参数值的逻辑。除此逻辑外，最终的获取逻辑就是直接从请求参数中获取对应的参数值。

4．未获取到参数值时，解析默认参数值

在上述细节点 3 的解析逻辑中，未解析到 name 对应的参数值时，则会触发解析指定的默认值作为参数值的逻辑，默认值通过注解的 defaultValue 属性指定。经过一些逻辑判断后，确定要使用 NamedValueInfo 中的默认值作为参数值，则会执行上述细节点 2 中相同的 resolveStringValue 方法解析字符串默认值。这也说明对于注解中的默认值来说，同样支持属性占位符与 SPEL 表达式的形式。

5．未解析到参数值且参数值是必需的，则执行默认值逻辑

在上述处理完成后，如果未获取参数值，则会执行 handleMissingValue 逻辑。在该逻辑的默认实现中，直接抛出 ServletRequestBindingException 异常。在不同实现类中，有不同的实现，均抛出特定的异常。在 RequestParamMethodArgumentResolver 中，该逻辑的实现如下：

```
// 无法解析到参数值时执行
protected void handleMissingValue(String name, MethodParameter parameter,
NativeWebRequest request)
     throws Exception {
  // 获取原始的请求
  HttpServletRequest servletRequest = request.getNativeRequest
(HttpServletRequest.class);
  // 判断参数是否是多块类型
  if (MultipartResolutionDelegate.isMultipartArgument(parameter)) {
      if (servletRequest == null || !MultipartResolutionDelegate
.isMultipartRequest(servletRequest)) {
           // 如果参数是多块类型，但请求不是多块请求，则抛出此异常
           throw new MultipartException("Current request is not a multipart
request");
      }
      else {
          // 否则抛出缺少请求块异常
          throw new MissingServletRequestPartException(name);
      }
  }
  else {
     // 其他情况抛出缺少请求参数异常
     throw new MissingServletRequestParameterException(name,
          parameter.getNestedParameterType().getSimpleName());
  }
}
```

6．参数是非必需的，尝试通过处理 null 值逻辑获取参数值

在经过以上逻辑判断后，最终取到的参数值为 null，且该参数不是必需的，则再尝试调用 handleNullValue，用以获取解析结果为 null 时对应的参数值。同时因为 Java 的原始类型不能使用 null 作为值，如 int、long 等，在这个逻辑中会进行此判断，如果不能使用 null 值则抛

出异常，逻辑如下：

```
private Object handleNullValue(String name, @Nullable Object value, Class<?>
paramType) {
  if (value == null) {
      // boolean类型，null值视为false
      if (Boolean.TYPE.equals(paramType)) {
          return Boolean.FALSE;
      }
      // 其他原始类型，不能为null，抛出异常
      else if (paramType.isPrimitive()) {
         throw new IllegalStateException("Optional " + paramType.getSimpleName()
+ " parameter '" + name +
              "' is present but cannot be translated into a null value due to
being declared as a " +
              "primitive type. Consider declaring it as object wrapper for the
corresponding primitive type.");
      }
  }
  // 返回原始value值
  return value;
}
```

7. 通过 WebDataBinder 工厂创建 WebDataBinder

获取参数值后，还不能直接使用，因为获取的参数值是字符串类型，需要把这个字符串通过转换服务转换为参数声明的类型，这就是 WebDataBinder 的功能。WebDataBinder 用于把 Web 处理中获取的字符串与给定的参数绑定，基本逻辑是通过 WebDataBinder 的类型转换服务把 String 转换为参数类型，即 WebDataBinder 的 convertIfNecessary 方法。

因为整体的转换服务比较复杂，涉及内容比较多，这里不详细讲解。但在这里需要讲述一下通过 WebDataBinder 工厂获取 WebDataBinder 的逻辑，这是因为内部涉及之前准备工厂时传入的一些信息。

在之前的创建逻辑中，最终创建的工厂类型是 ServletRequestDataBinderFactory。创建 WebDataBinder 的工厂方法为 createBinder，其逻辑如下：

```
// 创建WebDataBinder的工厂方法，在其父类的父类DefaultDataBinderFactory中
public final WebDataBinder createBinder(NativeWebRequest webRequest, @Nullable
Object target, String objectName) throws Exception {
  // 首先创建一个WebDataBinder实例，最终类型为ExtendedServletRequestDataBinder,
这里的逻辑是直接创建这个类型的实例
  WebDataBinder dataBinder = createBinderInstance(target, objectName, webRequest);
  // 如果工厂的WebBindingInitializer初始化器不为null，则执行initBinder方法初始化
WebDataBinder。这就是初始化逻辑的执行原理
  if (this.initializer != null) {
      // 运行时初始化器类型为ConfigurableWebBindingInitializer,内部的initBinder
方法是为该WebDataBinder设置和注册一些组件，如通过WebMvcConfigurer配置的Validator
```

```
与 MessageCodesResolver，以及通过 WebMvcConfigurer 添加的 Formatters
        this.initializer.initBinder(dataBinder, webRequest);
    }
    // 调用@InitBinder 标记的方法
    initBinder(dataBinder, webRequest);
    // 返回初始化好的 WebDataBinder
    return dataBinder;
}
```

还记得之前获取工厂时，向工厂中添加@InitBinder 标记的方法吗，在上面逻辑中，通过 initBinder 方法，调用了这些@InitBinder 方法，逻辑如下：

```
// 初始化 WebDataBinder 的方法，在父类 InitBinderDataBinderFactory 中
public void initBinder(WebDataBinder binder, NativeWebRequest request) throws
Exception {
    // 遍历工厂中全部@InitBinder 标记方法的可调用方法
    for (InvocableHandlerMethod binderMethod : this.binderMethods) {
        // 判断这个@InitBinder 方法是否可被应用到这个 binder
        if (isBinderMethodApplicable(binderMethod, binder)) {
            // 如果是，则调用这个@InitBinder 方法，额外传入创建的 WebDataBinder 作为参数，
开发者可以在@InitBinder 标记的方法中声明 WebDataBinder 类型的参数，该 binder 值会被自动
绑定为参数值，在方法逻辑中可以对该 binder 进行修改定制
            Object returnValue = binderMethod.invokeForRequest(request, null,
binder);
            // @InitBinder 标记的方法只能为 null，可以声明为 void，也可以指定返回 null。
否则抛出异常
            if (returnValue != null) {
                throw new IllegalStateException(
                    "@InitBinder methods should return void: " + binderMethod);
            }
        }
    }
}
protected boolean isBinderMethodApplicable(HandlerMethod binderMethod,
WebDataBinder binder) {
    // 获取方法上的@InitBinder 注解
    InitBinder ann = binderMethod.getMethodAnnotation(InitBinder.class);
    // 注解不能为 null
    Assert.state(ann != null, "No InitBinder annotation");
    // 获取注解声明的 value 属性值并封装为一个列表
    Collection<String> names = Arrays.asList(ann.value());
    // 如果 name 为空，则表示所有对象均可应用此@InitBinder。否则判断只有在 NamedValueInfo
的 name 包含在@InitBinder 的 value 中时，才可以应用此@InitBinder 方法
    return (names.isEmpty() || names.contains(binder.getObjectName()));
}
```

这就是整个@InitBinder 标记方法的执行过程，之前准备的这个方法列表最终会被 WebDataBinder 工厂创建 WebDataBinder 逻辑执行。

8．参数解析完成后执行完成逻辑

在某些情况下，对参数解析完成后，需要对解析结果做一些处理。默认情况下无任何处理，只有在对@PathVariable 注解进行解析时，此逻辑才包含内容。在对@PathVariable 注解标记的参数值解析完成后，会把解析的路径变量结果放到请求属性中，以供后续处理使用。

至此，整个 AbstractNamedValueMethodArgumentResolver 的抽象解析逻辑已经执行完成。除了@RequestParam 注解使用统一的抽象逻辑执行参数值解析外，@PathVariable、@Value、@RequestHeader、@CookieValue、@RequestAttribute、@SessionAttribute 注解也都是使用抽象类解析。

它们之间的不同仅在于 NamedValueInfo 的生成，均通过它们各自的注解信息创建，以及 name 对应的获取值逻辑的不同，如@RequestHeader 从请求头中获取，@PathVariable 从处理器映射解析后放入请求属性中的路径变量中获取。

这些注解的特点都是属性信息，由 name、defaultValue、required 3 个信息组成，并且它们的数据来源也都是 name 对应 value 的形式，所以可以采用这个抽象类执行统一逻辑。至于这些注解的具体解析逻辑，读者可以自己查看源码，这里不再赘述。

11.2.3　基于类型的参数解析

在 11.2.2 节中，详细地分析了@RequestParam 注解标记的参数解析原理。同时基于@RequestParam 注解的参数解析方式，还扩展了其他一系列基于注解的参数解析。

在参数解析中，不仅有基于注解的参数解析，还有一部分是直接基于类型的参数解析，只需要在参数中声明这种类型，即会被自动解析为对应的参数值。这里以两个常用的参数类型，来分析基于类型的参数解析器的实现原理。

1．原始 Request 与 Response 相关类型

在处理器方法中，如果需要使用原始的 Request，只需要声明 HttpServletRequest 类型的参数，对应的请求即可被自动解析到此参数中。其实现是依赖于 ServletRequestMethodArgumentResolver 这个参数解析器的。其中参数解析器接口的两个方法实现分别如下：

```
public boolean supportsParameter(MethodParameter parameter) {
  // 获取参数类型
  Class<?> paramType = parameter.getParameterType();
  // 满足下面任意类型判断条件即被此参数解析器支持
  // 平时使用的 HttpServletRequest 满足 ServletRequest.class.isAssignableFrom 条件，故可被此解析器解析
  return (WebRequest.class.isAssignableFrom(paramType) ||
        ServletRequest.class.isAssignableFrom(paramType) ||
        MultipartRequest.class.isAssignableFrom(paramType) ||
        HttpSession.class.isAssignableFrom(paramType) ||
        (pushBuilder != null && pushBuilder.isAssignableFrom(paramType)) ||
        Principal.class.isAssignableFrom(paramType) ||
```

```
        InputStream.class.isAssignableFrom(paramType) ||
        Reader.class.isAssignableFrom(paramType) ||
        HttpMethod.class == paramType ||
        Locale.class == paramType ||
        TimeZone.class == paramType ||
        ZoneId.class == paramType);
}
// 解析参数值方法
public Object resolveArgument(MethodParameter parameter, @Nullable
ModelAndViewContainer mavContainer,
    NativeWebRequest webRequest, @Nullable WebDataBinderFactory binderFactory)
throws Exception {
  // 获取参数类型
  Class<?> paramType = parameter.getParameterType();
  // WebRequest、NativeWebRequest 或 ServletWebRequest 类型满足 WebRequest.class
.isAssignableFrom 条件
  if (WebRequest.class.isAssignableFrom(paramType)) {
      // 判断 webRequest 是否是参数类型的实例，如果不是，则抛出异常
      if (!paramType.isInstance(webRequest)) {
          throw new IllegalStateException(
              "Current request is not of type [" + paramType.getName() + "]:
" + webRequest);
      }
      // 直接返回 webRequest 作为解析的参数
      return webRequest;
  }
  // ServletRequest、HttpServletRequest、 MultipartRequest 或 MultipartHttp-
ServletRequest 这 4 种类型进入解析原始请求逻辑
  if (ServletRequest.class.isAssignableFrom(paramType) || MultipartRequest
.class.isAssignableFrom(paramType)) {
      // 解析原始请求，通过 WebRequest 封装获取 paramType 类型对应的原始请求实例作为
参数
      return resolveNativeRequest(webRequest, paramType);
  }
  // 其他支持类型，从原始的 request 中获取结果
  // 如 HttpSession 通过 request.getSession 获取等
  return resolveArgument(paramType, resolveNativeRequest(webRequest,
HttpServletRequest.class));
}
```

从以上逻辑可以发现这两个方法的实现比较简单，没有那么多复杂的判断逻辑和过程，基本上就是直接判断参数类型，并根据类型从请求信息中获取对应的参数值。与 HttpServletRequest 相对的还有 HttpServletResponse 类型，在参数中也会使用到，该类型参数的解析依赖于 ServletResponseMethodArgumentResolver，内部实现同 ServletRequestMethod-ArgumentResolver。

2．Model 相关类型

除了请求与响应相关类型外，参数中最长使用的类型为 Model 相关类型。包括 Model、Map 与 RedirectAttributes。这三者使用 3 个不同的参数解析器进行解析，分别为：ModelMethodProcessor、MapMethodProcessor 与 RedirectAttributesMethodArgumentResolver。对 RedirectAttribute 的解析在前，之后为 Model，最后为 Map。这三者的实现非常简单，代码如下：

```
// RedirectAttributes 类型的参数支持逻辑
public boolean supportsParameter(MethodParameter parameter) {
  return RedirectAttributes.class.isAssignableFrom(parameter
.getParameterType());
}
// RedirectAttributes 类型的参数解析
public Object resolveArgument(MethodParameter parameter, @Nullable
ModelAndViewContainer mavContainer,
      NativeWebRequest webRequest, @Nullable WebDataBinderFactory
binderFactory) throws Exception {
  // ModelAndView 容器不能为 null
  Assert.state(mavContainer != null, "RedirectAttributes argument only
supported on regular handler methods");
  ModelMap redirectAttributes;
  if (binderFactory != null) {
      // 创建一个 WebDataBinder，用于向 RedirectAttributesModelMap 中添加普通属性时
把值转换为 String
      DataBinder dataBinder = binderFactory.createBinder(webRequest, null,
DataBinder.DEFAULT_OBJECT_NAME);
      // 创建 RedirectAttributesModelMap，用于作为 RedirectAttributes 的参数值
      redirectAttributes = new RedirectAttributesModelMap(dataBinder);
  }
  else {
    // 没有 WebDataBinder 工厂时，直接创建实例
    redirectAttributes  = new RedirectAttributesModelMap();
  }
  // 设置 ModelAndView 容器的重定向 Model，在重定向时使用，此处设置后最终在
RequestMappingHandlerAdapter 的 getModelAndView 中添加到输出的 FlashMap 中
  mavContainer.setRedirectModel(redirectAttributes);
  return redirectAttributes;
}
// Model 类型的参数支持判断
public boolean supportsParameter(MethodParameter parameter) {
  return Model.class.isAssignableFrom(parameter.getParameterType());
}
// Model 类型的参数解析
public Object resolveArgument(MethodParameter parameter, @Nullable
ModelAndViewContainer mavContainer,
      NativeWebRequest webRequest, @Nullable WebDataBinderFactory
```

```
binderFactory) throws Exception {
  Assert.state(mavContainer != null, "ModelAndViewContainer is required for
model exposure");
  // 从当前 ModelAndView 容器中获取 Model 作为参数，获取的结果类型声明为 ModelMap，仅实
现了接口 Map，并不是 Model 接口的实现类
  // 但因为运行时该结果返回的类型为 BindingAwareModelMap，该类型继承自 ModelMap，实现
了 Model 接口，所以可正常作为参数
  return mavContainer.getModel();
}
// Map 类型的参数支持判断
public boolean supportsParameter(MethodParameter parameter) {
  return Map.class.isAssignableFrom(parameter.getParameterType());
}
// 解析 Map 类型的参数
public Object resolveArgument(MethodParameter parameter, @Nullable
ModelAndViewContainer mavContainer,
     NativeWebRequest webRequest, @Nullable WebDataBinderFactory binderFactory)
throws Exception {
  Assert.state(mavContainer != null, "ModelAndViewContainer is required for
model exposure");
  // 从当前 ModelAndView 容器中获取 Model 作为参数
  return mavContainer.getModel();
}
```

这 3 个逻辑的解析参数值基本都是通过 ModelAndView 容器执行的，逻辑也很简单。

11.2.4 @RequestBody 请求体参数解析

前面所提到的参数解析器只能解析一些简单的请求参数，对于比较复杂的请求体，上面的参数解析器并不能很好地执行解析。例如对于一个请求体，内容是原始的 JSON 字符串，在通常的参数解析器逻辑中，就无法对其进行解析。

Spring MVC 提供了@RequestBody 注解，被该注解标记的参数会通过 RequestResponse-BodyMethodProcessor 参数解析器进行解析。该参数解析器内部执行了比较复杂的逻辑，获取请求体的输入流，并通过内置的各种消息转换器 HttpMessageConverter 把输入流转换为目标参数类型。

构造该参数解析器的实例时，通过构造方法 RequestResponseBodyMethodProcessor (getMessageConverters(),this.requestResponseBodyAdvice) 传入了两个参数，第一个参数是 RequestMappingHandlerAdapter 中配置的全部消息转换器；第二个参数则是全部 Request-BodyAdivce 与 ResponseBodyAdvice 类型的@ControllerAdvice 增强器。

下面就来看这些组件与该参数解析器的具体工作原理。

1. 请求体参数解析器的初始化

该参数解析器父类为 AbstractMessageConverterMethodProcessor 抽象类，用来抽象需要

用到消息转换器处理的逻辑。该父类还有一个父类 AbstractMessageConverterMethod-ArgumentResolver，用来抽象与消息处理器相关的参数解析器逻辑。在 RequestResponse-BodyMethodProcessor 的构造时，传入的消息转换器列表与处理器增强器列表最终会被 AbstractMessageConverterMethodArgumentResolver 构造方法接收，在这个抽象类中，会保存参数解析器列表，同时把处理器增强器封装为 RequestResponseBodyAdviceChain 增强器链。代码如下：

```
// 构造方法
public AbstractMessageConverterMethodArgumentResolver(List<HttpMessageConverter
<?>> converters,
      @Nullable List<Object> requestResponseBodyAdvice) {
  // 消息转换器不能为空
  Assert.notEmpty(converters, "'messageConverters' must not be empty");
  this.messageConverters = converters;
  // 遍历消息转换器列表，根据消息转换器的 getSupportedMediaTypes 方法获取其支持的媒体类
型，并返回全部消息转换器支持的全部媒体类型作为支持的全部媒体类型
  this.allSupportedMediaTypes = getAllSupportedMediaTypes(converters);
  // 封装为增强器链
  this.advice = new RequestResponseBodyAdviceChain(requestResponseBodyAdvice);
}
```

该类内部维护消息转换器列表，用于对 HTTP 消息进行转换。

2. 消息转换器

消息转换器主要包括两个主要功能，即读取 HTTP 请求的请求体并把其序列化为目标类型的实例与把对象实例反序列化后写入到 HTTP 响应的响应体中，底层表现是读取请求的输入流与写入响应的输出流。同时消息转换器内还包括构造方法中用到的 getSupported-MediaTypes 方法，用于表明自己支持哪些 MediaType，这里返回支持内容的逻辑在消息转换器读取和写入时均需要使用。消息转换器 HttpMessageConverter 的方法如下。

- boolean canRead(Class<?> clazz, @Nullable MediaType mediaType)：是否支持把 mediaType 类型的请求体读取为 clazz 类型的实例。
- boolean canWrite(Class<?> clazz, @Nullable MediaType mediaType)：是否支持把 clazz 类型实例以目标内容类型 mediaType 写入响应中。
- List getSupportedMediaTypes()：该消息转换器支持读取与写入的所有 MediaType。
- T read(Class<? extends T> clazz, HttpInputMessage inputMessage)：执行读取操作，把 HTTP 输入消息即 HTTP 请求体的输入流读取为 clazz 类型的实例。
- void write(T t, @Nullable MediaType contentType, HttpOutputMessage outputMessage)：执行写入操作，把 T 类型实例 t 使用 contentType 类型写入到 HTTP 输出消息即 HTTP 响应体的输出流中。

在后面执行解析参数时，上面这些方法会被使用，以及在执行返回值处理时，消息转换器也会被使用。

3．增强器链与请求体增强器

下面先继续看构造方法剩下的构造 RequestResponseBodyAdviceChain 增强器链部分，该增强器链用于在消息转换器读取前、读取后、写入前执行增强操作，整体是链式执行，构造方法如下：

```
// 增强器链构造
public RequestResponseBodyAdviceChain(@Nullable List<Object>
requestResponseBodyAdvice) {
  // 列表不为空
  if (requestResponseBodyAdvice != null) {
      // 遍历全部增强器
      for (Object advice : requestResponseBodyAdvice) {
          // 获取增强器的 Bean 类型
          Class<?> beanType = (advice instanceof ControllerAdviceBean ?
              ((ControllerAdviceBean) advice).getBeanType() :
advice.getClass());
          // Bean 类型不为 null
          if (beanType != null) {
              // 判断 beanType 是否是 RequestBodyAdvice 的实现类，如果是，则添加到请
求体增强器列表中
              if (RequestBodyAdvice.class.isAssignableFrom(beanType)) {
                  this.requestBodyAdvice.add(advice);
              }
              // 如果不是 RequestBodyAdvice 的实现类，而是 ResponseBodyAdvice 的实
现类，则添加到响应体增强器列表中
              else if (ResponseBodyAdvice.class.isAssignableFrom(beanType)) {
                 this.responseBodyAdvice.add(advice);
              }
          }
      }
  }
}
```

增强器链的作用是封装全部 RequestBody 增强器与 ResponseBody 增强器，用于在执行增强处理时，用这两种增强器链执行链式增强。

通过第 3 章的学习，知道对@RequestBody 注解，可以提供 RequestBodyAdvice 类型的增强器增强对请求体的处理功能，包括在读取请求体前执行的增强方法、读取请求体后执行的增强方法及当请求体为空时执行的增强方法。

这些增强方法在确定请求体读取时使用的消息转换器后才执行。基于上面的源码，可知实现了接口 RequestBodyAdvice 类型的@ControllerAdvice，即可自动作为@RequestBody 的增强器添加到其增强器链中。

RequestBodyAdvice 接口提供了 4 个方法，分别如下。

- boolean supports(MethodParameter methodParameter, Type targetType, Class> converterType)：根据方法参数、参数类型、用于读取请求体的消息转换器类型来确定该增

强器是否对其提供增强支持。

- HttpInputMessage beforeBodyRead(HttpInputMessage inputMessage, MethodParameter parameter, Type targetType, Class> converterType)：在读取消息体前执行的增强方法，传入原 HTTP 输入消息、方法参数、参数类型与消息转换器类型，可返回一个新的 HTTP 输入消息，用于后续的读取。
- Object afterBodyRead(Object body, HttpInputMessage inputMessage, MethodParameter parameter, Type targetType, Class> converterType)：在请求体读取完成后执行的增强方法，传入读取消息体后转换的结果、HTTP 输入消息、方法参数、参数类型与消息转换器类型，返回一个结果，此结果会替代消息转换器转换后的原始结果。
- Object handleEmptyBody(@Nullable Object body, HttpInputMessage inputMessage, MethodParameter parameter, Type targetType, Class> converterType)：当请求体为空时，执行此增强方法，传入空的 body（链式处理的情况下也可能不为空）、HTTP 输入消息、方法参数、参数类型、消息转换器类型，返回一个对象实例，用于作为消息转换器的读取结果使用。

这些增强方法在增强器链中都有被调用的地方，在后面解析参数的过程中，将会看到更详细的内容。

注意：

在增强器链的构造中有 bug，即当一个增强器 Bean 既实现了 RequestBodyAdvice 又实现了 ResponseBodyAdvice，只会被当作 RequestBodyAdvice 使用，所以在实际应用中，如果要使用这两种增强器，一定要注意不要使用同一个类实现两个接口。该 bug 从版本 5.1.0.Release 开始已经被修复，读者可自行查看其当前实现，源码网址：https://github.com/spring-projects/spring-framework/blob/v5.1.0.RELEASE/spring-webmvc/src/main/java/org/springframework/web/servlet/mvc/method/annotation/RequestResponseBodyAdviceChain.java。

4．请求体参数解析原理

现在回到这个参数解析器的两个接口方法入口，研究该参数解析器的具体工作原理。对于参数是否被该参数解析器支持，逻辑判断非常简单，只需要判断参数是否标记了@RequestBody 注解即可，代码如下：

```
public boolean supportsParameter(MethodParameter parameter) {
  // 参数标记了@RequestBody 注解才明确支持
  return parameter.hasParameterAnnotation(RequestBody.class);
}
```

虽然判断当前参数是否支持被该参数解析器解析的逻辑很简单，但其解析参数的方法却非常复杂，首先看入口方法 resolveArgument，代码如下：

```
public Object resolveArgument(MethodParameter parameter, @Nullable
ModelAndViewContainer
mavContainer, NativeWebRequest webRequest, @Nullable WebDataBinderFactory
```

```
binderFactory) throws Exception {
  // 首先获取真实的参数类型，如果参数类型是 Optional，则获取其中的泛型类型作为真实的参数类型
  parameter = parameter.nestedIfOptional();
  // 通过消息转换器读取消息，传入请求、参数与参数中的泛型类型
  Object arg = readWithMessageConverters(webRequest, parameter, parameter
.getNestedGenericParameterType());
  // 获取参数对应的变量名，一般取简单类型名，首字母小写
  String name = Conventions.getVariableNameForParameter(parameter);
  // WebDataBinder 工厂不为 null
  if (binderFactory != null) {
      // 创建一个 WebDataBinder，传入已经转换后的结果与变量名
      WebDataBinder binder = binderFactory.createBinder(webRequest, arg, name);
      // 如果参数结果不为 null
      if (arg != null) {
          // 则通过校验器 Validator 对参数结果执行校验，只有参数上标记了@Valid 或
@Validate 注解，才执行参数值校验逻辑
          validateIfApplicable(binder, parameter);
          // 如果参数绑定的校验结果存在错误，则说明有不符合校验规则的属性
          // 同时如果该参数的下一个参数不是用来接收绑定错误的（通过参数类型判断），则直接抛出异常
          if (binder.getBindingResult().hasErrors() && isBindExceptionRequired
(binder, parameter)) {
              throw new MethodArgumentNotValidException(parameter, binder
.getBindingResult());
          }
      }
      // 无须抛出绑定过异常时，把绑定结果添加到 ModelAndView 容器的属性中
      if (mavContainer != null) {
          mavContainer.addAttribute(BindingResult.MODEL_KEY_PREFIX + name,
binder.getBindingResult());
      }
  }
  // 对解析的参数结果执行适配，适配逻辑为判断参数类型是否是 Optional，如果是，则把结果封装为 Optional，否则直接返回原值
  return adaptArgumentIfNecessary(arg, parameter);
}
```

上面的核心逻辑是通过消息转换器读取消息的方法 readWithMessageConverters，后面是对转换后的结果进行校验与处理的，该校验逻辑在下一个参数解析器中详细说明。在 readWithMessageConverters 方法中，首先构造了一些后面需要使用的参数，最后执行了真正的转换方法。代码如下：

```
/**
 * 通过消息转换器读取消息
 * @param webRequest 请求与响应的封装
 * @param parameter 当前解析参数
```

```
 * @param paramType 带有泛型类型的参数类型
 */
protected <T> Object readWithMessageConverters(NativeWebRequest webRequest,
MethodParameter parameter,
    Type paramType) throws IOException, HttpMediaTypeNotSupportedException,
HttpMessageNotReadableException {
  // 获取原始的请求
  HttpServletRequest servletRequest =
webRequest.getNativeRequest(HttpServletRequest.class);
  // 确保请求不为空
  Assert.state(servletRequest != null, "No HttpServletRequest");
  // 通过原始请求构造一个输入消息，用于提供给消息转换器使用
  ServletServerHttpRequest inputMessage = new ServletServerHttpRequest
(servletRequest);
  // 通过消息转换器读取消息，消息转换器需要的类型是 ServletServerHttpRequest，所以该方
法只是做了个类型转换
  Object arg = readWithMessageConverters(inputMessage, parameter, paramType);
  // 当解析结果为空时，检查是否是必需参数，如果@RequestBody 的 required 为 false 表示不
必需，required 默认为 true；或者参数类型是 Optional，也表示非必需。
  if (arg == null && checkRequired(parameter)) {
      // 为必需参数时，而且其值为 null，则抛出消息不可读异常
      throw new HttpMessageNotReadableException("Required request body is
missing: " +
          parameter.getExecutable().toGenericString());
  }
  // 返回解析结果，即为最终绑定的参数
  return arg;
}
```

这个方法仅对参数做适配，以及对返回值做检查，真实的逻辑是在该类中重载的 readWithMessageConverters，该内部逻辑较为复杂，代码如下：

```
/**
 * 通过消息转换器读取消息
 * @param inputMessage 输入的消息
 * @param parameter 当前解析参数
 * @param targetType 解析的目标类型，为包含泛型类型的参数类型
 */
protected <T> Object readWithMessageConverters(HttpInputMessage inputMessage,
MethodParameter parameter,
    Type targetType) throws IOException, HttpMediaTypeNotSupportedException,
HttpMessageNotReadableException {
  // 保存请求的 ContentType
  MediaType contentType;
  // 是否没有 Content-Type
  boolean noContentType = false;
  try {
      // 通过请求头获取 ContentType
```

```
    contentType = inputMessage.getHeaders().getContentType();
  }
  // 失败抛出异常
  catch (InvalidMediaTypeException ex) {
    throw new HttpMediaTypeNotSupportedException(ex.getMessage());
  }
  // 如果 ContentType 为 null
  if (contentType == null) {
      // 标记 noContentType 为 true 并设置默认的 ContentType 为
application/octet-stream，表示为原始数据流
      noContentType = true;
      contentType = MediaType.APPLICATION_OCTET_STREAM;
  }
  // 获取参数所在方法所在的类
  Class<?> contextClass = parameter.getContainingClass();
  // 如果目标 Type 是 Class 实例，则转换为 Class 类型的目标 class
  Class<T> targetClass = (targetType instanceof Class ? (Class<T>) targetType :
null);
  // 目标 class 为 null
  if (targetClass == null) {
      // 从参数信息中解析类型信息
      ResolvableType resolvableType = ResolvableType.forMethodParameter
(parameter);
      // 获取参数对应的目标类型
      targetClass = (Class<T>) resolvableType.resolve();
  }
  // 上面逻辑主要目的为获取参数的类型
  // 获取 HTTP 请求方法
  HttpMethod httpMethod = (inputMessage instanceof HttpRequest ? ((HttpRequest)
inputMessage).getMethod() : null);
  // 标记空结果
  Object body = NO_VALUE;
  // 可以用于检查输入消息是否为空的消息封装，装饰器模式
  EmptyBodyCheckingHttpInputMessage message;
  try {
     // 对原始消息进行装饰，添加空消息体检查逻辑。内部实现是把输入消息的输入流包装为可以
重复读取的输入流 PushbackInputStream，以实现检测消息体是否为空的功能
     message = new EmptyBodyCheckingHttpInputMessage(inputMessage);
     // 遍历全部消息转换器
     for (HttpMessageConverter<?> converter : this.messageConverters) {
         // 获取消息转换器类型
         Class<HttpMessageConverter<?>> converterType =
(Class<HttpMessageConverter<?>>) converter.getClass();
         // 如果消息转换器类型是 GenericHttpMessageConverter，则把消息转换器转换为这
种类型
         // 该类型的消息转换器表示支持带有泛型类型的实例转换，如 List，Map 或不明确的目标
类型（任意开发者定义的对象类型）
         GenericHttpMessageConverter<?> genericConverter =
```

```
            (converter instanceof GenericHttpMessageConverter ?
(GenericHttpMessageConverter<?>) converter : null);
        // 如果是，且根据目标参数类型、目标参数所在类与请求内容类型判断可以被此消息转换
器读取；如果不是，则执行原始消息转换器的 canRead 方法判断是否可被此消息转换器读取
        if (genericConverter != null ? genericConverter.canRead(targetType,
contextClass, contentType) :
                (targetClass != null && converter.canRead(targetClass,
contentType))) {
            // 打印日志
            if (logger.isDebugEnabled()) {
                logger.debug("Read [" + targetType + "] as \"" + contentType
+ "\" with [" + converter + "]");
            }
            // 输入消息内容有消息体，不为空
            if (message.hasBody()) {
                // 消息体读取前执行增强器链的读取前增强方法，增强器中可以返回新的输入
消息
                HttpInputMessage msgToUse =
                    getAdvice().beforeBodyRead(message, parameter,
targetType, converterType);
                // 使用消息转换器读取消息
                body = (genericConverter != null ?
genericConverter.read(targetType, contextClass, msgToUse) :
                  ((HttpMessageConverter<T>) converter).read(targetClass,
msgToUse));
                // 读取消息体后执行增强器链的读取后增强方法
                body = getAdvice().afterBodyRead(body, msgToUse, parameter,
targetType, converterType);
            }
            else {
              // 如果消息体为空，则执行增强器的处理空消息体方法
              body = getAdvice().handleEmptyBody(null, message, parameter,
targetType, converterType);
            }
            // 有一个消息转换器读取了，即结束遍历
            break;
        }
    }
  }
  // 出现异常时，抛出 HttpMessageNotReadableException 不可读异常
  catch (IOException ex) {
    throw new HttpMessageNotReadableException("I/O error while reading input
message", ex);
  }
  // 如果解析后消息体为之前标记的空值，则说明消息未能被解析
  if (body == NO_VALUE) {
      // 以下这些情况允许返回 null，是合法的，所以返回 null
      if (httpMethod == null || !SUPPORTED_METHODS.contains(httpMethod) ||
```

```
            (noContentType && !message.hasBody())) {
            return null;
        }
        // 其他情况说明参数解析逻辑无法执行，抛出异常
        throw new HttpMediaTypeNotSupportedException(contentType, this
.allSupportedMediaTypes);
    }
    // 返回解析后的消息体
    return body;
}
```

在上面的逻辑处理过程中，通过消息转换器的 canRead 方法选取到消息转换器后，在执行消息转换器的 read 方法之前，需要获取当前参数解析器中的增强器链，并执行其中的 beforeBodyRead 方法，该方法内部逻辑如下：

```
// 在请求体读取之前执行增强方法
public HttpInputMessage beforeBodyRead(HttpInputMessage request, MethodParameter
parameter, Type targetType, Class<? extends HttpMessageConverter<?>>
converterType) throws IOException {
    // 遍历全部与 parameter 和 RequestBodyAdvice.class 匹配的 RequestBodyAdvice
    for (RequestBodyAdvice advice : getMatchingAdvice(parameter, RequestBodyAdvice
.class)) {
        // 通过 RequestBody 增强器的 supports 方法判断是否支持
        if (advice.supports(parameter, targetType, converterType)) {
            // 如果支持，则执行其 beforeBodyRead 增强方法，request 变量替换成执行增强方
法后的结果
            request = advice.beforeBodyRead(request, parameter, targetType,
converterType);
            // 执行完成后继续遍历下一个增强器，所以这种类型的增强器整体是链式执行的，所有增
强器只要 supports 满足条件，即会被执行
        }
    }
    // 返回被增强器替换后的 request
    return request;
}
// 获取与方法参数、增强器类型匹配的所有增强器
private <A> List<A> getMatchingAdvice(MethodParameter parameter, Class<?
extends A> adviceType) {
    // 获取 adviceType 类型的增强器列表，如果是 RequestBodyAdvice，则返回 requestBodyAdvice
列表；如果是 ResponseBodyAdvice，则返回 responseBodyAdvice 列表
    List<Object> availableAdvice = getAdvice(adviceType);
    // 如果为空，则返回空列表
    if (CollectionUtils.isEmpty(availableAdvice)) {
        return Collections.emptyList();
    }
    // 用于保存匹配结果的列表
    List<A> result = new ArrayList<>(availableAdvice.size());
    // 遍历根据增强器类型获取的可用增强器列表
```

```
    for (Object advice : availableAdvice) {
        // 如果增强器实例为ControllerAdviceBean，说明只是增强器的ControllerAdviceBean
封装，需要从封装中获取最终使用的增强器 Bean 实例
        if (advice instanceof ControllerAdviceBean) {
            // 强转 ControllerAdviceBean 类型
            ControllerAdviceBean adviceBean = (ControllerAdviceBean) advice;
            // ControllerAdviceBean 封装中包含了通过@ControllerAdvice 注解属性判断是
否可以被应用到参数方法所在类的逻辑，如果不可以则继续遍历
            if (!adviceBean.isApplicableToBeanType(parameter.getContaining-
Class())) {
                continue;
            }
            // 判断可以被应用，则从封装中解析 Bean 实例
            advice = adviceBean.resolveBean();
        }
        // 如果解析后的 Bean 实例是参数中需要的增强类型的实现类，则添加到结果中
        if (adviceType.isAssignableFrom(advice.getClass())) {
            result.add((A) advice);
        }
    }
    // 返回结果
    return result;
}
```

在执行增强器链的 beforeBodyRead 方法后，接着使用当前的消息转换器对 beforeBodyRead 方法返回的 HTTP 输入消息执行读取操作，得到读取后的结果。随后通过增强器链的 afterBodyRead 对读取后的结果进行增强，其内部逻辑如下：

```
public Object afterBodyRead(Object body, HttpInputMessage inputMessage,
MethodParameter
parameter, Type targetType, Class<? extends HttpMessageConverter<?>>
converterType) {
    // 与 beforeBodyRead 方法逻辑相同
    for (RequestBodyAdvice advice : getMatchingAdvice(parameter, RequestBodyAdvice
.class)) {
        if (advice.supports(parameter, targetType, converterType)) {
            // 链式执行所有增强器的 afterBodyRead，后一个增强器的 body 参数是前一个增强器
的返回值
            body = advice.afterBodyRead(body, inputMessage, parameter, targetType,
converterType);
        }
    }
    // 返回增强后的结果作为消息转换器的结果使用
    return body;
}
```

在这里返回的 body 最终会被作为消息转化逻辑产生的结果返回，并在经过 resolve-Argument 中参数的校验与适配后作为最终的参数解析结果使用。除此之外，在消息体为空

时，还可以使用增强器将其非空值返回作为消息转换逻辑的结果返回，通过增强器链的 handleEmptyBody 处理逻辑如下：

```
// 处理空消息体，参数 body 为 null
public Object handleEmptyBody(@Nullable Object body, HttpInputMessage
inputMessage, MethodParameter parameter, Type targetType, Class<? extends
HttpMessageConverter<?>> converterType) {
  // 与 beforeBodyRead 方法逻辑相同
  for (RequestBodyAdvice advice : getMatchingAdvice(parameter, RequestBodyAdvice
.class)) {
      if (advice.supports(parameter, targetType, converterType)) {
          // 链式执行所有增强器的 handleEmptyBody，后一个增强器的 body 参数是前一个增强
器的返回值。第一个增强器处理的 body 为 null，但后续的 body 就不一定为 null 了
          body = advice.handleEmptyBody(body, inputMessage, parameter,
targetType, converterType);
      }
  }
  // 返回结果
  return body;
}
```

通过以上复杂的处理过程，实现了对各种复杂对象的参数解析，其基本核心是对象的序列化与反序列化。Spring 提供了 JSON、XML、Protobuf 等请求内容类型的反序列化与序列化使用的消息转换器，同时消息转换器还支持把整个请求体的输入流转换为 String、byte[]、Resource 等类型。

举一个简单的消息转换器的读取逻辑例子，看消息转换器的逻辑。如 String 类型的消息转换器 StringHttpMessageConverter 读取逻辑如下：

```
// 在 StringHttpMessageConverter 的父类 AbstractHttpMessageConverter 中，执行 read
方法，read 方法执行了 readInternal 方法
protected String readInternal(Class<? extends String> clazz, HttpInputMessage
inputMessage) throws IOException {
  // 根据请求获取内容类型的字符编码
  Charset charset = getContentTypeCharset(inputMessage.getHeaders()
.getContentType());
  // 通过 StreamUtils 根据编码把输入消息体（输入流）读取为字符串
  return StreamUtils.copyToString(inputMessage.getBody(), charset);
}
```

对于更为复杂的 JSON、XML、Protobuf，其内部调用了对应类型的类库，如 Jackson 等最终执行了输入消息体转换为目标参数类型的目的。

11.2.5 未标记注解的复杂对象解析

在@RequestParam 注解内容中，可以看到在未标记任何注解时，如果参数类型是 Java 内置的简单类型，且参数解析器配置不需要显式声明注解，则这个参数会被@RequestParam 注

解的参数解析器解析，不需要注解的 RequestParam 参数解析器在整个参数解析器列表的倒数第二个。

如果遇到未标记任何注解的复杂对象类型，该类型又不能被前面所有的参数解析器解析时，那么通过什么方式执行解析？这就要提到默认参数解析器列表中的最后一个参数解析器：ServletModelAttributeMethodProcessor。

这个参数解析器是用于解析@ModelAttribute 注解标记的参数的，但其内部包含了 annotationNotRequired 属性，标记是否需要显式声明该注解，该属性通过构造器传入。在默认参数解析器的列表的前面，有 annotationNotRequired 为 false 的同样的参数解析器，用于解析标记了@ModelAttribute 注解的参数。而放在最后的该参数解析器，则用于解析未被前面所有参数解析器解析的参数，结合无须注解的 RequestParamMethodArgumentResolver 参数解析器，可实现解析任何参数的目的。

参数解析器的两个方法实现在 ServletModelAttributeMethodProcessor 的父类 ModelAttributeMethodProcessor 中，其 supportsParameter 逻辑如下：

```
// 是否支持该参数
public boolean supportsParameter(MethodParameter parameter) {
  // 标记了@ModelAttribute，直接返回支持
  // 未标记时，判断注解是否必需，如果不必需，则判断是否是简单类型，仅支持不是简单类型的参数，和 RequestParamMethodArgumentResolver 的 supportsParameter 逻辑互补
  return (parameter.hasParameterAnnotation(ModelAttribute.class) ||
        (this.annotationNotRequired && !BeanUtils.isSimpleProperty
(parameter.getParameterType())));
}
```

其支持逻辑非常简单，也可以看到和 RequestParamMethodArgumentResolver 的支持逻辑形成互补，可执行对任何参数的解析。下面再来看一下其参数解析逻辑。

```
public final Object resolveArgument(MethodParameter parameter, @Nullable
ModelAndViewContainer mavContainer,
      NativeWebRequest webRequest, @Nullable WebDataBinderFactory binderFactory)
throws Exception {
  // ModelAndView 容器不能为空，解析时必需
  Assert.state(mavContainer != null, "ModelAttributeMethodProcessor requires
ModelAndViewContainer");
  // WebDataBinder 工厂不能为空，解析时必需
  Assert.state(binderFactory != null, "ModelAttributeMethodProcessor requires
WebDataBinderFactory");
  // 获取参数名，注解@ModelAttribute 的 name 属性或者参数类型的简单类型名
  String name = ModelFactory.getNameForParameter(parameter);
  // 获取注解@ModelAttribute
  ModelAttribute ann = parameter.getParameterAnnotation(ModelAttribute
.class);
  // 如果不为空，则根据注解的 binding 属性配置该 name 是否执行绑定
  if (ann != null) {
      mavContainer.setBinding(name, ann.binding());
```

```
 }
 // 解析的属性与绑定结果
 Object attribute = null;
 BindingResult bindingResult = null;
 // 如果容器的 Model 中已经包含 name
 if (mavContainer.containsAttribute(name)) {
     // 直接获取 name 对应的属性值，作为解析的属性
     attribute = mavContainer.getModel().get(name);
 }
 else {
    // 1. 根据属性名 name 与参数信息 parameter 创建属性值
    try {
        attribute = createAttribute(name, parameter, binderFactory, webRequest);
    }
    // 如果有绑定异常，则绑定异常包括各种校验未通过异常
    catch (BindException ex) {
       // 2. 如果需要抛出 BindException 异常，则抛出
       if (isBindExceptionRequired(parameter)) {
            // 没有可接收 BindingResult 的参数，抛出异常
            throw ex;
       }
       // 存在异常，如果参数是 Optional 类型，则使用 Optional.empty 的空结果
       if (parameter.getParameterType() == Optional.class) {
            attribute = Optional.empty();
       }
       // 保存绑定结果
       bindingResult = ex.getBindingResult();
    }
 }
 // 未发生绑定异常
 if (bindingResult == null) {
     // 创建一个 WebDataBinder 用于绑定属性
     WebDataBinder binder = binderFactory.createBinder(webRequest, attribute,
name);
     // 如果 binder 中 target 不为 null，target 是上面传入的 attribute 参数
     if (binder.getTarget() != null) {
          // 如果在@ModelAttribute 中没有声明 binding 为 false，则容器的 isBinding-
Disabled 对 name 返回结果为 false，需要执行参数绑定
          if (!mavContainer.isBindingDisabled(name)) {
                // 执行请求参数绑定，把请求参数、多块请求参数、路径参数根据属性绑定规则绑
定到上面创建的 attribute 实例中，该方法在 ServletModelAttributeMethodProcessor 类中
实现
                bindRequestParameters(binder, webRequest);
          }
          // 如果参数上标记了@Valid 或@Validate 注解，则 binder.validate 方法校验生
成的参数值
          validateIfApplicable(binder, parameter);
```

```
            // 如果校验后发现有错误（绑定结果有错误），且需要抛出绑定异常
            if (binder.getBindingResult().hasErrors() && isBindExceptionRequired
(binder, parameter)) {
                // 则抛出绑定异常
                throw new BindException(binder.getBindingResult());
            }
        }
        // 如果参数类型与产生的 attribute 实例类型不匹配，则表示获取的参数结果类型和实际类
型不匹配
        if (!parameter.getParameterType().isInstance(attribute)) {
            // 需要通过 binder 对参数结果进行类型转换，转换为方法为参数声明的类型
            attribute = binder.convertIfNecessary(binder.getTarget(), parameter
.getParameterType(), parameter);
        }
        // 保存绑定结果
        bindingResult = binder.getBindingResult();
    }
    // 3. 把绑定结果添加到 ModelAndView 容器中，即添加到其中的 Model 中，以供后续使用
    Map<String, Object> bindingResultModel = bindingResult.getModel();
    mavContainer.removeAttributes(bindingResultModel);
    mavContainer.addAllAttributes(bindingResultModel);
    return attribute;
}
```

上面有一些特殊逻辑，内部实现较为复杂，不再详解，列出如下。

1. 根据属性名 name 与参数信息 parameter 创建属性值

先执行 ServletModelAttributeMethodProcessor 的 createAttribute 逻辑，尝试从路径变量中获取 name 对应的值，如果没有，则再从请求属性中获取 name 对应的值，如果可以获取到值，则通过工厂创建 WebDataBinder，尝试通过 WebDataBinder 内部的 ConversionService 将获取的属性值转换为 parameter 类型的值。

如果在上述逻辑中无法获取到属性值，则执行父类 createAttribute 方法。父类的该方法尤为复杂，其执行的基本逻辑是根据一定的策略获取 parameter 对应类型中的最优构造器，再通过一些默认的规则根据请求参数获取构造器需要的构造参数值，并使用 WebDataBinder 把获取的构造参数值转换为构造器中需要使用的类型，并最终通过这些参数执行该构造器获取 parameter 参数的实例，作为最终的属性值使用。

2. 何时需要抛出 BindException

isBindExceptionRequired 判断了在当前的处理器方法中当前位置参数之后的一个参数是否是 Errors 类型，如果是，则表示绑定异常需要通过方法参数传递；如果不是，则表示无参数接收绑定异常，需要直接抛出此异常。代码如下：

```
// 是否需要抛出绑定异常
protected boolean isBindExceptionRequired(MethodParameter parameter) {
```

```
  // 获取当前参数索引
  int i = parameter.getParameterIndex();
  // 获取方法上参数数组
  Class<?>[] paramTypes = parameter.getExecutable().getParameterTypes();
    // 如果参数长度大于当前索引+1 且类型是 Errors、其子接口或实现类，则说明参数可接收绑定
结果，无须抛出异常
  boolean hasBindingResult = (paramTypes.length > (i + 1) && Errors.class
.isAssignableFrom(paramTypes[i + 1]));
  return !hasBindingResult;
}
```

3. 添加到 ModelAndView 容器中的属性值

在操作执行的最后，获取 bindingResultModel，并添加到当前 ModelAndView 容器中。在获取的 bindingResultModel 中包括两个值，一个是当前的参数 name 与其对应的绑定后的 attribute 值；另一个则保存当前的绑定结果。

以 org.springframework.validation.BindingResult.为前缀，拼接 name 后作为属性名，当前绑定结果实例为属性值。其逻辑如下：

```
public Map<String, Object> getModel() {
  Map<String, Object> model = new LinkedHashMap<>(2);
  // getObjectName 获取当前执行绑定的目标对象名，即获取参数属性名 name，getTarget 获取
当前参数的绑定结果值
  model.put(getObjectName(), getTarget());
  // 把绑定结果添加到 model 中
  model.put(MODEL_KEY_PREFIX + getObjectName(), this);
  return model;
}
```

最后把绑定结果添加到 Model 中，用于在随后的参数解析器中使用。在当前参数的下一个参数的解析时，如果类型为 Errors 或 BindingResult，就在 ModelAndView 容器中获取这个绑定结果并作为参数值使用。

其解析是通过 ErrorsMethodArgumentResolver 这个参数解析器执行的。代码如下：

```
public boolean supportsParameter(MethodParameter parameter) {
  Class<?> paramType = parameter.getParameterType();
  // 支持 Errors 及其子接口、实现类类型的参数，BindingResult 为 Errors 的子接口
  return Errors.class.isAssignableFrom(paramType);
}
public Object resolveArgument(MethodParameter parameter,
      @Nullable ModelAndViewContainer mavContainer, NativeWebRequest webRequest,
      @Nullable WebDataBinderFactory binderFactory) throws Exception {
  // 容器不能为空
  Assert.state(mavContainer != null,
       "Errors/BindingResult argument only supported on regular handler methods");
  // 获取容器中 Model
```

```
  ModelMap model = mavContainer.getModel();
  // 获取 Model 的最后一个元素，如果前一个参数有执行绑定，则最后一个元素就是绑定结果
  String lastKey = CollectionUtils.lastElement(model.keySet());
  // 判断 Model 中最后一个元素名是否以 MODEL_KEY_PREFIX 为前缀，如果是，则为上一个参数的
绑定结果，直接返回这个属性值作为参数值
  if (lastKey != null && lastKey.startsWith(BindingResult.MODEL_KEY_PREFIX)) {
      return model.get(lastKey);
  }
  // 否则抛出异常
  throw new IllegalStateException(
      "An Errors/BindingResult argument is expected to be declared immediately
after " +
      "the model attribute, the @RequestBody or the @RequestPart arguments " +
      "to which they apply: " + parameter.getMethod());
}
```

在未提供任何注解时，一个复杂类型的参数就这样被解析了。

关于参数解析，最常用的就是简单请求参数、基于类型的请求参数、请求体参数与未标记注解的复杂类型参数 4 种参数。当然除这 4 种外，还有很多其他参数解析器，如用于解析 HttpEntity 类型参数的 HttpEntityMethodProcessor，但该类型与@RequestBody 注解功能类似，所以其解析器的实现也与 RequestResponseBodyMethodProcessor 类似，它们的父类都是 AbstractMessageConverterMethodProcessor。关于其他参数解析器更详细的内容，读者可以自行查看相关源码，本书不再赘述。

11.3　返回值处理器

在参数解析器对参数解析完成后，会通过反射调用处理器方法，在执行处理器方法后，还需要对处理器方法的返回值做一些特定的处理，以向 ModelAndView 容器中填充对应的结果。

该逻辑是通过返回值处理器 HandlerMethodReturnValueHandler 执行的，该返回值处理操作执行完成后，最终在处理 ModelAndView 容器时根据容器中数据生成 ModelAndView 类型并返回。

11.3.1　返回值处理器概述

返回值处理器接口 HandlerMethodReturnValueHandler 包含如下两个方法。

- boolean supportsReturnType(MethodParameter returnType)：判断该返回值处理器是否支持该返回类型。
- void handleReturnValue(@Nullable Object returnValue, MethodParameter returnType, ModelAndViewContainer mavContainer, NativeWebRequest webRequest)：处理返回值

逻辑，参数分别为返回值、返回类型、ModelAndView 容器与请求及响应的封装。

在所有返回值处理器中，要么把返回值通过一定逻辑处理为 ModelAndView 容器中的属性，要么把返回值直接写入响应体中，下面就来看一个常用的返回值类型如何被返回值处理器支持。

11.3.2 模型与视图相关类型

当请求处理器返回 String 类型的结果时，结果会被视为视图名，其最终表现是处理适配器返回的 ModelAndView 结果中的 viewName 为返回值。那么对于这种类型的返回值，处理逻辑如何执行，最终才产生这样的结果？返回值处理器 ViewNameMethodReturnValueHandler 详细逻辑如下：

```
// 是否支持逻辑，支持 CharSequence 的实现类或者 void 返回值
public boolean supportsReturnType(MethodParameter returnType) {
  // 获取方法上声明的返回值类型
  Class<?> paramType = returnType.getParameterType();
  // 如果返回类型声明为 void 或 CharSequence 的实现类，则支持。String 是 CharSequence
的实现类
  return (void.class == paramType || CharSequence.class.isAssignableFrom
(paramType));
}
// 处理返回值的逻辑
public void handleReturnValue(@Nullable Object returnValue, MethodParameter
returnType,
      ModelAndViewContainer mavContainer, NativeWebRequest webRequest) throws
Exception {
  // 如果返回值类型是 CharSequence
  if (returnValue instanceof CharSequence) {
      // 则转为 String，作为视图名使用
      String viewName = returnValue.toString();
      // 设置 ModelAndView 容器的视图名为返回值
      // 在 RequestMappingHandlerAdapter 的处理逻辑中，最终通过容器返回 ModelAndView
结果时，会把容器中的 viewName 作为 ModelAndView 的视图名使用
      mavContainer.setViewName(viewName);
      // 如果视图名是重定向视图，即视图名以 redirect:为前缀
      if (isRedirectViewName(viewName)) {
          // 则通过容器标记为重定向
          mavContainer.setRedirectModelScenario(true);
      }
  }
  else if (returnValue != null){
    // 不会发生的情况，因为有 supportsReturnType 逻辑
    throw new UnsupportedOperationException("Unexpected return type: " +
        returnType.getParameterType().getName() + " in method: " + returnType
.getMethod());
```

```
    }
    // 当返回值类型是 void 时，也会进入此逻辑，但不执行任何操作，在后续处理中触发使用默认
视图名逻辑
}
```

这个逻辑的处理非常简单，把返回值作为视图名，直接通过 ModelAndView 容器来保存。与此类似的返回值处理器还有以下几种。

- ModelAndViewMethodReturnValueHandler：支持处理 ModelAndView 类型的返回值，把返回的 ModelAndView 中的 View 设置到 ModelAndView 容器中，所有 Model 属性添加到容器中，以及把返回的状态码设置到容器中。
- ModelAttributeMethodProcessor：支持标记了@ModelAttribute 注解的方法的返回值，把返回结果添加到 ModelAndView 容器中作为 Model 属性使用。当该处理器配置的 annotationNotRequired 为 false 时，无须注解标记也会被该处理器处理，这种处理器放在处理器列表的最后，以用于保证所有返回值都可以被处理。
- ModelMethodProcessor：处理 Model 类型的返回值，把 Model 中的属性全部添加到 ModelAndView 容器的 Model 属性中。
- MapMethodProcessor：处理 Map 类型的返回值，把 Map 中的所有值作为属性添加到 ModelAndView 容器的属性中。
- ViewMethodReturnValueHandler：处理 View 类型的返回值，把返回的 View 设置为 ModelAndView 容器中的 View。
- ModelAndViewResolverMethodReturnValueHandler：在应用上下文中存在 ModelAndViewResolver 组件时，代替 ModelAttributeMethodProcessor 作为最后一个处理器使用。用于通过 ModelAndView 解析器根据处理器传入的参数信息获得 ModelAndView 结果。最后把这个 ModelAndView 结果内的内容设置到 ModelAndView 容器中。当无法被 ModelAndViewResolver 解析时，会再交给 ModelAttributeMethodProcessor 处理。

注意到，上面一些返回值处理器的类型与参数解析器的类型相同，如 ModelAttributeMethodProcessor 既用于@ModelAttribute 注解标记的参数解析，也用于@ModelAttribute 注解标记的方法的返回值处理。这种以 Processor 结尾的类型，均包含双重功能，既用于参数解析，也用于返回值处理。

11.3.3 @ResponseBody 响应体类型

@ResponseBody 响应体与参数注解@RequestBody 相对，返回值可以标记@ResponseBody 注解，表示返回值直接作为响应体使用，但使用时要把对应的返回值类型经过特定的转换后再写入返回的响应体中。同时因为此种处理方式直接写入了响应体内容，所以还需要标记此响应处理已完成，不再需要后续使用 ModelAndView 渲染视图。

与从请求体读取数据使用 HttpMessageConverter 的 read 方法相对，把数据写入响应体则使用 HttpMessageConverter 的 write 方法。

这种返回值的处理器与@RequestBody 的参数解析器是同一个类：RequestResponseBodyMethodProcessor。因为两者内部要使用到的封装内容是相同的，都需要使用 HttpMessageConverter 与增强器链。其中 supportsReturnType 方法逻辑如下：

```
public boolean supportsReturnType(MethodParameter returnType) {
  // 两个逻辑，返回类型所在容器类（该返回值对应的方法所在类）上标记的有@ResponseBody 注解或者返回值对应的方法上标记的有@ResponseBody 注解，均被该处理器处理
  return (AnnotatedElementUtils.hasAnnotation(returnType.getContainingClass(),
ResponseBody.class) || returnType.hasMethodAnnotation(ResponseBody.class));
}
```

这里会额外判断返回值对应的方法所在的类上是否标记有@ResponseBody，这是为了实现在处理器类上声明的@ResponseBody 对该处理器内所有处理器方法均生效的目的，多用于编写 Restful 风格的接口。使用@RestController 声明也是基于这个原理，在@RestController 注解类型上声明的有@ResponseBody 注解，基于 Spring 的注解传递原理，相当于为@RestController 标记的类型附加了@ResponseBody 注解。

对于返回值的处理逻辑如下：

```
public void handleReturnValue(@Nullable Object returnValue, MethodParameter
returnType,
     ModelAndViewContainer mavContainer, NativeWebRequest webRequest)
     throws IOException, HttpMediaTypeNotAcceptableException, HttpMessage-
NotWritableException {
  // 通过容器标记请求已被处理，后续无须再使用 ModelAndView 策略处理视图，直接结束后续处理。在 RequestMappingHandlerAdapter 最后的 getModelAndView 逻辑中判断该标记，如果为 true 直接返回 null 作为 ModelAndView
  mavContainer.setRequestHandled(true);
  // 准备输入消息
  ServletServerHttpRequest inputMessage = createInputMessage(webRequest);
  // 准备输出消息
  ServletServerHttpResponse outputMessage = createOutputMessage(webRequest);
  // 使用消息转换器把返回值写入消息
  writeWithMessageConverters(returnValue, returnType, inputMessage,
outputMessage);
}
/**
 * 通过消息转换器把返回值写入输出消息中
 * @param value 处理器方法返回值
 * @param returnType 返回类型信息
 * @param inputMessage Http 输入消息
 * @param outputMessage Http 输出消息
 */
protected <T> void writeWithMessageConverters(@Nullable T value, MethodParameter
returnType,
     ServletServerHttpRequest inputMessage, ServletServerHttpResponse
outputMessage)
```

```
    throws IOException, HttpMediaTypeNotAcceptableException, HttpMessage-
NotWritableException {
  // 准备输出值，返回值类型与返回值的声明类型用于执行判断
  Object outputValue;
  Class<?> valueType;
  Type declaredType;
  // 如果返回值是 CharSequence 类型的实例
  if (value instanceof CharSequence) {
      // 则转为 String 作为输出值，标记返回值类型与返回值声明类型均为 String
      outputValue = value.toString();
      valueType = String.class;
      declaredType = String.class;
  }
  else {
     // 直接使用返回值作为输出值
     outputValue = value;
     // 获取返回值的类型，如果返回值为 null，则获取方法上声明的返回值类型
     valueType = getReturnValueType(outputValue, returnType);
     // 获取包含泛型声明的返回值类型作为声明类型
     declaredType = getGenericType(returnType);
  }
  // 如果是 Spring 定义的 Resource 类型
  if (isResourceType(value, returnType)) {
      // 则为输出消息的响应头添加 AcceptRanges 头，表示可返回资源的一部分范围数据，用于
支持断点续传
      outputMessage.getHeaders().set(HttpHeaders.ACCEPT_RANGES, "bytes");
      // 如果返回值不为 null，且请求头包含 Range 信息
      if (value != null && inputMessage.getHeaders().getFirst(HttpHeaders
.RANGE) != null) {
          Resource resource = (Resource) value;
          try {
              // 则获取请求头执行要获取的资源范围列表
              List<HttpRange> httpRanges = inputMessage.getHeaders()
.getRange();
              // 标记响应状态码为 206，表示响应部分内容
              outputMessage.getServletResponse().setStatus(HttpStatus
.PARTIAL_CONTENT.value());
              // 根据资源范围列表获取资源区域列表，作为输出值
              outputValue = HttpRange.toResourceRegions(httpRanges, resource);
              // 设置值类型为输出值类型，这里为 List
              valueType = outputValue.getClass();
              // 声明类型固定为 List<ResourceRegion>
              declaredType = RESOURCE_REGION_LIST_TYPE;
          }
          catch (IllegalArgumentException ex) {
            // 异常返回错误
            outputMessage.getHeaders().set(HttpHeaders.CONTENT_RANGE,
"bytes */" + resource.contentLength());
```

```
outputMessage.getServletResponse().setStatus(HttpStatus.REQUESTED_RANGE_
NOT_SATISFIABLE.value());
            }
        }
  }
  // 根据请求的 Accept 选择输出的内容类型
  List<MediaType> mediaTypesToUse;
  // 如果响应头中的 ContentType 已指定，则直接使用指定的 ContentType
  MediaType contentType = outputMessage.getHeaders().getContentType();
  if (contentType != null && contentType.isConcrete()) {
      // 单元素列表
      mediaTypesToUse = Collections.singletonList(contentType);
  }
  else {
     // 使用特定的逻辑选择可使用的响应内容类型列表
     HttpServletRequest request = inputMessage.getServletRequest();
     // 获取请求头中的 Accept 内容，即请求可接收响应类型列表
     List<MediaType> requestedMediaTypes = getAcceptableMediaTypes(request);
     // 获取可生产内容类型列表
     List<MediaType> producibleMediaTypes = getProducibleMediaTypes(request,
valueType, declaredType);
     // 如果返回值不为空，但可生产内容类型为空，则抛出 Http 消息不可写异常
     if (outputValue != null && producibleMediaTypes.isEmpty()) {
         throw new HttpMessageNotWritableException(
              "No converter found for return value of type: " + valueType);
     }
     // 可以使用的内容类型列表
     mediaTypesToUse = new ArrayList<>();
     // 遍历请求中声明的可接收类型列表
     for (MediaType requestedType : requestedMediaTypes) {
         // 遍历可生产类型列表
         for (MediaType producibleType : producibleMediaTypes) {
             // 如果当前遍历中的接收内容类型与遍历中的生产类型兼容
             if (requestedType.isCompatibleWith(producibleType)) {
                 // 则返回两个最特殊的类型，添加到使用列表中
                 mediaTypesToUse.add(getMostSpecificMediaType(requestedType,
producibleType));
             }
         }
     }
     // 如果可使用的内容类型为空
     if (mediaTypesToUse.isEmpty()) {
         // 同时如果输出结果不为空
         if (outputValue != null) {
             // 则抛出内容类型不可接收的异常
             throw new HttpMediaTypeNotAcceptableException
(producibleMediaTypes);
         }
```

```
            return;
        }
        // 最后对结果列表按特殊性排序
        MediaType.sortBySpecificityAndQuality(mediaTypesToUse);
    }
    MediaType selectedMediaType = null;
    // 遍历全部可使用的内容类型
    for (MediaType mediaType : mediaTypesToUse) {
        // 如果内容类型不包含通配符，直接中断循环，最终选择使用的媒体类型是这个类型
        if (mediaType.isConcrete()) {
            selectedMediaType = mediaType;
            break;
        }
        // 否则，如果媒体类型是*/*或 application，则使用 application/octet-stream
        else if (mediaType.equals(MediaType.ALL) || mediaType.equals
(MEDIA_TYPE_APPLICATION)) {
            selectedMediaType = MediaType.APPLICATION_OCTET_STREAM;
            break;
        }
    }
    // 在选择一个媒体类型后，执行对返回值转换的逻辑，按照选择的媒体类型进行转换
    if (selectedMediaType != null) {
        // 移除媒体类型的 q 参数
        selectedMediaType = selectedMediaType.removeQualityValue();
        // 遍历全部消息转换器
        for (HttpMessageConverter<?> converter : this.messageConverters) {
            // 特殊处理 GenericHttpMessageConverter
            GenericHttpMessageConverter genericConverter =
                (converter instanceof GenericHttpMessageConverter ?
(GenericHttpMessageConverter<?>) converter : null);
            // 判断当前消息转换器是否支持对返回值类型和选择的媒体类型执行写入逻辑
            if (genericConverter != null ?
                    ((GenericHttpMessageConverter) converter).canWrite
(declaredType, valueType, selectedMediaType) :
                    converter.canWrite(valueType, selectedMediaType)) {
                // 如果支持，则准备执行写入逻辑，先执行增强器链的 beforeBodyWrite 增强
                outputValue = (T) getAdvice().beforeBodyWrite(outputValue,
returnType, selectedMediaType,
                        (Class<? extends HttpMessageConverter<?>>) converter
.getClass(),
                        inputMessage, outputMessage);
                // 增强后输出值不为 null
                if (outputValue != null) {
                    // 当请求路径最后包含扩展名时，对返回的 Content-Disposition 响应头做
特殊处理，以避免出现 RFD 攻击（可网络搜索相关资料）
                    addContentDispositionHeader(inputMessage, outputMessage);
                    // 执行消息转换器的写入操作
```

```
                if (genericConverter != null) {
                    genericConverter.write(outputValue, declaredType,
selectedMediaType, outputMessage);
                }
                else {
                  ((HttpMessageConverter) converter).write(outputValue,
selectedMediaType, outputMessage);
                }
                if (logger.isDebugEnabled()) {
                    logger.debug("Written [" + outputValue + "] as \"" +
selectedMediaType +
                            "\" using [" + converter + "]");
                }
            }
            // 写入响应内容后返回
            return;
        }
      }
  }
  // 如果输出值不为null，但未被消息转换器处理，也抛出异常
  if (outputValue != null) {
      throw new HttpMediaTypeNotAcceptableException(this.allSupported-
MediaTypes);
  }
}
```

以上逻辑有以下几个要点。

1. 使用特定的逻辑选择可使用的响应内容类型列表

首先获取了请求头中声明的可接收的返回内容类型，再获取当前处理过程可产生的返回内容类型。获取可产生内容类型时，首先使用当前处理器与@RequestMapping 匹配的 produces 内容列表，如果为空，则获取全部可对此返回值执行写入操作的消息转换器支持的内容类型。

2. 增强器链在写入响应体前执行增强操作

与增强器链在读取时的增强类似，但写入时只有一个可增强点：beforeBodyWrite。对于@ResponseBody 标记的返回值，对应的增强器类型为 ResponseBodyAdvice，其包括如下方法。

- boolean supports(MethodParameter returnType, Class> converterType)：判断该增强器是否支持该返回值类型与消息转换器类型。
- T beforeBodyWrite(@Nullable T body, MethodParameter returnType, MediaType selectedContentType, Class> selectedConverterType, ServerHttpRequest request, Server-

HttpResponse response)：在把 body 写入响应体之前执行增强操作，可返回新的 body，最终执行写入的对象是增强器返回的 body。

在增强器链中，该增强调用逻辑如下。

```
public Object beforeBodyWrite(@Nullable Object body, MethodParameter
returnType, MediaType contentType, Class<? extends HttpMessageConverter<?>>
converterType,
     ServerHttpRequest request, ServerHttpResponse response) {
  // 调用处理 body 方法
  return processBody(body, returnType, contentType, converterType, request,
response);
}
private <T> Object processBody(@Nullable Object body, MethodParameter
returnType, MediaType contentType, Class<? extends HttpMessageConverter<?>>
converterType, ServerHttpRequest request, ServerHttpResponse response) {
  // 同 RequestBodyAdvice 增强逻辑相同，查找 ResponseBodyAdvice 增强器
  for (ResponseBodyAdvice<?> advice : getMatchingAdvice(returnType,
ResponseBodyAdvice.class)) {
     // 如果响应体增强器支持该返回类型和消息转换器类型
     if (advice.supports(returnType, converterType)) {
         // 则执行该增强器的增强方法，body 取增强器的返回值，可以构造新的返回值或者对参
数 body 进行增强。链式执行，后一个增强器传入的 body 参数是前一个增强器的返回值
         body = ((ResponseBodyAdvice<T>) advice).beforeBodyWrite((T) body,
returnType, contentType, converterType, request, response);
     }
  }
  // 返回增强后的 body 结果
  return body;
}
```

以上是@ResponseBody 注解标记的返回值的转换逻辑，该处理逻辑在把返回值通过消息转换器写入响应体之后，后续的 ModelAndView 相关逻辑便没有必要再被执行了，这种返回值等于打破了原始的 MVC 模式，使用 Restful 方式开发 Web 服务，这也是现在微服务体系中最常用的方式。

与请求体读取相同，响应体的写入也支持多种格式，如复杂格式 JSON、XML、Protobuf 等，或者原始的字节流、字符串等。因为所有消息转换器都兼顾读取和写入功能，所以读取类型和写入类型也是相同的。以对字符串的写入转换器 StringHttpMessageConverter 为例，看一下对响应体的写入操作。

```
// write 方法由父类 AbstractHttpMessageConverter 实现，方法内调用 writeInternal 实
现写入
protected void writeInternal(String str, HttpOutputMessage outputMessage)
throws IOException {
  // 向响应头写入 AcceptedCharsets 内容
  if (this.writeAcceptCharset) {
     outputMessage.getHeaders().setAcceptCharset(getAcceptedCharsets());
```

```
  }
  // 获取输出的字符编码
  Charset charset = getContentTypeCharset(outputMessage.getHeaders()
.getContentType());
  // 把字符串通过制定字符集输出到响应消息的响应体中
  StreamUtils.copy(str, charset, outputMessage.getBody());
}
```

11.3.4 异步响应结果

对于异步响应结果，详细的处理逻辑较为复杂，这里仅列出其中简单的处理逻辑，以作简单了解。以 Callable 类型的返回值处理器 CallableMethodReturnValueHandler 为例，其逻辑如下：

```
public boolean supportsReturnType(MethodParameter returnType) {
  // 支持 Callable 类型的返回值
  return Callable.class.isAssignableFrom(returnType.getParameterType());
}
public void handleReturnValue(@Nullable Object returnValue, MethodParameter
returnType, ModelAndViewContainer mavContainer, NativeWebRequest webRequest)
throws Exception {
  // 如果返回值为 null，则标记已被处理，后续无须处理
  if (returnValue == null) {
      mavContainer.setRequestHandled(true);
      return;
  }
  // 转换为 Callable 类型
  Callable<?> callable = (Callable<?>) returnValue;
  // 获取 Web 异步管理器，通过异步管理器异步执行这个 callable 的 call 方法
  WebAsyncUtils.getAsyncManager(webRequest).startCallableProcessing
(callable, mavContainer);
}
```

所有的异步返回值处理最终都是交给异步管理器执行的，有兴趣研究的读者，可以详细地研究异步管理器内部的执行逻辑，其中涉及一些异步与线程的相关知识。

全部的返回值处理器大概就是以上介绍的这几种类型，当然还有一些特殊的返回值处理，如 HttpEntity 的返回值处理，整体和@ResponseBody 的类似。HttpHeaders 的返回值处理，仅仅把返回值内容写入响应头中即返回，也无须 ModelAndView 处理。这些内容的相关源码也比较简单，只需知道原理即可猜到内部的实现逻辑。

11.4 处理器方法的异常解析器

在学习了参数解析与返回值处理后，对于整个 Spring MVC 对请求的正常处理过程就已经全部清楚了。但对于一个应用来说，正常情况之外还会发生各种意外情况。如处理过程

中，框架抛出各种异常，在处理器方法执行过程中抛出异常，发生异常情况时该如何处理？Spring MVC 提供了异常解析器用于处理执行过程中发生的各种异常，在第 9 章中已了解了 HandlerExceptionResolver 异常解析器组件的使用，但有个特殊的异常解析器组件并没有进行分析，而其他异常解析器组件使用上并不容易，不符合 Spring MVC 的设计风格。

在提供了整体的基于注解的开发方式后，异常处理器的逻辑也相应的提供了基于注解的方式进行声明。通过第 3 章学习已知注解@ExceptionHandler 用于声明异常处理方法，而 ExceptionHandlerExceptionResolver 就是对应于注解的异常解析器。同时这种解析器，仅针对 HandlerMethod 类型的处理器才适用，即这个异常解析器组件整体与 RequestMappingHandlerMapping 和 RequestMappingHandlerAdapter 进行成套服务。

下面就来分析该异常解析器的详细逻辑，学会如何实现使用简单的注解声明就能达到的异常处理机制。

11.4.1 @ExceptionHandler 解析器概述

与@RequestMapping 注解标记请求处理器方法类似，@ExceptionHandler 注解用于标记异常处理器方法。其整体特性与@RequestMapping 相关特性基本相同。

注解中提供属性 value，可以配置 Class 数组，指定发生哪些异常时使用该异常处理器方法执行，这与@RequestMapping 的查找请求对应的处理器方法类似。

异常处理器方法享有与请求处理器方法相同的参数解析与返回值处理功能，这些功能的实现都是依赖于@ExceptionHandler 对应的异常解析器 ExceptionHandlerExceptionResolver。这个解析器在功能上与 RequestMappingHandlerAdapter 的功能类似，最终返回的结果同样是 ModelAndView 类型，用于提供发生异常时需要返回的 ModelAndView 结果。

所以可以把@ExceptionHandler 标记的方法理解为@RequestMapping 相关逻辑执行过程中发生异常时的替代方法。本节就来看一下和这个注解相关的逻辑在 ExceptionHandlerExceptionResolver 中是如何实现的。

在第 9 章中已经了解异常解析器的相关知识，在执行异常解析器的解析异常方法 resolveException 时，在所有异常解析器的同一个抽象类 AbstractHandlerExceptionResolver 中，提供了 shouldApplyTo 方法，只有这个返回为 true 时，才执行真正的解析异常方法 doResolveException。在 ExceptionHandlerExceptionResolver 中，shouldApplyTo 方法由其父类 AbstractHandlerMethodExceptionResolver 实现，代码如下：

```
/**
 * 是否可以被该异常解析器处理
 * @param request 原始的请求
 * @param handler 处理器查找逻辑中找到的处理器，可以为空，如果在执行查找前发生异常就一定为空
 */
protected boolean shouldApplyTo(HttpServletRequest request, @Nullable Object
```

```
handler) {
  // 处理器如果为空，则交给父类判断
  if (handler == null) {
      // 默认该逻辑返回 true
      return super.shouldApplyTo(request, null);
  }
  else if (handler instanceof HandlerMethod) {
     // 如果处理器类型是 HandlerMethod，将请求与处理器所在 Bean 交给父类判断
     HandlerMethod handlerMethod = (HandlerMethod) handler;
     handler = handlerMethod.getBean();
     return super.shouldApplyTo(request, handler);
  }
  else {
     // 否则不支持
     return false;
  }
}
```

从这里可以看出，此异常解析器就是针对处理器方法类型的处理器使用的。在抽象类 AbstractHandlerMethodExceptionResolver 中封装了与 HandlerMethod 处理器相关的统一逻辑，除了 shouldApplyTo 方法外，该类也实现了 doResolveException 方法，并把处理器转换为 HandlerMethod 类型，交给 doResolveHandlerMethodException 方法处理，其逻辑实现如下：

```
protected final ModelAndView doResolveException(
     HttpServletRequest request, HttpServletResponse response, @Nullable
Object handler, Exception ex) {
  // 对 handler 进行类型转换，以供 doResolveHandlerMethodException 方法使用，返回
ModelAndView 结果
  return doResolveHandlerMethodException(request, response, (HandlerMethod)
handler, ex);
}
```

所以真实地实现解析错误的逻辑在 ExceptionHandlerExceptionResolver 的 doResolve-HandlerMethodException 方法中，先列出该方法的处理逻辑，如下：

```
/**
 * 解析异常，返回 ModelAndView
 * @param request 原始请求
 * @param response 原始响应
 * @param handlerMethod 发生异常时与该异常关联的处理器方法
 * @param exception 发生的异常实例
 */
protected ModelAndView doResolveHandlerMethodException(HttpServletRequest
request, HttpServletResponse response, @Nullable HandlerMethod handlerMethod,
Exception exception) {
  // 根据请求处理器方法与异常信息获取异常处理器方法
  ServletInvocableHandlerMethod exceptionHandlerMethod = getExceptionHandler-
```

```
Method(handlerMethod, exception);
  // 如果为null，则返回null，表示不由此异常处理器处理
  if (exceptionHandlerMethod == null) {
      return null;
  }
  // 如果本实例配置的参数解析器不为null
  if (this.argumentResolvers != null) {
      // 则设置异常处理器方法的参数解析器为本实例配置的参数解析器
      exceptionHandlerMethod.setHandlerMethodArgumentResolvers
(this.argumentResolvers);
  }
  // 如果本实例配置的返回值处理器不为null
  if (this.returnValueHandlers != null) {
      // 则设置异常处理器方法的返回值处理器为本实例配置的返回值处理器
      exceptionHandlerMethod.setHandlerMethodReturnValueHandlers
(this.returnValueHandlers);
  }
  // 构造请求与响应的封装
  ServletWebRequest webRequest = new ServletWebRequest(request, response);
  // 构造ModelAndView容器
  ModelAndViewContainer mavContainer = new ModelAndViewContainer();
  try {
     // 打印日志
     if (logger.isDebugEnabled()) {
         logger.debug("Invoking @ExceptionHandler method: " + exception-
HandlerMethod);
     }
     // 参数中的异常实例如果包含cause，则获取cause
     Throwable cause = exception.getCause();
     // 执行异常处理器方法的封装中的invokeAndHandle
     if (cause != null) {
         // 如果cause不为空，则作为额外参数传入
         exceptionHandlerMethod.invokeAndHandle(webRequest, mavContainer,
exception, cause, handlerMethod);
     }
     else {
        // 否则只额外传入exception与handlerMethod参数
        exceptionHandlerMethod.invokeAndHandle(webRequest, mavContainer,
exception, handlerMethod);
     }
  }
  // 在异常处理的过程中，又发生了异常
  catch (Throwable invocationEx) {
    // 且此异常不是原始的异常
    if (invocationEx != exception && logger.isWarnEnabled()) {
        // 打印警告信息，忽略此异常
        logger.warn("Failed to invoke @ExceptionHandler method: " +
```

```
exceptionHandlerMethod, invocationEx);
    }
    // 如果是原始异常，则返回 null，原始异常表示异常处理器中已经处理过了，但异常处理器方法中抛出了原始的异常
    return null;
  }
  // 如果在异常处理方法执行过程中，ModelAndView 容器被标记为请求已处理，则返回一个空的 ModelAndView 实例，用于标记响应内容已被处理
  if (mavContainer.isRequestHandled()) {
      // 返回此新实例用于告知 DispatcherServlet 对应逻辑响应内容已被之前的处理流程写入，后续无需再对响应内容做任何处理
      return new ModelAndView();
  }
  else {
    // 否则从容器中获取 Model、HttpStatus 与 viewName
    ModelMap model = mavContainer.getModel();
    HttpStatus status = mavContainer.getStatus();
    // 通过 Model、HttpStatus、viewName 构造 ModelAndView 实例
    ModelAndView mav = new ModelAndView(mavContainer.getViewName(), model, status);
    // 这一行代码似乎多此一举，构造时已经传入了 viewName
    mav.setViewName(mavContainer.getViewName());
    // 如果容器中保存的不是视图名，而是视图实例
    if (!mavContainer.isViewReference()) {
        // 则直接设置 ModelAndView 的视图实例为容器中的视图实例
        mav.setView((View) mavContainer.getView());
    }
    // 如果 Model 是重定向属性
    if (model instanceof RedirectAttributes) {
        // 则把重定向属性添加到输出的 FlashMap 中
        Map<String, ?> flashAttributes = ((RedirectAttributes) model)
.getFlashAttributes();
        RequestContextUtils.getOutputFlashMap(request).putAll
(flashAttributes);
      }
    // 返回这个 ModelAndView 结果
    return mav;
  }
}
```

以上逻辑的整体处理过程与@RequestMapping 注解的查找过程、请求处理器方法的执行过程非常相似，其中包括两个要点：异常处理器方法的查找与异常处理器方法的执行。

1．异常处理器方法的查找

在处理方法的开始，调用 getExceptionHandlerMethod 方法，根据处理器方法与异常信息获取可以处理该异常的异常处理器方法，这样在 RequestMappingHandlerMapping 中根据

@RequestMapping 注解信息查找请求处理器方法逻辑类似，这里是根据@ExceptionHandler 注解查找异常处理器方法，详细逻辑如下：

```
protected ServletInvocableHandlerMethod getExceptionHandlerMethod(
      @Nullable HandlerMethod handlerMethod, Exception exception) {
  // 用于保存处理器类型
  Class<?> handlerType = null;
  // 如果处理器方法不为 null，则执行处理器方法所在处理器中的查找逻辑
  if (handlerMethod != null) {
      // 获取处理器方法所在 Bean 的类型，作为处理器类型
      handlerType = handlerMethod.getBeanType();
      // 根据处理器类型获取该处理器对应的异常处理器方法解析器
ExceptionHandlerMethodResolver
      // 先尝试从缓存获取
      ExceptionHandlerMethodResolver resolver = this.exceptionHandlerCache
.get(handlerType);
      if (resolver == null) {
          // 如果缓存中没有，则创建一个新的 ExceptionHandlerMethodResolver 实例，一
个处理器类型对应一个解析器
          resolver = new ExceptionHandlerMethodResolver(handlerType);
          // 放入缓存
          this.exceptionHandlerCache.put(handlerType, resolver);
      }
      // 使用 ExceptionHandlerMethodResolver 解析器解析异常对应的方法
      Method method = resolver.resolveMethod(exception);
      // 如果方法不为 null，则返回封装后的可调用异常处理器方法
      if (method != null) {
          return new ServletInvocableHandlerMethod(handlerMethod.getBean(),
method);
      }
      // 如果 handlerType 是代理类，则获取原始的类型，用于后面的控制器增强器匹配判断
      if (Proxy.isProxyClass(handlerType)) {
          handlerType = AopUtils.getTargetClass(handlerMethod.getBean());
      }
  }
  // 处理器方法为 null，或者上面逻辑未找到异常处理器方法时，则遍历全部异常处理器增强 Bean
缓存，key 是增强器 Bean 的封装 ControllerAdviceBean，value 是增强器 Bean 对应的
ExceptionHandlerMethodResolver
  for (Map.Entry<ControllerAdviceBean, ExceptionHandlerMethodResolver>
entry : this.exceptionHandlerAdviceCache.entrySet()) {
     // 获取增强器封装
     ControllerAdviceBean advice = entry.getKey();
     // 判断该增强器是否可应用于当前处理器
     if (advice.isApplicableToBeanType(handlerType)) {
         // 如果可以，则获取该增强器 Bean 对应的 ExceptionHandlerMethodResolver
         ExceptionHandlerMethodResolver resolver = entry.getValue();
         // 通过异常处理器方法解析器获取可以处理 exception 的异常处理器方法
```

```
            Method method = resolver.resolveMethod(exception);
            // 如果方法不为空
            if (method != null) {
                // 则把其封装为可调用处理器方法并返回
                return new ServletInvocableHandlerMethod(advice.resolveBean(),
method);
            }
        }
    }
    // 在处理器 Bean 及增强器 Bean 中都没有找到异常处理器方法时，返回 null
    return null;
}
```

以上代码的逻辑是先从请求处理器方法所在的 Bean 中查找异常处理器方法，未找到时再通过全局的处理器增强器去查找异常处理器方法，再把查找的异常处理器方法封装为可调用的处理器方法实例，以用于后续调用。查找的核心是 ExceptionHandlerMethodResolver 组件，该组件功能类似于 RequestMappingHandlerMapping 的功能。

下面来看一下该组件的详细处理逻辑，首先是其构造逻辑。

```
// 构造异常处理器方法解析器
public ExceptionHandlerMethodResolver(Class<?> handlerType) {
    // 通过 MethodIntrospector 的 selectMethods 方法，获取 handlerType 类型中所有标记了
@ExceptionHandler 注解的方法
    // EXCEPTION_HANDLER_METHODS 用于过滤标记了@ExceptionHandler 注解的方法
    for (Method method : MethodIntrospector.selectMethods(handlerType,
EXCEPTION_HANDLER_METHODS)) {
        // detectExceptionMappings 获取该方法上声明的可处理的全部异常类，遍历这些异常类
        for (Class<? extends Throwable> exceptionType : detectExceptionMappings
(method)) {
            // 添加异常映射，并检测异常处理器是否重复
            addExceptionMapping(exceptionType, method);
        }
    }
}
// 检测并获取方法上的全部异常类
private List<Class<? extends Throwable>> detectExceptionMappings(Method
method) {
    // 检测结果
    List<Class<? extends Throwable>> result = new ArrayList<>();
    // 内部逻辑是获取注解@ExceptionHandler 的 value 属性并添加到 result 中
    detectAnnotationExceptionMappings(method, result);
    // 如果结果为空
    if (result.isEmpty()) {
        // 则遍历方法上所有参数
        for (Class<?> paramType : method.getParameterTypes()) {
            // 如果参数类型是 Throwable 或其子类，则把该异常类型添加到结果中
```

```
            if (Throwable.class.isAssignableFrom(paramType)) {
                result.add((Class<? extends Throwable>) paramType);
            }
        }
    }
    // 如果结果为空，表示@ExceptionHandler 标记的方法上未声明任何可以处理的异常类型，直接
抛出异常
    if (result.isEmpty()) {
        throw new IllegalStateException("No exception types mapped to " + method);
    }
    // 返回结果
    return result;
}
// 检测方法注解@ExceptionHandler 的 value 属性声明的异常类型列表
protected void detectAnnotationExceptionMappings(Method method, List<Class<?
extends Throwable>> result) {
    // 获取方法上@ExceptionHandler 注解信息
    ExceptionHandler ann = AnnotationUtils.findAnnotation(method, ExceptionHandler
.class);
    Assert.state(ann != null, "No ExceptionHandler annotation");
    // 把注解的 value 属性添加到结果列表中
    result.addAll(Arrays.asList(ann.value()));
}
// 获取异常处理器方法中可处理的全部异常类型列表后，添加到异常映射中
private void addExceptionMapping(Class<? extends Throwable> exceptionType,
Method method) {
    // 把异常类型作为 key，异常处理方法作为 value 放到 mappedMethods 映射方法结果中，如果
放入时该 key 已经有 value，则返回原来的 value
    Method oldMethod = this.mappedMethods.put(exceptionType, method);
    // 判断返回的原异常处理方法，如果不为空，且与当前方法不是同一个方法，则表示有两个异常处
理器方法可以处理同一种异常类型，抛出不明确的@ExceptionHandler 异常处理方法错误
    if (oldMethod != null && !oldMethod.equals(method)) {
        throw new IllegalStateException("Ambiguous @ExceptionHandler method
mapped for [" +
                exceptionType + "]: {" + oldMethod + ", " + method + "}");
    }
}
```

根据上面的构造逻辑，可以得到以下两个有效信息。

（1）异常处理方法可处理的异常类型，可以通过注解的 value 属性指定，当 value 未指定时，会通过方法上的参数类型自动判断可处理的异常类型。

（2）同一个异常处理器类（请求处理器类或处理器增强类）中，一种异常类型只能有一个异常处理方法，如果存在多个方法时会抛出异常。

上面的构造相当于 RequestMappingHandlerMapping 的初始化，下面来考虑异常处理方法的查找。异常处理方法在声明时，可以指定多个可以被该方法处理器的异常类型，上面构造

逻辑中已知相同的异常类型不能被不同的方法声明。但异常类型整体是有详细的继承结构的，如 RuntimeException 是 Exception 的子类。

当异常处理方法中声明可处理的异常类型为 Exception 时，按照正常逻辑思考，如果抛出了 RuntimeException，name 可处理 Exception 类型的异常处理方法在逻辑上也可以处理 RuntimeException 类型的异常。但是当存在有 RuntimeException 类型的异常处理方法时，则应该优先选择 RuntimeException 类型的异常处理方法。这些逻辑在异常处理方法的查找中应该都有体现，下面就来看源码中是不是这样的逻辑。逻辑代码如下：

```
public Method resolveMethod(Exception exception) {
  return resolveMethodByThrowable(exception);
}
public Method resolveMethodByThrowable(Throwable exception) {
  // 根据异常类型获取方法
  Method method = resolveMethodByExceptionType(exception.getClass());
  // 如果方法为 null
  if (method == null) {
      // 则获取异常中的 cause，cause 是引起该异常的真实原因
      Throwable cause = exception.getCause();
      // 如果 cause 不为 null
      if (cause != null) {
          // 再执行根据异常类型获取方法的逻辑
          method = resolveMethodByExceptionType(cause.getClass());
      }
  }
  // 返回最后获取的方法
  return method;
}
// 根据异常类型解析异常处理方法
public Method resolveMethodByExceptionType(Class<? extends Throwable>
exceptionType) {
  // 先从缓存中获取
  Method method = this.exceptionLookupCache.get(exceptionType);
  // 如果缓存中没有，则执行真实获取逻辑
  if (method == null) {
      // 根据异常类型获取映射的方法
      method = getMappedMethod(exceptionType);
      // 放到缓存中
      this.exceptionLookupCache.put(exceptionType, method);
  }
  // 返回获取的方法
  return method;
}
// 获取异常类型映射的方法
private Method getMappedMethod(Class<? extends Throwable> exceptionType) {
  // 匹配结果是个列表
```

```
    List<Class<? extends Throwable>> matches = new ArrayList<>();
    // 遍历在构造时添加的全部异常映射的 key，即声明的全部异常类型
    for (Class<? extends Throwable> mappedException : this.mappedMethods
.keySet()) {
        // 如果声明的异常类型是当前发生的异常类型或其祖先类型，则添加到匹配结果中
        if (mappedException.isAssignableFrom(exceptionType)) {
            matches.add(mappedException);
        }
    }
    // 如果结果不为空
    if (!matches.isEmpty()) {
        // 通过异常深度对结果进行排序，排序依据是当前发生的异常类型与匹配结果异常类型之间的
继承深度，越小则匹配结果排序越靠前
        matches.sort(new ExceptionDepthComparator(exceptionType));
        // 获取匹配结果的第一条，即为最优匹配
        return this.mappedMethods.get(matches.get(0));
    }
    else {
        // 否则返回空
        return null;
    }
}
```

这里的逻辑如我们之前的设想，在 ExceptionDepthComparator 中，会获取两个类型与 exceptionType 之前的继承深度，比较两者的深度，越小的则越接近发生的异常类型，匹配结果越好。比较器中使用了递归获取深度，有兴趣的读者可以自行查阅相关内容。

在整个异常处理方法的查找逻辑中，优先从当前处理器方法所在的处理器 Bean 中查找，如果未找到，则会遍历全部匹配的处理器增强器，直至找到处理器增强器中对应的异常处理方法。最后返回的是对异常处理方法的可调用封装类型：ServletInvocableHandlerMethod。

至此异常处理方法的查找逻辑就执行完成了，下一步会进入异常处理方法的执行逻辑。

2. 异常处理器方法的执行

首先为可调用的异常处理方法准备参数解析器、返回值处理器及 ModelAndView 容器。在最后执行异常处理方法封装的 invokeAndHandle 方法时，通过该方法最后一个 providedArgs 不定长参数，提供几个已有的参数：发生的异常、异常的 Cause 及对应的处理器方法。

在前面对处理器方法的分析中，已知这里另外传入的参数会在参数解析时优先通过参数类型进行绑定，即异常处理器方法上可以直接声明异常类型的参数和处理器方法类型的参数，额外传入的参数值可以自动根据类型绑定到方法参数上。这是异常处理方法额外提供的解析参数功能。

剩下全部的执行流程，都与请求处理方法的执行完全相同，此处不再赘述。

11.4.2 @ExceptionHandler 解析器的初始化

因为在异常解析的过程中，需要用到一系列的组件如参数解析器、返回值处理器等，这些组件都是在解析器 ExceptionHandlerExceptionResolver 中维护，随之而来的问题就是这些组件如何被初始化到解析器中。

因为这些组件与 RequestMappingHandlerAdapter 中的组件基本相同，所以该异常解析器的初始化过程与其非常相似，都是在 WebMvcConfigurationSupport 中。通过 IDE 找到 ExceptionHandlerExceptionResolver 的构造方法使用处，在 WebMvcConfigurationSupport 的 addDefaultHandlerExceptionResolvers 中，其逻辑如下：

```
// 添加默认的异常解析器，参数是异常解析器列表，添加到该列表接口
protected final void addDefaultHandlerExceptionResolvers(List<Handler-
ExceptionResolver> exceptionResolvers) {
  // 通过方法创建 ExceptionHandlerExceptionResolver 实例，构造方法中会为自身添加一些
默认的消息转换器，但会被后面的 setMessageConverters 设置的消息转换器覆盖，所以构造方法逻
辑就不再展示了
  ExceptionHandlerExceptionResolver exceptionHandlerResolver =
createExceptionHandlerExceptionResolver();
  // 设置该异常解析器使用的内容协商管理器组件
  exceptionHandlerResolver.setContentNegotiationManager(mvcContent-
NegotiationManager());
  // 设置该异常解析器使用的全部消息转换器，同处理适配器的该逻辑
  exceptionHandlerResolver.setMessageConverters(getMessageConverters());
  // 设置该异常解析器自定义的参数解析器，同处理适配器的该逻辑
  exceptionHandlerResolver.setCustomArgumentResolvers(getArgumentResolvers());
  // 设置该异常解析器自定义的返回值处理器，同处理适配器的该逻辑
  exceptionHandlerResolver.setCustomReturnValueHandlers(getReturn-
ValueHandlers());
  // 如果存在 Jackson 库，则为异常解析器添加一个 ResponseBody 增强器
  if (jackson2Present) {
      exceptionHandlerResolver.setResponseBodyAdvice(
          Collections.singletonList(new JsonViewResponseBodyAdvice()));
  }
  // 设置解析器的应用上下文
  if (this.applicationContext != null) {
      exceptionHandlerResolver.setApplicationContext(this.applicationContext);
  }
  // 执行异常解析器的 afterPropertiesSet 方法，出发异常解析器内部的初始化
  exceptionHandlerResolver.afterPropertiesSet();
  // 把该异常解析器添加到异常解析器列表中
  exceptionResolvers.add(exceptionHandlerResolver);
  // 创建一个@ResponseStatus 注解的异常解析器
  ResponseStatusExceptionResolver responseStatusResolver = new Response-
StatusExceptionResolver();
```

```
  // 设置信息源为应用上下文
  responseStatusResolver.setMessageSource(this.applicationContext);
  // 添加到异常解析器列表中
  exceptionResolvers.add(responseStatusResolver);
  // 再为列表添加一个默认异常解析器，用于处理默认的一些异常
  exceptionResolvers.add(new DefaultHandlerExceptionResolver());
}
```

该方法返回的全部异常解析器会被添加到一个复合的异常解析器组件 HandlerExceptionResolverComposite 中，并作为 Bean 添加到应用上下文中。最终该 Bean 被 DispatcherServlet 初始化时获取并作为自己的异常解析器使用。

又因为 ExceptionHandlerExceptionResolver 并不是作为 Bean 注册到应用上下文中的，所以并不能享受到 Spring 为 Bean 自动执行初始化方法 afterPropertiesSet 的功能，因而在设置完属性后，还会额外地执行初始化方法，其逻辑如下：

```
public void afterPropertiesSet() {
  // 初始化 ResponseBody 增强器与异常解析器增强器
  initExceptionHandlerAdviceCache();
  if (this.argumentResolvers == null) {
      // 获取该组件默认的参数解析器列表，添加到复合参数解析器中
      // 这里对参数解析的支持比请求处理器方法中的少，例如就没有对@RequestBody 的支持，
因为一个请求的请求体不能被读取多次
      // 还会缺失一些参数解析器,可以对比 RequestMappingHandlerAdapter 的该方法找到缺
少的参数解析支持，都是在异常处理时没有必要使用的
      List<HandlerMethodArgumentResolver> resolvers = getDefaultArgument-
Resolvers();
      this.argumentResolvers = new HandlerMethodArgumentResolverComposite()
.addResolvers(resolvers);
  }
  if (this.returnValueHandlers == null) {
      // 获取该组件默认的返回值处理器，添加到复合返回值处理器中，与处理适配器的默认返回值
处理器也略有不同
      // 如异常处理方法不能返回异步类型的结果，就是因为这里没有提供异步类型的返回值处理
器，且发生异常时，也不会返回异步响应类型的结果
      List<HandlerMethodReturnValueHandler> handlers = getDefaultReturn-
ValueHandlers();
      this.returnValueHandlers = new HandlerMethodReturnValueHandlerComposite()
.addHandlers(handlers);
  }
}
```

因为异常解析器不支持@RequestBody 类型的参数解析，所以在初始化增强器时就少了很多逻辑，而且也没有必要再次初始化@InitBinder 标记的方法与@ModelAttribute 标记的方法，所以其初始化增强器逻辑比处理适配器的要简单一点，代码如下：

```
// 初始化异常处理器增强器
private void initExceptionHandlerAdviceCache() {
```

```
  // 应用上下文不能为null
  if (getApplicationContext() == null) {
      return;
  }
  // 打印日志
  if (logger.isDebugEnabled()) {
      logger.debug("Looking for exception mappings: " + getApplicationContext());
  }
  // 找到应用上下文中全部增强器 Bean 封装
  List<ControllerAdviceBean> adviceBeans = ControllerAdviceBean
.findAnnotatedBeans(getApplicationContext());
  // 排序
  AnnotationAwareOrderComparator.sort(adviceBeans);
  // 遍历全部增强器 Bean 封装
  for (ControllerAdviceBean adviceBean : adviceBeans) {
      // 获取 Bean 类型
      Class<?> beanType = adviceBean.getBeanType();
      // 不能为null
      if (beanType == null) {
          throw new IllegalStateException("Unresolvable type for Controller-
AdviceBean: " + adviceBean);
      }
      // 直接创建该增强器类型的异常处理方法解析器 ExceptionHandlerMethodResolver
      ExceptionHandlerMethodResolver resolver = new ExceptionHandlerMethodResolver
(beanType);
      // 如果增强器类型中有@ExceptionHandler 注解标记的方法
      if (resolver.hasExceptionMappings()) {
          // 添加到异常处理增强器缓存结果中
          this.exceptionHandlerAdviceCache.put(adviceBean, resolver);
          if (logger.isInfoEnabled()) {
              logger.info("Detected @ExceptionHandler methods in " + adviceBean);
          }
      }
      // 如果增强器类型是 ResponseBodyAdvice，则添加到响应体增强器列表中
      if (ResponseBodyAdvice.class.isAssignableFrom(beanType)) {
          this.responseBodyAdvice.add(adviceBean);
          if (logger.isInfoEnabled()) {
              logger.info("Detected ResponseBodyAdvice implementation in " +
adviceBean);
          }
      }
  }
}
```

至此，基于@ExceptionHandler 注解实现的异常解析器的初始化与解析异常逻辑已经全

部完成，这些源码中的逻辑和使用中的场景都可以映射起来。结合使用场景去理解这些源码，可以达到融会贯通的目的。

本章小结：

本章内容很多，结合第 10 章内容把全部与@RequestMapping 相关的源码逻辑都进行了详细讲解，根据这些逻辑可以反向推断出所有@RequestMapping 的相关功能，掌握这些内容，无论是平时对 Spring MVC 的使用，还是对出现问题的 Debug，都会得心应手。

理解了这些原理后，不仅可以在使用上提高水平，还可以掌握其中的各种设计理念，如处理过程中添加的各种缓存及多个组件组合使用来完成复杂的功能，在进行框架级别的项目开发时，都会经常用到。

在第 12 章中，将会以此为原理，简单地开发一个基于 Spring MVC 实现的微信公众号 MVC 框架，用来展示这些原理的应用。

第三部分

Spring MVC 框架的扩展

第一部分了解了 Spring MVC 框架的使用，第二部分通过源码研究了这些功能的工作原理，本部分将会对前两部分的学习成果进行实践，通过对源码的理解来扩展当前 Spring MVC 的功能。

在第 12 章中，基于当前 Spring MVC 框架中的已有功能，再结合参考框架中核心组件的实现，开发了一套微信公众号的快速开发框架。与 Spring MVC 核心理念相同，实现的框架使用起来非常简单，框架内部包含了与微信公众号服务器交互的详细逻辑，而框架的使用方无须关心这些细节，只要使用注解即可实现全部交互功能。

通过本部分的学习，可以掌握当前框架扩展的基本方式，以及框架开发中的设计模式与编程思想，并对前两部分的学习成果进行实践和巩固，带领大家走进框架开发者阵营。

第 12 章　基于 Spring MVC 实现微信公众号快速开发框架

读者在了解了 Spring MVC 的全部功能及这些功能的实现原理后，不仅可以对 Spring MVC 的使用有更深的了解，还可以自己创建一些有挑战性的功能。

在第二部分，可以看到 Spring MVC 所有组件的初始化都是基于应用上下文获取的，而且还提供了很多扩展方法，用于扩展 Spring MVC 的功能。同时结合 Spring Boot 这个强大的框架，可以很方便地把各种组件注入 Spring MVC 中。本章我们就来尝试基于 Spring Boot 扩展 Spring MVC 的功能，实现一个用于快速开发微信公众号的扩展框架。

12.1　微信公众号开发分析

首先以使用者角度来看一个公众号可以提供的功能。对于一个公众号，可供用户主动使用的功能有 3 个：关注与取关、点击菜单（见图 12.1）和发送消息（见图 12.2）。用户被动使用的功能只有一个，即接收公众号主动推送的消息。

图 12.1　点击菜单

图 12.2　发送消息

在用户主动使用这些功能时，可以得到公众号特定的反馈。该动作类似于在浏览器中主动发起的 Http 请求，随后可以得到服务器对该请求的响应。用户关注公众号、点击菜单按钮或者发送消息时，微信自动向服务器发起请求，其包含用户执行的操作信息，微信服务器则根据公众号管理员的配置，返回特定的内容给用户。

微信官方为一些简单的使用场景提供了公众号管理平台，在管理平台中可以简单地配置根据用户的操作返回给用户的内容。同时还提供了更加全面的开发者模式，可以把用户的操作信息推送到开发者指定的服务接口中，并把需要返回的内容逻辑交给开发者自行开发。

12.1.1　公众号后台管理

对于收到用户的请求后的返回内容，在公众号的管理后台中可以进行简单的配置。可配置内容包括：菜单及菜单按钮点击后行为、关注后回复、收到消息后回复等功能。

先来看一下菜单相关配置功能，如图 12.3 所示，其中可配置功能说明如下。

图 12.3　自定义菜单

提供 3 个一级菜单（图 12.3 中的左、中、右按钮）的自定义功能，每个一级菜单又可自定义最多 5 个二级菜单。以下称二级菜单和不包括二级菜单的一级菜单为按钮。

开发者可以为按钮指定点击后行为，可指定行为包括发送消息、跳转网页、跳转小程序。

（1）指定为发送消息时，可以自定义发送的消息类型及内容。当用户点击了该按钮时，微信服务器会把这里指定的内容返回到公众号的消息窗口中。支持的消息类型包括：文字消息、图文消息、图片消息、语音消息、视频消息。

（2）指定为跳转网页时，可以自定义一个网页地址，当用户点击该菜单时，会使用微信内置浏览器跳转至此处配置的地址。

（3）指定为跳转小程序时，可以选择与此公众号绑定的小程序，当用户点击该菜单时，会自动跳转至指定的小程序页面。

与点击按钮后指定发送消息类似，公众号还可以配置被关注后向关注者自动发送指定内容的消息，支持的消息类型包括文字、图片、语音与视频，其配置页面如图 12.4 所示。

图 12.4　被关注回复

在图 12.4 中可以看到在与被关注回复同级别的有两个配置：关键词回复与收到消息回复，其用来提供对收到用户消息后回复消息内容的配置。

关键词回复的功能可以根据用户向公众号发送的消息内容判断如何进行回复。配置时可以指定关键词与匹配规则，当用户发送的内容根据规则满足配置的某个关键词时，可以向用户返回匹配的关键词中配置的返回内容，关键词可配置多个。

配置页面如图 12.5 所示，该页面列出已配置的全部关键词规则，点击详情可查看关键词的详细规则及回复内容。

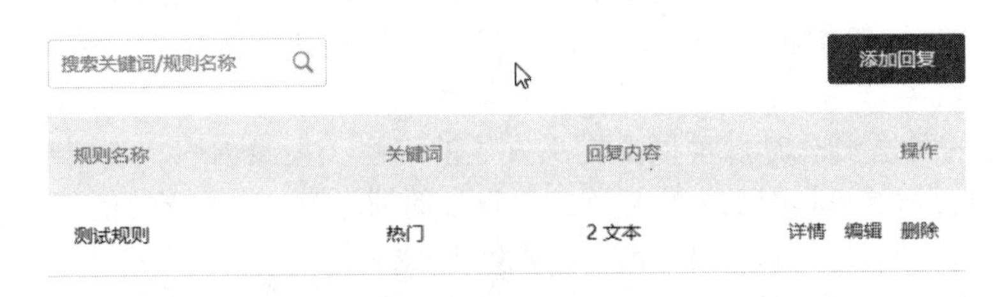

图 12.5　关键词规则管理

在图 12.5 中点击“添加回复”，可进入关键词配置规则页面，如图 12.6 所示。可配置规则名称，关键词的匹配方式及关键词，同时关键词机器匹配方式可配置多个，多个匹配方式之间是“或”的关系，满足任一个即视为此规则匹配。匹配方式有两种：全部消息内容与关键词相同时的全匹配，消息内容包含关键词即视为匹配的半匹配。

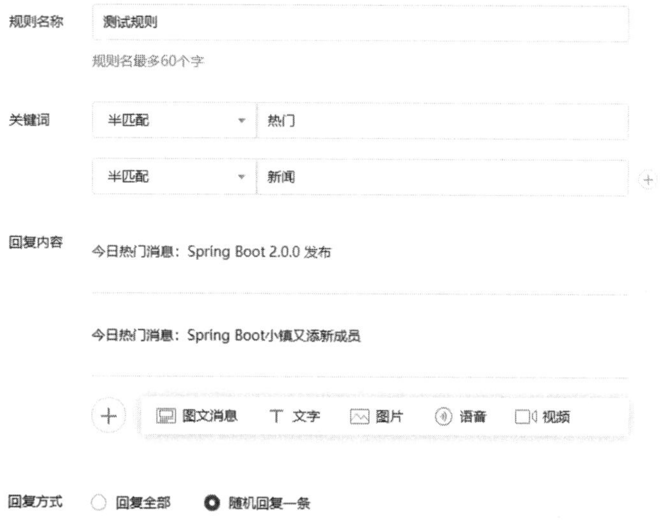

规则名称
测试规则
规则名最多60个字
关键词
半匹配
热门
半匹配
新闻
回复内容
今日热门消息：Spring Boot 2.0.0 发布
今日热门消息：Spring Boot小镇又添新成员
图文消息
文字
图片
语音
视频
回复方式
回复全部
随机回复一条

图 12.6　关键词规则配置

回复内容可添加关键词规则匹配时向用户回复的消息内容，支持配置多条消息，消息类型可以为文字、图片、图文、语音或视频。当配置了多条消息时，可以选择规则匹配时随机回复一条或回复全部消息。

按如上规则配置后，公众号对用户发送消息的回复与规则相同，其效果查看如图 12.7 所示。

光闪
你好，欢迎关注光闪!
热门
今日热门消息：Spring Boot小镇又添新成员
新闻
今日热门消息：Spring Boot 2.0.0 发布

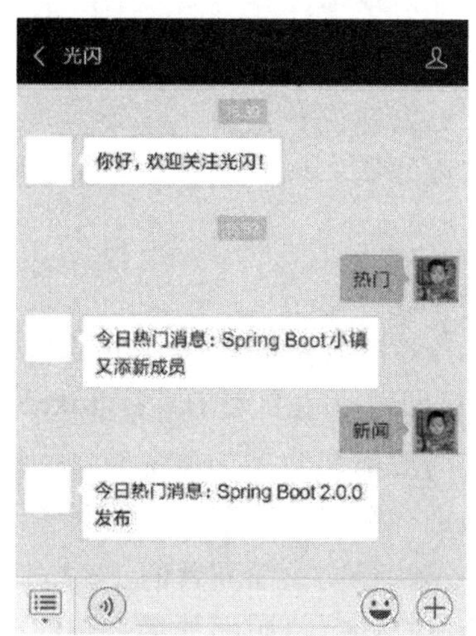

图 12.7　效果查看

收到消息回复是关键词回复的补充，用于在无关键词规则匹配时，向用户回复的消息内容，其可配置的返回内容与被关注回复相同。

上述后台配置功能看起来似乎很强大，但其实仅仅能满足部分公众号使用者的需求，以上所有的配置类似于网页服务器的静态页面，对于返回的内容无法进行动态指定。虽然关键词回复可以根据发送消息内容动态判断以返回不同的内容，但整体的规则和符合规则后的返回内容仍然是静态配置的，如果每次改变都需要去管理后台修改，使用起来将会非常复杂。

所以在自动回复的配置说明上有以下提示：通过编辑内容或关键词规则，快速进行自动回复设置。如具备开发能力，就可更灵活地使用该功能。

那么该如何更灵活的使用该功能呢，是否可以实现一个类似于处理 HTTP 请求的 HTTP 服务器，在服务器中通过各种业务逻辑动态向用户返回各种内容呢？这就需要先了解如何和微信公众号进行对接，12.1.2 节来讲解微信公众号为开发者提供的对接功能如何使用。

12.1.2 微信公众号开发功能

要想与公众号提供的开发功能对接，首先需要在公众号管理后台提供一个对接的服务器地址，并按照接口对接规范在服务器中提供 Token 验证逻辑，对公众号服务器发起的验证请求按照规范进行响应，响应完成后服务器配置即可自动启用。

在服务器配置启用后，使用者对开发者的公众号执行一些操作如关注、发送消息、点击菜单等，首先会向微信服务器发起一个请求，请求内容包含执行的操作信息。微信服务器收到该请求后，会向开发者提供的服务器地址发起一个请求方法为 POST 的 HTTP 请求，把使用者执行的操作信息包装为一个 XML 格式的请求体发送。

开发者的服务器只需要解析此请求体，并根据 XML 的内容执行特定逻辑的响应，再返回给微信服务器，微信服务器会校验此返回内容并代理返回给操作的发起者。这便是在开发模式下对使用者操作的整个处理过程。

下面先来看整个开发对接流程的第一步：配置服务器地址并响应微信服务器的 Token 验证请求。

（1）启用服务器配置。

微信公众号后台管理中的服务器配置页面如图 12.8 所示，URL 指定开发者接收微信服务器请求的接口地址；Token 随机即可，主要用于进行 Token 验证；EncodingAESKey 则是用于微信服务器与开发者服务器之间的消息数据加解密的，同样随机即可；消息加解密模式根据具体应用对数据安全性的要求进行配置，用于测试的服务器一般使用明文模式。

点击“提交”时，微信服务器就会向上面配置的 URL 接口地址发起一个 Token 验证请求，所以此时对应的服务必须是已启动且可用的状态，根据公众号接入规范对该 Token 验证请求进行响应即可完成服务器配置功能。

请填写接口配置信息，此信息需要你拥有自己的服务器资源。
填写的URL需要正确响应微信发送的Token验证，请阅读接入指南。

URL

必须以http://或https://开头，分别支持80端口和443端口。

Token

必须为英文或数字，长度为3-32字符。
什么是Token?

EncodingAESKey　0 /43　随机生成

消息加密密钥由43位字符组成，可随机修改，字符范围为A-Z，a-z，0-9。
什么是EncodingAESKey?

消息加解密方式　请根据业务需要，选择消息加解密类型，启用后将立即生效

明文模式
明文模式下，不使用消息体加解密功能，安全系数较低

兼容模式
兼容模式下，明文、密文将共存，方便开发者调试和维护

安全模式（推荐）
安全模式下，消息包为纯密文，需要开发者加密和解密，安全系数高

提交

图 12.8　公众号服务器配置

Token 验证及其响应规范如下。开发者提交 URL 接口信息后，微信服务器将发送 GET 请求到填写的服务器地址 URL 上，GET 请求携带参数如表 12.1 所示。

表 12.1　微信请求参数

参　　数	描　　述
signature	微信加密签名，signature 结合了开发者填写的 Token 参数和请求中的 timestamp 参数、nonce 参数
timestamp	时间戳
nonce	随机数
echostr	随机字符串

开发者通过检验 signature 参数值对请求进行校验。若校验成功，则可确认此次 GET 请求来自微信服务器，此时原样返回 echostr 参数内容，接入即可生效，服务器启用成功，否则接入失败。

检验 signature 的逻辑如下：将 Token、timestamp、nonce 三个参数对应的参数值按英文字典序进行排序，再按这个顺序将三个参数字符串拼接成字符串并进行 sha1 加密，将加密后的字符串与请求参数 signature 的值做对比，如果两个字符串相同，则可确认此次 GET 请求来自微信服务器，此时把请求中的随机字符串 echostr 的值作为响应返回，即接入成功。

此时可以发现校验 signature 的步骤似乎是多余的，直接返回参数中的 echostr 也能校验

成功。确实如此，但这样做就失去了接口 Token 验证的重要的安全认证功能。本身该 Token 验证逻辑是为了保证双向的安全性，对于微信服务器来说是为了校验该接口是合法的且可被正常使用的开发者接口，对于开发者的服务来说，则是为了校验发起 Token 验证请求的确实是合法的微信服务器，通过这种方式保证双方服务器之间是互信的，保证后续接口调用的安全性。

在开发者的接口接入生效后，即可根据公众号提供的接口文档实现相应的业务逻辑，那么公众号在功能上如何和微信服务器对接？

（2）接口功能对接。

在微信用户和公众号产生交互的过程中，用户的某些操作会使微信服务器通过事件推送的形式通知到开发者在开发中心处设置的服务器地址，开发者从而可以获取到该信息。通知方式是通过 HTTP 的 POST 请求推送 XML 格式的请求体，XML 中有该事件相关信息，包含事件发起人及事件类型等。

其中，某些事件推送发生后，允许开发者回复用户，某些则不允许。在允许开发者回复的情况下，可以直接按照公众号开发规范构造需要回复的消息内容，通过对推送事件请求的响应，写入响应体中即可。而在不允许回复的情况下，则可以调用公众号服务器提供的主动发送消息接口实现消息内容的回复。

在本节开头提到的三大功能：关注与取关、发送消息、点击菜单，均属于这类操作。下面先看一下各个操作具体推送的 XML 内容。

1. 关注与取关

用户在关注公众号时，微信会把这个事件推送到开发者填写的 URL 中。方便开发者给用户发送欢迎消息。与之相对的，用户在取消关注公众号时，微信也会把这个事件推送到开发者填写的 URL 中，方便与开发者对账号进行解绑。为保护用户数据隐私，开发者收到用户取消关注事件时需要删除该用户的所有信息。

关注事件推送 XML 数据包示例如下：

```
<xml>
  <ToUserName>< ![CDATA[toUser] ]></ToUserName>
  <FromUserName>< ![CDATA[FromUser] ]></FromUserName>
  <CreateTime>123456789</CreateTime>
  <MsgType>< ![CDATA[event] ]></MsgType>
  <Event>< ![CDATA[subscribe] ]></Event>
</xml>
```

参数说明如表 12.2 所示。

表 12.2　关注公众号的消息参数

参　数	描　述
ToUserName	开发者微信号
FromUserName	发送方账号（用户在此公众号下的 OpenID）

续表

参　　数	描　　述
CreateTime	消息创建时间　（整型）
MsgType	消息类型，固定为 event
Event	事件类型、subscribe（订阅）、unsubscribe（取消订阅）

事件类型除了 subscribe 与 unsubscribe 之外，还包括扫描本公众号二维码事件 SCAN、用户打开公众号后上报用户地理位置事件 LOCATION。

2. 发送消息

在开发模式启用后，当用户向公众号发送消息时，微信服务器会把用户发送的消息内容封装到 XML 中，作为请求体通过 POST 请求发送到开发者填写的服务器 URL 中。开发者可以读取接口的请求体内容，获取具体的消息类型和消息内容，再执行特定的判断。

在启用服务器配置后，接收消息的功能也更加全面了。不仅仅可以接收用户发送的文本消息，还可以接收图片消息、语音消息、视频消息、小视频消息、地理位置消息、链接消息等。任何用户发送到公众号的消息，都可以被开发者服务器处理。通过微信服务器向开发者服务器发起的用户消息事件内容如下：

```
<xml>
   <ToUserName>< ![CDATA[toUser] ]></ToUserName>
   <FromUserName>< ![CDATA[fromUser] ]></FromUserName>
   <CreateTime>1348831860</CreateTime>
   <MsgType>< ![CDATA[text] ]></MsgType>
   <Content>< ![CDATA[this is a test] ]></Content>
   <MsgId>1234567890123456</MsgId>
</xml>
```

上面示例内容是文本消息的事件内容，不同类型的消息该 XML 中参数不同，如图片消息的 MsgType 为 image，还额外包含 PicUrl 参数和 MediaId 参数。所有消息的 XML 内容参数列表如表 12.3 所示。

表 12.3　发送消息的事件参数

参　　数	描　　述	消息类型支持
ToUserName	开发者微信号	所有
FromUserName	发送方账号（用户在此公众号下的 OpenID）	所有
CreateTime	消息创建时间（整型）	所有
MsgType	消息类型，包括以下值：text（文本消息）、image（图片消息）、voice（语音消息）、video（视频消息）、shortvideo（小视频消息）、location（地理位置消息）、link（链接消息）	所有
MsgId	消息 id，64 位整型	所有
Content	文本消息内容	文本

续表

参　　数	描　　述	消息类型支持
PicUrl	图片链接（由系统生成）	图片
MediaId	发送消息资源的媒体 id，不同类型的消息媒体 id 表示媒体不同，可以调用多媒体文件下载接口拉取数据	图片、语音、视频、小视频
Format	语音格式，如 amr，speex 等	语音
Recognition	语音识别结果，UTF8 编码	语音
ThumbMediaId	视频或小视频消息缩略图的媒体 id，可以调用多媒体文件下载接口拉取数据	视频、小视频
Location_X	地理位置纬度	地理位置
Location_Y	地理位置经度	地理位置
Scale	地图缩放大小	地理位置
Label	地理位置信息	地理位置
Title	链接消息标题	链接
Description	链接消息描述	链接
Url	链接消息链接	链接

3．点击菜单按钮

用户点击自定义菜单的按钮后，微信会把点击事件推送给开发者。在公众号管理后台中，提供了自定义菜单功能，但是其提供的菜单按钮类型仅支持发送消息、跳转网页、跳转小程序功能。要想自定义更加复杂的按钮类型，则需要调用微信公众号服务器提供的自定义菜单的接口功能。

首先来看一下自定义菜单功能，自定义菜单接口可实现多种类型按钮，全部可自定义类型的按钮如下。

- click：点击事件。用户点击click类型按钮后，微信服务器会通过消息接口推送消息类型为 event 的结构给开发者（相关内容参考消息接口指南），并且带上按钮中开发者填写的 key 值，开发者可以通过自定义的 key 值与用户进行交互。
- view：跳转 URL。用户点击 view 类型按钮后，微信客户端将会打开开发者在按钮中填写的网页 URL，可与网页授权获取用户基本信息接口结合，获得用户基本信息。
- scancode_ push：扫码事件。用户点击该按钮后，微信客户端将调起扫一扫工具，完成扫码操作后显示扫描结果（如果是 URL，将进入 URL），且会将扫码的结果传给开发者，开发者可以下发消息。
- scancode_waitmsg：扫码事件弹出“消息接收中”提示框。用户点击该按钮后，微信客户端将调用“扫一扫”工具，完成扫码操作后，将扫码的结果传给开发者，同时收起“扫一扫”工具，然后弹出“消息接收中”提示框，随后可能会收到开发者下发的消息。

- pic_sysphoto：弹出系统拍照发图。用户点击该按钮后，微信客户端将调用系统相机，完成拍照操作后，会将拍摄的相片发送给开发者，并推送事件给开发者，同时收起系统相机，随后可能会收到开发者下发的消息。
- pic_ photo_or_album：弹出拍照或者相册发图。用户点击该按钮后，微信客户端将弹出选择器供用户选择“拍照”或“从手机相册选择”。用户选择后即进行其他两种流程。
- pic_weixin：弹出微信相册发图器。用户点击该按钮后，微信客户端将调起微信相册，完成选择操作后，将选择的相片发送给开发者的服务器，并推送事件给开发者，同时收起相册，随后可能会收到开发者下发的消息。
- location_select：弹出地理位置选择器。用户点击该按钮后，微信客户端将调用地理位置选择工具，完成选择操作后，将选择的地理位置发送给开发者的服务器，同时收起位置选择工具，随后可能会收到开发者下发的消息。
- media_id：下发消息（除文本消息）。用户点击 media_id 类型按钮后，微信服务器会将开发者填写的永久素材 id 对应的素材下发给用户，永久素材类型可以是图片、音频、视频、图文消息。注意永久素材 id 必须是在“素材管理/新增永久素材”接口上传后获得的合法 id。
- view_limited：跳转图文消息 URL。用户点击 view_limited 类型按钮后，微信客户端将打开开发者在按钮中填写的永久素材 id 对应的图文消息 URL，永久素材类型只支持图文消息。请注意：永久素材 id 必须是在“素材管理/新增永久素材”接口上传后获得的合法 id。

接口自定义菜单时，需要把菜单结构通过特定的 JSON 格式表示，并作为请求体通过 POST 方法发送到微信服务器提供的创建菜单接口中，其网址为：https://api.weixin.qq.com/cgi-bin/menu/create。自定义菜单的 JSON 结构示例如下：

```
{
 "button": [
  {
   "name": "左",
   "sub_button": [
      {
       "type": "click",
       "name": "点击",
      "key": "LEFT_1"
      },
      {
        "type": "view",
        "name": "跳转",
        "url": "https://github.com/FastBootWeixin/FastBootWeixin"
      },
      {
        "type": "scancode_push",
```

```
          "name": "扫码",
          "key": "LEFT_3"
        },
        {
          "type": "pic_sysphoto",
          "name": "选图",
          "key": "LEFT_4"
        },
        {
          "type": "location_select",
          "name": "位置",
          "key": "LEFT_5"
        }
      ]
  },
  {
    "type": "miniprogram",
    "name": "中",
    "url": "https://github.com/FastBootWeixin/FastBootWeixin",
    "appid": "wx286b93c14bbf93aa",
    "pagepath": "pages/lunar/index"
  },
  {
    "type": "click",
    "name": "右",
    "key": "RIGHT"
  }
  ]
}
```

最上级通过一个 button 数组表示最多 3 个一级菜单按钮，数组中每个对象表示一级菜单按钮。在这个菜单按钮对象中，可以包含 sub_button 数组，用来表示二级菜单按钮，二级菜单按钮最多 5 个。如果一级菜单中不包含 sub_button 数组，则表示其为按钮。

每个菜单对象都可以定义 name 属性，用于表示菜单显示名，当该菜单为按钮时，还需要额外定义一些属性，如 type 表示按钮类型，key 表示点击按钮时向开发者服务器推送的事件消息中需要使用的 EventKey。按钮定义中的参数如表 12.4 所示。

表 12.4　按钮定义中的参数

参　数	说　明	按钮类型支持
button	一级菜单数组，个数应为 1~3 个	全部
sub_button	二级菜单数组，个数应为 1~5 个	全部
type	菜单的响应动作类型，类型参考前面菜单类型部分	全部
name	菜单标题，不超过 16 个字节，二级菜单不超过 60 个字节	全部

续表

参　数	说　明	按钮类型支持
key	菜单 key 值，用于消息接口推送，不超过 128 字节	除了 view、media_id、view_limited 与 miniprogram。view 的 key 为 url，view_limited 与 media_id 的 key 为 media_id，miniprogram 为 pagepath
url	网页链接，用户点击菜单可打开链接，不超过 1024 字节。 type 为 miniprogram 时，不支持小程序的老版本客户端将打开本 url	view 与 miniprogram
media_id	调用新增永久素材接口返回的合法 media_id	media_id、view_limited
appid	小程序的 appid	miniprogram
pagepath	小程序的页面路径	miniprogram

在了解了自定义菜单的相关功能后，来看一下自定义菜单的事件推送数据。在用户点击了这些自定义菜单后，微信会把点击的菜单相关信息推送到开发者定义的服务器地址。点击一级菜单后如果弹出二级菜单，则不会产生事件。先来看 click 类型的按钮点击时产生的事件推送数据。

```
<xml>
  <ToUserName><![CDATA[toUser]]></ToUserName>
  <FromUserName><![CDATA[FromUser]]></FromUserName>
  <CreateTime>123456789</CreateTime>
  <MsgType><![CDATA[event]]></MsgType>
  <Event><![CDATA[CLICK]]></Event>
  <EventKey><![CDATA[EVENTKEY]]></EventKey>
</xml>
```

其他类型的按钮推送的事件与 click 类似，但其他包含操作的按钮类型还会额外包含操作的数据。如扫码类型按钮，推送的数据中还包含了扫码信息（扫描类型和扫描结果）；发送图片类型按钮，推送的数据中还包含了发送的图片列表即图片数据信息；地理位置选择按钮，推送的数据中包含了发送的微信信息。这些特定类型才有的属性信息，后续不再列出，按钮事件的消息参数如表 12.5 所示。

表 12.5　按钮事件的消息参数

参　数	描　述
ToUserName	开发者微信号
FromUserName	发送方账号（一个 OpenID）
CreateTime	消息创建时间（整型）
MsgType	消息类型，固定为 event
Event	事件类型，与按钮类型相同
EventKey	事件 key 值，由开发者在创建菜单时设定。对于 view 和 view_limited 类型该 key 值是 view 按钮中指定的 url

4．操作的响应：回复消息

开发者的服务器在收到按钮或消息事件的两种推送请求后，按指定格式对该请求进行响应，即可实现对用户的操作进行消息回复的目的。

例如用户发送了一条文本消息，公众号服务器把此消息请求封装为事件推送到开发者的服务器接口中，服务器可以按照指定的 XML 格式对此请求进行响应，把 XML 通过响应体返回给公众号服务器，公众号服务器校验后会把响应的内容返回给用户，完成用户与公众号的一次交互。

服务器可返回的消息类型，包括文本、图片、图文、语音、视频、音乐共 6 种，每种类型的消息具有不同的 XML 结构。首先看一个返回文本消息的示例内容。

```
<xml>
    <ToUserName>< ![CDATA[toUser] ]></ToUserName>
    <FromUserName>< ![CDATA[fromUser] ]></FromUserName>
    <CreateTime>12345678</CreateTime>
    <MsgType>< ![CDATA[text] ]></MsgType>
    <Content>< ![CDATA[你好] ]></Content>
</xml>
```

响应消息的属性列表如表 12.6 所示。

表 12.6　响应消息的属性

参　　数	是否必需	描　　述
ToUserName	是	接收方账号（收到的 OpenID）
FromUserName	是	开发者微信号
CreateTime	是	消息创建时间（整型）
MsgType	是	text
Content	是	回复的消息内容（换行：在 content 中能够换行，微信客户端支持换行显示）

该结构与接收文本内容消息的事件内容类似，而与其他几种类型有一些区别，如回复图片消息，需要把图片的素材 ID 作为 Image 属性下的子属性 Media 传递。其他每种消息类型都有其类型消息体的封装，结构如下：

```
<xml>
   <ToUserName>< ![CDATA[toUser] ]></ToUserName>
   <FromUserName>< ![CDATA[fromUser] ]></FromUserName>
  <CreateTime>12345678</CreateTime>
  <MsgType>< ![CDATA[text] ]></MsgType>
  <Image>
     <MediaId>< ![CDATA[media_id] ]></MediaId>
  </Image>
</xml>
```

与此类似，语音消息包含 Voice 属性，内部为语音消息相关属性；视频消息包含 Video

属性，内部为语音相关属性；音乐消息包含 Music 属性，内部为音乐相关属性；图文消息包含 Articles 属性，内部为图文消息列表及其相关属性。

但对关注事件来说，并不支持通过对事件推送响应来实现回复用户消息内容的目的。如果要支持关注时向关注者推送欢迎信息，则需要调用公众号服务器的主动发送的客服消息接口。

主动调用的接口为 https://api.weixin.qq.com/cgi-bin/message/custom/send，消息内容需要使用特定的 JSON 格式来表示，通过该接口的 POST 请求体发送。每种消息类型的 JSON 数据略有不同，如文本消息内容格式如下：

```
{
  "touser":"OPENID",
  "msgtype":"text",
  "text":
  {
      "content":"Hello World"
    }
}
```

主动发送消息的属性列表如表 12.7 所示。

表 12.7　主动发送消息的属性

参　　数	是否必需	描　　述
touser	是	接收方账号（接收方的 OpenID）
msgtype	是	推送的消息类型，文本消息 text
text	是	推送文本消息时，文本消息的消息体
content	是	推送的文本消息内容

除了文本消息外，主动推送的消息同样也支持图片（image）、语音（video）、视频（video）、音乐（music）、图文（news）这几种类型。每种类型特定的消息内容都与文本消息一样，封装在以类型名为属性名的 JSON 属性中。

通过以上这些方式，完全可以满足全部开发功能，同时也能完全替代公众号管理后台提供的配置功能。

这里需要注意，开发者服务器主动调用公众号服务器接口时，如创建菜单和主动推送消息，需要在请求参数中附加 AccessToken 用作认证信息，参数名为 access_token。公众号服务器通过识别该 AccessToken 作为公众号的唯一标示，以保证接口调用的安全性。

AccessToken 的获取方式如下。通过 GET 方式调用接口 https://api.weixin.qq.com/cgi-bin/token，传入如表 12.8 所示的 3 个参数，调用成功后可以得到响应的 JSON 内容，其中包含了 access_token 和 expires_in。access_token 为其他接口调用的凭证，其他任何公众号服务器接口调用时都需要通过请求参数 Accesstoken 携带该值：expires_in 是该凭证的有效时长，过期之前需要再次调用该接口获取新的凭证。

表 12.8 获取 AccessToken 的结果

参　数	是否必需	说　明
grant_type	是	获取 access_token 固定为 client_credential
appid	是	第三方用户唯一凭证，公众号后台管理中公众号开发信息里的开发者 ID
secret	是	第三方用户唯一凭证密钥，公众号后台管理中公众号开发信息里的开发者密码

至此，开发微信公众号服务器需要用到的相关知识已讲解完，下面就来分析一下为了实现接口对接并开发一个简单功能的公众号服务需要的具体操作步骤。

（1）开发者提供一个服务接口，接口的 GET 请求服务中实现 Token 验证的功能。

（2）在提供接口的 POST 请求服务中，解析 XML 格式的请求体。在处理逻辑中，根据 XML 中属性判断该请求的相关事件信息，以及通过 XML 中属性获取请求的信息内容，并根据自己业务需要返回的内容对此请求进行响应。

（3）实现一个 AccessToken 管理服务，用来在调用公众号服务器时从该服务中获取一个可用的 AccessToken。

（4）实现一个自定义菜单管理功能，用来创建自定义菜单。

（5）实现一个消息主动发送功能，用来在不支持直接对事件请求进行消息响应的事件中，实现向用户返回消息的功能。

以上 5 个步骤对于任一公众号开发者来说，都需要实现。尤其是解析请求体的 XML 后，需要根据 XML 中的属性进行判断，如判断消息类型是文本消息，则执行文本消息处理的相关方法。解析中可能充斥着各种判断，代码可读性会变得很差。这种处理方式类似于 Web 框架出现之前，直接使用原始 Servlet 功能进行开发的情况。

那是否可以开发类似于 Spring MVC 的框架，在框架中内置实现所有对接功能。在该框架中，同时提供基于注解的处理器方法映射，以实现在注解中声明判断请求中信息的条件，在条件匹配时自动使用注解标记的处理器方法对该请求进行处理。可以把请求体 XML 中属性自动绑定到处理器方法中，同时对于处理器方法的返回值，可以自动处理为微信服务器可接收的消息以向用户回复消息。

通过这个框架，公众号的开发者只需要关注对于特定事件要实现的业务逻辑即可，不需要关注其他与公众号对接的一些细节。接下来，基于 Spring MVC 高扩展的特性，来实现微信公众号框架。

12.2 微信公众号框架的设计与实现

要开发一个框架的功能，首先应规划好设计图，明确该框架需要实现哪些功能。之后按照既定的设计目标去完成功能实现即可。

12.2.1　功能设计

微信公众号快速开发框架内部需要内置以下功能。

- Token 验证请求处理：实现 Tokenc 验证请求处理逻辑，需要可配置认证请求的路径信息与 Token 值，管理后台配置服务器地址时使用这个路径。
- AccessToken 管理：实现 AccessToken 管理功能，需要维护 AccessToken，并在过期时自动刷新。要求获取 AccessToken 时使用 appId 和 appSecret 配置。
- 自定义菜单管理：实现自定义菜单管理功能，需要通过注解方式配置自定义菜单，在项目启动时扫描所有按钮注解并根据所有注解信息生成菜单结构，并自动调用创建自定义菜单接口。同时注解按钮标记的方法在按钮被点击时可以被自动调用作为按钮事件的处理逻辑。
- 事件处理器映射：实现基于注解的事件处理映射。可通过注解配置映射条件，在接收到公众号服务器的事件请求时，自动根据请求体 XML 中的属性与注解配置的属性进行匹配，找到匹配的注解信息并使用注解标记的方法作为处理器方法。另外使用注解创建的自定义菜单，也需要自动加入该事件处理映射中。
- 事件参数解析：为注解标记的事件处理方法提供参数解析功能，把事件体中的属性自动解析为参数值。
- 返回值处理：为事件处理方法提供返回值处理功能，可以自动把返回值处理为公众号服务器可接收的响应内容。一般来说需要自动处理为某一种消息类型的返回值，在不支持直接响应消息内容的事件请求中，还需要实现主动调用发送消息接口的功能，使返回值通过公众号消息接口主动发送给用户。

下面就针对每个设计目标来实现各自的功能，以下实现代码可在 SimpleFastBootWeixin 项目中找到，仓库地址为 https://github.com/FastBootWeixin/SimpleFastBootWeixin。对于开发的框架进行功能测试，可使用官方提供的测试公众号进行，申请地址为 https://mp.weixin.qq.com/debug/cgi-bin/sandbox?t=sandbox/login。要在内网环境下测试，还需要使用内网穿透工具，关于工具的使用这里不进行说明，详细内容可在 SimpleFastBootWeixin 项目的 README 中找到。

12.2.2　Token 认证请求处理

此功能实现是最简单的，通过接入指南，可以知道只需要一个可以处理指定路径的 GET 请求，根据请求参数校验并返回请求参数的 echostr 处理器方法即可。但因为要设计的是一个框架，所以需要提供可配置的功能。

在认证请求中，需要使用管理后台配置的 Token，同时认证请求路径还需要是可配置的。与 Token 可以使用 Spring 的@Value 注入属性功能实现，认证请求的路径同样也可以使用属性占位符表示。Token 和路径分别用 wx.token 和 wx.path 两个配置项表示，基于 Spring

Boot的配置文件功能，可实现在配置文件中按指定属性值的方式改变组件的行为。实现逻辑如下：

```
@Controller
public class WxTokenVerifyController {
  // 注入配置中的 wx.token 值
  @Value("${wx.token}")
  private String token;
  // 处理配置的 wx.path 路径下的 GET 请求，Token 验证请求中包含 4 个参数，可以直接作为参数
条件使用
  @GetMapping(path = "${wx.path}", params = {"signature", "timestamp", "nonce",
"echostr"})
  // 作为相应体返回，如果不标记@ResponseBody，返回的字符串会被作为视图名处理。也可以直接
标记控制器为@RestController
  @ResponseBody
  public String tokenVerify(@RequestParam("signature") String signature,
                    @RequestParam("timestamp") String timestamp,
                    @RequestParam("nonce") String nonce,
                    @RequestParam("echostr") String echostr) {
  // 3 个参数值按英文字典顺序排序并拼接
  String rawString = Stream.of(token, timestamp, nonce).sorted().collect
(Collectors.joining());
  // 对拼接后字符串使用工具类中 sha1 方法进行加密，之后和参数中 signature 比较
  if (signature.equals(CryptUtils.encryptSHA1(rawString))) {
      // 如果相同，则是合法的 Token 认证请求，返回请求参数 echostr 值作为响应
      return echostr;
    }
    // 否则，返回空值
    return null;
  }
}
```

当然，除了以上这种方式外，还有很多种实现方式。上面的这种实现方式依赖于注解@RequestMapping 对应的处理器方法的查找与执行逻辑，但是这种方式处理流程较长，还包括了参数解析和返回值处理的各种逻辑。

可以使用另外一种处理器映射和对应的处理器，如处理器映射使用 BeanNameUrlHandlerMapping，配置 BeanName 为 Token 认证请求的路径，对应的 Bean 类型为 HttpRequestHandler 接口的实现类，在实现的 handleRequest 方法中执行上面的判断逻辑，并直接把 echostr 写入响应体中。这种方式处理速度最快，读者可以自行尝试。

12.2.3 AccessToken 管理

AccessToken 是开发者服务器调用公众号服务器接口的凭证，在调用服务器提供的大多数接口时都需要传入 access_token 作为调用凭证。该值需要通过调用公众号服务器的 AccessToken 接口才可获取。

虽然在每个接口调用前，都可以先调用这个接口获取 AccessToken，但这样会严重影响响应速度。且 AccessToken 提供了过期机制，获取 AccessToken 后默认在 2 小时内有效。而且在获取新的 AccessToken 后，前一个 AccessToken 会在短时间内失效。

这就要求我们实现 AccessToken 的管理功能，该管理器对外仅提供 AccessToken 获取功能，内部实现通过接口获取 AccessToken、缓存 AccessToken 及过期自动刷新功能。对于公众号服务器 HTTP 接口的调用，直接使用 Spring 提供的 RestTemplate 封装功能即可，调用接口时需要使用的 appId 与 appSecret 同样使用配置自动注入。实现如下：

```
// 标记为 Spring 的 Bean 组件
@Component
public class WxAccessTokenManager implements InitializingBean {
  // 注入配置的 appId 值
  @Value("${wx.appId}")
  private String appId;
  // 注入配置的 appSecret 值
  @Value("${wx.appSecret}")
  private String appSecret;
  // 用于发起 HTTP 请求的 RestTemplate
  private RestTemplate restTemplate;
  // 上一次刷新时间
  private long lastRefreshTime;
  // 保存的 AccessToken
  private String AccessToken;
  // 初始化方法
  @Override
  public void afterPropertiesSet() throws Exception {
    restTemplate = new RestTemplate();
    // 启动时先初始化一次 AccessToken，以提高后续访问速度
    this.get();
  }
  // 获取 AccessToken 方法
  public String get() {
    long now = Instant.now().toEpochMilli();
    // 如果当前已过期，默认一次获取 7200000 毫秒后过期
    if (now > lastRefreshTime + 7200000) {
        // 从接口获取 AccessToken，更新当前内存维护的 AccessToken
        AccessToken = this.fetchAccessToken();
        // 更新上次刷新时间
        lastRefreshTime = now;
    }
    // 返回 AccessToken，未过期直接返回
    return AccessToken;
  }
  // 从接口获取 AccessToken 值
  public String fetchAccessToken() {
    // 构造请求地址
```

```
    UriComponentsBuilder builder = UriComponentsBuilder.fromHttpUrl
("https://api.weixin.qq.com/cgi-bin/token")
            .queryParam("grant_type", "client_credential")
             .queryParam("appid", appId)
             .queryParam("secret", appSecret);
    // 调用接口获取 AccessToken 响应结果
    String result = restTemplate.getForObject(builder.toUriString(), String
.class);
    // 从结果中提取 AccessToken
    return extractAccessToken(result);
  }
}
```

这样基于内存的 AccessToken 管理器完成，在需要使用 AccessToken 的逻辑中，注入该管理器，通过 get 方法即可获取当前有效的 AccessToken。但这里有以下几点并不太完善。

（1）公众号服务器接口为 HTTPS 协议，默认的 RestTemplate 可能不能正常调用，需要配置为支持 HTTPS 协议。

（2）当多线程同时调用 get 方法获取 AccessToken 时，如果此时正好 AccessToken 过期，可能导致多次调用 fetchAccessToken 接口，因为多次调用会导致前一个 AccessToken 失效，而在多线程情况下保存 AccessToken 结果可能会保存到已被失效的前一个 AccessToken，导致后续请求错误。这种情况虽然出现的概率比较小但也有出现的可能，因此在 fetchAccessToken 的逻辑中需要加一个加锁的逻辑。

（3）这种实现方式 AccessToken 保存在内存中，当服务器是多节点部署时，就会导致问题，因为多个节点保存的 AccessToken 不同，总有一个会失效。基于高扩展性的目标，可以把 AccessToken 的存储逻辑抽象为接口，接口中包括存储、读取、判断是否过期等方法，具体类可由各种实现类去实现。如实现基于 Redis 或者数据库的 AccessToken 存储器，即可实现多节点部署的情况下 AccessToken 共享的目的了。

以上问题在完整版的 FastBootWeixin 框架中都已解决，可参考完整版的该框架实现源码。

12.2.4 自定义菜单管理

自定义菜单管理包含两部分内容：自定义菜单的创建及自定义菜单中按钮点击时的事件处理。对于事件处理来说，最好的形式是通过类似于@RequestMapping 的注解标记在事件处理方法上，以实现事件处理逻辑通过该方法处理的目的。

所以对于自定义菜单的两个相关功能，最好的方式通过注解来实现。定义@WxButton 注解，启动时扫描所有 Bean 中方法上的@WxButton 注解，生成微信菜单按钮信息，并在扫描完成后整合所有注解信息构造来自定义菜单，最后通过调用创建自定义菜单的接口完成自定义菜单的创建功能。

首先来定义@WxButton 注解，注解中包含微信菜单中按钮可配置的所有属性。同时除了按钮可配置属性外，还需要在注解中添加菜单结构属性，如是否是一级菜单，以及该菜单的位置信息。@WxButton 完整的定义如下：

```
// 指定注解只能标记在方法上
@Target({ElementType.METHOD})
// 指定为运行时注解
@Retention(RetentionPolicy.RUNTIME)
@Documented
public @interface WxButton {
  /**
   * 按钮属于哪个一级菜单，一级菜单最多三个分组，分别为左、中、右
   */
  Group group();
  /**
   * 菜单显示名称
   */
  String name();
  /**
   * 菜单类型，默认为 Click
   */
  Type type() default Type.CLICK;
  /**
   * 是否是一级菜单，默认为 false，表示二级菜单按钮，因为二级菜单较多，故此值默认为 false
   */
  boolean main() default false;
  /**
   * 仅对二级菜单按钮生效，表示该按钮在一级菜单展开后的展示顺序，最多 5 个
   */
  Order order() default Order.FIRST;
  /**
   * 按钮的 key 属性，可以不提供，通过 key 自动生成策略自动生成
   */
  String key() default "";
  /**
   * 网页链接，用户点击菜单可打开链接，不超过 1024 字节
   * type 为 miniprogram 时，不支持小程序的老版本客户端将打开本 url
   */
  String url() default "";
  /**
   * media_id 类型和 view_limited 类型必需
   * 调用新增永久素材接口返回的合法 media_id
   */
  String mediaId() default "";
  /**
   * miniprogram 类型必需，小程序的 appid（仅认证公众号可配置）
   */
  String appId() default "";
  /**
```

```
   * miniprogram类型必需，小程序的页面路径
   */
  String pagePath() default "";
  /**
   * 哪个按钮组，分别代表一级菜单的左、中、右三组
   */
  enum Group {
    LEFT, MIDDLE, RIGHT
  }
  /**
   * 顺序，最多 5 个，代表二级菜单按钮的排序
   */
  enum Order {
    FIRST, SECOND, THIRD, FORTH, FIFTH
  }
  /**
   * 全部菜单按钮类型
   */
  enum Type {
    CLICK, VIEW, SCANCODE_PUSH, SCANCODE_WAITMSG, PIC_SYSPHOTO, PIC_PHOTO_OR_
ALBUM, PIC_WEIXIN, LOCATION_SELECT, MEDIA_ID, VIEW_LIMITED, MINI_PROGRAM
  }
}
```

接下来实现微信菜单管理器，用于根据注解信息添加菜单结构。在调用创建自定义菜单的接口时，请求体内容是指定格式的 JSON 字符串，内部是结构化的菜单信息。要想在菜单管理器中调用创建菜单接口，则需要先定义好自定义菜单的数据结构，其逻辑如下：

```
// 定义微信菜单的实体类
public class WxMenu {
  // 自定义菜单的请求体是一个 button 列表
  public List<Button> mainButtons = new ArrayList<>();
  // 向 button 列表添加 button
  public void add(Button button) {
    this.mainButtons.add(button);
  }
  // 定义微信菜单按钮
  public static class Button {
    // 一级菜单中可包含子菜单按钮列表
    private List<Button> subButtons = new ArrayList<>();
    // 菜单所属分组
    private WxButton.Group group;
    // 菜单按钮类型
    private WxButton.Type type;
    // 菜单名
    private String name;
    // 是否是一级菜单
    private boolean main;
```

```
    // 二级菜单顺序
    private WxButton.Order order;
    // 按钮的事件 key
     private String key;
    // 跳转 url
    private String url;
    // 跳转素材 id
    private String mediaId;
    // 跳转小程序
    private String appId;
    // 跳转小程序路径
    private String pagePath;
    // 构造方法，根据注解属性直接构造
    public Button(WxButton wxButton) {
       this.group = wxButton.group();
       this.type = wxButton.type();
       this.main = wxButton.main();
       this.order = wxButton.order();
       this.name = wxButton.name();
       // 如果 key 属性未指定，则使用简单策略自动生成 Key
       this.key = !StringUtils.isEmpty(wxButton.key()) ? wxButton.key() :
"KEY_" + wxButton.group() + "_" +  wxButton.order();
       this.url = wxButton.url();
       this.mediaId = wxButton.mediaId();
       this.appId = wxButton.appId();
       this.pagePath = wxButton.pagePath();
    }
    // 为该菜单添加子菜单按钮
    public Button addSubButton(Button button) {
      this.subButtons.add(botton);
      return this;
    }
  }
}
```

WxMenu 类用于表示调用创建自定义菜单时的 JSON 结构数据，注解类型的实例不能实现该功能，所以使用额外定义的 Button 来保存注解中的属性信息，同时还增加了@WxButton 注解中未配置事件 key 时自动生成事件 key 的策略。基于这个菜单实体类，可以实现菜单管理中的所有功能，菜单管理器实现如下：

```
// 微信菜单管理器，实现 ApplicationListener<ApplicationReadyEvent>接口，用于监听应
用准备就绪事件，在事件回调中执行创建自定义菜单逻辑
public class WxMenuManager implements ApplicationListener
<ApplicationReadyEvent> {
  // 获取日志记录器
  private static final Log logger = LogFactory.getLog(MethodHandles.lookup()
.lookupClass());
```

```
 // 用于保存所有一级菜单（主菜单）
 private Map<WxButton.Group, WxMenu.Button> mainButtonLookup = new HashMap<>();
 // 用于保存不同分组的二级菜单按钮列表，key 是分组类型，value 是菜单按钮列表。Multi-
ValueMap 的值都是列表类型
 private MultiValueMap<WxButton.Group, WxMenu.Button> groupButtonLookup = new
LinkedMultiValueMap<>();
 // 用于调用创建自定义菜单接口的 RestTemplate
 private RestTemplate restTemplate = new RestTemplate();
 // 注入 AccessToken 管理器，用于调用接口
 @Autowired
 private WxAccessTokenManager wxAccessTokenManager;

 // 开放根据注解添加按钮功能，参数是@WxButton 注解实例
 public WxMenu.Button addButton(WxButton wxButton) {
    // 根据注解信息构造菜单按钮实例
    WxMenu.Button button = new WxMenu.Button(wxButton);
    // 如果是一级菜单（主菜单）
    if (wxButton.main()) {
        // 确保一个分组最多只能有一个主菜单
        Assert.isNull(mainButtonLookup.get(button.getGroup()),
           String.format("已经存在该分组的主菜单，分组是%s", button.getGroup()));
        // 添加到主菜单查找表中
        mainButtonLookup.put(button.getGroup(), button);
    } else {
       // 如果不是主菜单，则添加到分组对应列表中
       groupButtonLookup.add(button.getGroup(), button);
    }
    // 返回构造的 button 实例
    return button;
 }
 // 根据主菜单查找表和分组查找表获取 WxMenu 实例
 public WxMenu getMenu() {
    WxMenu wxMenu = new WxMenu();
    // 遍历主菜单查找表中数据，在遍历前先根据主菜单分组排序，顺序为 LEFT、MIDDLE、RIGHT
    mainButtonLookup.entrySet().stream().sorted(Comparator.comparingInt(e
-> e.getKey().ordinal()))
         .forEach(m -> {
             // 遍历时，获取该分组下子菜单按钮列表，按照 order 排序
             groupButtonLookup.getOrDefault(m.getKey(), new ArrayList<>())
.stream()
                    .sorted(Comparator.comparingInt(w -> w.getOrder().ordinal()))
                    .forEach(b ->
                    // 按顺序把子菜单按钮添加到当前主菜单的子菜单按钮列表中
                    m.getValue().addSubButton(b));
             // 把当前遍历中主菜单添加到菜单列表中
             wxMenu.add(m.getValue());
         });
```

```
    // 返回构造好的 WxMenu 实例
    return wxMenu;
  }

  // 监听应用准备就绪事件，执行创建自定义菜单逻辑
  @Override
  public void onApplicationEvent(ApplicationReadyEvent applicationReadyEvent) {
    // 获取 WxMenu
    WxMenu wxMenu = this.getMenu();
    // 构造包含 access_token 的自定义菜单创建接口 URL
    UriComponentsBuilder builder = UriComponentsBuilder.fromHttpUrl("https://
api.weixin.qq.com/cgi-bin/menu/create").queryParam("access_token", wxAccess
TokenManager.get());
    // 调用创建自定义菜单接口，传入根据注解信息构造的自定义菜单实例
    String result = restTemplate.postForObject(builder.toUriString(), wxMenu,
String.class);
    // 打印结果
    logger.info("=============================================================");
    logger.info("                执行创建菜单操作");
    logger.info("                操作结果: " + result);
    logger.info("                新的菜单为: " + wxMenu);
    logger.info("=============================================================");
  }
}
```

以上是简单实现的菜单管理器，提供了根据注解添加自定义菜单的功能，并在应用准备就绪后，自动根据添加的所有自定义菜单整合为完成的自定义菜单结构，调用服务器的创建自定义菜单接口完成自定义菜单的创建功能。

上述实现没有考虑一些特殊情况：如使用自定义的@WxButton 注解中，可能会缺失一些属性；如指定按钮类型为 View 时，未提供 url，就会导致最终创建自定义菜单的接口调用失败。避免这些特殊情况发生的最好的方式是为菜单的构造添加校验功能。当然这些都是附加的功能，核心功能在上述菜单管理器中实现比较完善。

在该菜单管理器中，仅提供了菜单的管理功能，并没有实现菜单事件的处理逻辑。这是因为菜单事件的处理逻辑只是全部事件处理逻辑的一部分，对于全部事件处理逻辑将会放在同一实现内，具体实现在 12.2.5 节讲述。

同时在菜单管理器实现中，仅开放了通过注解添加菜单的方法，并没有实际去扫描所有特定 Bean 中方法上标记的@WxButton 注解。那么如何去扫描所有方法上的@WxButton 注解并调用菜单管理器的添加菜单方法呢？在 9.5.3 节讲述过对@RequestMapping 注解的扫描，在这里可以直接沿用与@RequestMapping 注解扫描的逻辑。

在使用扫描注解的方式添加菜单的同时，还可以直接把根据注解生成菜单的 key 与该注解标记的方法添加到一个映射查找表中，在公众号服务器推送事件请求时，根据事件体内容中的 eventKey 属性值，查找到对应事件处理方法，处理该事件。

12.2.5 事件处理器映射

对于公众号服务器向开发者服务器发起的事件请求，其请求信息是封装在 XML 请求体内的，XML 请求体包含了用户发起请求的相关信息，如发起人、时间、事件类型、事件 key 等信息。一般公众号开发时，都会在对请求体进行解析后，直接获取解析后的 XML 中的一些属性，通过执行各种判断逻辑后再执行对应的操作。

如对于用户发送的文本消息，服务器收到该消息事件后，会执行一些业务逻辑。那么在以往的开发模式中，就需要判断事件 XML 中的 MsgType 的值，如果为 text，则执行此业务逻辑。还有一种常见的需求，即当发送文本匹配某个文本规则时，再执行某些逻辑。这就需要在这层 if 中再嵌套一层 if，如果后续继续添加需求，那么整个项目中将充斥着各种 if else 的逻辑，可维护性大大下降，且扩展性也几乎为零。

分析这种场景，需要根据属性进行匹配后，执行特定的处理逻辑，这与之前 @RequestMapping 实现的映射功能相同。所以对于公众号服务器发起的事件请求的处理逻辑，同样可以通过类似于这种的注解方式来实现。将通过的映射信息注解，与事件请求数据进行匹配，最终查找到事件处理方法，并交给该方法处理此事件。这就是我们的最终设计目标。

结合之前对公众号接口的了解进行分析，可以把全部事件请求分为以下 3 类。

- 系统事件，用户关注、取关等。
- 消息事件，用户发送的各种类型的消息。
- 按钮事件，用户点击菜单中的按钮。

再对事件请求的 XML 消息体进行分析，可以发现不同类型事件的消息体中有一些公共属性，可以根据这些属性判断具体的消息类型。对于以上 3 类消息，可区分属性不同，分别如下。

- 消息事件：可通过 MsgType 区分，对于不同类型的消息事件，MsgType 均不同。如文本消息为 shortvideotext、图片消息为 image 等。
- 系统事件：其 MsgType 都为 event，但可以根据消息体中的 Event 属性确定具体的事件类型。如关注为 subscribe，取消关注为 unsubscribe 等。
- 按钮事件：自定义菜单按钮事件的 MsgType 也为 event，但可根据 Event 属性确定具体是哪种类型的事件。如 CLICK 表示点击了点击类型按钮，VIEW 表示点击了跳转页面类型按钮等。但由于菜单中可配置多个相同类型的按钮，所以使用 MsgType 和 Event 属性并不能准确确定点击的按钮。要准确确定点击的按钮是哪一个，需要用到自定义菜单中的 key 属性，点击了自定义按钮后，会把自定义按钮的 key 作为事件消息体内的 EventKey 属性传递。

基于这些信息，下面来设计用于支持这 3 种不同的事件的条件映射注解。

- 按钮事件：直接使用@WxButton 注解作为映射信息。

- 系统事件：设计@WxEventMapping 注解，当 MsgType 为 event 时，再根据该注解中的属性条件去查找具体的事件处理器。内部包含 type 属性，用于对 Event 属性值做匹配判断。
- 消息事件：设计@WxMessageMapping 注解，提供 type 属性，用于对 MsgType 属性值做匹配。再额外提供一个 contents 数组属性，用于根据消息内容做模糊匹配。

注意所有提供的条件属性都是数组，用于提供多种请求的匹配逻辑。这两个注解类的代码参考如下：

```
// 系统事件映射
@Target({ElementType.METHOD, ElementType.TYPE})
@Retention(RetentionPolicy.RUNTIME)
@Documented
public @interface WxEventMapping {
  /**
   * 映射信息名
   */
  String name() default "";
  /**
   * 请求事件的类型
   */
  Type[] type() default {};

  // 提供系统事件类型枚举
  enum Type {
    SUBSCRIBE, UNSUBSCRIBE,
    // 由于所有的按钮类型也会通过 Event 属性传递，所以这里添加按钮类型的所有枚举
    CLICK, VIEW, SCANCODE_PUSH, SCANCODE_WAITMSG, PIC_SYSPHOTO, PIC_PHOTO_OR_
ALBUM, PIC_WEIXIN, LOCATION_SELECT, MEDIA_ID, VIEW_LIMITED, MINI_PROGRAM
  }
}
// 消息事件映射
@Target({ElementType.METHOD, ElementType.TYPE})
@Retention(RetentionPolicy.RUNTIME)
@Documented
public @interface WxMessageMapping {
  /**
   * 映射信息名
   */
  String name() default "";
  /**
  * 匹配消息类型
  */
  Type[] type() default {};
  /**
   * 匹配消息内容
   */
```

```
  String[] contents() default {};
  // 内部定义消息类型枚举
  enum Type {
    TEXT, IMAGE, VOICE, VIDEO, SHORT_VIDEO, LOCATION, LINK, EVENT
  }
}
```

对于@RequestMapping 注解映射方法的查找，是基于 RequestMappingHandlerMapping 组件执行的，该处理器映射组件根据请求信息与所有注解生成的映射信息执行匹配逻辑，最终获取到与请求匹配的注解所标记的方法作为请求处理器方法使用。

在我们的设计目标中，与此类似，最终返回的同样也是方法，并作为事件处理方法。但请求信息、注解生成的映射信息与匹配逻辑和@RequestMapping 是不同的。在微信事件请求中，请求信息是事件请求体，映射信息则通过自定义的注解生成，匹配逻辑则是根据事件请求体中的属性与自定义注解生成的映射信息进行匹配。

Spring MVC 框架中，早已考虑到这种扩展的可能性，在 RequestMappingHandlerMapping 的祖先类中，有一个 AbstractHandlerMethodMapping 抽象类，该抽象类中封装了返回处理器方法的逻辑，但具体的映射信息生成逻辑、映射匹配逻辑则是抽象方法，需要由子类实现。所以我们设计的微信事件映射器，可以直接继承此抽象类，按照逻辑实现其中抽象方法即可达成设计目的。下面先来完成一些处理过程中必要的基础组件。

1. 事件请求体

在对微信事件请求执行映射匹配逻辑时，不能直接使用原始的请求属性进行匹配，而需要通过请求体 XML 中的属性进行匹配，所以需要先把请求体解析为 XML 实体类才可以执行后续匹配逻辑。下面就先来设计此实体类：

```
public class WxRequestBody {
  // 具体事件请求体类型，按钮事件、消息事件、系统事件
  enum Type {
    BUTTON, MESSAGE, EVENT
  }
  // 开发者微信号
  private String toUserName;
  // 发送方账号（一个 OpenID）
  private String fromUserName;
  // 消息创建时间（整型）
  private Date createTime;
  // 消息类型
  private WxMessageMapping.Type messageType;
  // 事件请求体类型
  private Type type;
  // 事件类型
  private WxEventMapping.Type eventType;
  // 按钮类型
  private WxButton.Type buttonType;
```

```
  // 对事件请求体的 eventKey
  private String eventKey;
  // 文本消息内容
  private String content;
  // 图片链接（由系统生成）
  private String picUrl;
  // image、voice、video 类型的消息有，消息媒体 id，可以调用多媒体文件下载接口拉取数据
  private String mediaId;
  // 省略语音、视频、链接、位置消息的其他属性定义...
  // 消息 id，64 位整型
  private Long msgId;
  // button 事件的类型
  public WxButton.Type getButtonType() {
    // 如果已经获取，则直接返回
    if (this.buttonType != null) {
        return this.buttonType;
    }
    // 只有 msgType 是 event 时才是 buttonType
    if (this.messageType == WxMessageMapping.Type.EVENT) {
        // 如果当前事件请求体的 eventType 属性值在 WxButton.Type 枚举中，则返回 WxButton
.Type 中该 eventType 的枚举，否则返回 null
        this.buttonType = Arrays.stream(WxButton.Type.values())
              .filter(t -> t.name().equals(this.eventType.name()))
              .findFirst().orElse(null);
    }
    return this.buttonType;
  }
  // 事件请求体类型获取逻辑
  public Type getType() {
    // 如果已经获取，则直接返回
    if (type != null) {
        return type;
    }
    if (this.messageType == WxMessageMapping.Type.EVENT) {
        // 如果有 button 类型，则是 button
        if (this.getButtonType() != null) {
            type = Type.BUTTON;
        } else {
          // 否则是事件
          type = Type.EVENT;
        }
    } else {
        // 否则就是消息
        type = Type.MESSAGE;
    }
    return type;
  }
}
```

在事件请求体中，把事件请求分为 3 大类：按钮、消息、系统，分别对应于 3 个注解，可令 3 个注解映射信息更易区分。同时该事件请求体类型声明，应该包括所有在公众号事件请求体 XML 中会出现的所有属性，这里因篇幅问题，仅列出后续需要使用到的属性。

事件请求体类型设计完成后，在执行事件请求映射前，还需要把原始事件请求的请求体转换为该事件请求体类型的实例，在第 10 章中曾经提到过，对于请求体与具体的类型之间的转换，是通过消息转换器 HttpMessageConverter 实现的，对于 XML 类型的请求体，可以直接使用 Jaxb2RootElementHttpMessageConverter 这种消息转换器进行转换，转换逻辑由开发者自行在映射信息查找前执行。

2. 映射信息生成与匹配

在 RequestMappingHandlerMapping 处理器映射中把@RequestMapping 注解属性封装为 RequestMappingInfo 类型，查找时通过该映射信息进行匹配。在我们的设计中，因为注解和@RequestMapping 完全不同，所以需要封装到另外一种映射类型中。在这里使用 WxMappingInfo 类型来表示微信事件映射信息，代码如下：

```
// 微信映射信息
public class WxMappingInfo implements WxRequestCondition<WxMappingInfo> {
  // 映射名
  private final String name;
  // 微信事件请求类型条件
  private final WxEnumCondition<WxRequestBody.Type> wxRequestTypes;
  // 微信事件请求消息类型条件
  private final WxEnumCondition<WxMessageMapping.Type> wxMessageTypes;
  // 微信事件请求系统事件类型条件
  private final WxEnumCondition<WxEventMapping.Type> wxEventTypes;
  // 微信事件 key 条件
  private final WxEventKeyCondition wxEventKey;
  // 文本消息内容条件
  private final WxContentCondition wxContent;
  // 根据注解信息构造映射信息
  public WxMappingInfo(String name,
             WxEnumCondition<WxRequestBody.Type> wxRequestTypes,
             WxEnumCondition<WxMessageMapping.Type> wxMessageTypes,
             WxEnumCondition<WxEventMapping.Type> wxEventTypes,
             WxEventKeyCondition wxEventKey,
             WxContentCondition wxContent) {
    // 每个条件都不为 null
    this.name = (name != null ? name : "");
    // 创建条件，注意 WxEnumCondition 中传入了一个函数，告知该条件如何从事件请求体中获取
需要匹配的属性值
    this.wxRequestTypes = wxRequestTypes != null ? wxRequestTypes : new
WxEnumCondition<>(WxRequestBody::getType);
    this.wxMessageTypes = wxMessageTypes != null ? wxMessageTypes : new
WxEnumCondition<>(WxRequestBody::getMessageType);
```

```
    this.wxEventTypes = wxEventTypes != null ? wxEventTypes : new
WxEnumCondition<>(WxRequestBody::getEventType);
    this.wxEventKey = wxEventKey != null ? wxEventKey : new WxEventKeyCondition();
    this.wxContent = wxContent != null ? wxContent : new WxContentCondition();
  }
  // 根据事件请求体获取匹配结果
  @Override
  public WxMappingInfo getMatchingCondition(WxRequestBody body) {
    // 对每个条件执行匹配判断获取匹配结果
    WxEnumCondition wxRequestTypes = this.wxRequestTypes.getMatchingCondition
(body);
    WxEnumCondition wxMessageTypes = this.wxMessageTypes.getMatchingCondition
(body);
    WxEnumCondition wxEventTypes = this.wxEventTypes.getMatchingCondition
(body);
    WxEventKeyCondition wxEventKey = this.wxEventKey.getMatchingCondition
(body);
    WxContentCondition wxContent = this.wxContent.getMatchingCondition(body);
    // 如果任何一个不匹配均不返回
    if (wxRequestTypes == null || wxMessageTypes == null || wxEventTypes == null
|| wxEventKey == null || wxContent == null ) {
        return null;
    }
    // 则返回匹配结果
    return new WxMappingInfo(name, wxRequestTypes, wxMessageTypes, wxEventTypes,
wxEventKey, wxContent);
  }

  // 两个匹配结果比较，只根据匹配内容比较
  @Override
  public int compareTo(WxMappingInfo other, WxRequestBody body) {
    return this.wxContent.compareTo(other.wxContent, body);
  }
}
```

这里定义了一些条件，与 RequestCondition 类似，这里的判断条件使用 WxRequestBody 与注解中的信息进行匹配。

事件请求体类型、消息类型、系统事件类型这三个枚举类型的条件判断，可直接根据配置的注解中对应枚举属性数组中是否包含事件请求体中对应枚举属性值来判断是否匹配。又因为三个枚举使用同一个条件类实现，所以还需要传入一个函数，用于从请求中获取需要与该条件匹配的属性值。其实现逻辑如下：

```
// 枚举类型条件
public class WxEnumCondition<T extends Enum<T>> implements WxRequestCondition
<WxEnumCondition> {
  // 保存条件枚举集合
  private Collection<T> contents;
```

```
  // 从微信请求体获取需要匹配枚举的方法
  private Function<WxRequestBody, T> fun;
  // 传入如何从请求获取要匹配内容的方法和注解中定义的条件属性数组构造条件
  public WxEnumCondition(Function<WxRequestBody, T> fun, T... contents) {
    this.fun = fun;
   this.contents = Arrays.asList(contents);
  }
  // 判断是否匹配，如果内容为空，则直接匹配；否则判断枚举内容是否包含当前请求体中的属性值，
包含则匹配
  @Override
  public WxEnumCondition getMatchingCondition(WxRequestBody body) {
    if (contents.isEmpty()) {
        return this;
    }
    return contents.contains(fun.apply(body)) ? new WxEnumCondition(fun,
fun.apply(body)) : null;
  }
  // 匹配结果均相同
  @Override
  public int compareTo(WxEnumCondition other, WxRequestBody body) {
    return 0;
  }
  // 返回内容集合
  public Collection<T> getContents() {
    return contents;
  }
}
```

对于 EventKey 的匹配，则比较简单，只需要判断条件中的事件 Key 是否包含当前请求的事件 Key 即可，实现逻辑如下：

```
// 事件 Key 条件
public class WxEventKeyCondition implements WxRequestCondition<WxEventKey-
Condition> {
  // 保存条件集合
  private Collection<String> contents;
  // 使用 eventKey 条件数组创建条件
  public WxEventKeyCondition(String... contents) {
    this.contents = Arrays.asList(contents);
  }
  // 判断是否匹配，如果内容为空，则直接匹配；否则判断条件集合中是否包含当前请求体中的
eventKey，包含则匹配
  @Override
  public WxEventKeyCondition getMatchingCondition(WxRequestBody body) {
    if (contents.isEmpty()) {
        return this;
    }
    return this.contents.contains(body.getEventKey()) ? new WxEventKeyCondition
```

```
(body.getEventKey()) : null;
  }
  // 匹配结果均相同
  @Override
  public int compareTo(WxEventKeyCondition other, WxRequestBody body) {
    return 0;
  }
}
```

消息内容条件需要支持配置多个内容条件，任一条件满足即视为匹配。匹配使用消息内容包含条件的策略执行，如果有多个映射信息匹配时，取匹配结果中 content 条件值最长的匹配结果，视为匹配度最高。

```
// 消息内容条件
public class WxContentCondition implements WxRequestCondition
<WxContentCondition> {
  // 保存内容条件集合
  private Collection<String> contents;
  public WxContentCondition(String... contents) {
    this.contents = Arrays.asList(contents);
  }
  // 判断是否匹配，如果内容为空，则直接匹配；否则判断消息内容是否包含内容条件集合中的值，
如果包含，则返回包含的全部条件属性；如果不包含，则返回 null
  @Override
  public WxContentCondition getMatchingCondition(WxRequestBody body) {
    if (contents.isEmpty()) {
        return this;
    }
    if (body.getContent() == null) {
        return null;
    }
    String[] result = this.contents.stream().filter(c -> body.getContent()
.contains(c)).toArray(String[]::new);
   return result.length == 0 ? null : new WxContentCondition(result);
  }
  // 找到匹配结果中最长匹配内容，再看最长匹配内容长度，越长视为匹配度越高
  @Override
  public int compareTo(WxContentCondition other, WxRequestBody body) {
    return other.contents.stream().map(String::length).max(Integer::compareTo)
.orElse(0)
        - this.contents.stream().map(String::length).max(Integer::compareTo)
.orElse(0);
  }
}
```

这些单一条件的判断逻辑都比较简单，直接根据事件请求体中信息与条件构造时的条件列表进行判断。但最终复杂逻辑匹配的执行与 RequestCondition 相同，最终都是通过聚合多

个简单条件实现，这就是化繁为简的思想。

定义映射信息后，接着就可以完成映射信息的生成逻辑了。在 AbstractHandlerMethod-Mapping 类中，封装了遍历所有 Bean 及其所有方法的逻辑，该逻辑用于获取处理器 Bean 中全部映射信息，子类只须实现根据方法创建映射信息的逻辑即可。

但是如果对全部 Bean 执行扫描，花费的时间很可能变得很长，所以抽象类中提供了 isHandler 方法用来判断 Bean 是否是处理器 Bean。@RequestMapping 是通过 Bean 类型上是否标记了@Controller 或@RequestMapping 注解实现的。

同样，提供@WxController注解，用于标记Bean是事件处理器Bean，在自定义的事件映射器中，实现 isHandler 方法，通过判断 Bean 类型上是否标记了此注解确定是否是事件处理器 Bean。代码如下：

```
@Target({ElementType.TYPE})
@Retention(RetentionPolicy.RUNTIME)
@Documented
// 标记@Controller 注解，使此注解同时具有@Controller 注解的特性
@Controller
public @interface WxController {
  // Bean 的 name，使用@AliasFor 指定别名
  @AliasFor(annotation = Controller.class)
  String value() default "";
}
```

这两个准备工作完成之后，就可以开始实现事件映射处理器查找逻辑，通过提供 WxMappingHandlerMapping 处理器映射类，来实现根据事件请求信息查找与事件请求匹配的事件处理器方法。其内部实现包括映射信息查找前的事件请求体预处理、映射信息生成、映射信息查找 3 大逻辑。

```
// 标记为组件，顺序放在最前面，以有限支持微信事件请求
@Order(Ordered.HIGHEST_PRECEDENCE)
@Component
public class WxMappingHandlerMapping extends AbstractHandlerMethodMapping
<WxMappingInfo> {
  // 注入 wx.path 属性，只有这个路径的 POST 请求，才视为微信事件请求
  @Value("wx.path")
  private String path;
  // 注入菜单管理器，用于在扫描到@WxButton 注解时调用其 addButton 方法添加自定义菜单
  @Autowired
  private WxMenuManager wxMenuManager;
  // XML 请求体转换器，直接使用转换 XML 消息为实体的 HttpMessageConverter
  private Jaxb2RootElementHttpMessageConverter wxXmlRequestBodyConverter =
new Jaxb2RootElementHttpMessageConverter();
  // 重写 getHandlerInternal 方法，用于获取此事件请求对应的事件处理器方法，用于在事件请
求处理时，先解析事件请求的请求体
  @Override
  protected HandlerMethod getHandlerInternal(HttpServletRequest request)
```

```
throws Exception {
    // 获取请求的路径
    String lookupPath = getUrlPathHelper().getLookupPathForRequest(request);
    // 如果请求路径配置的不是 wx.path，或请求方法不是 POST，则不需要被微信事件请求映射处
理，直接返回 null
    if (!path.equals(lookupPath) || !"POST".equalsIgnoreCase(request
.getMethod())) {
        return null;
    }
    // 通过消息转换器读取请求体为 WxRequestBody 类型实例
    WxRequestBody body = (WxRequestBody) wxXmlRequestBodyConverter.read
(WxRequestBody.class, new ServletServerHttpRequest(request));
    // 放入请求属性中，用于后续处理使用，内部调用为 request.setAttribute(WX_REQUEST_
BODY, body)
    WxRequestUtils.setWxRequestBody(request, body);
    // 前置判断及请求体解析执行完成，交给父类的获取处理器方法逻辑执行查找匹配逻辑
    // 父类遍历全部事件映射信息，找到与事件请求体属性匹配的事件处理器
    return super.getHandlerInternal(request);
  }
  // 重写 isHandler 判断逻辑，只有标记有@WxController 注解的，才视为处理器 Bean，查找内
部全部方法
  @Override
  protected boolean isHandler(Class<?> beanType) {
    return AnnotatedElementUtils.hasAnnotation(beanType, WxController.class);
  }
  // 用于父类注册直接 URL 映射时获取映射信息的 URL，这里使用映射信息里的 WxRequestBody
.Type 类型枚举名作为 url，以加快匹配速度
  @Override
  protected Set<String> getMappingPathPatterns(WxMappingInfo info) {
    return info.getWxRequestTypes().getContents().stream().map(Enum::name)
.collect(Collectors.toSet());
  }
  // 与上面方法配合使用，通过直接 URL 映射查找时，把当前事件请求体中请求类型名称作为直接 URL
查找映射信息
  @Override
  protected HandlerMethod lookupHandlerMethod(String lookupPath, HttpServlet-
Request request) throws Exception {
    return super.lookupHandlerMethod(WxRequestUtils.getWxRequestBody
(request).getType().name(), request);
  }
  // 通过映射信息根据请求获取映射匹配结果
  @Override
  protected WxMappingInfo getMatchingMapping(WxMappingInfo mapping,
HttpServletRequest request) {
    return mapping.getMatchingCondition(WxRequestUtils.getWxRequestBody
(request));
  }
  // 比较多个匹配结果
```

```
  @Override
  protected Comparator<WxMappingInfo> getMappingComparator(HttpServletRequest
request) {
    return (info1, info2) -> info1.compareTo(info2, WxRequestUtils
.getWxRequestBody(request));
  }
  // 根据方法创建映射信息
  @Override
  protected WxMappingInfo getMappingForMethod(Method method, Class<?>
handlerType) {
    // 优先创建按钮映射信息
    WxMappingInfo wxButtonInfo = createWxButtonInfo(method);
    // 如果不为 null，则返回该映射信息
    if (wxButtonInfo != null) {
        return wxButtonInfo;
    }
    // 再创建消息映射信息
    WxMappingInfo wxMessageMappingInfo = createWxMessageMappingInfo(method);
    // 如果不为 null，则返回
    if (wxMessageMappingInfo != null) {
        return wxMessageMappingInfo;
    }
    // 最后返回创建的系统事件映射信息
    return createWxEventMappingInfo(method);
    // 所以一个方法上标记多个注解时，只有一个可以生效，按上面顺序生效
  }
  // 创建按钮映射信息
  private WxMappingInfo createWxButtonInfo(AnnotatedElement element) {
    // 获取方法上标记的@WxButton 注解
    WxButton wxButton = AnnotatedElementUtils.findMergedAnnotation(element,
WxButton.class);
    // 如果没有，则返回 null
    if (wxButton == null) {
        return null;
    }
    // 调用菜单管理器创建按钮
    WxMenu.Button button = wxMenuManager.addButton(wxButton);
    // @WxButton 按钮注解的标记的方法只能处理事件请求体类型为 BUTTON 的事件请求，所以该
条件固定为 BUTTON
    WxEnumCondition wxRequestTypes = new WxEnumCondition<>(WxRequestBody::
getType, WxRequestBody.Type.BUTTON);
    // 按钮类型的事件请求，请求体中的消息类型固定为 Event，所以此条件固定
    WxEnumCondition wxMessageTypes = new WxEnumCondition<>(WxRequestBody::
getMessageType, WxMessageMapping.Type.EVENT);
    // 按钮事件 Key 的条件，类型为 VIEW，则 key 为配置的 URL，否则为创建按钮时自动生成的 Key
    WxEventKeyCondition wxEventKey = new WxEventKeyCondition(wxButton.type()
== WxButton.Type.VIEW ? button.getUrl() : button.getKey());
    // 创建映射信息，EventType 不需要进行匹配，所以为 null，content 条件同上
```

```
    return new WxMappingInfo(wxButton.name(), wxRequestTypes, wxMessageTypes,
null, wxEventKey, null);
  }
  // 创建消息映射信息
  private WxMappingInfo createWxMessageMappingInfo(AnnotatedElement element) {
    // 获取方法上的@WxMessageMapping 注解信息
    WxMessageMapping wxMessageMapping = AnnotatedElementUtils
.findMergedAnnotation(element, WxMessageMapping.class);
    // 如果没有，则返回 null
    if (wxMessageMapping == null) {
        return null;
    }
    // @WxMessageMapping 注解标记的方法只能处理事件请求体类型为 BUTTON 的事件请求，所以
该条件固定为 BUTTON
    WxEnumCondition wxRequestTypes = new WxEnumCondition<>(WxRequestBody::
getType, WxRequestBody.Type.MESSAGE);
    // 取注解的 type 属性作为消息类型条件
    WxEnumCondition wxMessageTypes = new WxEnumCondition<>(WxRequestBody::
getMessageType, wxMessageMapping.type());
    // 文本消息类型的文本内容条件，使用注解中配置的属性作为条件列表
    WxContentCondition wxContent = new WxContentCondition(wxMessageMapping
.contents());
    // 创建映射信息，系统事件类型和 EventKey 条件都为 null
    return new WxMappingInfo(wxMessageMapping.name(), wxRequestTypes,
wxMessageTypes, null, null, wxContent);
  }
  // 创建系统事件映射信息
  private WxMappingInfo createWxEventMappingInfo(AnnotatedElement element) {
    // 获取方法上的@WxEventMapping 映射信息
    WxEventMapping wxEventMapping = AnnotatedElementUtils.findMergedAnnotation
(element, WxEventMapping.class);
    // 如果没有，则返回 null
    if (wxEventMapping == null) {
        return null;
    }
    // @WxEventMapping 注解标记的方法只能处理事件请求体类型为 EVENT 的事件请求，所以该
条件固定为 EVENT
    WxEnumCondition wxRequestTypes = new WxEnumCondition<>(WxRequestBody::
getType, WxRequestBody.Type.EVENT);
    // 系统事件类型的事件请求，请求体中的消息类型固定为 Event，所以此条件固定为 EVENT
    WxEnumCondition wxMessageTypes = new WxEnumCondition<>(WxRequestBody::
getMessageType, WxMessageMapping.Type.EVENT);
    // 系统事件类型直接的 EventType 判断条件，取注解中配置属性为条件
    WxEnumCondition wxEventTypes = new WxEnumCondition<>(WxRequestBody::
getEventType, wxEventMapping.type());
    // 创建映射信息，EventKey 条件为 null，消息内容条件也为 null
    return new WxMappingInfo(wxEventMapping.name(), wxRequestTypes,
wxMessageTypes, wxEventTypes, null, null);
```

```
  }
}
```

通过以上逻辑，即可实现在事件请求被处理时，根据事件请求的属性与所有根据我们设计的注解创建的映射信息进行匹配，查找到匹配注解标记的处理器方法，作为当前事件的处理器方法使用。

事件处理器方法的生成与请求处理器方法的生成类似，参见第 10 章内容，在此不再赘述。可结合对 AbstractHandlerMethodMapping 的讲解与这里重写事件一起去理解代码的原理。

12.2.6 事件处理器方法的参数解析

通过以上设计，最终实现了可以通过映射信息查找到事件处理器方法的逻辑。该处理器方法被返回后，后续会被 RequestMappingHandlerAdapter 适配器执行。执行过程会执行适配器中封装的全部参数解析逻辑。

但是在我们设计的事件处理器方法中，需要用到的并不是原始请求中的信息，而是事件请求体中的信息。在原始的参数解析器中，并没有可以解析事件请求体参数的参数解析器，所以在这里还需要实现用于解析事件处理器方法上参数的参数解析器：WxArgument-Resolver。

除了支持绑定原始的事件请求体之外，还支持通过参数名直接绑定事件请求体中同名的属性值逻辑。实现如下：

```
public class WxArgumentResolver implements HandlerMethodArgumentResolver {
  // 是否支持解析参数
  @Override
  public boolean supportsParameter(MethodParameter parameter) {
    // 只有 method 上有微信相关注解时才支持解析
    return AnnotatedElementUtils.hasAnnotation(parameter.getMethod(),
WxButton.class) ||
         AnnotatedElementUtils.hasAnnotation(parameter.getMethod(),
WxMessageMapping.class) ||
         AnnotatedElementUtils.hasAnnotation(parameter.getMethod(),
WxEventMapping.class);
  }
  // 解析参数值方法
  @Override
  public Object resolveArgument(MethodParameter parameter, ModelAndViewContainer
mavContainer, NativeWebRequest webRequest, WebDataBinderFactory binderFactory)
throws Exception {
    HttpServletRequest servletRequest = webRequest.getNativeRequest
(HttpServletRequest.class);
    // 获取 request 中的 WxRequestBody 数据
    WxRequestBody body = WxRequestUtils.getWxRequestBody(servletRequest);
    // 类型匹配，直接返回 WxRequestBody
```

```
    if (parameter.getParameterType() == WxRequestBody.class) {
        return body;
    }
    // 否则获取事件请求体中参数名对应的属性值
    return getParameter(parameter.getParameterName(), body);
  }
  // 通过反射获取 body 中 name 对应的属性值
  private Object getParameter(String name, WxRequestBody body) {
    // 获取 name 属性描述符
    PropertyDescriptor propertyDescriptor = BeanUtils.getPropertyDescriptor
(WxRequestBody.class, name);
    if (propertyDescriptor == null) {
        return null;
    }
    try {
        // 调用属性描述符的 getter 方法获取返回值
        return propertyDescriptor.getReadMethod().invoke(body);
    } catch (Exception e) {
        // ignore it
    }
    return null;
  }
}
```

最后通过 WebMvcConfigurer 配置接口提供的 addArgumentResolvers 方法把该参数解析器添加到自定义参数解析器列表中，即可自动作为事件处理方法的参数解析器使用，其逻辑如下：

```
// 注册为配置类
@Configuration
public class WxWebMvcConfigurer implements WebMvcConfigurer {
  @Override
  public void addArgumentResolvers(List<HandlerMethodArgumentResolver>
resolvers) {
    // 添加微信事件处理方法的参数解析器
    resolvers.add(new WxArgumentResolver());
  }
}
```

通过该参数解析器，可以实现根据参数名自动获取事件请求体中的属性，并作为参数值使用。例如参数名使用 fromUserName，在事件处理方法中，要获取事件发起用户的 openId，即可直接使用此参数完成。

12.2.7　事件处理器的返回值处理

在事件处理完成后，一般会向用户返回一条消息，可以是文本消息、图片消息、语音消息等类型的消息。微信支持两种返回消息的方式：直接对事件请求响应 XML 格式的结果、调用客服消息接口主动发送 JSON 格式的消息体。

对于消息事件和按钮事件，支持直接返回 XML 格式的消息响应，但是系统事件类型的则不支持直接返回 XML 格式的响应。对于两种途径返回消息来说，消息内容结构是相同的，所以先来定义返回的内容实体。

所有消息的类型都有统一的属性，所以先定义所有消息类型的父类 WxMessage，代码如下：

```
// 消息的通用属性类型
public class WxMessage {
  // 发送到的用户
  private String toUser;
  // 从哪个公众号发的
  private String fromUser;
  // 创建时间
  private Date createTime;
  // 消息类型
  private WxMessageMapping.Type msgType;
  // 省略 get、set 方法
}
```

由于消息类型比较多，这里只展示文本消息和图片消息类型的定义，代码如下：

```
// 文本消息定义
public class WxTextMessage extends WxMessage {
  // 文本消息内容封装，由于消息的 JSON 结构是这样的，所以需要如此定义
  private Text text;
  public static class Text {
    // 具体的消息内容
    private String content;
    // 构造方法
    public Text(String content) {
      this.content = content;
      }
  }
}
// 图片消息
public class WxImageMessage extends WxMessage {
  // 图片消息体封装
  private Image image;
  // 消息体定义
  public static class Image {
    // 图片消息体内容，媒体 Id，通过媒体管理器创建
    private String mediaId;
    // 构造方法
    public Image(String mediaId) {
      this.mediaId = mediaId;
    }
  }
}
```

对于每种消息类型，XML 和 JSON 两种数据的结构封装都是把与特定类型消息相关的属性放到单独的属性字段中实现的，所以上面每种消息具体的内容是封装在一个静态内部类中的。

同时由于消息类型中字段较多，创建时不太方便，所以我们提供了两个消息的构造器模式来构造这两种消息类型，代码如下：

```
// 消息的父构造器
public abstract class WxMessageBuilder {
  // 发送到用户
  protected String toUser;
  // 发送公众号
  protected String fromUser;
  // 消息创建时间
  protected Date createTime;
  // 消息类型
  protected WxMessageMapping.Type msgType;
  // 设置发送用户
  public Builder toUser(String toUser) {
    this.toUser = toUser;
    return this;
  }
  // 设置发送公众号
  public Builder fromUser(String fromUser) {
    this.fromUser = fromUser;
    return this;
  }
  // 设置发送时间
  public Builder createTime(Date createTime) {
    this.createTime = createTime;
    return this;
  }
  // 抽象构造方法
  public abstract WxMessage build();
}
// 文本消息构造器
public class WxTextMessageBuilder extends WxMessageBuilder {
  // 文本消息内容
  private String content;
  // 设置文本消息内容
  public Builder content(String content) {
    this.content = content;
    return this;
  }
  // 构造文本消息
  public WxTextMessage build() {
    WxTextMessage message = new WxTextMessage();
```

```
    message.setToUser(toUser);
    message.setFromUser(fromUser);
    // 时间为空时，设置为当前时间
    message.setCreateTime(createTime != null ? createTime : new Date());
    // 消息类型固定为 TEXT
    message.setMsgType(WxMessageMapping.Type.TEXT);
    // 设置消息内容类型，使用 Text 封装
    message.setText(new WxTextMessage.Text(content));
    return message;
  }
}
// 图片消息构造器
public class WxImageMessageBuilder extends WxMessageBuilder {
  // 图片内容媒体 Id
  private String mediaId;
  // 设置图片的媒体 Id
  public Builder mediaId(String mediaId) {
    this.mediaId = mediaId;
    return this;
  }
  // 构造图片消息
  public WxImageMessage build() {
    WxImageMessage message = new WxImageMessage();
    // 设置图片消息内容实例
    message.setImage(new WxImageMessage.Image(mediaId));
    message.setToUser(toUser);
    message.setFromUser(fromUser);
    // 时间为空时，设置为当前时间
    message.setCreateTime(createTime != null ? createTime : new Date());
    // 消息类型固定为 IMAGE
    message.setMsgType(WxMessageMapping.Type.IMAGE);
    return message;
  }
}
```

上面使用父类抽象逻辑，来简化两个不同消息类型的构造器内容。注意最后的 build 方法，内部逻辑同样可以抽象到父类中，读者可以尝试一下。最后再添加一个用于构造各种消息的汇总工具类，代码如下：

```
// 工具类
public class WxMessages {
  // 静态方法，创建文本消息构造器
  public static WxTextMessage.Builder text() {
    return new WxTextMessage.Builder();
  }
  // 静态方法，创建图片类型构造器
  public static WxImageMessage.Builder image() {
    return new WxImageMessage.Builder();
```

```
  }
}
```

通过这种方法，可以很优雅地去构造一个消息对象，API 使用方式如下：

```
WxMessages.image().mediaId("image").toUser("Guangshan").build();
```

但是要注意的是，因为这里的toUser是WxMessageBuilder中的方法，所以返回的构造器对象中就没有子类构造器的方法了，因而要先执行 mediaId 方法。要想实现父类返回子类类型的构造器实例，则需要使用泛型声明。读者可自行尝试。

注意这里消息构造中，需要传入fromUser和toUser两个值，一般来说在具体的业务中，这两个值可以直接取事件请求体中的 toUserName 和 fromUserName。即事件消息的发起人就是消息内容响应的接收人，这是最常见的应用场景。所以对于事件处理方法返回的 WxMessage 实例，还需要做额外的处理。下面分两种情况对其进行处理。

1．向事件请求响应 XML 格式消息体

因为Spring MVC已经提供了返回值自动处理为XML响应体的功能，即@ResponseBody注解，所以这里可以直接使用该功能实现我们的需求。但为了使用 XML 格式作为响应内容，还需要两个条件：方法上标记了@ResponseBody 注解，对此请求的响应内容格式为text/xml。

为了实现@ResponseBody 注解的自动标记功能，可以把该注解直接添加到我们定义的@WxMessageMapping 和@WxButton 注解类声明中，@WxButton 示例如下：

```
// 为该注解附加@ResponseBody 功能
@ResponseBody
public @interface WxButton {
  // ...
}
```

对于标记响应内容为 text/xml 格式，则需要为请求添加一个 PRODUCIBLE_MEDIA_TYPES_ATTRIBUTE 属性，该功能使用@ReqeustMapping 注解中的 produces 条件匹配时设置响应体格式的逻辑，在 WxMappingHandlerMapping 中重写 handleMatch 方法，设置该请求属性值，逻辑如下：

```
protected void handleMatch(WxMappingInfo mapping, String lookupPath,
HttpServletRequest request)
{
  super.handleMatch(mapping, lookupPath, request);
  // 标记返回数据时需要返回 XML
  if (mapping != null) {
      request.setAttribute(PRODUCIBLE_MEDIA_TYPES_ATTRIBUTE,
Collections.singleton(MediaType.TEXT_XML));
  }
}
```

这两个条件实现完成后，Spring MVC 会自动把响应的 WxMessage 处理为 XML 格式的数据返回。但是在把数据通过 XML 格式写入响应体之前，还需要对返回内容做一些处理，如自动设置 WxMessage 中的 toUser 属性。

回想之前的源码研究，要在数据写入响应体之前执行一些操作，可以使用 ResponseBodyAdvice 类型的增强器，所以直接使用这种方式实现我们的增强逻辑，代码如下：

```
// 标记为处理器增强器
@ControllerAdvice
public class WxMessageResponseBodyAdvice implements ResponseBodyAdvice
<WxMessage> {
  // 此增强器是否支持该返回值
  @Override
  public boolean supports(MethodParameter returnType,
                 Class<? extends HttpMessageConverter<?>> converterType) {
    // 只支持 XML 格式，且返回值类型是 WxMessage 或者其子类
    return AbstractXmlHttpMessageConverter.class.isAssignableFrom
(converterType) && WxMessage.class.isAssignableFrom(returnType
.getParameterType());
  }
  // 消息写入响应体之前执行逻辑
  @Override
  public WxMessage beforeBodyWrite(WxMessage body, MethodParameter returnType,
                 MediaType selectedContentType, Class<? extends
HttpMessageConverter<?>> selectedConverterType,
                 ServerHttpRequest request, ServerHttpResponse response) {
    // 确定 request 类型及 body 不为 null 才进行处理
    if (!(request instanceof ServletServerHttpRequest) || body == null) {
        return body;
    }
    // 获取原始请求类型
    HttpServletRequest servletRequest = ((ServletServerHttpRequest)
request).getServletRequest();
    // 获取请求属性中保存的事件请求体
    WxRequestBody wxRequestBody = WxRequestUtils.getWxRequestBody
(servletRequest);
    // 设置请求体的 to 为返回消息体的 from
    body.setFromUser(wxRequestBody.getToUserName());
    // 设置请求体的 from 为返回消息体的 to
    body.setToUser(wxRequestBody.getFromUserName());
    // 返回处理后的消息体
    return body;
  }
}
```

但是这种直接返回 XML 格式的响应体仅支持按钮事件和消息事件，对于系统事件是不能

直接返回 XML 格式的响应体作为返回消息的。所以对于@WxEventMapping 标记的事件处理器，返回值需要单独进行处理，在返回值处理中通过客服消息接口发送此消息。

2．调用客服消息接口发送消息

公众号服务提供了客服消息接口供开发者调用，通过客服消息接口可以向指定用户发送各种类型的消息，消息类型支持与直接返回 XML 的消息类型支持类似。所以对于不支持直接响应 XML 格式消息体的事件请求，可以通过客服消息接口来实现响应消息的目的。

对于这种需求，需要通过添加返回值处理器来实现。这种返回值处理器仅支持返回类型是 WxMessage 且方法上标记了@WxEventMapping 注解的方法的返回值。其实现逻辑如下：

```
public class WxMessageReturnValueHandler implements
HandlerMethodReturnValueHandler {
  // 发送请求
  private RestTemplate restTemplate = new RestTemplate();
  // 注入 AccessToken 管理器
  @Autowired
  private WxAccessTokenManager wxAccessTokenManager;
  // 是否支持该返回值
  @Override
  public boolean supportsReturnType(MethodParameter returnType) {
    // 仅支持标记了@WxEventMapping 注解的事件方法，且返回值类型需要是 WxMessage 或其
子类
    return returnType.hasMethodAnnotation(WxEventMapping.class) &&
          WxMessage.class.isAssignableFrom(returnType.getParameterType());
  }
  // 处理返回值的方法
  @Override
  public void handleReturnValue(Object returnValue, MethodParameter returnType,
ModelAndViewContainer mavContainer, NativeWebRequest webRequest) throws
Exception {
        // 标记请求已被处理
    mavContainer.setRequestHandled(true);
    // 返回值转换为 WxMessage 类型
    WxMessage body = (WxMessage) returnValue;
    // 获取原始请求
    HttpServletRequest servletRequest = webRequest.getNativeRequest
(HttpServletRequest.class);
    // 获取请求属性中保存的事件请求体
    WxRequestBody wxRequestBody = WxRequestUtils.getWxRequestBody
(servletRequest);
    // 设置请求体的 to 为返回消息体的 from
    body.setFromUser(wxRequestBody.getToUserName());
    // 设置请求体的 from 为返回消息体的 to
    body.setToUser(wxRequestBody.getFromUserName());
    // 构造包含 access_token 的客服消息发送接口 URL
    UriComponentsBuilder builder = UriComponentsBuilder.fromHttpUrl
```

```
("https://api.weixin.qq.com/customservice/kfaccount/add")
        .queryParam("access_token", wxAccessTokenManager.get());
    // 调用发送接口请求，把返回值作为消息体发送
    String result = restTemplate.postForObject(builder.toUriString(),
returnValue, String.class);
    // 记录请求调用结果
    System.out.println(result);
  }
}
```

之后再通过 WebMvcConfigurer 提供的 addReturnValueHandlers 方法添加到返回值处理器列表中。

```
@Override
public void addReturnValueHandlers(List<HandlerMethodReturnValueHandler>
handlers) {
  // 添加返回值处理器
  handlers.add(new WxMessageReturnValueHandler());
}
```

注意这里的返回值处理器仅支持单条消息返回，如果有需要，还可以尝试修改对返回值的支持，甚至可以做到支持 WxMessage 类型的列表，遍历发送列表中全部消息，即可实现一个请求返回多条消息的目的。

12.2.8 框架的使用

至此，整个框架设计完成，下面根据此框架实现简单的微信公众号服务器。代码如下：

```
@SpringBootApplication
// 标记为微信处理器
@WxController
public class Starter {
  // 启动入口，Java 原生启动入口
  public static void main(String[] args) {
    SpringApplication.run(Starter.class, args);
  }
  // 关注时返回消息
  @WxEventMapping(type = WxEventMapping.Type.SUBSCRIBE)
  public WxMessage subscribe() {
    return WxMessages.text().content("欢迎关注测公众号").build();
  }
  // 左侧主菜单，有子菜单，故无处理逻辑
  @WxButton(group = WxButton.Group.LEFT, main = true, name = "左")
  public void left() {
  }
  // 中间菜单，返回一条文本消息
  @WxButton(group = WxButton.Group.MIDDLE, main = true, name = "中")
  public WxMessage middle() {
```

```
    return WxMessages.text().content("点击中间菜单").build();
  }
  // 右侧菜单，返回一条图片消息
  @WxButton(group = WxButton.Group.RIGHT, main = true, name = "右")
  public WxMessage right() {
    return WxMessages.image().mediaId("图片媒体 ID").build();
  }
  // 左侧第一个菜单，点击返回消息
  @WxButton(type = WxButton.Type.CLICK,
     group = WxButton.Group.LEFT,
     order = WxButton.Order.FIRST,
     name = "点击")
  public WxMessage left1() {
    return WxMessages.text().content("点击拉取消息").build();
  }
  // 左侧第二个菜单，点击跳转网页
  @WxButton(type = WxButton.Type.VIEW,
     group = WxButton.Group.LEFT,
     order = WxButton.Order.SECOND,
     url = "https://github.com/FastBootWeixin",
     name = "跳转")
  public void left2() {
  }
  // 处理消息内容包含热点的消息事件，返回固定内容的文本消息
  @WxMessageMapping(type = WxMessageMapping.Type.TEXT, contents = "热点")
  public WxMessage textMessage() {
    return WxMessages.text().content("Spring Boot 2.0.2 发布").build();
  }
  // 接收文本消息，原样返回该消息给发送者，包含热点的消息会被上一个处理器处理，不包含的都
由此处理器处理
  @WxMessageMapping(type = WxMessageMapping.Type.TEXT)
  public WxMessage echoMessage(String content) {
    return WxMessages.text().content("收到消息内容为：" + content).build();
  }
  // 接收图片消息的处理器，返回图片地址
  @WxMessageMapping(type = WxMessageMapping.Type.IMAGE)
  public WxMessage imageMessage(WxRequestBody wxRequestBody) {
    return WxMessages.text().content("收到图片消息，图片地址为：" + wxRequestBody
.getPicUrl()).build();
  }
}
```

项目启动后，会打印自定义菜单创建成功的日志。通过微信打开公众号，可以看到菜单与代码中定义的相同，且每个菜单的处理逻辑也相同。向公众号发送消息后，接收到的消息响应也与期望相同。取消关注后重新关注，也可以正常收到关注后的消息，框架设计得非常成功。

可以看到该框架使用起来非常方便，只需要几十行代码即可实现简单的公众号服务器。

最后把所有的实现封装为 Jar 包提供给其他人使用，这也是框架开发的最终目标，同时也是框架开发的魅力所在。抽象出每个项目都要重复编写的统一逻辑，由框架层统一实现，开发者只须关注自己的业务逻辑实现即可。

12.2.9 框架的扩展说明

在上面的实现中，只是简单地演示了基于 Spring Boot 与 MVC 进行的一些扩展开发，且因为篇幅有限，其中所列代码都经过精简，且只保留核心实现的代码，而如各种实体定义其实都需要加 getter 和 setter 方法，以及添加与 XML 和 JSON 解析相关的注解，这些都被精简了。读者如果需要了解更加具体的代码，可以到 SimpleFastBootWeixin 项目源码中查看。

真实的微信公众号开发，还可以开发更多功能，如下所示。

- 发送图片等类型消息时，图片资源的媒体 ID 需要通过素材管理器才可以获取，故需要实现素材管理器功能。
- 微信服务器提供了消息加解密功能，需要手动实现。
- 通过用户 openId 获取用户信息的逻辑也需要实现，甚至可以作为处理器的方法参数自动绑定。
- 全部消息类型返回值的支持。包括图文消息、视频消息等。
- 对于调用微信服务器接口的逻辑，可以封装在一个统一的调用器中，无需每次使用都创建 RestTemplate。
- 实现后台主动向用户群发消息的逻辑，直接使用微信提供的群发消息接口。
- 处理器映射信息提供更多的条件，如根据事件请求体中的地理位置标签等进行匹配判断。

这些功能均需要在上述核心实现中进行扩展。以上列出的全功能，在 FastBootWeixin 框架中均已实现，该框架地址是：https://github.com/FastBootWeixin/FastBootWeixin。有兴趣进一步扩展框架的读者，可以查看该框架源码，所有常用功能都已实现。

本章小结

本章主要以微信公众号开发为例，详细地介绍了如何基于 Spring Boot 及 MVC 开发一套框架，用于简化微信公众号的开发步骤，并可通过该框架实现快速开发微信公众号服务的目的。

整个实现过程是对之前源码研究的一次回顾与使用，从中可以感受到源码的魅力。同时也贯彻了从源码理解再反推功能使用的思想，直接从源码理解反推了功能使用，再从功能使用进行扩展，最终完成了我们自己的框架。源码研究的魅力也就在此。

至此，本书内容就已全部结束，希望各位读者都可以从中获得自己的收获，本书的写作目的也已达到，谢谢各位可以读到这里。